A.I.Schäfer A.G.Fane T.D.Waite 编

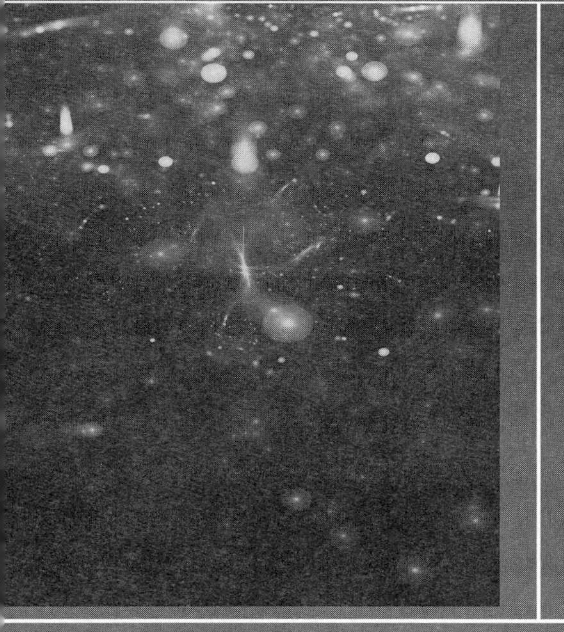

蒋兰英 刘久清 张贵清 译

纳滤:原理和应用

Nanofiltration: Principles and Applications

图字：18-2024-236 号

Nanofiltration：Principles and Applications

A. I. Schäfer，A. G. Fane，T. D. Waite

ISBN：9781856174053

Authorized Chinese translation published by Central South University Press.

《纳滤：原理和应用》(蒋兰英　刘久清　张贵清　译)

ISBN：9787548751601

注意

序

欣闻中南大学蒋兰英、刘久清、张贵清三位年青学术才俊通力合作将享誉国际膜学界三位学术大咖 A. I. Schäfer，A. G. Fane，T. D. Waite 共同编写的 *Nanofiltration*：*Principal and Application* 译成中文《纳滤：原理和应用》，本人十分荣幸应邀为译著作序。众所周知，反渗透和纳滤既像一对情侣难舍难分更像一对姐妹花大同小异，因此似乎有必要追根寻源对其做个简要的历史性回顾。

谁最先提出了反渗透(Reverse Osmosis：RO)这一术语？有两种说法，一种是由 UCLA 的 Hassler 提出，并最早出现在 1956 年 8 月的 UCLA 工程报告中；另一种是由美国佛罗里达大学的 Reid 提出，并出现在 1957 年 4 月的苦咸水研究院的研发报告中。因为上述两个小组所开展的研究工作是完全独立的，所以无法界定反渗透这个术语到底是谁最先提出。不过“反渗透”对海水淡化过程可逆性的准确定义，应该归因于 Hassler 和 Reid 都是著名的物理化学家，擅长化学工程热力学。1960 年可用于海水脱盐的 Loeb-Sourirajan 醋酸纤维素非对称反渗透膜的问世是膜科学与技术领域的里程碑事件，开创了现代膜科学与技术的新纪元。1980 年美国化学学会为纪念这个伟大发明 20 周年举办了专题讨论会并向 Loeb 和 Sourirajan 这两位膜学界先驱授予了学会最高荣誉。

谁最先提出了纳滤(Nanofiltration：NF)这一术语？正如本书作者序言所描述的那样，最早诞生于 FilmTec 公司 1984 年底的广告经理办公会议。1976 年 John Cadotte 先将哌嗪与 1，3，5 苯三甲酰氯结合，再与间苯二酰氯混合，制备成一系列具有令人惊奇的高通量的超薄层复合膜，这些膜对水溶液中氯离子表现出很高的渗透性，而对硫酸根离子具有很高的截留率。FilmTec 公司最早将其命名为 NS-300，考虑该膜的工业应用价值又改命名为 FT40。给一种新膜命名不是问题，给一种新的过程命名却非常困难。早期研究将纳滤膜理解为“疏松型反渗透膜”或“致密型超滤膜”，FilmTec 公司也一度称其为“反渗透-超滤混合膜”，这都不能很好地表达其分离特征。FilmTec 公司最终采用 NF 这一术语，至少有一些逻辑基础。首先，Sourirajan 和 Matsuura 提出了反渗透膜表面力毛细管流动模型，并推算出醋酸纤维素膜的理想毛细管孔径约为 0.9 nm，“疏松型反渗透膜”应具有稍大些的毛细管孔径，大概在 1.0~1.2 nm；其次，早期研究中反渗透膜被称为 Hyperfiltration，而超滤膜被称为 Ultrafiltration，因此为何不简单地将 Nano 和 Filtration 直接连在一起呢？再者，“纳米级”溶剂已经得到广泛应用，带有“纳”字术语意味着优良、纯正和品位，因此采用 NF 可以给产品带来正面的广告效应。

介于超滤与反渗透之间的纳滤是压力驱动膜过程（反渗透、纳滤、超滤、微滤）中的新成员。毫不夸张地说反渗透膜的问世开创了现代膜科学技术的新纪元，纳滤膜的出现则极大推广了反渗透膜技术的应用领域。本人于 1991 年赴日本东京大学留学，选择“纳滤膜分离机理研究”作为博士论文课题，其间以 Nanofiltration 作为主题词或关键词查阅到的文献累计不到 5 篇，1995 年以后 NF 文献逐年快速增加，2000 年 NF 文献超过 100 篇，2010 年 NF 文献超过 1000 篇。我国膜科学技术研究与应用起步较晚，2000 年前后将膜技术用于水处理过程被认为是新生事物，而今膜技术已是从事水处理研究和应用的专业技术人员的必备知识。预计 2023 年我国反渗透膜和纳滤膜可望实现产销 1 亿平方米（其中纳滤膜约占 5%），约占全球市场的 40%。国产反渗透膜在家用净水领域占有率约 90%，在工业水处理领域占有率提高至 30%并且逐步走出国门拓展海外市场。

《纳滤：原理和应用》是由三位国际顶级膜学家领衔，组织了 50 多位国际知名膜学家共同撰写而成。该书整理了与纳滤相关的过万篇文献、上千项专利、数百个工程，是纳滤技术从原理到应用的精华汇编。《纳滤：原理和应用》中文版译著的出版发行，无疑对从事膜科学研究、工程技术开发相关的所有人来说都是一个福音，相信这本译著有助于读者深入理解纳滤基本原理，借鉴丰富的纳滤应用案例在反渗透技术最具吸引力的延伸方向不断拓展纳滤膜技术的应用领域。

王晓琳 于 清华园

2024 年 1 月

译者前言

当今社会，随着科学技术的不断发展和进步，膜分离技术已经成为工业和环境领域中不可或缺的重要技术之一。而在膜分离技术中，纳滤技术因其高效的分离和过滤性能而备受关注。本书《纳滤：原理和应用》的问世，为我们提供了一本全面系统的纳滤技术指南，它对纳滤技术的原理、应用和发展进行了深入的探讨。

首先，本书的出版填补了纳滤技术领域的空白，为该领域的研究人员和工程师提供了一本全面系统的学习和参考资料。纳滤技术作为一门前沿技术，其原理和应用并不是那么容易理解。然而，本书的作者通过清晰、简洁的语言和丰富的实例，使得这一复杂的技术变得易于理解。他们将抽象的概念转化为通俗易懂的解释，使得读者能够轻松地理解纳滤技术的原理和应用。因此，本书的出版为纳滤技术领域的学习者提供了一本难得的学习利器。

其次，本书的出版也有助于促进纳滤技术的进一步发展和应用。随着全球环境问题的日益突出，水资源的短缺和污染成为人类面临的重大挑战。而纳滤技术作为一种高效的水处理技术，具有巨大的潜力来解决这些问题。本书详细介绍了纳滤技术在水处理、食品饮料加工和制药生产等中的应用案例，展示了纳滤技术在环保和可持续发展方面的巨大潜力。因此，本书的出版有助于推动纳滤技术在实际工程中的应用，为人类社会的可持续发展做出积极贡献。

最后，本书的出版也有助于加强纳滤技术领域的国际交流与合作。纳滤技术作为一项具有前瞻性和全球性的技术，其发展离不开国际间的交流与合作。本书的问世将有助于促进不同国家和地区纳滤技术领域的专家学者之间的交流与合作，共同推动纳滤技术的发展。

这本书从开始整理到今天的版本，经过了将近 5 年的多次打磨和修改。在此，我们几位编者衷心地感谢所有支持这本书出版的人们，尤其是研究生欧阳金桃、尹俊、李志强、郭辉、胡彪、陈仰，他们积极参与了本书翻译第一稿的工作，为本书的出版提供了重要的帮助。期待这本书能够为纳滤技术领域的学习者、研究人员和工程师带来丰厚的收获，并为推动纳滤技术的发展做出积极贡献。

原著序

大概是在 1984 年年底，我们中的一些人在 FilmTec 的广告经理办公室碰面，来解决一个专业术语问题——“选择性和有目的性地使水中某些离子透过的反渗透过程”该如何简洁地表达。曾考虑过“松散反渗透”一词，但“松散”的似乎暗示“膜有瑕疵”。FilmTec 当时已经在使用“反渗透-超滤杂化”这一概念，并计划将一些产品命名为反渗透-超滤杂化膜。然而，“松散反渗透”和“杂化”都不能很有效地被译成日语。据 FilmTec 的日本经销商说，后一个表达在日语中隐含了令人不舒适的言外之意。

命名问题的根源是北极星研究所(North Star Research Institute)开发的 NS-300 膜。1976 年，John Cadotte 利用哌嗪与单一的三甲酰氯或三甲酰氯和异酞酰氯的混合物反应，制备了一系列具有极高通量的薄层复合膜。它们对水中氯离子具有很高的渗透性，对硫酸根离子则有较高的截留率。然而，这些膜的处境却如同孤儿。资助该项目的美国政府水研究和技术办公室(Office of Water Research and Technology)似乎没有看到这些膜对资助的目的——主要是开发国家水资源——有特别的用处。但 FilmTec 对它产生了兴趣，考虑的是工业应用方面，其中包括含盐乳清浓缩、纸浆和造纸废水处理，以及在石油平台上制取脱硫酸盐海水以用于含钡油田地层的二次采油作业。FimTec 给本公司这类膜的命名是 FT40。其实，与膜的命名相比，过程的命名才是真正棘手的问题。

我记得当时建议 FilmTec 用“纳滤”来命名这些过程。这个词至少有一定的逻辑基础。首先，Sourirajan 和 Matsuura 在开发关于反渗透的表面力-毛细管流动模型的过程中计算得到，退火的醋酸纤维素膜的假想毛细管孔径约为 9 Å 或 0.9 nm，我们的“松散”膜所对应的假想毛细管孔径应该为 1.0~1.2 nm。其次，超过滤是早期关于反渗透膜的研究中经常使用的术语，被认为是反渗透的代名词。以此类推，为什么不简单地将“纳米”与“过滤”结合起来？最后，“纳米级”溶剂被广泛使用，一个包含“纳米”的术语会隐含精华、纯净、品质的意思（这个建议实际上是希望带来广告效应！）。高效决策是在一家小公司工作的好处之一，会议结束时，我们被要求在相关贸易文献和出版物中使用“纳滤”一词。FilmTec 开发的两种“FT”膜立即更名为“NF”膜。

当时没有想到“纳滤”一词可以如此容易地被译成外语。也就是说，“纳滤”在某些语言中可以不用修改就直接使用，或者很容易在经过拼写上的微小变化后被另一些语言所采纳。此外，“纳滤”是没有携带任何“包袱”的一个描述词。作为一个新词，它专门指代一个它为之而生的、特定的膜过程，而不涉及其他任何过程。几年时间内，“纳滤”一词开始被其他膜科学家所使用；它今天的广泛普及证明了“纳滤”对膜（科学与技术）词典而言是不可或缺的。

随着关于纳滤膜和过程的文献数量的增加，“纳滤”一词的含义必然被拓展以涵盖其广泛的特征。本书尝试以“纳滤”的界定为开端是合适的。纳滤膜的一个非常有趣的方面是，当人们试图模拟和表征这种膜的压力驱动选择性时，有很多参数可以考虑。这些参数可能包括诸如离子相互作用、道南（Donnan）离子排斥、多价离子在荷电膜中的位置共享、溶质-膜吸附亲和力，以及空间大小相互作用等。与针对纳滤膜分离行为的模拟相比，为高截留率的反渗透膜的行为进行建模简单多了。

用于水净化的反渗透在许多方面已经成熟，很大程度上已经成为负责产量、一致性、质量和制造效率问题的工程师的专长。他们的目标总是相同的——以最低的成本在渗透侧获得纯水。在我看来，纳滤一直是反渗透技术最具吸引力的延伸方向。纳滤为膜科学家提供了各种各样的膜分离可能性和大量有趣的应用。反渗透就像一顿晚餐的主菜，比如说牛排，只能以有限的方式进行准备，但能解饿。而纳滤就像伴随主菜的酒单——一个创新和探索的机会。当你阅读这本书时，请享受它提供的关于纳滤主题的精彩的多样性吧。

Robert J. Petersen

目录

第 1 章　绪论

纳滤(NF)是一项迅速发展的分离技术，被很多学者定义成“介于超滤(UF)和反渗透(RO)之间的过程”。但纳滤技术极具争议。它究竟是一个从始至终就独立存在的过程，还是从超滤向反渗透的过渡——即它所使用的可能仅仅是一个致密的超滤膜或松散的反渗透膜吗？纳滤过程真的有什么特别之处吗？那些传闻——“纳滤”一词实际上是一个营销策略，为了更多地销售这种经过特殊修饰的反渗透膜——是否合理呢？有些人倾向于按分子截留进行分类的一系列超滤切割分子量膜的说法，反渗透膜则是通过无机盐的截留进行表征的。

这本书的封面是一张纳滤孔的抽象视图，是由英国斯旺西复杂流体处理中心(Center for Complex Fluids Processing, Swansea)使用原子力显微镜拍摄的。这张图片引出了进一步的讨论——纳滤膜是否有孔？如果有，那么孔的大小是多少？许多学者将纳滤描述为一种孔径在近纳米和亚纳米范围的膜分离过程；图 1-1 所示为一张纳滤膜的孔径分布。而另一些人则主张，纳滤和反渗透等过程是与孔无关的，仅由聚合物链间的空隙决定溶质通过膜的程度。确实，但孔又是如何定义的呢？

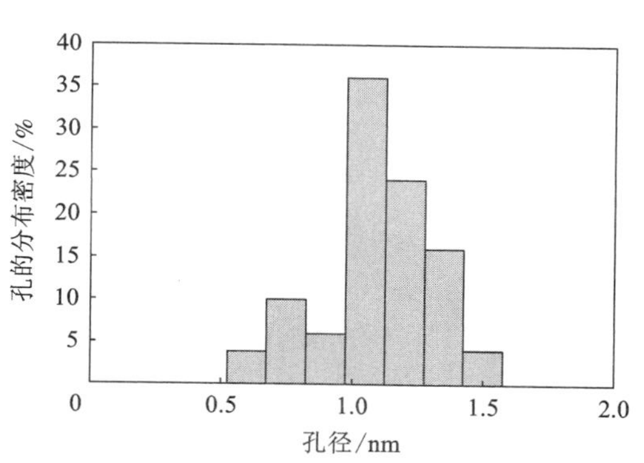

图 1-1　一张纳滤膜(封面所示，由 Chris Wright 和 Richard Bowen 提供)的孔径分布

表 1-1 比较了反渗透、疏松反渗透、纳滤和超滤对多种污染物的截留效果。显然孔径与表中所示截留率或多或少有关联。然而，根据 Osmonics(公司)的说法(由 Bjarne Nicholaisen 提供)，纳滤膜至少由四种不同的截留现象来表征，这也是我们应该去思考的。这些特殊的属性，不论是在单一的纳滤体系中，或是在纳滤与其他膜技术或常规浓缩和分离技术的联合体系中，都可被单独地或共同地加以利用，以开发新的工业应用。纳滤膜的典型特点如下：

(1)对于多价负离子，如 SO_4^{2-} 和 PO_4^{3-}，几乎完全截留。

(2)NaCl 的截留率在 0 至 70%之间；在混合体系中甚至可以为负值。

(3)对溶液中不带电荷的、溶解的物质和荷正电离子的排斥主要与它们的大小和形状有关。切割分子量(MWCO)的范围是150~300。

表 1-1　反渗透、疏松反渗透、纳滤和超滤的截留率比较

(由 Osmonics 公司跨流程业务发展副总裁 Bjarne Nicolaisen 提供)　　%

溶质	反渗透	疏松反渗透	纳滤	超滤
NaCl	99	70~95	0~70*	0
Na_2SO_4	99	80~95	99	0
$CaCl_2$	99	80~95	0~90	0
$MgSO_4$	>99	95~98	>99	0
H_2SO_4	98	80~90	0~5	0
HCl	90	70~85	0~5	0
果糖	>99	>99	20~99	0
蔗糖	>99	>99	>99	0
腐殖酸(HA)	>99	>99	>99	30
病毒	99.99	99.99	99.99	99
蛋白质	99.99	99.99	99.99	99
细菌	99.99	99.99	99.99	99

* 对混有其他离子的 30000 ppm① 的 NaCl 溶液而言，1%的截留率是有效的。对 30000 ppm 的纯 NaCl 溶液，截留率在 20%至 30%之间。对于稀溶液，较高的截留率是有效的；实际截留率可能是 15%到更高的范围，取决于进料的组成和膜的特性。从这些数字可以看出，松散反渗透膜对盐的截留率一般在 70%至 95%之间，对溶解后产生一价电荷的盐的截留率最低，对溶解后产生一个或多个二价或高价离子的盐的截留率最高。标准反渗透膜对溶解盐的截留率通常为 99%或更高。

上述特性表明，电荷对纳滤分离过程有显著的影响。纳滤膜事实上经常被证明是有电荷的，尽管各种测试极少表明纳滤膜上的电荷会比在超滤膜和反渗透膜上测得的要高。这意味着纳滤分离往往既涉及大小相互作用，也受电荷相互作用的影响。

膜的截留行为与压力之间的关系揭示了膜分离机理的本质。以反渗透为例，大多数溶质的截留率随压力的增大而提高，这一现象可以用“非多孔”的溶解扩散模型来解释。在该理论中，溶剂和溶质的通量是解耦或不相关的。相比之下，微

① 1 ppm 为百万分之一。

孔超滤过程中由于溶质对流传质和浓差极化的影响，压力的升高会使所观测到的截留率下降。图 1-2 显示，纳滤表现得更像“非多孔”反渗透膜，尽管膜孔的存在证据确凿(见图 1-1)。幸运的是，纳滤分离机理的复杂模型解释了这些效应(见第 6 章)。

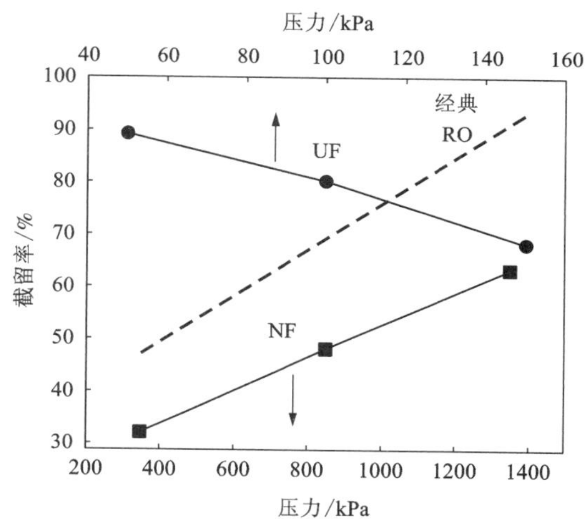

图 1-2　超滤、纳滤和反渗透的截留率随跨膜压差变化的趋势

[超滤数据：0.1%牛血清蛋白(BSA)pH 4.8，XM 100 膜(A G Waters，博士论文，UNSW①，1982 年)；纳滤数据：10 mmol/L KCl，F 40 膜(R Macoun，博士论文，UNSW，1997 年)]

对纳滤如何运行的好奇心推动了对其机理的广泛探讨。这反映在有关纳滤的出版物数量的增加，且截止到 2002 年已经与反渗透的出版物数量相当(见图 1-3)。越来越多的关于纳滤的专题分会出现在世界各地的会议中。

图 1-4 表明纳滤膜市场正在急剧增长。纳滤最初是为了在乳制品工业中分离乳清中的乳糖和单价盐而开发的，而现在被广泛应用于软化水质，还在饮用水处理中用于去除天然有机物(NOM)和农药等新污染物。在过去的十年里，一系列与纳滤有关的工业应用过程得到了开发。在实现纳滤技术的潜在优势方面似乎出现了大的发展趋势，因此出版一本关于纳滤原理和当前应用的书恰逢其时。

本书《纳滤：原理和应用》的第一版旨在介绍有关纳滤的核心知识，存在的争议和现有的应用。该书分为两大部分：①关于原理的基础部分；②应用部分。图 1-5 是本书的结构概览图。从第 2 章(作者 Charles Linder 和 Ora Kedem)关于纳滤的历史开始，本书将带领读者逐一了解纳滤膜的材料和制备(第 3 章，作者

① UNSW 新南威尔士大学。

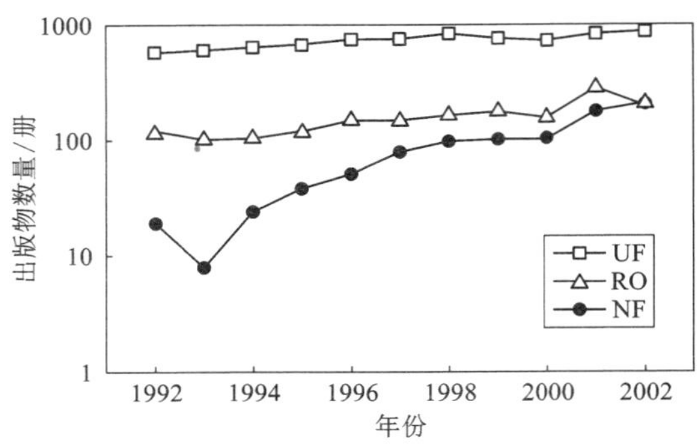

图 1-3　1992—2002 年有关超滤、纳滤和反渗透的出版物数量

[科学网(Web of Science)数据库，时间 2002 年 12 月 12 日，全文和一般主题搜索选项]

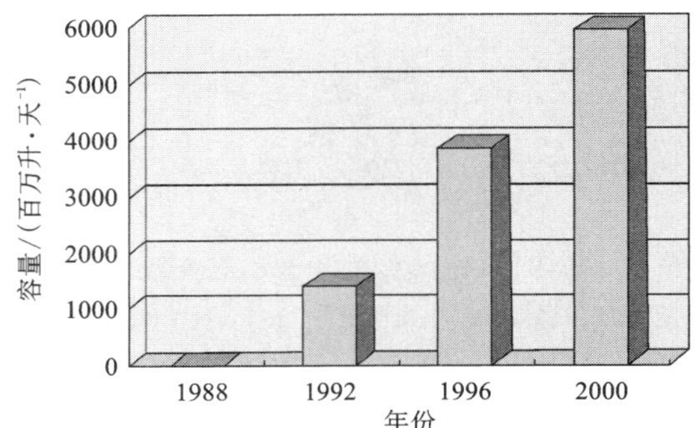

图 1-4　纳滤应用处理容量的增长趋势

[数据来自 D Furukawa(私人通信)]

Ivo F J Vankelecom，K De Smet，L E M Gevers 和 P A Jacobs)，纳滤膜组件的设计和操作(第 4 章，作者 Anthony G Fane)，纳滤膜的表征(第 5 章，作者 Marcel H V Mulder，Ellen M van Voorthuizen 和 Johanna M M Peeters)，基本传质和截留机理(第 6 章，作者 W Richard Bowen 和 Julian S Welfoot)，溶质化学形态效应(第 7 章，作者 T David Waite)，当前对膜污染和膜清洗的理解(第 8 章，作者 Andrea I Schäfer，Nikolaos Andritsos，Anastasios J Karabelas，Eric M V Hoek，René Schneider 和 Marianne Nyström)，并以前处理工艺和基于纳滤的组合工艺(第 9 章，作者 Jukka Tanninen，Lena Kamppinen，Marianne Nyström)作为本书原理部分的结束。

本书第二部分涉及纳滤的主要应用和在某些情况下纳滤的潜在应用。这部分将以水处理(第 10 章，作者 Erich Wittmann 和 Thor Thorsen)，水再生、修复和清洁生产(第 11 章，作者 Tony Fane，Peter Macintosh 和 Greg Leslie)为切入点，介绍纳滤在食品工业(12 章，作者 Gerrald Bargeman，Martin Timmer 和 Caroline van der Horst)、化学工业(第 13 章，作者 Markus Kyburz 和 G Wytze Meindersma)、纸浆和造纸工业(第 14 章，作者 Marianne Nyström，Jutta M K Nuortila-Jokinen，Mika J Mänttäri)，以及纺织工业中(第 15 章，作者 Chiv Tang 和 Vicki Chen)的应用；接下来的内容是纳滤处理垃圾填埋渗滤液(第 16 章，作者 Thomas Melin，Johannes

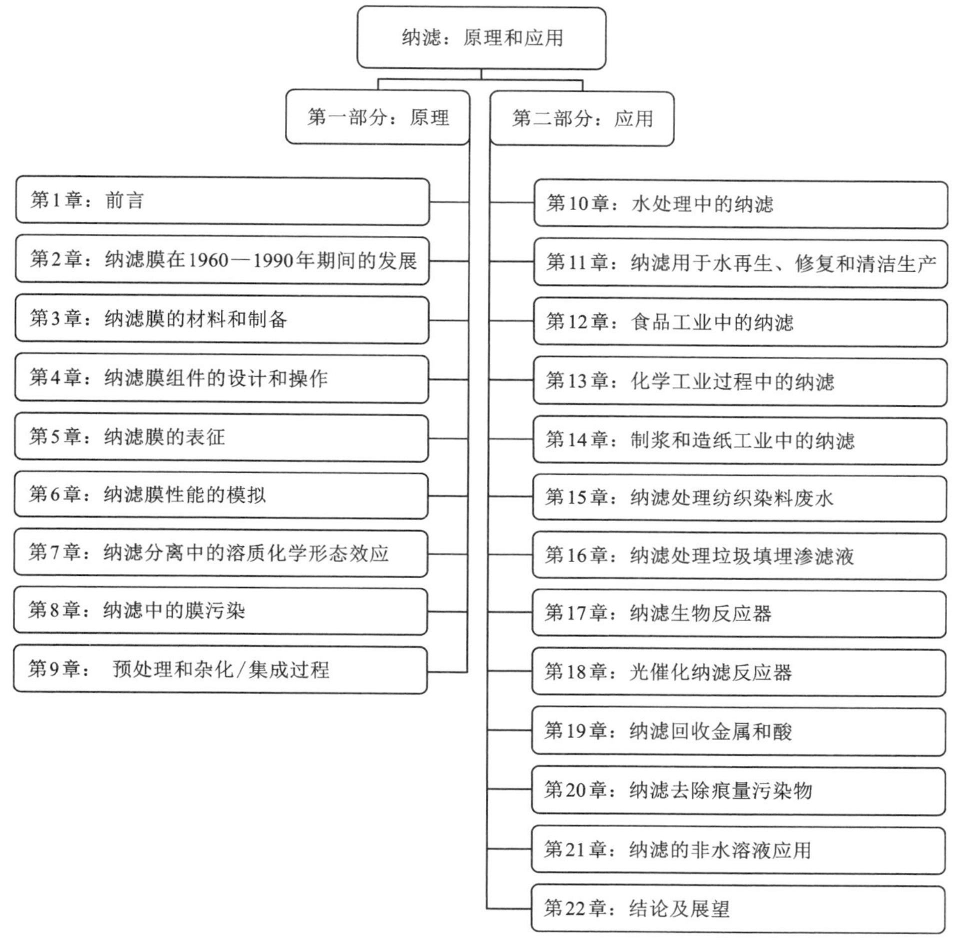

图 1-5　《纳滤：原理和应用》一书的结构概览

Meier，Thomas Wintgens）、纳滤生物反应器（第 17 章，作者 Johannes M K Timmer 和 Jos T F Keurentjes）、光催化纳滤反应器（第 18 章，作者 R Molinari，L Giorno，E Drioli，L Palmisano 和 M Schiavello），以及金属和酸的回收（第 19 章，作者 Karin Soldenhoff，Jennifer McCulloch，Adrian Manis 和 Peter Macintosh）；最后将探讨的是当代痕量污染物去除问题（第 20 章，作者 Long D Nghiem 和 Andrea I Schäfer）和非水环境应用（第 21 章，作者 F Petrus Cuperus 和 Katrin Ebert）。纳滤的应用范围显然还在不断拓展，本书今后再版时将对新增过程进行补充。

享受阅读，在纳滤世界中来一次鼓舞人心的旅行！

第 2 章　纳滤膜在 1960—1990 年期间的发展

2.1　概述

本章介绍了从 20 世纪 60 年代到 90 年代初纳滤(NF)膜的发展，这一阶段为纳滤技术的现状奠定了基础。纳滤技术最初是反渗透(RO)和超滤(UF)的一个分支，因而一开始也被称为开放式反渗透、松散反渗透或致密超滤。纳滤膜——实际上应该是大多数压力驱动膜——的起源，可以追溯到 20 世纪 50 年代后期和用于海水淡化的 Loeb-Sourirajan(L-S)各向异性或不对称醋酸纤维素(CA)膜的开发。这些膜构成了反渗透和超滤领域现代膜的基础。短短几年内，在非对称超滤支撑层上涂覆亚微米选择层的反渗透复合膜被开发出来。反渗透和超滤技术的发展催生了另一门学科——纳滤。相关研发工作开始于 1960 年，20 世纪 70 年代早期就可以买到从反渗透到纳滤再到超滤的全系列 CA 不对称(或各向异性)膜。然而，在尝试改进水处理的经济性和寻求其他商业应用中，CA 作为膜材料的局限性很快凸显出来，限制了其应用范围，并极大地阻碍了纳滤向其他新领域的拓展。克服这个问题的方法之一是在制备一体化皮层非对称膜时用其他材料，如用聚酰胺(PA)、聚醚砜(PES)、聚砜(Psf)、氯化聚氯乙烯(CPVC)和聚偏二氟乙烯(PVDF)替代 CA。通过这种方法可以制备疏松纳滤膜，但并没有得到许多应用所要求的选择性/通量组合。纳滤的突破是基于非 CA 的复合膜，该膜是在超滤支撑基膜上通过各种方法(如界面聚合法)涂覆亚微米选择层。复合膜的研发工作始于 20 世纪 70 年代，但复合纳滤膜直到 1980 年下半年才得以广泛使用。之后提出的解决方案则是使用陶瓷纳滤膜和无机膜。纳滤可解决许多分离问题，但实际应用相对潜在应用数量很少，有待改进膜的稳定性、通量和选择性等。纳滤膜的制备和材料的现阶段发展将在第 3 章中介绍。

2.2　引言

通常，分离一价盐、二价盐和分子量高达 1000 的有机溶质是介于反渗透和超

* 为尊重原著，参考文献按原著收录，个别与正文不对应等情况未做修改。

滤之间的分离特征。该定义范围内的膜目前称为纳滤。这个术语直到 20 世纪 80 年代后半期才被创造出来，但实际上这样的膜在 20 世纪 60 年代就已经存在，当时被称为开放反渗透、松散反渗透、介于反渗透/超滤中间的膜、选择性反渗透或致密超滤膜。

纳滤的开端与反渗透的早期交织在一起，这一点 Loeb 在他的“Reminiscences and Recollections”一文中有生动的描述[1]。Breid 首次展示了如何用盐溶液生产饮用水，该工作是他与 Breton 在佛罗里达大学(University of Florida)合作完成的，他们用 CA 膜在低通量下完成了脱盐[2]。加州大学洛杉矶分校(University of California, Los Angeles)的脱盐项目则从不同的出发点实现了商业化 CA 膜的利用：他们一直在寻找由 Gibbs 公式所预测的靠近水/气界面的盐的负吸附现象。在 1959 年，Loeb 和 Sourirajan 使用从 Schleicher 和 Schuell(简称 S&S)公司获得的多孔 CA 膜进行实验；这些膜在水中热处理后，只要以实验确定的正确方向安装(在分离容器内)，就可用作海水淡化膜。Loeb 认为这一现象是“导致反渗透膜成功脱盐，以及对膜分离过程很重要的特征”。随着 L-S 膜的发展，脱盐通量大幅度增加，带来了该领域一次大的进步。他们开发了铸膜液，并制备出了各向异性反渗透膜，其水通量是 S&S 膜的 11 倍，且具有相同的脱盐率。这一进展是基于 1936 年 Dobry 的工作，他用 $Mg(ClO_4)_2$ 的饱和水溶液制备了 CA 膜[3]。对应的成膜机理后来被 Kesting 称为相转化[4]。Riley 和他的同事们通过电子显微镜研究发现，这种膜是由非常厚的多孔支撑层和位于其上的厚度小于 1 μm 的薄层组成的[5, 6]。

实现退火和顶层进一步致密化的热处理条件决定了 CA 膜能够达到的脱盐程度。学者们意识到不完全退火所导致的有限截留率能够被不同的应用加以利用，后来被称为纳滤。

20 世纪 70 年代早期，CA 和其他纤维素酯(CE)是用于制造纳滤膜的标准材料，但它们很快被发现没有足够的化学和生物稳定性，这严重限制了它们的水处理和工业应用。因此，1975 年以后的研发集中在其他材料和其他膜的制备过程，促成了第二代基于非纤维素的纳滤复合膜的诞生。

20 世纪 80 年代后半期，纳滤膜的稳定性、选择性和通量的改善使其有了越来越多的应用。之后，纳滤被认为是水处理、乳制品和化学工业中有用的单元操作。“纳滤”这个术语是由 FilmTec(公司)引入的，主要源于膜对截留尺寸约为 10 Å 或 1 nm 的不带电溶质的选择性。

接下来是一段短暂的发展史，使该领域步入了我们今天所看到的状态。当今，纳滤膜有卷式、板框式、中空纤维式、毛细管式和管式构型，成膜材料包括纤维素衍生物、合成聚合物、无机材料和有机/无机杂化材料。重点是膜材料、化学和分离机理；膜组件设计、膜的制备和应用等对于纳滤过程商业化的意义也得到了全面的认可。

2.3 第一代纳滤膜

值得注意的是，20 世纪 70 年代早期，有一系列各种类型的膜，包括我们现在称之为纳滤的膜都已经商业化。表 2-1 摘抄自 1972 年 Lonsdale 发表的综述中关于这些商业膜的清单[7]，这些膜的结构有对称(各向同性)的，也有不对称(各向异性)的，且反渗透或纳滤膜是基于纤维素或者聚电解质材料的，所覆盖的选择性介于反渗透和超滤膜之间。表 2-1 和该文似乎暗示纳滤膜并不是一个独特的分类，而是属于开放式反渗透或致密超滤膜。

表 2-1 1972 年可商业购买的松散反渗透(纳滤)膜

(来自参考文献[7]第 160 页的表 8)

膜类型	生产商	材料或结构	净压力 /psi①	水通量 /($L·m^{-2}·d^{-1}$)	溶质	截留率 /%
Loeb-Sourirajan：各向异性，未退火	多个	CA	150	20 gfd②	NaCl	25
凝胶玻璃纸	DuPont，Union Carbide	均相	100	1.5	蔗糖	15
聚电解质：各向异性 (Diaflo UM-3)	Amicon	聚苯乙烯钠磺酸盐-聚乙烯基-苄基三乙基氯化铵	100	25	蔗糖	90
聚电解质：各向异性 (Diaflo UM-2)	Amicon	聚苯乙烯钠磺酸盐-聚乙烯基-苄基三乙基氯化铵	100	60	蔗糖	50
各向异性：Pellicon PSAC	Millipore	CE	100	120	蔗糖	40~60

2.3.1 醋酸纤维素非对称膜

Loeb 和 Sourirajan 在 1964 年的美国专利中不仅描述了截留率大于 95%的膜，还介绍了截留率在 20%~80%的开放式反渗透膜[8]。正如该专利和其他专利所指出的那样，通过改变铸膜液成分、蒸发时间和退火温度等条件(具体见表 2-2[9])，

① 1 psi = 6894.8 Pa。

② gfd = gallon/($foot^2$ · day)。1 gallon = 1 foot = 30.48 cm。

能够制得一系列开放式反渗透膜。其他工作人员随后发现，在铸膜液中加入添加剂可以得到应用范围很广的 CA 膜，从致密反渗透膜一直到超滤膜(包括介于二者之间的纳滤膜)[7]。例如，Cohen 和 Loeb 展示了如何通过制膜和热处理改性得到截留蔗糖和多价离子，但允许 NaCl 通过的 CA 膜；或得到允许蔗糖通过但截留多价无机或有机离子的 CA 膜[10]。L-S 型非对称 CA 膜的透射电镜图片显示出如下特征：多孔支撑层上有一体化皮层上表面(见图 2-1)[11]。相转化这一(制膜)新方法被发现在制备多层膜方面可获得多种形貌和孔隙率。

表 2-2　蒸发和退火温度对 Loeb-Sourirajan 膜的通量/截留率的影响

(来自专利 GB 1056636—1967)

铸膜液	蒸发时间/min	退火温度/℃	通量/gfd	截留率/%
丙酮 45%，甲酰胺 30%，25%CA	1	23	97	25.2
丙酮 45%，甲酰胺 30%，25%CA	1	68.5	44	79
丙酮 45%，甲酰胺 30%，25%CA	1	71	25.6	88
丙酮 45%，甲酰胺 30%，25%CA	1	74	30	92
二甲基甲酰胺(DMF)75%/CA 25%	1	87.2	55.6	63
DMF 75%/CA25%	1	93	10.8	97
丙酮 64%/DMF21%/CA 14%	1	未热处理	12.4	89

注：在室内条件下进行刮膜和蒸发；膜测试条件：600 psi，室温和 5000 ppm 的 NaCl。

因此，在 20 世纪 70 年代早期，有多家供应商可提供包括纳滤在内的商业化非对称 CA 膜，如 Patterson Candy International (PCI) 有限公司、Westinghouse Electric Corporation、Millipore 和 De Danske Sukkerfabrikker (DDS) 公司等[12]。这些公司提供了一系列非对称 CA 膜，比如对 NaCl 的截留率为 0、20%、50%、80%的膜，以及对分子量为 1000 的右旋糖酐截留率大于 95%的膜。建议的用途包括水软化、药物发酵液的分馏、乳清的脱盐和截留乳糖、脱脂乳浓缩、糖的分离和抗生素浓缩。最初的应用之一是用相对

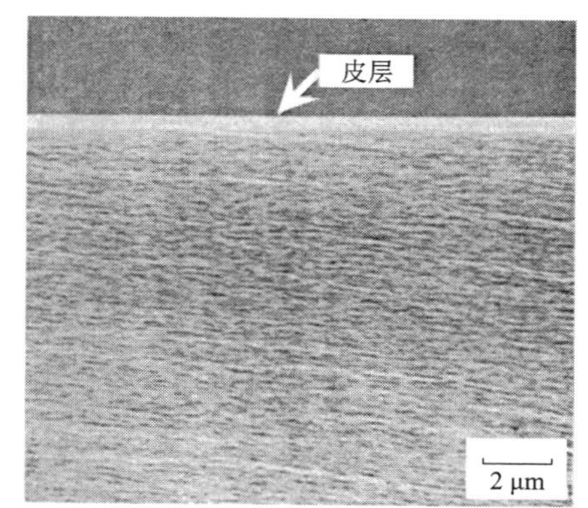

图 2-1　Loeb-Sourirajan 醋酸纤维素膜的皮层和顶部多孔层的横截面透射电子显微镜照片

(经出版商许可摘自参考文献[11]中的图 16)

耐污染且具有一定耐氯性能的膜处理饮用水。早在1976年，佛罗里达州就将纳滤膜用于水软化[13]。一些由纯CA材料或者共混材料制得的商业纳滤膜随后被用于水处理的多个方面，特别是水软化和地表水的脱色。尽管非对称CA膜具有某些理想的特性，如处理某些水源时的低污染性、比较容易清洗，以及耐氯性，但人们在寻求改进水处理的经济性和其他商业应用时，这种膜材料的局限性很快被暴露出来。

2.3.2 纤维素膜的缺陷

纤维素膜的局限性主要是它们的化学和生物稳定性差(例如乙酸酯基团的水解)，(运行过程的)压实作用会导致截留率和通量的持续损失。此外，尽管能够刮制出纳滤范围内指定截留率的膜，但膜的初始通量对许多应用来说通常并不是很高。后来人们很快意识到纳滤膜在许多过程中有应用潜力，特别是在化学工业中；然而要实现这些潜在应用，需要的膜材料应不同于CA。为了挖掘纳滤膜的全部市场潜力，20世纪70年代后半期的发展口号变成了稳定的非纤维素膜(至少有部分膜是通过有效的非对称铸膜技术生产的)。从1975年开始，人们寻找的是具有以下特征的膜：

在溶剂、氧化剂、pH、生物和机械稳定性方面有提升。

选择性和通量有助于用单一过程经济地取代两个或者多个过程，例如，同时进行产物流的浓缩和纯化。

对有机溶质具有很高的截留率(例如大于99%)，对无机盐截留率低，以及有高水通量。

为了实现水的软化和净化，膜需要对二价盐和有机溶质有高截留率，能允许一价盐透过，通量高且具有良好的抗压性和耐氯性。

2.3.3 聚电解质复合材料

在20世纪60年代CA膜发展的全盛时期，Amicon公司提出了由强酸和强碱型聚阴离子和聚阳离子通过静电相互作用制成的聚电解质各向异性复合纳滤膜[14]。该技术由Michaels发明，可以获得从反渗透到超滤整个范围的膜。一系列切割分子量(MWCO)为1000、500和380(蔗糖)的膜在蛋白质和有机溶质的浓缩和软化方面的应用被商业化。但这些膜从未达到像非对称CA膜那样的广泛应用，可能是因为它们相对较低的机械强度、压实引起的通量损失和高离子强度溶液导致其分离特性发生了变化[7]。

2.3.4 聚酰胺膜

在20世纪60年代，DuPont和Monsanto就开始使用多种纤维技术开发用于反渗透海水淡化的芳香 PA 非对称中空纤维膜[15, 16]。通过调控铸膜液的性质，可以将这些 PA 膜的性能控制在纳滤范围内[17]。这些 PA 膜具有良好的截留率，但由于相对疏水，通量不高；此外，膜的耐氯性差。使用更亲水的 PA 材料时，获得了更高的通量，但压力作用导致的压实会使通量稳定地衰减。此外，更亲水的 PA 膜的选择性一般都非常低。将离子基团引入聚合物结构中来制备芳香 PA 膜(最初的膜具有良好的选择性但通量低)，改善了渗透性但降低了截留率。一般而言，无法优化 PA 材料刮制的非对称膜以形成其对现有分离过程或新的复合膜技术的竞争。

2.3.5　聚砜和其他聚合物膜

学者们还研究了其他聚合物材料，以制备出化学稳定性更好的非对称反渗透膜和纳滤膜。这一工作以 Riley 等人关于各向异性膜超微结构的电子显微镜研究，和 Kesting、Frommer、Strathmann、Smolders 等人在相转化过程方面的大量工作为引导[5, 6]。结果表明，几乎所有在溶剂中能形成均匀溶液和(在特定条件下)形成均匀沉淀物的聚合物都能形成非对称的表皮结构[4, 18-21]。非对称膜可由聚碳酸酯(PC)、CPVC、PA、Psf、PES、聚苯醚(PPO)、PVDF、聚丙烯腈(PAN)、PAN/聚氯乙烯(PVC)共聚物、聚乙酰、聚丙烯酸酯、聚电解质复合物和交联聚乙烯醇(PVA)等制成。在一定程度上，上述作为成膜材料的聚合物的性能可以与其疏水性/亲水性平衡相关联。基于这种分类，很快发现对于非对称纳滤膜，许多疏水性聚合物膜的通量都太低或者缺乏选择性，而亲水性聚合物膜则会由于压实作用而失去通量。因此，通过获得最佳的交联度以阻止亲水性聚合物的溶胀也很重要。

然而，MWCO 为 1000 的开放式非对称纳滤膜却可以用一些疏水聚合物，如 Psf 和 PES 制备得到；这些膜表现出良好的化学和机械稳定性，以及合理的通量[22]。但它们无法铸成具有较低 MWCO 的不损失通量选择性纳滤膜，例如用于(处理)蔗糖的膜。通过磺化提高 PES 的亲水性以改善膜通量的方案行不通[23]，因为将磺化程度提高至得到理想的膜通量时，膜截留率却下降了。Guiver 等试图将 Psf 的羧化当作磺化的替代物[24]，以实现膜在有限溶胀下的高通量和选择性。Model 等人使用了亲水性聚合物聚苯并咪唑(PBI)[25]，它可以被制成一系列纳滤非对称膜，所对应的 MWCO 是铸膜液和凝胶浴配方的函数。类似地，Bayer 开发出 MWCO 为 300 的磺化聚苯氧嗪酮膜①。然而，这些膜并没有发展为商业化纳滤膜，可能是因为其聚合物材料非常贵，和/或由于压实效应不能制成通量足够高的膜。

---

① 该翻译和缩写参考的李战雄等编写的《耐高温聚合物》中的写法，化学工业出版社，2007。

2.4 荷电反渗透(超过滤)膜的早期研究

2.4.1 动态膜

在橡树岭国家实验室(Oak Ridge National Lab)工作的 Kraus 和他的组员将聚电解质沉积在坚固的载体上，即可形成带电的膜，它们基于道南(Donnan)效应对盐进行截留[26]，如果膜被损坏或堵塞，它可以被移除或再生，因此有动态膜这一说法。通过循环低浓度的聚合物电解质，例如乙烯基苄基三甲基氯化铵或聚苯乙烯磺酸，并将聚合物沉积在多孔载体上，可以得到25%~85%的盐截留率[26]。这种类型的膜依据其特定的水渗透性和 MWCO 可被归类为纳滤膜[27]。动态膜曾被用于纺织工业中的染料和上浆材料的回收[28]。

2.4.2 聚电解质膜

携带固定电荷的膜对盐的截留，以及这种聚电解质膜的一般性质为生理学家熟知已有数十年；Meyer 等[29]在 20 世纪 30 年代，及 Teorell[30]在 1953 年对这种膜进行了讨论。经过化学改性而带有固定电荷的火棉胶膜在超过滤中的预期脱盐率后来由 Hoffer 等[31, 32]通过 Teorell-Meyer-Siever(TMS)模型计算得出。预期的截留率对固定电荷密度、盐浓度和离子价态的依赖性随后通过实验得到证实[33, 34]。人们认为不同价态的盐离子之间的分离对水处理而言可能是有用的概念，但是这个想法在很长时间内都没有得到实践，反倒是荷电多孔膜的发展推动了纳滤的早期工业化应用[35]。

2.5 纳滤选择性的早期模型

从纳滤应用的最初阶段开始，就有人提出并分析了用于描述纳滤选择性的模型，应用过程中的截留率取决于荷电性质、分子尺寸和浓度。这些模型涉及了使用 MWCO 在 150 至 1000(实际介于反渗透和超滤之间)的膜的一系列选择性过程。有多个模型能解释膜的选择性，每种模型都有合适的范围。一些模型最初是为反渗透开发的，但实际上更适用且很容易被调整以适应于纳滤。

截留水中的各种溶质是生物体中的重要功能，几代生理学家已经对其进行了研究。在 20 世纪 50 年代早期开发的尺寸截留模型，例如由 Renkin 等阐述的模型[36, 37]，可用于分析合成膜中的传质现象，包括位于纳滤范围上限的膜。在这种模型中，根据渗透物的分子半径与孔半径之间的比例对有效膜面积进行了界定。溶质的大小限制了溶质进入(膜)孔的概率(即使孔半径大于分子半径)和通过孔的运动速度。

选择性离子传输是另一种生理功能，也是重要的纳滤特征。如前文所述，Meyer 等[29]和 Teorell[30]试图通过固定电荷模型来理解这种现象。今天我们已经很清楚，这对于生物膜是一次粗略的简化，因为由固定电荷导致的膜对盐的截留，也就是众所周知的 Donnan 排斥，是纳滤膜选择性的根本机制。Donnan 截留可进行定量预测，这一点使 20 世纪 70 年代早期制备截留荷电离子的膜变得可行[34]。假设离子在(膜的)孔体积中均匀分布[32]，就有可能将不同价态离子的截留率与聚电解质溶液的已知热动力学性质联系起来。这个假设对于孔半径小于扩散双层厚度的窄孔是合理的。

早在 1965 年，Dresner 计算了在更宽的带电孔隙中的非均匀离子分布[38]。1973 年，Simons 等[39]详细计算了离子交换矩阵中矩形狭缝集合的截留率，其中考虑了孔隙中的速度分布和离子分布。纳滤目前的一个主要应用——对混合电解质料液中离子的截留不同于对单一电解质中盐的截留——由 Dresner 在 1972 年进行了预测[40]。

膜研发的基本思想主要来源于经典的胶体和界面科学。盐溶液的表面张力高于纯水的表面张力，因此，关联界面浓度与表面张力的吉布斯方程预测到了空气/水界面处的贫盐区域[41]。为了达到表面撇除的目的，加州大学洛杉矶分校海水淡化小组开始着手研究如何利用这一现象。在 Sourirajan 于 1977 年出版的书中，详细讨论并解释了 L-S CA 膜的性能。Sourirajan 在第一章中描述了众所周知的优先吸附毛细管流动机制(参考他在 20 世纪 60 年代的工作)：在这个体系中，膜表面是微孔的和非均质的；无论其起点或大小，“孔”或“毛细管”都是指任何相互连接的空间；正电荷或负电荷的优先吸附发生在孔壁/流体界面，且脱盐层会在压力的作用下被连续带走。

随后，Glueckauf[42]与 Russel[43]共同修改了 Sourirajan 的概念。Glueckauf 在 1965 年第一届国际海水淡化研讨会上提出的模型计算表明，对低介电常数介质的界面除盐而言，在狭窄的圆柱形孔中比在平整的表面附近更显著，且必然存在一个最佳孔径，它小到足以达到对离子的介电排斥，又大到允许水的流动。Glueckauf 对最佳孔径的估值小于 6 Å，只有当(膜)基质具有足够的亲水性时，水才能进入这样狭窄的空间。Glueckauf 因此得出结论，低介电常数和足够的亲水性的特殊组合是 CA 膜适合于超过滤的关键。Bean[44]进一步阐述了通过介电排斥对盐的截留，但他对截留率的过高估计可能是忽视了盐本身的筛分效应。

Kraus 等[45]提出了另一种方案，他们认为膜是一种能溶解水但不溶解盐的连续有机相。为了支持这一想法，他们测量了盐和水在溶剂中的分布，所选择的溶剂与制备 L-S 各向异性反渗透膜的 CA 材料密切相关。1964 年，薄而致密的选择层几乎可以被确定是存在的，在当年的论文中，他们的数据和理论推测出这种膜的有效厚度大约为 0.1 μm。

上述模型的彼此关联在本质上远比从外在形式所看到的更紧密。靠近聚合物的无盐层现象以及膜内盐的低溶解度现象都与聚合物的低介电常数有关。如果孔径在分子级别范围内，则孔（流）模型和溶解/扩散模型之间的差别将不再明显[46, 47]。

但这些模型都没有解释意料之外的海水反渗透脱盐的特异性。聚合物化学家的研究显示，只有极少数聚合物有所需的高脱盐率。然而，纳滤膜可以由多种材料制备而成，比如为反渗透开发的非特异性孔(流)模型实际上对纳滤有效，为反渗透开发的 Spiegler/Kedem 通量方程也适用于纳滤[48]。此外，正如纳滤是介于反渗透和超滤之间的过程一样，源于这两个领域的模型及其组合可用于描述纳滤的性能。早期用于从染料中分离盐的纳滤膜是基于尺寸筛分和固定电荷排斥的结合（与盐不同，大尺寸的带电染料离子不能被吸入孔中心）。在具有部分脱盐功能的薄层 PA 纳滤膜中，介电排斥可能是实现分离的主要因素。有更多孔的纳滤则依赖于 Donnan 排斥。目前，公认的纳滤膜离子传输理论试图将介质的介电常数效应和固定电荷效应结合起来作为孔径的函数(关于纳滤选择性的模型和机理的更详细的描述见第 5 章至第 7 章)。

2.6 盐的负截留

2.6.1 单一电解质溶液

如上所述，带电膜对盐的截留可以用基于道南排斥效应的模型(TMS 模型)来描述。然而，人们意识到对盐的截留不仅取决于盐的分布，还取决于离子迁移率之间的比例。在用带正电荷的膜过滤某些酸的极端情况下，预测与实验结果均表明截留率为负值，即酸在产物侧溶液中得到富集[33]。盐的负截留与所谓的反常渗透密切相关，导致在没有压力梯度的情况下存在从浓缩液进入稀溶液中的体积流量。这是由膜科学的先驱 Sollner[49] 和 Schloegl[50] 观察到的。

“马赛克(镶嵌)”膜对由迁移率相近的阴离子和阳离子组成的单盐也呈现负截留，这种膜包含了由阴离子元素和阳离子元素构成的小分区。曾有一段时间这种效果被认为可用于脱盐[51]。Leitz 对与其相关的大量工作进行了综述[52]。

2.6.2 盐的负截留引起的分离

在用膜隔开含荷电大分子的溶液和仅含盐的溶液时，人们观测到了最初由 Donnan 所描述的盐排斥。在平衡时，混合的“内部”溶液中的盐浓度小于外部的。当使用超滤膜将两种溶液隔开并施加压力时，盐将在产物侧(大分子溶液侧)富集。Lonsdale 等人[53]在对柠檬酸盐和氯化物进行超过滤，以及 Akred 等人[54]在对含有钙盐或钠盐的明胶溶液进行超滤时，预测和观察到了这种盐的负截留现象。盐的负截留原理如图 2-2 所示。

从含有中等分子量(200 至 1000)的荷电分子的混合物中获得对盐的负截留具有技术重要性，可使用具有合适 MWCO 的纳滤膜来实现。原则上，这对于任何类型的纳滤膜(带电或中性)都是可行的。

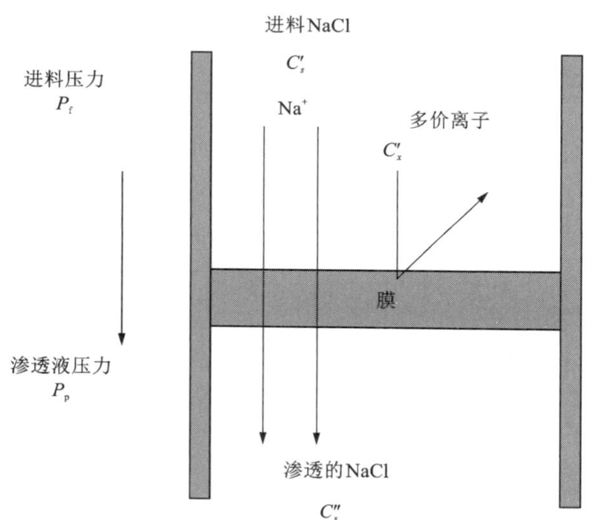

由参考文献[55]得到，存在被高度截留或低渗透的离子的情况下，盐的负截留率如下定义(分两种情况)：

A) 只有盐渗透时：

$$R_s=\frac{(1-F)\sigma}{1-\sigma F} \quad (1)$$

$$F=\exp(-J_vA)$$

$$A=\frac{(1-\sigma)\Delta x}{\overline{P}}=\frac{(1-\sigma)}{P}$$

B) 盐渗透和被高度截留离子同时存在时：

定义：$\beta=1+\frac{C'_x}{C'_s}$，

则：$R_s=1-\frac{(1-\sigma)\beta}{1-\sigma F} \quad (2)$

其中，$F=[C''_s-\overline{C}_s(1-\sigma)]/C''_s\sigma$

且 $\overline{C}_s=C'_s(1+vC'_x/C'_s)$

当只有盐渗透这一种情况存在时，$C'_x=0$，$\beta=1$，式(2)简化成式(1)。

R_s—NaCl 盐截留率；σ—反射系数；C'_s—进料中 NaCl 盐浓度；C''_s—渗透液中 NaCl 盐浓度；C'_x—进料中多价离子(或不渗透组分)浓度；v—多价离子(或不渗透组分)所带电荷数；$\overline{P}$—盐的局部渗透系数；P—盐的总体渗透系数；Δx—膜的厚度；$\overline{C}_s$—盐在膜内的浓度。

图 2-2　存在离子被高效截留的情况时盐的负截留原理

2.7　工业纳滤的早期发展：非对称醋酸纤维素膜的离子改性

大约在 1972 年，生态问题开始引起工业界的关注，特别是位于欧洲人口密集区的工业实体。在染料生产等活动中，大量含盐染料污水被排放到水体和河流中。该问题的一个解决方案是使用已经在反渗透应用(例如水脱盐)以及超滤应用(例如蛋白质分离)中获得成功的新型膜技术。然而，许多工业废物流给新膜技术的使用带来了难题：由于盐浓度及对应的渗透压非常高，导致膜的水通量很低，因此用反渗透对废水进行浓缩的方法注定是不经济的。超滤对此也同样无效，因为染料和盐都能透过膜。

为解决这些困难而付出的努力也催生了 20 世纪 70 年代早期由 Bloch 和 Kedem 成立的 RPR 公司，它使用的是由活性染料改性纤维素材料制备的开放式非对称纳滤膜。案例中的改性是在孔壁上形成带电基团，同时通过交联使膜结构变得稳定。这些改性膜能截留 99%的染料。

人们还发现这些膜不仅能有效地应用于废水处理，还由于盐的负截留作用，在染料生产方面有优势。如第 2.6 节所述，这被解释为是道南平衡的结果。盐很容易通过膜，并在进料液和渗透物之间达到平衡。进料液含有大的、不能渗透的染料阴离子，及尺寸小的 Na^+反离子和高浓度的盐，而渗透物仅含有小离子，且这些离子是被具有高效截留率的染料反离子推入渗透液的。

因此，在 20 世纪 70 年代后期，单个单元操作就已经能同时实现浓缩和净化。基于改性纤维素膜的第一个管状中试装置迅速地成为同时进行浓缩和脱盐的生产设备的核心，从而大大节约了用于沉淀染料的盐，并解决了初始发展阶段面临的减少盐/染料排放的问题。染料制造商在工业规模上使用膜对染料溶液进行淡化和浓缩，一个过程就同时解决了生产和生态问题。

1988 年，对处理染料溶液时的道南效应的正式描述才被公布出来，此时它早已被人们理解并得到实际应用[49]。将 Donnan 分布这一术语引入之前由 Spiegler 等人[48]定义的通量方程中，就可以解释在染料处理中发现的显著的盐的负截留（见图 2-2）及其浓度依赖性。对于任何类型的纳滤膜，无论是带电的还是不带电的，都可以观察到由道南效应引起的盐的负截留。

然而，纤维素膜的化学性不稳定，且在短时间内会出现通量下降现象。随着经验的增加，人们意识到改性 CA 膜仍然存在一些严重的缺点：它们允许相对较多的染料通过，造成了经济损失，并且膜寿命也不够长。人们还意识到，能在更高和更低 pH 下运行的致密膜将具有许多其他用途。从 20 世纪 70 年代末开始，RPR 的制造公司——Membrane Products Kiryat Weizmann（MPW）——开发出了更加致密的非纤维素膜。

2.8 早期的纳滤复合膜

2.8.1 概述

到 1975 年，由单一聚合物或共混聚合物制得的非对称纳滤膜不能为许多应用提供与标准技术竞争所需的选择性和通量。人们尝试使用在亲水/疏水平衡方面与 CA 类似的聚合物来制造非对称纳滤膜，但如果材料太疏水，则膜不具有足够的通量或截留率，而太亲水则会导致膜的水通量不稳定。

随着复合膜的发展，Rozelle、Cadotte 和 Riley 及其同事在 20 世纪 70 年代早期解决了反渗透膜遇到的类似困境[56, 57]。他们通过在多孔超滤膜的某一表面上放置一层非常薄的选择层，获得了盐截留率很高的膜。实际上，这种复合膜是在超滤膜上涂覆一层薄的 CA 膜制得的，或使用间苯二甲酰氯(IPC)、甲苯二异氰酸酯(TDI)或其他芳香交联剂对多胺[如聚乙烯亚胺(PEI)]进行界面交联而制备出来的。后一种方法似乎是关键的突破点。与一体化非对称膜相比，这些复合膜具有一个重要的优势，即选择性阻力层和支撑层可以独立优化。基于此，可使用由多种化学组合和方法制备的薄的阻力涂层，包括使用直链和交联聚合物；而非对称膜的形成仅限于可加工的刚性直链聚合物。Cadotte 在其 1977 年的专利[58]和 Rozelle 等人在 1968 年的关于复合膜的美国政府科技情报(NTIS)报告中提供了由不同交联剂制成的其他复合膜的对比案例；与宣称的反渗透膜相比，它们对盐类的截留率明显更低。这些更开放的膜就是我们现在所说的复合纳滤膜。

通常可以这么说，用复合方法形成的选择层薄且足够亲水，能实现高的水通量，但同时其交联达到的程度正是纳滤选择性所需的。除了最初的聚合物界面交联形成复合膜的方法，其他方法包括界面聚合、等离子体聚合、聚合物涂覆和固化以及表面改性(见下文)。

第一种复合膜——反渗透复合膜——以基于硝酸纤维素的超滤膜作为支撑层，但它们同样面临曾经限制 CA 在反渗透和超滤中应用的问题(生物、化学和机械稳定性低)。早在 20 世纪 70 年代，Psf 被认为是超滤多孔支撑的首选材料，因为这种膜结合了高表面孔隙率、最小孔径以及良好的化学和机械稳定性。它们易于制备和优化(高孔隙率和可控的孔径分布)，为有商业价值的反渗透或纳滤复合膜提供了不对称结构[56, 57]。还有其他聚合物材料也得到了研究[58]，如 PC、CPVC[56]、PA、PVDF、PAN 和苯乙烯/PAN 共聚物、POM 和聚丙烯酸酯。从这些研究中我们发现，能够制备稳定的抗压缩支撑层的聚合物的分子在本质上是能够形成氢键结合，或极性相互作用和疏水相互作用的刚性链，从而带来稳定的高聚物网络。基于化学稳定性的芳香族工程塑料(如 Psf 或 PES)的超滤膜已成为复合反渗透和纳滤膜的标准支撑层。可用不同形貌的超滤膜制备复合膜，但典型的非对称 Psf 膜如图 2-3 所示。该膜包括一个 0.1~0.7 μm 厚的、一体化“致密”皮层，一个 1~5 μm 厚的、较大孔的中间海绵层，以及一个 80~100 μm 厚的、带有大的指状孔的开放层。其他超滤支撑基膜在多孔层具有海绵状结构

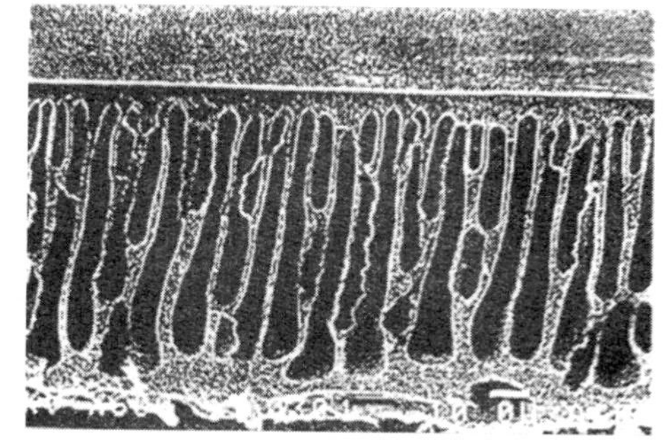

图 2-3　用于制备纳滤复合膜的聚醚砜超滤基膜电镜图

而不是指状结构。

如果 1960 年标志着非对称膜发展的开始，那么 1969 年前后则是用非对称超滤膜制造复合膜的开端。从 1969 年开始，Cadotte 和 Rozelle[58, 61] 以及 Wrasildo、Riley 和同事[62, 63] 的研究指出，高截留率反渗透复合膜可以通过对涂覆在 Psf 或 CPVC 超滤膜上的亲水聚合物[如 PEI 或含有 IPC 或 TDI 的聚吡胺(polyepiamine)]进行界面交联来制备。Cadotte 等人还将单级水脱盐膜发展的衍生物描述为开放式反渗透膜或纳滤膜。例如，1972 年，开放式反渗透(即纳滤)复合膜由低分子量多胺和对苯二甲酰氯(TPC)的界面反应制成(见图 2-4)[61]。PEI 与不同交联剂的混合物被制成了类似的膜，如 1977 年的专利(见图 2-5)所述[58]。然而，这些膜在商业上不可行，并被下述的哌嗪 PA 膜所取代。

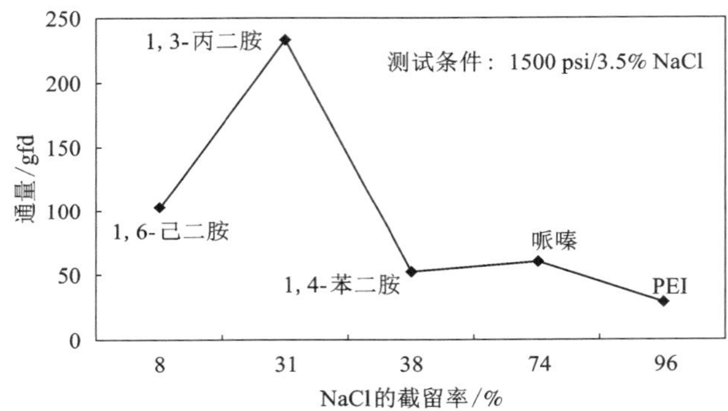

图 2-4　早期由对苯二甲酰氯和各类多胺进行界面聚合而制备的开放式反渗透膜(即纳滤)的通量(gfd)和截留率(%)

(INTIS 报告 No. PB-229337，1972 年 11 月)

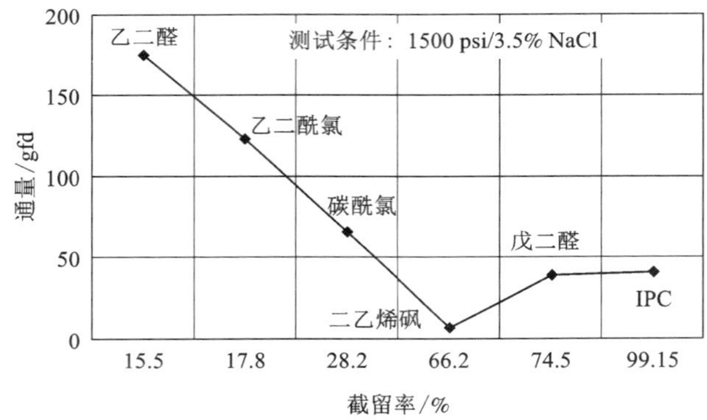

图 2-5　不同的界面(聚合)膜的水通量(gfd)与截留率(%NaCl)的关系

(美国专利 4039440，1977 年)

2.8.2 等离子体聚合

制备复合膜的另一种方法是对涂覆在微孔载体上的薄膜进行等离子体聚合，该方法最初出现在 20 世纪 60 年代。Yasuda 于 1977 年在该主题的综述中提到，Psf 载体上不同单体(例如，4-乙烯基吡啶，N-乙烯基吡咯烷酮，吡啶 1-甲基-噻吩和噻唑，2-吡咯烷酮)的等离子体聚合产生了非常薄的选择层。虽然主要目标是生产反渗透膜，但有一系列单体也制备了纳滤膜。

等离子体过程也被用来修饰超滤膜的表面，使其转变至纳滤范围。例如，Sano[65]在 PAN 超滤膜表面用氦气和氢气的等离子聚合进行密封和亲水化改性，生产出了商业化反渗透膜。该方法可做调整后用于纳滤膜的制备，如 Lai 等人[66]对尼龙-4 微孔膜用气相等离子体改性，获得了对 NaCl 截留率为 74%的膜。Sano 和同事也对 PES 超滤膜进行了等离子体处理，得到了 96.3%的截留率，而原膜的截留率为 0%。预期在不同制备条件下，这些膜可以获得纳滤效果。

2.8.3 接枝聚合

通过各种方法(如钴的 γ 射线电离辐射，光化学方法或化学引发)[60]在不对称膜上进行非离子或离子乙烯基单体的接枝聚合，被用来改善反渗透性能。在 20 世纪 60 年代和 70 年代，Stannett 等人在 CA 膜上接枝苯乙烯[67]。尽管就反渗透而言结果并不令人满意，但在某些情况下，他们确实带来了具有纳滤特性的膜，即使这些膜的通量太低且不具有商业价值。Kesting 和 Stannett[68]发现，接枝丙烯酸单体可用于增强盐在膜内的初始渗透性，并可能使反渗透膜转变成纳滤范围的膜。在另一项研究中，用 2-乙烯基吡啶和丙烯酸对 PVC 膜进行双重接枝，得到的膜有高的厚度归一通量和 65%的截盐率[69]。然而，致密薄膜的绝对通量很低，只有制备不对称膜才能使这种方法具有实用价值。

2.9 20 世纪 80 年代的纳滤复合膜

2.9.1 哌嗪酰胺膜

商业化纳滤复合膜直到 20 世纪 80 年代后半期才开始广泛销售，尽管它们的开发在 20 世纪 70 年代后期就已经开始[28]。最早成功的(制膜)方法之一是在 Psf 超滤支撑体上进行疏水性芳香交联剂与溶于水的哌嗪的界面聚合。许多不同的公司都生产这类纳滤膜产品。Cadotte 等人[70]用均苯三甲酰氯(TMC)代替 IPC 制备了哌嗪 PA 纳滤复合膜，其对 $MgSO_4$ 的截留率是 99%，对 NaCl 的截留<60%(见图 2-6)。

从 20 世纪 80 年代开始，FilmTec 向市场推出了这类膜的衍生产品[71]，NaCl 截留率在 40%至 50%。其他公司也开发并商业化了基于 PES 和 Psf 支撑体的哌嗪及其衍生物的界面聚合纳滤复合膜。这些膜的案例如下：(1) PCI(公司)的管式哌嗪 PA 膜[72]，NaCl 通过率是 30%~70%，有机物的 MWCO 是 350；(2) Toray(公司)也商业化了基于哌嗪 PA 阻力层的纳滤膜[73]。这些膜在以下领域得到了应用：乳清脱盐，水的软化，从地表水中去除有机物，从海水中去除硫酸盐，回收废染料液，回收用于铝表面处理的含三聚氰胺的阴离子电泳涂料，漂白废水除色，木材制浆，以及从井水中除镭[74]。

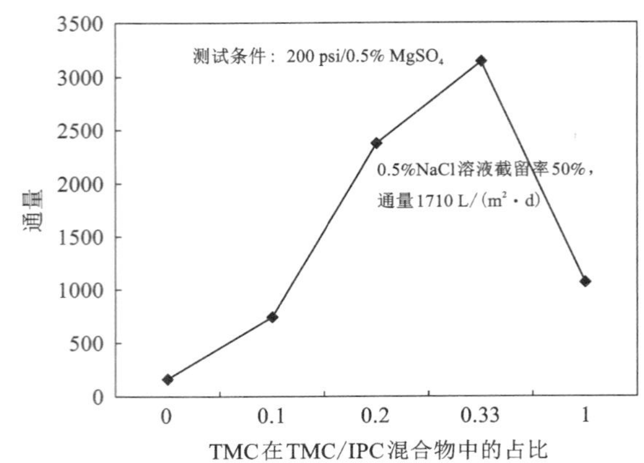

图 2-6 截留率>99%的哌嗪酰胺界面(聚合)膜的通量[L/(m^2·d)]与均苯三甲酰氯/间苯二甲酰氯比值的关系

[美国专利 4259183(1981)]

哌嗪 PA 膜的一个重要商业变体是引入与哌嗪界面聚合过程同步进行界面交联的聚合物。由于聚合物不易扩散到界面层中，哌嗪单体聚集在以超滤膜为支撑的交联聚合物上，在其表面形成薄的哌嗪 PA 层。例如，Nitto Denko NTR 7199 就是用 TMC 与含有哌嗪和 PVA 的水溶液进行界面反应，随后在 110℃下加热以形成 PA 膜[75]。他们的工艺在不对称超滤膜支撑上获得了由交联的 PVA 及其上覆盖哌嗪 PA 构成的选择性双层结构。该膜由于 PVA 的存在，据称氯稳定性得到了改善。

在另一类商业膜的制备中，首先在超滤载体表面涂覆一层薄的聚合物，然后进行哌嗪的界面聚合。人们普遍认为，Desal Engineers 公司①的 Desal 5 膜包含 Psf 超滤载体，其上涂覆的一层磺化聚砜(SPsf)，以及最上面的超薄哌嗪 PA 层[76]。这种类型的膜对葡萄糖的截留率可以达到 82%至 98%，蔗糖截留率 99%。尽管 Desal 5 膜带负电，其特性不同于其他带负电荷的 SPsf 膜，而是与 FilmTec 的哌嗪复合膜(例如 NF40)更相似。

2.9.2 其他界面方式生成的纳滤复合膜

商业化纳滤膜也可以用哌嗪以外的其他单体进行界面聚合来制备。FilmTec 在 1985 年推出全芳香交联 PA 纳滤膜，即 MWCO 为 400 的 NF70(对 NaCl 的截留

① 现为 Osmonics 公司。

率是 70%)[76]。这些膜是典型的用于饮用水净化和软化的纳滤膜。McCray 和他的同事[76, 78, 79]在 Bend Research 公司开发了耐氯膜，分别有 20%和 60%的截盐率，这些膜由四-(N-甲基-甲胺)甲烷[tetrakis-(N-methyl-amino-methyl) methane]分别与 IPC 和 TMC 的界面聚合制得。

Linder 及其同事用 TMC 对 PEI 和二氨基苯磺酸进行的界面聚合/交联制备了多层纳滤膜[80]。在该界面反应中，单体胺扩散穿过事先热交联的 PEI 层，随后与 TMC 反应，并在交联的 PEI 上沉积一层二氨基苯磺酸聚合物。根据专利文献可知，这些膜对葡萄糖和蔗糖的截留率>95%，有较低的 NaCl 截留率，以及>90%的 Na_2SO_4 截留率。

2.9.3　通过改性使反渗透复合膜转变成纳滤膜

在 20 世纪 80 年代以及 90 年代初期，出现了用各种试剂(如酸、碱和氧化剂)对反渗透 PA 复合膜进行改性处理以获得纳滤膜的工艺专利，目的是降低截留率和增加通量。例如，Strantz Jr. 等[81]描述了一种处理 PA 反渗透膜的方法，用高锰酸盐的酸性溶液打开选择性屏障，然后用 $NaHSO_3$ 或 H_2O_2 处理以稳定新膜的化学性能。在另一个实例中，Cadotte 等[82]使用热的磷酸(成分 H_3PO_4)/硫酸(成分 H_2SO_4)混合物来打开 PA 复合膜以降低盐截留率并增加通量。所得的开放膜被进一步改性，从而使 $MgSO_4$ 的截留率提高至>90%。所用截留率增强剂可以是胶体(例如单宁酸)，或水分散性聚合物。

2.10　非界面交联生产的复合膜

在 20 世纪 70 年代后期，研究人员们开始使用非界面交联方法开发复合膜。这带来了在不对称超滤载体上涂覆并固化薄的选择层而形成的商业纳滤膜。具体有以下两种制备方法。

(1)在超滤载体上涂覆聚合物溶液，然后进行固化，即通过自缩合或涂覆溶液中的交联剂激活交联反应。

(2)将聚合物溶液涂覆在超滤载体上，洗涤和/或滴干载体(中的涂覆液)，然后将膜浸入含有交联剂的另一浴槽中；将交联剂扩散到湿膜中，最后进行固化步骤。

固化通过升高温度、pH 变化或电离辐射来实现。常用的涂覆聚合物是 PVA、PEI、聚烯丙胺和磺化工程塑料，如 Psf、PES 和聚醚醚酮(PEEK)。

2.10.1　聚乙烯醇复合膜

PVA 由于其亲水性、水溶性和不同的分子量，一直是制备复合膜的最佳备选材料。利用热交联制备出的聚乙烯醇复纳滤合材料通量低，在高压下容易被压实[83]。这是由于聚合物链段的柔软性和氢键导致其在交联之前的紧密堆积和结晶，以及交联剂的不均匀分布，因此得到的是在压力作用下被致密化的膜。为了获得具有足够高通量的膜，应该避免(高聚物链的)致密排布和结晶。

根据 Linder 等人[84]在 1980 年的专利记载，通过在微孔载体[例如微孔聚丙烯(PP)]上涂覆 PVA 与活性染料的混合物，随后将膜浸入热 Na_2SO_4 中进行交联，可制备得到纳滤复合材料。在 60℃时，直到 pH 12 膜都具有基本的稳定性，在 20 至 30 bar① 时对 MWCO 超过 700 的离子染料有 98%的典型截留率和通量。它们可用于多种工业应用，例如染料溶液的脱盐。Cadotte[85]在 110℃下通过用二醛磷酸催化乙酰化，在多孔载体上交联 PVA 薄层，开发出了 PVA(纳滤)膜。磷酸既是交联催化剂又是成孔剂。膜(型号 XP20)对 NaCl 的截留率为 20%，对 $MgSO_4$ 为 85%，对乙二胺四乙酸(EDTA)为 99%，pH 稳定性最高时达 pH 13。这种膜被用于浓缩碱性化学镀液中铜的 EDTA 络合物，有 99%的截留率。其他纳滤复合膜是基于 PVA[86]与不同交联剂(如六羟基环己烷和二乙烯基砜)所制成的薄膜而开发的[87]。

2.10.2 磺化工程塑料作为选择层

使用 SPsf 或其他工程聚合物溶液制备不对称膜时，没有成功的原因是为获得足够高的通量而采用的磺化度导致了膜的低截留率和压力下的压实，并由此带来了通量的损失。然而，将磺化芳香族聚合物涂覆在超滤载体上，随后固化和交联，可制备商业化(纳滤)复合膜。

20 世纪 80 年代后半期，Nitto Denko 商业化了基于 SPsf 的纳滤复合膜。这一系列的膜被命名为 NTR-7400，它们具有高通量、低截盐率，以及优异的耐氯性[88, 89]。它们的性能取决于磺化程度。例如，皮层 3000 Å 厚的膜(见图 2-7)具有 1.92 $meq \cdot g^{-1}$③ 的容量，对 NaCl 的截留率为 35%~50%，对蔗糖的截留率为 35%；容量

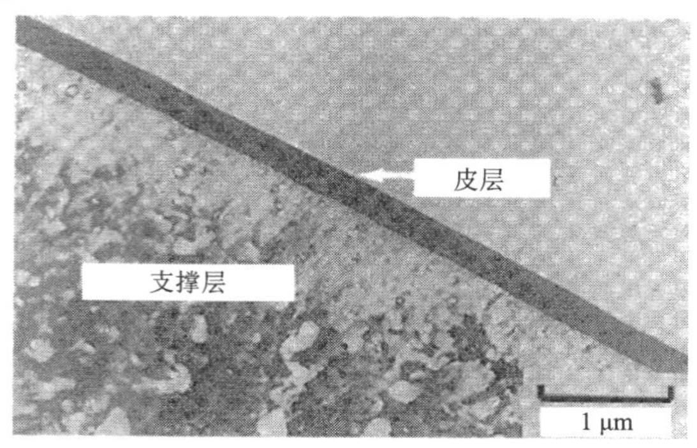

图 2-7 在聚醚砜超滤支撑体上的交联磺化聚醚砜皮层横截面的扫描电子显微镜(SEM)照片②

(经出版商许可，取自参考文献[88]中的图 1)

① 1 bar = 1.0×10^5 Pa。

② 根据参考文献应为磺化聚醚砜。

③ meq/g = 毫克当量/克，交换容量单位。

较低的膜具有较高的截留率和较低的通量。针对这种疏松荷电膜观察到的现象之一是，渗透液相对进料获得了对特定阴离子的富集[90]，即(膜)对混合盐溶液中的一种离子产生了负截留。

2.10.3　聚乙烯亚胺

在 Psf 超滤膜上构筑 PEI 交联涂层的纳滤膜是 20 世纪 70 年代早期 Cadotte[58]原创作品的一部分，但这些膜从未被商业化。Linder、Nemas 及其同事引入了如 PEI 这样的亲水性聚合物，并从 1980 年开始大量申请纳滤膜专利。这些专利描述了将超滤膜浸入一系列含有聚合物和交联剂的不同溶液的过程。根据专利文献可知，这一过程包括以下步骤：将载体浸渍在聚合物溶液中进行涂覆；滴干，浸入交联剂的水性悬浮液或溶液中，如聚环氧化物、活性染料、二乙烯基砜、聚醛等；滴干后在溶液中固化或通过干燥固化。通过该方法对不同的支撑体进行修饰，得到了具有不同酸/碱稳定性的一系列纳滤膜。根据这些专利，超滤载体的材料可以是纤维素[91]、PAN[92]或 Psf[93]。这些膜的稳定性取决于载体和聚合物的交联反应，例如，CA 纳滤膜限于 pH 4.0 至 8.0 范围，而基于 Psf 的膜在温度为 60℃时可以在 pH 2 到 pH 12 的范围下使用。根据交联程度的不同，膜对葡萄糖的截留率可以从 20%到 95%，纯盐截留率在 0%至 75%之间。截留率是选择性阻力层和盐浓度的函数。在 20 bar 的压力下，通量随膜类型的不同而在 50~150 L/(m^2 · h)之间变化。对有机分子(如葡萄糖)的截留率>95%、对离子染料分子截留率>99%，且允许盐通过的其他膜也已获得专利。Perry 和 Linder 报告说，处理含单价盐和被高度截留的有机离子的混合物时，这些膜对盐呈现出高的负截留[55]。

2.11　化学稳定的纳滤膜

2.11.1　化学稳定的聚合物非对称膜

到 20 世纪 80 年代初期，能够通过 Psf 或 PES 的浇铸得到不对称的、MWCO 为 1000 至 2000 的，且化学稳定的纳滤膜(实际上是耐酸、耐碱和耐氯)。这些膜在温度高达 60℃或 80℃时的 pH 稳定范围是 0~14，且有良好的耐氯性。然而在某些情况下，是无纺布和膜组件材料而不是膜本身使(分离)性能受到限制，不能制备出有较低 MWCO 选择性和良好通量的不对称膜。这种相对开放的膜不适用于需要高效截留低分子量溶质(如蔗糖)的应用。不同工业应用的经验表明，这些膜容易被压实和污染，并失去通量。为了克服污染问题并增加通量，人们采用各种方法对这些不对称膜的表面进行亲水化[94, 95]。方法之一是在铸膜时使用具有相容性的亲水聚合物[如聚乙烯吡咯烷酮(PVP)]，随后是加热交联。

2.11.2 抗氧化剂和耐酸碱的复合膜

早期在对具有水解稳定性、良好选择性和高通量的非纤维素纳滤膜的开发中，制备了PA和聚脲复合膜。然而，这些膜被发现在氯的耐受性方面低于CA膜。Desal 5膜的氯耐受度约为1000 ppm·h①，而其他哌嗪PA膜通常可在0.1 ppm恒定氯浓度暴露水平下操作。然而，对大多数哌嗪PA和聚芳香酰胺(PARA)膜而言，通常推荐进行(进料)脱氯(预处理)。相比之下，PVA和CA纳滤膜可以在0.5 ppm(最高限度为1.0 ppm)的氯浓度下连续操作。SPsf复合膜可以实现高氯稳定性，例如，具有高通量和低脱盐率(50%)的NTR-7400系列膜可在氯浓度10000 ppm(的溶液)中稳定至少30天。然而，这些对氧化剂具有稳定性的膜是开放式纳滤膜，不能被许多需要更高选择性的应用所采纳。因此，仍然需要开发具有高通量，对低分子量溶质有选择性，且耐氯的纳滤膜。

20世纪70年代，膜开发的首要目标之一是改善CA膜的pH稳定性，在当时被限制在pH 4~8。许多公司提供的PA和聚脲复合膜，如Desal Engineers的Desal 5膜与Dow FilmTec的NF40、45、50和70，可在室温下于pH 1~11连续操作，但在更强的酸性或碱性条件下或在高温下它们会失去截留能力。Bayer(拜耳)公司开发了以磺化聚苯并噁嗪酮(SPBOZ)为原料的非对称膜，其MWCO为300，在pH 2~12的范围内稳定，但它们从未被商业化[96]。在80℃下对Nitto Denko公司的NTR-7400系列的膜(支撑层为Psf，皮层为SPES)开展浸泡试验，结果显示膜在pH 0.5~13的范围内稳定[88]。这类膜的MWCO较高，最致密的膜对蔗糖的截留率也只有50%。

在pH 0~14的范围内和高温下对低分子量溶质(如葡萄糖、蔗糖、铝酸盐、Na_2CO_3)进行截留，而让酸和碱自由通过，是纳滤的潜在应用。例如，酸和碱(的水溶液)被大规模地用作反应介质，在精细化工、采矿、石油化工和制药工业中作为催化剂，在乳制品、食品、饮料和制药工业中被用于日常清洁。能将存在于生产流程和废液中的酸、碱和溶剂与低分子量(>150)的有机物和盐(如碳酸盐)进行选择性分离，将有助于循环利用化学品，浓缩和净化产品，以及从废物流中回收有价值的材料。

在20世纪80年代，Linder、Nemas等人的一系列专利[93, 97, 98]描述了基于Psf化学改性的纳滤膜，它们具有酸/碱稳定性和良好的选择性，在高达80℃的温度下能在pH 2~12的范围内稳定，具有200的MWCO，在20 bar压力下的通量为50~150 L/(m^2·h)。根据专利文献，通过一系列浸渍步骤进行改性，在Psf或

① ppm·h耐受度是测试用特定氯浓度(ppm)与膜在该条件下的稳定时间(h)的乘积。

PES 超滤支撑层上形成了交联的 PEI 选择层。1989 年，Perry 和 Linder 介绍了纳滤膜对蔗糖有 95%以上的截留率，并在 pH 0.5~12 之间稳定[55]；1991 年，Perry 和 Linder 及其同事描述了 MWCO 为 200，且在 80℃时的 pH 稳定区间为 0~14 的纳滤膜[99, 100]。

2.11.3　耐溶剂的纳滤复合膜

如第 13 章和第 21 章所述，溶剂在精细化工、制药、食品和石化工业中的应用特别普遍。

对含溶剂的溶液进行选择性分离的功能可实现溶剂的再循环、产物的浓缩和纯化以及有价材料的回收。许多这样的应用要求低分子量溶质(低至 150)被截留和允许溶剂自由通过。然而，开发具有溶剂稳定性的纳滤膜存在许多问题，需要满足以下要求：(1)支持层的稳定性；(2)针对每种溶剂类别优化不同的膜，以获得经济上合算的通量；(3)选择性随溶剂或混合溶剂而不同。通量/选择性问题的起源如下：溶剂/支撑层相互作用，溶液的扩散传输机理，以及溶剂的多样性导致疏水性/亲水性平衡、黏度和表面张力的范围很宽。溶剂稳定性作为膜在特定溶剂中溶胀程度的函数可以被测量得出。为获得在特定应用中的稳定(恒定)，包括支撑层在内的膜应该基本上不被所使用的溶剂溶胀。许多声称是耐溶剂的支撑体在某一类溶剂中不会溶胀，但在其他溶剂中会溶胀。通常，溶剂稳定的超滤支撑体在许多类溶剂中都不溶胀。

20 世纪 60 年代，Sourirajan 等人[101]意识到这种新型膜技术在溶剂应用方面的潜力，前提是开发出产品所需的选择性和稳定性。早期研究中使用的膜材料是 CA 和交联橡胶材料[102]。采用 CA 或 Psf 支撑的 PA 复合纳滤膜可用于不会溶胀支撑层的溶剂(如己烷)[103]。大多数商业纳滤膜，包括 CA 和 PA，在许多溶剂中会溶胀或溶解，因此不被认为具有溶剂稳定性。

溶剂分离的大部分工作涉及渗透汽化，然而在使用压力驱动过程处理有机溶剂溶液方面也有专利。例如，Black[104]在溶剂稳定的支撑体[如尼龙*、纤维素、聚酯、聚四氟乙烯(PTFE)、PP]上进行多胺与多官能团试剂的界面聚合和交联，制备了复合膜。建议的用途是在反渗透条件下从油和芳香烃中分离芳香族萃取溶剂，如 N-甲基-2-吡咯烷酮(NMP)、糠醛、酚和酮。以尼龙微孔膜(0.04 mm)为支撑的复合材料在 500 psi 条件下对油的截留率为 98%，NMP 通量为 103 L/(m^2·d)。目前看来，这些膜还没有被商业化，可能是由于其稳定性不持久或不经济的低通量。

在另一种 20~80 bar 的纳滤操作中，Bitter 和同事[105]开发出的膜能截留溶剂，但允许烃油透过。他们的膜是在微孔支撑(如 0.2 μm×0.02 μm 孔的 PP 膜)上涂覆致密的硅橡胶选择层。显然，油是通过溶解扩散机理穿过硅橡胶阻力层的，而极性更强的溶剂会被截留。这些膜的选择层与大部分在超滤膜上制备的纳滤选择层在厚度上有很大的不同。

20 世纪 80 年代和 90 年代初，MPW 商业化了通用的耐溶剂纳滤复合材料，MWCO 值为 200、700 和 400 的膜分别被命名为 MPT 42、MPT 50 和 MPT 60，它们的 pH 稳定范围是 2～10，且在很多溶剂中都不溶胀[99]。专利引用了 Linder、Nemas、Perry 及其同事[106-108]基于 PAN 交联和 Psf 的稳定的纳滤膜，它们通过涂层和固化或界面聚合得到了复合结构。为了获得足够的通量，选择层针对特定溶剂进行了优化。专利表明，采用具有聚硅氧烷层的耐溶剂复合材料处理疏水性溶剂，如己烷，具有良好的通量。对于极性溶剂，如乙醇、酯类、DMF 和 NMP，选择层需要使用更亲水的 PA 或 PPO 的衍生物等复合材料。上述专利中提到的膜的 MWCO 值可低至 150，溶剂通量则随特定的膜和溶剂而变化(见表 2-3)。

第 21 章对纳滤膜在溶剂中的应用做了更详细的说明。

表 2-3　SelRO™耐酸/碱/溶剂的膜(Aachener Membrane Kolquium1991[100])

膜	耐酸/碱性	耐溶剂性	典型截留率/%					
			MW-CO	NaCl 5% (M_r* 58)	氨苄青霉素[a] (M_r* 349)	红紫酸铵[b] (M_r* 284)	瑞咪唑蓝[c] (M_r* 510)	乳糖 (M_r* 360)
MPT-11	稳定			31	99	95	99.9	99.5
MPT 20		稳定	600	0		90	99.9	97
MPT 30	稳定		500	10	98	90	99.9	96
MPT 40		稳定	300	15		95	99.9	96
					葡萄糖 (M_r 186)	蔗糖 (M_r 342)	棉子糖 (M_r 504)	天门冬氨酯 (M_r 294)
MPT 42		稳定	150		93	98	99	99

* M_r：分子量(相对分子量)。

a. Ampicillin；b. Murexide；c. Remaxole。

2.11.4　化学稳定的无机纳滤膜和聚合物/无机材料杂化膜

无机纳滤膜通常由陶瓷材料制备而成，与有机聚合物相比，陶瓷材料具有优异的热稳定性和溶剂稳定性，是开发无机膜的动机之一。通常，选择性纳滤层的多孔基膜由 Al_2O_3、碳、SiC 或金属材料的大颗粒烧结而成，先在基层上涂一层 ZrO_2、Al_2O_3 或 TiO_2 等的小颗粒薄层，形成微孔膜；然后再用更细的颗粒或胶体分散体形成超滤结构；最后，将纳滤层涂在超滤层上。陶瓷膜复合材料制备的各个阶段都涉及颗粒烧结或溶胶-凝胶技术。

20 世纪 90 年代早期，陶瓷纳滤膜的研制采用了两种不同的方法：(1)全无机膜是在陶瓷超滤膜上涂覆纳米颗粒，然后烧结，或者采用溶胶-凝胶过程；(2)杂化纳滤膜是在陶瓷超滤膜上涂覆有机聚合物或有机-无机杂化材料。

可以制备出对分子量低至 400 的荷电溶质有高截留率的陶瓷膜。例如，Larbot 等人制备的 $\alpha-Al_2O_3$ 纳滤膜对 NaCl 具有 10%的截留，对蔗糖具有 70%的截留[109]。但采用陶瓷法制备的纳滤膜还不能选择性地将葡萄糖、蔗糖等非荷电溶质与盐分开。也有迹象表明，由于组成选择层的纳米颗粒的融合，压力作用下膜的截留特性发生了变化。20 世纪 90 年代初，有学者研制出了一种新型的纳滤膜，它包括多孔陶瓷支撑和其上涂覆的薄的聚合物层。例如，Guizard 和他的小组用聚磷腈或杂聚硅氧烷在多孔陶瓷支撑上涂层，所获得的纳滤膜对蔗糖的截留率达到 50%，对 NaCl 的截留率较低(10%)[110-111]。Bardot 等人在无机支撑上涂覆其他聚合物层，如 Psf、聚苯并咪唑酮(PBIL)接枝的 PVDF，获得了反渗透膜和纳滤膜[112]。

2.12　结论

CA 膜是第一类用于纳滤的膜，这些膜的主要缺点之一是缺乏稳定性，导致它们在许多工业应用中迅速丧失截留能力和/或通量。随着稳定性的不断提高，其应用范围不断扩大。首先是 pH 稳定性的提高，然后是对溶剂和氧化剂的稳定性，而且在提高稳定性的同时，还改善了选择性和通量。如果稳定性和选择性能得到进一步完善，纳滤的应用数量将大大增加。本章讨论了纳滤前 30 年(1960—1990 年)的发展情况，纳滤膜性能的改进贯穿了 20 世纪 90 年代，并一直持续至今，在后面的章节(第 3 章和第 4 章)中有进一步介绍。

在精细化工和制药工业中，仍然需要提高膜的耐溶剂稳定性，并在分子量低于 500 的范围内有更好的选择性。在采矿和制糖工业中，需要有高通量的选择性膜，并提升它们在 pH 低至 0 时的耐酸性。在其他行业中，改进通量以及获得更好的稳定性和选择性将扩大其应用范围，特别是在高达 80℃的温度下，对浓度范围在 10%~50%的碱稳定，且 MWCO 值为 150~200 的膜将很有应用前景。在石油化学工业中，溶剂的分离和纯化是非常重要的，但需要能够耐溶剂，且针对特定溶剂得到优化的膜。该领域有关陶瓷和耐溶剂聚合物膜的工作才刚刚开始。

纳滤另一个重要的工业应用涉及使用硫酸作为溶剂型催化剂和 pH 调节剂的过程，这些过程会产生含有高浓度 Na_2SO_4 的废液流。纳滤膜可以选择性地透过硫酸盐(截留率低于 20%)，而截留低分子量有机物，如蔗糖和葡萄糖。

水处理和工业活动在许多方面需要对分子量高达 1000 的分子进行分离，从生态和能源方面考虑，经济性地实现这种分离变得越来越重要。纳滤膜对这一领域有重要的贡献，且随着纳滤膜在稳定性、选择性和通量方面的改进，将应用到更多领域。

参考文献

[1] S Loeb. Reminiscences and Recollections. NAMS Membrane Quart, 1994.

[2] C E Reid, E Breton. Water and ion flow across cellulosic membranes. Journal of Applied Polymer Science, 1959, 1: 133-143.

[3] A Dobry. The Perchlorates as solvents of cellulose and its derivatives. Bulletin de la Societe Chemique de France, 1936, 3: 312-318.

[4] R E Kesting. Synthetic Polymeric Membranes. New York: McGraw-Hill, 1971.

[5] R I Riley, J O Gardner, U Merten. Cellulose acetate membranes: Electron microscopy of structure. Science, 1964, 143: 801-803.

[6] R I Riley, U Merten, J O Gardner. Replication electron microscopy of cellulose acetate osmotic membranes. Desalination, 1966, 1: 30-34.

[7] R E Lacey, S Loeb. Theory and practice of reverse osmosis ultrafiltration. Industrial Processing with Membranes, Chapter VIII. Hoboken, New Jersey: Wiley-Interscience, 1972.

[8] S Loeb, S Sourirajan. High Flow Semipermeable Membrane for separation of water from saline solutions. US patent 3133132, 1964.
S Loeb, S Sourirajan, D Weaver. High Flow Semipermeable Membrane for separation of water from saline solutions. US patent 3133137, 1964.

[9] The Regents of the University of California of Berkeley, State of California, United States of America "Desalination Membrane" GB 1056636, Jan. 25, 1967.

[10] H Cohen, S Loeb. Industrial waste treatment by means of RO membranes//Reverse Osmosis and Synthetic Membranes. S Sourirajan, National Research Council Canada, 1977.

[11] H K Lonsdale. The growth of membrane technology. Journal of Membrane Science, 1982, 10: 81-181.

[12] S Sourirajan. Reverse osmosis and synthetic membranes. National Research Council Canada, 1977.

[13] W J Conlon, S A McClellan. Membrane softening: A treatment process comes of age. Journal of American Waterworks Associaiton, 1989, 81(11): 47-51.

[14] A S Michaels. Polyelectrolye complexes. Industrial & Engineering Chemistry, 1965, 57(10): 32.

[15] J W Richter, H H Hoehn. Permselective Polymer Membranes. US patent 356632, 1971.

[16] R McKinney Jr, J H Rhode. Aromatic polyamide membranes for reverse osmosis separations. Macromolecules, 1971, 4: 633.

[17] P Blais. Polyamide membranes//Reverse Osmosis and Synthetic Membranes. S sourirajan. National Research Council Canada, 1977.

[18] A S Michaels. High flow membranes for ultrafiltration or reverse osmosis. US patent 3651024, 1971.

[19] M A Frommer, I Feiner, O Kedem, et al. Mechanism for formation of skinned membranes: II. Equilibrium properties and osmotic flow. Desalination, 1970, 7: 39.

[20] H Strathmann, P Scheible, R W Baker. A rationale for the preparation of Loeb- Sourirajan-type cellulose acetate membranes. Journal of Applied Polymer Science, 1971, 15: 811.

[21] L Broens, F W Altena, C A Smolders, et al. Asymmetric membrane structures as a result of phase separation

phenomena. Desalination, 1980, 32: 33-45.

[22] I Cabasso, E Klein, J K Smith. Polysulfone hollow fibers: I. Spinning and properties. Journal of Applied Polymer Science, 1976, 20: 2377.

[23] J Bourganel. Process for the preparation of anisotropic semipermeable membranes of polyarylether sulfones. US patent 3855 122, 1973.

[24] M D Guiver, A Y Trembl, C N Tam. Reverse osmosis membranes from novel hydrophilic polysulfones// Advances in reverse osmosis and ultrafiltration. T Matsuura, S Sourirajan. National Research Council Canada, 1989.

[25] F S Model, H J Davis, A A Boom, et al. The influence of the hydroxyl ratio on the performance of reverse osmosis desalination membranes. Research and Development Progrees Report No 657, U. S. Department of the interior, Office of Saline Water, Washington D. C. , June 1971.

[26] K A Kraus, H O Phillips, A E Marcinowsky, et al. Hyperfiltration studies. VI: Salt rejection by dynamically formed polyelectrolyte membranes. Desalination, 1966, 1: 225.

[27] M Altman, D Hasson. Review of dynamic membranes. Review in Chemical Engineering, 1999, 15(1): 1-40.

[28] H K Lonsdale. The evolution of ultrathin synthetic membranes. Journal of Membrane Science, 1987, 33: 121-136.

[29] K H Meyer, J F Sievers. ' La perme'abilite' des Membranes I. Theorie de la perme'abilie' ionique' Helv. Chim. Acta 19 (1936) 649, ibid' La perme' abilite' des Membranes II. Essais avec des membrane se'lectives artificielles' p665, ibid' La perme'abilite' des Membranes IV. Analyse de la structure de membranes vege'tales at animals' p. 987.

[30] T Teorell. Progr. Biophys. , 1953, 3: 305.

[31] E Hoffer, O Kedem. Hyperfiltration in charged membranes: The fixed charge model. Desalination, 1967, 2: 25.

[32] E Hoffer, O Kedem. Hyperfiltration in charged membranes: Prediction of salt rejection from equilibrium measurements. Journal of Physical Chemistry, 1972, 76: 3638.

[33] E Hoffer, O Kedem. Negative rejections of acids and separation of ions by hyperfiltration. Desalination, 1968, 5: 167.

[34] E Hoffer, O Kedem. Ion separation by hyperfiltration through charged membranes. II: Separation performance of collodion-polybase membranes. I&EC Process Design Development, 1972, 11: 226.

[35] C Linder, G Aviv, M Perry. Proceedings of ashkelon conference separation sciences. Robust industrial membranes for reverse osmosis and ultrafiltration, 1983.

[36] J R Pappenheimer, E M Renkin, L M Borrero. Filtration diffusion and molecular sieving through peripheral capillary membranes. American Journal of Physiology, 1951, 167: 13.

[37] E M Renkin. Filtration diffusion and molecular sieving through porous cellulose membranes. Journal of General Physiology, 1954, 38: 225.

[38] L Dresner. The exclusion of ions from charged microporous structures. Journal of Physical Chemistry, 1965, 69: 2230.

[39] R Simons, O Kedem. Hyperfiltration in porous fixed charged membranes. Desalination, 1973, 13: 1.

[40] L Dresner. Some remarks on the integration of the extented Nernst-Planck equations in the hyperfiltration of multicomponent solutions. Desalination, 1972, 10: 27.

[41] G Scatchard. Equilibrium in solutions, surface and colloid chemistry. Cambridge MA: Harvard University Press, 1976.

[42] E Glueckauf. First international symposium on water desalination. Washington D. C. , Vol. I, 1965: 145.

[43] E Glueckauf, P J Russel. Desalination, 1976, 18: 155.

[44] G Eisenman. Membranes, Macroscopic Systems and Models. New York: Dekker, 1972.

[45] K A Kraus, R J Raridon, W H Baldwin. Properties of organic-water mixtures: I Activity coefficients of sodium chloride, potassium chloride, and barium nitrate in saturated water mixtures of glycol, glycerol and their acetates. Model solutions for hyperfiltration membranes. Journal of the American Chemical Society, 1964, 86: 2571.

[46] G Thau, R Bloch, O Kedem. Water transport in porous and nonporous membranes. Desalination, 1966, 1: 129.

[47] E Glueckauf, P J Russel. The equivalent pore radius of dense cellulose acetate membranes. Desalination, 1970, 8: 351.

[48] K S Spiegler, O Kedem. Thermodynamics of hyperfiltration(reverse osmosis) criteria for efficient membranes. Desalination, 1966, 1: 311-326.

J Jagur-Grodzinsky, O Kedem. Transport coefficients and salt rejection in uncharged hyperfiltration. Desalination, 1966, 1: 327.

[49] E Grimm,K Sollner. Journal of General Physiology, 1957, 40: 887.

[50] R Schloegl. Z. Physikal Chem, 1995, 3: 73.

[51] U Merten. Desalination by pressure osmosis. Desalination, 1966, 1: 297.

[52] F B Leitz. Piezodialysis//P Mears. Membrane Separation Processes, Chapter 7: 261-294.

[53] H K Lonsdale, W Pusch, A Walch. Donnan membrane effects in hyperfiltration of ternary systems. Journal of the Chemical Society-Faraday Transactions, 1975, 71: 501.

[54] A K Akred, A J Fane, J P Field. Negative rejections of cations in the ultrafiltration of gelatin and salt solutions. Polymer Science and Technology, 1980, 13: 353.

[55] M Perry, C Linder. Intermediate reverse osmosis ultrafiltration membranes for the concentrations and desalting of low molecular weight organic species. Desalination, 1989, 71: 233-245.

[56] L T Rozelle, J E Cadotte, W L King, et al. Development of ultrathin reverse osmosis membranes for desalination. Office of Saline Water OSW. Research & Development Progress Report, No. 659, 1973.

[57] R L Riley, H K Lonsdale, C R Lyons. Proceedings of the 3rd international symposium on fresh water from the sea. A A Delyannis, E E Delyannis. Vol. 2: 551, Athens 1970, Composite membranes for sea water desalination by reverse osmosis, Journal of Applied Polymer Science, 1971, 15: 1267.

[58] J E Cadotte. Reverse osmosis membranes. US Patent 4039440, 1977.

[59] L T Rozelle, J E Cadotte, R D Corneliussen, et al. NTIS report no. PB-206329, June 1968.

[60] J Shorr. Composite anisotropic polysulfone membrane. US patent 355630, 1971.

R W Baker. Process for making high flow anisotropic membranes. US patent 3567810, 1971.

[61] J E Cadotte, L T Rozelle. In situ-formed condensation polymers for reverse osmosis membranes. NTIS Report No. PB-229337, Nov 1972.

[62] W J Wrasildo. Semipermeable membranes and method for the preparation thereof. US patent 4005012, 1977.

[63] R L Riley, R L Fox, C R Lyons, et al. Spiral wound thin film composite membrane systems for brackish and seawater desalination by reverse osmosis. Desalination, 1977, 23: 331. See also R L Riley, C E Milstead, W

J Wrasildo, G R Hightower, C R Lyons, M Tagami. Research and Development on a Spiral-Wound Membrane System for Single-stage Water Desalination, Annual Report of Jan 1, 1973-Dec 31 1973 Contract 14-30-3191 for the Office of Saline Water US Department of the Interior.

[64] H Yasuda. Composite reverse osmosis membranes prepared by plasma polymerization//Reverse Osmosis and Synthetic Membranes. S Sourirajan. National Research Council Canada, 1977.

[65] T Sano. A new reverse osmosis membrane made of polyacrylonitrile. Chem. Econ. Eng. Rev. 1980, 12(5): 22.

[66] J Y Lai, Y C Chao. Plasma modified Nylon 4 membranes for reverse osmosis desalination. Journal of Applied Polymer Science, 1990, 39: 2295-2303.

[67] V Stannett, H B Hopenberg, E Bittencourt, et al. Grafted membranes for reverse osmosis//S Sourirajan. Reverse Osmosis and Synthetic Membranes. National Research Council of Canada, 1977.

[68] R Kesting, V Stannett. The Grafting of styrene to cellulose by mutual and preirradiated techniques. Makromolekulare Chemie, 1963(65): 248.

[69] A M Jendrychowska-Bonanour. Semipermeable membranes synthesized by grafting poly (tetrafluorethylene films: synthesis and study of properties, I: Anionic and cationic monografted membranes. The Journal of Chemical Physics, 1973, 70: 8-15.

[70] J E Cadotte, M F Steuck, R J Petersen. Research on in situ-formed condensation polymers for reverse osmosis membranes. NTIS 1978 and US patent 4259183, 1981.

[71] J Cadotte, R Forester, M Kim, et al. Nanofiltration membranes broaden the use of membrane separation technology. Desalination, 1988, 70: 77-88.

[72] D Pepper. RO-fractionation membranes. Desalination, 1988, 70: 89-93.

[73] M Kurihara, T Uemura, Y Nakagawa, et al. Thin film composite low pressure reverse osmosis membranes. Desalination, 1985, 54: 75-88.

[74] D L Comstock. Desal-5 membrane for water softening. Desalination, 1989, 76: 61.

[75] N Kuzuse, T Shintani, A Iwana. Composite semi-permeable membranes. Jpn. Kokai Tokkyo Koho JP 61 93806, 12 May 1981 [Chem Abstract 105: 174043t] H Ohya, Maku. Reverse osmosis separation of aqueous solutions. Membrane, 1985, 10: 101.

[76] R J Petersen. Composite reverse osmosis and nanofiltration. Journal of Membrane Science, 1993, 83: 81-150.

[77] P Eriksson. Water and salt transport through two types of polyamide composite membranes. Journal of Membrane Science, 1988, 36: 297-313.

[78] S B McCray, D T Friesen, R Ray. Novel reverse osmosis membranes made by interfacial polymerisation. 5th Annual Meeting North American Membrane Society, Lexington, 1992.

[79] S B McCray. US Patent 4876009, 1989.

[80] C Linder, G Aviv, M Perry, et al. Composite amphoteric membranes useful for the separation of organic compounds of low molecular weight solutes from inorganic salt streams. US patent 4767645, 1988.

[81] J Strantz Jr., W J Brehm. Treatment for reverse osmosis membranes. US patent 4938872, 1990.

[82] J E Cadotte, D R Walker. Novel Water Softening Membranes. US patent 4812270, 1989.

[83] J E Cadotte, K E Cobian, R H Forester, et al. NTIS report No. PB-253193 April, 1976.

[84] C Linder, M Perry, R Katraro. Semipermeable composite membranes, their manufacture and use. Modified polyvinyl alcohol membranes. US Patent 4753725, 1980.

[85] J E Cadotte. Alkali resistant hyperfiltration membrane. US Patent 4895661, 1990.

[86] M Fujimaki, H Kurihara, T Uemura. Jpn Kokai Tokyo, JP 6183009.

[87] Y Himeshima, T Uemura. Jpn Kokai Tokkyo Koho, JP 01254203.

[88] K Ikeda, T Nakano, H Ito, et al. New composite charged membrane. Desalination, 1986, 68: 109-119.

[89] K Ikeda, S Yamamoto, H Ito. Eur. Pat. Appl. EP 165077.

[90] T Tsura, M Urairi, S Nakao, et al. Negative rejection of anions in the loose reverse osmosis separation of mono- and divalent ion mixtures. Desalination, 1991, 81: 219-227.

[91] C Linder, M Perry. Porous, semipermeable membranes of chemically modified cellulose acetate. US patent 4604204, 1986.

[92] C Linder, G Aviv, M Perry, et al. Modified acrylonitrile polymers containing semipermeable membranes. US Patent 4477634, 1984.

[93] C Linder, G Aviv, M Perry, et al. Chemically modified semipermeable polysulfone membranes and their use in reverse osmosis and ultrafiltration. US Patent 4690766, 1987.

[94] W J Wrasildo, K S Mysels. Hydrophilic surfaces and processes for making them. US Patent 4413074, 1983.

[95] H D W Roesink, C A Smolders, M H V Mulders, et al. Process for the preparation of hydrophilic membranes and such membranes. US Patent 4797847, 1989.

[96] W Pusch, A Walch. Synthetic membranes-Preparation, structure, and application. Angewandte Chemie International. 1982, 21: 660-685.

[97] C Linder, G Aviv, M Perry, et al. Semipermeable encapsulated membranes. US patent 4778596, 1988.

[98] C Linder, G Aviv, M Perry, et al. Chemically modified semipermeable membranes and their use in reverse osmosis and ultrafiltration. US Patent 4690765.

[99] M Perry, J Yacubowicz, C Linder, et al. Novel chemically stable SelROTM nanofiltration membranes and modules for applications in chemical processes and treatment of waste streams. Aachener Membran Kolloquium Preprints, 9-11. 3. 93, 213-229.

[100] M Perry, C Linder. Advanced nanofiltration membranes possessing high chemical and solvent stabiliy. Aachener Membran Kolloquium Preprints, 19. -21. 3. 91.

[101] S Sourirajan. Separation of hydrocarbon liquids by flow under pressure through porous membranes. Nature, 1964, 203: 1348-1349.

[102] J Kopecek, S Sourirajan. Performance of porous cellulose acetate membranes for RO separation of mixtures of organic liquids. Industrial & Engineering Chemistry Process Design & Development, 1970, 47(1).

[103] D R Paul. The solution diffusion model for swollen membranes. Separation and Purification Review, 1976, 5 (1): 33-50.

[104] L Black. Interfacial polymerized membranes for the reverse osmosis separation of organic solvent solutions. Canadian Patent application 2026054, 1990/09/24.

[105] J G A Bitter, J P Haan, H C Rijkens. Process for the separation of solvents from hydrocarbons dissolved in the solvents. US patent 4748288, 1988and J G A Bitter, J P Haan. Process for the separating.

缩略语和符号

缩略语/符号	意义	缩略语/符号	意义
CA	醋酸纤维素	PEI	聚乙烯亚胺
CE	纤维素酯	PES	聚醚砜
CPVC	氯化聚氯乙烯	POM	聚乙酰
DDS	De Danske Sukkerfabrikker 公司	PP	聚丙烯
DMF	二甲基甲酰胺	PPO	聚苯醚
EDTA	乙二胺四乙酸	Psf	聚醚砜
IPC	间苯二甲酰氯	PTFE	聚四氟乙烯
L-S	Loeb-Sourirajan	PVA	聚乙烯醇
MPW	Products Kiryat Weizmann 公司	PVC	聚氯乙烯
M_r	(相对)分子量	PVDF	聚偏二氟乙烯
MWCO	切割分子量	PVP	聚乙烯吡咯烷酮
NF	纳滤	RO	反渗透
NMP	N-甲基-2-吡咯烷酮	SEM	扫描电镜
NTIS	美国政府科技情报服务	SPBOZ	磺化聚苯并嗪二酮
PAN	聚丙烯腈	SPES	磺化聚醚砜
PA	聚酰胺	SPsf	磺化聚砜
PARA	聚芳香酰胺	S&S	Schleicher and Schuell 公司
PBI	聚苯并咪唑	TDI	甲苯二异氰酸酯
PBIL	聚苯并咪唑酮	TMC	均苯三甲酰氯
PBOZ	聚苯并嗪二酮	TMS	Torell-Meyer-Siever(模型)
PC	聚碳酸酯	TPC	对苯二甲酰氯
PCI	Patterson Candy International 公司	UF	超滤
PEEK	聚醚醚酮		

第 3 章　纳滤膜的材料和制备

3.1　一般介绍

本章文献所涉及的膜实际上不仅仅用于纳滤(NF)，还可用于反渗透(RO)。这两种技术之间的区别通常是建立在应用基础之上，更具体地说，是取决于所采用的压力或待分离化合物的本质。这已经是一个相当模糊的区分，然而它们在膜的合成方面的界线更为含混不清。实际上，用于分离离子的松散反渗透膜和用在较低压力下过滤有机化合物的致密纳滤膜，可以用完全相同的化学成分和膜的制备方法。本章所引用的文献进一步局限于已实际应用于纳滤或反渗透的膜的合成，这意味着其他尚未(或即将)在纳滤中进行测试的致密膜没有被考虑，尽管这些膜在纳滤方面可能有潜在应用。

本章根据 Petersen[1] 于 1993 年发表的关于薄层复合(TFC)膜的精彩综述引导出对不同类型的多层膜的介绍。其中迄今为止最重要的一类是用界面聚合法制备的膜，其次是用涂层法制备的膜。它们由一层厚的、多孔的、非选择性的支撑层，及上面一层超薄的阻力层构成。支撑层有时本身会包含机织或无纺布支撑，最常见的是聚酯，以增强膜的可操作性。多层膜这种结构允许人们对每一层进行更灵活的优化。支撑层应提供最大的机械强度和抗压强度，以及最小的渗透阻力；阻力层应具备所需的溶剂通量和溶质截留率。

一体化非对称膜构成了第二类重要的纳滤/反渗透膜。基于 Loeb 和 Sourirajan 的创新[2]，这些膜通过相转化法制备而成，在多孔亚层表面有致密的皮层，且两者的组成完全相同。这些膜是一步制备的，因此它们通常价格便宜，更适合于低成本的应用，如水处理。例如，醋酸纤维素(CA)膜只能通过这种方法制备。CA 与聚酰胺(PA)膜(后者既可以通过相转化法，也可以用界面聚合法来制备)共同在纳滤/反渗透的工业应用领域(主要是水环境)占主导地位。

与高分子纳滤膜相比，基于陶瓷材料的纳滤膜的应用不太普遍，尽管其最近取得了重大进展。陶瓷膜一般具有较高的化学稳定性、结构稳定性和热稳定性，在压力下不会变形和膨胀，而且容易清洗[3]。

本章将介绍这些不同类型的膜的制备技术，在描述更具体的案例之前，会在必要的时候先简要介绍基本背景。当膜的合成参数与切割分子量(MWCO)及孔径关联时，就应注意对这些数字的说明，因为它们可能是在略微不同的条件（压力、流动方式、溶质）下确定的，定义不同（90%或 95%的截留率），或通过不同的计算方法得到的[4]。第 2 章介绍了有关纳滤发展的更多细节。

3.2　相变

3.2.1　简介

“相变”是指从所浇铸的聚合物溶液（一般指聚合物溶解于有机溶剂）到固态的可控转变。相变过程中，热力学稳定的聚合物铸膜液受可控液-液相分离的支配。诱导这种高聚物溶液分解成高聚物富相和高聚物贫相的“相分离”途径如下：浸入非溶剂浴（“浸没沉淀”），蒸发聚合物溶液中的挥发性溶剂（“控制蒸发”），降低温度（“热沉淀”），将铸膜液与被溶剂饱和的非溶剂蒸汽接触（“蒸汽相沉淀”）[5]。

一体化非对称膜的发展对纳滤/反渗透膜的合成意义重大[2]。它们的特定结构是在弱的非溶剂中[5, 6]，或者在前后两种不同的非溶剂中（“双凝胶浴法”）[7]，又或者在溶剂部分蒸发后（“干/湿法”）通过浸没沉淀而形成的[8]。

3.2.2　基本原理

对浸没沉淀的热力学特征进行直观了解的最好途径是聚合物/溶剂/非溶剂的相图（见图 3-1）。初始铸膜液位于双节线外的稳定区域。所谓的“双节线相分离（binodal demixing）”（图 3-1 中的路径 A）是相分离中最常见的路径。位于双节线和旋节线之间的聚合物溶液是亚稳态的，它们将通过成核和生长（Nucleation Growth，简称 NG）机理分离生成聚合物贫相和聚合物富相。这两相的组成分别由相图中的连接线（tie-lines）的端点 A′和 A″表示。在理想条件下，所形成的核（粒子）会生长，并且通常会发展到相的聚集（粗粒化）阶段。

图 3-1 中的第二个途径 B 代表不太常见的“旋节线相分离”（Spinodal Demixing，简称 SD）。这一机理发生在相分离路径穿过临界点，并直接进入不稳定区域时。同样地，该路径也会出现符合连接线原则的两个独立相，但不形成轮廓分明的成核结构，而是形成两个共连续相。

正在演变的结构会在什么时候被固定，这一点与诱导相分离的机制一样重要。图 3-2 显示了所浇铸薄膜在浸没后的某个时间点 t（<1 s）的组成路径（1＝膜的顶部；3＝膜的底部）。在随后的每一时刻，组成路径将随着更多的溶剂被非溶剂置换而改变。在图 3-2 的左图中，组成路径在时间 t 已越过了双节线，将直接开始相分离。在图 3-2 的右图中，组成路径上的任一点都在稳定区域内；经过一

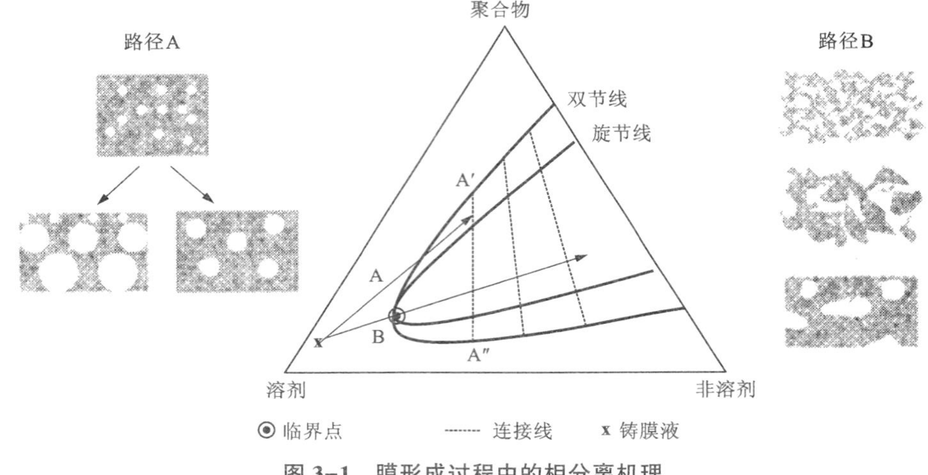

图 3-1　膜形成过程中的相分离机理

（改编自文献[9]）

段时间，只有当更多的非溶剂进入薄膜，使组成路径穿过双节线时，才会开始相分离。如果聚合物体系在相分离后迅速发生凝胶和固化，最后所成薄膜将具有细小的孔结构，反映了由最初的分相机理决定的初始特征。SD 相分离从一开始就有助于相互连接的孔隙结构的形成。在 NG 机制中，只有当成核充分生长并最终（相互）接触时，才能避免封闭型腔室的形成。

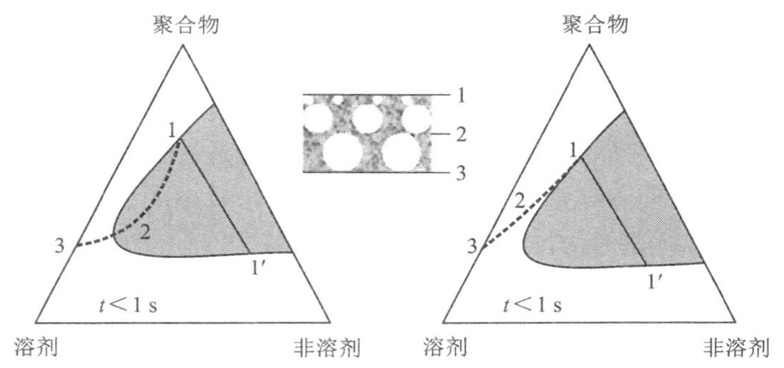

左：瞬时相分离；右：延迟相分离。

图 3-2　在浸没之后的瞬间，两种相分离的组成路径图

（改编自文献[5]）

大孔通常是指状孔，它们严重限制了膜的抗压性能。大孔的形成与非溶剂的移动前沿有关，可在图 3-3 中直观看到。当非溶剂向聚合物贫相内的扩散超过溶剂的向外扩散时，有利于大孔的形成。当更多的非溶剂进入时，孔壁将发生形变和扩张成泪滴形状。非溶剂进入发育中的孔的主要驱动力通常是局部生成的渗透压。随着溶剂浓度的降低，在某一时刻孔壁会玻璃化或部分结晶，从而完全形成。当非溶剂的扩散系数较低，渗透压较低，或大量小而稳定的核形成时，有利于小孔（海绵状孔）的形成。

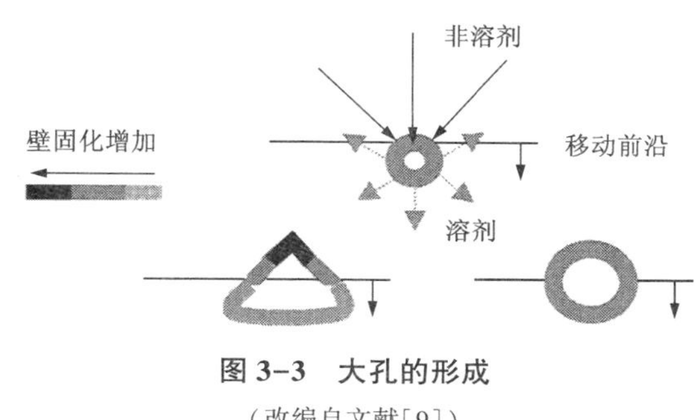

图 3-3　大孔的形成

（改编自文献[9]）

因而，聚合物溶液的热力学特性与扩散的动力学特征相结合，共同决定了最终的膜形态[5, 10]。以下参数对膜形态有很大影响：

(1) 铸膜液的组成（溶剂、聚合物浓度、添加剂）；

(2) 膜浇铸后的条件（溶剂蒸发温度、时间）；

(3) 凝胶浴（成分、温度）；

(4) 聚合物的类型（亲水性、电荷密度、聚合物结构、分子量）；

(5) 成膜后的处理（在水中退火、暴露于浓缩的矿物酸、用调理剂处理）。

下一节介绍如何利用这些参数来改变和改善非对称膜的形貌和性能。

3.2.3　聚合物的类型

已有多种类型的聚合物被用来制备非对称膜（见表 3-1）。聚合物的特性对膜的性能有重要影响。

亲水性/疏水性平衡和电荷密度

更亲水的聚合物有助于所制备的膜获得高的水通量，因为亲水性使多孔膜能更好地被水润湿，对致密膜而言则是使其具有更高的吸附/扩散性能。这一点可通过比较由 CA 膜和乙（酰）丁（酰）纤维素（CAB，17% 丁酰含量，见表 3-1）膜的水通量得到说明。但较高的水通量伴随着较低的盐截留率[11, 12]。

通过引入荷电基团可以提高亲水性。对羧基（—COOH）数量不同的 PA[3, 4, 15] 的比较，以及聚（邻苯二甲酸嗪砜醚酮）（PPESK）与其磺化形式［（S）PPESK，见表 3-1］的对比显示，（材料电荷的增加带来）盐的截留率和水通量同时上升的现象。

Linder 和 Kedem[17] 设计了具有独特选择性的膜，以去除有机组分中的盐。有两种不相容的聚合物被用来制备不对称“马赛克”离子交换膜。磺化聚砜（SPsf）形成带负电荷的膜基体，而与之不相容的溴代聚苯醚（PPO-Br）（见表 3-1）被转化成阳离子聚合物，并在膜基体中形成带正电区域（见图 3-4）。这种膜对 NaCl、Na_2SO_4 等的截留率较低，但对有机化合物的截留率较高。

表 3-1　用于相分离制备非对称膜的聚合物

聚合物	缩写	(单元)结构
Cellulose acetate (R=Ac) Cellulose acetate butyrate (R=Butyl)	CA CAB	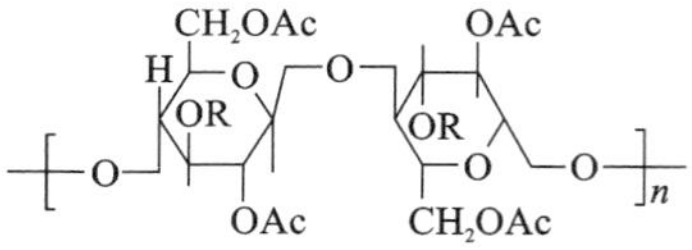
Polyamide	PA	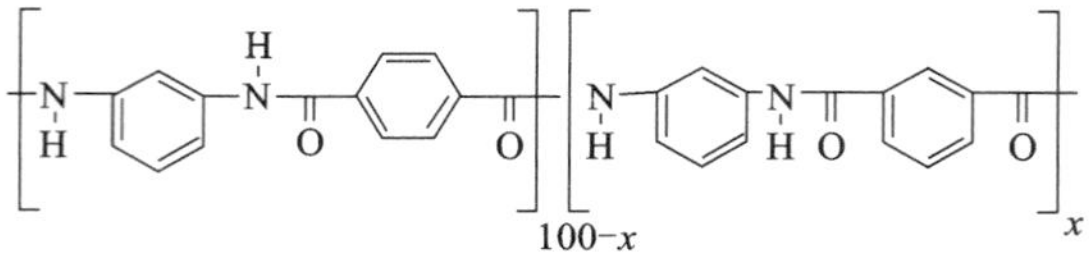
Poly (amide-hydrazide)	PAH①	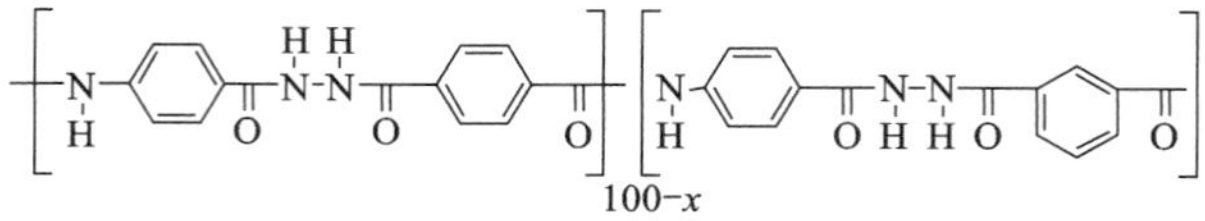
Polyimide	PI②	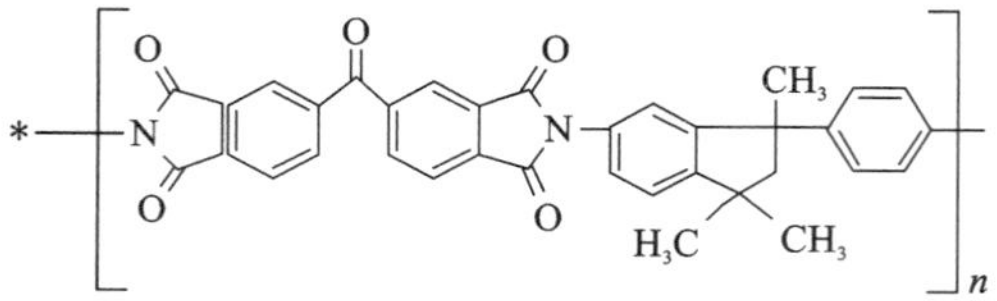
Sulfonated polysulfone	SPsf	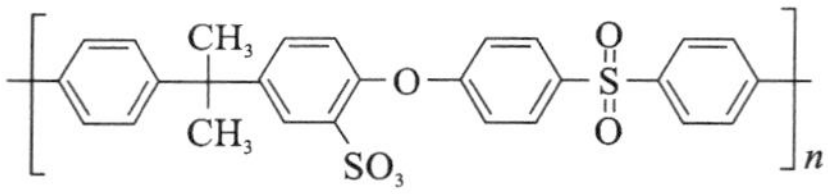
Brominated poly (phenylene oxide)	PPO-Br	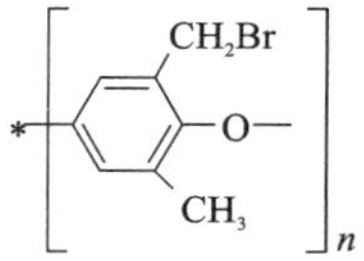
Poly (phthalazine ether sulfone ketone) (R=H)	PPESK	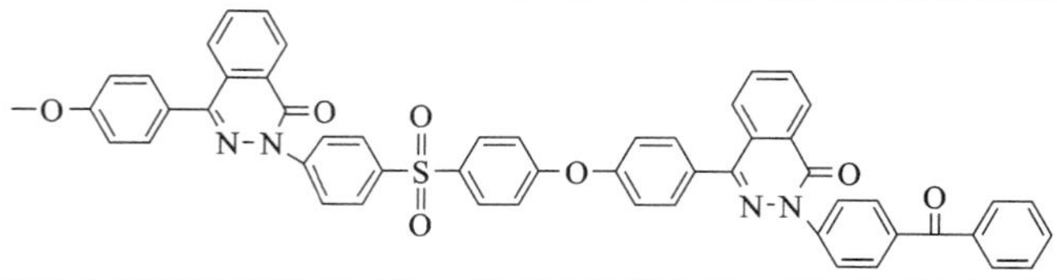
Sulfonated Poly (phthalazine ether sulfone ketone) ($R=SO_3$)	(S)PPESK	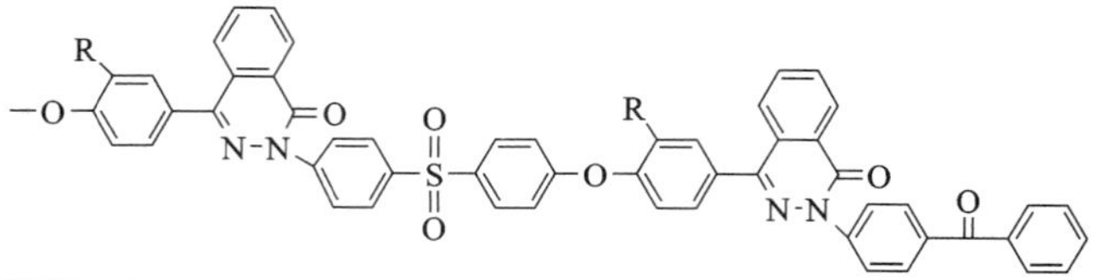

① 聚(酰胺-酰肼)。

② 聚酰亚胺。

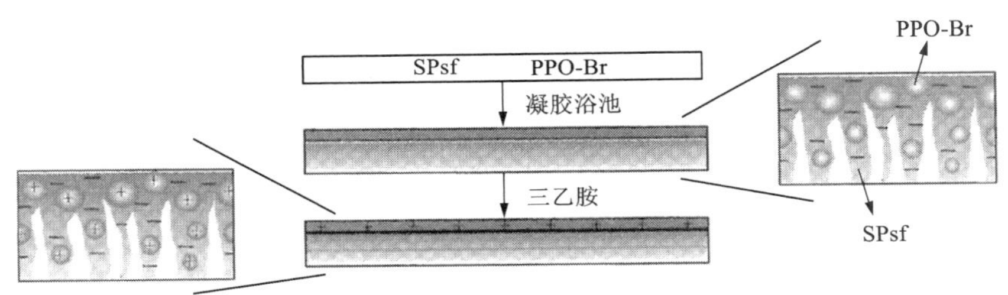

图 3-4　非对称“马赛克”膜的制备——团聚的原位形成示意图

（改编自文献[17]）

聚合物结构

因为非线性聚合物的链间距更大，所以它们所制备的膜被认为会有更高的通量。在芳香 PAs 和 PAHs 中[19]（s：表复数），聚合物链的线性取决于苯环上的取代基团：苯环上更多的对位取代基增强了链的对称性，结果导致结构更紧凑，通量降低。

至于链段刚性较高的聚合物（如 PAs 和 PAHs），分子量的增加带来了较低的通量和较高的截留率。这是因为较长的链段促成在亚氨基（═NH）和羰基（—C ═O）之间建立更多的二次氢键，将导致整个膜的致密化[20]。

3.2.4　铸膜液的组成

除聚合物以外，铸膜液中最重要的成分就是溶剂。显然，溶剂的选择受到所用聚合物类型的限制；同时，溶剂与非溶剂之间的相互作用也非常重要。当这种相互作用较弱时，会获得以海绵状结构为主的膜[15]。聚合物浓度和添加剂的使用对膜的最终形貌和性能也有显著影响。

聚合物浓度

通过提高铸膜液中聚合物的初始浓度，聚合物/非溶剂（凝胶浴）界面在浸没沉淀开始时将形成更高的聚合物浓度。因此，非溶剂向内扩散的速率减缓，相分离延迟。这会导致膜的皮层更致密和厚度增加，以及孔隙率较低的亚层和膜通量减少。

添加挥发性溶剂

采用干/湿法制备完整的一体化非对称膜时，蒸发这一步很重要。当铸膜液中的溶剂具有较高的沸点时，需要高温才能获得致密的皮层。为了避免蒸发过程处于高温状态，可以在铸膜液中加入更多的挥发性溶剂。在（S）PPESK/N—甲基—2—吡咯烷酮（NMP）溶液中加入乙醚（EE）和四氢呋喃（THF），所获得的膜具有纳滤特征范围内的截留率和通量[16, 21]。White 等人[22, 23]在聚酰亚胺（PI）/NMP

溶液中加入 THF，在控制温度下通过对流蒸发获得的膜具有可接受的选择性。

Bindal 等人[24]则采用了另一种方法。他们将 PAH/NMP 铸膜液浸入易挥发的丙酮中，使非挥发性溶剂（如 NMP）与丙酮以铸膜液表面为界面进行交换；随后通过蒸发去除丙酮，并将薄膜浸入非溶剂（水）中。在这种所谓的“溶剂交换和浸没沉淀”技术（SEIP）中，交换时间越长，溶剂取代率越高，最终获得的膜的盐截留率就越高。

添加非溶剂或“坏”溶剂

非溶剂或“坏”溶剂可用于控制膜的孔隙率。一方面，通过增加非溶剂或“坏”溶剂的含量，可以诱导大孔的形成。另一方面，（当非溶剂）超过一定浓度极限时，薄膜将处于亚稳态，会出现许多稳定的聚合物贫相核。因此，相分离将在整个膜中迅速和均匀地发生，从而阻碍了核的生长和大孔的形成[10]。此外，在铸膜液中加入非溶剂降低了非溶剂移动前沿附近的渗透压差[25]。

使用 NMP 做溶剂的 PPESK 膜添加强极性的乙二醇甲醚（EGME）后，实现了致密化。原因是铸膜液的热力学稳定性降低，大量的核随之形成。使用丁酮时，由于其极性较低[21]，所导致的通量下降和截留率提高不太明显。

将丙酮作为“坏”溶剂添加到二氧六环/丙酮/三乙酸纤维素（CTA）铸膜液中，会得到更缠结的 CTA 分子链和更致密的膜[26]。将乙酸（AA）和二甘醇二甲醚（DEGEME）加入聚醚酰亚胺（PEI）/NMP 铸膜液中产生了类似的作用[27]。DEGEME 显示了另一个特殊的效果，它是弱于 AA 的非溶剂，又因为与非溶剂（水）不互溶，与水接触会形成分明的界面。因此，使用 DEGEME 作为添加剂能形成一种“屏障”，减缓非溶剂向聚合物溶液内的扩散速率[27]。这种“界面”有助于致密的、超薄的（40~60 nm）皮层的形成[28]。

添加致孔剂

在 PAH 铸膜液中加入 LiCl 或 $LiNO_3$ 会提高其渗透性，而不降低其选择性[19, 24, 29]。在蒸发过程中，LiCl 主要在与空气接触侧的溶液表面富集。相变时，非溶剂在凝胶浴中将 LiCl 提取或溶出，以提高孔隙率。LiCl 作为添加剂还可以控制黏度和蒸发速率[18]。

加入 $Mg(ClO_4)_2$ 可提高不对称 CA 或 CAB 膜的孔隙率。凝胶浴中水分子在 Mg^{2+} 周围的聚集使膜的渗透性增强，但降低其选择性[11]。

除了无机添加剂，有机添加剂也经常被使用。马来酸（MA）提高了 CTA 膜的孔隙率和渗透性，增强了 CTA 聚合物的溶解度。低 MA 含量使聚合物链段更缠结，不利于孔隙的形成；而过高的 MA 含量对反渗透性能有负面影响[26]。在 CA 的丙酮铸膜液中加入甲酰胺也有类似的效果，因为它使相变过程中丙酮的流出量降低，但增加水的相对流入量[30, 31]。NMP 已被用于提高非对称聚砜（Psf）膜的孔隙率[32]。

聚合物也可用作添加剂。通过增加 Psf/NMP 铸膜液中磺化聚醚醚酮(SPEEK)(见图 3-5)的含量，提高了所成膜的孔隙率，增强水的渗透性。较高的截留率意味着孔径的减小。SPEEK 是高度亲水的材料，会导致更多(快)的水进入；其结果是相分离非常快，形成了许多核。由于成核的数量较多，它们的生长受到限制。此外，通过加入 SPEEK，膜的电荷密度也随之增加。这也就解释了为什么像 NaCl 这样的荷电小分子也有较高的截留率[32]。

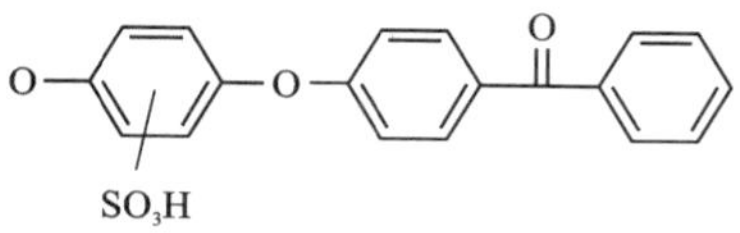

SO_3H

图 3-5　磺化聚醚醚酮

Kim 等人[33]在 Psf 膜中加入聚乙二醇(PEG)。PEG 的分子量和含量是膜孔隙度的重要参数，当加入更多的 PEG 或分子量较高的 PEG 时，由于较低的热力学稳定性和较大的非溶剂(水)流入量，膜的孔隙率会提高。另外，PEG 还干扰了聚合物分子链的聚集态。

3.2.5　成膜条件

在将铸膜液浇铸成薄膜后，干/湿法制备一体化非对称膜的蒸发步骤使初始膜的最外层区域具有较高的聚合物浓度。聚合物在该区域的过饱和会导致致密化皮层，可以通过膜表面空气的强制对流来实现蒸发，或允许膜的溶剂在空气中自由蒸发。

如下几个参数是必须考虑的：蒸发时间、蒸发温度、空气的相对湿度，以及施加对流时的空气流速。前两个参数在文献中得到了较彻底的研究。

蒸发时间

通过延长蒸发时间，减小膜的通量，提高截留率。这一现象在制备 PA[13, 18]、PAH[20, 24, 29, 34, 35]、CA[11, 12]和 PPESK[21]膜中得到了体现。另外，在 110℃蒸发超过 50 min 的情况下，所获得的非对称 PAH 膜的盐截留率降低。这种选择性降低是由于发生了(高聚物)结晶过程。

蒸发温度

显然，蒸发温度越高，溶剂的蒸发量越多。与该原理对应的低通量和高截留率在 PAH 膜的实验中得到了验证，其中，截留率在(蒸发温度)超过 100℃时达到平稳[19, 20]。当温度升到 130℃以上时，观察到了溶质截留行为的逆转，这归因于聚合物的降解[20]。

3.3.6　凝胶浴

组成

如上所述，溶剂和非溶剂之间的交换速率在膜形成过程中非常重要。当非溶剂和溶剂之间存在良好的相互作用时，就会产生有效的交换和较高的孔隙率。例如，NMP/水这一溶剂/非溶剂组合就是一个佐证。

在凝胶浴中使用添加剂可以影响溶剂/非溶剂的交换速率。在凝胶浴中加入(弱)凝固剂会降低交换率。例如，在磺化聚偏氟乙烯((S)PVDF)/二甲基甲酰胺(DMF)铸膜液进行相变的水浴中加入醇类[36]；或者，往凝胶浴中加入与铸膜液相同的溶剂也可以诱发类似的效果。这是因为渗透压的降低减缓了溶剂和非溶剂的交换率，从而降低了孔隙率[5]。Bottino 等人[36]在凝胶浴中加入 DMF 制备(S)PVDF 膜，Konagaya 等人[13]在水浴中加入二甲基乙酰胺(DMAc)来制备 PA 膜。这两项研究都显示膜的通量下降和截留率提高。影响溶剂/非溶剂交换速率的第三种方法是在凝胶浴中加入低聚物(寡聚物)或聚合物。例如，在水浴中加入聚(环氧乙烷)(PEO)，来凝固聚(醚酮)(PEK)/硫酸(成分 H_2SO_4)铸膜液，通过增加 PEO 的用量，降低了膜的孔隙率和 MWCO[37]。White 等人[22, 23]曾将浓度低至 0.01%(质量分数)的 TritonX-100(一种寡聚表面活性剂)与非溶剂水相混合用于制膜。

温度

凝胶浴温度的升高导致了更高的(溶剂/非溶剂)的交换率和更高的孔隙率。此外，形成大孔的倾向也会增强。Bottino 等人[36]发现当凝胶浴温度从-20℃提高到 20℃时，(S)PVDF 膜的通量略有增加，但截留率未受影响。同样的现象在 Bindal 等人[24]的研究中有报道，该研究使用 PAH 聚合物，凝胶溶温度在 5℃至 45℃。

当使用过高的凝胶浴温度时，聚合物结构会因垮塌而形成更致密的膜。在关于 PAH[19]和 PA[35]膜的研究中有上述发现。

3.2.7 后处理

为了提高非对称膜的性能，并使其在长期服役期间性能稳定，可以采取几种后处理方法，如在水中或在干燥条件下退火、暴露于高浓度的矿物酸中、用溶剂交换技术干燥，以及使用调理剂。

在水中退火

为了降低孔隙率，非对称膜可在凝胶浴中固化成膜后再进行热处理。退火时间和温度是两个重要的参数，如在 PAH[19, 29]、PA[18, 35]和 CA[38]膜的研究中所显示的。

PAH 膜在退火槽中浸泡较长时间后，膜的通量也下降了[19, 20, 34]。当蒸发步骤在较低的温度下进行时，这种效应更明显。在退火浴槽中放置一定时间(根据系统不同从几分钟到几小时不等)后，膜的致密化不再进一步发展。

干式退火

在较高的温度下对膜进行短时间的加热，改善了截留效果。如将 PI 膜在 260℃烘箱中热处理 30 s，以改善其对润滑油的截留效果[22, 23]。

交联

为了提高非对称聚苯乙烯(PS)膜的化学稳定性和截留性能，研究者将相转化与光致交联相结合。首先，有部分交联发生在(铸膜液的)相分离发生之前，通过在甲醇凝胶浴中加入安息香(benzoin)作为自由基引发剂来实现。浸没之后，通过额外的紫外光(UV)处理作为交联的终结。较高的二乙烯苯(DVB)含量能带来更好的截留率，但是以降低渗透性为代价。

溶剂交换干燥技术

对大多数非对称膜而言，保持和增强其孔隙率及表面结构的最好方式是多步骤溶剂交换干燥。在该技术中，第一种溶剂取代相分离所成膜内部的非溶剂；之后，使用第二种挥发性溶剂取代第一种溶剂；然后，将该挥发性溶剂蒸发，以获得干膜。第一种溶剂必须能够与(成膜)非溶剂互溶，且不能对膜有分解效果[40]。对于非对称 PI 膜，异丙醇(IPA)或甲基酮(MEK)都可以作为第一种溶剂来取代膜内的水，而将正己烷作为第二种溶剂。在第二次溶剂交换浴中还可以使用润滑油/MEK/甲苯混合物。当采用较高浓度的润滑油时，膜的通量增加[22, 23]。Murphy 等人[30]制备 CA 膜时，第一次和第二次溶剂交换的分别使用 IPA 和正己烷。

调理剂

调理剂(如润滑油)的保护效果不仅提高了非对称 PI 膜的性能，还提高了平板膜的柔韧性和可加工性[23]。

3.3　界面聚合

3.3.1　简介

界面聚合是合成 TFC 反渗透膜和纳滤膜的一种非常重要和有用的技术。聚合发生在两种不互溶的溶剂的界面，每种溶剂都含有反应物(见图 3-6)。例如，超滤膜浸入某种二胺的水溶液中，多余的水被去除后，(被水溶液饱和的)膜与含有酰氯的有机相接触。这两种单体反应的结果是在超滤膜上(表面)形成一个 PA 薄层(1~0.1 μm)。

Petersen[1]于 1993 年对 TFC 膜进行了全面的回顾；在过去的十年里，(有关界面聚合的)学术研究论文的产出量相当少，其中 PA 主导了界面聚合 TFC 膜领域。膜的组成和形貌取决于不同的参数，如反应物的浓度、它们的分配系数和反

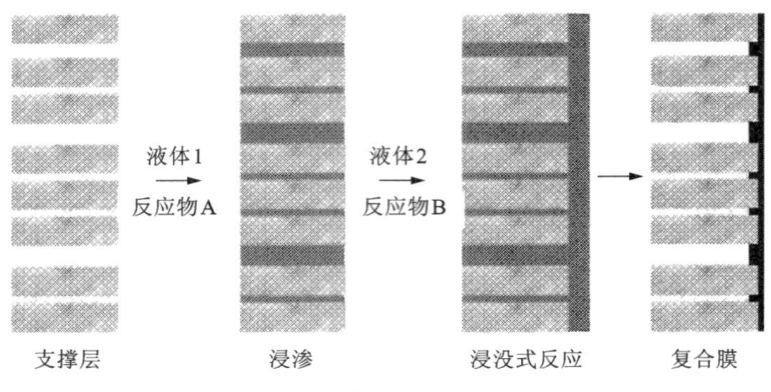

图 3-6 界面聚合法示意图

应活性、反应物的动力学和扩散速率、副产物的存在、竞争性副反应、交联反应和反应后处理。

3.3.2 支撑层

支撑层对有效分离层（选择层）起到稳定作用，因此其良好的化学、力学和热稳定性能是非常重要的。Psf 超滤膜是被经常提到的一类支撑膜[48]。但由于 Psf 对某些溶剂敏感，选择与其接触的溶剂时会受到限制。对此，可以使用其他超滤支撑膜，如 PI[49-52]、聚丙烯腈（PAN）[53] 和聚偏氟乙烯（PVDF）[54] 膜，还有无机膜。

Lee 和其同事[53] 用 NaOH 将 PAN 支撑层的一部分腈基转化为—COOH（转化机理见图 3-7）。这些羧基与二胺反应，在支撑层和随后制备的分离层之间形成了共价键或离子键，带来了较高的通量和微弱上升的截留率。

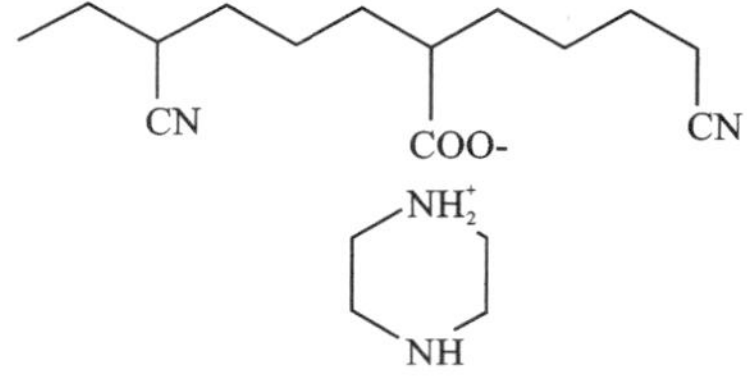

图 3-7 聚丙烯腈支撑层的转变示意图

3.3.3 单体

TFC 膜的有效分离层是顶层（皮层），其性质由界面聚合得到的聚合物决定。聚合物的疏水性、电荷和密度将决定水通量和截留率。

胺

一般来说，芳香二胺膜表现出更好的截留性能，但通量低于脂肪二胺膜[53]。胺基的相互位置显著影响了这些性质。当二胺和二酰氯在芳香环上有同样的（取代基）定位时，邻、间或对苯二胺（o-PDA、m-PDA 或 p-PDA）与间苯二甲酰氯（IPC）或对苯二甲酰氯（TPC）的反应能产生最佳截留率和最高通量（见图 3-8）。

均苯三甲酰氯(TMC)与 m-PDA 反应过后得到了性能最好的膜。TMC 具有三个活性官能团，因此可以形成交联化的聚合物链。未反应的基团也会部分水解，其程度决定了膜的亲水性和聚合物膜的密度[41, 42]。

对分别含有哌嗪(对二氮己环)和 4，4′-联吡啶(见图 3-9)的膜进行比较时发现，后者的通量较高[43]。哌嗪的几种二胺类衍生物形成的寡聚物被用于 PA 膜的制备。所成膜的水通量比用 m-PDA 制成的膜要高 3～4 倍，而截留率略有下降。此外，这些膜表现出了更好的耐氯性能[49]。

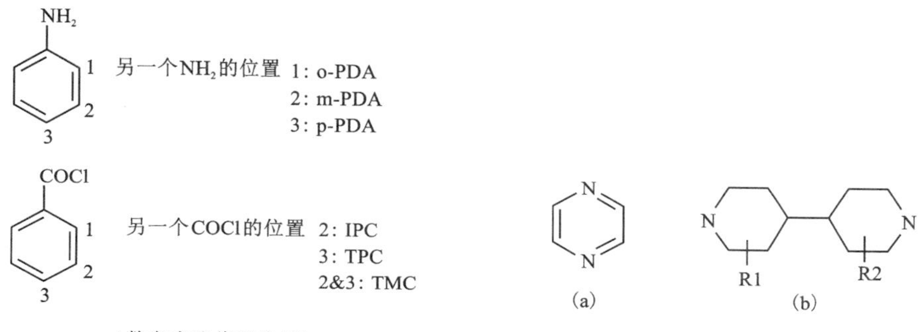

图 3-8 最重要的芳香二胺和二酰氯

图 3-9 哌嗪(a)和 4，4′-联吡啶(b)

为了进一步提高耐氯性，结合酯键而形成的聚(酯酰胺)膜得到了关注。基于间氨基苯酚(m-AP)、双酚 A(BisA)和对苯二酚(HQ)的膜(见图 3-10)均表现出较高的(氯)耐受性，其中 HQ 因其较高的截留率而成为首选[44]。还有学者研究了苯环间的连接(结构)不相同的四种双酚，即双酚(BP)、BisA、二羟基二苯醚(DHDPE)和双酚 S(BisS)。非极性的 BP 和 BisA 具有良好的成膜性能，而另外两种会形成不规则的团块。随着极性程度的增加，膜通量上升，截留率降低[45]。

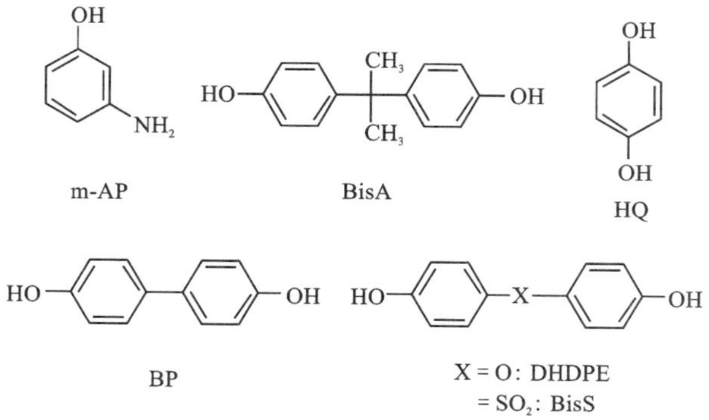

图 3-10 用于生产聚酯酰胺的醇类和氨基醇

使用聚合胺，如聚（氨基苯乙烯）（PAS，见图 3-11），与 TMC 结合形成的膜通量和截留率都低。添加少量（最高 20%）的 m-PDA 时，提高了截留率，而通量几乎保持不变。与 p-PAS 相比，使用 m-PAS 的结果更好，这与 PDA 单体取代基位置的影响相似[41, 42]。

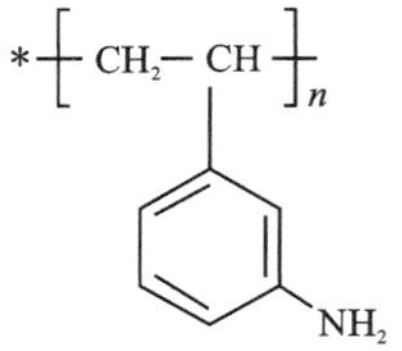

图 3-11 聚（氨基苯乙烯）的单元结构

酰氯

与胺类一样，也有一系列单、双和三酰氯可供选择。与二酰氯相比，三酰氯（如 TMC）提供了更好的截留率。除了与胺反应，酰氯还能与其他亲核化合物反应。酰氯能水解生成羧酸，对膜的亲水性及其交联程度有重要影响。

在二磺酰氯单体中引入光化学基团是一种在聚磺酰胺膜合成后对其进行改性的方法（见图 3-12）[55]。（界面）聚合后，重氮酮能在紫外线处理下形成几种类型的官能团，以增加水通量和提高截留率。

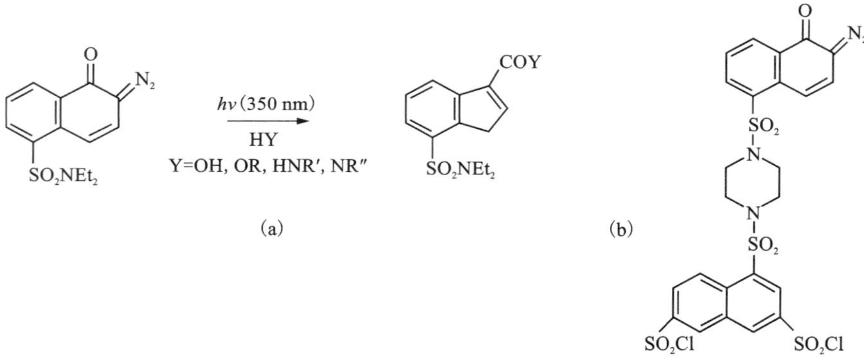

图 3-12 重氮酮的光化学转化（a）及重氮酮与二磺酰氯单体的结合（b）

除酰氯单体外，具有酰氯侧基（—COCl）的聚合物也被用来制备 PA 膜。IPC 与聚异丁基甲基丙烯-共-丙烯酰氯[poly（isobutylmethacryl-co-acryloyl chloride）]的混合物具有良好的成膜性能。对过滤甲醇中的 PEG 而言，聚合物中丙烯酰氯含量的增加没有改变截留率，但促进了通量的提高。在有机相中加入更多的酰氯使膜在分离正己烷和甘二烷时有更低的通量和更高的截留率[50]。

通过将聚乙烯基苄基氯（PVBCl）与 DMF 中的哌嗪或 1，4-二氨基双环[2，2，2]辛烷（1，4-diaminobicyclo [2，2，2] octane）反应，制备了一种孔隙填充型阴离子交换膜（见图 3-13）。余下的氯甲基基团（—CH_2Cl）与三甲胺（—NMe_3）反应形成带正电荷的铵（—$CH_2NMe_3^+$），但目前还没有公布这种膜的应用[46]。

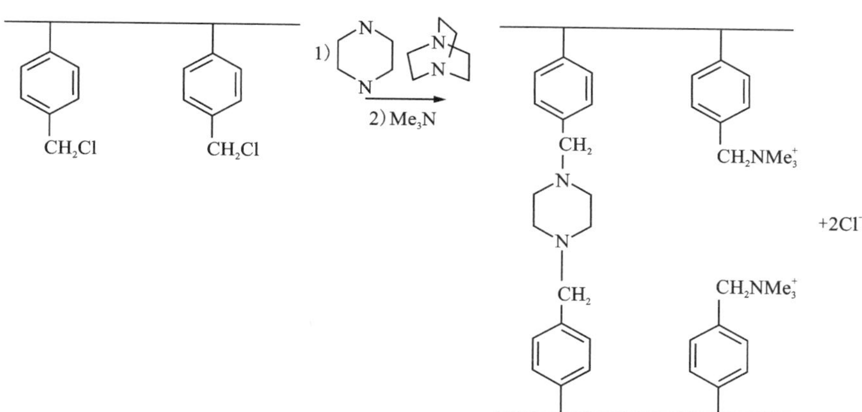

图 3-13　聚乙烯基苄基氯与二胺和胺的反应

3.3.4　聚合参数

较高的浓度、较快的反应速率和较长的反应时间都会导致较低的通量和较高的截留率[41, 42, 47, 54, 55]。在某些情况下，最终获得的膜的分离特性在很大程度上取决于承载界面聚合反应的有机溶剂。在酸性氯化物混合物（IPC 和含丙烯酰氯的聚合物）与水溶液中胺[低聚乙胺和十二烷基硫酸钠（SDS）]的反应中，氟利昂取代了甲苯产生了无渗透性的膜。另外，使用甲苯/氯仿混合物时比仅有甲苯带来的通量要低[50]。在含重氮单体参与的聚合过程中也发现了类似的溶剂效应[55]。

3.3.5　添加剂

以三氨基吡啶为催化剂时提高了聚合速率。PA 膜中极性亲水位点的产生导致通量的增加和截留率的提高[47]。

添加剂与非活性聚合物共混被用来改变顶层（选择活性层）的亲水性和密度。聚（环氧乙烷-b-酰胺）（PEBAX®）被用作“间隔”，以获得不那么致密的 PA 聚合物网络。在第一种方法中，首先在支撑层上制备一层薄的 PEBAX 膜；然后将其用二胺浸渍，随后与 TMC 溶液接触。又或者，是将 PEBAX 与胺溶液混合，然后与 TMC 溶液接触[54]。通过共混改变亲水性可以拓宽一些膜的应用范围。例如，往非反应性聚二甲基硅氧烷（PDMS）聚合物中加入有机相，然后使其与二胺溶液接触。这种共混对允许正己烷通过的膜是必需的。还有一些其他非反应性聚合物也产生了类似的影响[51, 52]。

此外，络合剂（如有机膦酸盐、磷化合物、亚磷酸盐和二茂铁）也极大程度地改变了通量和截留率。这些化合物在与多胺接触之前被添加到多官能团酰基卤化物中。通过这种方法，具有反渗透特性的 TFC 膜被转化为具有纳滤特性的膜[48]。

3.3.6 紫外辐照/湿式界面聚合

Forgach 等人开发了一种不同类型的界面聚合[56]。氯乙烯基苯、2-羟乙基甲基丙烯酸酯和甲基丙烯酸被溶解在水中，进行自由基聚合（见图 3-14）。在水/空气界面上，对溶液进行紫外辐射以形成一层薄膜，然后将该薄膜叠加到一个支撑层表面，对其进行干燥。根据测试结果将该膜归类为松散纳滤膜。

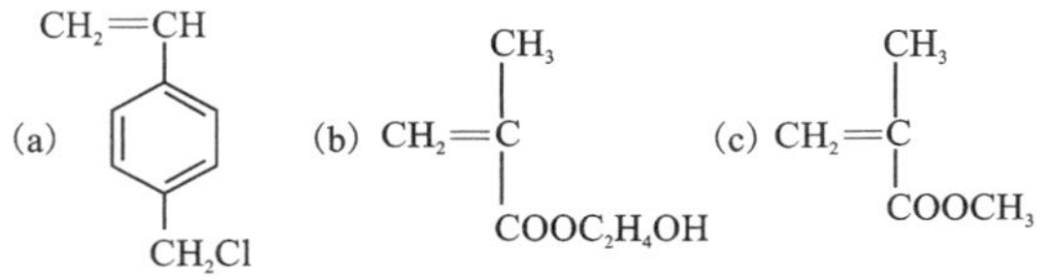

(a) $CH_2{=}CH$–C_6H_4–CH_2Cl

(b) $CH_2{=}C(CH_3)$–$COOC_2H_4OH$

(c) $CH_2{=}C(CH_3)$–$COOCH_3$

图 3-14 用于湿式界面聚合的单体：氯甲基苯乙烯（a），2-羟乙基甲基丙烯酸酯（b），甲基丙烯酸酯（c）

3.4 涂覆

3.4.1 简介

涂覆是一种相对简单的膜制备技术，即在支撑层上涂覆聚合物溶液。干燥前或干燥后采用可能的交联将使膜更稳定，有时还会有更好的分离效果。采用哪种聚合物取决于多个参数，如聚合物的强度和稳定性、成膜性能、在溶剂中的溶解度、成本价格、可交联性等。

更黏稠的铸膜液和多次浇铸会使膜的厚度增加，从而降低通量，但截留率基本保持不变。铸膜液的黏度取决于溶液的温度、溶液的浓度、添加剂等。

一般来说，交联程度更高的膜更加致密，其渗透性更低，选择性更高。交联剂的类型、浓度、反应 pH、反应时间、温度等决定了交联的程度[56]。

3.4.2 具体案例

壳聚糖（CTS，见图 3-15）是 CA 的相似物，也是一种在制膜方面很有吸引力的聚合物，但它需要交联。通常，制膜过程先将醋酸壳聚糖溶解在缓冲液中，然后涂覆在支撑层上。干燥后，用 NaOH 溶液将醋酸壳聚糖转化为 CTS。处理后的膜用戊二醛(GA，见图 3-15)交联，使其成为耐溶剂和耐酸碱的膜。在 pH 低于 6.5 的条件下，胺的质子化可以使未交联的聚合物溶解在水中。较长的交联时间和较高的 GA 浓度会产生较低的水通量和 MWCO。GA 的量改变了膜的疏水性和密度；对于非极性溶剂，较高的 GA 浓度使膜的溶胀更明显，但膜始终对正己烷没有渗透性[56, 57, 58]。

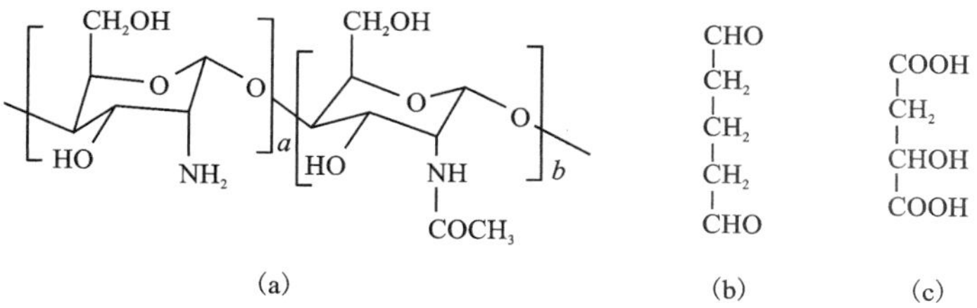

(a) (b) (c)

图 3-15 壳聚糖(a)、戊二醛(b)和羟基丁二酸(c)

另一种受欢迎的制膜聚合物是聚乙烯醇(PVA)，它非常亲水，且具有相当好的化学稳定性。但由于不适当的热交联和相对较厚的有效层，这些膜表现出非常低的通量和截留率。经过 80℃ 以上的热处理后，由于产生了程度较高的 PVA 结晶，膜通量和 MWCO 急剧下降。与二醛和二羧酸的化学交联减少了结晶区的数量，对应的膜具有较高的渗透性。在一系列二醛中，采用 GA 能带来最好的截留率，但其效果仍然低于羟基丁二酸(见图 3-15)①[60]。

在 PVA 中加入海藻酸钠(SA)，据说可以改善基于道南排斥的溶质截留率[61]。有研究者[62, 63]对 PVA/SA(质量比 95/5)膜实现了梯度交联。通过调整涂层与 GA 交联溶液的接触时间来控制交联程度，交联剂从膜表面向内的逐步扩散产生了交联梯度，这对于获得高通量和高截留率有重要意义。

有研究者[64, 65]采用 PVA、SA 和 CTS 相结合的方法制备了聚离子复合膜，用于从废水中回收阴离子表面活性剂。首先将 $CaCl_2$ 或 $CaCl_2$/PVA 溶液涂覆在疏水 Psf 支撑膜上，然后沉积一层薄的 SA。薄膜随后与 CTS 溶液接触，形成聚离子复合物。其中，PVA 用作针对疏水支撑层的分散助剂和润湿剂，用量很少；使用其他盐类，如 $Al(NO_3)_3$、$Al_2(SO_4)_3$ 和 $CuSO_4$ 与 $CaCl_2$ 一样，既不影响截留率，也不影响通量。采用 K 和 Li 的海藻酸盐或丙烯酸钠作为阴离子聚合物，聚吡啶作为阳离子聚合物，均得到了类似的结果。

与 CA 类似，用纤维素—羟基烷基醚制备的膜也可以用 GA 进行交联。较高

① 原文为马来酸。参考图 3-15，改为羟基丁二酸。

的涂层浓度使得通量和截留率降低；较高的交联温度和聚合物分子量的增加导致了较低的渗透性；在较低的 pH 下有更好的交联速率，实验结果显示更低的通量和 MWCO[66]。

磺化聚(2，6-二甲基-1，4-苯醚)[SPPO，见图 3-16(a)]是一种具有良好化学性、pH 和热稳定性的荷电聚合物。其上 H^+ 与 Na^+ 离子交换使聚合物不溶于乙醇和 IPA。钠型膜的截留率普遍较高，但与 NaCl 相比，膜对 $MgSO_4$ 的截留率异常低[67]。

有研究者[63]通过改变烷基甲基丙烯酸酯离聚体的侧链长度[图 3-16(b)]，研究了亲水性对膜通量的影响。图中的侧链有 4 到 13 个不等的亚甲基(—CH_2—)基团。随着碳链的增长，聚合物在水中的溶胀减小。链长为 C_8 时获得了最高的水通量和最佳的截留率。较短的侧链限制了链的灵活性，正如 T_g 所反映的，而较长的链则使膜的基材更为疏水。

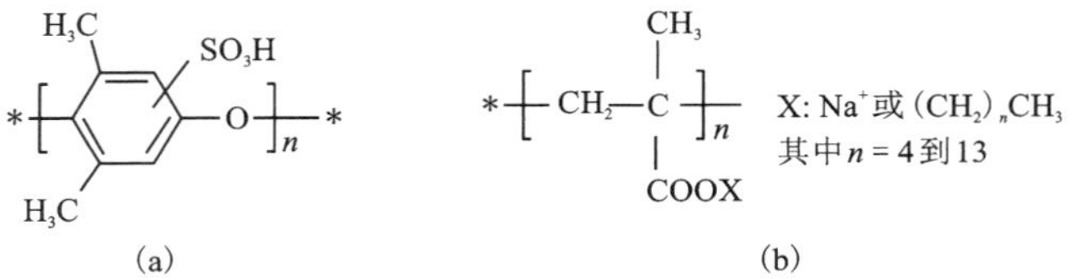

X: Na^+ 或 $(CH_2)_nCH_3$
其中 n = 4 到 13

(a)　　(b)

图 3-16　磺化聚(2，6-二甲基-1，4-苯醚)(a)和侧链长度不同的聚(烷基甲基丙烯酸酯)(b)

有研究者[69]以含有胺基(—N<)和磺酸基(—SO_3H)的双功能聚合物为原料制备了聚离子纳滤膜。它们被涂在支撑层上，并与交联剂(如氰尿酸)接触；然后是洗涤和修复步骤。这些纳滤膜具有酸碱稳定性。

弹性体聚磷腈对有机化合物表现出良好的截留率，但对单盐的截留程度低[70]。

有研究者[71]在无机 TiO_2 支撑层上沉积 Psf、聚苯并咪唑酮(PBIL)、接枝化 PVDF 和 Nafion。在涂层前将支撑层浸入 NaCl 溶液中，NaCl 作为孔隙填充材料用来防止聚合物渗透(至支撑层内)，其过量部分要除去。涂层干燥后，再将膜浸入水中以除掉 NaCl。

3.5　膜的表面修饰

3.5.1　简介

表面修饰常被用来进一步提高所制备的反渗透或纳滤膜的性能，或者是被用来进一步提高膜的长期稳定性。修饰技术可以改变孔的结构、引入官能团、亲水性等。最重要的修饰手段是等离子体处理、经典有机反应和聚合物接枝，其他技术则涉及光化学或表面活性剂修饰。

3.5.2　等离子体处理

膜可以通过等离子体进行修饰，等离子体是通过高频放电使气体发生电离而产生的[5]。Wang 等人[2]使用烷烃蒸气等离子体来修饰 CTS 膜。即使对于像尿素(分子量为 60)这样小的分子，其穿过膜的渗透性也会显著降低。氧等离子体处理芳香 PA 反渗透膜时提升了透水性，其原因是形成了羧基；而氩等离子体处理则是通过引发交联而提高膜的耐氯性[73]。Lai 等人[74]观察到氧、氮和氩的等离子体对尼龙-4 膜的改性有类似的效果。

3.5.3　经典有机反应

磺化

基于交联 PS 的非对称膜与浓硫酸反应实现了这些膜的磺化。水通量和盐的截留率都因此而增加[75]。

硝化

Chowdhury 等人[76]开发了一种修饰 Psf 超滤膜的气相硝化技术。如图 3-17 所示，用 NO 和 NO_2 的混合气体对膜进行处理，然后用肼还原形成胺基。这一操作能提高 NaCl 的截留率，因此事实上是将超滤膜转变为了纳滤膜。

$$NO_2 \xrightleftharpoons{NO,\ Air} NO + O\cdot$$

$$H_2O + O\cdot \rightleftharpoons 2OH\cdot$$

$$P - C_6H_5 + OH\cdot \rightleftharpoons P - C_6H_4\cdot + H_2O$$

$$C - C_6H_4\cdot + NO_2 \rightleftharpoons P - C_6H_4 - NO_2$$

$$P - C_6H_4 - NO_2 \xrightarrow{NH_2 - NH_2 .\ 6H_2O} P - C_6H_4 - NH_2$$

图 3-17　聚砜超滤膜的硝化

酸碱处理

用质子酸处理过的芳香 PA 反渗透膜(见图 3-18)的水通量会增加；盐的截留率保持不变，甚至是略有增加。这归因于质子酸在水中与 PA 上的—C =O 基团反应，产生了更多的电荷。酸浓度大幅上升导致了聚合物的水解和盐截留率的显著下降[77, 78, 79]。

用盐酸(主要成分 HCl)处理 PAH 膜提高了盐的截留率，而使用 H_2SO_4 则使

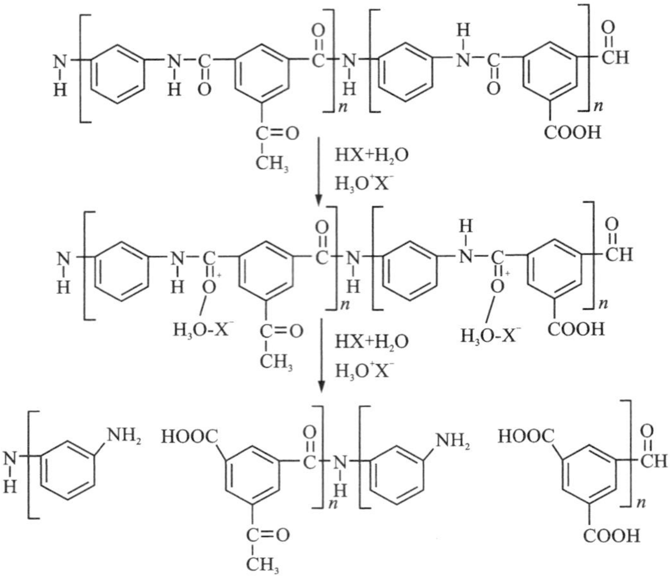

图 3-18 聚酰胺膜的酸处理

盐的截留率降低，原因是聚合物的水解[20]。

Bryak 等人[80]用 NaOH 处理 PAN 膜，诱导—CN 基团的水解，得到的是孔径较小的膜。

在有机溶剂中的处理

芳香 PA 膜被浸入乙醇中处理后，水通量增大。乙醇是 PA 的良好溶剂，能使膜溶胀并清除小分子碎片，从而产生更多的孔结构。同时，盐的截留率也被提高，原因是乙醇中的溶胀也消除了缺陷[79]。

交联

通过相分离和随后与几类双或三官能团分子的交联反应，得到具有环氧$\leftarrow CH_2—CH_2 \rightarrow O_n$或酰胺(—$CONH_2$—)官能团的 PAN 聚合物膜。携带甲氧基硅基[如—$Si(OCH_3)_3$]的 PAN 膜是通过缩合反应进行交联[81, 82]。

3.5.4 聚合物接枝

聚合物接枝技术在聚合物链段上产生了共价键。为达到这一目的，通常要有以自由基形式存在的反应位点。有以下几种方法可引入这类活性位点(见表 3-2)。

表 3-2　聚合物接枝技术汇总

单体*	支撑层**	(接枝)技术	参考文献
N-乙烯基吡咯烷酮	PES	UV-光引发	[83]
N-乙烯基吡咯烷酮	SPsf	UV-光引发	[84]
丙烯酸	Psf	UV-光引发	[84]
甲基丙烯酸	PA	氧化还原诱导	[85]
PEI-甲基丙烯酸	PA	氧化还原诱导	[86]
VAc	尼龙-6	γ 射线诱导	[86]
丙烯酸	尼龙-4	γ 射线诱导	[88]
甲基丙烯酸-2-羟乙基酯	尼龙-4	等离子体诱导	[87]
1-乙烯基-2-吡咯烷酮	尼龙-4	等离子体诱导	[75]
丙烯酸	尼龙-4	等离子体诱导	[75]

* VAc—醋酸乙烯酯。

* * PES—聚醚砜。

紫外线光引发

这种聚合物接枝技术可以通过两种方式进行。第一种，将聚合物膜浸入单体溶液中，然后(取出来后)进行紫外线辐射处理。第二种，将膜置于装满了单体溶液的光化学反应器中，然后(直接)进行紫外光照射。

Kilduff 等人[83]使用这两种技术将 N-乙烯基吡咯烷酮接枝到 PES 和 SPsf 膜上，研究的主要目的是控制膜的污染。Bequet 等人[84]采用浸没技术(第二种)将丙烯酸接枝到 PES 超滤膜上，把 N，N′-亚甲基双丙烯酰胺[见图 3-19(a)]作为交联剂加入单体溶液中，从而得到纳滤膜。

(a) $H_2C{=}CH{-}C({=}O){-}NH{-}CH_2{-}NH{-}C({=}O){-}CH{=}CH_2$

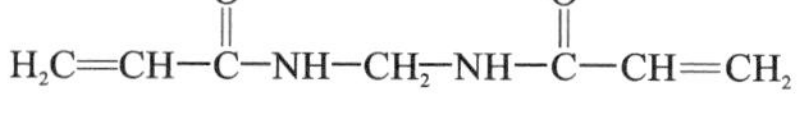

(b) $C_8H_{17}{-}C_6H_{10}{-}[OCH_2CH_2]_n{-}OH$

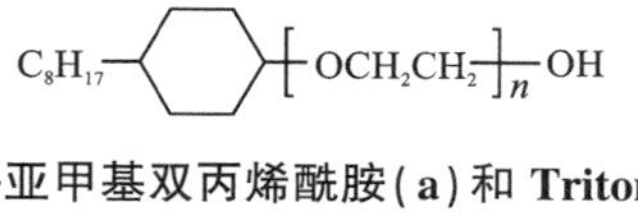

图 3-19　N，N′-亚甲基双丙烯酰胺(a)和 Triton X-100(b)

氧化还原诱导

有研究者[86]采用过硫酸钾/焦亚硫酸钾($K_2S_2O_8$/$K_2S_2O_5$)氧化还原体系将甲基丙烯酸和 PEI-甲基丙烯酸酯接枝到 PA 膜上，这种氧化还原体系在膜表面产生自由基，引发了甲基丙烯酸酯单体的聚合和接枝。该接枝提高了膜的抗污染能力[88]。

γ 射线诱导

Lai 等人[86, 87]使用 γ 辐照将丙烯酸和 VAc 单体分别接枝到尼龙-4 和尼龙-6 膜上。丙烯酸接枝的尼龙-4 膜随后可在 NaOH 溶液中被电离；对 VAc 接枝的尼龙-6 膜进行水解处理，可以在膜上获得 PVA 结构。这些处理使尼龙膜得到了较高的水通量，且在水中的稳定性高于 PVA 膜。

等离子体诱导

Lai 等人[74]将甲基丙烯酸-2-羟乙基酯、1-乙烯基-2-吡咯烷酮和丙烯酸的等离子体沉积在尼龙-4 膜上。膜的通量不变，盐的截留率提高了。

3.5.5 光化学修饰

当光化学活性基团被结合到成膜聚合物中时，紫外线辐射可以将这种活性基团转化为一系列的官能团。

Trushinski 等人[55, 89]对聚磺酰胺复合膜进行改性，其上有 3-重氮基-4-羰基-3，4-羟基官能团（3-diazo-4-oxo-3，4-hydro functionality）（见图 3-20）。该光化学活性基团基于 2-溴-乙醇，经紫外光照射转化为溴-乙酯衍生物；然后用三乙胺对溴-乙酯进行处理，得到了二氧戊环结构。这一操作使膜对 NaCl 的截留率提高了 3 倍。该环后来通过酸处理打开，形成羟乙基酯。

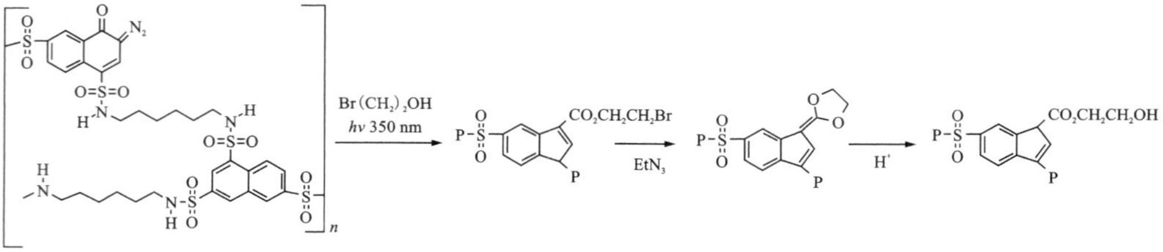

图 3-20 光化学修饰

3.5.6 表面活性剂修饰

用非离子表面活性剂［如 TritonX-100，图 3-19（b）］处理 CA 膜，可以防止膜污染。用相同的表面活性剂处理 PA 膜表面，显著提高了盐的截留率和增加了水通量[90]。

3.6　陶瓷膜

3.6.1　简介

陶瓷膜通常具有非对称结构，由至少两层、通常是三层不同孔隙率的结构组成。事实上，在制备最上层的活性微孔层之前，为了降低表面粗糙度，通常会涂覆介孔中间层。大孔支撑层保证了纳米过滤器的机械强度。最常见的膜是由铝、硅、钛或锆的氧化物制成，其中钛和锆的氧化物比铝或硅的氧化物更稳定[91, 92]。在一些不太常见的情况下，锡或铪会被用作基本元素。每种氧化物在溶液中都有不同的表面电荷。其他膜则可以由上述元素中的两种组成，也可以用一些低浓度的附加化合物来进行稳定。

通常采用溶胶-凝胶法制备陶瓷膜的活性上层，其所对应的一系列步骤如图 3-21 所示。

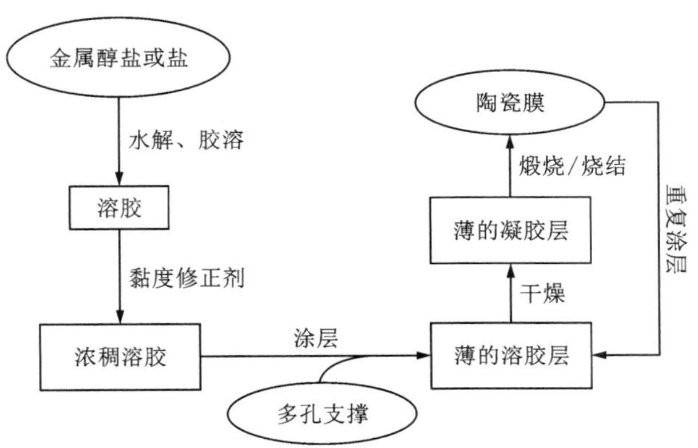

图 3-21　通过溶胶-凝胶技术制备微孔或介孔膜的流程图

（改编自文献[93]）

3.6.2　一般步骤

溶胶-凝胶是一个非常普遍的过程，将胶体或聚合物溶液转化为凝胶状物质（见图 3-22）。它涉及溶解在水或有机溶剂中的烷氧化物或盐的水解和缩合反应。在被浸涂或通过自旋涂层在支撑层上沉积之前，溶胶经常添加黏度改性剂或黏合剂，然后通过干燥将该层凝胶化。可控煅烧和/或烧结最终生产出实际的纳滤膜。

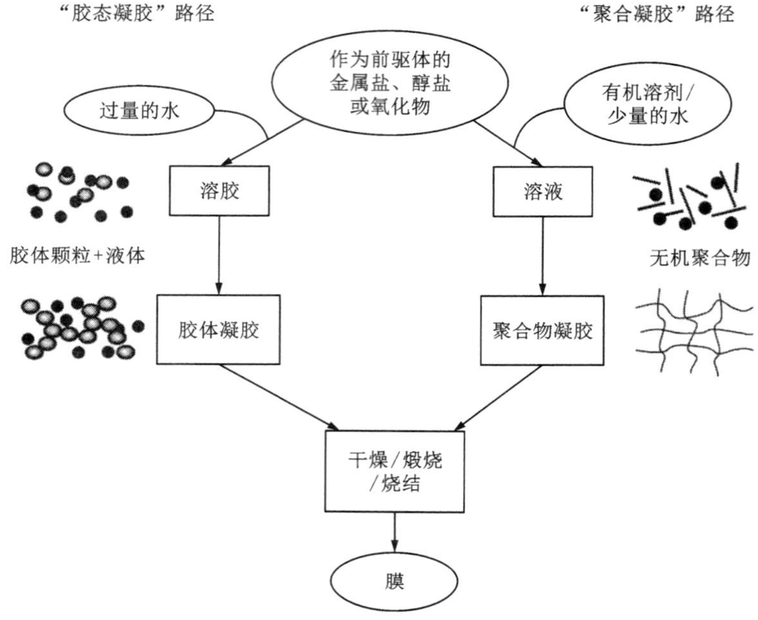

图 3-22　胶体和聚合物的溶胶-凝胶过程

（改编自文献[94]）

形成溶胶

溶胶本质上是纳米级粒子的稳定分散。它允许不同前体在分子水平上进行精细混合，从而产生均匀的多组分陶瓷。溶胶的结构性质是通过对水解和缩合反应的有效控制来调整，以结构特征为依据可以分为两种主要路线（图 3-22）。在胶态凝胶（colloidal gel）路线中，金属盐或水合氧化物与过量的水混合。该路线的水解速率快，形成由胶状氢氧化物颗粒组成的“颗粒”溶胶。原生（初级）胶体颗粒通常在 5~15 nm。相反，在聚合物凝胶路线中[94]，有机溶剂中的水含量较低。这条路线实际上不经历真正的“溶胶”状态，而是“溶液状态”，其中的基本成分不是真正的颗粒，而是更多的聚合物分子，它们有某种矿物质内核，外面包覆有机组分以防止团聚[94]。加入螯合剂（如乙酰丙酮）与减少加水量的效果类似，可以用来抑制水解[95]。在另一种方法中，通过选择水解速率慢很多的前体（如 SiO_2），可以进一步降低水解速率。水解可以是酸或碱催化[94]。

聚合凝胶路线中，聚合物结构的互穿最终导致孔隙的形成[96]。在胶体凝胶中，最终的膜孔是由初级颗粒堆积所产生的空隙演化而成，颗粒的堆积因此在影响膜孔径方面起着重要的作用。微孔（直径<2 nm）只能由极细的胶体溶胶、聚合

物溶胶和无机/有机体系来制备[94]。单个纳米粒子通常应该小于 10 nm，能获得贯通的微孔结构[96]。

解胶/分散

通过胶态凝胶路线获得的精细胶体需要稳定化(胶体化，肽化)，通常用酸来实现，以避免初级颗粒在分散液中聚集。硝酸(主要成分 HNO_3)[97-101]和盐酸[93-102]是最常用的酸，乳酸仅在一项研究中出现过[103]。

层沉积

溶胶层通常沉积在多孔支撑层上，可能是在溶胶老化一定时间后进行[104]。涂层时，毛细管力驱动分散介质(溶剂)渗透进入支撑层，在支撑层表面留下一层浓缩的溶胶。建议在涂覆和干燥过程中控制湿度，因为它会影响水解和缩合反应。例如，在制备 TiO_2 膜时，湿度超过 50% 会引起水解快过缩合，形成 $TiO_2 \cdot xH_2O$ 颗粒，最终导致介孔结构的生成[105]。

凝胶

由于溶胶中的溶剂在干燥过程中蒸发，颗粒的浓度可以达到阈值水平，或者溶胶颗粒的表面电荷会发生变化。这导致胶体悬浮液转变为一种半固体材料，后者是由颗粒或团聚体构成的相互连接的网络结构，称之为凝胶。凝胶化之前的溶胶的 Zeta 电位接近等电点(IEP)时，会因发生絮凝而导致膜有缺陷或者膜的孔径分布较宽。颗粒溶胶路线中的凝胶过程可以通过黏度的急剧增加来确定。在聚合物溶胶的情况下，黏度的增加相对缓和。在干燥过程中，凝胶会收缩，但在与支撑层平行的方向上的收缩会受到抑制，应力的产生可能最终会导致裂纹的形成[94]。

黏合剂(黏度修正剂)

严格来讲，聚合物前驱体溶胶法不需要黏合剂[105]，但在随后的工艺步骤中通常还是会添加黏合剂以防止裂纹的形成。PVA[99, 100, 101-102, 104, 106]、羟乙基[107]或羟丙基纤维素已被证明是非常有效的黏合剂[101]。后续被用来制备最上层结构的溶胶有时也被用作黏合剂[93]，但仅仅用于形成中间支撑层的、尺寸更大的颗粒。

煅烧/烧结

随着温度的升高，初级颗粒长大，膜孔也随之增大。烧结温度能控制 MWCO 的最终值[108]。

3.6.3　氧化锆

ZrO_2 膜在文献中是一个非常流行的话题，尤其是注册商标为 Kerasep(Orelis, Rhodia)的商业化 ZrO_2 膜[95, 109-111]。这些膜以 Al_2O_3/ZrO_2 为支撑，以 ZrO_2 或

TiO_2 为上层；其孔径可调，从微滤到纳滤范围不等。温度低于 100℃时，膜在整个 pH 范围内是稳定的[112]。ZrO_2 在 pH=7 时达到 IEP。Guizard 等人制备了顶层 300 nm 厚的 ZrO_2 膜，孔径为 1.4 nm。加入 13%(摩尔分数)的镁可提高 ZrO_2 膜的化学稳定性和热稳定性[109]。有研究者以锆和镁的烷基氧化物的 IPA 溶液为原料制备了膜，在溶液中添加了乙酰丙酮以防止锆的丙醇盐和乙醇盐的快速水解，并能稳定乙氧基镁。所得到的膜在整个 pH 范围内和有机溶剂中使用时，在开始的数小时内出现 30%的通量下降，但直到温度达到 470 K 都是稳定的。

3.6.4 氧化钛

US Filter 提供了一种商业化的 TiO_2 纳滤膜，孔径为 1.5 nm，MWCO 为 1000[95]。其中，TiO_2 的 IEP 是 pH=5.5。以钛酸四异丙酯(TTI)水溶液为原料，用硝酸将 pH 调节到 0.8，制备了孔径为 2 nm 的膜；在旋涂前将羟乙基纤维素加入溶胶中。所制备的膜由 Al_2O_3 支撑层和厚度为 1.6 μm 的顶层构成；该膜在 pH 为 6.2 和 7.4 之间被认为具有双极性，分别由钛层和铝层所致。因此，支撑层对复合膜荷电性的影响不能忽略[108]。在添加了盐酸的 IPA 中使用相同的钛前驱体制备了孔径在 0.8~3.5 nm 的膜，对应 500~1000 的 MWCO。溶胶在 20 至 50℃之间老化超过 10 h，作为控制胶体颗粒直径的手段。最后，膜在 450℃时进行烧结，且整个过程需重复几次[92]。Voigt 等人[105]采用类似的方法制备了孔径为 0.9 nm 和 MWCO 为 480 的 TiO_2 膜。溶胶在煮沸前用 0.2 μm 的过滤器过滤。在孔隙率为 28%的情况下，该膜的水渗透性高达 201 L/(m^2·h·bar)；与之形成鲜明对比的是，聚合物膜中通常观察到的水的渗透性仅为 1~7 L/(m^2·h·bar)。可以通过最长不超过 3 天的老化来控制由 TTI 衍生的溶胶黏度，这是防止溶胶在随后的涂层步骤中渗入支撑层的手段之一。采用这种方法能制备出在 pH 3~11 内具有良好稳定性且 MWCO 低于 200 的膜。锐钛矿晶型被公认是首选晶型，原因是其稳定性高、孔径小且分布窄[101]。

3.6.5 氧化铝

Al_2O_3 也有几种结晶型式，其中 α 型和 γ 型是最重要的两种，它们具有高达 200 m^2/g 的比表面积，并含有酸性和碱性位点。在高温下，随着羟基(—OH)基团的消除，会发生脱水和比表面积的减小的情况。有研究者以 γ-羟基氧化铝(γ-AlOOH)为原料，制备了孔径为 1 nm、MWCO 为 375 的 γ-Al_2O_3 膜。γ-AlOOH 前驱体在温度超过 80℃时从三仲丁醇铝溶液中析出，其稳定剂(解胶剂)为硝酸[3, 98, 100, 113, 114]。有时，PVA 作为用于干燥的化学控制添加剂，能减少裂纹的形成[96]。所形成的膜有 3.4 nm 的孔径或 900 的 MWCO；膜的 IEP 为 7.5，且在

pH<2 时会被腐蚀[100]。Persin 和同事[115, 116]以及 Rios 等人[117]使用了膜孔直径为 1 nm 或 5 nm 的 $\gamma-Al_2O_3$ 膜。孔径为 1 nm 的 $\gamma-Al_2O_3$ 纳滤膜可从 SCT（法国）公司获得，其 IEP 为 8.2[118]。

3.6.6　二氧化铪

有研究者根据烧结温度的不同，制备了孔径不同的 HfO_2 单斜晶膜。研究以溶于 1-甲氧基-2-丙醇中的 $HfCl_4$ 为前驱体和以硝酸为稳定剂，生产出了稳定的溶胶。在浸涂前加入 PVA 来调节黏度，可得到 MWCO 为 420 的膜[3, 99]。HfO_2 在高达 1850℃ 的温度下烧结也不会发生任何单斜晶型的同素异形化转变。另外，该膜在酸碱中具有低溶解度[99]。

3.6.7　氧化锡

在 pH 为 9 和存在单电解质的碱性溶液中，$SnCl_2$ 或 SnI_2 的水溶液被转化为凝胶。要避免裂纹层的产生，SnO_2 的初始浓度应为 0.1～1.4 mol/L，电解质（如 NH_4Cl）为 2～4 mol/L。更浓的样品会导致分离层的剥落，而过度的稀释则会使颗粒进入支撑层。该膜的平均孔径为 1 nm[119]。由于晶粒的聚结现象，SnO_2 膜在合成过程中呈现由孔隙演变导致的动态尺度。这允许孔径在 2～20 nm 范围发生连续和受控变化。但这种生长没有引起总孔隙率、曲折度或孔隙形状的任何变化[107, 120, 121]。

3.6.8　混合氧化物

Tsuru 的课题组采用硅和锆的复合氧化物制备陶瓷膜，加入锆是出于稳定性考虑[93]。四乙氧基硅烷和四正丁醇锆是前驱体，硅/锆混合比在水、乙醇和盐酸存在的情况下通常为 9/1[93, 103, 122]。一般在室温下进行 1 h 的水解和缩合，然后用盐酸稀释溶胶来控制胶体直径；在沸腾几个小时后，随溶胶浓度的不同[93, 103, 125]可以得到尺寸为 10～100 nm 的粒子。最终得到孔径为 1～5 nm 的膜[93, 103]，对应 300～1000 的 MWCO[123, 124]。

TiO_2 和尖晶石（$ZnAl_2O_4$）也可被用来制备混合氧化物。这些前驱体或者在溶胶合成阶段混合，又或者作为两种不同的材料涂敷在彼此之上。这种合成方法的差异并没有显著改变所生成的膜的分离性质[117]。

将化学当量的六水合二氯化钴（$CoCl_2 \cdot 6H_2O$）加入由一水软铝石制备的稳定的 Al_2O_3 溶胶中，可制备钴尖晶石膜，其平均孔径为 4.3～5.1 nm[102]。磷酸钛钾膜的制备则是从 TiO_2 的溶胶开始，按化学当量加入正磷酸和 K_2CO_3 溶液，得到了 2.4～10 nm 的孔隙[104]。

3.6.9 支撑层

尽管支撑层是用来支撑实际执行分离作用的顶层，其重要性也不能被忽视。除了有时会影响复合膜的荷电性[108]，支撑层的品质往往决定了复合膜的最终品质；支撑层的缺陷和不规则结构通常也会使其上涂覆的薄顶层产生缺陷。就顶层在最终应用过程中的润湿性而言，必须有恒定和均匀的表面特性[115]。支撑层的粗糙度应该尽可能的低，在超滤陶瓷支撑层和纳滤顶层之间经常加入厚度和孔径逐渐减小的中间层。常见的支撑层是圆盘状或管状，陶瓷中空纤维膜近年来也被商业化了[125]。后者的孔径范围是0.1~1.5 μm，可进一步调整到4 nm，甚至是0.3 nm。热稳定性和化学稳定性、粗糙度、稳定的机械强度，以及与其他材料的相容性都是非常重要的。

$\alpha-Al_2O_3$ 通常具有1 μm[92, 103, 123]或更小（直到0.1 μm）的孔径[100, 102, 120, 126]，是一种常用的支撑层[92, 93, 103, 118, 121]。与 $\gamma-Al_2O_3$ 相比，它不能用来制备小于100 nm的孔隙[92]。用于平整表面的中间层可由直径为0.18 μm[103]或2~8 μm[92]的 $\alpha-Al_2O_3$ 颗粒制备。在前一种情况下，粒子可与后续用来形成顶层的同种溶胶混合，也可采用孔径为3.5 nm[99]或5 nm[98]的 $\gamma-Al_2O_3$ 介孔层。有研究者在孔隙率为36%的 $\alpha-Al_2O_3$ 支撑层上采用了三层中间层[105]。

在涂层之前，这些支撑层有时会被加热（直到170℃）[93]。其他情况下要对它们进行打磨抛光，用丙酮清洗后再进行干燥[120]。活性表层的涂覆必须在溶胶阶段进行，此时的溶胶仍具有适应多孔支撑层的流变行为[97]。涂层可采用被稀溶胶溶液润湿的布来浸渍[93]，而更方便的途径是浸涂或旋涂[94]；额外的涂层步骤可以用来修复缺陷[97]。

有研究者得到了厚度为0.3 μm的顶层。厚度可以通过胶体悬浮液的老化和增加浇铸次数来控制。当顶层超过一定厚度时，会有裂纹形成[107]。

在获得稳定的陶瓷纳滤膜之前，必须进行最终的热处理[96]。对此，通常采用三步热处理法。首先，沉积的凝胶层在低于100℃的条件下干燥，很少采用超过110℃的温度[120]；然后，在中等温度烘烤干燥好的凝胶层，通常是350~400℃，以烧掉剩余的有机基团和碳；膜的最后固结主要通过烧结进行，温度可达900℃[100]。从一个温度到另一个温度的切换速率通常保持在较低的水平，常用的是1℃/min，有时可达4℃/min[108]。最终温度通常维持1~2 h。对于 Al_2O_3 支撑层，有研究报道在200~700℃时，Al_2O_3 或钛/铝混合氧化物的晶体类型的变化是温度的函数[101]。

3.6.10 后合成修饰

对商业化的Kerasep膜进行螯合配体的共价接枝是为了减小有效孔径和改变

IEP。用焦磷酸钛基团接枝后(见图 3-23)，膜的孔径减小到 1.25 nm，IEP 从 7 下降到 5。然后，通过与铁离子形成络合物来进一步将孔径减小到 0.85 nm[112]。

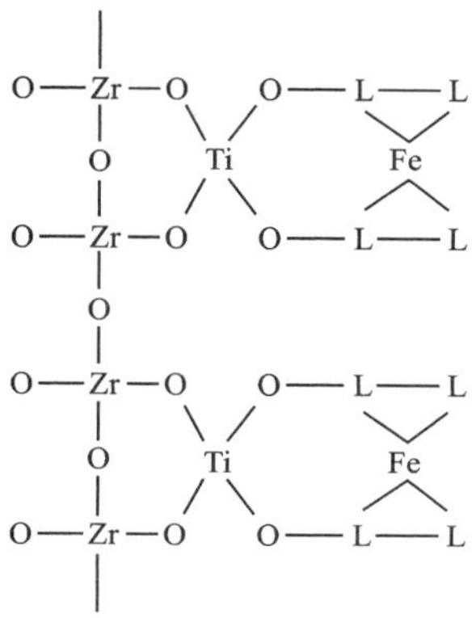

不必要(冗余)的后合成修饰通常可以通过观察初始渗透通量的下降情况来判断。对于用 ZrO_2 改性的 SiO_2 膜，其通量下降被归因于孔隙表面的水合作用。所生成的硅醇基团减小了有效孔径，从而阻碍了水的渗透。当使用醇作为溶质时，观察到了渗透通量的进一步下降，原因是醇在孔表面的吸附[93](见图 3-24)。这一效应被 Fong 和同事作为一种重要的孔隙改性方法而加以利用。改性由渗透性的降低反映出来。在 350℃ 时，通过处理来恢复初始的膜孔表面性质，可以使(膜的)渗透性完全复原；在 120℃ 时，可以去除被物理吸附的醇分子；从 250℃ 往上，所吸附的醇的脱水促成烯烃和醚的形成。这种简单的改性被推荐为一种调整孔径，提高 Al_2O_3 膜疏水性和减少污染的手段[127]。

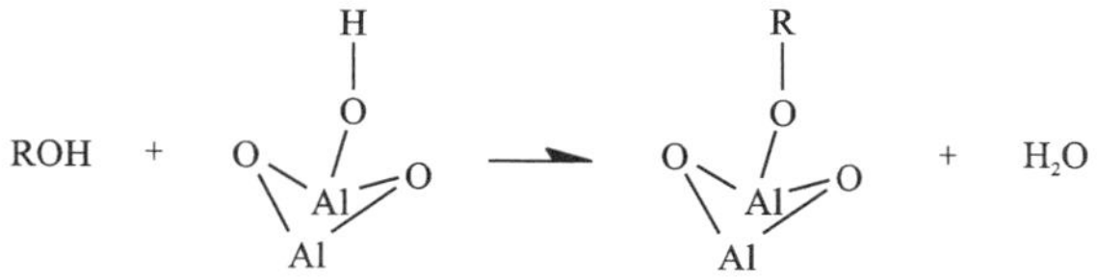

L 代表一个磷酸盐基团，意味着形成了 ML_2 型络合物。

图 3-23　用含有焦磷酸盐配体的钛酸盐化合物修饰氧化锆膜(改编自文献[112])

图 3-24　氧化铝表面对醇的化学吸附(改编自文献[130])

在酒精中而不是在水溶液中测试含 ZrO_2 的 SiO_2 膜，也能观察到在前 100 h 内其通量在逐渐下降。与在甲醇中相比，化合物在水中的截留率明显更低，这证明了在溶剂/膜表面(界面处)相互作用的重要性[123]。

3.7　结束语和展望

聚合物膜和陶瓷膜显然构成了两种不同的现代反渗透/纳滤膜体系，每一种膜都有自己的特点和可能性。第一个领域基于一段悠久的历史，而第二个领域则要年轻很多。然而，陶瓷反渗透/纳滤膜在近年来发展迅速，已经进入了商业化阶段。

聚合物膜合成研究的早期，主要是对商用膜进行膜应用的筛选。得益于特制聚合物的合成，(膜的)选择性和通量都得到了进一步的提高。显然，这一方向仍有进一步研究的空间。

与水有关的应用仍然暂时主导着反渗透/纳滤市场，但新型耐溶剂纳滤膜的出现向我们展示了工业化学过程中众多新的和令人期待的机会。在这些应用过程中有时会遇到苛刻的条件，更适合使用陶瓷膜，尽管迄今为止所有被报道的(膜技术)首次成功应用都是由聚合物膜来实现的。此外，聚合物科学的最新进展进一步增加了聚合物膜在这些方面应用的机会。为了指导未来有关耐溶剂和用于水(处理)的反渗透/纳滤膜的开发，对传递机理的深入了解是必不可少的。虽然我们对聚合物与水的相互作用通常都进行了很好的记录和理解，但在耐溶剂的应用方面还有很多工作要开展。第 21 章详细介绍了有关这类型的应用。

对于 TFC 膜，更好地理解顶层和支撑层之间的相互作用可以帮助我们进一步改善这些体系，并结合更好的控制手段来防止(表层溶液对支撑层的)穿透。

提高耐溶剂性、提高盐的截留率、更好的抗污染性和极端 pH 条件下的稳定性，也是进一步开发膜分离技术的重要动机。

参考文献

[1] R J Petersen. Composite reverse osmosis and nanofiltration membranes. Journal of Membrane Science, 1993, 83: 81-150.

[2] S Loeb, S Sourirajan. Seawater characterization by means of an osmotic membrane. Advances in Chemistry, 1963, 38: 117-132.

[3] A Larbot, P Blanc, M Abrabri, et al. Role of electrostatic interactions in the selectivity of nano- and ultrafiltration membranes. Proceedings of the 5th International Conference on Inorganic Membranes. Nagoya, Japan, June 22-26, 1998: 310-313.

[4] P Puhlfurb, A Voigt, R Weber, et al. Microporous TiO_2 membranes with a cut off <500 Da. Journal of Membrane Science, 2000, 174: 123-133.

[5] M Mulder. Basic principles of membrane technology. Dordrecht, The Netherlands: Kluwer Academic, 1991: 89-140.

[6] M Mulder, J Oude Hendrikman, J Wijmans, et al. A rationale for the preparation of asymmetric pervaporation membranes. Journal of Applied Polymer Science, 1985, 30: 2805-2820.

[7] J van't Hof, A Reuvers, R Boom, et al. Preparation of asymmetric gas separation membranes with high selectivity by a dual-bath coagulation method. Journal of Membrane Science, 1992, 70: 17-30.

[8] I Pinnau, W Koros. A qualitative skin layer formation mechanism for membranes made dry/wet phase inversion. Journal Polymer Science Part B: Polymer Physics, 1993, 31: 419-427.

[9] S P Nunes, K-V Peinemann. Part I: Membrane Materials and Membrane Preparation in Membrane Technology in the Chemical Industry//S P Nunes, K-V Peinemann. Gas Separation with Membranes. Weinheim,

Germany: Wiley-VCH, 2001.

[10] C Tsay, A McHugh. Mass transfer modelling of asymmetric membranes formation by phase inversion. Journal of Polymer Science Part B: Polymer Physics, 1990, 28: 1327-1365.

[11] C R Dias, M J Rosa, M N D Pinho. Structure of water in asymmetric cellulose ester membranes- An ATR-FTIR study. Journal of Membrane Science, 1998, 138: 259-267.

[12] D Stamatialis, C Dias, M de Pinho. Atomic force microscopy of dense and asymmetric cellulose-based membranes. Journal of Membrnane Science, 1990, 160: 235-242.

[13] S Konagaya, M Tokai, H. Kuzumoto. Reverse osmosis performance and chlorine resistance of new ternary aromatic copolyamides comprising 3, 3′-diamino-diphenylsulfone and a comonomer with a carboxyl groups. Journal of Applied Polymer Science, 2001, 80: 505-513.

[14] S Konagaya, H Kuzumoto, O Watanabe. New reverse osmosis membrane materials with higher resistance to chlorine. Journal of Applied Polymer Science, 2000, 75: 1357-1364.

[15] S Konagaya, M Tokai. Synthesis of ternary copolyamides from aromatic diamines (m-phenylenediamine, diaminodiphenylsulfone), aromatic diamine with carboxyl groups or sulfonic group(3, 5-diaminobenzoic acid, 2, 4-diaminobenzenesulfonic acid, and iso- or terephthaloyl chloride. Journal of Applied Polymer Science, 2000, 76: 913-920.

[16] Y Dai, X Jin, S Zhang, et al. Thermostable ultrafiltration and nanofiltration membranes from sulfonated poly (phthalazinone ether sulfone ketone). Journal of Membrane Science, 2001, 188: 195-203.

[17] C Linder, O Kedem. Asymmetric ion exchange mosaic membranes with unique selectivity. Journal of Membrane Science, 2001, 181: 39-56.

[18] K Gupta. Synthesis and evaluation of aromatic polyamide membranes for desalination in reverse-osmosis technique. Journal of Applied Polymer Science, 1997, 66: 643-653.

[19] N Mohamed. Novel wholly aromatic polyamide-hydrazides: 6. Dependence of membrane reverse osmosis performance on processing parameters and polymer structural variations. Polymer, 1997, 38: 4705-4713.

[20] P Dvornic. Wholly aromatic polyamide-hydrazides: 5. Preparation and properties of semi-permeable membranes from poly (4-terephthaloylamino) benzoic acid hydrazide. Journal of Applied Polymer Science, 1991, 42: 957-972.

[21] X Jian, Y Dai, G He, et al. Preparation of UF and NF poly(phthalazinone ether sulfone ketone) membranes for high temperature application. Journal of Membrane Science, 1999, 161: 185-191.

[22] L White, I -F Fan, S. Minhas. Polyimide membrane for the separation of solvents from lube oil. US Patent 5429748, 1995.

[23] L White. Polyimide membranes for hyperfiltration recovery of aromatic solvents. US Patent 6180 008, 2001.

[24] R Bindal, M Hanra, B Misra. Novel solvent exchange cumimmersion precipitation technique for the preparation of asymmetric polymeric membrane. Journal of Membrane Science, 1996, 118: 23-29.

[25] S Nunes, K Peinemann. Membrane technology in the chemical industry Weinheim, Germany: Wiley-VCH, 2001: 7-11.

[26] L Kastelan-Kunst, V Dananic, B Kunst, et al. Preparation and porosity of cellulose triacetate reverse osmosis membranes. Journal of Membrane Science, 1996, 109: 223-230.

[27] I C Kim, K H Lee, T M Tak. Preparation and characterization of integrally skinned uncharged polyetherimide asymmetric nanofiltration membrane. Journal of Membrane Science, 2001, 183: 235-247.

[28] H Hachisuka, T Ohara, K Ikeda. New type asymmetric membranes having an almost defect free hyper thin

skin layer and sponge-like matrix. Journal of Membrane Science, 1996, 116: 265-272.

[29] M Satre, N Ghatge, M Ramani. Aromatic polyamide-hydrazides for water desalination: 1. Syntheses and RO membrane performance. Journal of Applied Polymer Science, 1990, 41: 697-712.

[30] D Murphy, M de Pinho. An ATR-FTIR study of water in cellulose acetate membranes prepared by phase inversion. Journal of Membrane Science, 1995, 106: 245-257.

[31] H Strathmann, P Scheible, R Baker. A rationale for the preparation of Loeb- Sourirajan-type cellulose acetate membranes. Journal of Applied Polymer Science, 1971, 15: 811-828.

[32] W Bowen, T Doneva, H Yin. Polysulfone-sulfonated poly(ether ether)ketone blend membranes: Systematic synthesis and characterization. Journal of Membrane Science, 2001, 181: 253-263.

[33] J H Kim, K H Lee. Effect of PEG additive on membrane formation by phase inversion. Journal of Membrane Science, 1998, 138: 153-163.

[34] K Nakamae, N Mohamed. Novel wholly polyamide-hydrazide: 2. Preparation and properties of membranes for reverse osmosis separation. Journal of Applied Polymer Science: Applied Polymer Symposium, 1993, 52: 307-317.

[35] R McKinney, J Rhodes. Aromatic polyamide membranes for reverse osmosis separations. Macromolecules, 1971, 4: 633-637.

[36] A Bottino, G Capannelli, S Munari. Effect of coagulation medium on properties of sulfonated polyvinylidene fluoride membranes. Journal of Applied Polymer Science, 1985, 30: 3009-3022.

[37] H Colquhoun, A Simpson, K Roberts. Production of membranes. WO 95/15808, 1995.

[38] K Khulbe, T Matsuura, G Lamarche, et al. Study of the structure of asymmetric cellulose acetate membranes for reverse osmosis using electron spin resonance(ESR) method. Polymer, 2001, 42: 6479-6484.

[39] H Buyn, R Burford. Preparation and structure of cross-linked asymmetric membranes based on polystyrene and divnylbenzene. Journal of Applied Polymer Science, 1994, 52: 813-824.

[40] A Lui, F Talbot, A Fouda, et al. Studies on the solvent exchange technique for making dry cellulose acetate membranes. Journal of Applied Polymer Science, 1988, 36: 1809-1820.

[41] C K Kim, J H Kim, I J Roh, et al. The changes of membrane performance with polyamide molecular structure in the reverse osmosis process. Journal of Membrane Science, 2000, 165: 189-199.

[42] I J Roh, S Y Park, J J Kim, et al. Effects of the polyamide molecular structure on the performance of reverse osmosis membranes. Journal of Polymer Science Part B: Polymer Physics, 1998, 36: 1821-1830.

[43] J E Tomaschke. Interfacially polymerised, bipiperidine-polyamide membranes for reverse osmosis and/or nanofiltration and process for making the same. EP 1060785, 2000.

[44] M M Jayarani, S S Kulkarni. Thin-film composite poly(esteramide)-based membranes. Desalination, 2000, 130: 17-30.

[45] S Y Kwak, C K Kim, J J Kim. Effects of bisphenol monomer structure on the surface morphology and reverse osmosis(RO)performance of thin-film composite membranes composed of polyphenyl esters. Journal of Polymer Science Part B: Polymer Physics, 1996, 34: 2201-2208.

[46] A K Pandey, R F Childs, M West, et al. Formation of pore filled ion-exchange membranes with in situ cross-linking: Poly(vinylbenzyl)ammonium salt)-filled membranes. Journal of Polymer Science Part A: Polymer Chemistry, 2001, 39: 807-820.

[47] L Costa. Catalyst mediated method of interfacial characterization a microporous support, and polymers, fibers, films and membranes made by such a method. US Patent 5693227, 1997.

[48] W Mickols. Composite membrane and method for making the same. WO 01/78882, 2001.

[49] J E Tomaschke. Amine monomers and their use in preparing interfacially haracteriz membranes for reverse osmosis and nanofiltration. US Patent 5922203, 1999.

[50] D M Koenhen, A H A Tinnemans. Semipermeable composite membrane, a process for the manufacture thereof, as well as application of such membrnanes for the separations of components in an organic liquid phase or in the vapor phase. US Patent 5274047, 1993.

[51] D M Koenhen, A H A Tinnemans. Process for the separation of components in an organic liquid medium and a semi-permeable composite membrane therefore. US Patent 5338455, 1994.

[52] D M Koenhen, A H A Tinnemans. Semi-permeable composite membrane and process for manufacturing the same. US Patent 5207908, 1993.

[53] N W Oh, J Jegal, K H Lee. Preparation and haracterization of nanofiltration composite membranes using polyacrylonitrile(PAN). II. Preparation and haracterization of polyamide composite membranes. Journal of Applied Polymer Science, 2001, 80: 2729–2736.

[54] M L Sforca, S P Nunes, K-V Peinemann. Composite nanofiltration membranes prepared by a in situ polycondensation of amines in a poly(ethylene oxide-b-amide) layer. Journal of Membrane Science, 1997, 135(2): 179–186.

[55] J Ji, B J Trushinski, R F Childs, et al. Fabrication of thin-film composite membranes with pendant, photoreactive diazoketone functionality. Journal of Applied Polymer Science, 1997, 64(12): 2381–2398.

[56] K Lang, S Sourirajan, T Matsuura, et al. A study on the preparation of polyvinyl alcohol thin-film composite membranes and reverse osmosis testing. Desalination, 1996, 104(3): 185–196.

[57] D A Musale, A Kumar. Solvent and pH resistance of surface cross-linked chitosan/ poly(acrylonitrile) composite nanofiltration membranes. Journal of Applied Polymer Science, 2000, 77(8): 1782–1793.

[58] A Kumar, D A Musale. Composite solvent resistant nanofiltration membranes. US Patent 6113794, 2000.

[59] D A Musale, A Kumar. Effects of surface cross-linking on sieving characteristics of chitosan/polyacrylonitrile composite nanofiltration membranes. Separation and Purification Technology, 2000, 21(1–2): 27–38.

[60] K Lang, S Sourirajan, T Matsuura, et al. A study on the preparation of polyvinyl alcohol thin-film composite membranes and reverse osmosis testing. Desalination, 1996, 104(3): 185–196.

[61] J Jegal, N W Oh, K H Lee. Preparation and charaterisation of PVA/SA composite nanofiltration membranes. Journal of Applied Polymer Science, 2000, 77: 347–354.

[62] J Jegal, N W Oh, D S Park, et al. Characteristics of the nanofiltration composite membranes based on PVA and sodium alginate. Journal of Applied Polymer Science, 2001, 79(13): 2471–2479.

[63] J Jegal, N W Oh, K H Lee. Preparation and charaterisation of PVA/SA composite nanofiltration membranes. Journal of Applied Polymer Science, 2000, 77: 347–354.

[64] C K Yeom, C U Kim, B S Kim, et al. Recovery of anionic surfactant by RO process. Part II. Fabrication of thin film composite membranes by interfacial reaction. Journal of Membrane Science, 1999, 156(2): 197–210.

[65] J M Lee, C K Yeom, C U Kim, et al. Polyion complex separation membrane with a double structure. US Patent 6325218, 2001.

[66] M Schmidt, K-V Peinemann. Composite nanofiltration membrane. WO 97/20622, 1997.

[67] K J Kim, G Chowdhury, T Matsuura. Low pressure reverse omosis performances of sulfonated poly(2, 6-dimethyl-1, 4 phenylene oxide) thin-film composite membranes: Effect of coating conditions and molecular

weight of polymer. Journal of Membrane Science, 2000, 179(1-2): 43-52.

[68] J W Lee, H T Kim, J K Park, et al. Effect of side chain length on the separation performance of poly(alkyl methacrylate) ionomer membrane. Journal of Membrane Science, 2000, 167: 67-77.

[69] C Linder, M Nemes, R Ketraro. Semipermeable encapsulated membranes with improved acid and base stability process for their manufacture and their use. US Patent 6086764, 2000.

[70] A Boye, A Grangeon, C Guizard. Composite nanofiltration membrane. US Patent 5266207, 1993.

[71] C Bardot, M Carles, R Desplantes, et al. Reverse osmosis or nanofiltration membrane and its production process. US Patent 5342521, 1994.

[72] H Wang, Y E Fang, Y Yan. Surface modification of chitosan membranes by alkane vapor plasma. Journal of Material Chemistry, 2001, 11: 1374-1377.

[73] S Wu, J Xing, C Zheng, et al. Plasma modification of aromatic polyamide reverse osmosis composite membrane surface. Journal of Applied Polymer Science, 1997, 64: 1923-1926.

[74] J Lai, Y Chao. Plasma-modified nylon-4 membranes for reverse osmosis desalination. Journal of Applied Polymer Science, 1990, 39: 2293-2303.

[75] H Byun, R Burford, A Fane. Sulfonation of cross-linked asymmetric membranes based on polystyrene and divinylbenzene. Journal of Applied Polymer Science, 1994, 52: 825-835.

[76] S Chowdhury, P Kumar, P K Bhattacharya, et al. Separation characteristics of modified polysulfone ultrafiltration membranes using Nox. Separation and Purification Technology, 2001, 24: 271-282.

[77] D Mukherjee, A Kulkarni, W Gill. Chemical treatment for improved performance of reverse osmosis membranes. Desalination, 1996, 104: 239-249.

[78] A Kulkarni, D Mukherjee, W Gill. Flux enhancement by hydrophilzation of thin film composite reverse osmosis. Journal of Membrane Science, 1996, 114: 39-50.

[79] A Kulkarni, D Mukherjee, W Gill. Enhanced transport properties of reverse osmosis membranes by chemical treatment. Journal of Applied Polymer Science, 1996, 60(1996)483-492.

[80] M Bryak, H Hodge, B Dach. Modification of porous polyacrylonitrile membrane. Angewandte Makromolekulare Chemie, 1998, 260: 25-29.

[81] H G Hicke, I Lehman, G Malsch, et al. Preparation and characterization of a novel solvent-resistant and autoclavable polymer membrane. Journal of Membrane Science, 2002, 198: 187-196.

[82] M Zierke, H Buschatz. Solvent-resistant PAN(polyacrylonitrile) membrane. WO 99/47247, 1999.

[83] J Kilduff, S Mattaraj, J Pieracci, et al. Photochemical modification of poly(ether sulfone) and sulfonated poly (sulfone) nanofiltration membranes for control of fouling by natural matter. Desalination, 2000, 132: 133-142.

[84] S Bequet, T Abenoza, P Aptel, et al. New composite membrane for water softening. Desalination, 2000, 131: 299-305.

[85] S Belter, Y Purinson, R Fainshtein, et al. Surface modification of commercial composite polyamide reverse osmosis membranes. Journal of Membrane Science, 1998, 139: 175-181.

[86] J Lai, M Chen. Preparation and properties of vinyl acetate-grafted Nylon-6 membranes by using homografting method. Journal of Membrane Science, 1992, 66: 169-178.

[87] J Lai, M Chen, C Shih, et al. Acrylic-acid gamma-ray irradiation grafted Nylon-4 membranes. Journal of Applied Polymer Science, 1993, 49: 1197-1203.

[88] S Belter, J Gilron, Y Purinson, et al. Effect of surface modification in preventing fouling of commercial SWRO

membranes at the Eilat seawater desalination pilot plant. Desalination, 2001, 139: 169-176.

[89] B Trushinski, J Dickson, R Childs, et al. Photochemically modified thin-film composite membranes: 2. Bromoe ethyl ester, dioxolan and hydroxylester membranes. Journal of Applied Polymer Science, 1994, 54: 1233-1242.

[90] M Wilbert, J Pellegrino, A Zydney. Bench scale testing of surfactant-modified reverse osmosis/ nanofiltration membranes. Desalination, 1998, 115: 15-32.

[91] T Tsuru, D Hironaka, T Yoshioka, et al. Titania membranes for liquid phase separation: Effect of surface charge on flux. Separation and Purification Technology, 2001, 25: 307-314.

[92] T Tsuru, S-I Wada, S Izumi, et al. Silica-zirconia membranes for nanofiltration. Journal of Membrane Science, 1998, 149: 127-135.

[93] H P Hsieh. Chapter 3: Materials and preparation of inorganic membranes in Inorganic membranes for separation and reaction. Amsterdam, The Netherland: Elsevier, 1996: 23-87.

[94] C Guizard, J Palmeri, P Amblard, et al. Basic transport phenomena of aqueous electrolytes in sol-gel derived meso- end microporous ceramic oxide membranes: Application to commercial ceramic nanofilter performance. Proceedings of the 5th International Conference on Inorganic Membranes. Nagoya, Japan, June 22-26, 1998: 202-205.

[95] L Cot, A Ayral, J Durand, et al. Inorganic membranes and solid state sciences. Solid State Sciences, 2000, 2: 313-314.

[96] R S A de Lange, J H A Hekkink, K Keizer, et al. Formation and characterization of supported microporous ceramic membrnanes prepared by sol-gel modification techniques. Journal of Membrane Science, 1995, 99: 57-75.

[97] A Larbot, S Alami-Younssi, M Persin, et al. Preparation or a γ-alumina nanofiltration membrane. Journal of Membrane Science, 1994, 97: 167-173.

[98] P Blanc, A Larbot, J Palmeri, et al. Hafnia ceramic nanofiltration membranes. Part I: Preparation and characterization. Journal of Membrane Science, 1998, 149: 151-161.

[99] J Schaep, C Vandecasteele, B Peeters, et al. Characteristics and retention properties of a mesoporous γ-Al_2O_3 membrane for nanofiltration. Journal of Membrane Science, 1999, 163: 229-237.

[100] T Van Gestel, C Vandecasteele, A Buekenhoudt, et al. Characterisation of ceramic multilayer membranes: Structure and chemical stability. Accepted for publication. Journal of Membrane Science.

[101] S Condom, S Chemlal, W Chu, et al. Correlation between selectivity and surface charge in cobalt spinel ultrafiltration membrane. Separation and Purification Technology, 2001, 25: 545-548.

[102] T Tsuru, T Sudoh, S Kawahara, et al. Permeation of liquids through inorganic nanofiltration membranes. Journal of Colloid and Interface Science, 2000, 228: 292-296.

[103] M Abrabri, A Larbot, M Persin, et al. Potassium titanyl phosphate membranes: Surface properties and application to ionic solution filtration. Journal of Membrane Science, 1998, 139: 278-283.

[104] I Voigt, P Puhlfurb, J Topfer. Preparation and characterization of microporous TiOz-Membranes. Key Engineering Materials, 1997, 132-136: 1735-1737.

[105] P Puhlfurb, A Voigt, R Weber, et al. Microporous TiO_2 membranes with a cut off <500 Da. Journal of Membrane Science, 2000, 174: 123-133.

[106] L R B. Santos, C V Santilli, A Larbot, et al. Influence of membrane-solution interface on the selectivity of SnO_2 ultrafiltration membranes. Separation and Purification Technology, 2001, (22-23): 17-22.

[107] R Takagi, A Larbot, L Cot, et al. Effect of Al_2O_3 support an electrical properties of TiO_2/Al_2O_3 membrane formed by sol-gel method. Journal of Membrane Science, 2000, 177: 33-40.

[108] R Vacassy, C Guizard, V Thoraval, et al. Synthesis and characterisation of microporous zirconia powders: Application in nanofilters and nanofiltration characteristics. Journal of Membrane Science, 1997, 132: 109-118.

[109] C Martin-Orue, S Bouhallab, A Garem. Nanofiltration of amino acid and peptide solutions: Mechanisms of separation. Journal of Membrane Science, 1998, 142: 225-233.

[110] A Garem, G Daufin, J Maubois, et al. Ionic interactions in nanofiltration of β case in peptides. Biotechnology and Bio-engineering, 1998, 57: 109-117.

[111] A Bouguen, B Chaufer, M Rabiller-Baudry, et al. Enhanced retention of neutral solute and charged solute with NF inorganic membrane by chemical grafting and physico-chemical treatment. Separation and Purification Technology, 2001, 25: 513-521.

[112] Rhodia-Oreliswww. orelis. com.

[113] J Luyten, J Cooymans, C Smolders, et al. Shaping of multilayer ceramic membranes by dip coating. Journal of European Ceramic Society, 1999, 17: 273-279.

[114] S Vercauteren, K Keizer, E Vansant, et al. Porous ceramic membranes: Preparation, transport properties and applications. Journal of Porous Material, 1998, 5: 241-258.

[115] A Chihani, D Akretche, K Kerdjoudj, et al. Behaviour of copper and silver in complexing medium in the course of nanofiltration on both mineral and organic membrane. Separation and Purification Technology, 2001, 22-23: 543-550.

[116] Y Elmarraki, M Persin, J Sarrazin, et al. Filtration of electrolyte solutions with new $TiO_2-ZnAl_2O_4$ ultrafiltration membranes in relation with the electric surface properties. Separation and Purification Technology, 2001, 25: 493-499.

[117] G M Rios, R Joulie, S J Sarrade, et al. Investigation of ion separation by microporous nanofiltration membranes. AIChE Journal, 1996, 42: 2521-2528.

[118] A Chihani, D E Akretche, H Kerdjoudj, et al. Behaviour of copper and silver in complexing medium in the course of nanofiltration on both mineral and organic membrane. Separation and Purification Technology, 2001, 22-23: 543-550.

[119] L R B Santos, S H Pulcinelli, C V Santilli. Preparation of SnO_2 supported membranes with ultrafine pores. Journal of Membrane Science, 1997, 127: 77-86.

[120] L R B Santos, C V Santilli, A Larbot, et al. Influence of membrane-solution interface on the selectivity of SnO_2 ultrafiltration membranes. Separation and Purification Technology, 2001, 22-23: 17-22.

[121] C V Santilli, S H Pulcinelli, A F Craievich. Porosity evolution in SnO_2 xerogels during sintering under isothermal conditions. Physical Review B, 1995, 51(14): 50-51.

[122] T Tsuru, T Sudoh, T Yoshioka, et al. Nanofiltration in non-aqueous solutions by porous silica-zirconia membranes. Journal of Membrane Science, 2001, 185: 253-261.

[123] T Tsuru, S Izumi, T Yoshioka, et al. Temperature effect on transport performance by inorganic nanofiltration membranes. AIChE Journal 46, 2000, 3: 565-574.

[124] T Tsuru, H Takezoe, M Asaeda. Ion separation by porous silica-zirconia nanofiltration membranes. AIChE Journal, 1998, 44(3): 765-769.

[125] CEPAration, The Netherlands, http: //www. ceparation. com/products. htm.

[126] J Luyten, J Cooymans, C Smolders, et al. Shaping of multilayer ceramic membranes by dip coating. Journal of European Ceramic Society, 1997, 17: 273-279.

[127] A Dafinov, R Garcia-Valls, J Font. Modification of ceramic membranes by alcohol adsorption. Journal of Membrane Science, 2002, 196: 69-77.

缩略语和符号说明

缩略语/符号	意义	缩略语/符号	意义
AA	乙酸	MEK	甲基酮
BisA	双酚-A	AP	氨基苯酚(前缀 *m*：间氨基苯酚)
BisS	双酚-S	MWCO	切割分子量
BP	双酚	M_r	(相对)分子量
CA	醋酸纤维素	NF	纳滤
CAB	醋酸丁酸纤维素	NG	成核和生长
CTS	壳聚糖	NMP	N-甲基—2—吡络烷酮
CTA	三醋酸纤维素	PA	聚酰胺
DEGEME	二乙二醇二甲醚	PAH	聚(酰胺-酰肼)
DHDPE	二羟基二苯醚	PAN	聚丙烯腈
DMAc	二甲基乙酰胺	PAS	聚(氨基苯乙烯)(前缀 p 和 m 表示 $-NH_2$ 基团在苯环的对位和间位)
DMF	二甲基甲酰胺	PBIL	聚苯丙咪唑酮
Donnan	道南(效应、排斥等)	PDA	苯二胺(前缀 o：邻苯二胺；m：间苯二胺；p：对苯二胺)
DVB	二乙烯基苯	PDMS	聚二甲基硅氧烷
EE	乙醚	PEBAX	聚(环氧乙烷-b-酰胺)
EGME	乙二醇甲基醚	PEG	聚乙二醇
GA	戊二醛	PEI	聚醚酰亚胺
HQ	氢醌(对苯二酚)	PEK	聚醚酮
IEP	等电点	PEO	聚环氧乙烷
IPA	异丙醇	PES	聚醚砜
IPC	间苯二甲酰氯	PI	聚酰亚胺
MA	马来酸(顺丁烯酸)	PPESK	聚(邻苯二甲嗪醚砜酮)

缩略语/符号	意义	缩略语/符号	意义
PPO-Br	溴代聚苯醚	SPPESK	磺化聚(邻苯二甲嗪醚砜酮)
PS	聚苯乙烯	SPPO	磺化聚(2，6-二甲基-1，4-苯基氧化物)
Psf	聚砜	SPsf	磺化聚砜
PVA	聚乙烯醇	SPVDF	磺化聚偏氟乙烯
PVBCl	聚(乙烯基氯化苄)	TFC	薄层复合
PVDF	聚偏氟乙烯	THF	四氢呋喃
RO	反渗透	TMC	均苯三甲酰氯
SA	海藻酸钠	TPC	对苯二甲酰氯
SEIP	溶剂交换 & 浸没沉淀	TTI	四异丙基钛酸酯
SD	旋节线相分离(亚稳相分离)	UF	超滤
SDS	十二烷基苯磺酸钠	UV	紫外光
SPEEK	磺化聚醚醚酮	VAc	醋酸乙烯酯

第 4 章　纳滤膜组件的设计和操作

4.1　引言

膜工厂由膜、组件、系统(包括组件、泵、管道、储罐、控件、监控、预处理和清洁装置的布置)和操作(连续或分批、渗滤等)组成。

本章介绍了膜组件的作用和常用类型，特别是有关纳滤(NF)的相关信息。其中，有关卷式膜组件的介绍最为详细，因为就纳滤而言它是当下最受欢迎的概念。另外，还讨论了可以与膜过程设计结合的各种组件排布；对于(组件)操作策略，如利用(清洗)渗滤以提高产品回收率或纯度也有所描述。

4.1.1　组件的作用

组件实际上是膜的“外壳”，它具有两个重要的作用：为膜提供支撑和有效的流体管理。膜被生产成平板、管状或中空纤维的形式。其中，平板和管式膜没有自支撑，必须放置在可承受运行压力并能为渗透物的移除提供通道的多孔支撑上；中空纤维(请参阅第 4.2.4 节)有自支撑能力，特别是对于来自外侧的压力而言。但中空纤维很少用于纳滤，因为纳滤倾向于从管腔进料，此时只有厚壁纤维才能承受典型的纳滤运行压力(>5 bar)。

有效的流体管理对于膜过程至关重要。膜表面附近的流体动力学条件决定了浓差极化的程度(请参阅第 4.1.2 节)，这对膜(分离)的性能具有深远的影响。各种组件以不同方式应对进料侧流体，以调控边界层传质和进料通道压力损失。流体管理在膜的下游(即渗透侧)也很重要。渗透液通常会流过膜的支撑层，而该层的孔隙率和流程的长度决定了下游的压力损失，进而影响跨膜净压差。4.3.2 节对这一说法的含义进行了介绍。流体管理的第三个重要方面是要避免进料泄漏至渗透液中。因此组件设计还包含了永久性(胶合)和可再生性(O 形圈)密封。

4.1.2　浓差极化和错流

在压力驱动的液相膜过程(如纳滤)中，进料中的溶质和颗粒随溶剂(通常是水)一起被传送到膜表面。被截留物质在膜附近的积累称为浓差极化，可以用膜表面附近的浓度梯度表示，如图 4-1 所示。

浓差极化的大小取决于两个因素之间的平衡，即由渗透通量(J)导致的、指向膜表面的对流传质和由浓度梯度导致的从膜面指向进料本体的反向传质。表4-1列出了可能的反向传质机理，包括分子扩散[见式(4-1)]、相互作用诱导的迁移(电动力学效应)[见式(4-2)]和剪切诱导的扩散[见式(4-3)]。

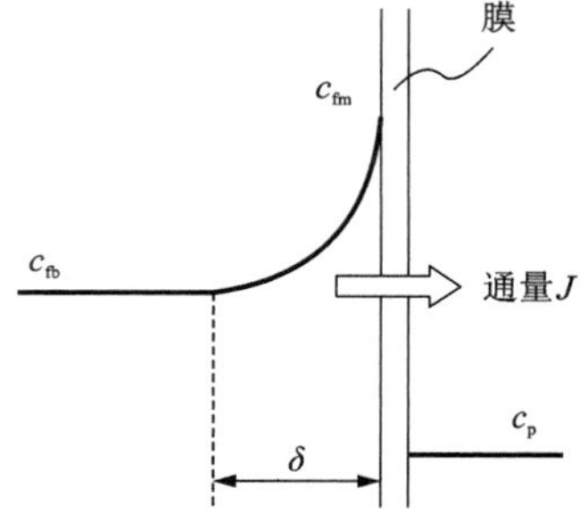

图4-1 溶质的浓度梯度

表4-1 溶质去极化机理

机制	涉及物种	功能关系
分子(布朗)扩散 (传质系数)	离子，大分子，小胶体 (<0.05 μm)	$k=D/\delta=(k_BT/6\pi\mu r_p)/\delta$ (4-1)
相互作用诱导的迁移 (动电和表面力)	颗粒，胶体	$J_V=(D/\delta)\ln(V_B/\delta)$ (4-2) [见文献[1]]
剪切诱导的扩散 (传质系数)	颗粒和大胶体(>0.05 μm)	$J_S=D_S/\delta=(0.2U_br_p^2/d_h)/\delta$ (4-3)

扩散引起的反向传质是最常见的，由传质系数$k(=D/\delta)$表示。众所周知的薄膜模型(2)是基于边界层的质量平衡得到的，此时净对流=反向扩散：

$$Jc_f-Jc_p=-D\mathrm{d}c/\mathrm{d}y \tag{4-4}$$

在边界层($y=0\sim\delta$，$c_f=c_{fm}\sim c_{fb}$)对式(4-4)进行积分，且物种(溶质或颗粒)被完全截留($c_p=0$)：

$$J=k\ln(c_{fm}/c_{fb}) \tag{4-5}$$

c_{fb}和c_{fm}是溶质在溶液本体和膜表面的浓度。式(4-5)表明通量与边界层的传质系数直接相关，或者说对于给定的通量，表面浓度c_{fm}与通量对传质系数之比(J/k)呈指数关系。c_{fm}/c_{fb}称为极化模量M，由下式给出：

$$M=\frac{c_{fm}}{c_{fb}}=\exp(J/k) \tag{4-6}$$

极化模量表示的是浓差极化程度，即膜表面相对于主体溶液浓度的增加。M的大小关键取决于被截留溶质的扩散率D。对于典型的通量和无机离子，M小于2；对于大的有机大分子(如腐殖酸)，M可以达到5或更高；对于蛋白质，M的值可以远大于10。极化模量的意义在于，随着M的增加，溶质的(跨膜)传输和结垢(污染)均呈上升趋势。

对于仅被部分截留(c_p>0)的物种，薄膜模型表示如下：

$$J = k\ln\frac{(c_{fm} - c_p)}{(c_{fb} - c_p)} \tag{4-7}$$

浓差极化也会降低膜的分离能力。实验观察到的截留率或表观截留率定义如下：

$$\sigma_a = \left(1 - \frac{c_p}{c_{fb}}\right) \tag{4-8}$$

该截留率是通过分析进料液和渗透液得到的数据计算得出的。但是，膜实际分离能力或本征截留特性(σ_i)是与膜“看到”的浓度(紧邻膜表面的浓度 c_{fm})相关的。膜的本征截留特性通过下式与 c_p 与 c_{fm} 关联：

$$\sigma_i = \left(1 - \frac{c_p}{c_{fm}}\right) \tag{4-9}$$

我们从式(4-7)到式(4-9)中发现：

$$\sigma_a = \frac{\sigma_i}{\sigma_i + (1 - \sigma_i)\exp\left(\frac{J}{k}\right)} \tag{4-10}$$

因此，表观截留率小于膜的本征截留特性，并且随着浓差极化的增加(即随着 J/k 增加)而变得更低。另外，如果要维持通量(通过增加压力)，情况会由于结垢而变得更糟。这是因为结垢沉积物在膜附近形成了一个薄的“未搅拌”层，导致有效 k 值减小(即 J/k 增加)。当然，在某些情况下(对超滤来说更典型)，结垢可能会减小有效孔径，这会增加本征截留和提高表观截留率。

上述方程式的含义是，纳滤膜的性能与主要的传质系数直接相关，而传质系数是由进料通道的流体动力学控制的。边界层传质通过众所周知的 Sherwood 关系与组件设计和操作变量进行关联：

$$Sh = aRe^b Sc^c \left(\frac{d_h}{L}\right)^d \tag{4-11}$$

组件设计和操作决定了公式中的系数(a)和指数(b、c、d)。表 4-2 提供的是层流和湍流条件下几种不同几何形状(组件)的相关方程式的详细信息，组件的几何形状由水力学直径(d_h)来表征，d_h 通常定义为“4×横截面积/湿润周长”；表 4-3 给出了得到较多关注的几种几何形状的 d_h 表达式。

表 4-2 传质关系——用于式(4-11)，$Sh=aRe^{b}Sc^{c}(d_{\mathrm{h}}/L)^{d}$

流态	组件配置及几何特征	a	b	c	d	注解
层流	通道或管	1.62	0.33	0.33	0.33	$100<ReScd_{\mathrm{h}}/L<5000$。完全展开的速度曲线；正在展开的浓度曲线(见文献[3])，d_{h} 参见表 4-3
		0.664	0.5	0.5	0.33	“进口区域”。正在展开的速度和浓度曲线，$L\leqslant 0.029d_{\mathrm{h}}$(见文献[4])
湍流	通道或管	0.023 0.023	0.8 0.875	0.33 0.25	— —	$Sc\leqslant 1$(见文献[5]) $1\leqslant Sc\leqslant 10^{3}$(见文献[6])
层流	搅拌池	0.285	0.55	0.33	—	$8\times10^{3}<Re<32\times10^{3}$(见文献[7])
湍流	搅拌池	0.044	0.75	0.33	—	$32\times10^{3}<Re<82\times10^{3}$ $Re=\rho wr_{\mathrm{SC}}^{2}/\mu$；$r_{\mathrm{SC}}$=池子半径

表 4-3 几种条件下的水力学直径

组件配置和几何特征	关系	评论
管式或中空纤维	$d_{\mathrm{h}}=d_{i}$	湍流 $d_{i}=3$ mm 和水的流速 1 m/s 时
矩形(宽 w，高 h)	$d_{\mathrm{h}}=2wh/(w+h)$	$d_{\mathrm{h}}=2h$，窄缝，$w\gg h$
搅拌池	$d_{\mathrm{h}}\to r_{\mathrm{SC}}$	见表 4-2
有隔板填充的通道	$d_{\mathrm{h}}=\dfrac{4\varepsilon}{[(2/h)+(1-\varepsilon)S_{\mathrm{vp}}]}$	ε=隔板空隙率 S_{vp}=隔板的表面积/体积[8]

表 4-2 中的方程式不适用于先验(事先)设计，因为在大多数应用中，物理性质(扩散系数)以及潜在的溶质-溶质相互作用和结垢现象均存在不确定性(请参阅第 4.1.3 节)。但是，这些关系在定性分析和比较中很有用。例如对于开放通道(管式、纤维、裂缝)，层流和湍流条件分别如下：

层流 $$k=1.62U_{\mathrm{b}}^{0.33}d_{\mathrm{h}}^{-0.33}D^{0.67}\mu^{0.47}L^{0.33} \tag{4-12}$$

湍流 $$k=0.023U_{\mathrm{b}}^{0.8}d_{\mathrm{h}}^{0.2}D^{0.67}\mu^{0.47}\rho^{0.47} \tag{4-13}$$

这些方程表明 k 和通量随错流流速变化，且在层流中的指数为 0.33，在湍流中的指数为 0.8。对于管式组件，流动状态趋向湍流($d_{\mathrm{h}}>5$ mm，$U_{\mathrm{b}}>1$ m/s)；对于中空纤维膜，流动状态趋向层流($d_{\mathrm{h}}\leqslant 1$ mm)。

湍流的好处是通量更高，以及对 U_{b} 有更好的响应。但需要增加通道压力损失(ΔP_{ch})。通道压力梯度($\mathrm{d}P/\mathrm{d}x$)的关系式如下：

$$\frac{\mathrm{d}P}{\mathrm{d}x} = -f_{\mathrm{F}}\rho U_{\mathrm{b}}^{2}/2d_{\mathrm{h}} \tag{4-14}$$

其中，f_F 是（进料侧）阻力系数（$f_F = C'Re^{-n}$）。对于层流和湍流，指数 n 的值分别为 1.0 和 0~0.2，因此得到下式：

$$\begin{aligned} \frac{\mathrm{d}P}{\mathrm{d}x} &\propto U_{\mathrm{b}}^{1.0}（层流） \\ \frac{\mathrm{d}P}{\mathrm{d}x} &\propto U_{\mathrm{b}}^{1.8\ \mathrm{to}\ 2.0}（湍流） \end{aligned} \tag{4-15}$$

湍流的能量损失显然更高。由于纤维强度问题（纤维是“自支撑”的），用于圆柱状纳滤膜组件的膜一般是管式的而不是中空纤维式的。湍流操作有许多小众应用，例如应用于很脏的或有高固体含量的进料流。在设有隔板的通道中的传质和压力损失是第 4.3.2 节中考虑的特殊情况。

表 4-1 包括了由相互作用诱导迁移和剪切诱导扩散引起的逆向传输。这两种机制都适用于纳滤工艺进料中存在胶体或颗粒物质的情况。对于剪切诱导扩散，式（4-5）变成如下形式：

$$J = J_{\mathrm{S}}\ln\left(\frac{c_{\mathrm{fm}}}{c_{\mathrm{fb}}}\right) \tag{4-16}$$

其中，J_S 由表 4-1 中的式（4-3）给出。与膜有显著电荷相互作用的颗粒可能适用于表 4-1 中的式（4-2）。另外，式（4-2）和（4-3）都表明，通过减小边界层厚度 δ 可以增强这些作用。这证实了错流在极化控制中的重要性。

粒径对去极化机制的影响也很重要。对于小胶体（<0.05 μm），可以采用分子（布朗）扩散，但这（种效果）会随着粒径的增加而减小［见式（4-1）］。对于较大的胶体/微粒（>0.5 μm），要使用剪切诱导扩散，但随着粒径的减小，剪切诱导扩散的效果会削弱［见式（4-3）］。因此，约 0.1 μm 的胶体的去极化作用最小，最有可能沉积在膜上。如果存在有利的电动力学相互作用，则可以避免这种情况；但是如果存在不利的电动力学（膜和粒子带相反电荷），将不可避免这种情况。这些考虑因素指出，进行预处理以限制可结垢胶体的浓度非常重要（请参见第 8 章和第 9 章）。

纳滤的通量也可以用渗透压模型来表示，该模型将驱动力和阻力联系了起来：

$$J = \frac{\Delta P - \Delta\pi_{\mathrm{a}}}{\mu R_{\mathrm{m}}} = B_1(\Delta P - \Delta\pi_{\mathrm{a}}) \tag{4-17}$$

其中，ΔP 是跨膜水力学压差；B_1 是膜的溶剂渗透性能；$\Delta\pi_a$ 表示跨膜的有效渗透压差，与溶液在膜表面和渗透液中的渗透压有关，因此

$$\Delta\pi_{\mathrm{a}} = \pi_{\mathrm{fm}} - \pi_{\mathrm{p}} \approx M\Delta\pi_{i} \tag{4-18}$$

式中：M 为极化模量[见式(4-6)]；$\Delta\pi_i$ 为基于进料液本体浓度的渗透压差。

对式(4-18)取近似的前提是截留率很高(π_p 小)，并且 π 与浓度 c 之间呈线性关系。因此，浓度极化将增加 M 并降低有效驱动力。这再次说明了错流和组件流体管理的重要性。

4.1.3 结垢

浓差极化是一种可逆的现象，即通过关闭渗透线将通量减少至 0，则 c_{fm} 掉回 c_{fb}。然而，浓差极化的结果通常是某些物质不可逆地沉积(未被零通量操作除去)，此时称为污染。在第 8 章对纳滤系统中的结垢有详细讨论，以下是以纳滤和组件为背景的一些一般性评论。

考虑到结垢，可以将式(4-17)修改成下式：

$$J = \frac{\Delta P - \Delta\pi_a}{\mu(R_m + R_f)} \tag{4-19}$$

式中：R_f 为污染造成的阻力。

通常，可以通过控制通量与传质系数之比(J/k)来减轻浓差极化，即通过限制通量和/或提供有效的流体管理来减轻 R_f。组件设计和操作对确定 J/k 的值非常关键，而要在整个组件或组件系统中获得期望值是一个挑战。某些组件设计能够更好地处理易结垢进料和制定清洗方案，这些要求可能是组件选择的一个参考因素(请参见第 4.2.6 节)。

4.2 组件类型和特点

膜片可以生产成平板或圆柱形，这决定了组件的几何形状。在本节中，将描述和比较各种组件，其中最流行的卷式膜组件将在第 4.3 节中具体介绍。

4.2.1 板框式膜组件

板框式膜组件使用的是平板膜，它们被置于为渗透液提供出口的多孔支撑板上。流体通道通常很狭窄，为 1～3 mm，有时还配有网状的通道隔板(请参阅第 4.3.1 节)。膜片以流体通道串联或并联连接的方式堆叠起来。在某些情况下，支撑板为圆形或椭圆形，进料呈放射状向内或向外流动，或从椭圆盘的一侧到另一侧。在其他情况下，支撑板为矩形，液体从一端向另一端流动(见图 4-2)。

在没有隔板的情况下，板框式膜组件的传质特征与狭缝通道的相似。在某些情况下，支撑板的肋状表面可能会使膜表面产生起伏，从而增强边界层的传质。板框式膜组件仅提供适中的单位体积表面积，并且膜片的更换往往逐张进行，劳动强度大。该组件的另一个限制是，为了承受在纳滤应用中普遍存在的相对较高

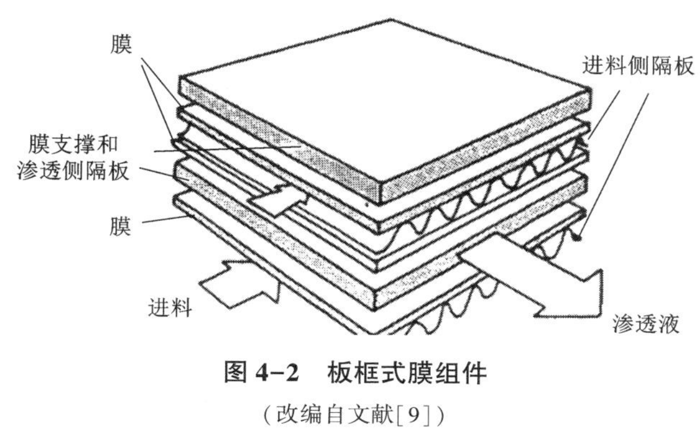

图 4-2 板框式膜组件

(改编自文献[9])

的压力，组件尾板往往要承担较重的任务；压力还会限制组件的直径或宽度。板框式膜组件通常出现在小众市场的中、小型应用。在诸如乳制品业和水生产等大型应用中，板框式膜组件已被卷式膜组件所取代。

4.2.2 卷式膜组件

卷式膜组件(SWM)将平板膜缠绕在中心管上。(两片)膜沿三个侧面胶黏密封(形成图 4-3 所示的“叶片”)，而未密封边缘附着在渗透管上。“叶片”密封腔的内侧包含渗透侧隔板，用作支撑膜以防止其在压力下出现塌陷。这种渗透侧隔板是多孔的，并引导渗透物流至渗透管内[见图 4-3(a)]。组件的膜“叶片”之间放置了进料通道隔板(网状薄片)，以界定通道高度(通常为 1~2 mm)，并提供传质优势(更多信息请参阅第 4.3.1 节)。“叶片”随后缠绕在渗透管周围，并配置外壳[见图 4-3(b)]。

卷式膜组件中的流动路径如图 4-3(c)所示。加压进料平行于渗透管轴向流动，穿过膜叶片之间带有隔板的狭窄通道。流过膜表面的液体会渗透至叶片内腔，并呈放射状向内(渗透管)流动，穿过螺旋状卷起的渗透隔板，进入渗透管。渗透侧隔板是一种多孔载体，被设计用来支撑膜以防止其压缩，并对渗透流体具有高的水力学传导性。进料侧的轴向压力损失和渗透侧的径向压力损失产生了跨膜压降分布，这对优化设计有影响(请参阅第 4.3.2 节)。

为了避免由于轴向压降导致的卷式缠绕的变形，每个膜组件都有一个防伸缩端盖，提供支撑以及开放的通路。一些卷式膜组件在上游面设计了特殊的流量分配器，以便最大程度地减少分配不均的情况。

卷式膜组件具有“标准”直径(6.35 cm、10.16 cm 和 20.32 cm)，适合“标准”的、可容纳多个串联元件的压力容器，元件用 O 形圈密封以防止旁路和进料侧至渗透侧的液流。应当注意，渗透管连接处偶尔会发生泄漏，这会损害卷式膜组件

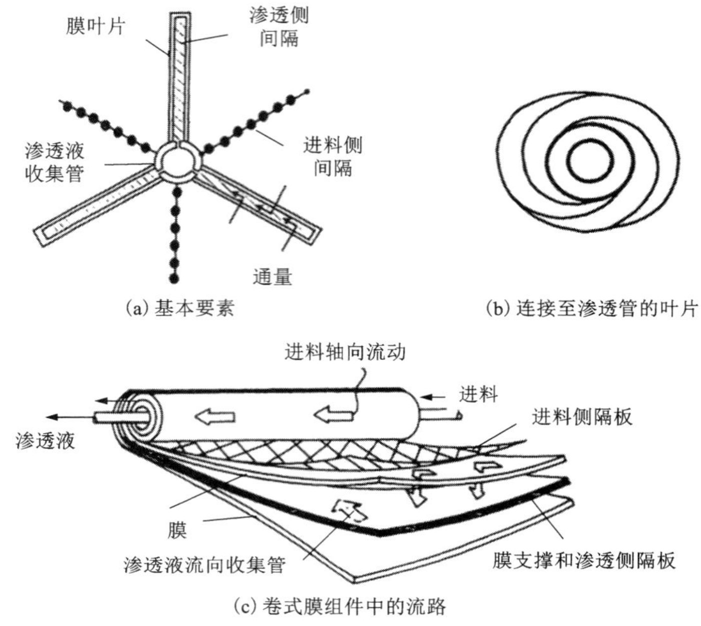

图 4-3　卷式膜组件的结构与特点

（经许可改编自文献[9]）

在控制病原体方面的完整性[10]。

卷式膜组件已成为大规模超滤、纳滤和反渗透应用最受欢迎的组件概念。第 10 章介绍了 Méry-sur-Oise 的大型纳滤工厂，该工厂采用了 9000 支 20.32 cm 的卷式膜组件[11]。有关卷式膜组件的更多详细信息，请参见第 4.3 节。

4.2.3　管式膜组件

管式膜组件的活性膜表面位于管的内腔。通常，管的直径约为 10 mm（5 ~ 25 mm）。这些组件类似管壳式热交换器（见图 4-4），其中膜管通过串联和并联相连接。在某些设计中，将膜管插入打孔的金属支撑管中，而在另一些设计中，膜

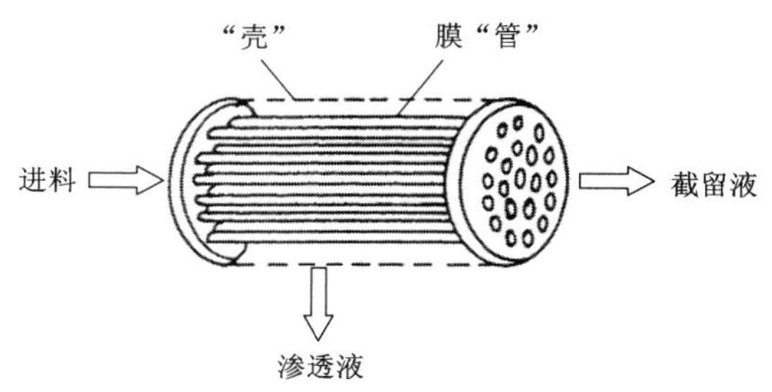

图 4-4　膜壳和管式膜组件

（改编自文献[9]）

管是自支撑的。在后一种情况下，管子的破裂压力限制了纳滤的应用。管式膜组件也会用陶瓷材料制成单管式或多通道整体式。通常，管式膜组件在湍流状态($Re=\rho U_b d_h/\mu>3000$)下运行，这可以很好地控制浓差极化，但能耗相对较高。这种类型的组件最适合“肮脏”的进料，因为它可以处理颗粒，并使用泡沫球进行物理清洁，而泡沫球会自动向上穿过膜管以清洁膜表面。例如，Fyne 工艺使用带有自动泡沫球清洁功能的管状纳滤对有颜色的水进行无化学试剂的水处理[12]；有关该应用的更多详细信息请参见第 10 章。管式纳滤膜组件有多个中等规模的小众应用。

4.2.4　中空纤维式膜组件和毛细管式膜组件

中空纤维式膜组件(HFM)使用的膜是“自支撑”的，即(膜)壁足够坚固，可以避免塌陷或破裂。外径通常为 0.5~1.0 mm，内“腔”直径<0.8 mm。中空纤维式膜组件包含成千上万根整理成“束”的纤维，并通过环氧树脂将其封装在外壳中(见图 4-5)。从概念上讲，该设计类似于管式膜组件的管壳式设计，但可以根据膜及其应用情况采用壳侧或管腔侧进料的操作。通过壳侧进料时，纤维从外部进行加压，可以承受达到反渗透海水淡化水平的高压(10 MPa)；在海水淡化中，中空纤维反渗透组件已被卷式膜组件取代了。原则上，该方法可用于纳滤，但此类应用不常见。

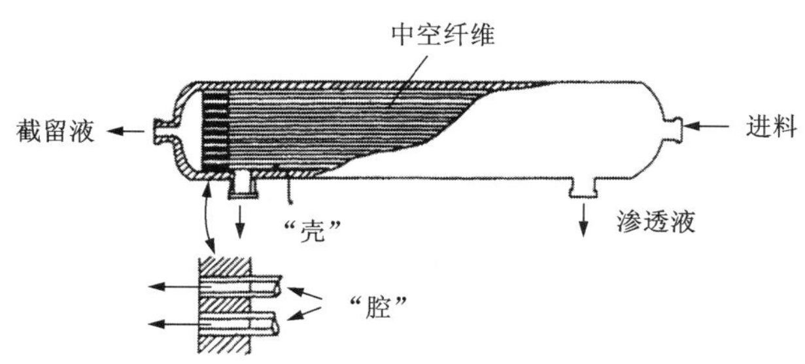

图 4-5　中空纤维膜组件

(改编自文献[9])

目前，已开发出用于纳滤和低压反渗透的腔侧进料中空纤维膜，是具有聚醚砜支撑和聚酰胺内层皮的复合膜[13]。进料压力据报道为 2.7 MPa。较粗的中空纤维膜也被称为毛细管膜，管腔直径为 1.5 mm，被开发用于纳滤[14]。这些膜也是聚醚砜和聚酰胺的复合膜，已经在 0.6 MPa 的条件下运行。基于这些膜的中空纤维膜组件比商业化卷式膜组件有优势，具有较低的污染趋势和较低的能耗需求。目前，用于纳滤的中空纤维式膜组件正处于研制阶段，它们在许多应用中有现实潜力。

4.2.5 其他形式膜组件

①浸没式

相对较新的一项进展是在大气压力下将中空纤维膜或平板膜浸入开放式储水罐中，通过抽吸或重力去除渗透物，并通过鼓泡控制浓差极化(见图 4-6)。

这种设计具有成本优势(无压力容器)，易于维护，并且在低压膜水处理(微滤和超滤)和膜生物反应器(MBR)中很受欢迎。对纳滤而言，这一设计的主要缺点是跨膜压力<1 atm①，除非对储罐进行加压，但这又会使该概念的主要优点之一无效。据报道[15]，常压浸没式中空纤维纳滤膜 MBR 的通量非常低，为 50 mL/(m^2·h)。除非开发出成本非常低的纤维，否则如此低的通量不太可能有经济性。

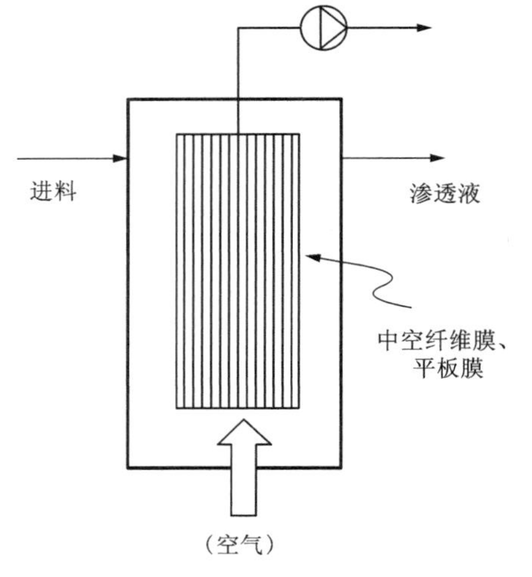

图 4-6 浸没式膜组件

②高剪切装置

目前，已经开发出了许多能在膜表面产生高剪切力的组件/系统。这些设备可以与纳滤一起被有效地用于小众应用。第 4.4 节对这些特殊技术进行了更多讨论。

③实验室组件

对于纳滤的实验室研究，有两种选择，即如图 4-7(a)和(b)所示的错流测试仪或搅拌池(两者都可在市场上买到)。通常，膜面积小于 0.01 m^2。在错流模式中，测试仪应具有定义明确的几何形状，可以为用于大规模处理的类似膜系统提供借鉴。这些单管测试仪或平板测试仪，最好带有进料通道隔板以模拟卷式膜组件。

搅拌池是最简单的测试系统[见图 4-7(b)]，其优点是能接受相对较小的液体量和膜样品，便于评估各种参数。搅拌池的缺点是，它不能模拟大规模组件，特别是在边界层传质系数方面。例如，假设 1 k 的分子，对应卷式膜组件的传质系数在 10^{-4} m/s 数量级(基于针对 MWt 进行了调整的图 4-9)；而搅拌池的传质系数在 10^{-5} m/s 数量级(基于针对 MWt 进行了调整的文献[16]的数据)。根据 4.1.2 节和第 4.1.3 节的考虑，与大型卷式膜组件相比，小搅拌池往往有较低的

① 1 atm = 1.01×10^5 Pa。

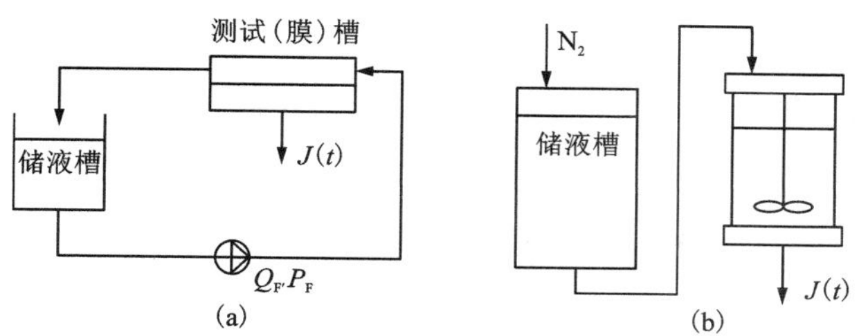

图 4-7　实验室错流测试仪（a）和搅拌池（b）

截留率和更多的污染。

4.2.6　组件特性

不同的组件具有不同的优缺点，这会影响针对特定应用的（组件）选择。膜组件特征如下：

（1）填充密度（m^2 膜/m^3 组件体积）——这会影响系统尺寸、占地面积以及成本（高填充密度往往会带来成本优势）。

（2）能源使用——这会影响成本，并与操作压力、流量（有再循环时会增加）、流阻（通道压力损失）和流态（湍流的能量效率比层流低）有关。

（3）流体管理和污染控制——通过控制浓差极化来影响可获得的通量，从而确定膜面积要求（和投资成本）。

（4）标准化——确定该组件是否满足行业标准，从而在膜更换方面获得灵活性和选择空间。

（5）更换——影响维护和人工成本。

（6）清洗——用于恢复被污染的膜。易于清洗会影响系统的可用性/停机时间和时间平均流量。

（7）易于制造——这会影响膜组件的生产成本。

（8）纳滤的局限性——纳滤的特定需求，即适度的高压和良好的极化控制，可能会限制某些组件概念的应用。

表 4-4 中比较了各种组件概念的特性。该表显示，最适合纳滤的组件是卷式和管式。卷式膜组件的主要优点在于它是一种行业“标准”产品，有多种膜供选择，以及可用替代膜进行翻新的可能性。尽管制造复杂，但一些较大的生产商已拥有自动或半自动生产设备。除非进行有效的预处理，否则卷式膜组件不太适合脏的进料（参阅第 9 章）。而管式膜组件在这些条件下具有重要的优势。

表 4-4 不同膜组件概念的特点

性能	板框式	卷式	管式	中空纤维式	浸没式	高剪切式
装填密度 /($m^2 \cdot m^{-3}$)	中等 (200~500)	高 (500~1000)	中低 (70~400)	高 (500~5000)	中等	中低
能量消耗	中低(层流)	中等(隔板造成的损失)	高(湍流)	低(层流)	低	中等
流体管理和结垢控制	中等	好(无固体) 差(固体)	好	中等	中等或很差	很好
标准化	无	是	无	无	无	无
更换	膜片(滤芯)	元件	膜管 (或元件)	元件	元件 (或束)	膜片 (或滤芯)
清洗 (难度)	中等	可能很难 (固体)	良好，可用物理清洗	可以反冲洗	可以反冲洗	好
易于制造	简单	复杂(自动)	简单	中等	中等	复杂
纳滤的局限性	压力容器	无	无	纤维爆裂压力	低驱动力和通量	压力容器

4.3 卷式膜组件——设计特点

卷式膜组件在纳滤应用中起主要作用，本节提供了更多的详细信息以补充第 4.2.2 节中的描述。卷式膜组件的一个重要特征是膜被进料通道隔板(见图 4-3)隔开，隔板决定了组件的传质和压降特性，这将在第 4.3.1 节进行讨论。进料通道隔板导致的沿"叶片"长度(L_L)的轴向压降伴随着由渗透侧隔板导致的沿"叶片"宽度(W_L)的径向压降。如第 4.3.2 节所讨论的，为了使整体跨膜压差最大化，需要有一个最佳的隔板设计(膜叶片长度 L_L 与膜叶片宽度 W_L 的比值)。

4.3.1 进料通道隔板

进料通道隔板是由塑料细丝(直径小于 1 mm)制成的网状薄片，其中一组平行细丝放置在另一组平行细丝的顶部。隔板细丝形成单元尺寸为 4~5 mm 的菱形或方形(阶梯形)阵列(见图 4-8)。进料通道的高度由隔板的高度决定，通常为 1~2 mm。

隔板的作用是促进膜表面的剪切，从而改善传质。然而，隔板也增加了对液体的拖曳(阻力)和通道内的压力损失。图 4-9(改编自 Da Costa 等人[17])通过比

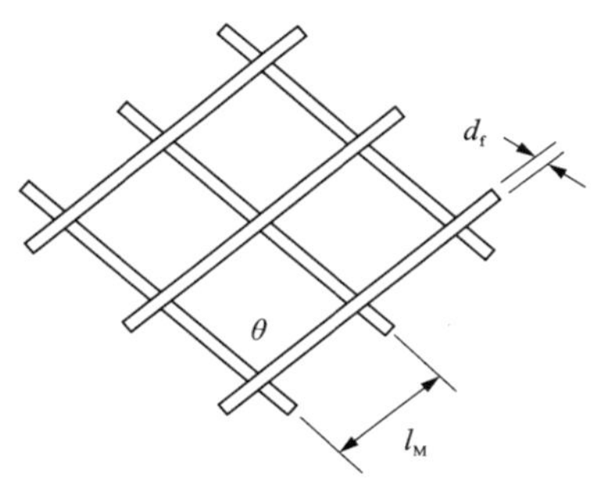

(a) 菱形
[水动力角 (θ), 网格长度 (l_M) 和网丝直径 (d_f)]

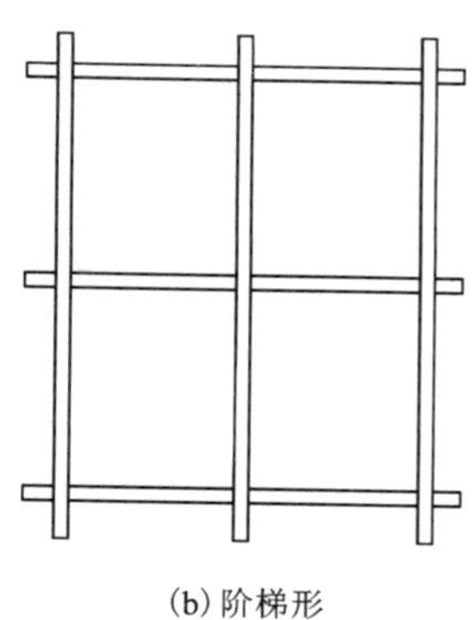

(b) 阶梯形

图 4-8 隔板的几何特点

较狭窄通道卷式膜组件仿真器在不同条件(有或没有隔板)下的 k 和 ΔP_{ch} 的测量值来说明这一点。隔板包括商用菱形阵列隔板和基于这些隔板的改良款(标识为 S1~S6[17])。所需数据是在超滤条件下使用右旋糖酐(500 k)溶液获得的。如文献[17]中所述,使用渗透压模型[见式(4-17)]和薄膜模型[见式(4-5)],以及渗透压数据[$\pi=f(C)$]来确定传质系数。测得的系数从 2×10^{-5} m/s 到 2×10^{-6} m/s (空通道,SLIT)不等。注意,对于较小的溶质可以期望更高的 k 值。通道压力损失从 1.1 kPa(空通道)到 167 kPa 不等。实际上,所测试的隔板可以将 k 值提高一个数量级,但压力损失(能量损失)超过 2 个数量级。

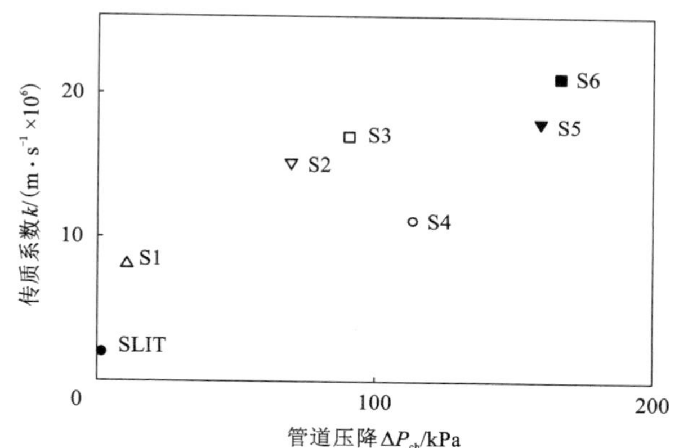

图 4-9 各种隔板的传质系数(k)与通道压力损失(ΔP_{ch})的关系

[(超滤处理右旋糖酐 T500(500 K)——根据文献[17]中的数据改编]

传质和能量之间的折中意味着有机会优化隔板的设计和操作。图 4-10(来自文献[17])对应图 4-9 中使用不同隔板时单位处理成本的估计值，成本包括基于安装面积的投资成本和基于泵送能量的电源成本。预计成本显然随电力成本和膜成本的变化而变化。

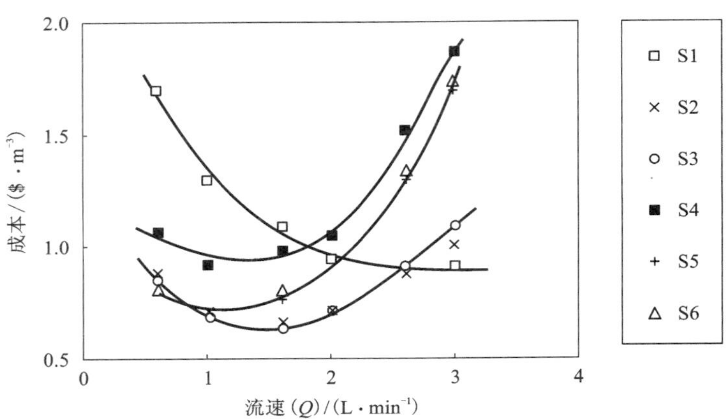

图 4-10 优化：针对图 4-9 中的隔板而得到的单位处理成本估算与流量之间的关系

每个隔板都有一个最低的成本，此时流速以适度的能量损失为代价获得了良好的通量。图 4-10 确定了对应指定进料的“最佳”隔板。另外，还要考虑隔板特性对污染和清洗的影响。对比不同的菱形隔板可知，流体动力学角度 θ[见图 4-8(a)]为 90°的隔板最有效。在类似的实验条件下，阶梯状隔板[见图 4-8(b)]有高达 50%的效率[18]，这可能是因为它能使膜附近形成更有效的涡流。

填充了隔板的通道的传质系数 k 可以通过 Sherwood 关系[见式(4-11)]进行关联。例如对于阶梯形隔板，使用 Grober 方程(参见表 4-2[4])有 ±30% 的误差[18]：

$$Sh = 0.664Re^{0.5}Sc^{0.33}\left(\frac{d_h}{l_m}\right) \tag{4-20}$$

该公式的适用性表明，边界层在横向(排列)细丝处重新混合，“入口区域”匹配网格长度。对于菱形隔板，考虑到流体动力角 θ 的影响，将 Grober 方程[18]修改成下式：

$$Sh = 0.664k_{dc}Re^{0.5}Sc^{0.33}\left(\frac{2d_h}{l_m}\right) \tag{4-21}$$

这种情况下的“入口长度”被假定为网格长度的一半，而 k_{dc} 涵盖了隔板的其他特征：

$$k_{dc} = 1.654\left(\frac{d_f}{h}\right)^{-0.04}\varepsilon^{0.75}\left(\frac{\sin\theta}{2}\right)^{0.09} \tag{4-22}$$

针对填充了隔板的通道，可参考表 4-3 中基于经典定义(4×流动面积/湿润周长)的水力直径 d_h(见第 4.1.2 节)。通常，填充了隔板的通道的 d_h 仅为空通道的 30%~50%(参考文献[18]中的表 4-1)。

对填充了隔板的通道中的 ΔP_{ch} 的分析表明，形状阻力是主要原因，其次是方向变化(对于菱形隔板)引起的动力学损失[18]。式(4-14)中使用的阻力系数 f_F 已被报道，通过以下形式应用于若干种隔板中：

$$f_F = C'Re^{-n} \tag{4-23}$$

其中，C'的范围是 0.25~7.4，n 的范围是 0.16~0.4。n 的值一般在 0.15 至 0.25 之间，表示由湍流造成的压力损失[参见式(4-14)和式(4-15)]。

隔板分析的最新进展包括应用计算流体力学(CFD)来阐明隔板周围的复杂流动模式[19]。这些信息可以提供压力损失和局部表面剪切的预测，进而预测传质系数和通量。图 4-11 为 CFD 输出的示例，显示了横向细丝之间产生的大涡流[19]。尽管卷式膜组件是“成熟”的技术，但仍有可能通过更好的隔板设计来提高效率。分析表明，开发压力损失低的隔板是有意义的，而 CFD 将有助于这一发展。

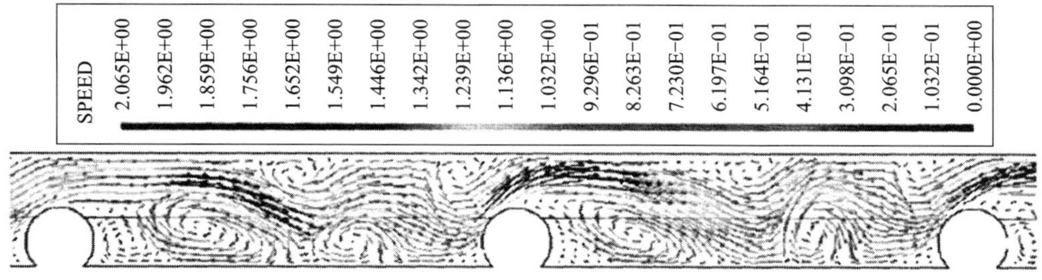

图 4-11　计算流体力学预测显示横向细丝之间的漩涡[19](从左到右流动)

4.3.2　建模与优化

如前文所述，卷式膜组件在膜的两侧都有压力梯度，它们是正交(相互垂直)的。这导致了膜片上有如图 4-12(改编自文献[20])所示的跨膜压力(TMP)分布。TMP 在叶片的入口和内边缘处最高，而在叶片的出口和外边缘处最低。局部通量值和极化模量将以类似的方式发生变化。应该注意的是，与反渗透相比，纳滤中这种通量分布不均会随着平均通量的增加和工作压力的降低而加剧。

卷式膜组件元件的设计包括选择叶片数(N_L)、叶片长度(L_L)、叶片宽度

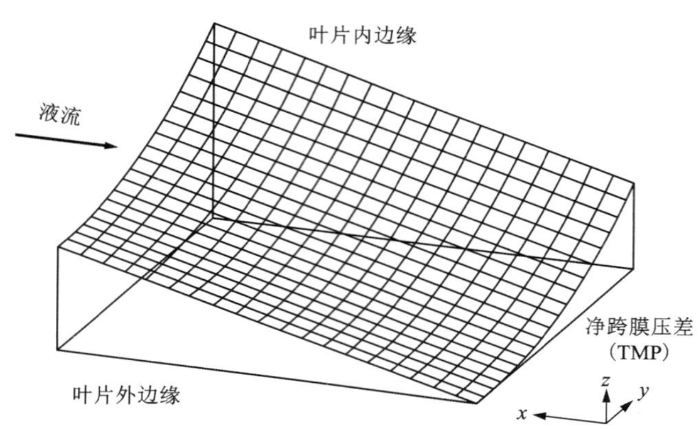

图 4-12 卷式膜组件膜片上局部驱动力的模拟分布[20]

(W_L)和隔板厚度(h_{sp})。Rautenbach 和 Albrecht[20]用基于反渗透并适用于纳滤的传质方程描述了多叶片卷式膜组件的有限元分析。

将基本的(溶剂)通量式(4-17)改写成下式：

$$J = B_1[\Delta P - (\Delta\pi_{fm} - \pi_p)] \tag{4-24}$$

被描述为扩散流的溶质通量公式：

$$J'_s = B_2(c_{fm} - c_p) \tag{4-25}$$

变形后的部分截留的薄膜模型公式：

$$\frac{(c_{fm} - c_p)}{(c_{fb} - c_p)} = \exp\left(\frac{J}{k}\right) \tag{4-26}$$

参数 B_2 是膜内溶质的本征渗透性能。传质系数根据经验化的 Sherwood 公式[见式(4-20)]获得，进料和渗透通道的压力损失可根据式(4-14)估算得出，其中两个隔板的 C' 和 n 由经验得出。图 4-13 描绘了一张完整叶片的网格分布，以及被输入和计算的参数[21]。

通过对卷式膜组件模型的数值求解允许对给定膜面积的组件设计参数进行比较；关键的设计参数是膜叶片的长(L_L)、宽(W_L)和叶片数 N_L。图 4-14 是为不同的 N_L 绘制的组件单位生产率(定义为每单位压力和单位组件体积的体积生产率)与 L_L/W_L 的关系曲线，可看到典型的发展趋势。计算表明，生产率在$L_L/W_L\approx 1$(范围为 0.8~1.2)处可得最大值。生产率由于渗透侧损失($L_L/W_L \ll 1$)或大的进料侧损失($L_L/W_L \gg 1$)而降低。通过增加叶片的 N_L 可以提高生产率，但收益却逐渐边际化，应与组件制造的复杂性进行权衡；自动化卷膜有助于克服此问题。对卷式膜组件进行模拟和优化的更多详细信息可以参考 Rautenbach 和 Albrecht[20]的工作。Schwinge 等人[21]对卷式膜组件模型进行了拓展以涵盖污染的影响。

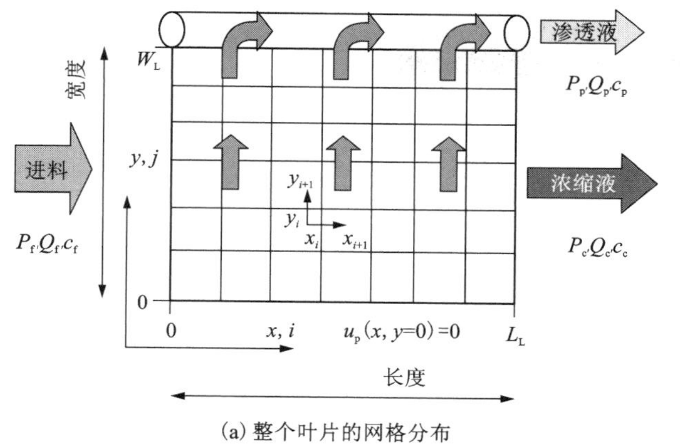

(a) 整个叶片的网格分布　　(b) 被输入和计算的参数

图 4-13　卷式膜组件模型的设计基础

（改编自文献[21]）

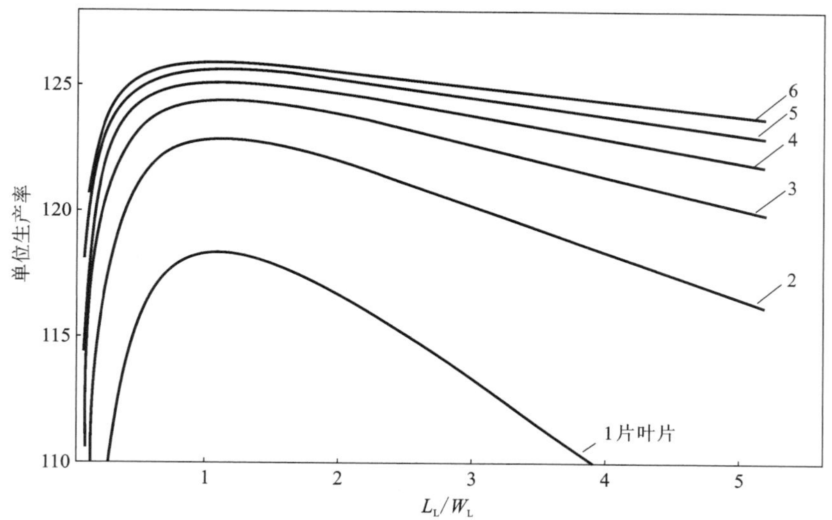

图 4-14　卷式膜组件：单位生产率与叶片几何特征（即 L_L/W_L 比值）的关系[20]

4.4　通量提升策略

组件设计和操作可能会涉及一种或多种通量提升策略。这些技术旨在减少浓差极化和/或颗粒沉积的影响。表 4-5 中列出了几种通量提升策略。进料通道隔板是目前最流行的技术，已在第 4. 3. 1 节中进行了介绍，本节将简要介绍其他方法。

表 4-5　通量提升策略

技术	注释
进料通道隔板	卷式膜组件，部分平板组件。涡流和增强的剪切力。见第 4. 3. 1 节
高剪切振动膜	在膜表面产生高剪切力。见第 4. 4. 1 节
高剪切旋转膜	产生高剪切力和泰勒(Taylor)涡旋
膜上方的高剪切转子	在膜表面产生高剪切力。见第 4. 4. 2 节
(迪恩)旋涡	由弯曲通道中的流动引起
进料脉冲	不稳定流产生的涡流
挡板	涡流增强脉动
鼓(气)泡	气泡会产生涡流和剪切瞬态。见第 4. 4. 3 节
反向脉冲	反向渗透液去除沉积物。最适用于微孔膜。气体反冲不适用于纳滤

4. 4. 1　高剪切-振动膜系统

1991 年，New Logic Inc. 公司提出了一种称为 V-Sep 的系统[22]。在这种方法中，是膜被移动，而不是流体被泵送(见图 4-15)。平板膜被放置在一个过滤器组件中，该组件横向振动(频率高达 70 Hz)，所产生的表面剪切力与典型错流装置的相比高一个数量级。该系统被设计成能承受持续振动，但设计的本质将其应用限制在适中的规模，即数十平方米的膜。这个概念找到了一系列小众应用，处理难以加工或固体含量高的料液。大多数应用使用微滤或超滤膜，但纳滤的案例也有报道[23](见第 14 章)。

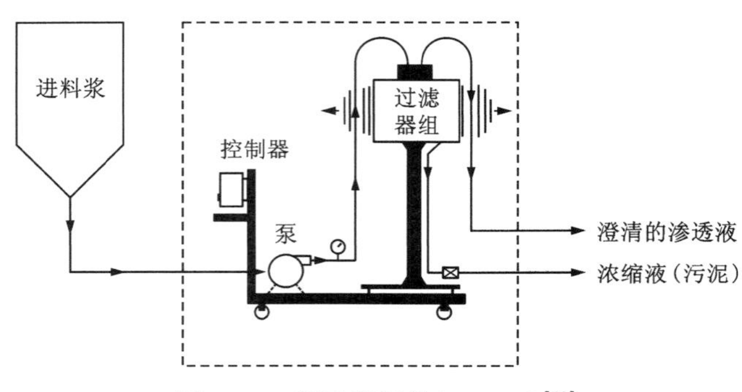

图 4-15　振动膜组件(V-Sep)[22]

4.4.2　高剪切-转子/定子膜组件

可以通过旋转膜片或膜片上方的圆盘来产生高剪切力。图 4-16 描绘了这样一个系统，其中膜片被固定在由旋转的盘形转子隔开的盘形定子上。转子产生了高的表面剪切速率（$>10^5\ s^{-1}$），且与进料流速无关。由于盘的直径的限制，此膜组件概念在规模上有限（$<10\ m^2$）。原则上，该组件可用于纳滤，但受限于所施加压力的等级。第 14 章介绍了其在制浆造纸行业中的应用示例。

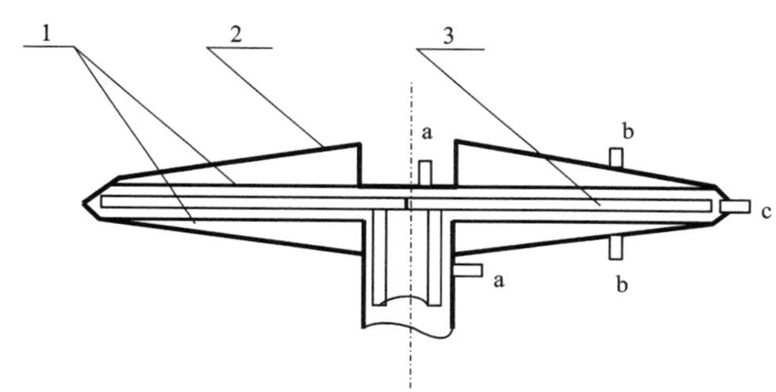

1—薄膜；2—外壳；3—旋转盘；a—进料口；b—渗透液出口；c—截留液。

图 4-16　转子/定子膜组件

（改编自文献[24]）

4.4.3　鼓泡

气泡或两相流有助于减少浓差极化。据报道，内置式膜组件（板框式、卷式、管式和中空纤维式）以及浸没式系统都可产生这种效果[25]。气体以气泡或栓塞的形式引入到内置式膜组件中，而在浸没式系统中是在膜束或膜堆下方鼓入。气泡/栓塞的运动会在膜表面附近产生瞬态剪切模式；鼓泡在适当的条件下会显著增加通量[25]。大多数研究和应用都涉及超滤或微滤，但该概念也适用于纳滤。例如，Ducon 等人[26]报告，在油水乳状液的纳滤过程中进行鼓泡使通量增加了 140%。

4.5　系统设计与运行

本节简要介绍纳滤引起关注的两个方面，即组件排布和渗滤。

4.5.1　组件排布

数百或数千平方米的商业规模膜系统实际是由多个面积为数十平方米的膜元

件组成。这些膜元件可以通过以下几种排列方式进行组合(见图 4-17)。

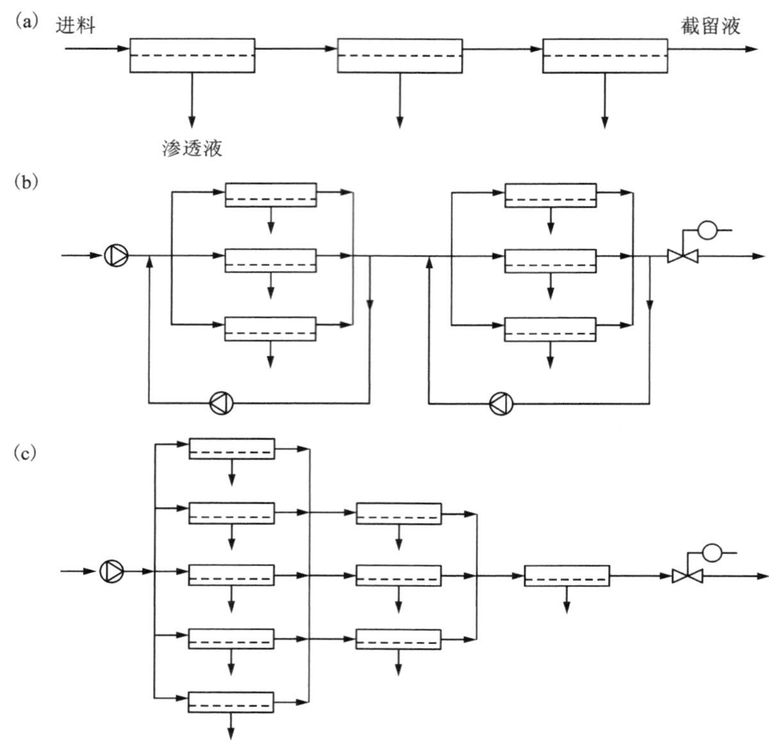

(a)串联；(b)段内并联和段间串联；(c)锥形(渐缩)串联。

图 4-17 系统设计(针对一级多段)

(1)串联连接(由于流量限制并不常见——参见下面第 3 点)。

(2)每段内并联，各段间串联。采用段内泵送或循环[见图 4-17(b)](如乳制品工业中的纳滤)，以确保容易产生污垢的进料有足够的错流。

(3)锥形(渐缩)串联[见图 4-17(c)]。并联的膜元件数量逐段减少。“锥形”设计可在只有一个输送泵的条件下保持下游元件的流速。这对于大型反渗透淡化厂和纳滤厂来说是典型的方案。例如，位于 Méry-sur-Oise[11] 的大型纳滤水处理厂有 8 个膜单元，每个膜单元都有 3 级渐缩串联，分别包含 648、324 和 168 个膜元件(20.32 cm 卷式膜组件)。

对于多段工艺，必须考虑错流和回收率(回收率=渗透液流速/进料流速)。这是一个通用的原则，对于诸如卷式膜元件之类的组件尤其重要。例如，卷式膜串联的设计需要考虑以下约束：

(1)每个膜元件的流量有一个上限 q_{max}，以避免大的轴向压降可能带来的损坏，例如套叠。

(2)每个膜元件有流量的下限 q_{min}，以控制浓差极化。

(3)r_i 是每一段的最大回收率，r_{tot} 是最大的总回收率，以尽可能减少由超出溶解度极限等因素引起的结垢(参见第 7 章和第 8 章)。

这些约束条件决定了段的数量(N_s)，以及每段中并联和串联元件的数量(分别用 N_i 和 n_S 表示)。图 4-18 描绘了一个两段串联，其中 1 阶段和 2 阶段分别包含 N_1 和 N_2 个并联元件。1 阶段中的并联元件数量可从以下公式获得：

$$N_1 \geqslant \frac{Q_{in}}{q_{max}},\ (N_1\ \text{是整数}) \tag{4-27}$$

1 阶段的回收率由下式得出：

$$r_1 = 1 - \frac{Q_{out}}{Q_{in}} \leqslant \text{最大可允许值} \leqslant \left[1 - \frac{q_{min}}{Q_{in}/N_1}\right] \tag{4-28}$$

串联元件的数量 n_s 将由上下限 q_{max} 和 q_{min} 决定，因此可得下式：

$$\frac{Q_{in}}{N_1} - \sum_1^{n_s}(J_eA_e)_i \geqslant q_{min}；\text{其中，}\frac{Q_{in}}{N_1} \leqslant q_{max} \tag{4-29}$$

其中，J_e 和 A_e 分别是单个元件的通量和膜面积。由于浓度的增加、错流速度的降低和 ΔP 的下降，系统中各个元件的通量 J_e 会有所不同。此时，1 阶段的回收率与(段内)各元件的回收率 r_{ei} 有如下关系：

$$r_1 = 1 - (1 - r_{e1})(1 - r_{e2})\cdots\cdots = 1 - \mathop{\pi}_{i=1}^{n_s}(1 - r_{ei}) \tag{4-30}$$

对于串联了 N_s 段的系统，整个系统回收率 r_{tot} 与段回收率有如下关系：

$$r_{tot} = 1 - \mathop{\pi}_{i=1}^{N_s}(1 - r_i) \tag{4-31}$$

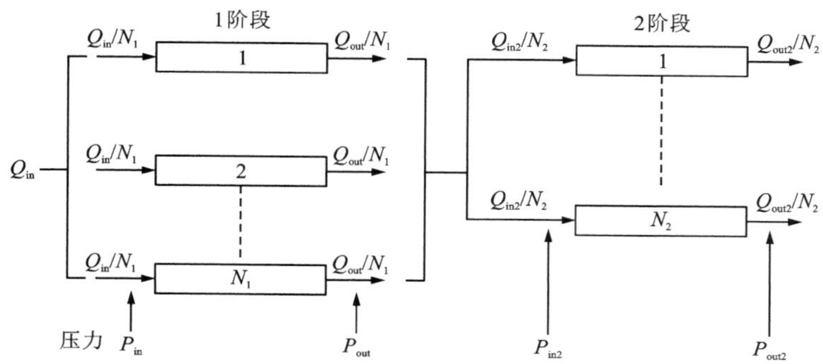

图 4-18　卷式膜组件的两段渐缩式串联排布中的流量和压力损失

回收率对产品质量的影响是 r_{tot} 的另一个约束条件；高浓度的浓缩物会导致更多的(溶质)传送至渗透液。流速的上下限 q_{max} 和 q_{min} 取决于组件尺寸，为了提供设计灵活性，有几种组件尺寸可供使用。例如，典型卷式膜元件有 6.3 cm(2.5 英寸)、10 cm(4 英寸)和 20 cm(8 英寸)的直径，可提供在一个数量级范围内的 q_{max}。这允许在下游阶段使用较小直径的元件以适应较低的流速。在下游阶段保持流量的另一种方法是使用段内泵进行循环[见图 4-17(b)]。

卷式膜组件供应商可以提供软件来辅助设计概念的开发。根据进料和产品规格，该软件应用上述约束条件来识别合理的串联排布，并提供进料流速、通量和进料浓度的详细信息，如图 4-19 所示。该程序不提供最终设计，而是在选择排

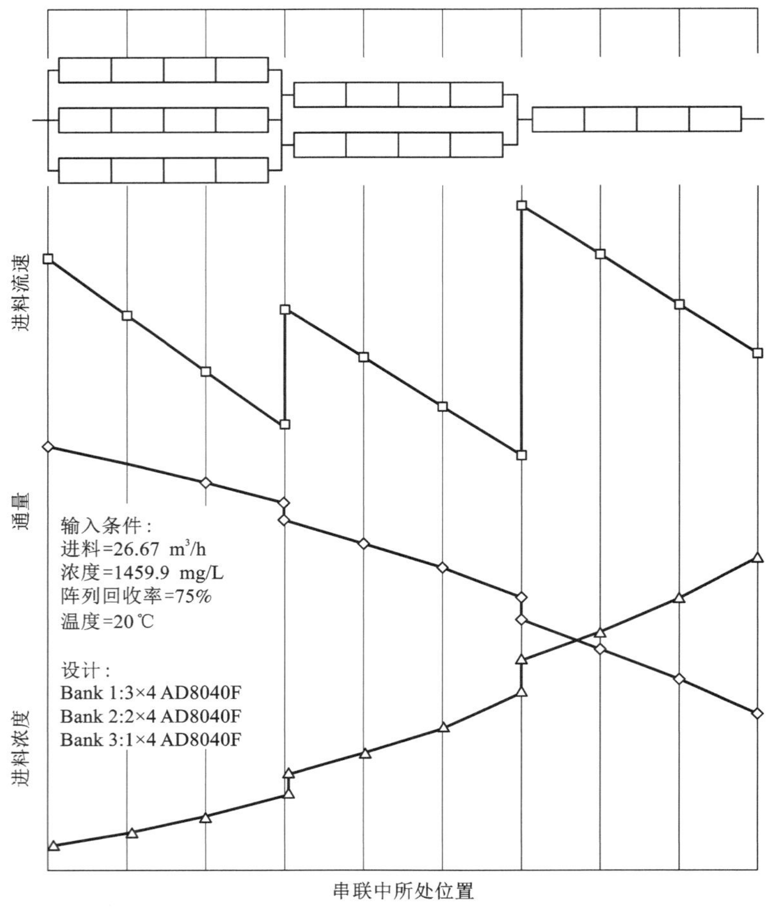

(基于 Winflows. v1. 0. 0054-Osmonics Desal)

图 4-19　锥形串联(3：2：1 阵列)的进料流速、通量和进料浓度

布时提供有用的指导。在某案例中，对于 26.67 m^3/h 的进料流量，TDS 为 1460 mg/L 和指定的 0.75 的回收率，该程序建议使用 3∶2∶1 的 20 cm 元件阵列。阵列建模的进一步讨论和软件示例可参考其他资料[27]。

4.5.2　渗滤

渗滤技术是往系统中添加淡水，以更好地“洗出”可渗透穿过膜的物质。对于因要截留一种或多种物质而要除去其他物质的膜分离工艺，该技术特别有用。纳滤的分离能力意味着它经常与洗滤一起使用，例如在乳制品行业(参阅第 12 章)。

渗滤可以分批或连续进行。分批式渗滤中，以等于渗透流量的速率将水添加到进料罐中。如果初始进料量为 V_i、洗涤量为 V_w，则由渗透物的质量平衡(截留为 σ_a)可得出：

$$c_{fb} = c_{fbi}\exp\left[-V_W\frac{(1-\sigma_a)}{V_i}\right] \tag{4-32}$$

其中，c_{fb} 是某种溶质在洗滤过程中的浓度，c_{fbi} 是该溶质的初始浓度。对于连续渗滤过程，在串联中的一个点或多个点添加水，将下游渗透物循环到上游阶段的逆流洗滤也是可行的。关于洗滤的更多详细信息可以参考其他文献[28]。

4.6　结论

纳滤膜的性能非常依赖于以控制浓差极化为目的的膜组件流体管理质量水平。有一系列基于平板和圆柱几何形状的膜组件可供使用，其中最受欢迎的组件是卷式膜组件，已经有一些非常大型的系统被安装(和使用)。管式膜组件也很受欢迎，其最适合难以处理和易结垢的进料。用于纳滤的中空纤维式膜组件仍在开发中，但很有应用前景。

进料通道隔板的存在对卷式膜组件性能的影响很大，它会增强传质，但也会造成压力损失。设计和操作的优化是在流量(与投资成本有关)和压力损失(运营成本)之间保持平衡。CFD 提供的信息有助于改进隔板的设计。与纳滤相关的其他通量增强技术包括高剪切装置和鼓泡，但这些技术极有可能只会在小众市场找到应用。

对于大型纳滤系统，组件的排布必须考虑其操作的上下限。为了最大化组分的分离，纳滤通常采用洗滤技术。

参考文献

[1] P Bacchin, P Aimar, V Sanchez. Model for colloidal fouling of membranes. AIChE Journal, 1995, 41(2):

368-376.

[2] W F Blatt, A Dravid, A S Michaels, et al. Solute polarisation in membrane ultrafiltration: Causes, consequences, and control techniques//J E Flinn. Membrane Science and Technology. New York: Plenum Press, 1970: 470-97.

[3] M D Leveque. Les lois de la transmission de chaleur par convection. Ann. Mines, 1928, 13: 201.

[4] H Grober, S Erk, U Grigull. Fundamentals of heat transfer. New York: McGraw Hill, 1961: 233.

[5] F W Dittus, L M K Boelter. Heat transfer in automobile radiators of the tubular type. Berkeley: University of California Press, University of California Publications in Engineering, 1930(2): 443-461.

[6] R G Deissler. Analysis of turbulent heat transfer, mass transfer and friction in smooth tubes at high Prandth and Schmidt numbers. National Advisory Committee for Aeronautics(NACA), Rep 1210, 1955.

[7] K A Smith, C K Colton, E W Merrill, et al. Convective transport in a batch dialyser: Determination of true membrane permeability from a single measurement. Chemical Engineering Progress Symposium Series, 1968, 64(84): 45.

[8] G Schock, A Miguel. Mass transfer and pressure loss in spiral-wound modules. Desalination, 1987, 64: 339-352.

[9] A Fane, J Radovich. Membrane Systems. Chapter 8//J Asenjo. Separation Processes in Biotechnology. New York: Marcel Dekker Inc., 1990: 209-262.

[10] J G Jacangelo, E W Gummings, J Mallevialle, et al. Low-pressure membrane filtration for removing Giardia and microbial indicators. Journal of American Water Works Association, 1991, 83(9): 97-106.

[11] C Ventresque, V Gisdon, G Bablon, et al. An outstanding feat of modern technology: The Mey-sur-Oise nanofiltration treatment plant(340000 m^3/d). Proceedings IWA Conference Membranes in Drinking Water and Industrial Water Production, Paris, 2000(1): 1-16.

[12] EIrvine, D Welch, A Smith, et al. Nanofiltration for colour removal- 8 years operational experience in Scotland. Proceedings IWA Conference Membranes in Drinking Water and Industrial Water Production, Paris, 2000(1): 247-255.

[13] S B McCray [Bend Research]. Tetrakis-amido high flux membranes. US Patent 4876009, 1989.

[14] M Fank, G Bargeman, A Zwijnenburg, et al. Capillary hollow fibre nanofiltration membranes. Separation and Purification Technology, 2001, 22-23: 499-506.

[15] J H Choi, S Dockko, K Fukushi, et al. A novel application of a submerged NF membrane bioreactor for wastewater treatment. Desalination, 2002, 146: 413-420.

[16] A I Schäfer. Natural organics removal using membranes. PhD Thesis, University of New South Wales, 1999.

[17] A R Da Costa, A G Fane, C J D Fell, et al. Optimal channel spacer design for ultrafiltration. Journal of Membrane Science, 1991, 62: 175-291.

[18] A R DaCosta, A G Fane, D E Wiley. Spacer characterisation and pressure drop modelling in spacer-filled channels for ultrafiltration. Journal of Membrane Science, 1994, 87: 79-98.

[19] J Schwinge, D E Wiley, D F Fletcher. A CFD study of unsteady flow in narrow spacer-filled channels for spiral-wound membrane modules. Desalination, 2002, 146: 195-201.

[20] R Rautenbach, R Albrecht. Membrane Processe. New Jersey: John Wiley and Sons, 1989: 459.

[21] J Schwinge, P R Neal, D E Wiley, et al. Estimation of foulant deposition across the leaf of a spiral-wound module. Desalination, 2002, 146: 203-208.

[22] B Culkin. NAMS Annual Meeting, San Diego, 1991.

[23] R Brian, K Yamamoto, Y Watanabe. The effect of shear rate on controlling the concentration polarization and membrane fouling. Proceedings IWA Conference Membranes in Drinking Water and Industrial Water Production, Paris, 2000(1): 421-432.

[24] S Chang, H Li, A G Fane. Factors affecting the performance of a rotating disc dynamic membrane filter, Proceedings Chemeca 99, Newcastle, IChemE, 1999.

[25] Z Cui, S Chang, A G Fane. The use of gas bubbling to enhance membrane processes- A review. Journal of Membrane Science, 2003, 221(1-2): 1-35.

[26] G Ducon, H Matamoios, C Cabassud. Air sparging for flux enhancement in nanofiltration membranes: Application to O/W stabilised and non-stabilised emulsions. Journal of Membrane Science, 2002, 204(1-2): 221-236.

[27] J S Taylor, E P Jacobs. Reverse osmosis and nanofiltration, Chapter 9//J Mallevialle, P E Odendaal, M R Wiesner. Water Treatment Membrane Processes. New York: McGraw Hill, 1996.

[28] B Dutre, G Tragardh. Macrosolute-microsolute separation by ultrafiltration: A review of diafiltration processes and applications. Desalination, 1994, 95: 227-267.

符号说明 1

符号	意义	符号	意义
A_e	单个元件的膜面积	J	渗透通量
B	膜的渗透性能(下标 1：溶剂；下标 2：溶质)	J_e	单个元件的膜通量
c	溶质浓度(下标 f：进料侧；下标 fb：进料溶液本体浓度；下标 fbi：进料溶液本体的初始浓度；下标 fm：进料侧膜面溶液的浓度；下标 p：渗透侧的浓度)	J_S	剪切诱导扩散的传质系数
d_f	隔板单纤维的直径	J'_s	溶质通量
d_h	水力学直径	J_V	相互作用引起的迁移
d_i	中空纤维的直径(内径)	k	分子扩散传质系数
D	溶质的(分子)扩散系数	k_{dc}	涵盖隔板特征的函数
D_S	剪切诱导扩散系数	k_B	玻尔兹曼常数
f	阻力系数(下标 F：进料侧；下标 P：渗透侧)	l_M	隔板网格的长度
h	通道高度	L	通道长度
h_{sp}	隔板厚度	L_L	叶片长度

符号	意义	符号	意义
M	极化模量	Re	雷诺(Reynolds)数
n_s	每段中串联元件的数量	R_f	污染层阻力
N_i	膜组件每段的并联元件数	R_m	膜阻力
N_s	膜系统中段的数量	Sc	施密特(Schmidt)数
N_L	叶片数量	Sh	舍伍德(Sherwood)数
P	(水力学)压力(小标 f：进料侧；下标 p：渗透侧)	S_{vp}	隔板的面积/体积
ΔP	跨膜水力学压差	T	温度
ΔP_{ch}	通道内的压力损失	U_b	(本体)错流速度
q	元件内的流量(下标 min：下限；下标 max：上限)	V_B	相互作用能
Q	体积流量(下标 f：进料侧；下标 in：入口；下标 out：出口)	V_i	初始体积
r_{ei}	每段内单个元件的回收率	V_W	洗涤体积
r_i	膜组件每段的回收率	w	通道宽度
r_p	颗粒半径	W_L	叶片宽度
r_{sc}	搅拌池半径	x	轴向距离
r_{tot}	最大总回收率	y	垂直于膜的距离

符号说明 2

符号	意义	符号	意义
δ	边界层高度	$\Delta\pi$	跨膜渗透压差(下标 a：有效渗透压差；下标 i：基于进料本体浓度的渗透压差)
ε	隔板空隙率	ρ	液体密度
μ	黏度	σ	反射系数或截留率(下标 a：表观；下标 i：本征)
π	渗透压(下标 fm：膜面的渗透压)		

英文缩略语说明

缩略语	意义	缩略语	意义
CFD	计算流体力学	RO	反渗透
HFM	中空纤维式膜组件	SWM	卷式膜组件
MBR	膜生物反应器	TMP	跨膜压差
MF	微滤	TDS	总溶解性固体
NF	纳滤	UF	超滤

第 5 章 纳滤膜的表征

5.1 引言

纳滤(NF)是一项相对较新的技术，事实上 Eriksson[1]是最早明确使用该词的人之一。早在 20 世纪 70 年代，这种特性就被描述为现在所认为的纳滤，但纳滤一词在当时并没有被使用，而是使用“开放的”“中等致密的”或“低压的”反渗透膜[2-4]。纳滤膜之前也被称为是致密超滤膜[5]，但无疑这一定义不合适，因为超滤膜不截留任何盐。与反渗透膜相比，各类纳滤膜对多价离子有差不多的截留率，但在 NaCl 截留率方面表现出较大差异。反渗透膜对 NaCl 的截留率最高可达 99%，松散反渗透膜的截留率也在 70%至 95%之间，而纳滤膜对低浓度 NaCl(水溶液)的截留率最高是 50%。

膜的结构特征与膜的(分离)性能存在关联，这使膜的表征变得很有必要。在讨论各项(表征)技术之前，先要根据材料和应用进行膜的分类。如第 3 章所述，经常作为纳滤膜的材料可分为两种不同类型：聚合物，无机材料。

大多数聚合物纳滤膜都是无孔的交联网络结构，存在离子基团。研究工作中经常使用“薄层复合”(TFC)这个术语。由于与水的强相互作用，膜被溶胀并获得了特异性。这种溶胀的聚合物网络在反渗透膜中也能找到，它们确实不包含离散的孔(即非多孔)。另一类膜是相转化膜(有介孔的)，如具有致密顶层和多孔支撑的醋酸纤维素膜。聚合物膜在干燥环境下的表现与溶胀状下的不同，因此，膜在表征时的状态应尽可能地与其在使用时的相同。

无机膜则确实含有离散的介孔，尺寸为 0.5~2 nm。此外，它们在水中不会溶胀，也就是说它们的形貌在干、湿状态下是相同的。

介孔膜和溶胀(非多孔)膜的分离性能可能是相同的，但其分离机理不同，如图 5-1 所示。多孔膜存在筛分机制；而在网络溶胀的情况下，溶解扩散具有决定性，其中尺寸效应也会有贡献。当涉及离子时，道南(Donnan)排斥通常是截留的主要机制(见图 5-2)，尽管此时尺寸效应也可能起作用。对于聚合物和无机材料，(膜)电荷取决于等电点，例如氧化铝(Al_2O_3)的等电点大约是 7~9，而二氧化硅(SiO_2)的等电点是 2~3。这意味着浸入水中的氧化铝表面为正电荷，而 SiO_2 表面为负电荷。

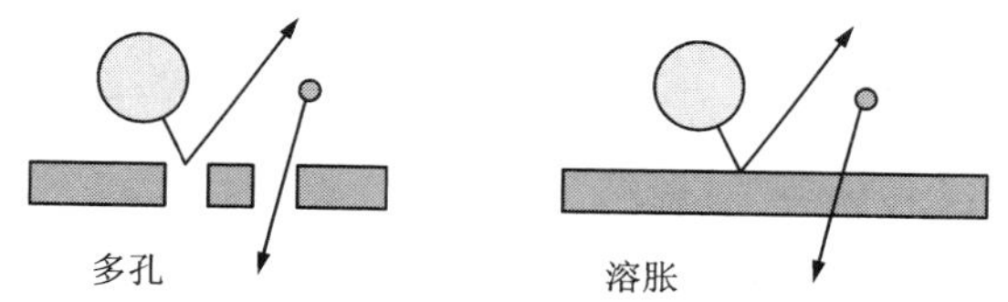

图 5-1　多孔和非多孔(溶胀)纳滤膜分离非荷电分子的示意图

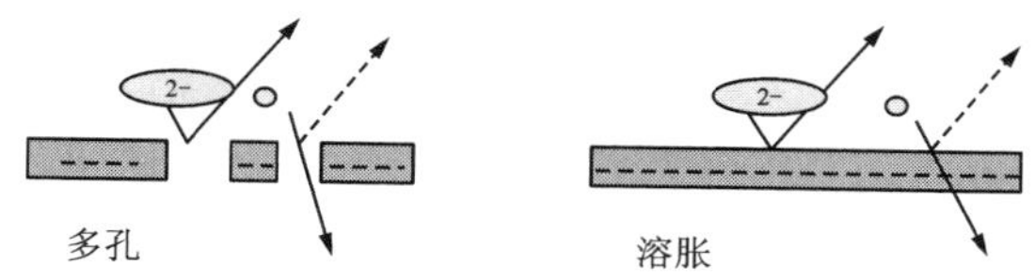

图 5-2　多孔和非多孔(溶胀)纳滤膜分离荷电分子(离子)的示意图

就应用而言，必须采用水溶液和非水溶液的分类。

绝大多数情况下，是将聚合物膜用于水(处理)，特别是水的净化(见第 10 章和第 11 章)。这意味着连续相是水。然而，在非水溶液应用中，每种溶剂与膜的相互作用不同，因此其性能也相应的不同。

处理非水溶液的膜的具体特性将在本章的最后讨论。

5.2　纳滤膜的表征方法

纳滤膜在材料、形貌、分离机理和应用等方面都有很大的差异。这些差异可用表征方法来呈现(见表 5-1)。表征方法可以分为三组：(1)性能参数；(2)形貌参数；(3)电荷参数。

上面提到的表征方法将会在后续章节中讨论。

表 5-1　纳滤膜的表征方法

类型	方法*	特征
性能参数	带电荷分子截留率测试	表面电荷，网格尺寸，孔径大小
	未带电荷分子截留率测试	网格尺寸，孔径大小
	水渗透率测试：渗透系数	膜的阻力
	溶剂渗透率测试：渗透系数	膜的阻力

续表5-1

类型	方法*	特征
形貌参数	气体吸附/解吸 置换法 显微镜法：场发射显微镜（FESEM），扫描电镜（SEM），原子力显微镜（AFM） 光谱学：ATR-FTIR，（ESR/NMR），拉曼光谱学，[XPS（ESCA）] 接触角：捕获（空气）气泡法，液滴法	孔径大小，表面积 孔径大小/孔隙率 孔径大小/孔隙率 表面粗糙度，孔径大小，孔隙率 化学组成 疏水性
电荷参数	动电的测量 滴定法 阻抗光谱学	Zeta 电势，表面电荷 离子交换容量/总电荷 离子电导率

* ATR-FTIR：衰减全反射傅里叶变换红外光谱；ESR/NMR：电子自旋共振/核磁共振；XPS（ESCA）：X-射线光电子能谱（化学分析电子能谱）。

5.3 性能参数

荷电和非荷电溶质的截留率和（水和有机溶剂的）渗透率可以被认为是性能参数，因为它们提供了关于膜在“自然”环境中的性能的直接信息。膜截留率的定义如式（5-1）所示。

$$R = \frac{c_f - c_p}{c_f} \tag{5-1}$$

式中：c_f 为进料浓度；c_p 为渗透液浓度。

本节描述了溶质截留率的测量和机理，在第 6 章给出了详细的模型。

5.3.1 荷电分子截留率的测量

纳滤膜确实具有多种形态和特征，会影响了水环境中离子物种的分离。对于荷电膜，道南效应经常主导或影响其分离性能。它预示了离子在膜和溶液之间的分配，这意味着在膜携带负电荷的情况下，同离子（与膜上固定电荷相同的负离子）将被排斥。于是，膜内这些同离子的浓度以及它们的传递速率很低。对 Donnan 效应的平衡的简单考虑可以得到关于膜的选择特性的信息，且膜的电荷与测量所得截留率相关。

假设带负电荷的膜[如磺化聚砜（SPsf）]与盐（如强电解质 NaCl）溶液接触（见图 5-3），则在平衡时，每种离子（i）在界面处的化学势（μ）是相等的：

$$\mu_i = \mu_i^{\mathrm{m}} \tag{5-2}$$

溶液中离子的电化学势由下式给出：

$$\psi_i = \mu_i^0 + RT\ln a_i + z_i FE \tag{5-3}$$

式中：μ_i^0 为参考态（化学势）；R 为气体常数；T 为温度；a 为离子 i 的活度；z 为离子的价态；F 为法拉第（Faraday）常数；E 为测量电位。

离子在膜中的电化学势由下式给出：

$$\psi_i^{\mathrm{m}} = \mu_i^{\mathrm{m},0} + RT\ln a_i^{\mathrm{m}} + zFE^{\mathrm{m}} \tag{5-4}$$

水相和膜相中的离子浓度是不相等的，在界面处会产生电势，这个电势叫作 Donnan 电势 E_{don}，其关系如下式所示：

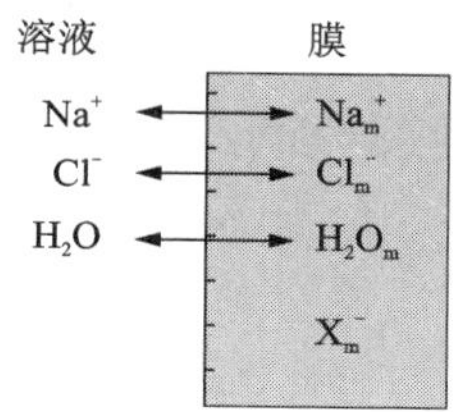

图 5-3　涉及 Na^+ 和 Cl^- 离子，以及携带固定负电荷 X_m^- 的膜的电解质/膜界面示意图（下标 m 表示膜）

$$E_{\mathrm{don}} = E^{\mathrm{m}} - E = \frac{RT}{z_i F}\ln\frac{a_i}{a_i^{\mathrm{m}}} \tag{5-5}$$

假设两相的参考态化学势相等，可得：

$$\mu_i^{\mathrm{o}} = \mu_i^{\mathrm{m,o}} \tag{5-6}$$

对于（膜内外）活度相差一个数量级的单价离子溶质，道南电势 E_{don} 计算如下：

$$E_{\mathrm{don}} = \left[8.314(\mathrm{J\cdot mol^{-1}\cdot K^{-1}}) \times \frac{298(\mathrm{K})}{96500(\mathrm{C\cdot mol^{-1}})}\right]\ln(1/10) = -59\ \mathrm{mV} \tag{5-7}$$

获得界面上离子分布的信息更有意义。假设我们有一种阴、阳离子均为单价的盐（1-1 盐），如 NaCl，并假设稀溶液（$a_i \cong c_i$）（c 是离子的浓度），然后，

$$c_{\mathrm{Na^+}} \times c_{\mathrm{Cl^-}} = c_{\mathrm{Na^+}}^{\mathrm{m}} \times c_{\mathrm{Cl^-}}^{\mathrm{m}} \tag{5-8}$$

必须保持电中性意味着：

$$\sum z_i c_i = 0 \tag{5-9}$$

或者对于一价盐，溶液相和膜相的电中性方程如下式所示：

$$c_{\mathrm{Na^+}} = c_{\mathrm{Cl^-}} \tag{5-10}$$

$$c_{\mathrm{Na^+}}^{\mathrm{m}} = c_{\mathrm{Cl^-}}^{\mathrm{m}} + c_{X^-}^{\mathrm{m}} \tag{5-11}$$

结合式（5-8）、式（5-10）和式（5-11）可得，

$$c_{\mathrm{Cl}}^{\mathrm{m}} \times c_X^{\mathrm{m}} + (c_{\mathrm{Cl^-}}^{\mathrm{m}})^2 = (c_{\mathrm{Cl^-}})^2 \tag{5-12}$$

或者

$$\frac{c_{\mathrm{Cl^-}}}{c_{\mathrm{Cl^-}}^{\mathrm{m}}} = \sqrt{\frac{c_{\mathrm{X^-}}^{\mathrm{m}}}{c_{\mathrm{Cl^-}}^{\mathrm{m}}} + 1} \tag{5-13}$$

式（5-13）中的下标 X 指代膜的电荷，方程可改写如下：

$$\frac{c_{\mathrm{Cl}^-}^{\mathrm{m}}}{c_{\mathrm{Cl}^-}} = \frac{c_{\mathrm{Cl}^-}}{(c_{\mathrm{Cl}^-}^{\mathrm{m}} + c_{X^-}^{\mathrm{m}})} \quad (1-1\text{盐}) \tag{5-14}$$

对于阳离子二价，阴离子一价(2-1)盐(如 $CaCl_2$)和阳离子一价，阴离子二价(1-2)盐(如 Na_2SO_4)，可以得到类似的关系[式(5-15)和式(5-16)]：

$$\frac{c_{\mathrm{Cl}^-}^{\mathrm{m}}}{c_{\mathrm{Cl}^-}} = \left(\frac{2c_{\mathrm{Cl}^-}}{2c_{\mathrm{Cl}^-}^{\mathrm{m}} + c_{X^-}^{\mathrm{m}}}\right)^2 \quad (2-1\text{盐}) \tag{5-15}$$

$$\frac{c_{\mathrm{SO}_4^{2-}}^{\mathrm{m}}}{c_{\mathrm{SO}_4^{2-}}} = \sqrt{\frac{c_{\mathrm{SO}_4^{2-}}}{c_{\mathrm{SO}_4^{2-}}^{\mathrm{m}} + c_{X^-}^{\mathrm{m}}}} \quad (1-2\text{盐}) \tag{5-16}$$

这些方程很好地说明了各种盐在溶液/膜界面上的分布，如图 5-4 所示[7]。

随着膜内同离子浓度的增加，截留率预计也会降低。

从图 5-4 中可以看出，在带负电荷的膜中，1-2 盐(如 Na_2SO_4)显示膜内硫酸盐的浓度较低，并预计有较高的截留率。硫酸盐在膜内的低浓度通常被称为 Donnan 排斥。

在 2-1 盐(如 $CaCl_2$)的情况下，膜带负电荷内的氯离子浓度要高得多，并预计会有较低的截留率。当膜带正电荷时也会发生同样的现象，此时的 Donnan 排斥与阳离子有关。

当已知膜电荷信息时，可以预测各种离子对 1-1 盐、1-2 盐、2-1 盐等的相对截留率。图 5-5 的案例显示了 SPEEK 对 Na_2SO_4、NaCl 和 $MgCl_2$ 的截留率。由于这种聚合物是带负电荷的，所以预计其对 Na_2SO_4 的截留率是最高的，而对 $MgCl_2$ 的截留率是最低的，且确实观察到了这些现象。

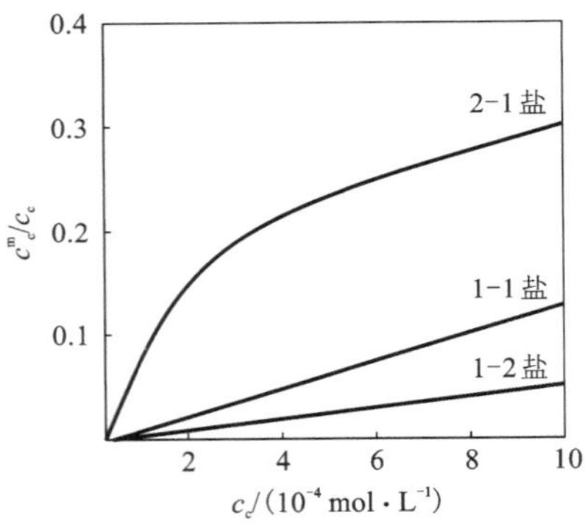

图 5-4　在膜带负电荷且 $c_{X^-}^{\mathrm{m}} = 10^{-2}$ mol/L 的情况下，同离子在膜相与溶液相之间的分配系数随溶液中同离子浓度 c_c 的变化[7]

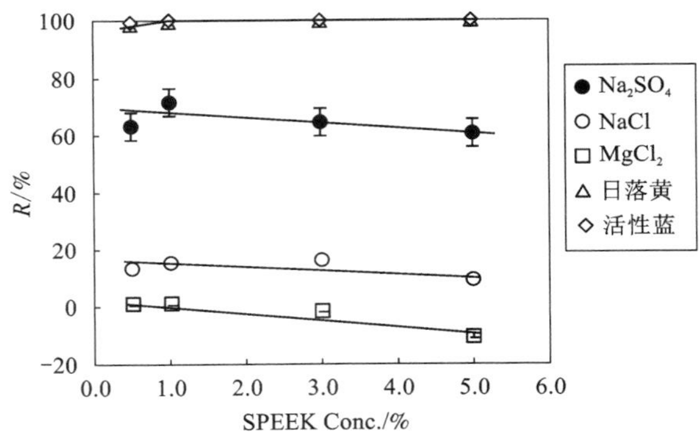

图 5-5　以聚醚砜(PES)为支撑和磺化聚醚醚酮(SPEEK)为顶层的复合纳滤膜[1%(质量分数)SPEEK，以甲醇计为 7.9 g/L]对 Na_2SO_4、NaCl 和 $MgCl_2$ 以及各种染料[日落黄(M_r 452)和活性蓝(M_r 840)，均带负电荷]的截留率(R)[8]

大多数商业化纳滤膜的化学结构是未公开的，这使得难以预计其分离性能。因此，测量简单盐的截留率可以很好地表征膜所带的电荷。

图 5-6 显示了来自 Advanced Membrane Technology 公司的商业膜（ASP 35）对 Na_2SO_4、NaCl 和 $CaCl_2$ 的截留特性。从图 5-6 中观察到的现象与图 5-5 所示的相同，这表明膜是带负荷电的。

某些膜是带正电荷的，这些信息也可以从截留率的测量中得到。图 5-7 显示了来自 Kyriat Weizman 公司（当前为 Koch 公司）的 MPF 21 膜对各种盐的截留率。截留率特性表明膜带正电荷，因此它对 $CaCl_2$ 的截留率最高，而对 Na_2SO_4 的截留率最低。

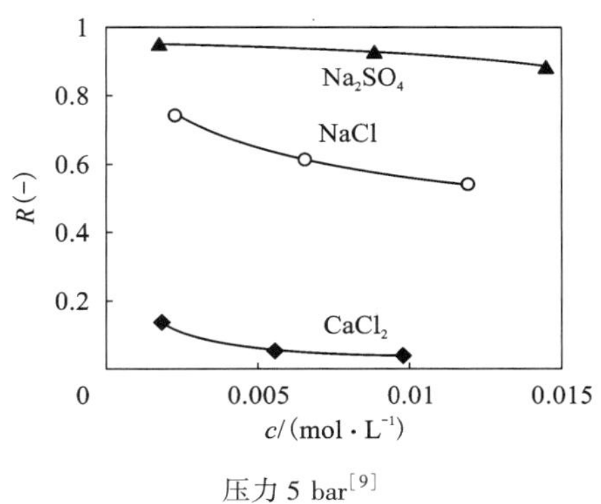

图 5-6　使用 ASP 35 膜时，Na_2SO_4、NaCl 和 $CaCl_2$ 的截留率（R）随进料浓度（c）的变化

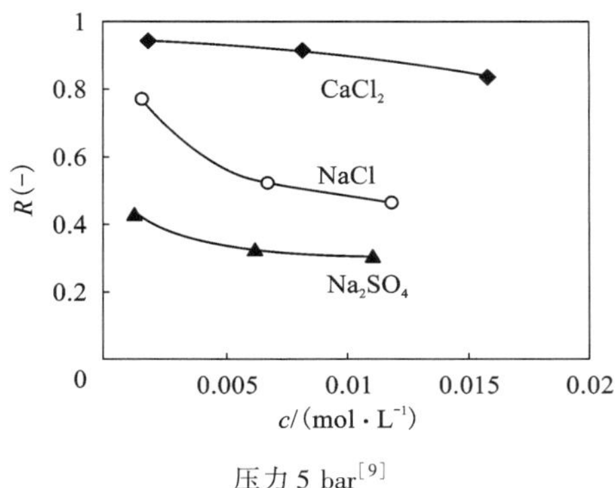

图 5-7　使用 MPF 21 膜时，Na_2SO_4、NaCl 和 $CaCl_2$ 的截留率（R）随进料浓度（c）的变化

对盐的混合物而言，电荷的作用更加明显。在盐的混合物中，带最低电荷的同离子的截留率急剧下降，甚至可能变为负值；而带最高电荷的同离子的截留率几乎没有发生变化[9, 10-18]。图 5-8 显示使用带负电荷的膜处理 NaCl 和 Na_2SO_4 混合物的结果。图中，不同浓度下的 Cl^- 离子的截留率被绘制成了曲线。所有情况下的阴离子总浓度均为 0.01 mol/L。

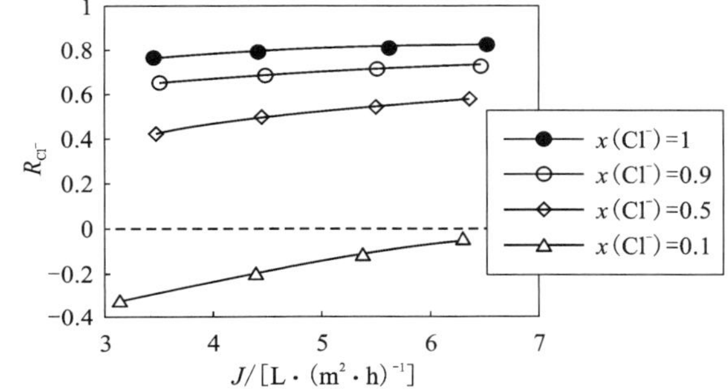

图 5-8　UTC 膜对 NaCl 和 Na_2SO_4 浓度比不同的氯离子（Cl^-）的截留率（R）随溶剂通量（J）的变化[90]

可以看出，Cl^- 的截留率在单一盐溶液中是 80% 左右，在氯盐/硫酸盐（1/9）混合物溶液中则是负值，这意味着 Cl^- 是逆浓度梯度传输的。这种现象已在商业规模上得到应用(见第 11 章)。这些结果可以基于道南均衡效应来定性地理解。介电排斥是近年来针对电解质提出的一种新型的非空间位阻(non-steric)机理[16]。介电排斥的发生是由于离子与不同介电常数介质的极化界面的相互作用[16]。介电排斥对离子及其截留率很重要，将在第 6 章中做进一步讨论。

另一个决定截留率的参数是顶层有效孔的数量和孔隙率。Kosutic 等人[19]找到了这两个参数与三种纳滤膜(HR、ULP，TS80)的性能之间的关系。另外，TS80 膜对 $CaCl_2$ 有较高截留率的现象不能用孔参数来解释，而是由于强大的库仑力影响了离子的跨膜传输。在最后一种情况下，膜孔结构很重要，但不是决定膜性能的主要参数[19]。

5.3.2 非荷电溶质的截留率

对于多孔纳滤膜，如多孔无机膜，截留是基于筛分机理将孔径大小与溶质大小相关联。

对于非多孔薄膜[如带有界面聚合顶层的 TFC 膜]，传质通过溶解-扩散机制控制。聚合物网络决定分离性能，并存在尺寸筛分和溶质-膜相互作用的综合效应。

图 5-9 显示了 SPsf 的溶胀随离子交换容量(即每段聚合物的离子基团数)的变化。可以清楚地看到，吸水量随着离子基团数量的增加而增加，使得扩散阻力减小。因此对不带电荷的溶质，膜的电荷只对溶质的截留有间接影响。

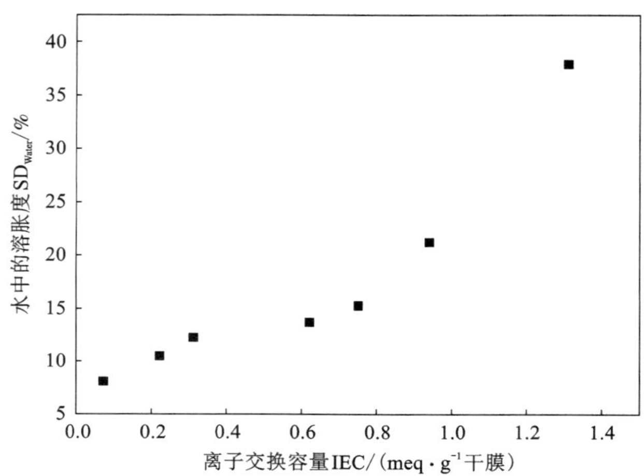

图 5-9 磺化聚砜的溶胀[表示为溶胀度(SD)]与离子交换容量(IEC)的关系[20]

由于纳滤膜截留相对分子量在 200 至 2000 之间的分子，所以测试溶质也在相同的范围内。用于表征的溶质通常包括右旋糖酐、聚乙二醇、染料和糖(葡萄糖蔗糖、蜜二糖)等。标称(切割)分子量(MWCO)是纳滤膜常用的特征参数，被定义为膜分离中截留率为 90%的组分对应的相对分子量[21, 22]。在尺寸排斥是主要的截留机理的超滤中，MWCO 可能是某一个(特定)值。但它不能作为一个绝对参数，因为吸附、浓度极化、压力依赖性、进料浓度等其他因素都在影响该参数和分子特性。

这一参数也应用于纳滤，例如 Koch[23] 对他们的纳滤膜给出以下信息：MPF-44(MWCO=200)、MPF-60(MWCO=400)和 MPF-50(MWCO=700)。

在聚合物网络溶胀的情况下，尺寸排斥不是唯一的决定因素，溶解度的影响也可能很重要，这使得对 MWCO 的使用比较主观。表 5-2 显示了 Nitto Denko 公司的硝化 PES 纳滤膜对四种分子量[表中实际所用为摩尔质量(M)，与分子量有同样的可比性①]相近的农药的截留情况[24]。

表 5-2　四种农药的截留率(R)和分配系数($\lg P$)[24]

农药(可能的中文名称)	$M/(g \cdot mol^{-1})$	R/%	$\lg P$
tricyclazole(三环唑)	189.2	1.7	1.7
fenobucarb(仲丁威)	207.3	14.6	2.78
carbaryl(胺甲萘，西维因)	201.2	23.2	2.36
chloroneb(氯苯甲醚，地茂散)	207.1	98.6	3.09

表 5-2 中同时给出了(农药在)正辛醇/水混合物中分配系数的对数($\lg P$)，作为农药疏水性的指标。结果表明，分子量的确不是表征聚合物纳滤膜的良好参数。大小和形状效应(分子尺寸)起了作用，但溶解度或相互作用也很重要，甚至可能占主导地位，这可以从地茂散和三环唑的疏水性差异看出。后者是最亲水的化合物，截留率最低。其他研究人员也观察到这些因素对农药截留率的影响[25-28]。仲丁威和地茂散在截留率上的差异则难以用 $\lg P$ 的差异来解释，且这两种分子的分子量也基本相等。聚乙烯醇/聚酰胺(PVA/PA)膜对这两种农药的截留率的差异没有采用磺化聚醚砜(SPES)膜时的那么明显，也就是说膜性能(对截留率)有影响。

无机纳滤膜含有离散的孔，可以通过渗透率或溶质截留率来表征。正如 Guizard 和 Larbot 所证实的那样，孔径也许能与溶质尺寸进行关联[29]。他们使用

① 编者补充。

各种染料(酸性黄 42 和酸橙)来测试纳滤膜新材料，研究得出的结论是，这些染料被完全截留时对应的新膜孔径为 1～2 nm[29, 30]。Schaep 等人[31]和 Tsuru 等人[32]也分别对 $\gamma-Al_2O_3$ 膜和 SiO_2-ZrO_2 膜进行了研究。表 5-3 总结了 Tsuru 针对 SiO_2-ZrO_2 膜获得的一些数值，其中孔径由湿空气动态渗透法估算。

表 5-3　三种氧化硅-氧化锆膜的水渗透系数(L_p)、切割分子量(MWCO)和平均孔径(d_{ave})[32]

膜	$L_p\times10^{11}/(m^3\cdot m^2\cdot s\cdot Pa)$	MWCO	d_{ave}/nm
M1	1.46	1000	2.9
M2	0.68	500	1.6
M3	0.15	200	1.0

非电荷分子的尺寸效应会对截留有所贡献，尤其是在溶质亲水性相似的情况下。例如，葡萄糖、蔗糖和棉子糖是常用的模型溶质，它们的摩尔质量、扩散系数和分子半径如表 5-4 所示。

表 5-4　几种糖类的摩尔质量(M)、扩散系数(D)和分子半径(r)[7]

糖类	$M/(g\cdot mol^{-1})$	$D/(10^{-10}\ m^2\cdot s^{-1})$	r/Å
葡萄糖	180.2	6.73	3.24
蔗糖	342.3	5.21	4.19
棉子糖	504.5	4.34	5.0

图 5-10 显示了各种纳滤膜对糖的截留率。该图表明，截留率随分子量或溶质大小的增加而上升。

我们应该意识到截留率依赖于通量(及压力)，正如从简单的现象学传质模型中看到的那样。对于只有一种溶剂和一种溶质的系统，溶剂通量(J_v)和溶质通量(J_s)可以分别由下式表示[33, 34]：

$$J_v=-L_p\left(\frac{dP}{dx}-\sigma\frac{d\pi}{dx}\right) \tag{5-17}$$

$$J_s=-L_s\frac{dc_s}{dx}+(1-\sigma)J_vc_s \tag{5-18}$$

式中：L 为溶剂(下标 v)或溶质(下标 s)的渗透系数；P 为压力；x 为流动方向的坐标；σ 为反射系数($0\leqslant\sigma\geqslant1$)；$\pi$ 为渗透压。

膜的截留率定义如下：

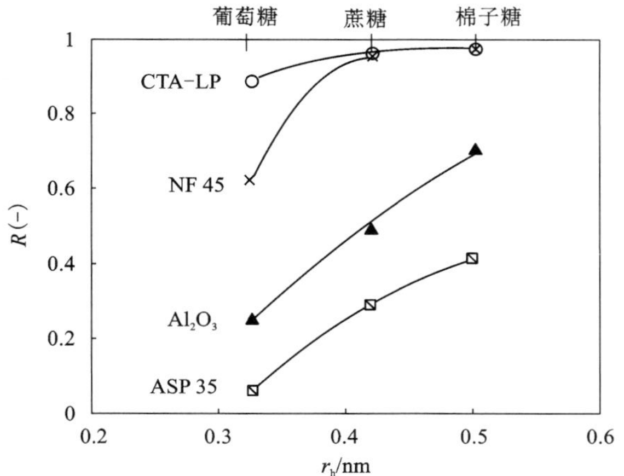

溶质浓度：1 g/L；Δp=5 bar[7]（r_h：水力学半径）。

图 5-10　各种纳滤膜对糖类的截留率(*R*)

$$R = \frac{c_f - c_p}{c_f} \tag{5-19}$$

对式(5-18)进行积分并将 $c_p = J_s/J_v$ 代入式(5-19)中，得到：

$$R = \frac{\sigma(1 - e^{Pe})}{1 - \sigma e^{Pe}} \tag{5-20}$$

Pe 是由下式给出的 Peclet 数：

$$Pe = -J_v \frac{(1 - \sigma)\Delta x}{L_s} \tag{5-21}$$

式中：Δx 为膜的厚度。

增加溶剂通量，截留率 *R* 也随之增加；在溶剂通量很高($J \to \infty$)时，*R* 就等于反射系数 σ，即极限截留率。Peeters 提到，几位作者都实验观测到了纳滤膜的这种极限行为[7]。第 6 章将进一步讨论非荷电溶质模型。

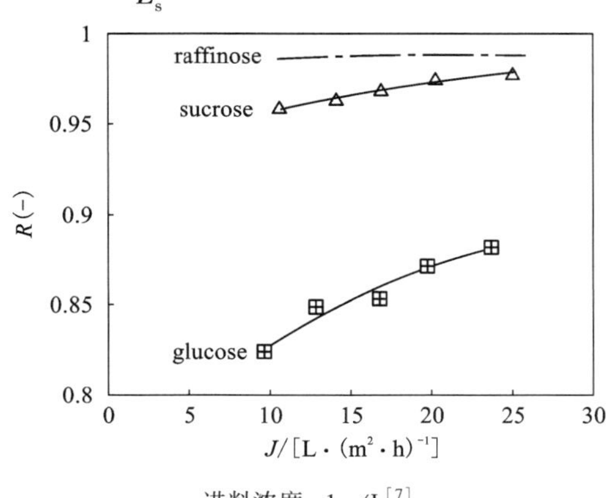

进料浓度：1 g/L[7]

图 5-11　CTA-LP 膜对糖的截留率(*R*)与溶剂通量(*J*)的关系

图 5-11 显示了 CTA-LP 膜在不同溶剂通量下对糖类的截留率情况。从图中可清楚地

看到，随着溶剂通量的增加，截留率也随之增加。

树突状分子是另一类有趣的分子，因为具备明确的结构而被用于表征。树突状分子的大小与纳滤膜中(假想)孔的大小在同一个数量级，为 1~2 nm，且它们的形状差不多是球形的。聚丙烯亚胺树突状分子的一些一般特征如表 5-5 所示。它们的体积和半径由黏度测量确定；以氰基(CN)为端基的分子溶于丙酮，而以胺基(NH_2)为端基分子使用 D_2O 作为溶剂。最后一列是树突状分子的直径，范围为 1~4 nm，每个例子中的葡萄糖的直径约为 0.7 nm。

通过控制合成，获得了“所谓”不同代的、具有特定构造的树突状分子。

表 5-5　聚丙烯亚胺树突状大分子的一般特征[35]

枝化度	$M/(\mathrm{g \cdot mol^{-1}})$	理论端基	体积/$Å^3$	直径/nm
0.5	300	4 CN	478	0.98
1	317	4 NH_2	948	1.22
2	773	8 NH_2	2824	1.76
3	1687	16 NH_2	6947	2.36
4	3514	32 NH_2	15872	3.12
5	7166	64 NH_2	32367	3.96

图 5-12 显示了一个含有 32 个 NH_2 端基的树突状分子。

图 5-13 显示了 CA 30 膜对含有 CN 和 NH_2 端基的树突状分子的截留率，它们比图 5-12 中显示的树突状分子要小。

以 NH_2 为端基的树突状大分子的截留率要比以 CN 为端基的大分子高很多。这主要是由于分子大小的差异(见表 5-5 中体积和直径的差异)，尽管相互作用效应也可能有贡献。

图 5-14 显示的是 CA 30 膜在 pH 分别为 3 和 11 时对含有 4 个 NH_2 端基的树突状分子的截留情况。从图 5-14 中可以看出 pH 也非常重要。

树突状分子在低 pH 下被质子化，转变为荷电溶质，此时其截留率比在高 pH 下的更高。

比较荷电和非荷电分子的截留行为非常困难，因为它们由不同的机制确定；对离子是道南排斥，而对不带电分子则是尺寸排斥/相互作用。因此，很难基于对荷电物种截留率的测量来预计非荷电物种的截留率。ASP 35 和 UTC 90 膜对 NaCl 和 Na_2SO_4 的截留率以及它们的纯水渗透性(PWP)如表 5-6 所示。

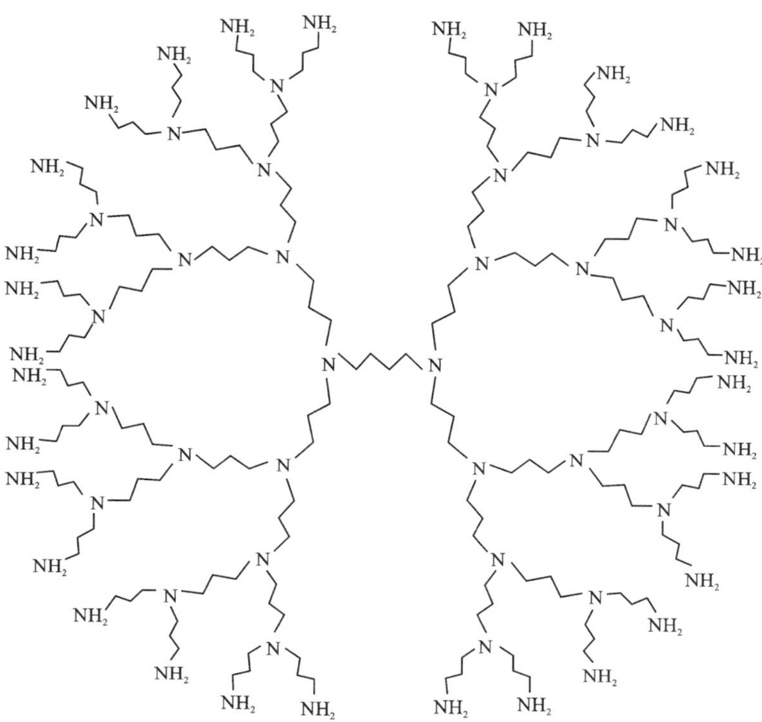

图 5-12　有 32 个 NH_2 端基的聚丙烯亚胺树突状大分子[DAB-dendr-$(NH_2)_{32}$]的化学结构[7]

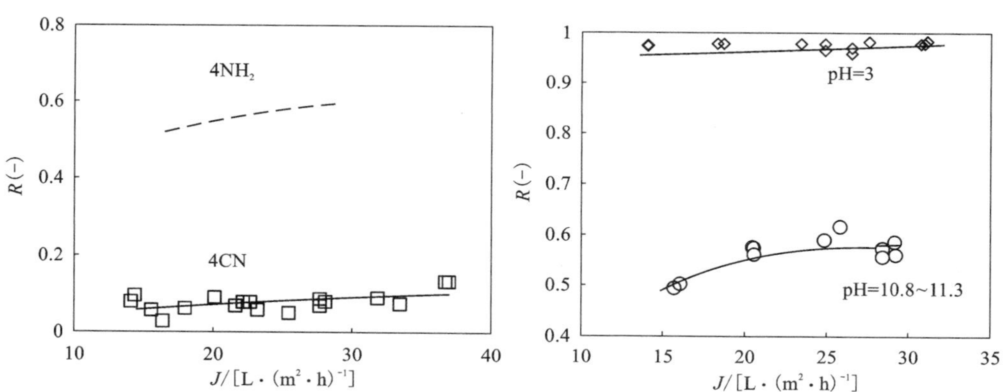

图 5-13　CA 30 膜对分别含有 4 个 CN 和 4 个 NH_2 端基的树突状大分子的截留率(R)[7]

图 5-14　CA 30 膜在 pH=3 和 pH=10.8~11.3 范围内对含有 4 个 NH_2 端基的树突状大分子的截留率(R)随通量(J)的变化[7]

表 5-6 ASP35 膜和 UTC90 膜对 NaCl 和 Na_2SO_4 的截留率(R)[7]

	ASP 35 膜	UTC 90 膜
R_{NaCl}	0.76	0.93
$R_{Na_2SO_4}$	0.90	0.98
PWP/[L·(m^2·h·bar)$^{-1}$]	4.3	2.3

图 5-15 显示了这两种膜对糖类的截留率，并给出了相应的离子半径作为比较。从图中可以看到，道南效应完全决定了 ASP 35 膜对离子的截留率，而对致密的 UTC 90 膜而言起决定作用的可能是空间效应和道南机理的组合，因为非荷电的糖类也有很高的截留率。此外，后一种膜的纯水渗透性低于 ASP 35 膜的。

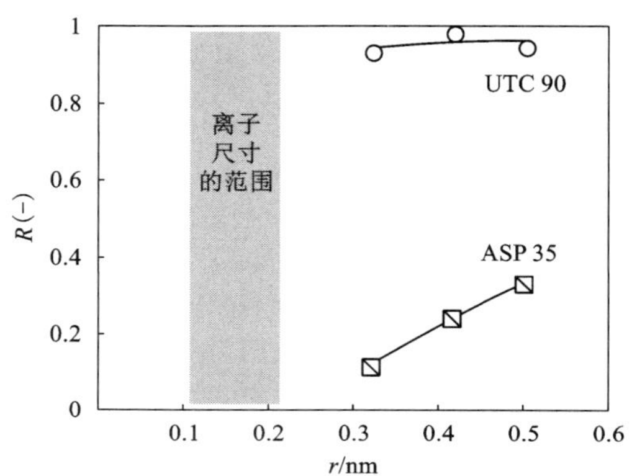

所研究的水合离子的尺寸范围由阴影部分表示[7]。

图 5-15 ASP 35 膜和 UTC 90 膜对糖类的截留率(R)与溶质半径(r)的关系

5.3.3 纯水渗透性

最简单的表征实验是测定纯水渗透率。确定水通量作为压力的函数，并根据斜率确定纯水渗透系数 L_p。Peters[7]测定了 20 种商业膜的 L_p 值，其范围为 1.0~6.6 L/(m^2·h·bar)。然而，在通量和截留率之间并没有独特的相关性，即不能找到一个清晰的权衡关系，所得到的值可能取决于水质和膜的预处理。此外，还应注意(膜的)压实现象。尽管如此，这些数值已经提供了有关各种膜的阻力性能的信息。本章将在最后讨论有机溶剂的渗透性。

5.4 形貌相关的参数

本章的前言已经指出，大多数纳滤膜是非多孔聚合物结构，(表面)没有离散的孔。Košutić等人[19]将纳滤膜的“孔”定义为“聚合物材料的自由体积空间，流体可以穿过其间进行传递”。另外，我们发现更全面地描述纳滤膜的分离特性时应该考虑孔径分布。本节将简要讨论可用于表征膜的多孔结构的各种技术。

表面粗糙度、疏水性、化学结构等其他形貌参数对评价膜的性能，如截留性、渗透性和结垢倾向具有重要意义。本节也将讨论确定这些参数的手段。

5.4.1　膜的多孔结构

有一些方法可直接测量孔隙率，如热孔法、电子或原子力显微镜法、气体吸附-解吸法、泡压/溶剂渗透法或者是计时电流法[19]。可惜的是，这些都不能用于致密的纳滤/反渗透膜。其中部分方法(气体吸附-解吸和置换法)适用于无机(陶瓷)膜；孔隙大于 2 nm 的陶瓷膜可能由于电荷的存在而具有纳滤特性。接下来将简要讨论这些方法。Vacassy 等人[37]介绍了一个具有纳滤特性的无机膜的例子。

Kaštelan-Kunst 等人[38]提出了一种将表面力-孔隙流(SF-PF)模型作为确定膜表皮孔隙率的间接方法。这种方法是借鉴自 Matsuura 的研究，将在下一段中讨论。

气体吸附-解吸法

气体吸附-解吸法用于测定陶瓷膜等多孔无机材料的比表面积和孔径。该方法已被应用于表征非对称超滤膜，但存在的问题是所确定的不仅仅是超滤膜顶层的孔，而是所有的孔(包括亚层的孔)。该方法是基于曲面和平面上方蒸气压的差值，可能导致蒸汽或气体在相对压力低于 1 的情况下凝结，这种现象早在 1855 年就被 Kelvin 描述过[39]。

通常情况下，N_2 在其沸点(77 K、1 bar)被用作可压缩气体，但也会用其他气体，如 Ar 和 CO_2 等。该方法测量的是气体在吸附和解吸步骤中与不同蒸气压对应的吸附体积。在相对蒸气压 $P_{rel}=0$ 的情况下，孔是完全开放的；当相对蒸气压增加时，在孔壁上发生单层吸附，称为 t 层。

进一步增加相对蒸气压，在最大的孔隙中会发生冷凝的情况；再进一步增加蒸气压，所有的孔隙都将逐渐被填满。这个过程在相对蒸气压 $P_{rel}=1$ 时完成。

毛细管冷凝通常会产生滞后现象。冷凝物在解吸模式下有一个弯曲的半月形；相比于水平的表面，弯月面的蒸气压较低，冷凝物的蒸发会在更低的压力下产生。孔隙的几何形状对应不同的等温线，即曲率会给出孔隙几何形状的信息。图 5-16 是某个孔径分布均匀的材料的例子。

根据 Kelvin 方程，脱附发生时的相对压力与孔径有关[22]。

$$\ln\frac{P}{P^{\circ}}=\frac{2\gamma V_{m}}{RTr_{k}}\cos\theta \tag{5-22}$$

式中：γ 为表面张力；V_m 为摩尔体积；r_k 为 Kelvin 半径；θ 为接触角。解吸曲线几乎是垂直的，这意味着所有孔隙在压力 P 下同时解吸(如图 5-16 所示)。

当孔径小于 1 nm 时，不发生毛细管冷凝，得到了完全不同的等温线。对于含有孔径小于 2 nm 的纳滤膜，对该技术的解释很难。对微孔材料而言，Kelvin 方程不再适用，需要用到其他的方法来计算孔径，如 Dubinin-Radushkevich 法[40, 41]和

Horváth- Kawazoe 法等[42]。

置换法

对于孔径大于 2 nm 的多孔膜，可以用置换法[43-45]来确定膜的孔径和孔径分布。该方法对聚合物和无机超滤膜都非常适用。

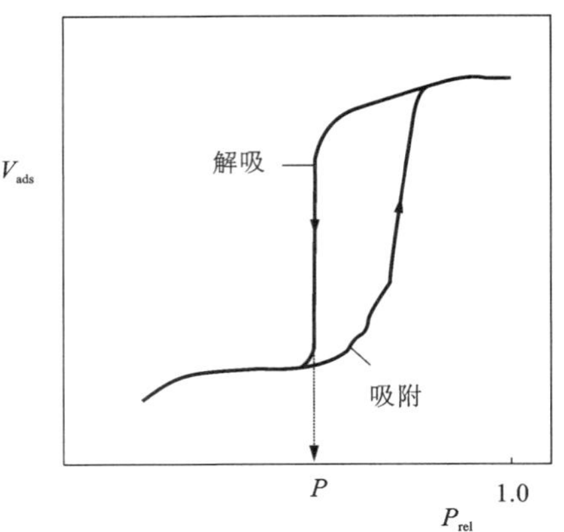

图 5-16　具有均匀孔隙分布的多孔材料的吸附—解吸等温线示意图

该方法是基于毛细管冷凝与气体穿过膜的扩散流的结合(见图 5-17)。环已烷通常用作可冷凝蒸气，也可以使用其他蒸气。毛细管凝结由 Kelvin 方程描述，该方程给出了蒸气压和 Kelvin 半径之间的关系［见式(5-22)］。在实验过程中，在冷凝蒸气的蒸气压发生变化的同时测量氧气的流量，图 5-18 为实验结果的示意图。

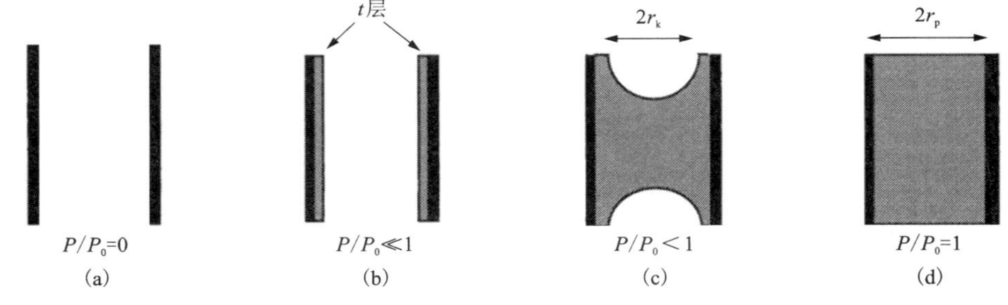

r_K—开尔文(Kelvin)半径；r_p—膜孔半径。

图 5-17　毛细管冷凝的不同阶段的示意图

对于聚合物膜，应该选择与膜的相互作用很小的可冷凝蒸气，否则膜的形态可能会由于溶胀而发生改变。此外，膜必须进行干燥，而这也可能会改变(膜的)形貌。而对于陶瓷膜，不需要考虑这些问题。Cao 等人[46]通过气体吸附-解吸法和置换法比较了陶瓷膜的平均孔径和孔径分布，得到了相同的结果。

表面力-孔流模型

以 Matsuura 等人[47]的过膜传递 SF-PF 模型为基础，Kastelan-Kunst 等人[38]提出了一种间接测定孔径和孔径分布的方法。

该模型假设在表面力的作用下，溶剂和溶质通过垂直于膜表面的一组圆柱形孔隙渗透膜皮层。基于对该模型计算得到的分离结果与实验得到的各种参考溶质的分离数据的比较，可以估算膜表面的平均孔径和孔径分布[38]。

Košutic 等人[19]用这种技术找到了某些纳滤膜的性能和膜的多孔结构的关系。他们发现在某些情况下更高的通量和膜上层中有更多孔之间存在联系。通量，截留率也会随上层孔隙数量的增加而增加。另外，他们还发现某些截留特性不能归因于筛分效应，其与表面电荷有关[19]。

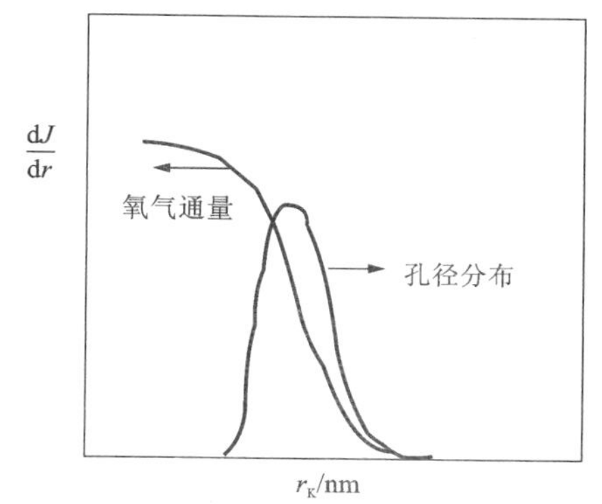

图 5-18　置换法中氧气的累积通量(dJ/dr)和推导出的孔径分布(Kelvin 半径 r_K)示意图

显微技术

有多种显微技术可以用来表征纳滤膜形貌。SEM 是一种利用电子束对样品辐射来获得样品图像的技术，其分辨率取决于所施加的电压。当对聚合物膜施加高压时，材料会受到损伤。因此对聚合物样品而言，SEM 的分辨率通常不会大于 5 nm，只能提供膜的宏观结构信息。透射电镜(TEM)的分辨率比 SEM 高，因此可以对超滤膜表面的精细形貌进行分析[48]。图 5-19 为两张复合纳滤膜的 SEM 图像，顶层为 SPEEK，支撑层为 PES。

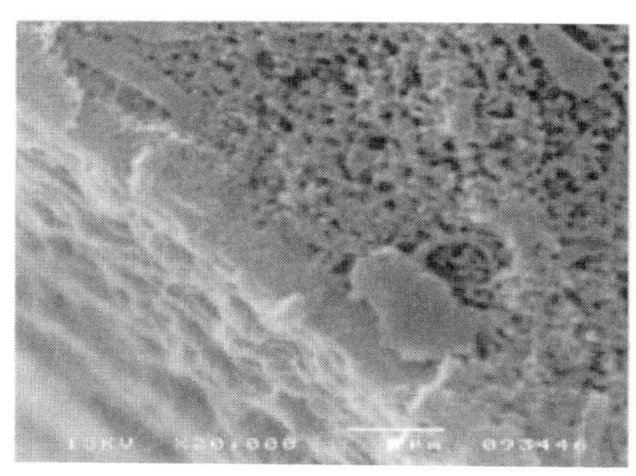
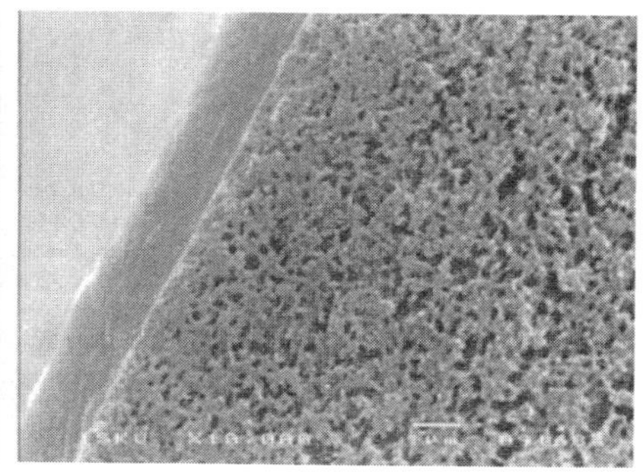

左：涂层溶液 0.5%SPEEK；右：涂层溶液 5%SPEEK。

图 5-19　顶层为磺化聚醚醚酮的两种复合纳滤膜的 SEM 图像

样品制备所强加的伪影导致了 SEM 分辨率低和 TEM 的不确定性等仪器局限，而 FESEM 能克服这些缺点。采用低电压，避免了充电现象；且由于 FESEM 的分辨率较高，会增强样品表面形貌(的细节)。

电镜可以很好地实现宏观结构的可视化，但要定量解释小于 1 nm 的孔的存在有困难；而对于非多孔的表层，根本得不到任何信息。但利用这些技术可以测定纳滤膜的表层厚度。

AFM 是一种较新的表征材料表面的技术。与 SEM/TEM 相比，该技术具有分辨率高、无电子损伤、样品制备量小等优点[49]。

用直径小于 100 Å 的探头以恒定的力扫描表面，探头原子和样品表面之间将发生 London-van der Waals 相互作用，这些力可以被检测到。用这种方法可以获得表面的三维图像。该方法对于获得纳滤膜表面粗糙度的信息非常有用，而且这一信息对于解释膜污染可能有价值。表面粗糙度与胶体污染之间存在相关性，即表面粗糙度较高的膜有更为明显的污染。在污染的初始状态下，粗糙的膜面与光滑的表面相比会有更多的颗粒沉积，使通量严重下降。

Vrijenhoek 等人[54]测量了市面上销售的各种纳滤膜的表面粗糙度，发现 Osmonics HL 膜的表面(平均表面粗糙度为 10.1 nm)比 Dow-Tilm Tech 的 NF-70 膜的(平均表面粗糙度为 43.3 nm)更加光滑[54]。这种差别在图 5-20 中可以清楚地看到。

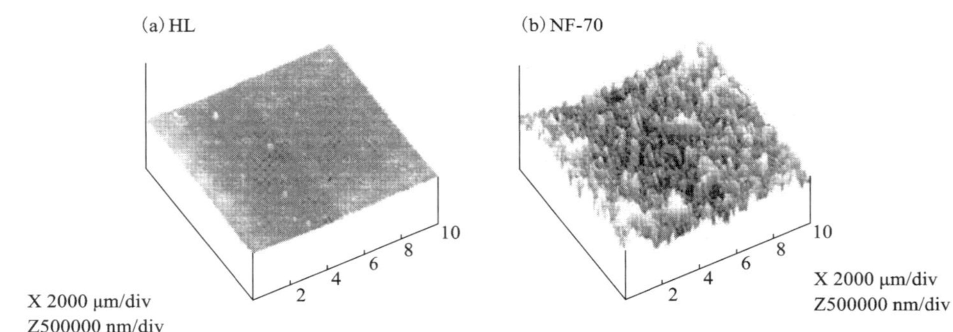

(a) Osmonics HL 膜；(b) Dow-FilmTec NF-70 膜。

图 5-20　纳滤膜表面的 AFM 图像

(摘自文献[54])

AFM 也被用于测定纳滤膜的孔径分布[55-57]。从图像的暗区出发，利用数字存储的谱线轮廓计算孔径分布。

Bowen 等人制备了聚砜(Psf)/聚醚醚酮(PEEK)共混膜，其孔径约 0.9 nm，表面粗糙度为 4 nm。可以观察到，Bowen 等人[57]制备的相转化膜和由 Vrijenhoek 等人[54]研究的商业纳滤膜在表面粗糙度方面存在很大差异。总之，AFM 可提供表面粗糙度的定量信息，但如何定量测定 TFC 膜的孔径和孔径大小分布还有待讨论。

5.4.2　疏水性

接触角

接触角是测量固体材料疏水性的一种常用技术。在膜科学中，该技术被经常应用于研究膜污染。我们已知道溶质的沉积可由化学键合、膜的疏水性、静电吸引力或诸如范德华力的短程作用力引起[58]。

膜的疏水性通常用接触角(θ)来表示。接触角描述的是以第三相为终端的两相边界的边缘，由热力学平衡中的杨氏(Young's)方程[58]表示：

$$\cos\theta = \frac{\gamma_{SV} - \gamma_{SL}}{\gamma_{LV}} \tag{5-23}$$

式中：γ_{SV} 和 γ_{LV} 分别为固体和液体与液体蒸汽间的表面张力；γ_{SL} 为固液两相的界面张力。

在膜科学中，接触角是对膜的润湿性(即吸附水的能力)的一种表征[59]。零度接触角(假设液滴是水而不是有机溶剂)对应理想的亲水表面。

通常有两种测量接触角的方法，俘获泡点法和固着液滴法，这两种方法都是直接测量法；还有一种直接法——Wilhelmy 法，在这里不讨论[58]。同一文献中还描述了间接法，包括张力法和毛细管法。在固着液滴法中，将一滴测试液体(水或有机溶剂)置于干燥表面上，以液滴与固体表面的接触点为起始构建沿(液滴)轮廓的切线来确定角度[58]。采用俘获泡点法时，将膜表面置于石英槽中，槽中盛有探测液体(水或有机溶剂)，然后将气泡释放到(膜的下)表面[60]。俘获泡点法原理如图 5-21 所示。

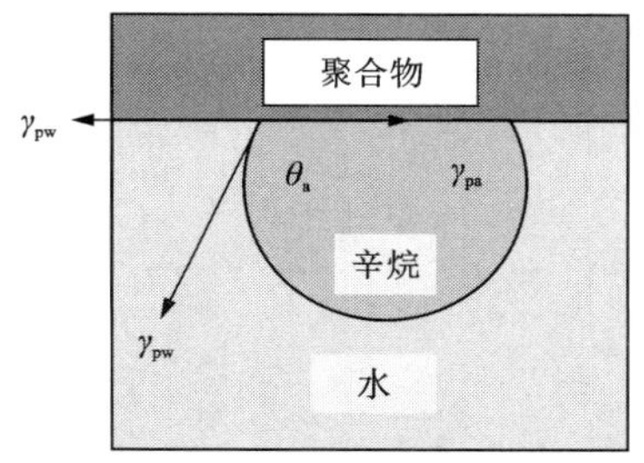

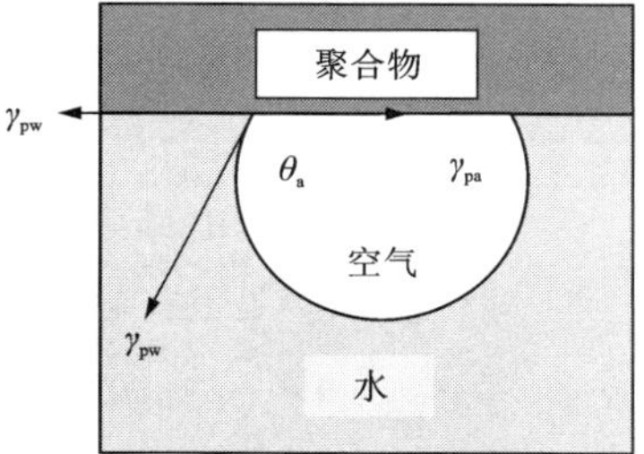

图 5-21　用俘获泡点法测量接触角和表面能的示意图

(改编自文献[61])

这些方法之间最重要的区别是，俘获泡点法的接触角是在湿状态下测量的，而使用固着液滴法时，接触角是用干膜测量的。在湿状态下测量接触角的优势在于测量结果受到孔和溶胀的影响较小。此外，固着液滴法的干燥过程对膜有破坏性[60, 61]。角度计是一种光学仪器，在两种测量接触角的方法中都可以用到[60]。膜表面接触角是膜的亲水性/疏水性的半定量指标，受表面纹理、孔隙率和水的芯吸(毛细)作用的影响，不易被准确测量。

用接触角表示的膜的亲水性/疏水性主要用作表面改性和污染的指标。其中，表面改性被用来降低膜的污染倾向[59, 61, 63]。另外，接触角也被用来确定膜的疏水性与胶体污染、生物污染之间的关系[53, 60]。

5.4.3 化学结构

对膜表面进行修饰的目的是改善膜的抗污性能。为了表征新(生成的)结构，有几种技术可供选择，如 ATR-FTIR、ESR/NMR、拉曼光谱和 XPS(ESCA)。本节将介绍这些技术，以及它们在纳滤膜技术中的应用。这些技术也被用于新膜的开发。

ATR-FTIR

ATR-FTIR 用于确定未知材料的化学基团。就纳滤膜技术而言，ATR-FTIR 可用于表面改性和污染研究。

材料(膜或污垢层)中的官能团吸收特定波长的能量，使红外探测器接收的信号被衰减[64]。红外光谱的本质是信号衰减对波长的依赖，可采用 FTIR 干涉信号得到测量。由此得到的吸收光谱是化合物的独特的“指纹”。表 5-7 总结了膜材料和污垢层中常见的几种特征吸收带[65]。

表 5-7 膜在 ATR-FTIR 表征中的特征吸收带

吸收带	波长/cm^{-1}
羟基(—OH)	3000~3400
脂肪碳(—C—C—)	2900
羧酸(—COOH)	1725
羧酸盐，羰基和酰胺 I (—COO^-，═CO，—CON< 中 C═O 的拉伸)	1600~1660
酰胺 II(—CON< 中 N—H 形变和 C—N 拉伸)	1550
羧酸盐(—COO^-)	1400

ATR-FTIR 在纳滤膜技术中的应用可分为两大类：对表面处理后的新结构进行表征；在膜污染研究中深入了解污垢产生的原因。

Belfer 等人[66]对商用复合 PA 反渗透膜进行接枝，用 ATR-FTIR 对新结构进行了表征。Freger 等人[67]对 PA-TFC 膜进行改性以改善膜的抗污性能；其中的改性是将亲水性聚合物接枝到膜表面。

Murphy 等人[68]利用 ATR-FTIR 对一系列不对称超滤和纳滤/反渗透 CA 膜的活性层或表皮层中的水分状态进行研究，以找出水的形态或种类与活性层的非均相(多孔)形貌之间的关系。

Howe 等人[65]研究了聚丙烯(PP)微滤膜过滤天然水后形成的污垢层，发现了可能与污垢有关的清晰的振动带。在一项类似的研究中，Her 等人[69]使用 ATR-FTIR 来研究污垢层可能的季节性变化。该领域的另一个例子是 Cho 等人[70]利用 FTIR 研究超滤膜和纳滤膜对天然有机物(NOM)的吸附。

ESR 和 NMR

ESR[又称电子顺磁共振(EPR)]和 NMR 技术已经在生物和化学领域得到了广泛的应用[71]。长期以来，ESR 一直是研究生物膜的有力工具[72]。这两种技术在合成膜领域的应用是比较新的。

ESR 和 NMR 是类似的技术，但 ESR 基于电子的自旋，而 NMR 基于(原子)核的自旋[73]。原子核与磁场之间的相互作用比电子与磁场之间的相互作用小很多。原子核的能级分裂及所需的频率因此要更低，NMR 对应的是短波无线电频率(MHz)，而 EMR 的为微波频率(GHz)[73]。

Kwak 等人[74]利用 NMR 技术发现了高通量反渗透膜的某种构效关系。Siewert 等人[75]用 NMR 对陶瓷纳滤膜进行了表征。

拉曼光谱

拉曼光谱利用了拉曼效应，即分子和光子相互作用。Atkins[76]清晰地描述了拉曼光谱，我们在这里将对其进行简短概括。一束单色或单频的(代表小范围波长)入射光穿过样品，沿垂直于光束方向的散射辐射被检测。部分入射光子会将其能量释放给分子，其他的则可能从分子中收集能量。被散射的光子的频率不同：第一组光子构成了较低频率的斯托克斯(Stokes)辐射，另一组光子构成频率较高的反斯托克斯(anti-Stokes)辐射。使用激光的原因是它们能产生高度单色的、强烈的入射光束。

检测通常用光电倍增管进行。拉曼光谱特别给出了—C—S—、—C—C—、—N ═N—和—C ═C—等基团的信息，它们是膜技术中广受关注的基团。

对膜进行拉曼光谱表征，可以研究膜内聚合物的形貌(包括聚合物链的取向)和结晶度。利用拉曼光谱了解膜的形貌，有助于揭示膜内传质的机理。

拉曼光谱还有助于人们建立对渗透分子(气体或液体)通过膜“孔”传输的理解。

XPS(ESCA)

XPS 用于样品的化学分析，小标题括号中的缩写是该方法的另一个名称——ESCA。Oldani 等人[64]简要地描述了这种方法。样品表面被 X 射线照射后产生光电子；逃逸到真空中的光电子被收集起来，并作为其动能的函数进行计数。根据这种动能可以计算出结合能，这一参数对单个元素而言是独特的，可用于识别元素。但该技术有一个限制，射出的电子从表面逃逸的范围只有几纳米[76]。

XPS 在表面改性(如 Belfer 等人的研究[66])和新型膜的开发(如 Zhang 等人的研究[78])等领域有着广泛的应用。

5.5 电荷参数

电荷的出现在很大程度上决定了纳滤膜对荷电溶质的分离性能。与水接触时，膜会通过几种可能的机制获得电荷。这些机制包括官能团的解离、溶液中离子的吸附，以及对聚电解质、离子型表面活性剂和带电大分子的吸附[79]。如前文所述，由于道南排斥作用，即使是多孔膜也能截留离子。因此，想要描述所给定的膜的性能，膜电荷的信息就非常重要。

5.5.1 动电势测量

当带电表面与电解质溶液接触时，将在表面形成所谓的双电层。在* Helmholtz(赫尔姆霍兹)模型中，假定表面附近的反离子是固定的；而在* Gouy-Chapman(古伊-查普曼)模型中，假设反离子是可移动的，其分布由* Poisson-Boltzmann(泊松-玻尔兹曼)关系决定。Stern 将这两种模型结合起来，假设一个存在于表面的固定双层(吸附层)和一个由 Poisson-Boltzmann 关系决定其离子分布的移动层。Stern 模型是最真实的模型，如图 5-22 所示。从这个图中可以看到各种电势：ψ^o 是表面电势，ψ^d 是* Stern 平面(斯特恩平面，吸附层中心点连接线)电势，ζ 是 Zeta(实际滑动面)电势。所有的电势都是相对距离表面无限远的电势而言的。

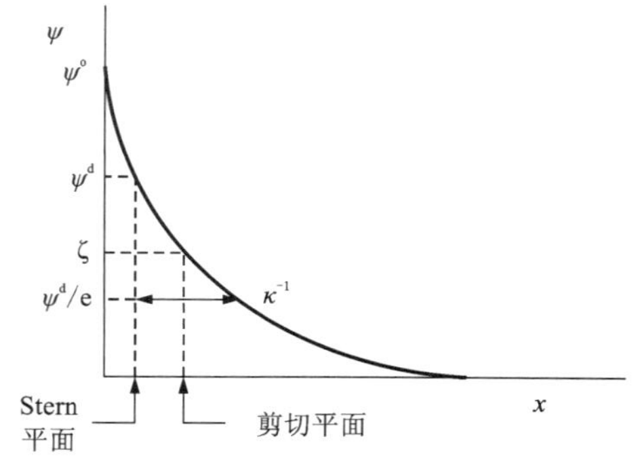

图 5-22 电位与到膜表面的距离 x 的关系示意图

---

* 这些特定的名称在其他部分中文文献中有对应的中文翻译。在此给出其中文，但后继均用英文，考虑到查阅英文或原始文献更容易。

双(电)层的厚度(κ^{-1})被定义为电势下降至ψ^{d}/e($e=2.718$)的移动层的厚度。Stern 电位指示从固定电荷到移动电荷的转变，是影响带电溶质的实际电位。然而，Stern 电位无法被测量。

Zeta 电势是固定离子和移动离子进行转换时滑动剪切面上的电势。通常，Stern 电势和 Zeta 电势被认为是相同的[80]。Zeta 电势可由流动电势测量得到[81, 82]。对于纳滤膜，更倾向于采用沿表面流动的电位，而不是穿过膜的流动电位来测量。将两个带电表面隔开一定距离相对放置，就形成了两壁带电的狭缝，且其表面特性可确定[79, 83-88]。通过施加动水压力，电解质溶液被迫沿狭缝流动，从而产生一种电势，称为流动电势。

流动电位 ΔE 和动水力压差 ΔP 之间的关系由 Helmholtz-Smoluchowski(赫尔姆霍兹—斯莫鲁乔夫斯基)公式[式(5-24)]给出[89]：

$$\frac{\Delta E}{\Delta P}=-\frac{\varepsilon\zeta}{\eta\lambda_{o}} \tag{5-24}$$

式中：ε 为介质的介电常数；η 为黏度；λ_o 为本体电导率。

该方程适用于电解液浓度大于 0.001 mol/L 的情况；在较低浓度的情况下，表面电导率效应也有影响。

在相对较低的电位(ψ<50 mV)和单价电解质时，可用下式结合 ζ 电势计算剪切面的表面电荷密度：

$$\sigma^{d}=-\frac{\varepsilon\zeta}{k^{-1}} \tag{5-25}$$

可用下式计算 Debye(德拜)长度 κ^{-1}：

$$\kappa^{-1}=\sqrt{\frac{\varepsilon RT}{2F^{2}I}} \tag{5-26}$$

其中，I 为离子强度，由下式给出：

$$I=0.5\sum z_i^2c_i \tag{5-27}$$

图 5-23 是以 NaCl 为电解质，以 NF-45 为膜样品的流动电位测量案例。

从斜率看，可以确定 ζ 电位是在-40 ~ -15 mV(取决于进料浓度)，这表明膜是带负电荷的。

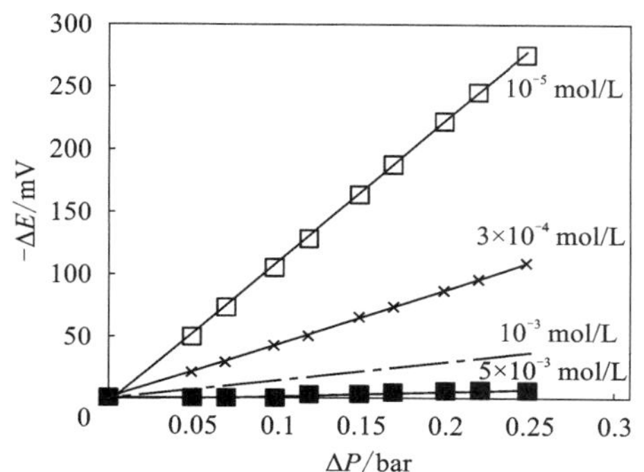

图 5-23 NF-45 膜处理不同浓度的 NaCl 溶液时，所施加压差(ΔP)对流动电位($-\Delta E$)的影响[84]

5.5.2 滴定法

滴定法常用于测定与膜的固定电荷数有关的离子交换容量[90]；

表面电荷可正可负。Schaep 等人[79]对四种商业纳滤膜的电荷进行了研究，并用滴定法直接测定了膜的正、负电荷，用 CsCl 盐测定带负电荷的基团，用 NaF 测定带正电荷的基团。

5.5.3 阻抗光谱学

阻抗光谱学（IS）或电阻测量在电渗析中很常见，纳滤也使用了这一技术[91-93]。这项技术提供了膜的离子电导率的信息，被成功地用来确定由多层具有不同电学/结构特性的材料组成的非均相体系（如对称膜/电解质乃至复合膜/电解质系统）的电学性能[94]。另外，可以用 IS 分别计算每一层的电学贡献。反渗透膜和纳滤膜就是这种非均相结构的例子。使用复合纳滤膜时，甚至亚层的传输特性都是不同的[94]。阻抗谱是一种能够表征不同亚层的技术，可以为预测膜的行为提供基本信息[94]。该技术由 Coster 等人详细描述过[95]。

5.6 非水体系纳滤膜

虽然纳滤膜主要应用于水溶液体系（水作为连续相），在非水溶液体系中的应用也在逐步增加，如第 21 章所述。然而，针对水体系开发的膜不能“先验地”或想当然地应用于有机介质。此外，每一类有机溶剂都有自己对应的材料，这意味着应该开发“特制”的膜。目前，市场上只有少数几种用于非水溶液系统的商用纳滤膜，但新型的膜正在开发中。这些膜以聚合物为主，而无机膜因为具有更好的化学耐受性也可能对市场会有吸引力。

这些膜的表征可以考虑使用前面讨论过的方法。如果是高聚物膜，需要注意一些特殊情况。首先是有机溶剂与高聚物膜之间的亲合力。由于高聚物与各种有机溶剂的相互作用不同，溶胀行为也会有差异，这都会影响截留率和渗透性。此外，因为非水体系应用主要是与非荷电化合物有关，电荷效应不再发挥重要作用。这意味着道南效应几乎没有贡献，而是溶解-扩散效应和黏性流效应起主导作用。接下来我们将简要讨论各种表征方法，其中最简单的方法是测量渗透率和截留率，因为它们能提供相当多的信息。

表 5-8 展示了几种溶剂的一些物理参数。就超滤膜而言，我们已知道渗透率与测得的溶剂黏度呈线性关系[96]。表 5-9 总结了一些纳滤膜的渗透率测量结果，显然它们的行为（性能）不相同，而且黏度与通量之间的关联显而易见。在超滤膜内发生的是黏性流，黏度是影响溶剂渗透率的主要参数。

表 5-8 溶剂的物理参数

溶剂	$M/(g\cdot mol^{-1})$	$\eta/(mPa\cdot s)$	$\gamma/(mN\cdot m^{-1})$
水	18	0.89	72.0
甲醇	32	0.54	22.6
乙酸乙酯	88	0.42	23.9
甲苯	92	0.59	27.9

表 5-9 各种有机溶剂的渗透系数 $L/(m^2\cdot h\cdot bar)$

膜	水	甲醇	乙酸乙酯	甲苯
MPF-50	0.37	0.93	1.73	1.27
MPF-60	0.16	0.22	0.18	0.40

对纳滤膜而言还要考虑相互作用现象，这不仅是为了关联溶剂通量，也是为了表明其化学耐受性。

例如，二甲基甲酰胺(DMF)和二甲基乙酰胺(DMAc)等酰胺类化合物是许多聚合物的溶剂，因此，这些聚合物用于纳滤时其适用性将受到限制。同时，下面是对相互作用现象的简要讨论。

通常用 Flory-Huggins 相互作用参数和溶解度参数来描述相互作用现象，除此之外，也会使用一些其他物理参数，如表面张力或介电常数[98, 99]，但这些参数很难与相互作用现象(直接)联系起来。使用 TFC 纳滤膜时存在两个困难：首先，薄的顶层难以与亚层分离；其次，薄的顶层的化学结构未知，很难提取选择层的溶解度参数信息。如果聚合物的溶解度参数已知，则聚合物与溶剂之间的相互作用现象可以用一个 Δ 参数来表示，它被定义为聚合物与溶剂的(溶解度参数的)① 矢量端点之间的距离。

$$\Delta=[(\delta_{d,s}-\delta_{d,p})^2+(\delta_{p,s}-\delta_{p,p})^2+(\delta_{h,p}-\delta_{h,s})^2]^{0.5} \quad (5-28)$$

在该方程式中，给出了三个溶解度参数：δ_d 是色散作用力导致的溶解度参数，δ_p 是极性力作用下的溶解度参数，δ_h 是氢键作用下的溶解度参数。其中，下标 s 和 p 分别代表溶剂和聚合物[22]。

同样基于溶解度参数的类似方法最近也被用于纳滤膜[100-102]。

溶解度参数法的缺点是它实际上不能描述混合现象(如膜在溶剂中的溶胀)①，因为溶解度参数是一个与内聚能密度有关的纯化合物参数。不过，用它做

① 编者补充。

初步估计还是非常有用的。

Flory-Huggins 相互作用参数χ 是一个更好的特征参数[103]，因为它是一个二元相互作用参数，可基于 Bhattacharyya 和 Flory 等人[18, 103]的工作通过简单的溶胀实验得到。

$$\chi = -\left[\ln(1-\varphi_p)+\varphi_p\right]/\varphi_p^2 \tag{5-29}$$

式中：φ_p 为聚合物在发生了溶胀的渗透物/聚合物体系中的体积分数。

然而，如前所述，确定复合膜的溶胀数据并不容易。溶剂的选择也会影响化合物的截留率。Yang 等人[97]研究了溶解在甲醇、乙酸乙酯和甲苯中的溶剂蓝（Solvent Blue，$M_r = 350$）的截留率，发现了三个截留率是不同的，这表明溶剂或溶剂/聚合物相互作用很重要，它改变了聚合物网络形貌。Koops 等人关于不对称 CA 膜的研究有类似的发现，溶剂是与羧酸混合的乙醇和己烷。

5.7 结论

将材料特征与膜的性能进行关联非常关键。大多数商业纳滤膜本质是聚合物，通常用于水溶液的处理。无机纳滤膜不太常见，常常用于要求苛刻的环境。在水溶液中，聚合物膜会溶胀，并且与干燥状态下的表现不同；因此，表征应该在与膜被应用的相同状态下进行。

表征提供的信息是对纳滤膜性能的预期。这些性质对诸如膜的截留特征、污染倾向等有重要影响。纳滤膜的表征方法可分为性能参数、形貌参数和电荷参数。

5.7.1 性能参数

性能参数让我们深入了解了荷电和非荷电溶质的性能。对荷电溶质而言，电荷效应起着重要作用，而筛分效应在特定情况下可能很重要。膜的电荷与道南平衡可以用来预测膜的截留特性。荷电溶质的截留率进一步受到溶液浓度和组成的影响。对非荷电溶质，尺寸效应和特定的相互作用是决定因素，如糖类、右旋糖酐、染料和树突状大分子可用于表征纳滤膜。

它们被用于确定膜的 MWCO，但不应将其作为绝对参数，因为吸附、浓差极化、压力依赖和进料浓度等其他因素也影响着膜的 MWCO 以及分子特性。

无机膜在水中和有机介质中都不会溶胀，也就是说它们的形貌在湿的和干燥的状态下相同。无机膜对非荷电溶质的截留率主要由尺寸排斥决定。对于水环境中的荷电溶质，也要考虑道南效应。

5.7.2 形貌参数

与形貌相关的参数，如膜的多孔结构、疏水性、化学结构等，都对膜的截留性能和污染倾向有重要影响。可以使用不同的技术来确定这些参数。

膜的多孔结构可以通过气体吸附-解吸、置换法、SF-PF 模型，以及 SEM、TEM、FESEM 等显微技术进行了解。但大多数纳滤膜是无孔的，用这些技术对孔进行直接测量有困难；而 AFM 可用于测量孔径大小和孔径分布。此外，AFM 被用于研究膜表面粗糙度与膜污染的关系。

膜的疏水性主要用接触角来表示。接触角可以用固着液滴法测量，也可以用俘获泡点法测量。俘获泡点法是在(膜)润湿状态下测量接触角，因此更受欢迎。表征膜的疏水/亲水性主要应用于膜污染的研究，如通过开发新膜或修饰表面来减少膜污染。

关于膜的性能，了解其化学结构很重要。但制造商并不总是公开膜的化学结构。对化学结构进行测量主要是用来找出污染和膜(化学)特性之间的关系。ATR-FTIR 是污染研究领域的一项众所周知的技术，而 ESR、NMR、拉曼光谱和 XPS(目前)应用较少。

5.7.3 电荷参数

电荷是一个重要的参数，不仅关系到截留特性，还关系到污染倾向。膜可以通过多种机制带电，如官能团的离解和溶液中离子的吸附，并可以通过多种技术加以测量。最广为人知的测量方法是流动电位法，从中可以得到 Zeta 电位。此外，滴定法可用于测量固定电荷数，IS 可以用来测定膜的离子电导率。

5.7.4 非水溶液系统

虽然聚合物纳滤膜主要应用于水中作为连续相的溶液体系，但在非水溶液体系中的应用将很快到来。在有机溶剂中，溶剂与聚合物之间的特定相互作用现象非常重要，并且在很大程度上决定了有机溶剂的渗透性和选择性，从而决定了膜的适用性。

参考文献

[1] P Eriksson. Nanofiltration extends the range of membrane filtration. Environmental Progress, 1988, 7: 58-62.

[2] G Jonsson, C E Boesen. Water and solute transport through cellulose acetate reverse osmosis membranes. Desalination, 1975, 17: 145-165.

[3] G Jonsson. Coupling of ion fluxes by boundary-diffusion and streaming potentials under reverse osmosis conditions. 7th International Symposium on Fresh Water from the Sea, 1980.

[4] M Kurihara, T Uemura, Y Nakagawa, et al. The thin-film composite low pressure reverse osmosis membranes. Desalination, 1985, 54: 75-88.

[5] W J Conlon. Pilot field test data for prototype ultra low pressure reverse osmosis elements. Desalination, 1985,

56：203-226.

[6] B Nicolaisen. Nanofiltration. Membrane 020607.

[7] J M M Peeters. Characterization of nanofiltration membranes in chemical technoloy. PhD thesis. University of Twente：Enschede，1997.

[8] T He. Composite hollow fiber membranes for ion separation and removal，in Chemical Technology. PhD thesis. University of Twente：Enschede，2001.

[9] J M M Peeters，J P Boom，M H V Mulder，et al. Retention measurements of nanofiltration membranes with electrolyte solutions. Journal of Membrane Science，1998，145：199-209.

[10] W R Bowen，H Mukhtar. Characterization and prediction of separation performance of nanofiltration membranes. Journal of Membrane Science，1996，112：263-274.

[11] A Boye，C Guizard，A B Larbot. A polyphosphazene membrane active in nanofiltration. Key Engineering Materials，1991，61&62：403-406.

[12] H Lonsdale，W Pusch，A Walch. Donnan-membrane effects in hyperfiltration of ternary systems. Journal of the Chemical Society，Faraday Transactions I，1975，71：501-514.

[13] D W Nielsen，G Jonsson. Bulk-phase criteria for negative ion rejection in nanofiltration of multi-component salt solutions. Separation Science and Technology，1994，29：1165-1182.

[14] S Alami-Younssi，A Larbot，M Persin. Rejection of mineral salts on a gamma alumina nanofiltration membrane：Application to environmental process. Journal of Membrane Science，1995，102：123-129.

[15] A E Yaroshchuk，Y A Vovgonov. Pressure-driven transport of ternary electrolyte solutions with a common coion through charged membranes：Numerical analysis. Journal of Membrane Science，1994，86：19-27.

[16] A E Yaroshchuk. Non-steric mechanisms of nanofiltration：Superposition of Donnan and dielectric exclusion. Separation and Purification Technology，2001，22-23：143-158.

[17] T Tsuru，S-I Nakao，S Kimura. Effective charged density and pore structure of charged ultrafiltration membranes. Journal of Chemical Engineering of Japan，1990，23：604-610.

[18] D Bhattacharyya，J M McCarthy，R B Grieves. Charged membrane ultrafiltration of inorganic ions in single and multi-salt systems. AIChE Journal，1974，20：1206-1212.

[19] K Kosutic，L Kastelan-Kunst，B Kunst. Porosity of some commercial reverse osmosis and nanofiltration polyamide thin-film composite membranes. Journal of Membrane Science，2000，168：101-108.

[20] C Manea，M H V Mulder(to be published).

[21] G H Koops，S Yamada，S-I Nakao. Separation of linear hydrocarbons and carboxylic acids from ethanol and hexane solutions by reverse osmosis. Journal of Membrane Science，2001，189：241-254.

[22] M Mulder. Basic principles of membrane technology. 2nd ed. Dordrecht：Kluwer Academic Publishers，1996.

[23] Koch. Product information.

[24] Y Kiso，Y Sugiura，T Kitao. Effects of hydrophobicity and molecular size on rejection of aromatic pesticides with nanofiltration membranes. Journal of Membrane Science，2001，192：1-10.

[25] J A M H Hofman，T H M Noij，J C Schippers. Removal of pesticides and other organic micropollutants with membrane filtration. Water Supply，1993，11：129-139.

[26] J A M H Hofman，E F Beerendonk，H C Folmer，et al. Removal of pesticides and other micropollutants with cellulose-acetate，polyamide and ultra-low pressure reverse osmosis membranes. Desalination，1997，113：209-214.

[27] P Berg，G Hagmeyer，R Gimbel. Removal of pesticides and other micropollutants by nanofiltration.

Desalination, 1997, 113: 205-208.

[28] B Van der Bruggen, J Schaep, D Wilms, et al. Influence of molecular size, polarity and charge on the retention of organic molecules by nanofiltration. Journal of Membrane Science, 1999, 156: 29-41.

[29] C Guizard, N Ajaka, M P Besland. Heteropolysiloxanes membranes designed for the separation of small molecules. Key Engineering Materials, 1992, 537-540.

[30] A B Larbot, D Young, C Guizard, et al. Alumina nanofiltration membrane from sol-gel process. Key Engineering Materials, 1991, 61-62: 395-398.

[31] J Schaep, C Vandecasteele, B Peeters. Characteristics and retention properties of a mesoporous gamma-Al_2O_3 membrane for nanofiltration. Journal of Membrane Science, 1999, 163: 229-237.

[32] T Tsuru, S Wada, S Izumi. Silica Zirconia membranes for nanofiltration. Journal of Membrane Science, 1998, 149: 127-135.

[33] K S Spiegler, O Kedem. Thermodynamics of hyperfiltration(reverse osmosis): Criteria for efficient membranes. Desalination, 1966, 1: 311-326.

[34] O Kedem, A Katchalsky. Thermodynamic analysis of the permeability of biological membranes to non-electrolytes. Biochimica et Biophysica Acta, 1958, 27: 229-246.

[35] DSM. Internal information.

[36] W R Bowen, J S Welfoot. Modelling of membrane nanofiltration-Pore size distribution effects. Chemical Engineering Science, 2002, 57: 1393-1407.

[37] R Vacassy, C Guizard, V Thoraval. Synthesis and characterization of microporous zirconia powders: Application in nanofilters and nanofiltration characteristics. Journal of Membrane Science, 1997, 132: 109-118.

[38] L Kastelan-Kunst, V Dananic, B Kunst. Preparation and porosity of cellulose triacetate reverse osmosis membranes. Journal of Membrane Science, 1996, 109: 223-230.

[39] S J Gregg, K S W Sing. Adsorption, Surface Area and Porosity. 2nd ed. London: Academic Press, 1982.

[40] M M Dubinin, G M Plavnik, E D Zaverina. Integrated study of the porous structure of active carbons from carbonized sucrose. Carbon, 1964, 2: 261-268.

[41] M M Dubinin, G M Plavnik. Microporous structure of carbonaceous adsorbents. Carbon, 1968, 6: 183-192.

[42] G Horvath, K Kawazoe. Method for the calculation of the effective pore size distribution in molecular sieve carbon. Journal of Chemical Engineering of Japan, 1983, 16: 470-475.

[43] A Mey Marom, M J Katz. Measurement of active pore size distribution of microporous membranes-A new approach. Journal of Membrane Science, 1986, 27: 119-130.

[44] M J Katz, G Baruch. New insights into the structure of microporous membranes obtained using a new pore size evaluation method. Desalination, 1986, 58: 199-211.

[45] F P Cuperus, D Bargeman, C A Smolders. Permporometry: The determination of the size of active pores in UF membranes. Journal of Membrane Science, 1992, 71: 57-67.

[46] G Z Cao, J Meijernik, H W Brinkman. Permporometry study on the size distribution of active pores in porous ceramic membranes. Journal of Membrane Science, 1993, 83: 221-235.

[47] T Matsuura, S Sourirajan. Reverse osmosis transport through capillary pores under the influence of surface forces. Industrial and Engineering Chemistry Research, 1981, 20: 273-282.

[48] K J Kim, M R Dickson, V Chen, et al. Applications of field emission scanning electron microscopy to polymer membrane research. Micron and Microscopia Acta, 1992, 23: 259-271.

[49] D F Stamatialis, C R Dias, M N D Pinho. Atomic force microscopy of dense and asymmetric cellulose based

membranes. Journal of Membrane Science, 1999, 160: 235-242.

[50] M Elimelech, X Zhu, A E Childress. Role of membrane surface morphology in colloidal fouling of cellulose acetate and composite aromatic polyamide reverse osmosis membranes. Journal of Membrane Science, 1997, 127: 101-109.

[51] X Zhu, M Elimelech. Colloidal fouling of reverse osmosis membranes: Measurements and fouling mechanisms. Environmemtal Science and Technology, 1997, 31: 3654-3662.

[52] K Riedl, B Girard, R W Lencki. Influence of membrane structure on fouling layer morphology during apple juice clarification. Journal of Membrane Science, 1998, 139: 155-166.

[53] T Knoell, J Safarik, T Cormack. Biofouling potentials of microporous polysulfone membranes containing a sulfonated polyether- ethersulfone/polyethersulfone block haracter: Correlation of membrane surface properties with bacterial attachment. Journal of Membrane Science, 1999, 157: 117-138.

[54] E M Vrijenhoek, S Hong, M Elimelech. Influence of membrane surface properties on initial rate of colloidal fouling of reverse osmosis and nanofiltration membrane. Journal of Membrane Science, 2001, 188: 115-128.

[55] S Singh, K C Khulbe, T Matsuura. Membrane characterization by solute transport and atomic force microscopy. Journal of Membrane Science, 1998, 142: 111-127.

[56] X L Wang, T Tsuru, M Togoh. Evaluation of pore structure and electrical properties of nanofiltration membranes. Journal of Chemical Engineering of Japan, 1995, 28: 186-192.

[57] W R Bowen, T A Doneva, H B Yin. Polysulfone-sulfonated poly (ether ether) ketone blend membranes: Systematically synthesis and characterization. Journal of Membrane Science, 2001, 181: 253-263.

[58] L Palacio, J I Calvo, P Prádanos, et al. Contact angles and external protein adsorption onto UF membranes. Journal of Membrane Science, 1999, 152: 189-201.

[59] C Combe, E Molis, P Lucas. The effect of CA membrane properties on adsorptive fouling by humic acid. Journal of Membrane Science, 1999, 154: 73-87.

[60] J A Brant, A E Childress. Assessing short-range membrane-colloid interactions using surface energetics. Journal of Membrane Science, 2002, 203: 257-273.

[61] A R Roudman, F A DiGiano. Surface energy of experimental and commercial nanofiltration membranes: Effects of wetting and natural organic matter fouling. Journal of Membrane Science, 2000, 175: 61-73.

[62] J Cho, G Amy, J Pellegrino. Membrane filtration of natural organic matter: Factors and mechanisms affecting rejection and flux decline with charged(UF)membrane. Journal of Membrane Science, 2000, 164: 89-110.

[63] J Pieracci, J V Crivello, G Belfort. Photochemical modification of 10 kDa polyethersulfone ultrafiltration membranes for reduction of biofouling. Journal of Membrane Science, 1999, 156: 223-240.

[64] M Oldani, G Schock. Characterization of ultrafiltration membranes by infrared spectroscopy, ESCA, and contact angle measurements. Journal of Membrane Science, 1989, 43: 243-258.

[65] K J Howe, K P Ishida, M M Clark. Use of ATR/FTIR spectrometry to study fouling of microfiltration membranes by natural waters. Desalination, 2002, 147: 251-255.

[66] S Belfer, Y Purinson, R Fainshtein. Surface modification of commercial composite polyamide reverse osmosis membranes. Journal of Membrane Science, 1998, 139: 175-181.

[67] V Freger, J Gilron, S Belter. TFC polyamide membranes modified by grafting of hydrophilic polymers: An FTIR/AFM/TEM study. Journal of Membrane Science, 2002, 209: 283-292.

[68] D Murphy, M N de Pinho. An ATR-FTIR study in cellulose acetate membranes prepared by phase inversion. Journal of Membrane Science, 1995, 106: 245-257.

[69] N Her, G Amy, C Jarusutthirak. Seasonal variantions of nanofiltration (NF) foulants: Identification and control. Desalination, 2000, 132: 143-160.

[70] J Cho, G Amy, J Pellegrino, et al. Characterization of clean and natural organic matter(NOM)fouled NF and UF membranes, foulants characterization. Desalination, 1998, 118: 101-108.

[71] F M Goni, A Alonso. Spectroscopic techniques in the study of membrane solubilization, reconstruction and permeabilization by detergents. Biochimica et Biophysica Acta, 2000, 1508: 51-68.

[72] T Matsuura. Progress in membrane science and technology for seawater desalination-A review. Desalination, 2001, 134: 47-54.

[73] K J Laidler, J H Meiser. Physical Chemistry. 3rd ed. Boston New York: Houghton Mifflin Company, 1999.

[74] S Y Kwak, D W Ihm. Use of atomic force microscopy and solid-state NMR spectroscopy to characterize structure-property-performance correlation in high-flux reverse osmosis(RO)membranes. Journal of Membrane Science, 1999, 158: 143-153.

[75] C Siewert, S Benfer, G Tomandl, et al. Development and characterization of ceramic nanofiltration membranes. Separation and Purification Techology, 2001, 22-23: 231-237.

[76] P W Atkins. Physical chemistry. 4th ed. Oxford: Oxford University Press, 1990.

[77] K C Khulbe, T Matsuura. Characterization of synthetic membranes by Raman spectroscopy, electron spin resonance, and atomic force microscopy: A review. Polymer, 2000, 41: 1917-1935.

[78] W Zhang, G He, P Gao. Development and characterization of composite nanofiltration membranes and their application in concentration of antibiotics. Separation and Purification Technology, 2003, 30: 27-35.

[79] J Schaep, C Vandecasteele. Evaluating the charge of nanofiltration membranes. Journal of Membrane Science, 2001, 188: 129-136.

[80] J Lyklema. Fundamentals of Interface and Colloid Science, Vol. II. London: Academic Press, 1995.

[81] M Nystrom, M Lindstrom, E Matthiasson. Streaming potential as a tool in the haracterization of ultrafiltration membranes. Colloids and Surfaces A, 1989, 36: 297.

[82] M Nystrom, A Pihlajamaki, N Ehsani. Characterization of ultrafiltration membranes by simultaneous streaming potential measurement and flux measurements. Journal of Membrane Science, 1994, 87: 245-256.

[83] M Elimelech, W H Chen, J J Waypa. Measuring the zeta (electrokinetic) potential of reverse osmosis membranes by a streaming potential analyzer. Desalination, 1994, 95: 269-286.

[84] J M M Peeters, M H V Mulder, H Strathmann. Streaming potential measurements as a characterization method for nanofiltration membranes. Colloids and surfaces, 1999, 150: 247-259.

[85] M Ernst, A Bismarck, J Springer. Zeta-potential and rejection rates of a polyethersulfone nanofiltration membrane in single salt solutions. Journal of Membrane Science, 2000, 165: 251-259.

[86] G Hagmeyer, R Gimbel. Modelling the rejection of nanofiltration membranes using zeta potential measurements. Separation and Purification Techology, 1999, 15: 19-30.

[87] H J Jacobasch. Characterization of polymer surfaces by means of electrokinetic measurements. Progress in Colloid Polymer Science, 1988, 77: 40-48.

[88] C Werner, H J Jacobasch, G Reichelt. Surface characterization of hemodialysis membranes based on streaming potential measurements. Journal of Biomaterials Science Polymer Edition, 1995, 7: 61-76.

[89] R J Hunter. Zeta potential in colloid science. Principles and Applications. London: Academic Press, 1981.

[90] Norme Francaise Homologue, NF X45-200. Afnor. France.

[91] J Benavente, G Jonsson. Transport of Na_2SO_4 and $MgSO_4$ solutions through a composite membrane. Journal of

Membrane Science, 1993, 80: 275-283.

[92] J Benavente, J M Garcia, J G D L Campa, et al. Determination of some electrical parameters for two novel aliphatic-aromatic polyamide membranes. Journal of Membrane Science, 1996, 114: 51-57.

[93] G Jonsson, J Benavente. Determination of some transport coefficients for the skin and porous layer of a composite membrane. Journal of Membrane Science, 1992, 69: 29-42.

[94] A Cafias, J Benavente. Electrochemical characterization of an asymmetric nanofiltration membrane with NaCl and KCl solutions: Influence of membrane asymmetry on transport parameters. Journal of Colloid Interface Science, 2002, 246: 328-334.

[95] H G L Coster, T C Chilcott, A C F Coster. Impedance spectroscopy of interfaces, membranes and ultrastructures. Bioelectrochemistry and Bioenergetics, 1996, 40: 79-98.

[96] M A Beerlage. Poyimide ultrafiltration membranes for non-aqueous systems, in Chemical Technology. PhD thesis. University of Twente: Enschede, 1994.

[97] X J Yang, A G Livingston, L Freitas dos Santos. Experimental observation of nanofiltration with organic solvents. Journal of Membrane Science, 2011, 190: 45-55.

[98] R Machado, D Hasson, R Semiat. Effect of solvent properties on permeate flow through nanofiltration membranes. Part I: investigation of parameters affecting solvent flux. Journal of Membrane Science, 1999, 163: 93-102.

[99] D R Machado, D Hasson, R Semiat. Effect of solvent properties on permeate flow through nanofiltration membranes. Part II. Transport model. Journal of Membrane Science, 2000, 166: 63-69.

[100] R W Lencki, S Williams. Effect of nonaqueous solvents on the flux behavior of ultrafiltration membranes. Journal of Membrane Science, 1995, 101: 43-51.

[101] K K Reddy, T Kawakatsu, J B Snape, et al. Membrane concentrationand separation of L-aspartic acid and L-phenylalanine derivatives in organic solvents. Separation Science Technology, 1996, 31: 1161-1178.

[102] D Bhanushali, S Kloos, C Kurth, et al. Performance of solvent resistant membranes for non-aqueous systems, solvent permeation results and modeling. Journal of Membrane Science, 2001, 189: 1-21.

[103] P J Flory. Principles of polymer chemistry. Ithaca, New York: Cornell University Press, 1953.

符号说明 1

符号	意义	单位	符号	意义	单位
a	活度	mol/m^3	I	离子强度	mol/L
c	溶质浓度	mol/L	J_s	溶质通量	mol/(m^2·h)
d_{ave}	平均孔径	m	J_v	溶剂通量	L/(m^2·h)
D	扩散系数	m^2/s	K_{ow}	分配系数	(-)
E_{don}	道南(Donnan)电位	V	L_p	溶剂渗透系数	L/(m^2·h·bar)
ΔE	流动电位	V	L_s	溶质渗透系数	m/s
F	法拉第(Faraday)常数	C/mol	M	摩尔质量	g/mol

符号	意义	单位	符号	意义	单位
M_r	相对分子量	(-)	R	截留率	(-)
P	压力	bar	R	气体常数	J/(mol·K)
Pe	Peclet(佩克莱特)数	(-)	T	温度	K
P_o	蒸气压	bar	V_{ads}	吸附体积	m^3
P_{rel}	相对蒸气压	(-)	V_m	摩尔体积	m^3/mol
r	溶质半径/分子半径	m	X_m	膜上固定电荷(+或-)	(-)
r_h	水力学半径	m	Δx	膜厚度	m
r_k	开尔文(Kelvin)半径	m	z	(化合)价	(-)
r_p	膜孔半径	m			

符号说明 2

符号	意义	单位	符号	意义	单位
χ	Flory-Huggins 相互作用参数	(-)	μ	化学势	J/mol
δ	溶解度参数	$(J/m^3)^{0.5}$	π	渗透压	N/m^2
ε	介质的介电常数	A·s/(V·m)	θ	接触角	(-)
φ	体积分数	(-)	σ	反射系数	(-)
γ	表面张力	N/m	σ^d	剪切面表面电荷密度	A·s/m^2
η	黏度	Pa·s	ψ	电化学势(上标 o：固体表面；上标 d：Stern 平面)	V
κ^{-1}	Debije 长度	m	ζ	Zeta 电位	V
λ_o	主体电导率	Ω^{-1}/m			

上标说明

上标	含义	上标	含义
m	膜相	o	标准参考状态

下标说明

下标	含义	下标	含义
c	同离子	s	溶质
f	进料	sl	固相/液相
i	组分	sv	固相/蒸汽相
lv	液相/蒸汽相	v	溶剂
m	膜相	x	膜上固定电荷
p	渗透侧		

缩略语和名词说明

缩略语/名词	意义	缩略语/名词	意义
AFM	原子力显微镜	PES	聚醚砜
ATR-FTIR	傅里叶变换衰减全反射红外光谱	PP	聚丙烯
CA	醋酸纤维素	Psf	聚砜
DMAc	二甲基乙酰胺	PVA	聚乙烯醇
DMF	二甲基甲酰胺	SD	溶胀程度
EPR	电子顺磁共振	SPsf	磺化聚砜
ESCA	化学分析电子能谱	PWP	纯水渗透系数
ESR	电子自旋共振	RO	反渗透
FESEM	场发射扫描电镜	SEM	扫描电镜
IEC	离子交换容量	SF-PF	表面力-孔隙流动模型
IS	阻抗光谱	SPEEK	磺化聚醚醚酮
MWCO	切割分子量	TEM	透射电镜
NF	纳滤	TFC	薄层复合(材料)
NMR	核磁共振	UF	超滤
NOM	天然有机物	XPS	X-射线光电子能谱
PA	聚酰胺	Donnan	道南(排斥、效应等)
PEEK	聚醚醚酮		

第 6 章　纳滤膜性能的模拟

6.1　引言

"I have yet to see any problem, however complicated, when looked at in the right way, did not become more complicated".

Paul Anderson

纳滤(NF)过程的规范和优化要求开发良好的预测方法。一种实用的预测方法应该能够从可获得的物理性质数据中得到定量的过程预测。这样的模型应该在物理上是真实的，且需要最少的假设。牢固地建立在分离的物理学基础上的方法可能具有最广泛的适用性，而如果这种方法不涉及烦琐、复杂或难以理解的数学，则更具优势。

从根本上讲，纳滤是一个非常复杂的过程。导致纳滤膜截留行为的活动都发生在大约 1 nm 数量级的长度范围内。这个长度范围比原子维度大不了多少；在这个范围内，宏观层面的流体动力学和相互作用开始消散，其中涉及的计算过程会非常复杂，并且对计算时间有巨大的要求。因此，开发一种具有工业应用潜力的模型，实现对起支配作用的现象的基本理解和简单量化，是一个重要的挑战。

本章的目的是描述这种预测方法的发展。本章将概述以下内容：纳滤过程建模的历史背景，纳滤膜孔处截留率和通量在数学上一致描述公式化的，将该描述进行扩展以考虑孔径分布及相关物理特性，以及开发便于工程计算的模型线性化解析。

6.2　历史背景

对纳滤膜截留非荷电溶质的描述通常基于连续介质流体动力学模型，例如 Ferry 最初提出的模型[1]。在此类模型中，多孔膜表示为一束直的圆柱形孔，并针对由溶质/膜相互作用引起的受限对流和扩散校正了溶质迁移[2]。离子的纳滤分离所涉及的纳米尺度现象极为复杂，因此任何对离子的传递和分配的宏观描述都有可能是一次严格考验。

对纳滤中离子迁移的初始描述是基于不可逆热力学定义的现象学方程。Kedem 和 Katchalsky[3]以及 Spiegler 和 Kedem[4]最初在研究反渗透膜时采用了此类模型。膜被假定为一个对离子传输不进行任何描述的黑匣子，因此不可能表征膜的结构和电学性能。但是，Perry 和 Linder[5]（在他们有关离子的负截留的描述中）以及 Schirg 和 Widmer[6]（在其染料-盐分离的研究中）证明了用这种方法可成功地预测膜的分离性能。

对纳滤系统的另一个描述是由 Grosse 和 Osterle[7]以及 Jacazio 等人[8]提出的动电空间电荷模型。这些模型描述了荷电溶质通过荷电毛细管的蠕动流。离子被视为点电荷，其在孔中的径向分布（以及电势）由 Poisson-Boltzmann 方程定义，而离子沿孔的传输由 Nernst-Planck（能斯特-普朗克）扩展方程描述。Tsuru 等人[9]和 Wang 等人[10]已成功地将空间电荷模型应用于纳滤，但是这些模型的应用受到计算数值的复杂性的限制。

被最广泛采用的纳滤模型是从空间电荷模型衍生而来的，近似地认为离子的浓度和电势在孔中沿径向均匀分布。当表面电荷密度相当小、孔隙足够狭窄时，这一假设是有效的，且因此在大多数正常的纳滤条件下可以被接受。已有学者，如 Tsuru 等人[11]，Rios 等人[12]，Wang 等人[13]，Combe 等人[14]和 Bowen 等人[15]提出了该模型的许多类似版本。

例如，在 Donnan-Steric-Pore-Model（道南立体孔模型，简称 DSPM）[15]中，离子的传递是由 Nernst-Planck 扩展方程来描述的，该方程经过了修正（包含受阻传递），并结合了基于电学（道南效应）和筛分（空间位阻效应）机制的平衡分配。在使用 DSPM 对纳滤膜进行表征时，需要将截留数据作为体积通量的函数进行分析，并取决于三个参数：有效孔半径 r_p、膜厚度与孔隙率的有效比值 $\Delta x/A_k$、有效膜电荷密度 X_d。事实证明，这种类型的预测模型可以成功地描述相对简单的系统，例如有机分子和一价电解质。但是，在关于多价阳离子（如 Mg^{2+}[16]）、电解质混合物等的研究中，预测结果与实验数据相符的程度较低。对这些复杂系统涉及的分离现象的物理评估表明，该模型无疑考虑了许多因素。通常，模型成功的原因是基于以下事实：特征参数（r_p，$\Delta x/A_k$ 和 X_d）是在许多方面与膜的结构和电学性能形成有限对应的拟合参数。开发此类模型的一种方法是尝试涵盖更多对分离特征有支配效果的复杂现象，以改善过程描述的物理相关性。

6.3 对截留率和通量的一致性描述

历史上，基于 Nernst-Planck 扩展方程的纳滤传递模型已被广泛用于研究截留率与通量的函数关系。这种方法是根据反渗透（RO）系统的改进模型而开发的。反渗透系统的膜具有均匀（非多孔）结构，且只有通过实验才能关联压力和通量。最近的研究[15, 17]表明纳滤膜具有多孔结构，验证了基于 Hagen-Poiseuille 类型关系对溶剂速率的描述：

$$V = \frac{r_p^2 \Delta P_e}{8\eta \Delta x} \tag{6-1}$$

其中，$\Delta P_e = (\Delta P - \Delta\pi)$。将跨孔渗透压差 $\Delta\pi$ 涵盖进来非常重要，因为在较高浓度下，有效驱动压力 ΔP_e 可能与所施加的(水力学)压力 ΔP 明显不同。需要注意的是，式(6-1)中的黏度项不是溶剂主体黏度，这将在后面详细讨论。式(6-1)中 ΔP_e 的定义不同于基于不可逆热力学的定义，不可逆热力学在 $J_v = L_p(\Delta P - \sigma\Delta\pi)$ 中包括了渗透反射系数 σ(Staverman 系数)。在当前情况下，$\Delta\pi$ 是在动态基础上进行计算的，直接考虑了孔的入口和出口浓度(分别为 C_f 和 C_p)[15]。本研究的有效性已通过 NaCl 的实验截留率(其中截留率 R 几乎覆盖了所有可能的截留范围)与浓度的函数关系进行了确定[18]。J_v 对 ΔP_e 的曲线在 ΔP_e 和盐浓度的整个实验范围内都显示出很好的线性关系，为 ΔP_e 的定义提供了实验依据。此外，这一曲线的线性关系表明，动电效应(作为电滞因子引入是最方便的)并不显著。这在理论上也是意料之中的[19]，因为在纳滤的情况下，孔足够窄、膜电荷足够小，且孔内反离子浓度足够低，(可)以防止形成双电层。这一点还与许多现有纳滤模型在径向势和浓度均一性方面的假设是一致的[13, 15]。应当指出的是，电滞效应对纳滤不那么重要，与其在超滤中的潜在重要性形成鲜明对比[20]。

在随后的模型开发中[18]，重点是描述膜内的传质，因此浓差极化未包括在内。此外，在以足够快的错流速度运行的商用组件中，浓差极化(影响)可能相对较小。当然，在多组分混合物的极化层中使用适当的传质关系式或 Nernst-Planck 扩展方程的解，可以将浓差极化融入到这些模型中[15]。第 4 章介绍了各种组件的浓差极化，第 5 章介绍了表征膜特性和传递参数的方法。

6.3.1　截留非荷电溶质

用于非荷电溶质的基本传递方程是被广泛采用的流体动力学模型[1]，被修定以包含孔内受阻对流和扩散[2, 21]：

$$j_s = K_c cV - \frac{cD_p}{RT}\frac{\mathrm{d}\mu}{\mathrm{d}x} \tag{6-2}$$

非荷电溶质的化学势 μ 定义如下：

$$\mu = RT\ln a + V_s P + \text{constant} \tag{6-3}$$

如果研究的是低溶质浓度，则可以假定溶液的行为是理想的，因此对式(6-3)进行微分，并将其代入式(6-2)可得到：

$$j_s = K_c cV - D_p\frac{\mathrm{d}c}{\mathrm{d}x} - \frac{cD_p}{RT}V_s\frac{\mathrm{d}P}{\mathrm{d}x} \tag{6-4}$$

式(6-4)与广泛采用的纳滤流体力学模型的形式有所不同，它有偏摩尔体积/压力梯度(压力对化学势的影响)额外一项，该项在反渗透过程的溶解扩散模型中有体现。溶质通量也可以写成下式：

$$j_s = C_p V \tag{6-5}$$

纳滤膜孔中层流的存在能够通过重排 Hagen-Poiseuille-类型的关系来定义压力梯度，其中假定沿着孔隙(方向)的压力梯度是常数，可得下式：

$$\frac{dP}{dx} = \frac{\Delta P_e}{\Delta x} = \frac{8\eta V}{r_p^2} \tag{6-6}$$

将式(6-5)和式(6-6)代入式(6-4)中，收集 c 中的各项并进行重新排列，得出浓度梯度的表达式：

$$\frac{dc}{dx} = \frac{V}{D_p}\left[\left(K_c - \frac{D_p}{RT}V_s\frac{8\eta}{r_p^2}\right)c - C_p\right] \tag{6-7}$$

使用以下边界条件(忽略浓差极化)对式(6-7)在膜厚度($0<x<\Delta x$)范围内的积分：

$$c_{x=0} = \Phi C_f \text{ 以及 } c_{x=\Delta x} = \Phi C_p \tag{6-8}$$

其中，Φ 是非荷电溶质的空间分配系数，取决于溶质半径与孔半径的比值(参见符号说明 2)。式(6-8)已成功用于许多有关纳滤膜截留非荷电溶质的研究[14, 15, 18, 22, 23]，发现非荷电溶质与纳滤孔之间的任何非空间相互作用都很小。

为简单起见，可以定义以下无因次群。假设 V_s 和 D_p 与浓度无关，则无因次群也可视为与溶质浓度无关：

$$Y = \frac{D_p}{RT}V_s\frac{8\eta}{r_p^2} \tag{6-9}$$

前面对化学势表达式[见式(6-3)]的微分含蓄地假定了偏摩尔体积轴向独立，且因此与浓度无关。例如，低浓度甘油(0.3 kg/m^3)对应的偏摩尔体积与无限稀释时的相比，超出程度<0.1%，证明了上述假设[24]。在上述边界条件下对浓度梯度进行积分得到：

$$\frac{C_p}{C_f} = \frac{[\{K_c - Y\}\Phi]\exp[Pe']}{\{K_c - Y\}\Phi - 1 + \exp[Pe']} \tag{6-10}$$

其中，修订后的 Peclet 数 Pe'定义如下：

$$Pe' = \frac{\{K_c - Y\}V\Delta x}{D_p} \tag{6-11}$$

可以将式(6-10)代入溶质截留的标准定义式中，得到：

$$R = 1 - \frac{C_p}{C_f} = 1 - \frac{\{K_c - Y\}\Phi}{1 - [1 - \{K_c - Y\}\Phi]\exp[-Pe']} \tag{6-12}$$

用式(6-1)替代孔内溶剂流速[式(6-11)]，重新定义 Pe'可得：

$$Pe' = \frac{\{K_c - Y\} r_p^2}{8\eta D_p} \Delta P_e \tag{6-13}$$

如前文所述，窄的纳滤孔内的溶剂具有本体性质这一假设可能无效。使用水的主体黏度可能会高估水的渗透率，原因是水分子在孔壁处的定向（排列）所形成的更大尺度的结构可能会提高实际黏度。尽管已经围绕限域对水结构的影响展开工作，现有的知识水平仍然存在严重的局限性。一些研究已经定性地讨论了水（团聚）结构（体积）在受限孔隙中的增加。Israelachvili 等人[25]讨论了受限水的分层顺序，并详细说明了受限水的剪切行为。Churaev[26]回顾了许多有关薄的液体层的特性的定量研究。但是，这些研究仅限于尺寸比纳滤膜孔大得多的系统。核磁共振（NMR）和表面力仪（SFA）是另外两种最常用于研究受限几何空间（<5 nm）中水结构的实验技术。研究发现许多实验技术在原子尺度的精度会下降，导致所报告的结果存在大的差异。Israelachvili[27]使用 SFA 发现，云母表面之间小至 2 nm 的水膜的黏度在其主体值的 10%以内①，并且每个（云母）表面最多只能固定一层水。水的黏度是基于一个很大范围的薄层厚度而获得的；如果仅分析最薄的（水）膜，就不可能估计出本该获得的结果。Belfort 等人[28]用 NMR 研究探讨了吸附在玻璃表面的水的弛豫，发现只有一层水分子会被吸附到表面，其黏度估计是本体水黏度的 10 倍。最近的 NMR[29]研究聚焦于受限纳滤孔中水的结构性质（如团簇大小），而不是流动性质（如黏度）。

总体而言，有充分的证据表明黏度随着孔径的减小而提高，但由于缺乏纳滤膜孔径的相关数据而很难量化。实验证据还表明，在孔壁处吸附有一层水分子，它在剪切力作用下能保持完整。因此，在当前的研究中，圆柱形纳滤孔内被近似地认为有一圈厚度为一个水分子（$d=0.28$ nm），且具有更高的黏度（$\eta_{layer}=10\eta_0$）的圆环。孔隙的中心部分被认为具有水的本体黏度。如果将黏度按面积平均，代替 η_{layer} 并进行重排将得到：

$$\frac{\eta}{\eta_0} = 1 + 18\left(\frac{d}{r_p}\right) - 9\left(\frac{d}{r_p}\right)^2 \tag{6-14}$$

在此几何基础上进行孔隙黏度的平均是一种简化方法，但它的优势在于它与稍后将描述的孔隙介电常数模型一致。与纳滤孔隙中可能存在的微小电滞效应相比，孔隙内由水分子的取向而导致的黏度提高会更显著［对于半径为 $r_p=0.5$ nm 的孔隙，式（6-14）预测 $\eta/\eta_0=8.3$］。

求平均值的另一种可能的方法是求解 Navier-Stokes（NS）方程，其中考虑了孔壁环面水分子黏度增加。这种方法要求 NS 方程在亚纳米尺寸上的适用性，（但）这是非常不确定的，它还将大大增强计算的复杂性，包括重新评估扩散和对

① 原文可能有误。编者认为这句话应为“水膜的黏度超出水的本体黏度不到 10%”。

流的阻力因素。由于缺乏对被吸附水分子的黏度的精确了解，更复杂的方法目前还没被验证。对均匀孔隙而言，孔隙（内水的）黏度对截留率（ΔP_e 的函数）没有直接的影响，而且即便考虑孔径分布，影响也不是很大。但是，这显然是一个需要进一步用实验和理论研究的课题。

另外，溶质的扩散性将受到黏度变化的影响。以上表达式中使用的孔隙扩散率 D_p 可按以下方式校正：

$$D_p^* = D_p \frac{\eta_0}{\eta} = K_d D_\infty \frac{\eta_0}{\eta} \tag{6-15}$$

式（6-13）定义的 Peclet 数现改写如下：

$$Pe' = \frac{\{K_c - Y\} r_p^2}{8\eta D_p^*} \Delta P_e = \frac{\{K_c - Y\} r_p^2}{8K_d D_\infty \eta_0} \Delta P_e \tag{6-16}$$

基于式（6-12）、式（6-13）和式（6-16）得出的一个重要结论是，以压力表示的非荷电溶质的截留与膜的厚度无关。Peclet 数表明了对流（溶质通过孔隙的速度 $K_c V$）和扩散（孔隙内的传质系数 $K_d D_\infty / \Delta x$）二者间的相对重要性。这两项都会随着膜厚度的增加而线性降低，因此它们的相对重要性保持不变。

此外，对式（6-16）的检查表明，Peclet 数的定义与假定本体黏度时的相同，这表明非荷电溶质的截留率与孔隙中溶剂黏度的变化无关。对流和扩散传递项都基于 η/η_0 因子进行线性缩放，因此它们的影响相互抵消了。Eman 和 Churaev[30] 也报告了 Peclet 数相对于孔隙黏度的独立性。但如果膜有孔径分布，那么溶剂黏度的变化可能就非常重要了，因为总溶质截留率（通过对孔径分布进行积分而获得）是由总通量在每个孔中流经的比例控制的。另外，提高溶剂黏度将显著影响水渗透性。因此，如果本模型是在分析孔径分布的前提下使用，则必须考虑与孔径大小有关的流动特性，如黏度。

式（6-12）和式（6-16）还表明，非荷电溶质的极限截留率由下式表达：$R_{lim} = 1-\Phi(K_c-Y)$。对 $\{K_c-Y\}$ 项的观察使我们看到，引入偏摩尔体积/压力梯度项的相对影响可以被量化。由于这一项将减少通过孔的溶质通量，因此预期的溶质截留率将被提高。然而，计算结果表明这种影响通常很小（<2%）。

本分析的一个重要特征是，如果将数据作为 ΔP_e 的函数进行分析，则非荷电溶质的截留率仅取决于一个参数 r_p。这一结论如图 6-1 所示，该图还显示了截留率随有效施加压力增加而特征性上升的趋势。

先前的理论分析和拟合过程都认为截留率是体积通量 J_v 的函数，但在允许 r_p 和 $\Delta x/A_k$ 独立变化方面是不一致的。这导致了一些异常的效应，例如 $\Delta x/A_k$ 随溶质半径的表观变化[15]。实际上，r_p 和 $\Delta x/A_k$ 通过膜的水渗透性关联，因此它们的独立变化在物理上是不一致的。

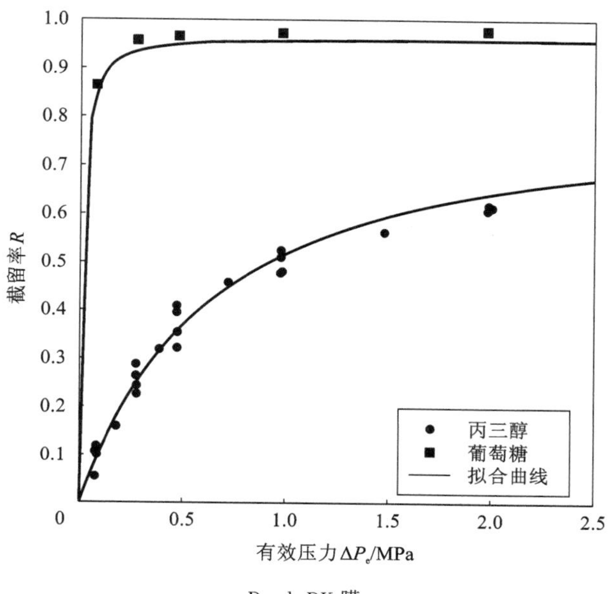

图 6-1　非荷电溶质的截留率的实验数据与由单参数模型获得的最佳拟合曲线之间的一致性比较(r_p=0.45 nm)

6.3.2　盐的截留

传递方程

Schögl[31] 和 Dresner[32] 提出的 Nernst-Planck 扩展方程描述了盐的传递。组分 i 的离子通量定义如下[对于非荷电溶质，参见式(6-2)]：

$$j_i = -\frac{c_i D_{i,\,p}}{RT}\frac{d\mu_i}{dx} + K_{i,\,c} c_i V \tag{6-17}$$

电化学势 μ_i 可定义如下：

$$\mu_i = RT\ln a_i + V_i P + z_i F\Psi + \text{constant} \tag{6-18}$$

离子活度通过活度系数与浓度关联($a_i = \gamma_i c_i$)。对式(6-18)进行微分，代入式(6-17)中并进行公式重排的结果如下：

$$j_i = -c_i D_{i,\,p}\frac{d[\ln\gamma_i]}{dx} - \frac{c_i D_{i,\,p}}{RT}V_i\frac{dP}{dx} - D_{i,\,p}\frac{dc_i}{dx} - \frac{z_i c_i D_{i,\,p}}{RT}F\frac{d\Psi}{dx} + K_{i,\,c} c_i V \tag{6-19}$$

此表达式比最常用的三项式纳滤传递模型多出了两项(前面两项)。还应注意的是，在当前的情况下，离子通量是基于孔面积而定义的。假设 $\ln\gamma_i$ 的梯度可以忽略，这意味着孔内的浓度很小或者它们的变化很小。用关于电解质稀溶液的

Debye-Hückel 理论预测 $\gamma_i = \sqrt{I}$。但是，在应用 Debye-Hückel 理论描述孔隙中的电解质时需格外小心，因为该理论假设本体溶液中阳离子和阴离子的数量相等，而具有固定电荷的孔内的情况不是这样的。

与非荷电溶质一样，可采用无量纲项 Y_i（也被视为与溶质浓度无关）。将式(6-5)和式(6-9)代入式(6-19)中，重排后推导出孔内的浓度梯度：

$$\frac{\mathrm{d}c_i}{\mathrm{d}x} = \frac{V}{D_{i,\mathrm{p}}}[\{K_{i,\mathrm{c}} - Y_i\}c_i - C_{i,\mathrm{p}}] - \frac{z_i c_i}{RT}F\frac{\mathrm{d}\Psi}{\mathrm{d}x} \tag{6-20}$$

孔内的电中性条件如下：

$$\sum_{i=1}^{n} z_i c_i = -X_\mathrm{d} \tag{6-21}$$

其中，X_d 是膜的体积电荷密度，n 为离子种类。该式关于 x 的微分表明，用式(6-20)与 z_i 相乘，对所有离子进行求和，并在总和之外取电势梯度(因为这对所有离子而言都是相同的)，得到：

$$\frac{\mathrm{d}\Psi}{\mathrm{d}x} = \frac{\sum_{i=1}^{n}\frac{z_i V}{D_{i,\mathrm{p}}}[\{K_{i,\mathrm{c}} - Y_i\}c_i - C_{i,\mathrm{p}}]}{\frac{F}{RT}\sum_{i=1}^{n} z_i^2 c_i} \tag{6-22}$$

该方程式通常采用的计算程序是以式(6-21)为条件，对式(6-20)和式(6-22)进行 Runge-Kutta-Gill 积分。

结合式(6-6)和式(6-20)可知，浓度梯度与膜厚度成反比。因此，由该函数积分获得的轴向浓度差将与膜厚度无关。这表明将溶剂速度与膜厚度(通过 Hagen-Poiseuille 类型的关系)进行明确关联，就可以消除盐的截留对 Δx 的依赖性。实际上，只有孔半径效应($K_{i,\mathrm{c}}$，$K_{i,\mathrm{d}}$ 和 Y_i)控制了 Nernst-Planck 扩展方程的离子迁移。

离子迁移独立于膜厚度是本节分析得到的重要结果。针对盐截留率与体积通量的关系的 Nernst-Planck 方程和拟合程序的理论分析在这之前使用了 $\Delta x/A_\mathrm{k}$ 作为可调整参数，这是一种前后矛盾的方法。另外，为了将该参数引入有关盐的模型中，不得不对浓度梯度在 $\Delta x/A_\mathrm{k}$ 的范围内进行错误的积分，且假设 A_k 一直为1，尽管这种假设与多孔膜结构不相符。

关于平衡分配的描述

有关纳滤的(平衡)分配的最初描述仅基于道南平衡理论[33]，该理论将本体进料中和膜孔内的电化学势联系起来。本节通过引入空间位阻项(已根据几何基础[2]和热力学讨论进行了证明[34])对这些理论进行了修改。最常用的分配表达式如下：

$$\frac{\gamma_i c_i}{\gamma_i^0 C_i} = \Phi_i \exp\left(\frac{-z_i F}{RT}\Delta\Psi_{\mathrm{D}}\right) \tag{6-23}$$

假设活度系数等于 1 的理想溶液行为是很常见的。本体溶液中的活度系数可以用基本的或半经验的方法来计算。但是，针对孔隙的计算存在问题，原因是阳离子和阴离子的数目不相等，且存在孔壁荷电的影响。

将水分子限制在孔内不仅会影响溶剂黏度，对胶体系统的电化学研究表明，在胶体-溶剂的界面处存在一层水分子，其介电常数明显小于本体水的介电常数[35]。水分子在孔壁处的取向将导致介电常数的降低，使其可能接近该层的高频极限。

为协助模型的研发，假定孔内的溶剂由一层介电常数为 ε^* 的定向水分子和具有本体介电性能(ε_{b})的内核组成；然后基于几何基础计算孔隙介电常数的平均值的变化(假设 $\varepsilon_{\mathrm{b}}=80$)：

$$\varepsilon_{\mathrm{p}} = 80 - 2(80 - \varepsilon^*)\left(\frac{d}{r_{\mathrm{p}}}\right) + (80 - \varepsilon^*)\left(\frac{d}{r_{\mathrm{p}}}\right)^2 \tag{6-24}$$

总体而言，这种用于计算孔内溶剂介电性能的方法与孔内溶剂黏度采用的[式(6-14)]是一致的。在这两种情况下，相关评估都允许在准连续水平上探索孔隙内溶剂特性变化的影响，服务于预测性目的。进一步的理论改进也许只能通过非连续性描述来实现，如分子动力学模拟，该方法在概念和计算上的要求大大增加。

介电常数的降低意味着离子借溶剂化进入孔内存在能垒(这将显著提高盐的截留率)[36]。理论上可以用 Born[37] 最初针对离子的溶剂化能提出的模型来表达这种机理。如果考虑溶剂化能，则获得以下表达式(忽略活度系数)：

$$\frac{c_i}{C_i} = \Phi_i \exp\left(\frac{-z_i F}{RT}\Delta\Psi_{\mathrm{D}}\right)\exp\left(\frac{-\Delta W_i}{kT}\right) \tag{6-25}$$

其中，溶剂化能垒 ΔW_i 由 Born 模型计算得出：

$$\Delta W_i = \frac{z_i^2 e^2}{8\pi\varepsilon_0 a_{\mathrm{s}}}\left(\frac{1}{\varepsilon_{\mathrm{p}}} - \frac{1}{\varepsilon_{\mathrm{b}}}\right) \tag{6-26}$$

这种类型的表述已被成功地用于离子交换膜的研究[38]，但需假设电势呈放射状(径向)分布，且介电常数随 Booth 模型计算得到的电势的降低而降低[39]。先前对动电效应的讨论表明，这种径向电势分布对于纳滤孔而言很小。上述途径得到了实验的支持，显示盐在膜的等电点处的截留不能仅用空间位阻排斥来描述，这意味着存在另一种截留机理。事实上，在膜的等电点测量盐的截留率允许重新评估 ε^*[18]。

但有充分的记录表明，Born 模型有时会高估溶剂化能[35]。原始模型中的离子尺寸为裸离子半径，已有研究尝试通过在孔内的离子周围加入特定厚度的溶剂化水鞘来解决此问题[40]。文献中引用的水合离子半径是通过多种方式获得的，且会有明显的波动[35, 41]。当前的研究全部使用流体动力学(Stokes)半径，以保证传递方程和分配方程之间的一致性。此外，可通过简单的实验(例如扩散或电导率)获得离子半径，实验所得数据有明确的解释。对于其他与纳滤应用有关的溶质，例如荷电的有机小分子[42]，也可以很容易地获得其半径。即使溶剂的介电特性不同，仍然可以假设孔中的离子半径和水合(半径)不会发生改变。分子动力学模拟表明，当 r_p>0.35 nm 时，离子溶剂化不会发生很大变化[43]。基于膜在等电点的盐截留数据[20]对 ε_p 的实验估计值也与分子动力学模拟合理地吻合[44]。应该注意的是，使用式(6-25)时要假设不同的机制在独立地起作用。图 6-2 显示的是在计算中不考虑介电排斥时，所得到的 NaCl 截留率如何随 ξ(有效膜电荷密度与本体盐浓度之比)而变化。图 6-3 显示，在计算中介电排斥对截留率有显著影响。图 6-3 中 ξ=-1 对应的 NaCl 截留率要远大于图 6-2 中 ξ=-10 所对应的值。

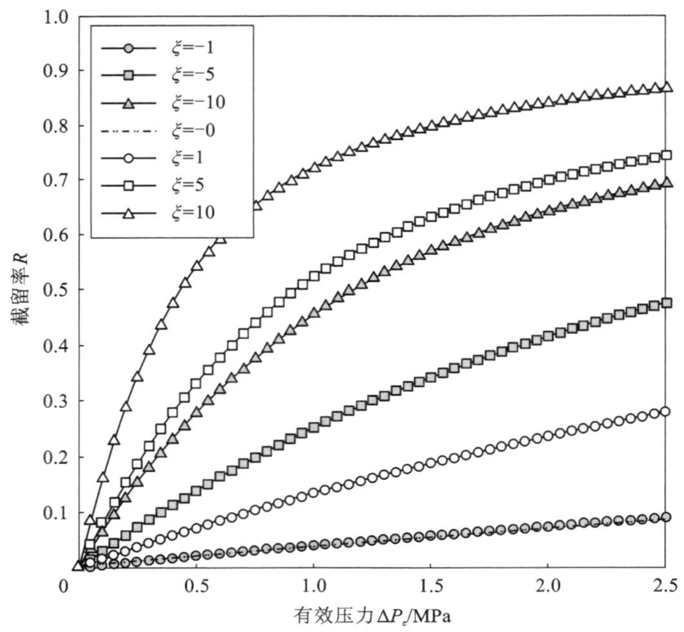

图 6-2　假想的纳滤膜(r_p=0.5 nm)对 NaCl 的理论截留率随有效电荷密度/本体盐浓度比值 ξ 的变化(无介电排斥)

纳滤在此没有将离子与所谓“图像电荷”[45]相互作用引起的介电排斥考虑在内，后者可能在不同介电常数的界面处形成。纳滤的孔隙半径小，使孔隙(内)溶

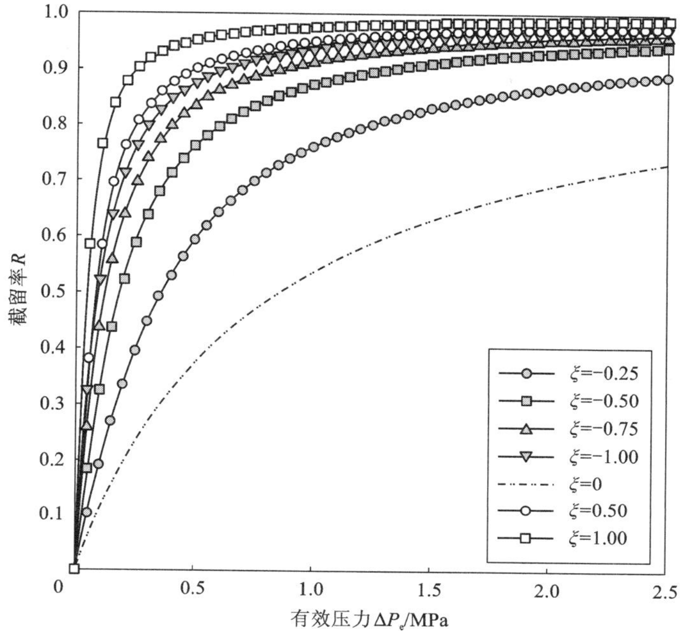

图 6-3　NaCl 理论截留率随有效电荷密度/本体盐浓度之比 ξ 的变化（r_p = 0.5 nm）

［经重新评估的介电排斥（对应介电常数 $\varepsilon^* \sim 31$）］

剂的介电常数与膜的接近，从而减少了孔隙内“图像力”的影响，但增加了溶剂化能垒。另外，图像电荷在电解质溶液中由于双电层被屏蔽[46]。就当前的目的而言，假设在大多数纳滤条件下溶剂化能垒是介电排斥的主要机理似乎是合理的。但从根本上讲，继续研究其他介电现象很重要。

在此提到的有关受限孔隙内溶剂性质引起的分离机制的表达式不被认为能准确地代表该物理体系。使用它们的原因是，它们对这些重要现象的基本理解和简单量化能够以一定形式被纳入所提出的模型，而不会进一步引入不易测量或估计的其他参数。

6.4　考虑孔径分布

迄今为止的理论发展已假定纳滤膜具有半径相同的圆柱形孔。但是，使用氮气吸附-解吸[14]和原子力显微镜（AFM）[17, 47]对纳滤膜进行的研究表明，显然存在孔径分布。对纳滤膜分离特性的更完整的描述应考虑到此类孔径分布[48]。本节将先对孔径分布的说明方法进行回顾。

早期许多围绕具有显著孔径分布的膜的传递特性开展的工作是半定量的，并且仅限于超滤膜。Cooper 和 Van Derveer[49]通过测量右旋糖酐的截留率与分子量的关系研究了聚砜膜上孔的分布，并在对数概率纸上绘制曲线；他们发现了线性相关性，表明孔(径)呈对数正态分布。Michaels[50]拓展了这种方法，在生物膜和合成膜中都得到了孔径分布的半定量表征。对渐近筛分系数分别等于 0.5 和 0.159 的溶质半径的比较允许对分布的几何标准偏差(GSD)进行估算。Mochizuki 和 Zydney[51]分析了许多不同类型的膜的 GSD 值，范围为 1.2~2.9，具体值取决于膜材料和膜的切割分子量(MWCO)。

相反，Leypoldt[52]根据测得的孔径分布预测筛分特性，并得出如下结论：由于筛分特性并不完全取决于假设的孔径分布，因此不可能从关于分子量与筛分系数关系的实验数据中获得真实的(孔径)分布。通过用实验测得的溶质截留率($R>0.99$)得到归一化的筛分系数与分子量关系曲线，Aimar 等人[53]提出了一种获得超滤膜孔径的对数正态分布的方法。溶质截留可简化为纯粹的空间机理，该方法已被成功地应用于研究蛋白质结垢引起的孔结构变化[54]。

一些研究人员没有将对数正态分布函数的复杂性引入溶质传递模型中，而是采用了另一种方法考虑了孔径分布的影响。Opong 和 Zydney[55]使用 Giddings 等人[34]开发的平衡分配表达式预测了超滤膜中蛋白质传递的筛分系数。Meireles 等人[56]将这种方法与使用单一尺寸参数(流体动力学体积)校准超滤膜的方法进行了比较。关于孔径分布对非荷电溶质传递的理论影响，有研究尝试使用对数正态分布和高斯(Gaussian)分布来量化溶质截留率和通量[51]。Saksena 和 Zydney[20]延续了这项工作，以研究动电量(例如 Zeta 电势和电渗流)中孔径的效应。Causser 等人[57]也应用了类似的理论方法来分析蛋白质在荷电超滤膜中的传递。

纳滤分离的一个重要方面是，溶质的物理迁移和主导分离的其他分配现象极大地依赖孔内的受限程度，因此也受孔的半径的影响。因此，可以合理地预期，纳滤膜对所有溶质的截留与孔半径的分布密切相关。这种影响对纳滤膜而言在定性和定量上都比超滤膜更为重要，因为对于纳米维度的孔隙，溶剂的性质(如黏度和介电常数)，将随着孔径变化。

6.4.1 孔径的对数正态分布

由于可用于纳米尺度上的测量技术的局限性，纳滤膜孔径分布的确切本质最初是未知的。对数正态概率密度函数相对于高斯分布具有明显的优势，即密度函数的定义仅针对孔半径的正值($0<r<\infty$)。Zydney 等人[58]回顾了对数正态分布的各种形式，并建议使用 Belfort 等人[59]定义的以下形式，因为概率密度函数 $f_R(r)$ 是用分布平均值 r^* 和标准偏差 σ^* 来表示的。

$$f_R(r)=\frac{1}{r\sqrt{2\pi b}}\exp\left\{-\frac{\left[\lg\left(\frac{r}{r^*}\right)+\frac{b}{2}\right]^2}{2b}\right\}，其中，b=\lg\left[1.0+\left(\frac{\sigma^*}{r^*}\right)^2\right] \quad (6-27)$$

有必要以给定单位膜面积上的孔隙总数量(N_0)为前提，用概率密度函数计算单位面积上对应半径 r 的孔隙的数量 $n(r)$。但是，由式(6-27)定义的函数是连续的，那么找到任意给定半径的孔的可能性为 0，因为可能的孔半径是无限的，而可能(存在)的孔数量有限。因此，严格来说 $n(r) \neq f_R(r) N_0$，而应在离散的基础上执行计算；将 $f_R(r)$ 重新定义为在 $r-\Delta r<r<r+\Delta r$ 的(极限 $\Delta r \to 0$)范围内找到半径为 r 的孔的概率。在这种情况下，可得：

$$n(r) = f_R(r) N_0 \tag{6-28}$$

使用此概率密度函数时还有另外两个方面需要引起关注。一方面，所有函数是在所有可能的孔隙半径($0<r<\infty$)上积分。这就引入了选择合适的计算上限的问题，该上限显然取决于 r^* 和 σ^* 的值。尽管不同纳滤膜的孔隙率可能会有很大差异，但典型值约为 0.1，这意味着可以预期 $N_0 \approx 10^{16} \sim 10^{17}\ \text{m}^{-2}$。因此，需要对其进行初步计算，且在使用式(6-28)时将积分的上限设置为 $n(r)<1$ 时的半径。另一方面，不可能使用很小的分布标准偏差($\sigma^*<0.05$ nm)，因为式(6-27)对概率密度函数 $f_R(r)$ 给出的值将大于 1，这是该表达式的限制。对此，可以使用简单的方法(例如梯形法则)，以非常窄的步长(0.005 nm)进行积分。

分布范围内每个孔径对应的溶剂流动和截留作用不同，其结果是，浓差极化现象可能导致孔入口处(孔)壁溶质浓度的分布(差异)。为了充分说明所产生的横向传递效应，需要详细了解不同大小的孔在膜上的空间分布。这一整合将极大地增强计算的复杂性。因此，可以假定进料侧传质足够有效，在所有情况下的浓差极化都非常小(分析表明，对于卷式膜组件来说情况是这样的[18])。因此，孔入口处的横向溶质浓度分布的影响不在本章讨论的范围内。

溶质的截留用质量平衡来定义。穿过每组孔的单位面积总体积流量可用下式计算：

$$Q_{\text{class}}(r) = n(r) Q(r) = N_0 f_R(r) V(r) \pi r^2 \tag{6-29}$$

这样就可以定义流过各组孔的总质量流量：

$$M_{\text{class}}(r) = Q_{\text{class}}(r) C_p(r) = N_0 f_R(r) V(r) \pi r^2 C_p(r) \tag{6-30}$$

式中：$C_p(r)$ 为对应特定孔的渗透液浓度。

单位膜面积传递的溶质总质量可以通过对式(6-30)在所有可能的孔范围内进行积分而得到。总渗透液浓度 C_p 现在可以定义为单位面积传递的(溶质)总质量与总体积流量之比：

$$C_p = \frac{\text{总质量}}{\text{总体积流量}} = \frac{N_0 \pi \int_0^{\infty} f_R(r) V(r) r^2 C_p(r)\,\mathrm{d}r}{N_0 \pi \int_0^{\infty} f_R(r) V(r) r^2\,\mathrm{d}r} \tag{6-31}$$

总的溶质截留率 R 可定义如下：

$$R = 1 - \frac{C_p}{C_f} = 1 - \frac{\int_0^\infty f_R(r)V(r)r^2 C_p(r)\,\mathrm{d}r}{C_f\int_0^\infty f_R(r)V(r)r^2\,\mathrm{d}r} \tag{6-32}$$

与特定孔有关的渗透液浓度和截留率由下式关联：

$$C_p(r) = [1 - R(r)]C_f \tag{6-33}$$

显然，与孔半径相关的黏度将影响通过每组孔的体积流量。再次使用 Hagen-Poiseuille 类型的关系定义溶剂速度：

$$V(r) = \frac{r^2\Delta P_e}{8\eta(r)\Delta x} \tag{6-34}$$

在 $V(r)$ 的定义中包含 $\eta(r)$，并替换 $C_p(r)$ 和 $V(r)$，可将式(6-32)简化为：

$$R = \frac{\int_0^\infty \frac{f_R(r)r^4R(r)}{\eta(r)}\mathrm{d}r}{\int_0^\infty \frac{f_R(r)r^4}{\eta(r)}\mathrm{d}r} \tag{6-35}$$

由于总截留率取决于通过每组孔的相对流量，引入与孔半径有关的黏度将减少通过较小孔的流量，结果是较大孔的截留率将占主导地位，从而导致总的截留率降低。这里介绍的与孔有关的截留率的积分与 Aimar 等人[53]针对超滤所使用的方法是一致的，通常是在表征这类膜的孔径分布方面最广泛使用的一种方法。另一种方法是对孔隙传递性质(溶剂速度和孔内溶质扩散系数)进行平均(通过在孔径分布范围内积分)，然后将进料和渗透液的本体溶质浓度(及由此得到的截留率)与这些平均量相关联[51]。两种方法都没有考虑到横向传递效应，该效应是由于溶质的截留对孔半径的依赖性导致在孔的出口处形成渗透液的浓度分布而引起的。这种效应的产生在渗透侧可能比在膜的进料侧更严重，因为在膜的渗透侧没有强制的切向错流。要充分考虑到这种渗透侧的横向传递，将再次需要了解不同大小的孔在膜上的空间分布，并且将导致非常复杂的计算。这些效应可能会影响孔内传递中的扩散，因此需要考虑孔的对流和扩散传递的相对重要性。此处所使用的渗透液浓度的积分意味着孔足够分散(纳滤膜的孔隙率明显低于超滤膜)，因此可以认为它们在独立起作用。总的来说，该方法可以视为一种极限情况，显示出在分析截留率时考虑孔径分布所带来的最大影响。该方法在高压以及高 P_e' 的条件下是最有效的，这些条件是工业界最关注的[48]。

如前文所述，溶剂分子在真正属于纳滤范围的孔内的取向(定向排列)会使溶剂黏度提高，电滞效应与之相比并不重要。但是，这种电滞效应对出现在理论对数正态分布范围内的较大孔(可以达到超滤膜孔的大小)而言可能很重要。因此，对于孔隙分布狭窄或截断对数正态分布(没有预测超滤尺寸的孔)的纳滤膜，使用式(6-34)来描述孔内溶剂速度是最有效的。

6.4.2　对数正态分布函数的截断

由于孔隙截留率 $R(r)$ 是基于 r^4 的平均值，对于某些较宽的孔径分布，大孔隙的“拖尾”部分可能会主导总的截留率。对数正态分布已成功地描述了超滤膜的溶质截留[14, 17]，但对纳滤膜孔径分布的直接测量显示不存在这种理论分布中非常大的孔。

这些实验结果建议对分布进行截断以消除大孔“尾部”的影响。但是，对于在分布中占绝大多数的孔(可能是分布平均值 r^* 的两倍以内)，仍然希望它们具有任一形状的对数正态分布。所预测的孔半径必须包含在所有计算中，为的是与下面的约束条件相符：

$$\int_0^\infty f_R(r)\,\mathrm{d}r = 1 \tag{6-36}$$

不能简单地用有限的孔半径替换积分中的上限，否则上面的约束将不再成立(且因此不是所有可能的孔半径都会被纳入计算中)。此外，截断还应该确保维持对数正态分布的形状。对此，可以通过引入新的分布来避免这种冲突，新分布的形状可以从现有的理论分布函数近似得出。

现有的分布可用于预测 $0<r<r_{max}$ 的孔半径的分布形状，其中 r_{max} 是一个有限的孔半径和分布的上限。所预测曲线下方的总面积可以使用梯形法则来计算。由于此积分将小于 1，因此必须按比例调整预测分布的值，以便将曲线下方的总面积重新标准化为 1，从而在计算中包括所有可能的孔。

将新的分布函数定义为 $f'_R(r)$，并按面积比例对分布进行调整，可得：

$$\frac{f'_R(r)}{f_R(r)} = \frac{1}{\int_0^{r_{max}} f_R(r)\,\mathrm{d}r} \tag{6-37}$$

式(6-37)受到极限条件 $f'_R(r)=f_R(r)$ ($r_{max}\to\infty$) 的限制。随后可以使用新分布来计算总的截留率：

$$R = \frac{\int_0^{r_{max}} \frac{f'_R(r)r^4R(r)}{\eta(r)}\mathrm{d}r}{\int_0^{r_{max}} \frac{f'_R(r)r^4}{\eta(r)}\mathrm{d}r} \tag{6-38}$$

引入截断分布意味着在任何计算中都需要提供一个新的参数，即 r_{max}。目前，有关纳滤膜的孔径分布的数据很少，难以给出 r_{max} 的特定值，但有证据表明，孔隙半径大于平均值的两倍不常见，因此理论计算的上限可以设置为 $r_{max}\leqslant 2r^*$。截断分布的另一个优点是大大缩小了积分的范围，无需花费大量时间在 $0<r<\infty$ 范围

内进行积分。

6.4.3 非荷电溶质的总截留率

溶质截留率是根据有效压力驱动力 ΔP_e 计算得出的。与孔有关的截留率是根据以下分析表达式进行计算得出的，该式经修改已包括所有与孔半径有关的变量：

$$R(r)=1-\frac{C_p(r)}{C_f}=1-\frac{\{K_c(r)-Y(r)\}\Phi(r)}{1-[1-\{K_c(r)-Y(r)\}\Phi(r)]\exp[-P'_e(r)]} \tag{6-39}$$

其中，修改后的 Peclet 数与 ΔP_e 相关，如下式所示：

$$P'_e(r)=\frac{\{K_c(r)-Y(r)\}r^2}{8\eta_0 K_d(r)D_\infty}\Delta P_e \tag{6-40}$$

孔对非荷电溶质的截留率的表达式仅取决于一个结构参数——孔半径 r。使用式(6-39)对孔径分布范围内的截留率进行积分，能得到非荷电溶质的总截留率，它取决于两个结构参数——平均孔半径 r^* 和标准偏差 σ^*。图 6-4 显示了固定平均孔 r^* 时葡萄糖的截留率随 σ^* 的理论变化。

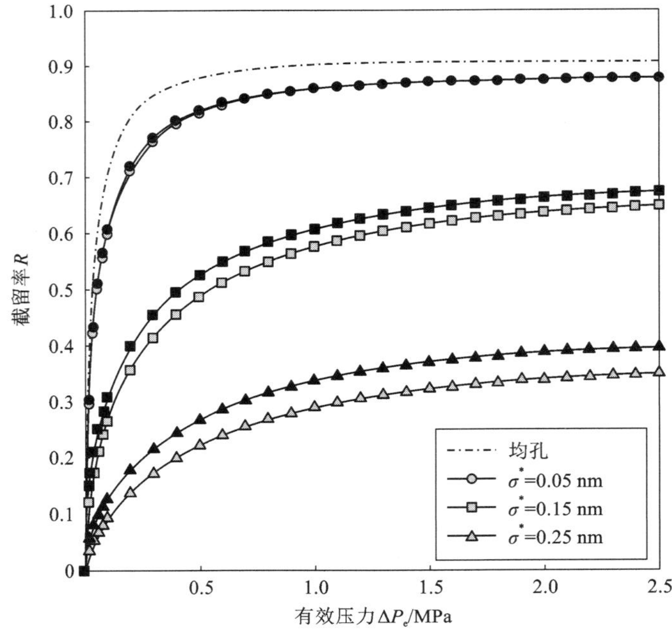

（灰色：孔内黏度；黑色：本体黏度）

图 6-4 固定平均孔 r^* =0.5 nm 时葡萄糖总截留率的理论变化

6.4.4　盐的总截留率

根据目前的分析，单个孔对盐的截留率被作为 ΔP_e 的函数而进行计算，介电排斥、孔内黏度以及溶质的化学势对压力和离子迁移的依赖性也包括在内。每组孔中的浓度梯度定义如下：

$$\frac{\mathrm{d}c_i(r)}{\mathrm{d}x}=\frac{V(r)}{D_{i,\mathrm{p}}(r)}\{[K_{i,\mathrm{c}}(r)-Y_i(r)]c_i(r)-C_{i,\mathrm{p}}(r)\}-\frac{z_i c_i(r)}{RT}F\frac{\mathrm{d}\Psi(r)}{\mathrm{d}x} \tag{6-41}$$

以及相应的电势梯度如下：

$$\frac{\mathrm{d}\Psi(r)}{\mathrm{d}x}=\frac{\sum_{i=1}^{n}\frac{z_i V(r)}{D_{i,\mathrm{p}}(r)}[\{K_{i,\mathrm{c}}(r)-Y_i(r)\}c_i(r)-C_{i,\mathrm{p}}(r)]}{\frac{F}{RT}\sum_{i=1}^{n}z_i^2 c_i(r)} \tag{6-42}$$

这些表达式在 $0<x<\Delta x$ 时与下面的平衡分配关系一起进行积分，可以获得与孔有关的脱盐率：

$$\frac{c_i(r)}{C_i}=\Phi_i(r)\exp\left[\frac{-z_i F}{RT}\Delta\Psi_{\mathrm{D}}(r)\right]\exp\left[\frac{-\Delta W_i(r)}{kT}\right] \tag{6-43}$$

其中，溶剂化能垒 $\Delta W_i(r)$ 通过孔隙介电常数的变化而与孔隙半径相关联。

在该模型中，假设所有孔中的有效电荷密度是相同的。膜电荷在某种程度上是聚合物的固有性质，但可以通过离子吸附来改变。如果离子吸附很重要，则不太可能存在电荷的均匀性，因为每个孔中的离子浓度都不同。然而，这样的电荷分布在任何理论描述中都会引入显著的复杂性，因此这里不涉及。

在本分析中，零电流的条件被应用于分布范围内的每个孔。因此，对式(6-42)进行电势梯度积分，并在孔的入口处和出口处都考虑道南电势，将导致每个孔的渗透电势都不同（假设进料侧的电势对于所有孔都是相同的）。充分考虑这种渗透侧的变化时，需要了解不同尺寸的孔在膜上的空间分布，并且这会导致计算的复杂性。此处的分析再次表明，这些孔足够分散，可认为是在独立起作用的。总的来说，该方法可看作是一种极限情况，显示出考虑孔径分布时的最大效应，且与孔对非荷电溶质截留率的评估方法是一致的。溶质的对流和扩散传递的相对重要性在这一背景下是相关的。另一种方法是在整个膜上假设电流为 0[20]。这是另一种极限情况，它也没有说明孔隙的空间分布，但在溶质对流传递较小时可能更合适。

6.4.5　体积通量和孔隙率

完整的和截断的分布都可以定义体积通量 J_{v} 和孔隙率 A_{k}。通过对式(6-29)

在所有可能的孔类别范围进行积分以获得通量，从而得到完整的对数正态分布：

$$J_v = \int_0^\infty n(r)Q(r)\mathrm{d}r = N_o\pi\int_0^\infty f_R(r)V(r)r^2\mathrm{d}r \tag{6-44}$$

因此，通量取决于四个结构参数：r^*、σ^*、N_o 和 Δx。通常用如下定义的溶剂渗透性 L_p 来表征纳滤膜：

$$L_p = \frac{J_v}{\Delta P_e} = \left(\frac{N_o}{\Delta x}\right)\left(\frac{\pi}{8}\right)\int_0^\infty \frac{f_R(r)r^4}{\eta(r)}\mathrm{d}r \tag{6-45}$$

因此，通过非荷电溶质的截留数据(请参阅第 6.4.6 节)了解参数 r^* 和 σ^*，让我们可以从溶剂的渗透率计算中得到参数 $N_0/\Delta x$。还可以用每个孔的面积 $A(r)$来计算孔隙率：

$$A_k = \int_0^\infty n(r)A(r)\mathrm{d}r = N_o\pi\int_0^\infty f_R(r)r^2\mathrm{d}r \tag{6-46}$$

孔径分布的截断要求以一种类似于总截留率的方式来调整通量和孔隙率的定义——用 $f'_R(r)$ 代替 $f_R(r)$，并且在 $0<r<r_{max}$ 的孔半径范围内对新的分布进行积分。

6.4.6 本分析的应用

测试表明，实际的纳滤膜具有孔(径)分布。例如，用 AFM 测量广泛使用的纳滤膜 Desal-DK(Osmonics-Desal)[48]，得到 $r^*=0.617$ nm 和 $\sigma^*=0.136$ nm。实验得到的分布位于用这些值计算得到的对数正态分布内，结果表明不存在 $r>2r^*$ 的孔隙，证实了对完整的对数正态分布进行截断是合理的。

测量孔径分布时允许对溶质的截留率进行从头开始的原始计算。如果用离散函数 $f'_{AFM}(r)$ 表示针对每个半径进行测量所得到的总孔隙数的比例，则可以使用下式计算溶质总截留率：

$$R = \frac{\sum \dfrac{f_{AFM}(r)r^4R(r)}{\eta(r)}}{\sum \dfrac{f_{AFM}(r)r^4}{\eta(r)}} \tag{6-47}$$

像非荷电溶质进行这种从头开始的预测，得到的截留率与实验测量得到的之间有很大差异。Singh 等人[60]也报道了纳滤膜的 AFM 测量值与溶质截留率数据之间的不一致。这是因为在相关尺度范围内，AFM 尖端的卷曲和孔形状导致了绝对尺寸测量的不确定性。

但是，假定 AFM 测得的孔径分布(见图 6-5)代表了实际孔径的分布形状(而不是真实孔半径)，则确定 σ^* 对 r^* 的比例是合理的，因为该比例在很大程度上控制了分布形状。如果分布也被截断(AFM 测量的 $r_{max}\sim 2r^*$)，则用理论计算对简单不荷电溶质(甘油)的实验数据进行拟合，可以计算出 $r^*=0.40$ nm 和 $\sigma^*/r^*=0.22$ 的校正分布，如图 6-6 所示。

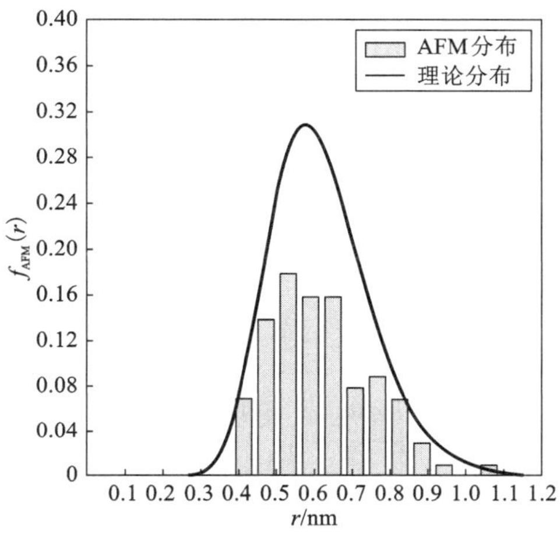

图 6-5　理论孔径分布与原子力显微镜测量所得分布的比较

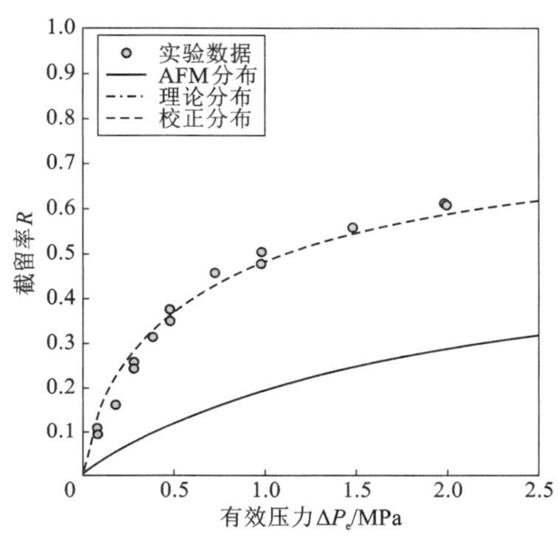

图 6-6　理论预测的和实验测得的甘油总截留率的比较

有学者还用截断对数正态分布($r^*=0.40$ nm，$\sigma^*=0.088$ nm 和 $r_{max}=0.80$ nm)研究了 Desal-DK 膜对 NaCl 的截留。基于膜在等电点(pH 4.1[36])处截留 0.01 mol/L NaCl 的数据，使用校正后的分布来评估 ε^*，得到 $\varepsilon^*\approx 29$ [见式(6-29)]。图 6-7 对中试工厂和理论计算得到的不同浓度下 NaCl 截留率结果进行的比较表明，结合了孔径分布的计算比使用均孔的计算有更好的一致性[18, 48]。特别是在较高压力下(在工业过程操作的范围内)，包含孔径分布的数据有更佳的拟合效果。

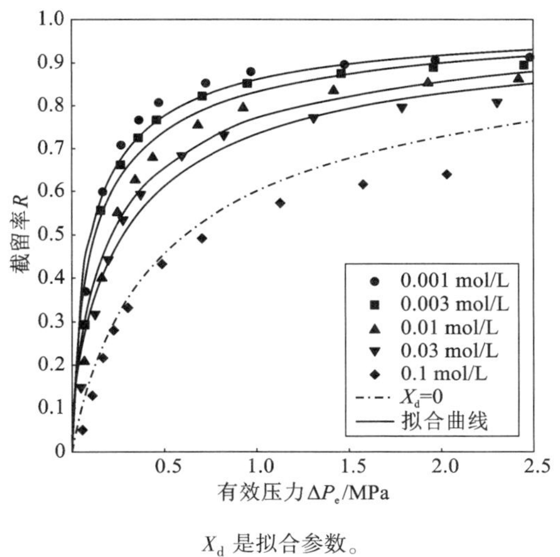

X_d 是拟合参数。

图 6-7　使用校正后的截断孔隙对数正态分布对 NaCl 截留率的实验数据进行拟合

理论模型可用于对膜进行详细说明，并为工业上重要的分离确定最佳操作条件。这对于技术上要求严格的分离(例如分子量接近的分子的分离)特别有用。对于非常苛刻的计算，模型还可用于指导针对特定目的的膜的开发。因此，在计算中结合孔径分布是必不可少的步骤。

例如，制药工业可能需要从分子量为300的杂质中回收和纯化分子量为800的产物。由于此类产品有严格的标准和高价值，可能需要其纯度>99%且回收率>95%。出于解说计算的目的，可以假定产物和杂质均不带电，且质量比为10∶1。典型的处理过程是首先浓缩过程流体，如在$\Delta P_e = 4.0$ MPa时浓缩10倍，然后进行渗滤，如在$\Delta P_e = 1.0$ MPa(在恒定通量操作中有效)时洗去杂质。AFM研究表明，大多数商业膜有如下的孔径分布(特征)，即$\sigma^* = 0.25r^*$。表6-1归纳了计算结果。

表6-1　用孔径分布不同的膜得到的产品纯度和产品回收率

膜规格	产品纯度/%(质量分数)	产品回收/%(质量分数)
$\sigma^* = 0.25r^*$	95	95.2
	99	76.4
	99.9	55.3
$\sigma^* = 0.10r^*$	95	98.0
	99	93.3
	99.9	87.1

注：膜被指定具有相同的水渗透性，等同于产品截留率刚好为100%的均孔膜。

从表6-1中可以看出，使用这些商业膜不可能达到产品的标准。表中还显示了孔径分布较窄的假想膜($\sigma^* = 0.10r^*$)的结果，使用这种膜将使产品非常接近所要求的规格，因此投资开发这种改进型的膜在技术上是合理的[61]。

对过程操作进行预测的最成功案例之一是染料或药物的渗滤。图6-8显示的是对染料(带有3个正电荷和将Cl^-作为反离子)的渗滤过程中NaCl截留率的预测[42]。首先应该注意到的是，NaCl的截留率是负的——渗透液中的浓度比进料中的高——因为染料被非常明显地截留了，而Na^+随Cl^-一起传输，以保持电中性。其次，此过程中膜电荷密度降低了，因为吸附在膜上的Cl^-对膜的总电荷有重要贡献。通过使用等温线，可以将这种变化包括在计算中，从而很好地说明整个处理过程中的截留率。本节所显示的数据和计算均来自早期使用DSPM模型的工作。

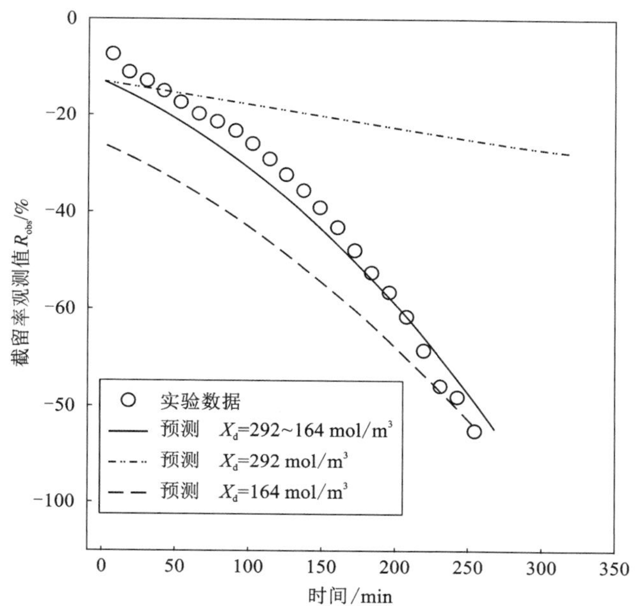

中心那条线是允许此过程中膜电荷密度发生变化的预测值；上面的曲线是膜始终具有初始电荷密度时的预测；下面的曲线是膜始终具有最终电荷密度时的预测。

图 6-8　荷正电染料的渗滤过程中 NaCl 的截留率

6.5　用于工程计算的线性化模型

计算膜的性能在时间方面可能非常苛刻，尤其是在膜的设计和工艺优化需要迭代计算的情况下。如果要在截留荷电溶质的描述中考虑孔径分布，则尤其如此。因此，如果希望计算真的有用，就需要找到加快计算的方法；特别是那些能在个人电脑上快速运行的方法，将非常有优势。迄今为止所展示的对纳滤的描述涵盖了许多分离机制，每种机制在某些条件下都可以主导整个传递，但因为必须保留所有机制，所以针对一般情况来简化现有模型并不容易。

Schlögl[31]讨论了均相膜中传递的线性化，并指出电势梯度的线性化通常比浓度梯度更合适，原因是增加体积通量时孔浓度分布曲线呈现非线性。但是，建议的模型未经实验检验。Dresner[32]没有针对大多数超过滤(RO)①条件来考虑电势梯度的近似值，而是提出了一种简化的方法，用于预测对同离子几乎完全截留的

① 超过滤：hyperfiltration。

膜的渐近截留。由于假定孔浓度几乎与紧邻孔入口的下游位置无关，传递中的扩散项被忽略。同样地，没有对此假设进行实验验证。Van Der Horst 等人[62]在对三元盐混合物的研究中，线性化了浓度梯度和电位梯度，但是没有包括平衡分配表达式，并且所获得的传递参数并没有提供有关膜结构或电学性质的信息。Sarrade 等人[22]在无机纳滤膜的研究中也忽略了扩散传递，Rios 等人[12]成功地开发出单组分和多组分电解质截留的描述方法。

孔隙浓度梯度的有限差分线性化是一种有用的方法[63]，它将一阶微分传递方程组简化为代数方程组，从而消除了对数值积分的要求。首先考虑单一电解质，并忽略已被证明是很小的无量纲项 Y_i，式(6-22)可转变为下式：

$$\frac{\mathrm{d}\Psi}{\mathrm{d}x}=\frac{\dfrac{z_1V}{D_{1,\mathrm{p}}}(K_{1,\mathrm{c}}c_1-C_{1,\mathrm{p}})+\dfrac{z_2V}{D_{2,\mathrm{p}}}(K_{2,\mathrm{c}}c_2-C_{2,\mathrm{p}})}{\dfrac{F}{RT}(z_1^2c_1+z_2^2c_2)} \tag{6-48}$$

使用孔隙内[见式(6-21)]和渗透液中的电中性条件，可以从式(6-48)中消除离子 2(下标)的浓度、c_2 和 $C_{2,\mathrm{p}}$。根据定义可得下式：

$$z_1c_1+z_2c_2+X_\mathrm{d}=0$$

$$\therefore\quad c_2=\frac{z_1c_1+X_\mathrm{d}}{-z_2} \tag{6-49}$$

$$z_1C_{1,\mathrm{p}}+z_2C_{2,\mathrm{p}}=0$$

$$\therefore\quad C_{2,\mathrm{p}}=-\frac{z_1}{z_2}C_{1,\mathrm{p}} \tag{6-50}$$

将式(6-49)和式(6-50)代入式(6-48)中并重新排列，得到：

$$\frac{F}{RT}\frac{\mathrm{d}\Psi}{\mathrm{d}x}=\frac{z_1V\left(\dfrac{K_{1,\mathrm{c}}}{D_{1,\mathrm{p}}}-\dfrac{K_{2,\mathrm{c}}}{D_{2,\mathrm{p}}}\right)c_1-z_1V\left(\dfrac{1}{D_{1,\mathrm{p}}}-\dfrac{1}{D_{2,\mathrm{p}}}\right)C_{1,\mathrm{p}}-\dfrac{K_{2,\mathrm{c}}V}{D_{2,\mathrm{p}}}X_\mathrm{d}}{(z_1^2-z_1z_2)c_1-z_2X_\mathrm{d}} \tag{6-51}$$

离子 1(下标)的浓度梯度与电位梯度相关，如下所示：

$$\frac{\mathrm{d}c_1}{\mathrm{d}x}=\frac{V}{D_{1,\mathrm{p}}}(K_{1,\mathrm{c}}c_1-C_{1,\mathrm{p}})-z_1\frac{F}{RT}c_1\frac{\mathrm{d}\Psi}{\mathrm{d}x} \tag{6-52}$$

当然，对于离子 2(下标)有一个相应的表达式，但是由于孔的电中性，它不会独立于式(6-52)。更明确地说，考虑一个阴、阳离子均为一价的电解质，如 NaCl，$C_{1,\mathrm{f}}=C_{2,\mathrm{f}}=C_\mathrm{f}$、$C_{1,\mathrm{p}}=C_{2,\mathrm{p}}=C_\mathrm{p}$、$z_1=-z_2=1$，因此式(6-51)可转变为下式：

$$\frac{F}{RT}\frac{\mathrm{d}\Psi}{\mathrm{d}x}=\frac{\left(\dfrac{K_{1,\mathrm{c}}V}{D_{1,\mathrm{p}}}-\dfrac{K_{2,\mathrm{c}}V}{D_{2,\mathrm{p}}}\right)c_1-\left(\dfrac{V}{D_{1,\mathrm{p}}}-\dfrac{V}{D_{2,\mathrm{p}}}\right)C_\mathrm{p}-\left(\dfrac{K_{2,\mathrm{c}}V}{D_{2,\mathrm{p}}}\right)X_\mathrm{d}}{2c_1+X_\mathrm{d}} \tag{6-53}$$

将式(6-53)代入式(6-52)中并重新排列，得出：

$$\frac{dc_1}{dx}=\frac{\left(\frac{K_{1,c}V}{D_{1,p}}+\frac{K_{2,c}V}{D_{2,p}}\right)c_1^2+\left[\left(\frac{K_{1,c}V}{D_{1,p}}+\frac{K_{2,c}V}{D_{2,p}}\right)X_d-\left(\frac{V}{D_{1,p}}+\frac{V}{D_{2,p}}\right)C_p\right]c_1-\frac{V}{D_{1,p}}X_dC_p}{2c_1+X_d} \tag{6-54}$$

式(6-54)表明，分子的阶数比分母高一阶。如果 c^2 项的影响相对较小，则浓度梯度将有效地保持恒定(并因此浓度曲线呈线性关系)。在这些条件下，浓度梯度可以近似如下：

$$\frac{\Delta c_1}{\Delta x}=\frac{\left(\frac{K_{1,c}V}{D_{1,p}}+\frac{K_{2,c}V}{D_{2,p}}\right)c_{1,av}^2+\left[\left(\frac{K_{1,c}V}{D_{1,p}}+\frac{K_{2,c}V}{D_{2,p}}\right)C_p\right]c_{1,av}-\frac{V}{D_{1,p}}X_dC_p}{2c_{1,av}+X_d} \tag{6-55}$$

其中，

$$\frac{dc_1}{dx}\approx\frac{\Delta c_1}{\Delta x}=\frac{c_1(\Delta x)-c_1(0)}{\Delta x},\ c_{1,av}=\frac{c_1(0)+c_1(\Delta x)}{2} \tag{6-56}$$

通过为每个离子引入无量纲的 Peclet 数(Pe_i)，该表达式可简化成下式：

$$Pe_i=\frac{K_{i,c}V\Delta x}{D_{i,p}}=\frac{K_{i,c}\Delta x}{D_{i,p}}\left(\frac{r_p^2\Delta P_e}{8\eta\Delta x}\right)=\frac{K_{i,c}r_p^2\Delta P_e}{8D_{i,p}\eta} \tag{6-57}$$

重新排列式(6-56)，以给出 C_p 的明确表达式：

$$C_p=\frac{(Pe_1+Pe_2)c_{1,av}^2+(Pe_1+Pe_2)X_dc_{1,av}-(2c_{1,av}+X_d)\Delta c_1}{\left(\frac{Pe_1}{K_{1,c}}+\frac{Pe_2}{K_{2,c}}\right)c_{1,av}+\frac{Pe_1}{K_{1,c}}X_d} \tag{6-58}$$

为了计算 $c_{1,av}$，必须从平衡分配表达式中获得孔的入口处和出口处的浓度。两种离子在孔入口($x=0$)的道南电位相同(尽管它们与孔出口处的电位不同)。重排式(6-25)，并结合分配系数分量 Φ'，得到：

$$\Delta\Psi_D(0)=-\frac{RT}{F}\left[\ln\left(\frac{c_1(0)}{\Phi'_1C_f}\right)\right]=\frac{RT}{F}\left[\ln\left(\frac{c_2(0)}{\Phi'_2C_f}\right)\right] \tag{6-59}$$

用式(6-49)对式(6-58)进行代数运算会得到二次分配表达式，其解可以简单地表达为：

$$c_1(0)=\frac{-X_d+\sqrt{X_d^2+4\Phi'_1\Phi'_2C_f^2}}{2} \tag{6-60}$$

同样，在孔出口($x=\Delta x$)处的等效二次表达式如下：

$$c_1(\Delta x)=\frac{-X_d+\sqrt{X_d^2+4\Phi'_1\Phi'_2C_p^2}}{2} \tag{6-61}$$

通过浓度梯度的线性化，方程组已经简化为分别针对三个未知量[即 $c_i(0)$、

$c_i(\Delta x)$和 C_p]的独立方程。使用电子表格程序可对 X_d 的任何值执行该系统的整体迭代求解法。

(1)用式(6-60)和已知的进料浓度 C_f 计算 $c_i(0)$。

(2)估计 C_p 的值，并用式(6-61)计算 $c_1(\Delta x)$。

(3)用式(6-56)计算 $c_{1,av}$ 和 Δc_1，并使用式(6-58)检查对 C_p 的猜想值。

(4)从 $0 \leqslant C_p \leqslant C_f$ 开始，使用简单的括弧方法(如二分法或试位法)迭代 C_p。在 C_p(迭代值)= C_p[见式(6-58)]时终止。

(5)根据通常的定义计算截留率 R，$R=1-(C_p/C_f)$。

在这种方法中，阴、阳离子均为一价的电解质的一个显著优势是，分配表达式可简化为能被简单求解的二次方程。引入多价离子则需要使用 Newton-Raphson 法解析立方和更高阶的表达式。

线性化方法相对于 Nernst-Planck 扩展方程解析法的主要优点是可以将这种方法延伸到多组分电解质。在这种情况下，传递方程式被简化为 $n-1$ 个联立方程式系统。对于多价离子，不可能获得渗透液浓度的明确表达式，但可以通过迭代获得这种浓度(Bowen 等，2002)。

该线性化过程在其应用中非常有效。例如，该程序已用于研究 NaCl 与 Na_2SO_4 和 NaCl 与 $MgCl_2$ 混合物的截留率[63]。在这两种混合物中均观察到负截留现象，该负截留的幅度随二价对一价同离子的比例而上升。即使在表现出最大负截留的条件下，所获得的实验数据与线性化模型也能很好地吻合。如图 6-9 和图 6-10 所示，该案例中的拟合非常接近于完整模型的拟合。这些代表的是在实际纳滤中线性偏差接近其最大值的条件。线性化程序很容易与孔径分布结合，但是通常应谨慎地将线性化应用于新系统，最好是先用完整模型对其进行检查。目前正在对该程序的有效性进行全面研究。

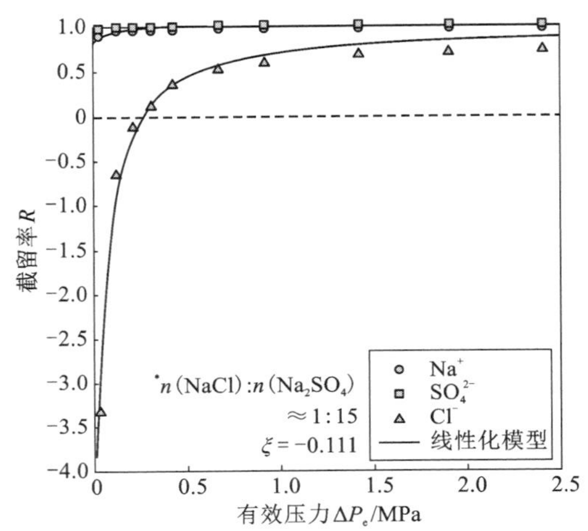

线性化模型；Desal DK 膜(r_p=0.45 nm)。

图 6-9　对 NaCl 和 Na_2SO_4 混合物的实验截留率进行拟合(* n 为摩尔量)

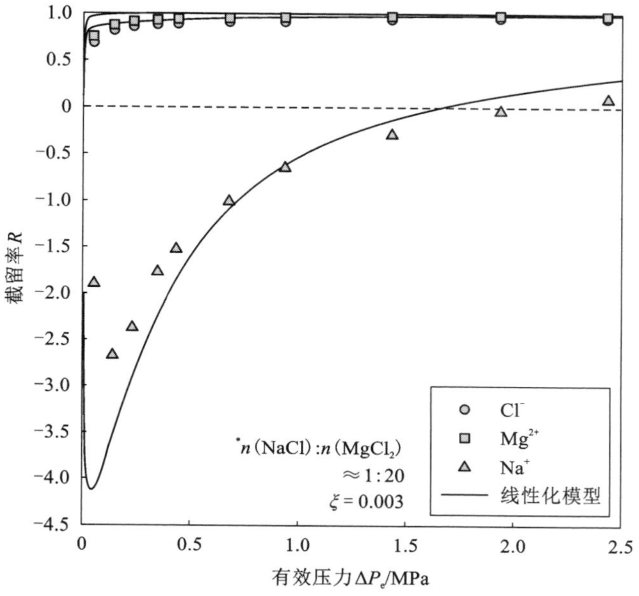

线性化模型；Desal DK 膜（$r_p=0.45$ nm）。

图 6-10　对 NaCl 和 $MgCl_2$ 混合物的实验截留率进行拟合（*n 为摩尔量）

6.6　结论

本章介绍了针对纳滤过程的连续方法的发展，以及在这一框架内可以进行的有用计算。考虑到此类模型有许多已知的局限性，在计算中使用了实验参数，间接地弥补了这些缺陷。

模型计算对于预测非荷电溶质的分离已经很有价值，但如果要对分离进行定量评估，则必须包括孔径分布。对于离子和其他带电荷溶质，本方法的一个明显的弱点就是需要通过实验确定有效膜电荷密度。等温线可用于描述离子吸附的情况，这促成了对工业相关过程进行成功的预测，例如将渗滤用于染料或药物溶液脱盐[42]。然而，等温线难以用于多组分电解质溶液。另外，对膜电荷密度或电位进行以量化为目标的独立测量也很难成功地应用于过程预测，尽管使用膜的 Zeta-电位或流电位可能会有用[64, 65]。考虑介电排斥项对于离子和其他荷电溶质至关重要，用进一步的工作来确定最合适的计算方法非常必要。同时，道南和介电排斥实际上不太可能独立起作用，而是具有相当复杂的关联性[66]。所以，有必要对孔中离子的扩散和对流阻力因素进行具体了解。

目前尚没有经过验证的和适用的针对中、高浓度电解质溶液的基础理论，以明确各个离子的特性。在许多工业过程流特征浓度范围(例如>0.1 mol/L)下，该理论对定量预测纳滤性能可能会有帮助。

因此，有必要更多地了解受限体积中溶剂和溶质的特性，对诸如介电常数和离子传递等性质进行分子动力学计算。但如果要放心使用，则需要对它们进行实验验证；如果要取得实质性进展，可能还需要开发新的理论和实验方法。在这种背景下，膜技术人员需要了解生物科学方面的研究进展，例如对溶剂和离子在蛋白质转运通道中传递的描述。

总的来说，本章介绍了可用于计算截留率的方法。但应该注意的是，当前所有关于纳滤的介绍更多的是一种描述而不是预测，因为其中使用了经验拟合参数。真正的预测方法需要开发复杂的膜表征方法，并且涉及的计算复杂性会剧增。

最后，对溶液物理(性质)的理解的进步和计算能力的提高将允许我们应用纳滤的分子水平的描述开展研究。

致谢

作者感谢英国工程和物理科学研究委员会(the UK Engineering and Physical Sciences Research Council)、英国生物技术和生物科学研究委员会(the UK Biotechnology and Biological Sciences Research Council)，以及 Avecia 为这项工作提供的资金。

参考文献

[1] J D Ferry. Statistical evaluation of sieve constants in ultrafiltration. Journal of General Physiology, 1936, 20: 95.

[2] W M Deen. Hindered transport of large molecules in liquid-filled pores. AIChE Journal, 1987, 33: 1409-1425.

[3] O Kedem, A Katchalsky. Permeability of composite membranes: Part 1. Electric current, volume flow and flow of solute through membranes. Transactions of Faraday Society, 1963, 59: 163.

[4] K S Spiegler, O Kedem. Thermodynamics of hyperfiltration (RO): Criteria for efficient membranes. Desalination, 1966, 1: 311-326.

[5] M Perry, C Linder. Intermediate RO-UF membranes for concentrating and desalting of low molecular weight organic solutes. Desalination, 1989, 71: 233-245.

[6] P Schirg, F Widmer. Characterisation of nanofiltration membranes for the separation of aqueous dye-salt solutions. Desalination, 1992, 89: 89-107.

[7] R J Gross, J F Osterle. Membrane transport characteristics in ultrafine capillaries. Journal of Chemical Physics,

1968, 49: 228-234.

[8] G Jacazio, R F Probstein, A A Sonin, et al. Electrokinetic salt rejection in hyperfiltration through porous materials: Theory and Experiment. Journal of Physical Chemistry, 1972, 76: 4015-4023.

[9] T Tsuru, M Urairi, S Nakao, et al. Reverse osmosis of single and mixed electrolytes with charged membranes: Experiment and analysis. Journal of Chemical Engineering of Japan, 1991, 24: 518-524.

[10] X L Wang, T Tsuru, S Nakao, et al. Electrolyte transport through nanofiltration membranes by the space-charge model and the comparison with Teorell-Meyer-Sievers model. Journal of Membrane Science, 1995, 103: 117-133.

[11] T Tsuru, S Nakao, S Kimura. Calculation of ion rejection by extended Nernst-Planck, equation with charged reverse osmosis membranes for single and mixed electrolyte solutions. Journal of Chemical Engineering of Japan, 1991, 24: 511-517.

[12] G M Rios, R Joulie, S J Sarrade, et al. Investigation of ion separation by microporous nanofiltration membranes. AIChE Journal, 1996, 42: 2521-2528.

[13] X L Wang, T Tsuru, S Nakao, et al. The electrostatic and steric-hindrance model for the transport of charged solutes through nanofiltration membranes. Journal of Membrane Science, 1997, 135: 19-32.

[14] C Combe, C Guizard, P Aimar, et al. Synthesis and characterization of microporous zirconia powders: Application in nanofilters and nanofiltration characteristics. Journal of Membrane Science, 1997, 132: 109-118.

[15] W R Bowen, A W Mohammad, N Hilal. Characterisation of nanofiltration membranes for predictive purposes-use of salts, uncharged solutes and atomic force microscopy. Journal of Membrane Science, 1997, 126: 91-105.

[16] J Schaep, C Vandecasteele, A W Mohammad, et al. Analysis of the salt retention of nanofiltration membranes using the Donnan-steric partitioning pore model. Separation Science and Technology, 1999, 34: 3009-3030.

[17] W R Bowen, T A Doneva. Atomic force microscopy of nanofiltration membranes: Surface morphology, pore size distribution and adhesion. Desalination, 2000(129): 163-172.

[18] W R Bowen, J S Welfoot. Modelling the performance of membrane nanofiltration -critical assessment and model development. Chemical Engineering Science, 2002, 57: 1121-1137.

[19] W R Bowen, F Jenner. Electroviscous effects in charged capillaries. Journal of Colloid Interface Science, 1995, 173: 388-395.

[20] S Saksena, A L Zydney. Pore size distribution effects on electrokinetic phenomena in semipermeable membranes. Journal of Membrane Science, 1995, 105: 203-215.

[21] J L Anderson, J A Quinn. Restricted transport in small pores: A model for steric exclusion and hindered particle motion. Biophysical Journal, 1974, 14: 130-150.

[22] S Sarrade, G M Rios, M Carles. Dynamic characterization and transport mechanisms of two inorganic membranes for nanofiltration. Journal of Membrane Science, 1994, 97: 155-166.

[23] X L Wang, T Tsuru, M Togoh, et al. Evaluation of pore structure and electrical properties of nanofiltration membranes. Journal of Chemical Engineering of Japan, 1995, 28: 186-192.

[24] K Kiyosawa. Volumetric properties of polyols(ethylene glycol, glycerol, meso-erythritol, xylitol and mannitol) in relation to their membrane permeability: Group estimation and estimation of the maximum radius of their molecules. Biochimica et Biophysica Acta, 1991, 1064: 251-255.

[25] J N Israelachvili, P McGuiggan, P Gee, et al. Liquid dynamics in molecularly thin films. Journal of Physics:

Condensed Matter, 1990, 2: SA89-SA98.

[26] N V Churaev. Thin Liquid Layers. Colloid Journal(English Translation), 1996, 58: 681-693.

[27] J N Israelachvili. Measurement of the viscosity of liquids in very thin layers. Journal of Colloid Interface Science, 1986, 110: 263-271.

[28] G Belfort, J Scherig, D O Seevers. Nuclear magnetic resonance relaxation studies of adsorbed water on porous glass of varying sizes. Journal of Colloid Interface Science, 1974, 47: 106-116.

[29] C R Dias, M J Rosa, M N De Pinho. Structure of water in asymmetric cellulose ester membranes- an ATR-FTIR study. Journal of Membrane Science, 1998, 138: 259-267.

[30] M I Eman, N V Churaev. Changes in the structure and selective properties of composite membranes under the influence of electrolyte concentration. Colloid Journal, 1990, 52: 813-817.

[31] R Schlögl. Membrane permeation in system far from equilibrium. Berichte der Bunsengesellschaft Physikalische Chemie, 1996, 70: 400-414.

[32] L Dresner. Some remarks on the integration of extended Nernst-Planck equation in the hyperfiltration of multicomponent solutions. Desalination, 1972, 10: 27-46.

[33] F G Donnan. The theory of membrane equilibria. Chemical Review, 1924, 1: 73-90.

[34] J C Giddings, E Kucera, C P Russell, et al. Statistical theory for the equilibrium distribution of rigid molecules in inert porous networks: Exclusion chromatography. Journal of Physical Chemistry, 1968, 72: 4397-4408.

[35] J N Israelachvili. Intermolecular and Surface Forces. 2nd ed. London: Academic Press, 1991.

[36] G Hagmeyer, R Gimbel. Modelling the salt rejection of nanofiltration membranes for ternary ion mixtures and for single salts at different pH values. Desalination, 1998, 117: 247-256.

[37] M Born. Volumen and hydratationswarme der ionen. Zeitschrift Fur Physikalische Chemie, 1920(1): 45-48.

[38] A G Guzman-Garcia, P N Pintauro, M W Verbrugge, et al. Development of a space-charge transport model for ion-exchange membranes. AIChE Journal, 1990, 36: 1061-1074.

[39] F Booth. The dielectric constant of water and the saturation effect. Journal of Chemical Physics, 1951, 19: 391-394.

[40] J R Bontha, P N Pintauro. Water orientation and ion solvation effects during multicomponent salt partitioning in a nafion cation exchange membrane. Chemical Engineering Science, 1994, 49: 3835-3851.

[41] J O Bockris, A K N Reddy. Modern Electrochemistry, Vol. 1. New York: Plenum Press, 1970.

[42] W R Bowen, A W Mohammad. Diafiltration by nanofiltration: Prediction and optimisation. AIChE Journal, 1998, 44: 1799-1812.

[43] R M Lynden-Bell, J C Rasaiah. Mobility and solvation of ions in channels. Journal of Chemical Physics, 1996, 105: 9266-9280.

[44] S Senapati, A Chandra. Dielectric constant of water in a nanocavity. Journal of Chemical Physics, 2001, 105: 5106-5109.

[45] A E Yaroshchuk. Dielectric exclusion of ions from membranes. Advances in Colloid and Interface Science, 2000, 85: 193-230.

[46] S S Dukhin, N V Churaev, V N Shilov, et al. Modelling reverse osmosis. Russian Chemical Reviews(English Translation), 1998, 57: 1010-1030.

[47] W R Bowen, T A Doneva. Atomic force microscopy characterization of ultrafiltration membranes: Correspondence between surface pore dimensions and molecular weight cut- off. Surface and Interface

Analysis, 2000, 29: 544-547.

[48] W R Bowen, J S Welfoot. Modelling the performance of membrane nanofiltration -pore size distribution effects. Chemical Engineering Science, 2002, 57: 1393-1407.

[49] A R Cooper, D S Van Derveer. Characterization of ultrafiltration membranes by polymer transport measurements. Separation Science and Technology, 1979, 14: 551-556.

[50] A S Michaels. Analysis and prediction of sieving curves for ultrafiltration membranes: A universal correlation? Separation Science and Technology, 1980, 15: 1305-1322.

[51] S Mochizuki, A L Zydney. Theoretical analysis of pore size distribution effects on membrane transport. Journal of Membrane Science, 1993, 82: 211-227.

[52] J K Leypoldt. Determining pore size distributions of ultrafiltration membranes by solute sieving - mathematical limitations. Journal of Membrane Science, 1987, 56: 339-354.

[53] P Aimar, M Meireles, V Sanchez. A contribution to the translation of retention curves into pore size distributions for sieving membranes. Journal of Membrane Science, 1990, 54: 321-338.

[54] M Meireles, P Aimar, V Sanchez. Effects of protein fouling on the apparent pore size distribution of sieving membranes. Journal of Membrane Science, 1991, 56: 13-28.

[55] W S Opong, A L Zydney. Diffusive and convective protein transport through asymmetric membranes. AIChE Journal, 1996, 37: 1497-1510.

[56] M Meireles, A Bessieres, I Rogissart, et al. An appropriate molecular size parameter for porous membranes calibration. Journal of Membrane Science, 1995, 103: 105-115.

[57] C Causser, M Meireles, P Aimar. Protein transport through charged porous membranes. Trans. IChemE, 1996, 74 Part A: 113-122.

[58] A L Zydney, P Aimar, M Meireles, et al. Use of the log-normal probability density function to analyze membrane pore size distributions: Functional forms and discrepancies. Journal of Membrane Science, 1994, 91: 293-298.

[59] G Belfort, J M Pimbley, A Greiner, et al. Diagnosis of membrane fouling using a rotating annular filter 1. Cell culture media. Journal of Membrane Science, 1993, 77: 1-22.

[60] S Singh, K C Khulbe, T Matsuura, et al. Membrane characterization by solute transport and atomic force microscopy. Journal of Membrane Science, 1998, 142: 111-127.

[61] W R Bowen, J S Welfoot. Full paper in preparation.

[62] H C Van Der Horst, J M K Timmer, T Robbertsen, et al. Use of nanofiltration for concentration and demineralization in the dairy industry: Model for mass transport. Journal of Membrane Science, 1995, 104: 205-218.

[63] W R Bowen, J S Welfoot, P M Williams. A linearised model for nanofiltration: Development and assessment. AIChE Journal, 2002, 48: 760-773.

[64] G Hagmeyer, R Gimbel. Modelling the rejection of nanofiltration membranes using zeta potential measurements. Separation Science and Technology, 1999, 15: 19-30.

[65] M D Afonso, G Hagmeyer, R Gimbel. Streaming potential measurements to assess the variation of nanofiltration membranes surface charge with concentration of salt solutions. Separation Science and Technology, 2001, 22-23: 529-541.

[66] A E Yaroshchuk. Non-steric mechanisms of nanofiltration: Superposition of Donnan and dielectric exclusion. Separation and Purification Technology, 2001, 22-23: 143-158.

符号说明 1

符号	意义	单位	符号	意义	单位
a	非荷电溶质的活度	mol/m^3	$C_p(r)$	对应特定孔的渗透侧浓度	mol/m^3
a_i	离子 i 的活性	mol/m^3	d	定向溶剂层的厚度	m
a_s	溶质或离子的流体动力学(Stokes)半径	m	D_p	非荷电溶质的孔扩散系数	m^2/s($=K_d D_\infty$)
A_k	孔隙率	(–)	$D_{i,p}$	离子 i 的孔扩散系数	m^2/s(as for D_p)
b	由式(6－27)定义的参数	(–)	D_p^*	校正后的不荷电溶质的孔扩散系数	m^2/s
c	孔内不荷电溶质的浓度	mol/m^3	D_∞	溶质在本体的扩散系数	m^2/s
c_i	孔内离子 i 的浓度	mol/m^3	e	电子电荷	1.602177×10^{-19} C
$c_{x=0}$	孔入口处不荷电溶质的浓度	mol/m^3	I	离子强度	m^2/s
$c_{x=\Delta x}$	孔出口处不荷电溶质的浓度	mol/m^3	f_{AFM}	在给定半径下测量得到的孔的比例	(–)
$c_i(0)$	孔入口处离子 i 的浓度	mol/m^3(线性化模型)	f_R	理论概率密度函数	m
$c_i(\Delta x)$	孔出口处离子 i 的浓度	mol/m^3(线性化模型)	f'_R	截断概率密度函数	m
$c_{i,av}$	孔内离子 i 的平均浓度	mol/m^3(线性化模型)	F	法拉第(Faraday)常数	96487 C/mol
C_f	进料本体浓度	mol/m^3(本章的分析中假设浓度极化可以忽略不计)	j_i	离子 i 的离子通量(基于孔面积)	mol/(m^2·s)
C_i	本体溶液中离子溶质的浓度	mol/m^3	j_s	不荷电溶质的通量(基于孔面积)	mol/(m^2·s)
$C_{i,p}$	本体渗透液中离子溶质的浓度	mol/m^3	J_v	溶剂的体积通量	m^3/(m^2·s)
C_p	非荷电的溶质总渗透浓度	mol/m^3	ρe	玻尔兹曼(Boltzman)常数	1.38066×10^{-23} J/K

符号	意义	单位	符号	意义	单位
K_c	对流中非荷电溶质的阻碍因子	(−)[$K_c=(2-\Phi)(1.0+0.054\lambda-0.988\lambda^2+0.441\lambda^3)$](Bowen and Mohammad, 1998)	r_p	有效孔径	m
$K_{i,c}$	对流中离子的阻碍因子	(−)(和 K_c 一样)	r^*	平均孔径	m
K_d	扩散中非荷电溶质的阻碍因子	(−)[$K_d=(1.0+2.30\lambda+1.154\lambda^2+0.244\lambda^3)$](Bowen and Mohammad, 1998)	$R(r)$	与特定孔有关的截留率	(−)
$K_{i,d}$	扩散中离子的阻碍因子	(−)(和 K_d 一样)	R	截留率	(−)
L_p	溶剂(水)的渗透性	$m^3/(N\cdot s)$	R	普适气体常数	8.314 J/(mol·K)
M_{class}	通过一类孔的总质量流量	$mol/(m^2\cdot s)$	R_{calc}	截留率计算值	(−)
n	溶液中离子的种类	(−)	R_{lim}	极限截留率	(−)
n	溶质的摩尔量	mol	T	绝对温度	K
$n(r)$	给定半径的孔的数量	m^{-1}	V	溶剂(过膜)速度	m/s
N_o	单位面积上孔的总数	m^2	V_i	离子 i 的偏摩尔体积	m^3/mol
P	(水力学)压力	N/m^2	V_s	非荷电溶质的偏摩尔体积	m^3/mol
Pe	Peclet(佩克莱特)数	(−)	x	孔内的轴向位置	m
Pe'	修正的 Peclet 数	(−)	X_d	有效电荷密度	mol/m^3
Q_{class}	通过一类孔的单位面积总体积流量	$m^3/(m^2\cdot s)$	Y	式(6-9)定义的非荷电溶质的函数	(−)
Q	单位面积的体积流量	$m^3/(m^2\cdot s)$	Y_i	离子 i 的无量纲群	(−)
r	孔半径	m	z_i	离子 i 的电荷	(−)
r_{max}	截断孔径分布的上限	m			

符号说明 2

符号	意义	单位	符号	意义	单位
ΔP	施加的(水力学)压力差	N/m^2	γ_i	孔内离子 i 的活度系数	(−)
ΔP_e	有效压差	N/m^2	γ_1^0	离子 i 的主体活度系数	(−)
ΔW_i	固有的溶剂化能垒	J	λ	离子或非荷电溶质的半径与孔半径之比	(−)
Δx	膜厚	m	Φ	非荷电溶质的空间分配系数	(−)[$\Phi=(1=\lambda)^2$]
$\Delta\pi$	渗透压差	N/m^2($\Delta\pi = RT[\sum C_{i,f} - \sum C_{i,p}]$)	Φ_i	离子 i 的空间分配系数	(−)[$\Phi=(1=\lambda)^2$]
$\Delta\Psi_D$	道南(Donnan)电位	V	Φ_i'	部分分配系数	(−) $\left(\Phi_i'=\Phi_i\exp\left[-\frac{\Delta W_i}{kT}\right]\right)$
ε_b	本体相对介电常数	(−)	σ	渗透反射系数	(−)
ε_p	孔内溶剂的相对介电常数	(−)	μ	不荷电溶质的化学势	J/mol
ε^*	定向水层的相对介电常数	(−)	μ_i	离子 i 的电化学势	J/mol
ε_0	自由空间的介电常数(电容率)	8.85419×10^{-12} $C^2/(J\cdot m)$ 或 $C^2/(N\cdot m^2)$	ξ	有效膜电荷密度与主体进料浓度之比	(−)，$\xi=X_d/C_f$
η	孔内溶剂黏度	$N\cdot s/m^2$ 或 $Pa\cdot s$	σ^*	分布标准偏差	m
η_{layer}	定向溶剂层的黏度	$N\cdot s/m^2$ 或 $Pa\cdot s$	Ψ	孔内的电位	V
η_0	主体溶剂黏度	$N\cdot s/m^2$ 或 $Pa\cdot s$			

缩略语说明

缩略语	意义	缩略语	意义
AFM	原子力显微镜	NMR	核磁共振
DSPM	道南立体孔模型(Donnan-Steric-Pore-Model)	NS	纳维尔-斯托克斯(Navier-Stokes)
GSD	几何标准偏差	RO	反渗透
MWCO	切割分子量	SFA	表面力仪
NF	纳滤	UF	超滤

第 7 章　纳滤分离中的溶质化学形态效应

7.1　引言

我们在第 5 章[1]和第 6 章[2]中看到了溶质的本征性质是如何影响特征明确的纳滤(NF)膜对它们的截留。溶质的电荷和大小是影响膜截留程度的关键的因素。在本章，我们将了解溶液条件对溶质物种(或形态)分布的影响，并分析由溶液所驱动的化学形态分布的变化对于纳滤实现溶质分配的借鉴意义。

在开始详细讨论化学形态对纳滤的意义之前，我们首先对“化学形态”的概念进行了定义。随后简要回顾了溶质大小、电荷和浓度对纳滤膜截留溶质的影响。在此之后介绍了一些具体案例以了解溶液条件和转化过程对化学物种及纳滤行为的影响。本章最后讨论了浓差极化对溶质形态以及由此对膜截留率的影响。

7.2　化学形态

元素以各种形式(或形态)存在于水溶液中，这些不同形式(或形态)的相对浓度依赖于一系列特定的溶液条件，包括元素的总浓度、pH、温度和压力，以及在某种程度上的总电解质浓度(或离子强度)。任何给定元素的不同形态在纳滤膜的截留方面可能表现出相当不同的行为，这意味着我们需要深入了解溶液的化学形态(以及相关的气相和固相)。

这里举一个关于化学形态的例子：总镉浓度为 10^{-4} mol/L 的 0.5 mol/L 氯化物溶液中镉的存在形式。在明确不形成固态镉的前提下，与氢氧化物和 Cl^- 离子的反应导致了一系列可溶性形态的存在：

$$Cd^{2+} + H_2O \rightleftharpoons Cd(OH)^+ + H^+ \qquad \lg K_{a_1} = -10.08$$

$$Cd(OH)^+ + H_2O \rightleftharpoons Cd(OH)_2^0 + H^+ \qquad \lg K_{a_2} = -10.27$$

$$Cd(OH)_2^0 + H_2O \rightleftharpoons Cd(OH)_3^- + H^+ \qquad \lg K_{a_3} = -12.95$$

$$Cd(OH)_3^- + H_2O \rightleftharpoons Cd(OH)_4^{2-} + H^+ \qquad \lg K_{a_4} = -14.05$$

$$Cd^{2+} + Cl^- \rightleftharpoons CdCl^+ \qquad \lg K_1 = 1.98$$

$$CdCl^+ + Cl^- \rightleftharpoons CdCl_2(aq) \qquad \lg K_2 = 0.62$$

$CdCl_2(aq)+Cl^- \rightleftharpoons CdCl_3^-$　　　$\lg K_3=-0.20$

上面给出的 K 值是对应的化学反应的热力学平衡常数。

随着各种形态的摩尔活性(这里用“{ }”表示)的确定，两个质量定律的表达式和摩尔平衡方程都得到了满足，具体如下：

$$\frac{\{Cd(OH)^+\}\{H^+\}}{\{Cd^{2+}\}}=10^{-10.08} \tag{7-1}$$

$$\frac{\{CdCl^+\}}{\{Cd^{2+}\}\{Cl^-\}}=10^{1.98} \tag{7-2}$$

$$\{总\ Cd\}=\{Cd^{2+}\}+\{CdOH^+\}+\{Cd(OH)_2\}+\{Cd(OH)_3^-\}+\{Cd(OH)_4^{2-}\}+\{CdCl^+\}+\{CdCl_2\}+\{CdCl_3^-\}=10^{-4}\ mol/L \tag{7-3}$$

在没有任何镉沉淀的情况下，镉的形态分布如图 7-1 所示，其实际形态取决于溶液的 pH。例如，在 pH 为 9.0 时，镉的主要存在形态为 $CdCl_2$(5.54×10^{-5} mol/L)、$CdCl^+$(2.66×10^{-5} mol/L)和 $CdCl_3^-$(1.75×10^{-5} mol/L)。水合 Cd^{2+} 离子与氢氧化物配合物一样将以较低浓度(5.56×10^{-7} mol/L)的形式存在，其中 $CdOH^+$ 是最主要的(浓度 4.63×10^{-8} mol/L)。虽然本章后面将分析这种物种分布对纳滤行为的影响，但我们认为每一种更占优势的镉物种都将表现出由各自的分子大小和电荷所决定的特定截留行为。

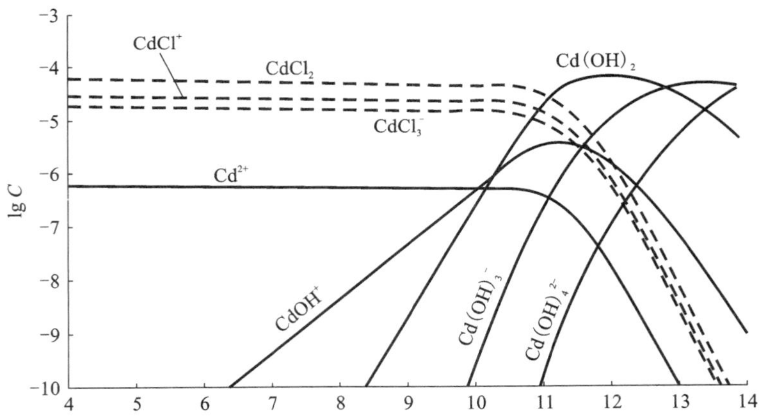

图 7-1　溶解的镉物种的浓度对数 lg$C$ 随溶液(10^{-4} mol/L 总镉，$\{Cl^-\}=0.5$ mol/L)pH 的变化

(由 Benjamin[3] 提供)

简单、系统的化学形态可以通过手工求解质量定律和摩尔平衡方程来确定，但更复杂的系统(可能包含数百种形态)通常需要使用计算机软件。被更广泛使用的软件，如 MINEQL[4] 和 MJNTEQ[5]（及其衍生产品，如 MINEQL+和 Visual MINTEQ），是基于选择“组分”来定义系统中存在的所有形态。确定系统中的化学形态的过程涉及用迭代法来寻找能最好地满足所选成分摩尔平衡方程的浓度集合；其中，平衡方程受到用所选成分编写的质量定律的约束。为上述系统绘制一个表格能使我们更清楚地看懂这一点（见表 7-1）。

表 7-1　含 10^{-4} mol/L 总镉和 0.5 mol/L 氯化物的水溶液的化学形态表（假定不会析出固体）

物种	组成			lg$K$
	H^+	Cd^+	Cl^-	
H^+	1	0	0	0.00
Cd^{2+}	0	1	0	0.00
Cl^-	0	0	1	0.00
OH^-	−1	0	0	−14.00
$Cd(OH)^+$	−1	1	0	−10.08
$Cd(OH)_2$	−2	1	0	−20.35
$Cd(OH)_3^-$	−3	1	0	−33.30
$Cd(OH)_4^{2-}$	−4	1	0	−47.35
$CdCl^+$	0	1	1	1.98
$CdCl_2$	0	1	1	2.60
$CdCl_3^-$	0	1	3	2.40
输入				输入浓度/(mol · L^{-1})
H^+	1	0	0	10^{-9}
Cd^{2+}	0	1	0	10^{-4}
Cl^-	0	0	1	0.5

这种方法适用于问题的矩阵表述，输入的值是由解析确定的总组分浓度和平衡常数（K 值）。K 值通常被编入热力学数据集，计算机软件会根据需要对其加以利用。Waite[6] 和 Benjamin[3] 对用于预测溶液化学形态的计算机软件进行了更详细的讨论。

7.2.1　离子强度对化学形态的影响

在非常稀的溶液中，离子（形态）的反应活性（或活度）受相邻带电物种的影响最小，且物种的摩尔活度(通常用“{ }”表示)与测量所得的摩尔浓度(通常用“[ ]”表示)是一致的。这种溶液被认为是“理想的”。在较浓的溶液中，物种的活度通常低于它们的浓度。物种的活度和浓度之间的差异很重要，因为热力学平衡常数通常适用于理想溶液，如果质量定律表达式是基于物种浓度而不是活度，则必须加以修正。计算所需的修正因子相对容易推导，因为荷电量为 z_i 的物种 i 的活度和浓度通过活度系数 γ_i 关联：

$$\{i\} = \gamma_i[i] \tag{7-4}$$

其中，γ_i 可以用一些经验公式进行推导，如 Davies 提出的公式：

$$\ln\gamma_i = -Az_i^2\left(\frac{I^{\frac{1}{2}}}{1+I^{\frac{1}{2}}} - bI\right) \tag{7-5}$$

式中：$I=\frac{1}{2}\sum z_i^2[i]$，为溶液的离子强度；$A$ 为由系统的绝对温度和介电常数决定的一个常数；b 为经验参数(0.2~0.3)。

表 7-2 显示，一价、二价、三价和四价离子在 0.5 mol/L 浓度下的活度系数分别为 0.72、0.25、0.045 和 0.004。因此，离子强度(对活度系数)的影响是非常显著的。

表 7-2　用 Davies 公式推导得到的(水中)溶解离子的活度系数

I /(mol·L^{-1})	$-\lg\gamma_i$			
	$z=1$	$z=2$	$z=3$	$z=4$
0.0001	0.005	0.02	0.05	0.08
0.0005	0.01	0.04	0.10	0.18
0.001	0.02	0.06	0.14	0.25
0.005	0.03	0.13	0.30	0.53
0.01	0.05	0.18	0.40	0.72
0.05	0.09	0.35	0.78	1.39
0.1	0.11	0.44	0.99	1.76
0.3	0.13	0.52	1.17	2.08
0.5	0.15	0.60	1.35	2.40
1.0	0.14	0.56	1.26	2.24
2.0	0.11	0.44	0.99	1.76
3.0	0.07	0.28	0.63	1.12
4.0	0.03	0.12	0.27	0.48

用 Davies 方程导出的活度系数可用来对适合于理想条件的热力学平衡常数进行修正。例如，$CdCl^+$的质量定律表达式可以写成摩尔浓度的形式，而不是带有各形态活度系数的摩尔活度，如$\frac{\gamma_{CdCl^+}[CdCl^+]}{\gamma_{Cd^{2+}}[Cd^{2+}]\gamma_{Cl^-}[Cl^-]}=10^{1.98}$，因此，$\frac{[CdCl^+]}{[Cd^{2+}][Cl^-]}=(\gamma_{Cd^{2+}}\gamma_{Cl^-}/\gamma_{CdCl^+})10^{1.98}=10^{-0.60}10^{1.98}=10^{1.38}$。

虽然我们可以用 Davies 方程来为离子强度很高的系统计算活度系数，但由于必须考虑不同离子形态之间更为具体的相互作用，所做的修正预计会产生相当大的误差。在这种情况下，对化学形态进行准确估计最常见的方法是使用由 Pitzer 开发的 Bronsted 和 Guggenheim 特定离子相互作用扩展模型[7]。

7.2.2　温度和压力对化学形态的影响

热力学参数通常依赖于温度和压力，在 25℃和 1 atm 压力下获得的数值如果未经适当的修正，则不能在其他温度和压力下使用。针对自然水域常见的以 35℃为中心的温度范围，温度对各种平衡常数的影响幅度见图 7-2，在某些情况下可以观察到有相对较大的影响。

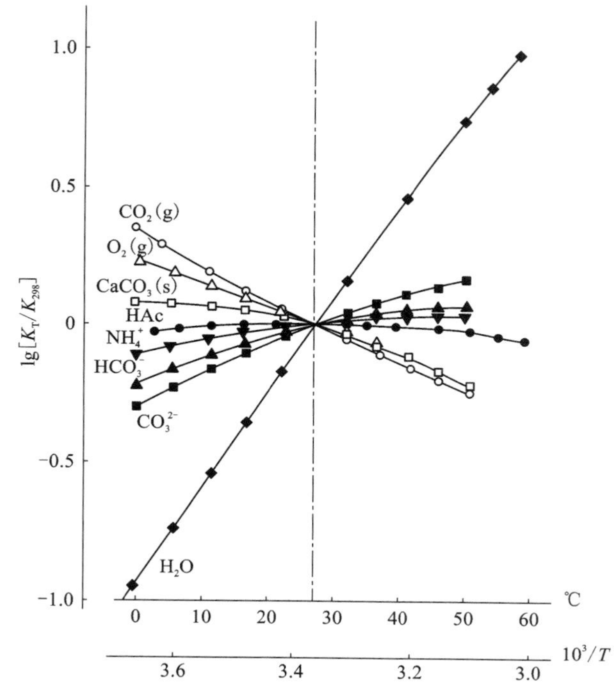

图 7-2　自然水域和过程流中有特殊意义的平衡常数对温度的依赖性

(Morel 和 Hering[8] 提供)

热力学参数与温度和压力的关系表达式直接基于这些参数对溶液中各组分的摩尔自由能的影响。虽然在这里没有必要推导出完整的表达式(更多相关细节请参见 Morel 和 Hering[8] 或 Denbigh[9] 的文章)，但热力学平衡常数对温度和压力的依赖性可以通过下式表达：

$$\left(\frac{\partial \ln K}{\partial T}\right)_P = \frac{\Delta H^{\ominus}}{RT^2} \tag{7-6}$$

和

$$\left(\frac{\partial \ln K}{\partial P}\right)_T = \frac{\Delta V^{\ominus}}{RT} \tag{7-7}$$

其中，$\Delta H^{\ominus}$和$\Delta V^{\ominus}$分别代表在标准条件下发生反应时的焓(即热含量)和体积的净变化。如果这些参数在我们所关注的温度和压力范围内相对恒定(在相对较窄的温度和压力变化范围内，这是一个合理的假设)，对这些表达式进行积分就可以得到：

$$\ln\frac{K_2}{K_1} = -\frac{\Delta H^{\ominus}}{R}\left(\frac{1}{T_2} - \frac{1}{T_1}\right) \tag{7-8}$$

和

$$\ln\frac{K_2}{K_1} = -\Delta V^{\ominus}\frac{(P_2 - P_1)}{RT} \tag{7-9}$$

除了考虑温度和压力对物种分布的影响，还要考虑这些参数对纳滤膜性能(包括有效孔径和扩散特性)的影响。

7.3 回顾：溶质大小、电荷和浓度对纳滤膜截留率的影响

溶质的大小和电荷(在某些情况下，还包括疏水性)影响纳滤膜的截留程度，尽管截留的精确机理取决于所使用的特定的膜。比如，更加多孔的无机纳滤膜对不带电荷物种的截留主要取决于筛分效应。如果物种是带电荷的，溶质和膜之间的库仑(Coulombic)相互作用将改变尺寸效应主导(截留)的情况。对于聚合物膜，穿过膜的传递通常涉及溶解扩散过程。在这种情况下，(溶质)尺寸和电荷都将影响传递速率，但传递速率与溶质尺寸、电荷的函数关系与描述多孔膜内传递的表达式并不一致。此外，溶质在聚合物膜中的分配倾向也会影响截留的程度[1]。

考虑到尺寸以外的影响的复杂性，很难清楚地确定溶质尺寸单独对截留率的影响，但是纳滤膜将截留分子量为200~2000的分子。该尺寸范围内的分子的截留率将在一定程度上取决于溶质的其他性质、溶液条件和膜的类型，而分子量超过2000的分子将不会通过纳滤膜(文献[1]和其中的参考文献；文献[2]和其中的参考文献)。

就溶质电荷的影响而言，带电荷的纳滤膜将排斥同离子。这种道南效应似乎在截留那些通常不会因空间(位阻)而被截留离子物种方面起着关键作用。此外，由于必须保持电中性，这些同离子的反离子将同时被截留。阴离子和阳离子的截

留程度取决于它们的电荷密度和浓度，也会由于溶液中离子对膜电荷的屏蔽而受到影响。因此，离子截留的效率会由于低价反离子而升高，因为电荷屏蔽效应较弱；或者在高价同离子的情况下升高，因为膜对它们的排斥更有效。当电解质浓度很高时，反离子对膜电荷的中和/屏蔽更强烈，导致了膜的选择性降低（Simpson 等人，1987 年）。

上述一般效应的意义在于，纳滤不会对诸如 NaCl、$NaHCO_3$ 等单价离子物种产生高效截留。含有二价阴离子和单价阳离子的盐（如 Na_2SO_4 和 Na_2CO_3）的截留率最高，而含有单价阴离子和二价阳离子的盐（如 $CaCl_2$）被荷电膜截留的效率是最低的（文献[1]和其中的参考文献）。

7.4　影响形态和截留率的溶液过程

以下是决定溶质在水溶液中的形态的主要化学转化过程，其结果可能影响纳滤膜的截留：酸碱转化、络合、沉淀析出、氧化还原、吸附。

每一种转变过程在下文都有简要介绍，可能的话还提供了特定过程对纳滤膜截留产生影响的案例。然而应该指出的是，在所有的纳滤研究中，提供了详细的化学形态知识的研究在数量上比较有限。对于一些缺少纳滤实验结果的情况，我们讨论了形态变化对膜过滤行为的潜在影响。

7.4.1　酸碱转化

与溶质的酸—碱行为相关的质子的得或失会导致其化学形态发生变化，并且可能影响纳滤膜的截留程度。这种变化可能涉及某个带电荷物种的形成，也可能是优势物种从溶解形态到固体形态的变化。表 7-3 列出了自然水域中最常见的酸碱反应，以及理想条件（$I=0$）和 $I=0.5$ mol/L 时的平衡常数。

这些反应所对应的质量定律表达式使我们看到了物种相对浓度与溶液 pH 的函数关系。在一个封闭的系统中，当 pH 显著低于 pK（$=-\lg K$）值时，质子化程度更高的物种将在由质量定律关系确定的物种中占主导地位。图 7-3 显示了表 7-3 中所描述的酸碱系统的这种行为。

表 7-3　自然水域中常见的酸碱反应及在理想条件（$I=0$）和 $I=0.5$ mol/L 时平衡常数

化学反应	$-\lg K$	
	$I=0$	$I=0.5$ mol/L
$H_2O = H^+ + OH^-$	14.00	13.89
$CO_2(g) + H_2O = H_2CO_3$	1.46	1.50

续表7-3

化学反应	$-\lg K$	
	$I=0$	$I=0.5$ mol/L
$H_2CO_3 \rightleftharpoons HCO_3^- + H^+$	6.35	6.30
$HCO_3^- \rightleftharpoons CO_3^{2-} + H^+$	10.33	10.15
$H_2SiO_3 \rightleftharpoons HSiO_3^- + H^+$	9.86	9.61
$HSiO_3^- \rightleftharpoons SiO_3^{2-} + H^+$	13.1	12.71
$H_3PO_4 \rightleftharpoons H_2PO_4^- + H^+$	2.15	1.87
$H_2PO_4^- \rightleftharpoons HPO_4^{2-} + H^+$	7.20	6.72
$HPO_4^{2-} \rightleftharpoons PO_4^{3-} + H^+$	12.35	11.89
$NH_3(g) \rightleftharpoons NH_3(aq)$	-1.76	-1.64
$NH_4^+ \rightleftharpoons NH_3(aq) + H^+$	9.24	9.47
$H_2S(g) \rightleftharpoons H_2S(aq)$	0.99	0.99
$H_2S(aq) \rightleftharpoons HS^- + H^+$	7.02	6.98
$HS^- \rightleftharpoons S^{2-} + H^+$	13.9	13.45
$B(OH)_3 + H_2O \rightleftharpoons B(OH)_4^- + H^+$	9.24	8.97
$SO_2(g) \rightleftharpoons SO_2(aq)$	-0.1	
$SO_2(aq) + H_2O \rightleftharpoons HSO_3^- + H^+$	1.9	
$HSO_3^- \rightleftharpoons SO_3^{2-} + H^+$	7.2	

水系统中有许多与质子得失有关的电荷变化。例如，自然水域中最常见的弱酸-弱碱是碳酸盐、硅酸盐、NH_3、磷酸盐、硫化物和硼酸盐；如图 7-3 中 $\lg C$ 与 pH 的关系图所示，这些化合物中的大多数在典型的自然水域或工艺流的 pH 范围内表现出了质子的得失，从而导致优势物种发生变化。在大多数情况下，脱质子会导致形成更多带负电荷的物种，截留程度在这些情形下预计会提高。图 7-4 显示碳酸盐体系就是这样的：带负电荷的纳滤膜对碳酸盐的截留程度在高 pH（CO_3^{2-} 在 pH>10.3 时占主导地位）时明显高于在较低 pH（HCO_3^- 在 6.3<pH<10.3 时占主导地位）时。随着 pH 的增加，碳酸盐物种截留率会伴随反离子截留率的提高而上升，这是因为溶液要保持电中性（见图 7-5）。

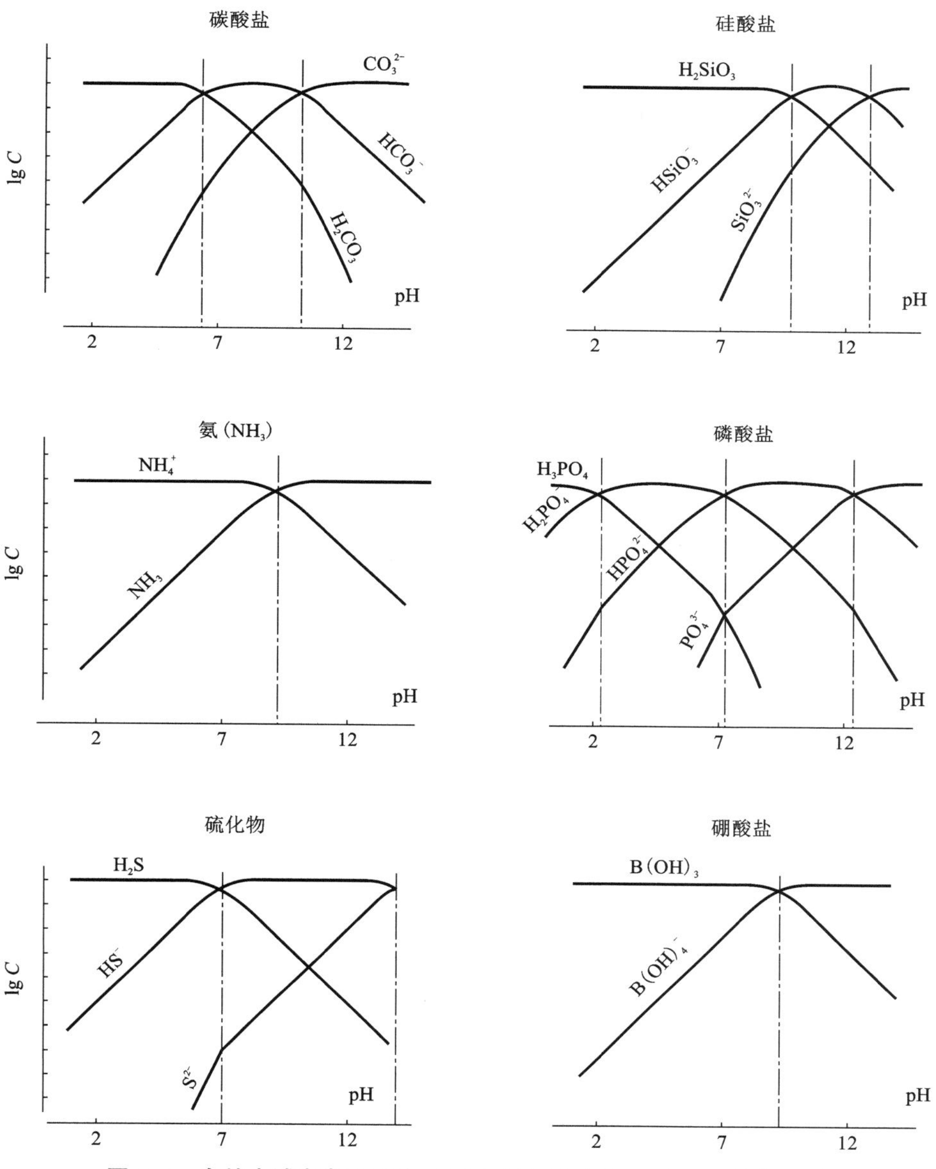

图 7-3　自然水域中常见弱酸-弱碱的浓度对数（lg*C*）与 pH 的关系图

（摘自文献[8]）

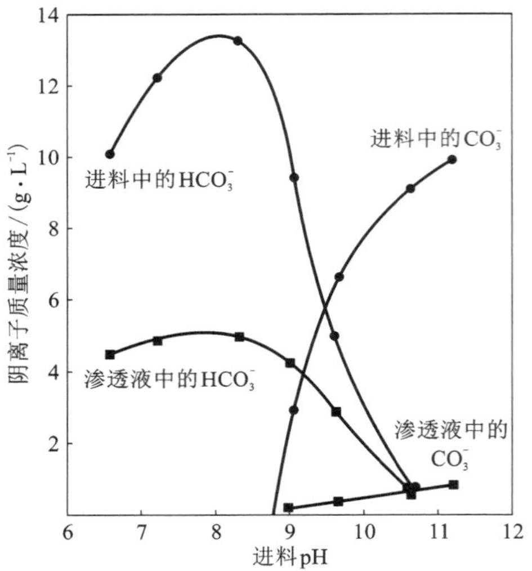

图 7-4　平板 FilmTec NF 40 膜在处理 $Na_2CO_3/NaHCO_3$ 溶液(10 g/L Na^+)时，进料侧和渗透侧的 CO_3^{2-}、HCO_3^- 的浓度随 pH 的变化

(摘自文献[10])

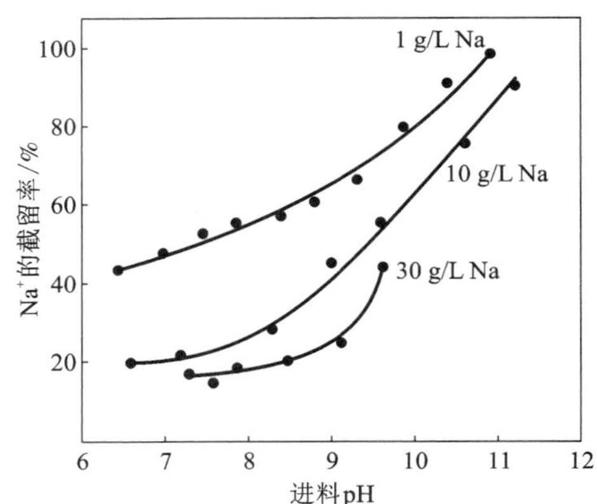

图 7-5　进料 pH 和 Na_2CO_3、$NaHCO_3$ 的浓度对 FilmTec NF 40 纳滤膜截留 Na^+的影响

(摘自文献[10])

我们注意到反离子的截留程度(通过同离子的截留得到反映)随着进料浓度的提高而降低。这是由于溶液中的阳离子在高浓度下会对膜表面的负电荷基团产生更强的屏蔽效应，从而降低了膜表面对同离子的排斥力[10]。

对图 7-3 中的其他酸碱系统而言，pH 对它们的影响预计也会与所报道的对碳酸盐物种的影响类似。因此，二价的 HPO_4^{2-}(磷酸盐在 7.20<pH<12.35 时的主要物种)的截留预期会比 $H_2PO_4^-$(在 2.15<pH<7.20 时的主要物种)更高。如果使用带正电荷的纳滤膜，NH_4^+ 离子在 pH<9.24 时会被显著地截留；而在较高的 pH 范围内，占主导地位的形态是不带电荷的 NH_3 分子，截留几乎不会发生。

观察痕量物种时也发现，pH 变化导致的质子得失对纳滤膜截留溶质有类似影响。例如，砷酸盐[As(Ⅲ)]、亚砷酸盐[As(Ⅴ)]和二甲基砷酸(DMMA)物种在典型自然水域的 pH 范围内都表现出了酸碱转化(见表 7-4)。

表 7-4　砷的不同化学形态在自然水域的经典 pH 范围内的酸碱反应

化学反应		pK_a
As(Ⅲ)	$H_3AsO_3 = H_2AsO_3^- + H^+$	9.1
As(Ⅴ)	$H_2AsO_4^- = HAsO_4^{2-} + H^+$	6.9
DMAA	$(CH_3)_2AsO_2H = (CH_3)_2AsO_2^- + H^+$	6.2

许多人研究了 pH 变化对纳滤膜截留 As(Ⅲ)、As(Ⅴ)和 DMAA 物种的影响程度，其结果归因于物种形态的变化。Seidel 等人[11]在错流纳滤研究中观察到，As(Ⅴ)物种的截留率在溶液 pH 从 8 降低到 5 时显著减少，但在相同的 pH 范围内 As(Ⅲ)物种的截留率一直很低(见图 7-6)。该研究使用的是 Osmonics 磺化聚砜(SPsf)薄层复合(TFC)膜，在所关注的 pH 范围内其 Zeta 电位随 pH 上升而变得更负(0.01 mol/L NaCl 溶液中，pH 3 对应-5 mV，pH 8 对应-10 mV)。有几个因素被用来解释 As(Ⅴ)物种的截留率随 pH 降低而下降的现象。首先，与二价离子相比，道南排斥效应对单价离子不占优势；其次，膜表面负电荷在 pH 低时减少，从而削弱了膜对 As(Ⅴ)氧阴离子的道南排斥效应。此外，Seidel 等人[11](根据 Hodgson[12]的类似论点)认为，HCO_3^- 带负电荷，更容易渗透，且其浓度在 pH 6～10 的范围内是上升的；它的存在能增强 $HAsO_4^{2-}$ 的分离。As(Ⅲ)的优势形态在所探讨的 pH 范围内是不带电荷的，因而不受 pH 变化的影响；其截留来自微弱的空间效应，因此去除程度较低。

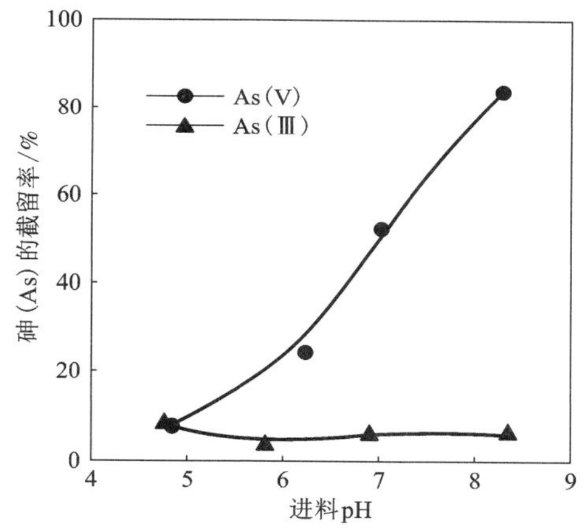

图 7-6 pH 对纳滤膜截留 As(Ⅴ)和 As(Ⅲ)的影响

(摘自文献[11])

Urase 等人[13]和 Oh 等人[14]在关于高负电荷的聚酰胺(PA)膜和极低电荷的聚乙烯醇(PVA)/PA 复合膜的研究中也观察到，带更多负电荷的 As(Ⅴ)和 As(Ⅲ)的无机物种的截留率随 pH 的升高而上升，这些膜对不带电荷(中性)物种的截留率高于预期。同样地，DMAA 在 pH 范围内表现出很高的截留率，尽管它在 pH<6 时不带电荷。这些研究报道的不带电荷物种高于预期的截留率被归因于膜对痕量物种的吸附(这一过程将“缓冲”痕量污染物在溶液相的浓度，然而当膜表面达到“吸附平衡”容量时，其作为一种主要去除机制的重要性预期会被削弱)。

Brandhuber 和 Amy[15]在错流测试装置中使用带负电荷的超滤(UF)膜除砷，研究了溶液和操作条件的影响。他们也发现二价 As(Ⅴ)物种 $HAsO_4^{2-}$ 比单价 As(Ⅴ)物种 $H_2AsO_4^-$ 能被更好地截留，以及单价 As(Ⅲ)物种 $H_2AsO_3^-$ 比不带电荷的分子 H_3AsO_3 有更高的截留率。根据道南理论，As(Ⅴ)和 As(Ⅲ)的阴离子物种的截留率随这些溶质在主体溶液中浓度的增加而降低。如图 7-7 所示，同离子和反离子浓度的增加也导致 As(Ⅴ)截留程度如预期的那样降低。

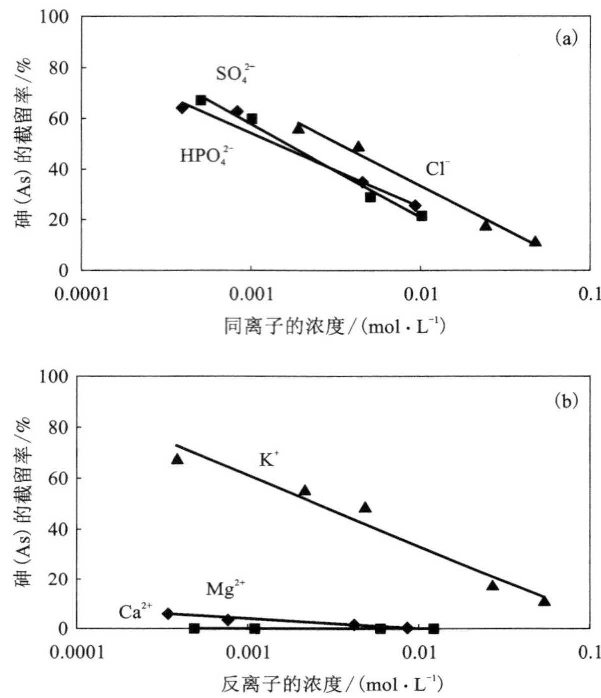

图 7-7　单价或多价同离子(a)或反离子(b)对 As(V)的表观截留率的影响

(摘自文献[15])

Brandhuber 和 Amy[15]指出，砷酸盐的截留率在二价阳离子存在的情况下降到几乎为 0，远远偏离了道南理论的预测；这意味着在溶质和膜之间存在着道南理论所没有考虑到的相互作用。二价阳离子与膜表面带负电荷的基团之间形成了离子对(甚至是特定的表面配合物)，可以有效地中和膜电荷和抵消 $HAsO_4^{2-}$ 与膜之间的静电相互作用，因此膜能够允许这些(阴)离子通过。

如前文所述，酸碱转化(质子的得失)也可能导致不溶物种的形成。这一可能性及其对纳滤的意义在本章后续讨论。

7.4.2　络合

阳离子和阴离子物种在水溶液中的相互作用可能导致各种可溶性“配合物”的形成，其实际分布情况取决于溶液条件(pH、反应物浓度、温度等)。能较好展现在一定条件范围内可以形成多个物种形态的例子是铀酰①阳离子(UO_2^{2+})。如

① 铀酰是水溶液中铀(U)的两种价态，U(V)和 U(VI)的多种存在形式的集合。

图 7-8 所示，在自然水系与大气（CO_2 的分压 $P_{CO_2}=10^{-3.5}$ atm）平衡的典型条件下，当溶液 pH 从 8.5 下降到 7.5 左右时，价态为-4～-2 的铀酰碳酸盐的阴离子占主导地位。当 6.5<pH<7.5 时，单价阴离子羟基碳酸盐形态占主导地位，但这一优势地位在 pH 约为 6.5 和 5.5 时分别被阳离子 UO_2OH^+ 和 UO_2^{2+} 所取代。随着 pH 从高变低（酸性），优势形态从带高价负电荷的阴离子向二价阳离子的转变预期会对物种的截留率（或其他参数）产生相当大的影响。在高 pH 时，负电荷的膜预期会（对负电荷溶质）产生高截留率，而任何不带电荷或带正电荷物种的截留率会比预期低很多。

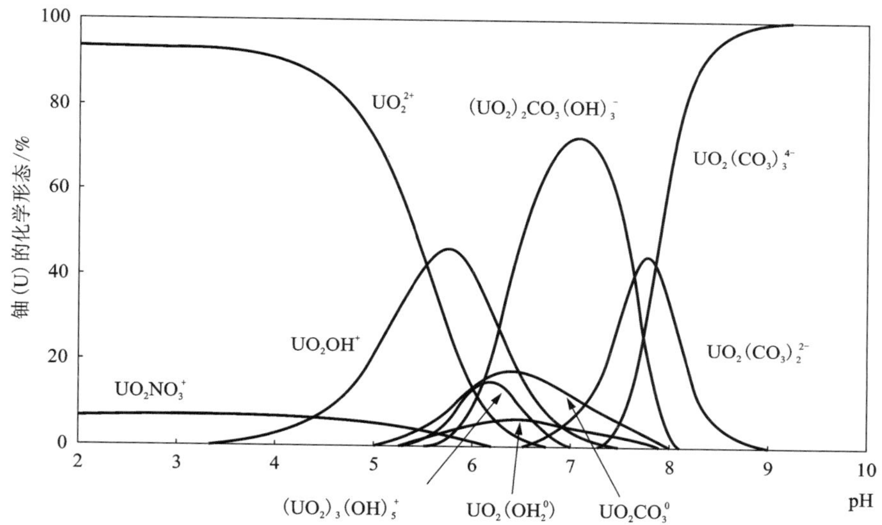

图 7-8　0.1 mol/L $NaNO_3$ 溶液中铀的化学形态与大气（$P_{CO_2}=10^{-3.5}$）的平衡；总铀浓度是 1 μmol/L（摘自文献[16]）

U（VI）的形态强烈依赖于 pH，其他因素如 CO_2 分压也可能会对其施加影响。如图 7-9 所示，如果 P_{CO_2} 从 $10^{-3.5}$ atm 增加到 10^{-2} atm，在 pH 5.5～6.5 时占主导地位的形态是 $UO_2CO_3^0$，而不是 UO_2OH^+，且单价阴离子 $(UO_2)_2CO_3(OH)^-$ 的重要性与二价阴离子 $UO_2(CO_3)_2^{2-}$ 相比有所下降。

Raff 和 Wilken[17] 提供了这些形态变化对纳滤膜截留产生影响的证据，他们发现在 $UO_2(CO_3)_3^{4-}$ 和 $UO_2(CO_3)_2^{2-}$ 为主要形态的情况下，一系列带负电荷的平板纳滤膜对 U（VI）的截留率都很高（95%～98%）。相比之下，在 $UO_2CO_3^0$ 占主导地位的条件下，所观测到的 U（VI）的截留率处在显著较低的水平。

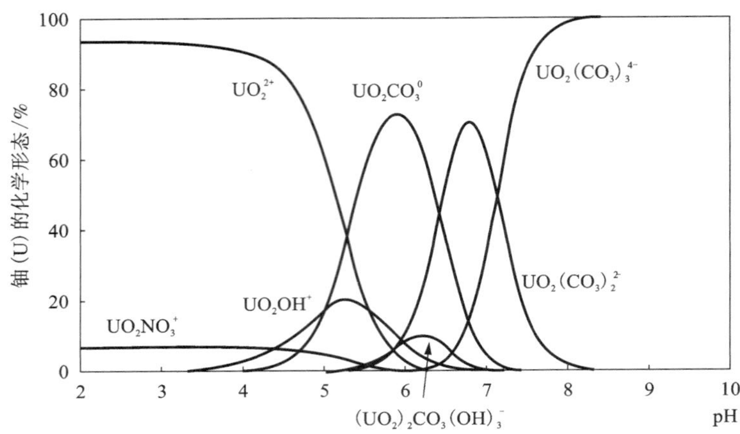

图 7-9　0.1 mol/L $NaNO_3$ 溶液中铀的化学形态与 P_{CO_2}=0.01 atm 的气相平衡；总铀浓度 1 μmol/L(摘自文献[16])

荷负电的纳滤膜去除 U(Ⅵ)阴离子物种的能力很可能主要来自溶解物种与膜之间的电荷相互作用，但溶液中形成的配合物的体积大到足以使尺寸排斥效应产生显著影响。Chitry 等人[18]的研究将一些对铯(Cs)有选择性的、分子量相对较高的亲水配体与纳滤膜结合，有效地从含有高浓度钠的水溶液中分离出微量铯(在一些核工业工艺中，这是一个很受关注的问题)。针对分子量为 544 的铯选择性配体 Calix[4] resorcinarene(间苯二酚杯[4]芳烃)的研究表明[见图 7-10(c)]，与间苯二酚杯[4]芳烃络合后，铯的去除是相当有效的[见图 7-10(a)]；尽管与钠相比，该配体对铯的选择性很高(K_{CeL}/K_{NaL}=1286)，但高钠浓度下钠对配体的竞争仍然会降低铯的截留率[见图 7-10(c)]。Chitry 等人发现配体 tetrahydroxylated Bis-crown-6-calix[4]arene(四羟基化双-冠-6 杯[4]芳烃)(摩尔质量 892 g/mol)[见图 7-10(d)]对铯的(配位)选择性更高(K_{CeL}/K_{NaL}=6600)，并证实即使存在高浓度钠，也可以改善铯的截留率[见图 7-10(b)]。这些结果表明，在多阶段的络合/纳滤过程中使用配体来小心地控制物种形态，可以从含有高浓度钠的工艺流程中实现铯的有效去除(理想截留可达到>99%)和较低的钠截留率(理想截留率可<10%)。

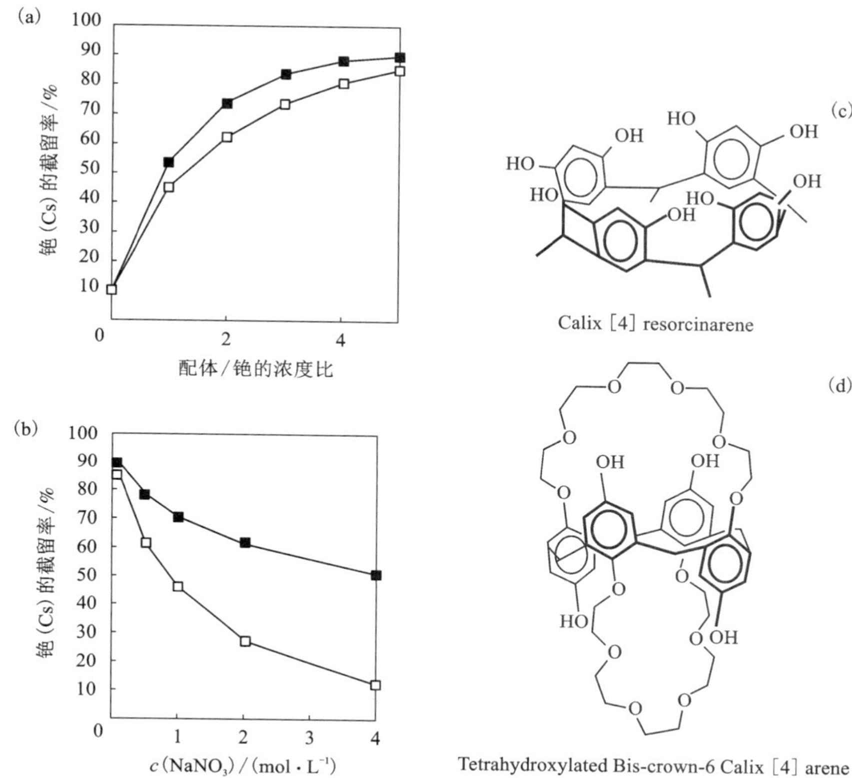

图 7-10　配体/铯的浓度比值(a)和 $NaNO_3$ 浓度(b)对铯的截留的影响；络合配体分别是 Calix [4] resorcinarene(c)或者四羟基化双-冠-6 杯[4]芳烃(d)(tetrahydroxylated Bis-crown-6 Calix[4]arene

(摘自文献[18])

7.4.3　沉淀

固体的沉淀将导致纳滤膜截留该物种，尽管沉淀的本质和截留行为会由于浓差极化效应而复杂化。这一问题在稍后有更详细的讨论。简单地说，与在均匀体系中相比溶质在膜附近的浓差极化层中的积累可能会更快地超越溶解度限制。Choo 等人[19]给出了有关沉淀物截留的一致性和变化性的一个案例。他们调查了四种不同的纳滤膜(见表 7-5)在一系列溶液条件下截留钴(一种经常存在于放射性废物流中的金属)的能力。在与大气平衡的溶液中，溶液中毫摩尔浓度的 Co(Ⅲ)以水合 Co^{2+} 的形式存在，或者在较高的 pH 下，当 HCO_3^- 和 CO_3^{2-} 形态主导了碳酸盐化学(见图 7-3)时，以 $CoCO_3(s)$沉淀的形式存在。从图 7-11 中可以看出，预

期产生 $CoCO_3$(s)沉淀的 pH 范围严重依赖于体系的碳酸盐化学。如果该系统与大气处于平衡状态，则预计在 pH 超过 6.5 时会有沉淀析出。如果该系统与大气隔绝(膜过滤中更有可能出现的情况)，$CoCO_3$(s)沉淀将在稍高的 pH(约为 7)开始，且如果钴/碳酸盐离子对的分布均匀，则(沉淀)仅构成(溶液中)钴物种的一小部分[在离子浓度稍有升高的膜表面附近，可能会有更大比例的钴以 $CoCO_3$(s)的形式存在]。当 pH 在 8 左右时，产生 $Co(OH)_2$ 沉淀是意料之中的。

表 7-5　Choo 等人[19]所使用的纳滤膜的性质(对应结果显示在图 7-13 中)

膜	制造商	材料[a]	孔径 /nm	pH 为 7 时的 Zeta 电势/mV	IEP[#]	水渗透系数 /($L·m^{-2}·h·bar^{-1}$)	R_{NS}[b] /%	R_{NaCl}[c] /%
NTR 7410	Nitto Denko	SPsf	4.21	-12.5	NA*	50.5	5(s[d])	15
NTR 7250	Nitto Denko	PVA/PA	0.45	-5	4.0	16.4	94(g[d])	60
NTR 729HF	Nitto Denko	PVA/PA	0.35	NA*	NA*	4.10	97(g[d])	92
NF 45	FilmTec	聚哌嗪酰胺	0.48	-2	4.6	4.68	93(g[d])	58

a：SPsf：磺化聚砜；PVA：聚乙烯醇；PA：聚酰亚胺；b：中性溶质的截留率；c：NaCl 的截留率；d：模拟所使用的中性溶质：s-蔗糖，g-葡萄糖。

#：IEP：等电点。

* 无法获得。

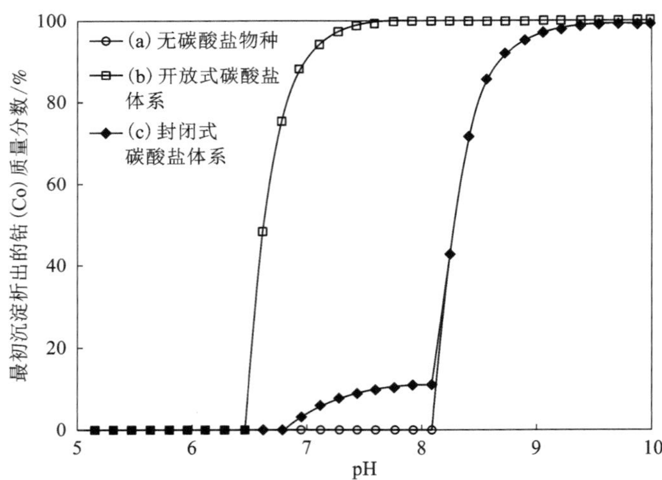

(a)没有碳酸盐的情况；(b)与 $10^{-3.5}$ atm CO_2 达到平衡的开放碳酸盐体系；(c)碳酸盐浓度为 10^{-5} mol/L 的闭合碳酸盐系统。总钴浓度是 0.085 mmol/L。

图 7-11　最初的钴在不同情况下以沉淀形式存在的百分比计算值(摘自文献[19])

任何形式的沉淀都将被纳滤膜所截留，但溶解的配合物将通过膜，除非它们受到尺寸排斥、道南排斥或吸附效应的影响。沉淀的影响在图 7-12 所示的结果中很明显。随着 pH 的增加，钴的截留率提高，Choo 等人将这一结果归因至 $CoCO_3(s)$ 的形成[19]。但应该指出的是，截留行为与预期的沉淀形成并不是匹配得特别紧密，这可能反映了浓差极化的复杂影响。

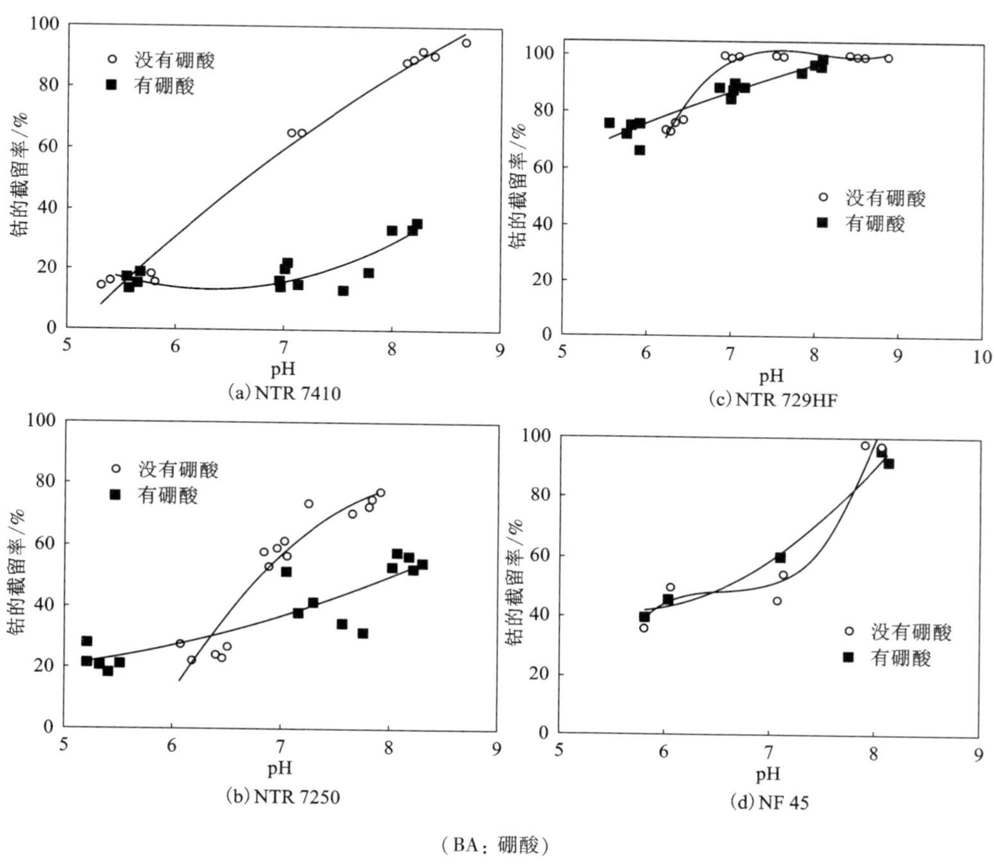

图 7-12　纳滤膜对 0.0848 mmol/L $Co(NO_3)_2$ 溶液(分为含 9.25 mmol/L 硼酸和不含硼酸两种情况)中钴的截留率[19]

NTR 7410、NTR 7250 和 NF 45 膜在除钴方面表现出比较相似的行为：在低 pH 时，钴主要存在于溶液中，其截留率较低，而在沉淀占主导地位的高 pH 的情况下具有较高的钴截留率。但是，高密度 NTR 729HF 膜即使在低 pH 时也表现出相对较高的截留率。这很可能是由于尺寸筛分效应(参见表 7-5 的中性溶质和 NaCl 的截留)，然而我们不能确定膜的 IEP，所以道南排斥还是不能忽视。此外，如果离子的截留程度高，很可能在较低的 pH 时就会出现超过 $CoCO_3$(s)的溶解度范围的情况。

Choo 等人报道[19]，添加硼酸盐可防止 $CoCO_3$ 的沉淀，原因可能是形成了硼酸盐与钴的配合物。除了致密的 NTR 729HF 膜，其他膜对溶解态钴配合物的截留率相对较低，尽管随着 pH 接近 8，截留率确实在明显提高。这一截留程度的增加可能是由于道南排斥，但是几乎没有关于溶解性硼酸钴(CoB_4O_7)物种在性质和电荷方面的信息。另一种可能性是，在较高的 pH 时，CO_3^{2-} 浓度的增加使硼酸盐无法将钴保留在溶液中，截留率直接反映了在这些条件下 $CoCO_3$(s)的形成。

氢氧化物和/或碳酸盐固体沉淀的类似效果将主导许多元素的膜过滤行为。铁和铝盐很容易在较广的 pH 范围内形成羟基氧化物固体，因此将被纳滤(和大多数其他)膜截留。然而我们要注意，这些元素的沉淀行为对 pH 有很强的依赖性，并且可能在某些条件下导致低的截留程度(见图 7-13 和图 7-14)。在低 pH 时，这些元素的水解阳离子形式[Fe^{3+}，$FeOH^{2+}$，$Fe(OH)_2^+$]将占主导地位，预计能通过纳滤膜(只要溶液的 pH 使膜带负电荷)；而在高 pH 时，$Fe(OH)_4^-$ 和 $Al(OH)_4^-$ 占主导地位，除了使用最致密的纳滤膜，这些阴离子不太可能因为尺寸筛分机理而被截留，但道南排斥还是有可能发生。在这种情况下，截留程度应该是取决于离子强度；离子强度的增加伴随屏蔽效应的增加，预期将导致更多的溶解物种穿透薄膜。

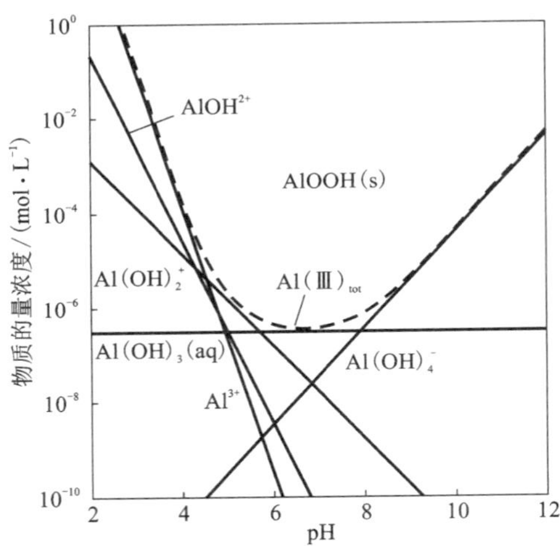

与虚线相邻的区域以固态 AlOOH(s)为主。

图 7-13 水溶液中 Al(Ⅲ)的浓度与 pH 关系中的优势组分图

(摘自文献[20])

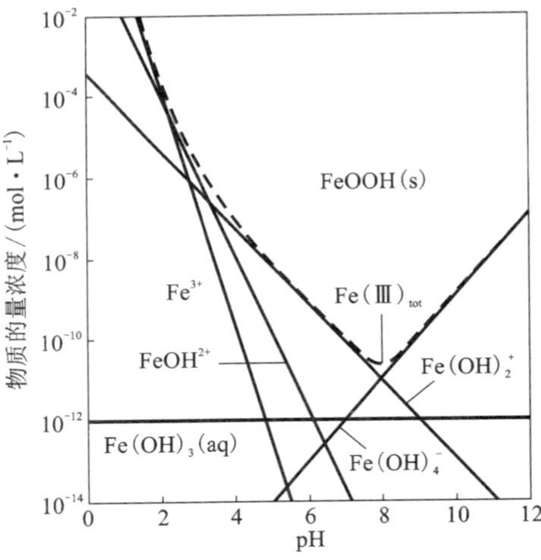

与虚线相邻的区域以固态 FeOOH(s)为主。

图 7-14 水溶液中 Fe(Ⅲ)的浓度与 pH 关系中的优势组分图

(摘自文献[20])

需要指出的是，固态金属羟基氧化物（或氧化物）形成的精确条件将决定实际析出的矿物种类，使各种矿物沉淀物表现出各自独特的溶解度和表面（即膜污染）特性。例如，水铁矿［无定型羟基氧化铁（FeOOH）］的溶解度和表面积远远高于纤铁矿（主要为 γ-FeOOH）或赤铁矿（主要为 α-Fe_2O_3）。

值得注意的是，铁或铝的羟基氧化物沉淀可能通过吸附效应对其他元素的形态、过滤性产生很大的影响。下面将更详细地介绍吸附对纳滤的影响。

7.4.4　氧化还原

氧化还原转变可能会诱导元素存在形式方面（溶解/沉淀、负电荷/不带电荷/正电荷等）的急剧变化，并可能相应地影响其纳滤行为。我们前面已介绍了有关砷的例子，其中，在所关注的大部分 pH 范围内，水溶液中 As（Ⅲ）的主要存在形态是不带电荷的 H_3AsO_3；而 As（V）在 pH 低于 6.9 时主要是 $H_2AsO_4^-$，pH 高于 6.9 时主要是 $HAsO_4^{2-}$。因此，As（Ⅲ）的氧化使砷难以被从纳滤膜截留的形态转变为可以通过道南排斥效应而被截留的形态，尤其是在碱性条件下。

从表 7-6 中具有代表性的氧化还原半反应可以明显看出，有许多例子是类似的，它们诱导的形态变化产生了与最初存在物种具有完全不同的纳滤行为的产物。表 7-6 中的半反应以工艺流程或自然水域中氧化还原对可能的主要形式为依据。

表 7-6　根据常见自然水域和过程流中主要的氧化还原对写出的部分半反应

半反应	pH	pe°
$NO_3^- + 8e^- + 10H^+ \longrightarrow NH_4^+ + 3H_2O$	pH<9.24	14.89
$NO_3^- + 8e^- + 9H^+ \longrightarrow NH_3 + 3H_2O$	pH>9.24	13.73
$SO_4^{2-} + 8e^- + 9H^+ \longrightarrow HS^- + 4H_2O$	pH>7.02	4.21
$SO_4^{2-} + 8e^- + 10H^+ \longrightarrow H_2S + 4H_2O$	pH<7.02	5.08
$MnO_2(s) + 4H+ +2e^- \longrightarrow Mn^{2+} + 2H_2O$		20.8
$Fe(OH)_3(s) + 3H^+ + e^- \longrightarrow Fe^{2+} + 3H_2O$		16.0
$SeO_4^{2-} + 3H^+ + 2e^- \longrightarrow HSeO_3^- + H_2O$	2.4<pH<7.9	18.2
$SeO_4^{2-} + H^+ + 2e^- \longrightarrow SeO_3^{2-} + H_2O$	pH>7.9	14.2
$Co(OH)_3(s) + 3H^+ + e^- \longrightarrow Co^{2+} + 3H_2O$		29.5
$PbO_2(s) + 2H + e^- \longrightarrow Pb^{2+} + 2H_2O$		24.6
$CrO_4^{2-} + 5H^+ + 3e^- \longrightarrow Cr(OH)_3(s) + H_2O$		13.66

因此，NH_4^+（在 pH<9.24 时占主导）氧化为硝酸盐时所形成的产物预计可通过道南排斥在一定程度上被带负电荷的纳滤膜截留。同样地，H_2S 氧化产生的 SO_4^{2-} 阴离子，也有望在很大程度上被带负电荷的纳滤膜截留。含 Fe(Ⅱ)和 Mn(Ⅱ)物种的氧化，以及 Co^{2+}、Pb^{2+} 和 Cr(Ⅵ)的阴离子 CrO_4^{2-} 的氧化也可能产生被纳滤膜截留的产物；但在这些情况下，其产物很可能是固体沉淀物。如果在 pH<7.9 时将硒酸盐（如 SeO_4^{2-}）还原为亚硒酸盐（如 $HSeO_3^-$），有可能在一定程度上改变硒的截留行为；因为与二价 SeO_4^{2-} 相比，产物 $HSeO_3^-$ 是一价阴离子。

总之，如果产物是固体，而反应物是溶解物种，则氧化还原转化可能会导致纳滤膜对所关注元素的截留率发生巨大的变化，反之亦然。如果氧化还原转化使最初存在的物种变成不同电荷的产物，可能会观察到不那么显著但仍然明显的截留程度的变化。

7.4.5 吸附

将溶解性物种吸附到纳滤进料中的颗粒（也可能是膜表面积累的颗粒）上，有望改变物种的截留特性，特别是当处于非吸附状态的物种很容易通过膜时。以前面介绍的 U(Ⅵ)的情况为案例来进行讨论。在 pH<6 时，铀酰在水溶液中的主要形态是 UO_2^{2+} 和 UO_2OH^+，而在 CO_2 分压升高的体系中，主要是 UO_2CO_3。这些物种中的每一个都能相对容易地通过一个孔隙率合理、带负电荷的纳滤膜，而不太可能因尺寸筛分或道南排斥而被截留。如图 7-15 所示，在含有 U(Ⅵ)的进水中加入无定型氧化铁，将导致 U(Ⅵ)在 pH<6 时被氧化物所吸附，其结果是铀将被膜截留。需要注意的是，吸附的程度取决于溶液中铀的（总）浓度，在较低的总 U(Ⅵ)浓度下被吸附的 U(Ⅵ)有更高的比例。

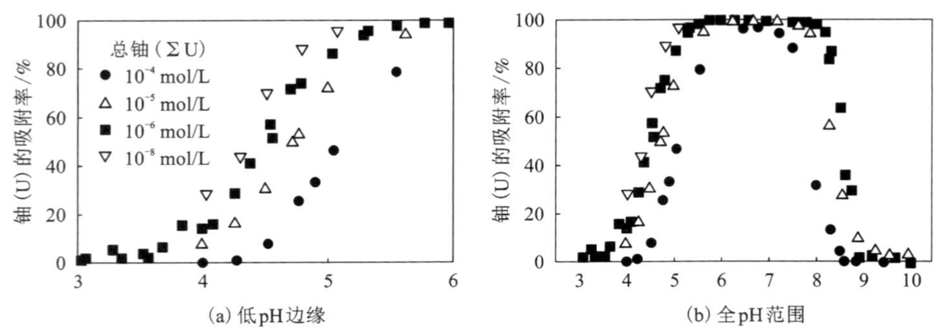

(a) 低pH边缘　　(b) 全pH范围

总铁浓度是 1 mmol/L，0.1 mol/L $NaNO_3$（摘自文献[16]）。

图 7-15 不同总铀浓度对 U(Ⅵ)在水铁矿上的吸附的影响

有趣的是，U(Ⅵ)在 pH 为 5.5~8 时能被羟基氧化铁(FeOOH)强烈吸附，但在较高的 pH 下，U(Ⅵ)对氧化物表面的亲和力迅速下降。如图 7-16 所示，U(Ⅵ)在高 pH 下倾向存在于溶液中强调了增加 CO_2 分压的重要性。事实上，通过应用所谓的“表面络合”模型(用于解释溶液相的化学形态和吸附过程)可以较容易地理解，U(Ⅵ)在较高的 pH 下被截留在溶液中的原因是铀酰碳酸盐物种 $UO_2(CO_3)_2^{2-}$ 和 $UO_2(CO_3)_3^{4-}$ 的稳定性。如前文所述，由于道南排斥，这些带负电荷的物种被带负电荷的纳滤膜所截留。因此，尺寸筛分和电荷效应在高 pH 条件下对纳滤膜截留 U(Ⅵ)的贡献不容忽视。然而，吸附在微粒上的任何 U(Ⅵ)预计都会被膜有效地拒绝，由道南排斥引起的截留则在一定程度上可通过离子强度上升引起的电荷屏蔽而被降低。

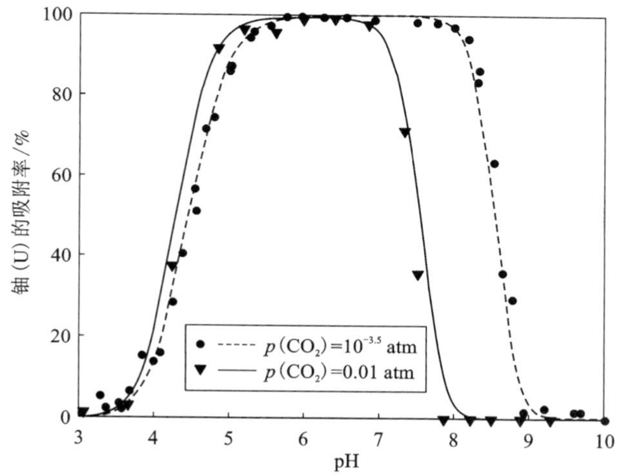

曲线是通过 MINTEQA2 计算，并考虑了合适的“表面络合”反应而绘制的。实验条件：0.1 mol/L $NaNO_3$，总铀浓度 = 1 pmol/L，总铁浓度 = 1 mmol/L。

图 7-16　不同 CO_2 分压下水铁矿对铀的吸附(摘自文献[16])

U(Ⅵ)等元素的吸附程度可能会受到存在于溶液和表面的各种相互作用的影响。例如，磷酸盐的存在可以增强 U(Ⅵ)在酸性 pH 条件下被吸附到矿物表面(进而被膜截留)的程度，这是由于形成了“三元”表面配合物。有机酸(如柠檬酸盐)的作用则是通过形成配合物($FeOH_2Cit_2UO_2^{3-}$)(其中，铁来源于 FeOOH 的部分溶解)将 U(Ⅵ)保留在溶液中[16]。考虑到它们带有高价态的负电荷，这些配合物将被带负电荷的纳滤膜有效地阻挡；这种截留同样也会由于电荷屏蔽离子的存在而受到影响。这些溶解性物种的大小应该与某些纳滤膜在仅有尺寸筛分效应时的截留尺寸接近。

7.5 浓差极化对形态和截留率的影响

同离子和相应的反离子的截留导致离子在膜的进料侧积累。与膜相邻的这一浓差极化层达到的浓度和该层的空间范围取决于许多内在的和操作的因素，包括进料流中同离子和反离子的浓度、渗透通量和膜表面的水力学条件(如错流速度、系统的空间布局等，见第4章)。浓差极化层在很大程度上是相对动态的，并因为膜的清洗、进料特性和/或操作因素的任何变化(特别是错流和渗透通量)而随时间发生改变。Bhatacharjee 等人[21]开发了多组分盐混合物在错流纳滤中的浓差极化和孔隙传递的耦合模型，有助于了解浓差极化效应导致的近膜处离子组成的变化程度，但关于这一重要问题的信息仍然很少。显然，原因之一是我们难以获得溶液在膜(表面)附近的实验数据，以验证这一复杂过程的现有模型。

伴随着浓差极化层的形成和发展，可能会产生一系列有关化学形态的转变，包括溶度积过高和固体沉淀、大分子和固体沉淀物的聚集，以及形成替代配合物和多核物种。

下面简要讨论每一种可能性。

7.5.1 溶度积过高和固体沉淀

特定离子在浓差极化层中的积累程度具有高度特定性，但很明确的是，固体在膜表面沉淀的速率取决于进料浓度、截留程度和膜/溶液界面的水力学条件。如果进料中的主要离子是 Ca^{2+} 和 CO_3^{2-}，CO_3^{2-} 由于电荷排斥而被截留，则 Ca^{2+} 也会在膜的上游一侧积累。随着两种离子的浓度在连续膜过滤中的增加，$CaCO_3$ 的离子活度积过高的现象会在某一时刻发生，紧随其后的就是沉淀的生成。虽然可以监测钙在膜进料侧的积累情况，或者模拟界面上的浓度积累，但对形态变化最有效的反映很可能是跨膜水头损失的迅速增加(反映在渗透速度的降低或需要增加压力以保持恒定的渗透速度)。控制无机物沉淀的方法在第8章进行介绍。

7.5.2 大分子和固体沉淀的聚集

由于道南排斥而被截留的离子，如 Ca^{2+}，可能会影响由于尺寸排斥筛分而被截留的物种的化学形态。例如，天然有机物(NOM)的摩尔质量为 1000~30000 g/mol，纳滤膜在过滤自然水体时会截留它们中的大多数。这些物质具有相对较高的负电荷，且它们的分子最初会倾向于在膜表面附近形成“非缔合”型的聚集，而电荷排斥削弱了它们在膜上积累的趋势。当 Ca^{2+} 也在界面上积累时，它们将与 NOM 相互作用而形成配合物，这些配合物的电荷明显小于未缔合的 NOM。Ca^{2+} 可能通过电荷中和及桥联作用诱导 NOM(聚集)组装，还会通过特异性结合和静电屏蔽降低膜表面的有效电荷。钙与 NOM 以及钙与膜的相互作用的结果是 NOM 在膜表面积累的趋势大大增强。Ca^{2+} 在 NOM 基质中的存在将使有机大分子在膜上被压实，后续形成渗透性越来越低的结垢层。这样的效果在 Seidel 和 Elimelech 的研究结果中得到了明确的证实，并在图 7-17 中再现[22]。

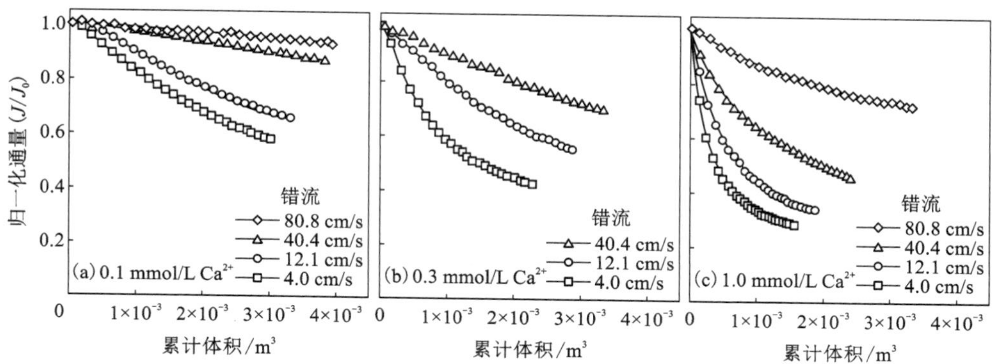

结果以归一化通量(J/J_0)与累计体积的关系来表示，实验选用的钙离子浓度是 0.1 mmol/L(a)、0.3 mmol/L(b)、1.0 mmol/L(c)。污染实验中的下列条件保持不变：初始渗透通量(J_0) 11.3 m/s、1.0 mmol/L $NaHCO_3$、10 mmol/L 的总离子强度(通过添加 NaCl 来调节)，pH ± 0.1，以及温度 25℃(摘自文献[22])。

图 7-17　在不同钙离子浓度下错流流速对 NOM 污染的影响

7.5.3　替代配合物和多核物种的形成

道南排斥效应引起界面区域中离子浓度的增加，这可能导致其中的化学形态分布与进料主体中典型的低溶质浓度所对应的分布存在显著差异。与在较低溶质浓度下预期占主导地位的物种相比，这些形态可能具有不同的电荷，因此可能表现出完全不同的膜截留行为。由于纳滤膜优先截留 CO_3^{2-} 物种，在过滤含 U(Ⅵ) 的水溶液时可能生成电荷价态为 2 和 4 的铀酰碳酸盐阴离子物种。水处理中另一个值得特别关注的例子是铝的形态分布。在大多数自然水域和纳滤系统的典型浓度下，离子物种 Al^{3+}、$AlOH^{2+}$和 $Al(OH)^{2+}$在酸性区域的各个 pH 范围内占主导地位。它们将很容易穿过大多数纳滤膜，但也可能在膜表面积累，以满足电中性的约束。在这种情况下，形成铝的三聚体 $Al_{13}O_4(OH)_{24}(H_2O)_{12}^{7+}$ 可能有优势。这种高分子量的多核配合物会在膜表面积累，最终导致羟基氧化铝固体的沉淀。

7.6 结论

在这一章中，我们了解同一元素在溶液中可能存在多种不同的化学形态，其浓度取决于特定的溶液条件（pH、温度和压力、总组分浓度和离子强度）。每一种存在的形态在通过纳滤膜时可能表现出独特的截留行为，其截留程度取决于特定物种的大小和电荷等因素。

本章特别关注了酸碱转化、络合、沉淀、氧化还原和吸附对形态分布的影响，及（对应的）膜截留行为；说明了利用平衡概念预测物种分布的能力，及浓差极化效应所带来的难题，这可能使物种在纳滤系统中呈现不均匀分布，并产生与预期相悖的截留行为。

特别值得注意的是，我们仍然缺乏一些有用的纳滤研究，以更好地理解化学物种行为。因此，迫切需要在纳滤研究中控制溶液条件，以便通过建模或分析方法（或在理想情况下两者兼而有之）确定物种分布信息。浓差极化效应可能给理解带来一定阻碍，但仍然存在着调控这种效应的空间，使我们可以清楚地了解特定化学物种的截留行为。

参考文献

[1] M H V Mulder. Membrane characterization//Nanofiltration-principles and applications, Chapter 5, A I Schäfer, A G Fane, T D Waite. Oxford: Elsevier, 2003.

[2] W R Bowen, J S Weifoot. Modelling the performance of membrane nanofiltration//Nanofiltration-Principles and Applications, Chapter 6, A I Schäfer, A G Fane, T D Waite. Oxford; Elsevier, 2003.

[3] M M Benjamin. Water Chemistry. New York: McGraw-Hil, 2001.

[4] J C Westall, J L Zachary, F M M Morel. MINEQL, a computer program for the calculation of the chemical equilibrium composition of aqueous systems. Technical Note 18, Department of Civil Engineering, Massachusetts Institute of Technology, Cambridge, MA, 1978.

[5] J D Allison, D S Brown, K J Novo-Gradec. MINTEQA2, a geochemical assessment model for environmental systems. USEPA, Athens, 1990.

[6] T D Waite. Mathematical modelling of trace element speciation. Trace Element Speciation: Analytical Methods and Problems. G E Batley. Boca Raton: CRC Press, 1989: 117-184.

[7] K S Pitzer. Theory: Ion interaction approach//Activity Coefficients in Electrolyte Solutions, Vol. 1, R M Pytkowicz. Boca Raton: CRC Press, 1979.

[8] F M M Morel, J Hering. Principles and applications of aquatic chemistry. New York: Wiley-interscience, 1993.

[9] K Denbigh. The principles of chemical equilibrium. 3nd ed. London: Cambridge University Press, 1971.

[10] A E Simpson, C A Kerr, C A Buckley. The effect of pH on the nanofiltration of the carbonate system in solution. Desalination, 1987, 64: 305-319.

[11] A Seidel, J J Waypa, M Elimelech. Role of charge (Donnan) exclusion in removal of arsenic from water by a

negatively charged porous nanofiltration membrane. Environmental Engineering Science, 2001, 18: 105-113.

[12] T D Hodgson. Properties of cellulose acetate membrane towards ions in aqueous solutions. Desalination, 1970, 8: 99.

[13] T Urase, J I Oh, K Yamamoto. Effect of pH on rejection of different species of arsenic by nanofiltration. Desalination, 1998, 117: 11-18.

[14] J I Oh, T Urase, H Kitawaki, et al. Modeling of arsenic rejection considering affinity and steric hindrance effects in nanofiltration membranes. Water Science and Technology, 2000, 42: 173-180.

[15] P Brandhuber, G Amy. Arsenic removal by a charged ultrafiltration membrane- influences of membrane operating conditions and water quality on arsenic rejection. Desalination, 2001, 140: 1-14.

[16] T E Payne. Uranium(VI) interactions with mineral surfaces: Controlling factors and surface complexation modelling. PhD dissertation, The University of New South Wales, Sydney, Australia, 1999.

[17] O Raff, R-D Wilken. Removal of dissolved uranium by nanofiltration. Desalination, 1999, 122: 147-150.

[18] F Chitry, S Pellet-Rostaing, L Nicod, et al. New cesium-selective hydrophilic ligands: UV measures of their interactions toward Cs and Cs/Na separation by nanofiltration complexation. Journal of Physical Chemistry A, 2000, 104: 4121-4128.

[19] K H Choo, D J Kwon, K W Lee, et al. Selective removal of cobalt species using nanofiltration membranes. Environmental Science Technology, 2002, 36: 1330-1336.

[20] W Stumm, J J Morgan. Aquatic chemistry: Chemical equilibria and rates in natural waters. 3nd ed. New York: Wiley-Interscience, 1996.

[21] S Bhattacharjee, J C Chen, M Elimelech. Coupled model of concentration polarization and pore transport in crossflow nanofiltration. AIChE Journal, 2001, 47: 2733-2745.

[22] A Seidel, M Elimelech. Coupling between chemical and physical interactions in natural organic matter(NOM) fouling of nanofiltration membranes: Implications for fouling control. Journal of Membrane Science, 2002, 203: 245-255.

符号说明

符号	意义	符号	意义
C	浓度	R_X	溶质 X 的截留率
I	离子强度	T	绝对温度
J	渗透通量	V	体积
K	平衡常数	z_i	物种 i 的电荷
K_a	酸度常数	γ_i	物种 i 的活度系数
H	焓	ζ	Zeta 电位
pX	$-\lg X$	$\{i\}$	物种 i 的活度
P	压力	$[i]$	物种 i 的摩尔浓度
R	普适气体常数		

缩略语和名词说明

缩略语和名词	意义	备注
calix[4] resorcinarene	间苯二酚杯[4]芳烃	其他文献有不同的翻译
DMMA	二甲基砷酸	
IEP	等电点	
NOM	天然有机物	
PA	聚酰胺	
PI	聚酰亚胺	
PVA	聚乙烯醇	
SPsf	磺化聚砜	
tetrahydroxylated Bis-crown-6-calix[4]	四羟基化双-冠-6 杯[4]芳烃	其他文献有不同的翻译
TFC	薄层复合	
UF	超滤	

第 8 章　纳滤中的膜污染

8.1　引言

根据 Koros 等人[1]的说法，“膜污染是由于悬浮或溶解物质在膜的外表面、膜孔开口处和膜内沉积，导致膜性能下降的过程”。膜污染也被描述为不可逆的通量下降，且只能通过化学清洗等手段消除[2]。这与溶液化学效应或浓差极化导致的通量下降不同。这些(因素导致的)通量下降可以通过清水(润洗)而被逆转，因此不被认为是膜污染，本章的后面部分有更详细的相关介绍。

膜污染导致了成本的增加并限制了工艺的竞争力；成本增加的原因有能源需求的增加、维护(系统①)所需的额外劳动力、化学清洁所产生的成本，以及膜使用寿命的缩短。纳滤(NF)或反渗透(RO)工厂的积极的应对措施对有效地控制污染非常关键，即在膜污染初期采取行动，并识别膜污染的类型。Staud[3]总结了膜污染可能的起源：

· 超出溶度积的物质的沉淀(结垢)。
· 分散的微粒或胶体(在膜表面①)沉积。
· 溶质在膜的边界层的化学反应(如，以铁的可溶性形式形成其氢氧化物)。
· 溶质与成膜高聚物的化学反应。
· 高聚物膜材料对低分子量化合物的吸附。
· 大分子物质的不可逆凝胶的形成。
· 细菌的定殖(主要是疏水作用)。

图 8-1 是膜在处理没有经过预处理的地表水后的电镜图片。图片显示，胶体和有机物嵌入了膜表面凝胶状滤饼层中。图 8-2 显示了纳滤膜表面另一种由地表水导致的沉积；与图 8-1 中不同的是，该地表水经过了超滤预处理，且污染以无机沉淀物为主。

众多因素导致了膜污染，且各因素相互密切关联。主要的膜污染种类包括有机、无机、颗粒和生物污染，但金属(例如铁和铝)的配合物和二氧化硅(主要成分是 SiO_2)也有很大的影响。虽然传统上主要关注单一的污染或污染机制，但在

① 编者补充。

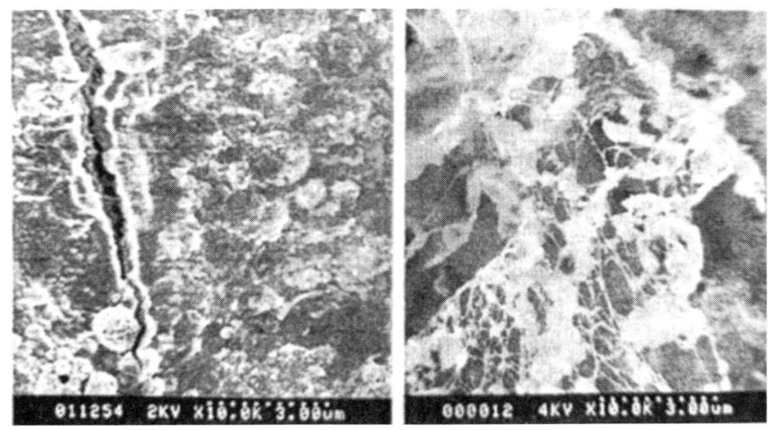

图 8-1　地表水在膜表面形成的复杂沉积

（改编自 Schäfer[4]）

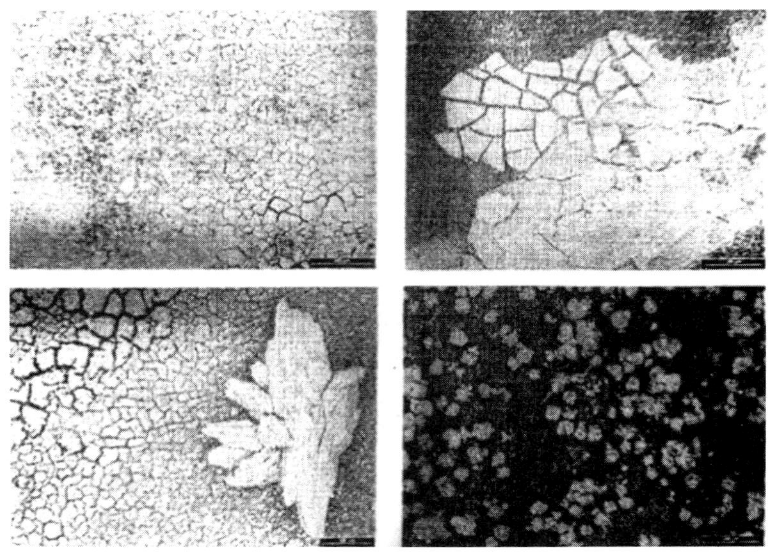

图 8-2　对经过超滤预处理的地表水进行过滤时膜污染的扫描电镜(SEM)表征图

（比例尺为 200 μm，图片由 Paul Buijs、GEBetz 和 Belgium 提供）

大多数情况下所发现的并不是单一污染。在许多实际应用中，有四种类型的污染是相伴而生的。表 8-1 总结了纳滤/反渗透系统中经常出现的污染类型和（起始①）位置。

---

① 编者补充。

表 8-1　膜污染出现的位置

（改编自 Huiting 等撰文中的 Hydranautics Technical Service Bulletin TSB107）

污染物种类	纳滤/反渗透中最容易受影响的阶段
结垢/SiO_2	最后一阶段的最后一组膜
金属氧化物	第一阶段的第一组膜
胶体物质	第一阶段的第一组膜
有机物	第一阶段的第一组膜
快速微生物污染	第一阶段的第一组膜
缓慢微生物污染	在整个系统中

结垢和 SiO_2 污染通常是由于无机物浓度超出溶解度极限（见第 8.5 节“结垢”），这一般发生在后面几段膜。在拖曳力相对较高的早期，金属氧化物和胶体沉淀在膜表面的沉积较显著（见第 8.6 节颗粒和胶体污染）。有机污染尚未被充分理解，且因污染分子的特性而不同（见第 8.4 节“有机污染”）。有机污染可能发生在组件的开始和结束阶段，具体取决于主导机制。过滤的所有阶段都有生物污染（见第 8.7 节“生物污染”）。快速生物污染主要发生在开始阶段，这可能与颗粒附着有关；而缓慢生物污染可发生在所有阶段[5]。以往有关细菌沉积和污染的研究多采用乳胶颗粒，而胞外聚合物（EPS）的黏合性能使细菌更容易附着，它们的沉积机理更加复杂[6]。

为了减少或消除膜污染，有必要对污染物的类型进行识别。这可以通过膜污染的表征（第 8.2.4 节“膜解剖”）或在实验室对污染进行研究来实现。一旦确定了污染物的类型，就可以采用适当的控制策略。表 8-2 总结了膜污染的概况和合适的控制策略。这些策略包括以下几种[6]：

· 料液预处理。

· 膜的选择（不被污染的材料/涂层、适当的表面电荷、氯相容性、孔隙率、亲水性和表面粗糙度等）。

· 组件设计或运行模式。

· 清洗。

表 8-2　纳滤/反渗透中的污染物及其控制对策

污染物	控制对策
一般污染物	流体力学/剪切，降低通量至临界通量以下；化学清洗
无机污染物（沉淀）	在溶液溶解度极限以下操作，进行预处理，加酸以降低 pH 至 4~6，低回收率，添加剂（阻垢剂）

续表8-2

污染物	控制对策
有机污染物	生物、活性炭、离子交换、臭氧、增强混凝等预处理
胶体[(直径)①小于0.5 μm]	混凝和过滤、超滤、微滤等预处理
微生物固体	消毒(氯化/脱氯)、过滤、混凝、微滤、超滤等预处理

料液预处理、膜材料、组件的设计和运行模式，以及清洗分别在第3章、第4章、第9章和本章的最后有介绍。

膜污染是膜工艺应用的最大挑战，但膜分离即使存在污染也能成功。对污染进行解析曾在一段时间内主导了有关膜(分离)的研究，但是模型不能预测和充分描述这一复杂过程。污染往往要求对膜进行频繁的清洗，这会缩短膜的寿命。在某些情况下，污染会导致膜的生物降解和完整性的丧失。清洗时还需要使用化学品，有可能还要在高温下清洗，由此削弱膜过程的可持续性。此外，它减少了通量，要求更高的跨膜压力(因此有更多的能量)，或者更大的膜面积，以此降低工艺效率。因此，污染是纳滤工艺设计中需要考虑的关键参数。

本章将对污染的组成、最常见的污染机理和一些控制策略进行总结。

8.2 污染的表征

8.2.1 通量的测量及污染的研究方案

评估污染的一个重要参数是纯水通量(缩写CWF，符号J_0)，作为与未被污染的膜的比较基础。J_0($L \cdot m^{-2} \cdot h^{-1}$)定义如下：

$$J_0 = \frac{\eta_T}{\eta_{20}} \frac{Q}{A \cdot \Delta P} \tag{8-1}$$

式中：η_T为温度T时水的黏度；η_{20}为20℃时水的黏度；Q为温度T时(穿过膜①的)水的流量；A为膜的表面积；ΔP为跨膜压差[8]。

这个公式对稀溶液有效。Roorda和Van Der Graaf[9]等描述了黏度和温度之间的关系，严格地说，这(一关系①)与料液有关，但稀溶液仍可以被描述成水。

过滤中的很多参数(见“膜的压实”部分)会影响J_0，且可逆或不可逆的通量下降(状态)会一直维持。过滤后的清洗是以尽可能恢复膜的初始(或压实后的)J_0为目的。

① 编者补充。

如 Manttäriess 和 Nyström 描述的[10]，以纯水通量为基础而评估的通量下降（FR）可以通过比较过滤操作前后的 J_0 得到的 J_0 的百分比来定义：

$$FR_{\mathrm{CWF}} = \frac{J_{\mathrm{Ob}} - J_{\mathrm{Oa}}}{J_{\mathrm{Ob}}} \times 100\% \tag{8-2}$$

式中：下标 a、b 分别表示料液过滤前、后。

通量减少也可以描述为渗透液通量（缩写 PF，符号 J）和纯水通量之间的差异：

$$FR_{\mathrm{PF}} = \frac{J_{\mathrm{Ob}} - J}{J_{\mathrm{Ob}}} \times 100\% \tag{8-3}$$

式中：下标 PF 为渗透液通量。

要使用这个方程，就必须设定纯水通量和渗透液通量的压力，且过滤应达到稳态。

膜的压实

值得注意的是，常见于纳滤和反渗透的膜压实现象不被归类于污染。压实是由所施加的压力引起的，可逆的和不可逆都有可能。压实可以改变活性层和支撑层[3]。为了消除压实在污染研究中的影响，在确定纯水通量之前，常常会在高于操作压力的条件下将膜压实，以保证实验过程中通量的稳定性。膜的压实压力往往大于操作压力（见图 8-3）。

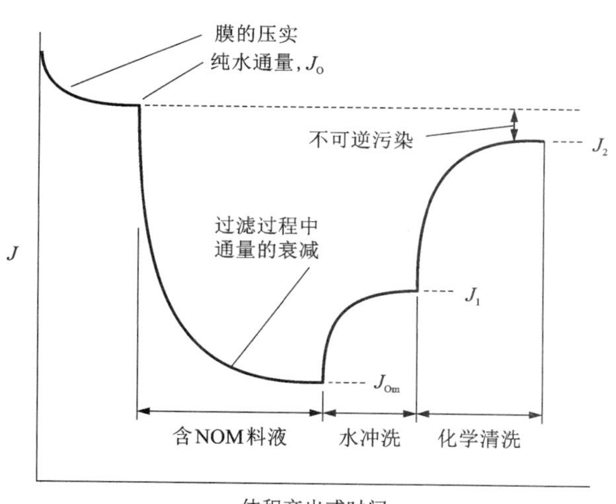

NOM：natural orgnic matter（天然有机物）。

图 8-3 膜污染研究中使用的经典（测量）程式

（改编自 Kilduff 等人的研究[12]）

膜渗透性随溶液化学的变化

Braghetta 等人[11]研究了溶液的化学变化，即 pH 和离子强度对膜渗透性的影响。渗透性在低 pH 和高离子强度时下降，这与电荷中和及双(电)层压缩引起的膜矩阵压实有关。作者利用 Debye 长度参数来量化膜结构的变化，更准确地说是双(电)层厚度的变化。减少 Debye 长度有效地扩大了可用于溶剂传递的截面面积。

污染研究的程式

图 8-3 是一个典型的污染研究程式，首先是压实新膜及测量其纯水通量，然后对进料溶液[本示意图针对的是天然有机物(NOM)溶液]及其通量进行测量。所观测到的通量下降是否显著取决于进料。通量的下降有以下原因：①浓差极化或溶质的松散堆积；②可化学逆转的污染；③不可逆污染。浓差极化或松散堆积引起的通量下降可通过水冲洗而消除，可逆污染能通过适当的化学清洗去除，而不可逆污染是由于污染物与膜形成不可逆结合，或者不可逆转的膜压实而导致的，且将最终决定膜的使用寿命。这里需要注意的是，一些研究人员将所有不能通过水冲洗逆转的污染都归为不可逆污染。

对恒定流量的操作而言，可用相似的程式测量跨膜压差的变化，其中跨膜压差会随着污染而增加。

DiGiano 等人[13, 14]开发了一系列过滤测试，以对应完整规模工厂的通量下降和恢复模式。这些测试是实验室规模的错流过滤，可用于膜污染的评估。但正如作者所强调的，这些测试不能代替中试。

8.2.2 膜性能的标准化

根据 Huiting 等人[5]的说法，需要对一些可变系统参数进行标准化，以比较系统性能和正确评估膜污染。这些可变化的系统参数包括压力、温度和给水水质。标准化的参数如下：

- 标准化的水流量或产率[以传质系数 Mass Transfer Coefficient(MTC)表示]。
- 标准化的压降(NPD)。
- 标准化的盐通过率(NSP)[5]。

这些标准化参数的变化暗示膜可能存在问题。膜污染相关的变化对应的幅度为 MTC 降低 10%~15%，NPD 增加 10%~15%，以及 NSP 随时间推移而出现“显著”上升。使用这种方法时需要额外的监测措施。其中包括膜分离不同阶段的电导率、流量和压力指标。

8.2.3 料液导致膜污染的可能性

进水分析能提示导致膜污染的可能性。化学分析提供的详细信息需要进行后续解释，而(一些)指数也已被广泛用于确定料液形成膜污染的潜力。根据 Huiting 等人[5]的描述，污染指数提示了颗粒污染的信息。最常用的指数(特别是在工业上)是淤泥密度指数(SDI)和修正污染指数(MFI)，接下来将对它们进行介绍。

料液分析

料液分析在确定膜污染潜力方面起着重要的作用。例如，浊度是确定反渗透中膜污染潜力的常用参数[3]。然而，随着微滤、超滤等预处理工艺的普及，料液浊度的去除率非常高，使进料浊度变得很低，因此浊度值不再有很大的应用意义。这个方法的灵敏度不足以确定与微小胶体颗粒(如 SiO_2)相关的问题。

膜设计软件通常需要输入料液分析来评估导致膜污染的可能性，尽管这通常仅限于结垢。对易于沉淀和结垢的微溶盐进行定量很重要。本书中有关结垢的部分详细介绍了常见的结垢物。另外，金属(如镁和铁)也很重要。据报道，镁在硅的析出中起着重要的作用[15]。

有机物在纳滤污染中起着重要作用。溶解有机碳(DOC)通过吸附、凝胶形成、孔隙堵塞和作为微生物的营养物质等方式形成污染。关于 DOC 引起纳滤污染，其中有的 NOM，如腐殖酸(HA)、富里酸(FA)和亲水酸的研究非常多，将在本章中关于有机污染的部分进行总结。NOM 是由特性不同的可生物降解和难降解有机物组成的，这些特性包括芳香性、摩尔质量、电荷、官能团、对膜材料的亲和力等。为了预测膜污染，引入了紫外吸收光度(Specific UV Absorbocnce，缩写 SUVA)作为研究这类主体有机物及其组分特性的参数：

$$\mathrm{SUVA} = \frac{\mathrm{UVA}_{254}}{\mathrm{DOC}} \tag{8-4}$$

式中：UVA_{254} 为水样对 254 nm 处的紫外(UV)光吸收程度。

SUVA 描述了有机碳中芳香族的相对含量，主要用于水和废水处理。

氮、磷等营养物质也是衡量膜污染的重要指标。细菌的存在与这些营养物质一起预示着产生了膜的生物污染[16]。为了将水质特征和生物生长潜力联系起来，Escobar 和 Randall[17] 比较了两种常用的细菌再生潜力指标：可同化的有机碳(AOC)和可生物降解的有机碳(BDOC)。研究发现，测量纳滤中的 AOC(尽管只占进水 DOC 的 0.1%~9%)会低估细菌的再生性能，而测量 BDOC(占进水 DOC 的 10%~30%)则会过高估计。AOC 被发现是由像醋酸酯这样的化合物组成的，很难被纳滤截留，因此可以在进料液和渗透液两侧被视作养分。于是，Escobar 和 Randall 建议对这两个参数都进行测量，以更真实地表明膜污染潜力。AOC 方法对水样中的菌落数量进行计数，以监测细菌的生长，从而确定有机物促进生物质浓度增加的有效性。该方法相对复杂，耗时长。BDOC 则是测量悬浮的或固定的细菌在一定时间内对有机碳的降解能力。

为了研究预测膜污染的潜力，Shaalan[18]针对地表水处理开发了一种基于料液分析来预测污染和截留的模型。该模型具有经验性，且基于多个处理厂的运行情况；但模型和测试数据之间存在显著的偏差。开发这种模型的吸引力很大，其在污染研究方面的进展可能有助于建立更充分的关系。

淤泥密度指数(SDI)

淤泥密度指数(Slit Density Index，缩写SDI)也称为胶体指数或污染指数。提出该指数的目的是描述料液中颗粒物含量与通量下降之间的线性关系。然而，通常不能获得线性关系。SDI (min^{-1}) 是在死端过滤和压力恒定的模式下，用0.45 μm的过滤器对一定体积的料液反复过滤而确定的[3, 19]：

$$\mathrm{SDI} = \frac{1 - \dfrac{t_1}{t_2}}{t} \tag{8-5}$$

式中：t_1 为起始点(时间为0)过滤体积为 V 的料液所需时长；t_2 为在时间点 t(以分钟计)过滤体积为 V 的料液所需时长。

SDI通常用于估算膜清洗间隔时长，以及膜组件是否可以在没有额外预处理的情况下使用。然而，SDI的使用受到了质疑，将它作为一个重要的监测参数被描述为是一个“危险的错误”[15]。

修正污染指数-微滤($MFI_{0.45}$)

修正污染指数(Modified Fouling Index，缩写MFI)可以获得浓度与通量衰减的线性关系，但仍不能准确预测通量的下降。Boerlage等人[8]认为，反渗透污染是由MFI中使用的微滤(MF)膜所不能截留的较小胶体引起的。考虑到实际污染机制的复杂性，这并不意外。为确定MFI，使用了与测量SDI相同的设备，在210 kPa压力下每20 min测量一次在20 s内收集的滤液体积。数据表示为 t/V 对 V 的关系，且 $\tan\alpha$ 由斜率确定[3]。MFI(s/L^2)计算如下：

$$\mathrm{MFI} = \frac{\eta_{20}}{\eta_T}\frac{\Delta P}{210}\tan\alpha \tag{8-6}$$

式中：η_T 为水在温度 T 时的黏度；η_{20} 为20℃时水的黏度。

该方程是基于Karman-Kozeny关系和不可压缩滤饼的假设[19]。MFI也称为$MFI_{0.45}$，因为使用的是与SDI相同的过滤膜。某些应用还介绍了$MFI_{0.05}$的使用，即膜的孔隙大小为0.05 μm。MFI和SDI都低估了实际观测到的污染[19]。

超滤修正污染指数(MFI-UF)

由于SDI和MFI不考虑较小的胶体尺寸，因此开发了一种使用超滤(UF)膜的新指标[5]。Boerlage等人[8]将MFI-UF作为超滤膜的切割摩尔质量(1~100 kg/mol)的函数进行测量，得到的值从2000~13000 s/L^2(对比MFI的1~5 s/L^2)不等。其较高的值是由于较小胶体的截留以及被截留颗粒的滤饼过滤所致，但与切割分子量(MWCO)的相关性不显著。虽然膜的其他特性是造成结果变化的部分原因，也要注意到这一尺度(超滤 MWCO)①的物质对应的污染是复杂的，不能仅仅归因于颗粒。切割摩尔质量为 13 kg/mol 的膜被确定为最适合用于测试。

Boerlage 等人[19]进一步使用 13 kg/mol 的超滤膜(估计孔径为 9 nm)测量污染的潜力和预处理的有效性，并将结果与 SDI 和 $MFI_{0.45}$ 进行了比较。MFI-UF 可以在恒流或恒压模式下运行。因为 MFI-UF 捕获到的是更小的粒子，它的值实际上比 $MFI_{0.45}$ 高 400~1400 倍。MFI-UF 也可用于确定预处理降低污染潜力的有效性。Roorda 和 Van Der Graaf[9]利用 MFI-UF 测定了超滤膜的污染潜力，及其与膜类型的相关性。

作为一般评价，Reiss 和 Taylor[20]比较了三种用于探讨污染的参数——SDI、MFI，以及水的 MTC 的线性关系。该项工作使用了三套分别采用活性炭、微滤等不同预处理的纳滤中试系统。但实验没有得到不同参数之间的相关性，说明(上述)模型所依据的过滤规则可能不适合纳滤。因此，这些参数需要谨慎使用。

显然，防止快速污染是很有吸引力的研究。目前还不清楚用这些指标在整体上确定污染的效果如何——找到一种将颗粒污染的指标与针对有机、无机和生物等污染的指标结合起来的方法肯定是有用的。要做到这一点，就需要使用真实的薄膜，而进行此类测试的一种方案是将搅拌槽实验与过滤条件下的生物膜形成速率(BFR)的测试进行结合。通常很难在实验室条件下模拟真实的污染，因此还有待开发合适的测试方案。

生物膜形成速率(BFR)

生物膜的形成依赖于系统中对微生物有利的条件。有关生物污染的详情记载于第 8.7 节。Van Der Kooij[21]等人总结了一些评估这类形成的方法，如下：

- 用生长测定法确定 AOC 的浓度。
- 利用悬浮或固定化细菌对 BDOC 进行量化。
- 以浊度为指标测定细菌生长曲线[22]。
- 将某个表面暴露于所涉及水体中，以测量 BFR。

BFR 是生物膜形成的最直接的判断依据，因为它可以说明所有对生物膜的形成有贡献的化学物质，也可以解释浓度波动[21]。BFR 可以通过在线操作的生物膜监测器进行测量，其中活性生物量[以三磷酸腺苷(ATP)为指标]的积累被确定为是玻璃环上时间的函数。BFR 值可以预测清洗间隔，且小于 1 pg ATP/(cm^2 · d)的值允许(系统)长期稳定运行，但(要达到)这一数值通常需要深度预处理[16]；短暂高于 120 pg ATP/(cm^2 · d)的 BFR 值意味着严重的生物污染倾向[23]；而对于这两个极端之间的值，生物污染的发生还依赖于许多其他参数，甚至至今没有

① 编者补充括号内信息。

被研究透。有趣的是，Van Der Kooij 等人[21]发现材料类型[在他们的研究中是玻璃和特氟隆(Teflon)]对形成生物膜的影响很小。这是一个重要研究，需要重复使用不同的膜材料。低浓度的易降解底物增强了 BFR，这证实了对进料中包括低浓度有机化合物在内的化学成分进行测量很重要。Sadr Ghayeni 等人[24]研究了细菌对反渗透膜的黏附随溶液化学的变化，并观察到黏附会随膜类型、离子强度而变化，离子强度较高时附着增加，但与 pH 无关；此外，还研究了调节层这一重要问题，且附着性可能会因该层而异。调节层很可能是通过第 8.3.3 节和第 8.4.3 节中所提及的有机化合物的吸附而形成的。紧随该吸附之后发生的是 Carlson 和 Silverstein 所研究的有机化合物进入生物膜内的吸附，它强烈依赖于有机分子的特性[25]。

8.2.4 膜的解剖

膜解剖是以表面表征为主的技术，可有效地描述污垢的性质和位置。膜解剖的操作如下：将膜元件从装置上取下后堵住端盖以密封膜，随后在阴凉的环境中储存和运输，并且(最好)在 24 h 内进行所有分析[23]。Gwon 等人[26]将膜组件分为 5 个长段，用解剖法研究了沿膜的长度方向上污垢的差异。

以 Vrouwenvelder 和 Van Der Kooij[16]的研究为例，他们采用膜解剖研究了生物污染。解剖包括以下步骤：

· 目视检查元件(颜色、气味、颗粒沉积、缺陷等)及纵向开启元件。

· 选择样本(足够的特殊分布)。

· 分析 ATP 浓度来确定活性生物量，用直接细胞计数总量(TDC)和异向平板计数(HPC)测定菌落(定殖)形成单位(CFU)，用电感耦合质谱(ICP-MS)定量无机化合物。

如果污垢层足够厚，可从表面剥落污垢沉积，然后用各种分析技术对沉积物进行分析，并确定其组成的质量分数。例如，Sayed Razavi 等人[27]剥下由蛋白质、脂质和碳水化合物组成的膜沉积物，用流变学测量确定哪一种化合物优先沉积。这些沉积物也可以用化学方法处理。例如，Cho 和 Fane[28]用苯酚溶液溶解 EPS 沉积物，并开展进一步分析，Lee 等人[29]使用 NaOH 溶液洗脱 NOM 沉积物以进一步细分疏水的、过渡亲水的和亲水的组分。Luo 和 Wang[15]采用 NaOH 溶液解吸和 XAD① 树脂分馏，随后用傅里叶红外光谱—气相色谱/质谱(FTIR-GC/MS)法对有机沉积物进行了表征。源自脱盐系统的有机物被鉴定为脂肪酸、羰基酯以及芳香物种和硅酸盐。Nghiem 和 Schäfer[30]用丙酮解吸微量有机污染物以进行后续定量(分析)。Belfer 等人[31]用超声来辅助硝酸(HNO_3)溶解沉积物，随后进行

① 为 AmberliTe 树脂型号。

的无机成分分析显示有磷酸钙结垢；这是硅及大量的钙和磷酸盐造成的。这种分析通常与表面表征技术相结合。

用于膜解剖的表面表征技术有 X 射线光谱能量色散(EDX)映射或扫描电子显微镜(SEM)[6]。Farooque 等人[32]用 EDX 确定了反渗透海水淡化的纳滤预处理膜上的主要污垢涉及氧、铁、氯、钠、硫和铬元素；SEM 也显示了硅藻的存在(通过硅特征峰的存在而得到证实)。Butt 等人还使用 X 射线衍射法(XRD)来确定结垢所含物种或相的类型；这种方法还能用来确定相对量。该研究显示大多数结垢是无定形的，这是由于存在阻垢剂，且沉积的主体是生物质。Kim 等人[34, 35]为膜的 SEM 和透射电镜(TEM)(表征)制定了合适的方案。这些方法需要较高的真空度，也因此局限于干燥的样品，而且还不一定总能获得污垢层的真实信息。EDX 和 SEM 被用来测定膜沉积的原子组成[36]，图 8-4 显示了用于处理三级市政污水的薄层复合(TFC)膜的典型表征结果示例，其中的污垢被确定是上述生物污染和磷酸钙沉淀的组合[31]。最近，原子力显微镜(AFM)等新技术克服了样品必须干燥的问题，使用这些技术可以分析湿样品，甚至可以将样品浸入水中。另外，该技术的分辨率极高，可以识别单个纳滤孔(见本书封面)，并计算表面粗糙度或测

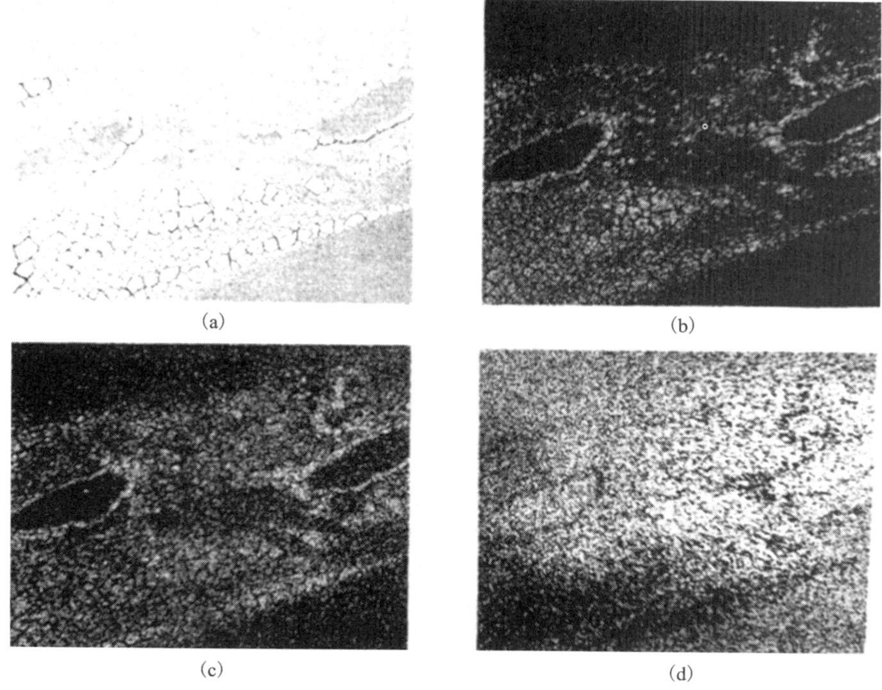

(a)SEM 图片；(b)~(d)分别是钙、磷、硫元素的扫描分析(图片转载自 Belfer 等人[31])。

图 8-4　被市政污水污染的 NF 270 膜的 SEM 和 EDX 图片

量包括污垢与膜之间相互作用力在内的力，从而得到关于机理的结论[37-39]。这些表征技术在第 5 章中有更详细的描述。

衰减全反射傅里叶变换红外光谱（ATR-FTIR）可用于表征污垢的官能团和污垢对膜材料官能团的修饰[36]。例如，Jarusutthirak 等人[40]通过比较洁净膜和被污染的膜的 FTIR 光谱，识别了膜上沉积物相中废水有机物（Effluent Organic Matter，缩写 EfOM）的组分。红外内反射光谱（IR-IRS）是与其类似的技术，可表征膜上沉积层的性质[41]。

8.3 污染机理

纳滤膜上的污染有其独特性，且已知结构致密的膜上形成的污染通常程度较轻。如果污染物能渗入膜内，由于其可能进入膜孔，导致污染的可能性比较大[42]。因此，膜和污染物的特性在膜污染中都起着重要的作用（见第 3 章和第 5 章）。以膜表面电荷为例，我们希望溶质和膜表面具有相同的电荷，以增强排斥，并因此降低沉积的可能性。但是需要注意污垢和膜之间的疏水相互作用可以克服静电斥力[43]。除膜材料的性质外，系统运行模式和膜组件的设计也很重要，其中膜组件在第 4 章中有介绍。

文献中已经用渗透压和串联阻力模型来描述污染，本章在此介绍相关公式，而有关机制的定量描述将在后续章节介绍。根据 Carman[44]、Bowen 和 Jenner[45]的工作，层流条件下通过弯曲多孔障碍的纯水通量由式（8-7）定义：

$$J_0 = \frac{\Delta P}{\eta R_M} \tag{8-7}$$

式中：ΔP 为跨膜压差；η 为溶剂的动力学黏度；R_M 为洁净（未被污染的）膜（即多孔障碍）的阻力。

串联阻力模型描述的是被污染的膜的通量，如公式（8-8）所示。

$$J = \frac{\Delta P}{\eta(R_M + R_{CP} + R_A + R_G + R_P + R_C)} \tag{8-8}$$

阻力 R_{CP} R_A、R_G、R_P 和 R_C 均代表将膜暴露于含污染物的溶液而导致的额外阻力。其中，R_{CP} 是浓差极化引起的阻力，R_A 是吸附引起的阻力，R_G 是由凝胶的形成而带来的阻力，R_P 是孔内污染阻力，R_C 是外部沉积或滤饼形成导致的阻力。这里需要注意的是，阻力种类的选择随文献而异，有些不明确。

根据 Wijmans 等人的工作[46]，式（8-9）所示的渗透压模型是对涉及大分子的阻力的等效描述，并包含了可逆污染，其中 $\Delta\pi$ 是跨膜渗透压差，微滤和超滤的渗透压差通常可以忽略不计，因为被截留溶质（分子量）较大，而渗透压较小。然而，聚合物溶质（大分子）在边界层浓度下能形成显著的渗透压，渗透压也可以并

入 R_{CP} 中[式(8-8)]。

$$J = \frac{\Delta P - \Delta\pi}{\eta R_M} \tag{8-9}$$

可逆通量的下降可以通过操作条件的改变来逆转，就是一般所说的浓差极化。不可逆污染只能通过清洗才能消除，或者根本无法消除。不可逆污垢是由膜上的化学或物理吸附、孔隙堵塞或溶质胶凝引起的。

8.3.1　浓差极化

浓差极化是被截留溶质在膜的边界层积累的现象，由 Sherwood 首次记录[48]。浓差极化在膜表面创建了与主体溶液相比更高的溶质浓度。被截留的溶质通过对流进入边界层，又通过通常更缓慢的反向扩散被带走。达到稳态后，溶质远离膜的反向扩散被认为与对流传质平衡。边界层的浓度对污染和截留都很关键[49]。图 8-5 是浓差极化示意图，同时参考图 8-19 可认为，浓差极化在过滤开始时迅速形成。浓差极化导致过膜通量下降，在纳滤中的主要原因是被截留离子的渗透压增加和被截留有机分子形成凝胶。胶体沉淀物不易被扰动，因此能进一步增强浓差极化。

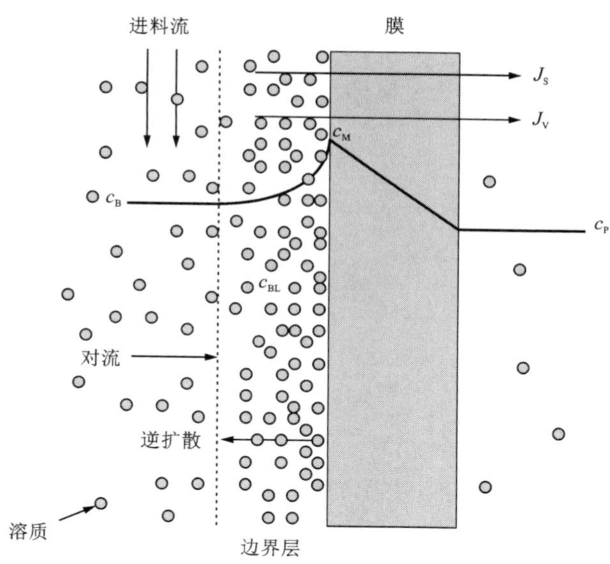

图 8-5　浓差极化示意图

（转载自 Sablani 等人[49]）

膜过程通常存在一个层流边界层(Nernst 类型)，其质量守恒由式(8-10)代表的薄膜理论模型(Film Theory Model)描述[3]：

$$-Jc_{\mathrm{P}}+Jc_{\mathrm{F}}+D_{\mathrm{s}}\frac{\mathrm{d}c_{\mathrm{BL}}}{\mathrm{d}x}=0 \tag{8-10}$$

式中：c_{F} 为进料浓度；c_{P} 是渗透液溶质浓度；D_{s} 为溶质扩散系数；c_{BL} 为溶质在边界层的浓度；x 为相对膜的距离。

以相近的溶质和溶剂密度、恒定的扩散系数和沿着膜(表面)的恒定的浓度为前提，以 $x=0$ 时 $c=c_{\mathrm{M}}$ 和 $x=\delta$(δ 是边界层厚度)时 $c=c_{\mathrm{B}}$ 为边界条件对式(8-10)进行积分，可以推导出式(8-11)。

$$J=k_{\mathrm{s}}\ln\frac{(c_{\mathrm{M}}-c_{\mathrm{P}})}{(c_{\mathrm{B}}-c_{\mathrm{P}})}，其中\ k_{\mathrm{s}}=\frac{D_{\mathrm{s}}}{\delta} \tag{8-11}$$

式中：c_{M} 为决定吸附、凝胶形成或沉淀的膜面溶质浓度；k_{s} 为溶质的传质系数。

在膜的进料侧使用湍流促进因子(如隔板或错流)，可以最大限度地减少浓差极化。

图 8-6 为循环运行超滤系统时典型的通量与时间关系图，其中，循环运行是指交替操作过滤与清洗。该图显示了第 1 个($i=1$)到第 n 个循环($i=n$)的通量，(每个循环中)浓差极化导致通量急剧下降，随后在平均通量下运行直到清洗。纯水渗透率和平均稳态通量从一个周期到后一个周期的下降表明，产率的损失无法通过清洗得到恢复；这种下降会持续，直至达到膜的使用寿命。Nikolova 和 Islam 认为[50]，浓差极化是一个更为平缓的过程。

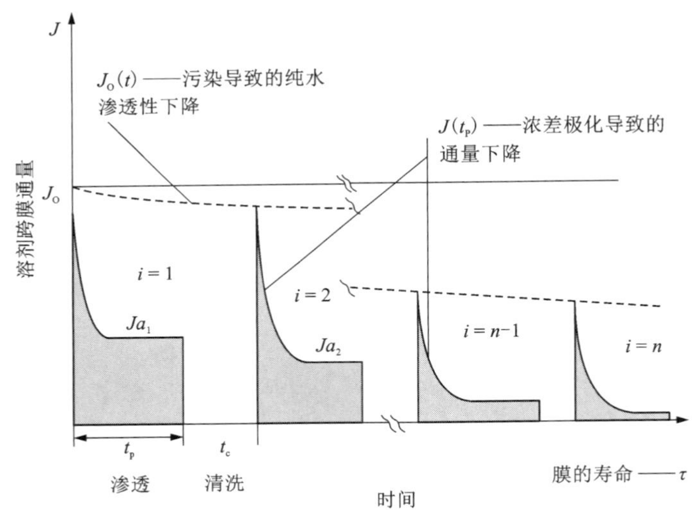

图 8-6　由污染和浓差极化导致的通量随时间下降的示意图

(转载自 Sablani 等的研究[49])

浓差极化效应给核心膜性能参数——截留率——带来了复杂性。这里应该区分观察到的截留率(R_{OBS})和膜的真实或本征截留率(R_0)。前者通常在膜过程中进行测量，并计算如下：

$$R_{OBS} = \left(1 - \frac{c_P}{c_B}\right) \times 100\% \tag{8-12}$$

c_P 和 c_B 分别为图 8-5 中渗透液和进料本体的溶质浓度。本体溶质浓度通常被近似为进料浓度或进料与截留液浓度的平均值。R_{OBS} 不能反映膜的特性；因为浓差极化使(溶质在)膜表面的浓度 c_M 相对 c_B 更高。膜的真实截留率 R_0 定义如下：

$$R_0 = \left(1 - \frac{c_P}{c_M}\right) \times 100\% \tag{8-13}$$

要确定 R_0，需要知道溶质在膜表面的浓度 c_M，而这是无法直接测量得到的。为了估计膜表面浓度，需要有与流速相关的传质系数。Koyuncu 和 Topacik[51] 报道了 R_0 和 R_{OBS} 之间的关系：

$$\ln\left(\frac{1 - R_{OBS}}{R_{OBS}}\right) = \ln\left(\frac{1 - R_0}{R_0}\right) + \frac{J_v}{k_w} \tag{8-14}$$

式中：J_v 为水通量；k_w 为溶剂的传质系数，取决于雷诺数(Re)[51]。

因此，在膜的本征截留率恒定的情况下，浓差极化的增加将导致渗透液浓度的上升，从而使所观察到的截留率降低。

浓差极化通常被认为是一个可逆过程，可以通过加快错流速度，渗透液脉冲，超声或电场来控制[49]。所有这些过程都是为了降低溶质在膜表面的浓度(c_M)。尽管浓差极化本质上是可逆的，但它仍会导致下面这些难以把握的污染机制[49]：

- 溶质的吸附。
- 溶质的沉淀。
- 凝胶层的形成。

为了减少浓差极化和污染，在低于所谓的临界通量下进行操作很重要[49]，这点会在第 8.3.6 节中进行讨论。

8.3.2　渗透压

渗透压与浓差极化密切相关。增加无机或有机溶质的浓度会引起渗透压的上升。该渗透压降低了有效跨膜压差和溶剂通量。无机溶质的渗透压可按下式进行计算：

$$\Delta\pi_{INORC} = \sum j_i \frac{n_i}{V} RT \tag{8-15}$$

式中：j_i 为溶质 i 解离而导致摩尔量增加的因子；n_i 为溶质摩尔数；R 为理想气体常数；T 为绝对温度。

对于高浓度盐（溶液），这个公式是不充分的，此时可以使用 Pfitzer 公式。这种方法已经被 Van Der Bruggen 等人[52]在纳滤应用中所采用。

有机溶质的渗透压可计算如下：

$$\Delta\pi_{ORG} = A_1 c + A_2 c^2 + A_3 c^3,\ 其中\ A_1 = \frac{RT}{M} \tag{8-16}$$

式中：A_i 为维里系数（Viral coefficient），且 A_2 和 A_3 在浓度达到 100 g/L 前可忽略；M 为有机物/聚合物的平均摩尔质量；T 为溶液的绝对温度[50]。

8.3.3 吸附

吸附可以定义为膜与溶质之间的特定相互作用，即使不存在穿过膜的对流[50]。由于增加了流体阻力，静态吸附（无通量时）通常比动态吸附低[30]。

吸附可发生在膜表面或膜孔中，本质上是在溶质与膜接触的任何位置。图 8-7 以简化的形式显示了这一点。

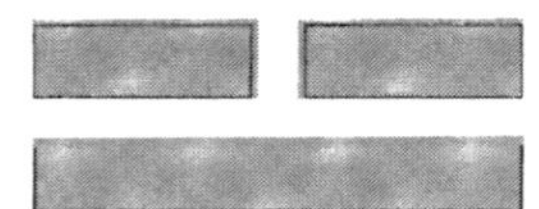

图 8-7　不同溶质与孔径的相对大小对吸附的影响的示意图

吸附量可以通过式（8-17）定义的膜与主体相的分配系数 K（L/m²）来表示：

$$K = \frac{\Gamma}{M \cdot c} \tag{8-17}$$

式中：Γ 为有机物的被吸附量，μg/m²；M 为被吸附化合物的摩尔质量，g/mol；c 为溶液中溶质的平衡浓度，mmol/L。

Van Der Bruggen 等人[2]用有机物浓度为 1 g/L 的溶液观察到了高达 59%的通量下降的现象，Combe 等人[53]也测定了污染物-膜的分配系数，且这些研究人员还考虑了溶液的体积。

在 Van Der Bruggen 和 Vandecasteele[54]的工作中，用修改过的 Freundlich 公式来直接描述由测量通量递减得到的吸附：

$$J_v = K_f \cdot c^N \tag{8-18}$$

式中：J_v 为水通量[L/(m² · h)]；K_f、N 为参数。

在过滤中，吸附量可用以下公式描述的质量平衡来确定：

$$c_F V_F = A\Gamma + V_P \sum_{i=1}^{n} c_{Pi} + c_C V_C \tag{8-19}$$

式中：A 为膜面积，cm^2；Γ 为单位表面积上溶质的吸附量，ng/cm^2；i 为渗透液样本的数量；c_F、c_P、c_C、V_F、V_P、V_C 分别为进料、渗透液和浓缩液的浓度和体积。

用这个公式来确定吸附量时要假定所有的溶质都被吸附。对于更高的浓度，沉积量是更准确的表达。

8.3.4 形成凝胶层

凝胶层被认为是有机溶质在膜表面的沉淀。这一过程通常发生在浓差极化导致有机物在膜面的浓度超过其溶解度的情况下。凝胶的形成并不一定意味着不可逆的通量下降。凝胶层的形成如图 8-8 所示。

图 8-8　吸附之后形成凝胶层的简化示意图

凝胶极化模型基于稳态下通量达到某个极限值的事实，此时压力的增加不再带来通量的增加。根据凝胶极化模型，在这个(通量)极限值下，溶质在边界层中达到溶解度极限，从而形成凝胶。式(8-20)描述了对应 100% 截留率的极限通量，其中 c_G 为凝胶浓度，若超过这个值，边界层浓度就无法增加。

$$J_{\lim} = k_s \ln \frac{c_G}{c_B} \tag{8-20}$$

该模型不涉及膜的特征，且通量预测值一般比(实际)观测值更低。将 D_s 用于凝胶层而不是主体溶液，可以(使预测)得到改善。

8.3.5 形成滤饼和膜孔堵塞

Belfort 等人[55]提出微滤中大分子污染的五个阶段，这在一定程度上适用于纳滤。这五个阶段是大分子的快速内吸附，第一亚层的形成，多个亚层的形成，亚层的致密化和主体黏度增加。

对于地表水等稀释的悬浮液，可以忽略第五阶段。(膜污染)①对颗粒大小的依赖性可以描述如下：$d_{溶质}<d_{孔}$，在孔壁上沉积，限制孔隙大小；$d_{溶质}\sim d_{孔}$，孔隙

① 编者补充。

阻塞或堵塞；$d_{\text{溶质}}>d_{\text{孔}}$，滤饼沉积，随时间压实。

这些原则的详细说明如图 8-9 所示。对于比膜孔小得多的溶质，内部沉积最终会导致孔的减少。与膜孔大小相近的溶质会导致膜孔被快速堵塞。比膜孔大的颗粒将以滤饼的形式沉积，其孔隙率取决于多个因素，包括粒度分布、聚集体结构和压实效果。小颗粒在膜孔内被吸附的过程与膜孔堵塞相比可能比较缓慢；对于膜孔堵塞，单个粒子可以完全堵住一个孔，因此其通量的下降应该更严重。如果膜是无孔的，溶质的沉积发生在膜表面，其中较小的溶质一般形成渗透性更小的沉积。

Chang 和 Benjamin[56] 指出，有机胶体沉积和凝胶层形成的机制需要用到不同的模型，然而许多作者没有区分开凝胶和滤饼的形成，或为了简化问题而将这些机制(统)称为沉积形成。要进行区分并不是那么简单，特别是考虑到凝胶复合物的聚集可能在实际上形成了更多颗粒或胶体的沉积。

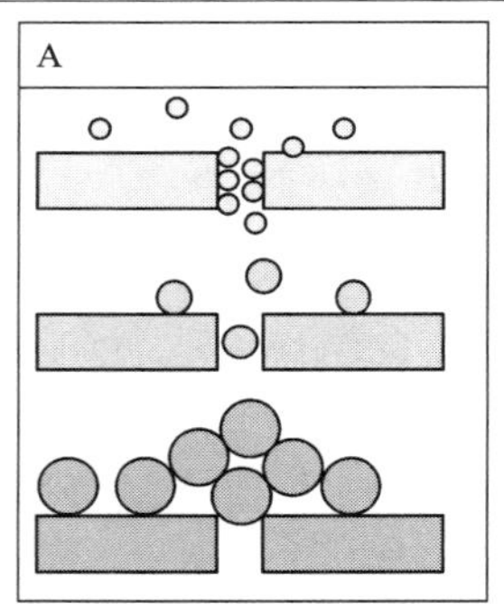

孔和表面污染：

孔吸附($d_{\text{溶质}}<d_{\text{孔}}$)：胶体或溶质吸附在膜孔内壁，使有效孔径缩小，通量下降

孔堵塞($d_{\text{溶质}}\sim d_{\text{孔}}$)：与膜孔径大小相似的胶体或溶质完全将孔堵塞，造成孔隙率降低，通量下降

形成滤饼($d_{\text{溶质}}>d_{\text{孔}}$)：胶体或溶质比膜孔径大，由于筛分作用被截留并在膜表面形成滤饼，通量下降取决于孔对颗粒的尺寸比(滤饼层的渗透率和厚度也很重要)

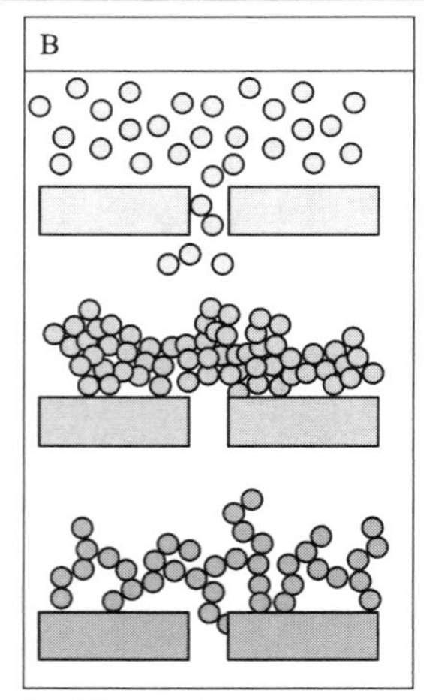

胶体和溶质稳定性的影响：

稳定的胶体：尺寸小于孔径的将不会被截留，除非被膜材料吸附了

致密的聚集物：慢慢凝聚而成，会被膜截留并在表面形成滤饼。聚集物是否塌陷取决于作用其上的力及其稳定性，除非聚集物以大颗粒的多孔滤饼沉降，否则穿过其内的通量很低

疏松的聚集物：快速团聚而成且会被截留。这种团聚物在膜表面形成滤饼。聚集物是否塌陷取决于作用其上的力及其稳定性。若开放式聚集物的结构能够保持稳定，则穿过其内的通量较高

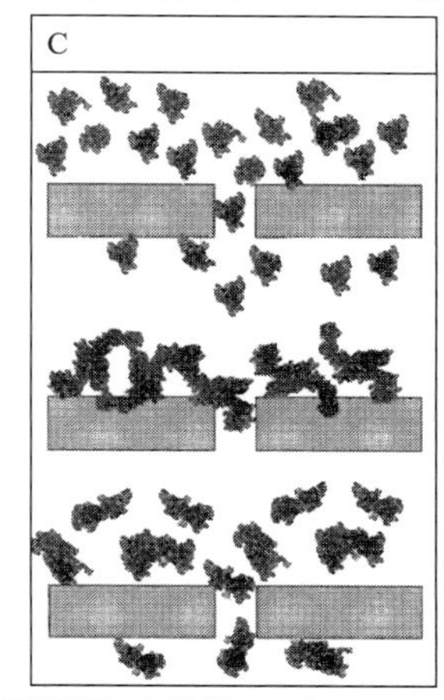

溶质之间的相互作用：

胶体<孔径，且被有机物稳定(举例)：不会被膜截留，除非被膜吸附或者在高盐情况下脱稳

聚集体在形成之后吸附有机物(举例)：会被膜完全截留，但可能会穿透膜的表层，这也可能是因为有机物被多价阳离子脱稳

部分聚集且脱稳的胶体：比如，盐、胶体和溶解的有机物存在的情况下，各种溶质以多种形式相互作用，形成小的、分散的聚集体而堵塞膜孔

图 8-9　胶体-有机污染原理

8.3.6　临界通量和运行条件

临界通量源于以下概念：通量越高，朝向薄膜的拖曳力越大，胶体沉积越明显，浓差极化更强，边界层的厚度和溶质浓度增加，沉积物的压实度也越高。通量越高，沉积物的分散性就越差。

临界通量定义为通量的极限值，低于该值时通量不再随时间下降[57]。传统上，临界通量的定义由多孔膜过滤颗粒物衍生而来。Manttari 和 Nyström[10] 描述了临界通量的强、弱形式。强形式描述的是实际通量开始偏离清洁水通量(CWF)的现象，而弱形式被认为是流量随着压力的增加而不再是线性变化。这些现象在图 8-10 中进行了说明。其中，实线为 CWF 与压力的线性关系，虚线为渗透通量与压力的线性关系；空心圆和实心圆分别为压力递增和递减后的渗透通量；正方形图标代表在最高压力下过滤后的通量值(因此有显著的不可逆污染)。

临界通量受多个参数的影响。错流速度和溶质浓度分别提升和降低临界通量。溶质和膜之间的排斥对高摩尔质量的多糖而言会增加临界通量，但对造纸工业废水而言只发现了弱形式的临界通量[10]。一些作者注意到，污染层的厚度主要取决于初始通量[27]。Gwon 等人[26] 对比了纳滤和反渗透的污染，发现纳滤中的污垢层主要是有机的，且可以完全去除；而反渗透中的污垢包含无机和有机成分，无法完全去除。反渗透膜组件末端的结垢最为严重，表明错流速度降低和浓度增加的重要性。但需要说明的是，膜组件末端的通量通常低于膜组件入口处的。

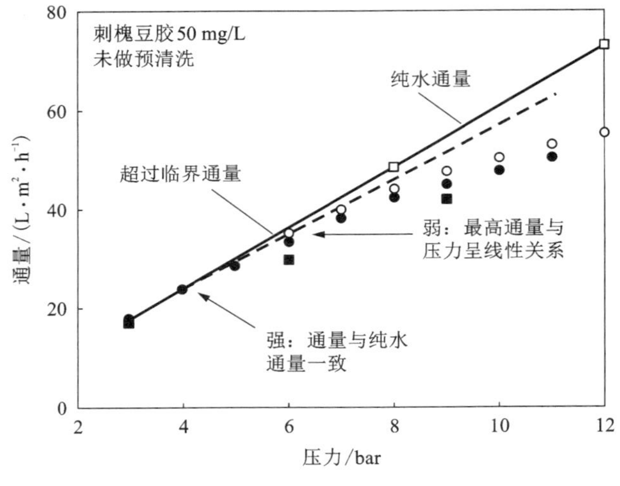

不同曲线来自不同的实验。

图 8-10　纳滤中的临界通量

(改编自 Mänttäri 和 Nyström[10])

8.3.7　其他污染机理

在纳滤过程中，离子物种的截留导致膜表面形成了离子的浓缩层(称为盐浓差极化)，这带来了跨膜渗透压差的降低。亚微米胶体具有高度的布朗特性，即它们受扩散和对流传递机制的影响。此外，小粒胶体的聚集和沉积还受到胶体作用力的强烈影响[58]。被截留的离子溶质的极化层大大降低了排斥性静电相互作用，从而加剧了纳滤膜的胶体污染。此外，膜表面附近的浓溶液可能会导致有机大分子和盐的沉淀及聚集，在这里被截留离子溶质的浓度高于主体溶液。这些聚集物的作用可能类似于非常小的胶体(通常<500 nm)，并因为没有以溶解的形式被预处理去除而造成严重的污染。因此，进料溶液的化学性质和膜对离子的截留是胶体滤饼层形成的关键。

被截留的溶解性物质的和其他(有机、无机或生物胶体)物质在膜表面的聚集为其他污染机制提供了可能。这些机制起因于被截留的盐与胶体穿过浓差极化层时和在膜表面时的相互作用。图 8-11 是这种情况的经典示意图，它假设一个停滞的滤饼层随流经其上的盐和胶体极化层而发展。此外，对(溶解性)溶质传质的因素的分析揭示了胶体滤饼层和盐浓差极化层之间的某种潜在相互作用。增大主体流速会增加剪切速率，并相应地提升传质。然而，对传质最具影响力的变量是溶质的扩散系数($k_s \propto D^{2/3}$)。

有人提出，被截留的盐离子的相互扩散系数可能在胶体沉积层中受到阻碍（如图 8－12 所示）[61]。盐的受阻扩散系数被用来描述反渗透/纳滤膜过滤中胶体滤饼层—浓差极化层的相互作用[60-64]。结果阐明，一个单一的机制——"滤饼层强化浓差极化"——能够描述所观察到的由纳滤（和反渗透）胶体污染导致的大多数通量衰减及盐截留率降低的情况。总的传质系数被认为是两个传质系数的和，其中一个描述了盐从膜表面穿过滤饼层的反扩散，另一个则是关于穿过盐浓差极化层的其余部分。

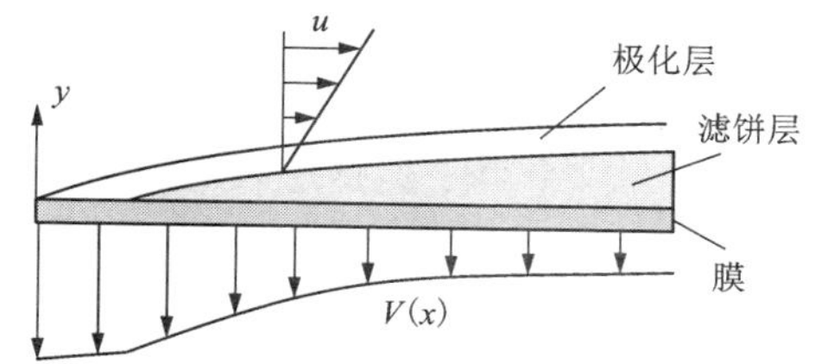

滤饼和浓差极化层的形成，以及渗透通量沿轴向相应衰减。

图 8-11　错流纳滤工艺示意图

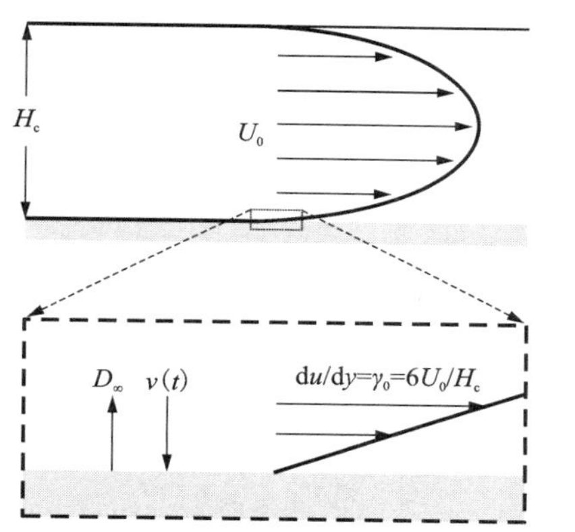

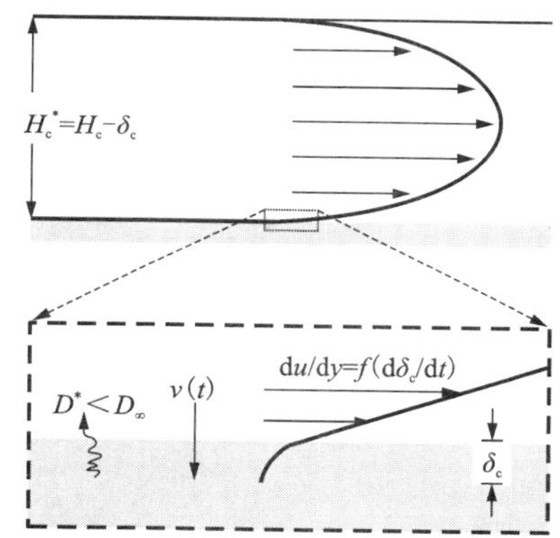

切向流速 U_0 和盐离子扩散系数是确定盐浓差极化层内传质的重要参数。存在胶体沉积层的情况下，切向流和盐离子反扩散可能局部受阻，因此膜表面盐浓度及由此产生的跨膜渗透压被提高。

图 8-12　膜的错流过滤中受阻传质的概念图

将受阻传质系数代入式(8-11)，求解跨膜渗透压差：

$$\Delta\pi_m^* = f_{os} c_B R_0 \exp\left\{\frac{J}{k_s} + v\delta_c\left[\frac{1-\ln(\varepsilon^2)}{D_s\varepsilon} - \frac{1}{D_s}\right]\right\} \tag{8-21}$$

式中：$\Delta\pi_m^*$ 为滤饼增强反渗透压。

式(8-21)中括号内的项考虑的是薄的滤饼层，即剪切流场不因滤饼的存在而发生改变，且仅有受阻扩散参与削弱传质。被降低的盐扩散系数被表达为 $\varepsilon D_\infty/\tau$［曲折度，$\tau$，被近似表达为 $1-\ln(\varepsilon^2)$］[61, 63]。式(8-21)右边只有 ε（滤饼层的孔隙率）不是已知常数，或者说它需要通过实验获得。

这个发现的更为重要的含义是，任何在截留无机盐的(纳滤/反渗透)膜表面聚集的物质都有可能捕获离子，增强跨膜渗透压差。因此，纳滤中最普遍和最顽固的污染物，即生物膜、结垢和有机质导致的滤饼增强渗透压差可能在(纳滤)膜污染中起着重要作用，但这还有待证明。此外，无机盐被污染物沉积层捕获的机理有助于解释与纳滤膜污染有关的无机盐截留率的衰减，盐离子被滤饼层捕获导致膜表面的盐浓度，以及驱动盐穿过纳滤膜进行传递的化学势梯度上升。高电荷密度的大分子污染(如蛋白质、HA 和 FA 等)如果形成了致密的滤饼层或凝胶层，可能会截留盐离子和其他溶解性物质。在这种情况下，被增强的浓差极化现象可能被抑制。下文将更详细地讨论这些相互作用。

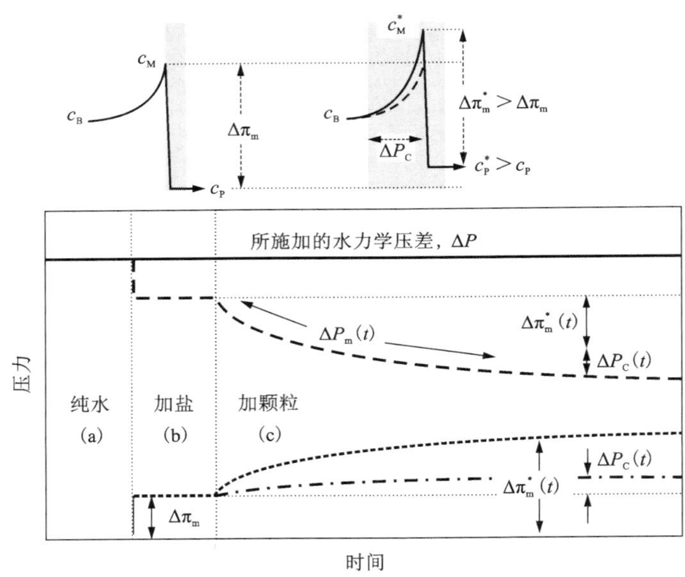

初始阶段，操作压力和膜(水力学)阻力控制了纯水通量(a)。对于简单的电解质进料溶液(b)，跨膜渗透压差($\Delta\pi_m$)由于被截留的盐离子在膜表面的积累而瞬间建立。跨膜压力是所施加的压力与跨膜渗透压差的差值。在胶体粒子被加入料液的瞬间(c)，它们就开始在膜表面积累并形成滤饼层。穿过静止的胶体滤饼层形成了水力学压降，它随着滤饼层厚度的增加而增大。更重要的是，因为滤饼层内的传质(盐离子的反传递)受到阻碍，被截留的盐离子的浓度在滤饼层内逐渐上升。当膜的盐截留率很高的时候，所产生的滤饼增强渗透压差($\Delta\pi_m^*$)可以比跨滤饼层水力学压力差高出一个数量级。

图 8-13　根据 Hoek 等人的实验，恒压操作下滤饼增强浓差极化对通量产生影响的概念图[61, 64]

8.4　有机污染

有机物以多种方式与膜发生相互作用，不仅仅有某个单独的相互作用机制起作用。(相互作用)①机理与分子的有机类型和化学特性，以及它们对膜材料的亲和力密切相关。第 20 章介绍了溶质—膜相互作用的某些机理。

8.4.1　有机污染的介绍和定义

有机污染由于溶解的或胶状的有机物质的吸附或沉积而引起不可逆的通量下降。这可以是分子水平或单分子层吸附，膜表面凝胶的形成，有机胶体的沉积或形成滤饼，也可以是进入膜内的分子限制和堵塞膜孔。这些有机污染可能非常严重和持久。如 Roudman 和 Digiano[65]所报道的，即使是严格的化学清洗也不能将 NOM 从纳滤膜上去除。

8.4.2　常见的有机污染物

有机物在污染中扮演着重要的角色，并以多种方式起作用。首先，有机物可能吸附或沉积在膜上，导致膜的表面特征、膜的通量和污染行为发生变化。其次，有机物可作为微生物的营养源而促进生物污染的发展。再次，有机物可能吸附在胶体上，使小胶粒稳定且更难以在预处理中除去。事实上，在自然环境中，胶体由于吸附了天然有机物而通常带有负的表面电荷，这会促使胶体稳定化[66, 67]。胶体稳定的程度取决于吸附有机物的量。最后，还有学者把有机物本身描述为“胶体”。

在水和废水工业中，天然的和废水中的有机物是广为人知且被透彻研究的污染物。NOM 主要由所谓的腐殖质组成[4]。废水有机物(EfOM)是废水中与 NOM 对应的物质，主要通过腐殖质和多糖的吸附、表面积累或孔隙堵塞等方式污染膜[68]。Wiesner 等人[69]确定了四种属于强污染物的 NOM，它们是蛋白质、氨基糖、多糖和多羟基芳烃。在污水处理领域，多糖也被证实是与污染有关的化合物[43]。Jarusutthirak 等人[40]进一步细分并表征了 EfOM，分离出了下面的组分：

· 由多糖、蛋白质、氨基糖组成的具有亲水特征的胶体 EfOM。

· 具有腐殖质特征的疏水性 EfOM(高芳香性和羧基官能团)。

· 同样具有腐殖质特征的过渡亲水性 EfOM。

· 含低摩尔质量酸的亲水性 EfOM。

Lee 等人[29]确定了亲水性和疏水性组分均显著吸附于超滤膜，而过渡亲水性

① 编者补充。

NOM(主要由亲水酸组成)吸附得很少。

图 8-14 为地表水中若干个 NOM 样品的腐殖化图。在左下角可以看到地表水与 EfOM 的关系，此处显示了污水处理厂中 FA 的大致位置。EfOM 和 NOM 的特性以及它们的组分的特性在不同的污染特征中得到了反映。

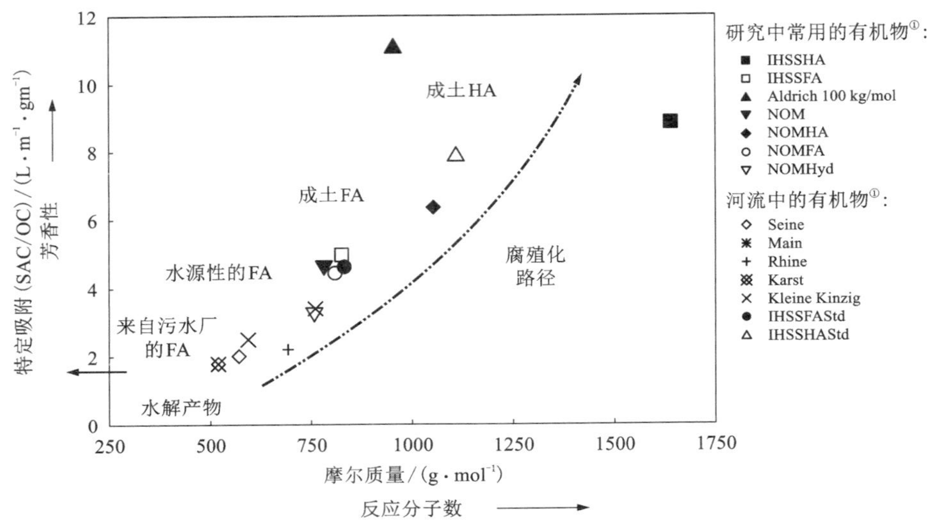

图 8-14 针对 Huber 报道的多种地表水和水研究中使用的有机化合物而绘制的显示摩尔质量和芳香性的腐殖化图

(改编自 Schäfer 等人[71]的研究)

Nyström 等人[42]研究了一些有机分子的污染特性。蛋白质含量较高的淀粉会对膜产生严重的污染。多糖和腐殖质的污染情况表明，当有机物带有电荷时，吸附受 pH 的影响，且当电荷排斥量最低时，吸附量最大[43]。此外，溶质-溶质相互作用也会导致污染。但是到目前为止，人们对这些相互作用了解甚少。

包裹着微生物的 EPS 由良好依附于表面的生物膜产生，从细菌细胞上移除后，也可能造成孔堵塞，如本章中的生物膜部分所述。Chang 和 Lee[72]将膜污染和应用膜生物反应器(MBR)时的 EPS 含量联系起来，并建议可将 EPS 含量作为污水(处理)应用的给水污染指标。Cho 和 Fane 证实了 EPS 在 MBR 污染中的重要性，他们确定了污染分两个阶段发生：首先是 EPS 在微滤膜上平缓地沉积，随后是快速而突然的生物质增长，此时需要清洗膜。虽然地表水中的多糖浓度相对较低，但 Amy 和 Cho[73]识别出多糖是超滤和纳滤处理地表水过程中的优势污染物。

① 具体含义请参考原文。

污染物在混合物中的行为是一个更深层次的问题。例如，Mackey[74]用不同的模型化合物(如多糖、聚羟基芳烃、蛋白质)研究了超滤膜和纳滤膜(纤维素酯和科氏 TFC-SR)的污染。较大的化合物(多糖和蛋白质)会引起更严重的污染，且在混合物中的污染性更强。

8.4.3 吸附

有机化合物的吸附是造成纳滤膜污染的重要原因。事实上，吸附往往被认为是膜污染的第一步。有机化合物的吸附可看作一种调节层的形成，它允许细菌进而生物膜的附着。吸附还会引起孔隙变窄，这可能是孔隙堵塞的前兆。例如，腐殖质的吸附已被证明发生在孔内和膜表面[53]。有机分子被吸附进入膜矩阵时改变了膜的自由体积。根据分子的不同，相互作用可以使自由体积及由此产生的通量增加或减少。例如，Nyström 等人[42]指出，香草醛的小分子在荷电状态下会导致通量增加。链段较长的荷电分子因电荷排斥而不与膜发生相互作用，没有造成污染；蛋白质则带来了非常严重的污染。NOM 的吸附使膜更加亲水，因此有利于水的渗透。

Nikolova 和 Islam[50]有关右旋糖酐超滤的研究表明，吸附层是引起通量下降的主要原因，这与渗透压的影响相反，尽管此案例中的吸附是可逆的。吸附是由浓差极化决定的膜表面浓度与被吸附有机物之间的平衡。根据 Nikolova 和 Islam[50]的研究，吸附和浓度之间的这一关系是线性的。其他作者则更多地从机理层面描述黏附作用，例如，当吸附分子与膜接近到足以产生相互作用时，由于双(电)层相互作用或水合作用力而发生黏附[27]。

Carlsson 等人[41]对纸浆厂废水进行超滤研究时发现，水合木质素磺酸盐会被吸附到膜表面，随后是纤维素低聚物的沉积。

Champlin[75]研究了有颗粒物质存在的情况下 NOM 吸附对纳滤膜的影响。NOM 的吸附率能达到 NOM 总量的 12.6%。但有趣的是，这种吸附在颗粒物存在的情况下降低了。假设的机理是颗粒起到了摩擦冲刷的作用，或者作为另一种吸附剂与 NOM 争夺膜表面。

吸附要么是更严重的污染的前兆，要么自身会造成严重的污染。有机化合物的吸附也会改变膜的表面特征(如增加疏水性或膜电荷)，从而导致通量发生变化。许多学者讨论了 HA 对膜表面电荷的影响[76-78]，研究表明 HA 对膜表面电荷有较大的影响(被观察到的通常是更负的电荷)，且被吸附的有机物通过它们的官能团实际上主导了表面电荷。疏水膜对有机物的吸附更强[53]。芳香性更强的化合物的沉积似乎也较强，并且钙的存在也对此有所帮助[79]。多价离子的作用是多方面的[80]：首先，有电解质存在的情况下电荷斥力可以被削弱；其次，阳离子可以在具有相同电荷的污染物和膜之间形成桥联；最后，它可能会改变污染物分子的构型。腐殖质的吸附也被证明可以改变膜的疏水性[81]。作者预计，与极性键相反，污染物和膜之间形成非极性键时的污染会更加严重。

化合物和膜的许多特征对吸附很重要，如水溶性、偶极矩、辛醇水分配系数、表面电荷、疏水性、分子大小/质量和膜的 MWCO 或孔径。膜的表征方法在第 5 章有详细描述。有机物的吸附污染并不总是随着膜的负电荷和亲水性的增加而减少。事实上，膜的氧化增加了负电荷、亲水性和 HA 的吸附。Jarusutthirak 和 Amy[68]发现带负电荷的膜会吸附 EfOM 的疏水性组分。

Freundlich 等温线实际上已被其他作者证实对 NOM 的吸附有效[75]。

Nghiem 和 Schäfer[30]发现了对某些纳滤膜而言有突破意义的现象，可归因于污染物在非常低的浓度(ng/L)下的吸附。吸附量取决于污染物可能穿透活性层的程度。当化合物未解离时，吸附依赖于吸附量较高的污染物的 pK_a。牛血清白蛋白(BSA)与细胞膜的疏水相互作用在等电点(IEP)被超越时会降低，Jones 和 O'Melia[82]观察到了类似的趋势。第 20 章总结了膜组件中痕量污染物的吸附量。

实际控制吸附的相互作用机制尚不完全清楚。Roudman 和 Digiano[65]指出，NOM 与膜之间的酸碱相互作用和氢键的形成占据支配地位。在第 20 章中，氢键的形成也被认为是 TFC 膜吸附一些微量有机化合物的主要机理。到目前为止，要辨别氢键的形成和疏水相互作用并不容易。

化合物对膜的吸附越强，膜通量衰减就越大[2]。分配系数似乎随偶极矩而增大，表明可能存在电荷相互作用；分配系数也会随着辛醇水分配系数(K_{ow})及疏水性而增加。换句话说，膜与有机物之间的疏水相互作用导致通量下降。水溶解度描述了分子的极性特征，但未被发现与吸附有相关性。知道疏水相互作用的重要性，就不奇怪为什么一再有报道说疏水膜污染更严重了。

吸附可以发生在膜表面和孔内[53]，这取决于孔隙大小、分子大小和形状，以及可以改变有机物结构和形状的溶液化学[83](特性)。Chang 和 Benjamin 估计 NOM 的单层吸附厚度约为 1.6 nm，大于典型的纳滤孔隙尺寸。因此，如果存在孔隙，这种吸附会导致孔隙的缩小或堵塞。

8.4.4 凝胶层的形成

当超过非晶体溶质的溶解度时，就会形成凝胶；有机分子在有盐和电中性条件下发生絮凝时的情况通常如此，比如，表面浓度由于浓差极化而上升[84]。后文介绍了关于混凝的更多细节(见第 8.4.7 节)。不能进入或穿过膜的大分子在膜表面形成的沉积物最终将达到稳定的厚度。错流有望减少浓差极化这种现象[84]。Chang 和 Benjamin[56]估计，如果不受干扰，这种薄膜在去除水中 NOM 的大型系统中可以每天 0.3 μm 左右的速度生长。作者假设凝胶层的密度为 1 g/cm^3，含水量和 NOM 的含碳质量百分比均为 50%，计算得出厚度为 0.3 μm 的凝胶层每平方米需要 75 mg 的溶解性有机碳(DOC)，这大概是一个典型的水处理系统所接触的有机碳的 1%左右。

Jarusutthirak 等人[40]在 EfOM 过滤过程中观察到了胶体的生成，原因是 EfOM 中胶体组分的摩尔质量较大以及纳滤膜的 MWCO 较小。疏水和过渡亲水性组分被认为也会造成由疏水相互作用引发的凝胶层，而电荷排斥减少了荷电分子形成的膜污染。

8.4.5　滤饼层的形成

Seidel 和 Elimelech[84]认为 NOM 污染是渗透拖曳和钙“键联效应”的结合，即流体动力学和化学相互作用之间的耦合。作者指出，渗透拖曳可以克服双(电)层的排斥力，并在典型的工作条件下导致污染物的沉积。这一观测结果有力地支持了第 8.3.6 节中的临界通量现象。污染物与膜之间的排斥力在通量低于临界值时可能强到足以防止沉积。而钙会对一些污染预防措施(比如错流)产生不利的影响。Hong 和 Elimelech[80]将溶液化学(特性)与具有不同特征的膜沉积(见图 8-15)关联。该图也说明了由溶液化学(特性)引起的污染物构象的变化。NOM 在高离子强度、低 pH 和多价离子存在时携带的电荷较少，其分子会盘绕起来，沉积形成牢固的滤饼。如果 NOM 官能团之间的斥力增强，那么滤饼层就不会很黏，且更加多孔。这里需要注意的是，“溶液化学”不仅指料液特性，还包括边界层的条件。

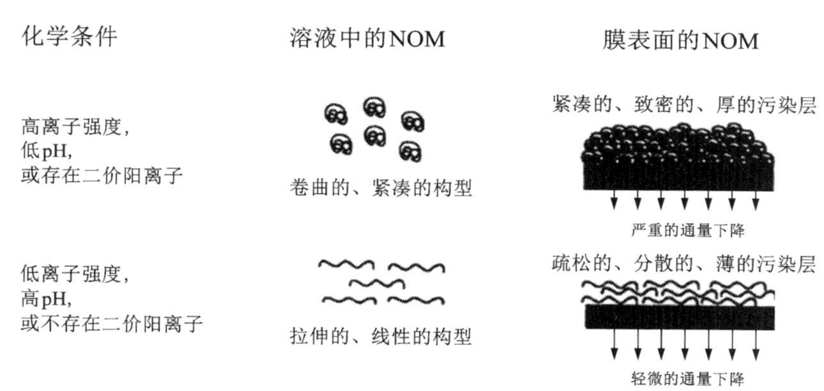

图 8-15　溶液化学对 NOM 在膜表面沉积的影响

(改编自 Hong 和 Elimelech[80])

在有空间的地方会形成这种滤饼沉积物——如果孔隙足够大，那么这一过程还伴随着孔的穿透、受限和堵塞。

8.4.6 膜孔的堵塞

孔隙堵塞主要由有机分子的大小和膜孔的大小决定。吸附在膜孔堵塞中起着重要作用，其中孔隙起初由于进入膜孔的分子的吸附而受到限制。这也被称为孔的收缩[85]。当然，孔隙堵塞在溶质不完全截留时也可能发生[50]。Chang 和 Benjamin[56]认为，对于纳滤膜和致密超滤膜，被捕获分子导致的孔收缩是堵塞的主要机理；而对于松散膜，表面凝胶层的形成是一个更为重要的堵塞过程。Cho 等人[86]也证实了这一点，超滤中的孔隙堵塞导致通量快速衰减，之后是剩余孔隙的逐渐收缩和闭合。Hong 和 Elimelech[80]观察到，NOM 在低 pH 条件下有很强的吸附和孔堵塞作用。

Jarusutthirak 等人[40]发现，EfOM 中的胶体是孔隙堵塞的主要原因，这一机制主导了污染。

对于小到可以穿透膜结构，但又大到足以在膜结构中遇到阻力的化合物，预期会发生孔隙堵塞[2]。这种效果可能是分子本身的大小或溶质—溶质相互作用所导致的。

8.4.7 溶质—溶质相互作用和盐的影响

料液中的盐，尤其是阳离子对污染有各种各样的影响。首先，阳离子可能导致有机污染物与膜之间的桥接[84]。其次，阳离子可能与有机物形成络合物，且在较高的盐浓度下可引起混凝或沉淀以及凝胶层的形成。这些复杂的相互作用至今尚未得到很好的解释。有机物还可以作为多价阳离子的配体(更多细节见第 7 章)，形成具有特定相互作用的络合物，并影响无机物的截留和结垢。这一点可在图 8-16 关于 HA 和钙(方解石结垢)的电镜图像中看到。

已知钙和其他多价阳离子会增强有机污染，Li 和 Elimelech[87]用 AFM 证实了之前提出的机制，即钙在有机污染物和膜的官能团之间形成桥接。Seidel 和 Elimelech[84]声称，NOM—钙的络合和聚集也会导致污染。

盐会进一步影响溶质与溶质的相互作用，并可能增强有机物的混凝和聚集。

Wall 和 Choppin[88]对 Ca^{2+} 和 Mg^{2+} 引起的 HA 混凝进行了全面的研究，并证实 Derjaguin Landau Verwey Overbeek(DLVO)理论适用于这类有机物，尽管事实上它们的尺寸分布在分离之后会随时间而变化。当个别胶体有双(电)层相互作用时，这种腐殖质胶体系统就会失稳，从而发生沉淀或混凝。HA 的临界混凝浓度(CCC)为 0.1~1 mol/L(NaCl)、1~5 mmol/L(Ca^{2+})、10~50 mmol/L(Mg^{2+})，这是某些膜的边界层条件的实际范围。在离子强度(NaCl)很高时，分子胶体被重新稳定，混凝被阻止。混凝也随着 pH 在 4~8 范围内的降低而削弱，导致了 CCC 的 pH 依赖性(pH 2.5、4、7 对应的 CCC 分别为 1 mmol/L、100 mmol/L 和 3 mol/L)。

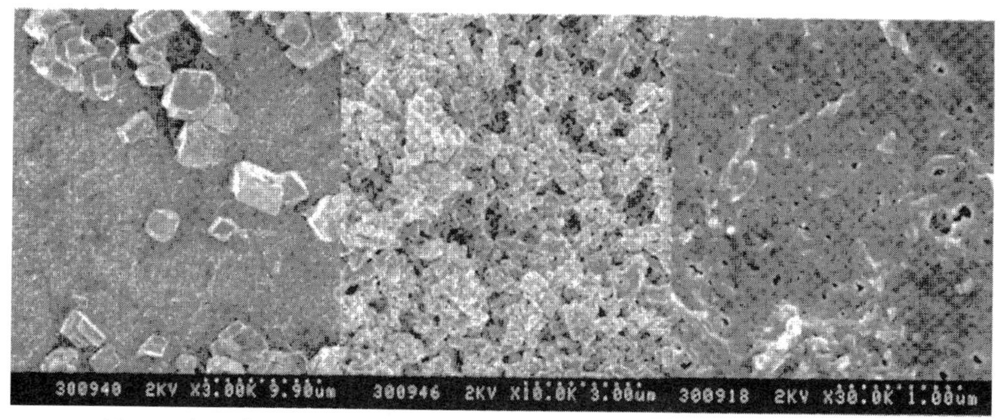

(a) $CaCO_3$ (pH 10)　(b) $CaCO_3$ 与 NOM (pH 10)　(c) 钙与 NOM (pH 8)

图 8-16　钙与腐殖酸在污染中的相互作用

(改编自 Schäfer[4])

Mg^{2+}进行 HA 混凝的效率明显低于 Ca^{2+}的。这种对溶质—溶质相互作用的研究有助于阐明在纳滤中观察到的可能的机理。Hong 和 Elimelech[80] 针对钙存在时 NOM 的污染证实了这一点，这些化合物的相互作用导致了小而卷曲的结构，并以更快的速率沉积。

Koyuncu 和 Topacik[51] 在染料过滤过程中发现，随着离子强度(NaCl)的增加，染料的聚集削弱了通量的下降。Schäfer 等人[89] 也报道了类似的结果，他们用 $FeCl_3$ 作为纳滤的直接预处理，减少了钙和 HA 的污染。这是由于污染物 HA 与 $FeCl_3$ 絮凝体及铁的氢氧化物结合，导致(1)形成了更加多孔的沉积物，(2)保证 HA 在形成凝胶层时不被利用，以及(3)剪切力使更大的颗粒被清除。

8.4.8　污染对截留率的影响

污染会影响膜的截留性(图 8-17)①。例如，Nyström 等人[42] 证明，腐殖酸的截留率在有 $FeCl_3$ 的情况下会降低。对这一现象的解释是膜上沉积了一层凝胶。Seidel 和 Elimelech[84] 证实了污染引起总溶解性固体(TDS)截留率的降低，特别是在钙浓度增加时[这可以用道南电荷排斥的降低来解释，第 6 章详细描述了道南效应]。有研究报道 NOM 在低 pH 条件下对纳滤膜孔有明显的堵塞，引起了截留率的降低[80]。Schäfer 等人[89] 明确了 $FeCl_3$ 絮凝体对纳滤膜截留性能的强烈影响。这一变化归因于沉积物的电荷。

① 原文没有对图 8-17 进行引用，编者根据内容匹配插入。

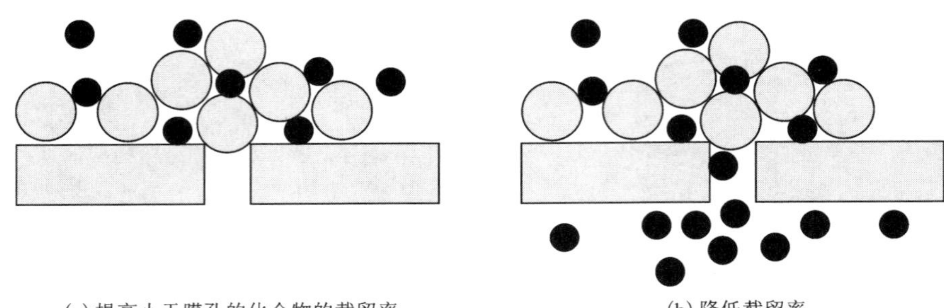

(a) 提高小于膜孔的化合物的截留率　　(b) 降低截留率

图 8-17　形成理想化污染层的示意图

Koyuncu 和 Topacik[51] 研究了活性黑色染料(991 g/mol)对纳滤膜截留无机离子的影响。该研究将染料沉积也看作一个多孔凝胶层，它增加了浓差极化效应，并表现得像一个动态膜。盐的截留率随染料浓度的增加而降低，在某些情况下达到负截留。凝胶层对截留率的这种影响可通过第 8.3.7 节中描述的浓差极化强化模型来解释，特别是因为这些作者报道的是 R_O 而非 R_{OBS}。

膜污染也可能使截留行为朝另一个方向改变。例如，Jautthirak 和 Amy[68] 就观察到截留率因为 EfOM 在膜上的吸附而上升(图 8-18)①。

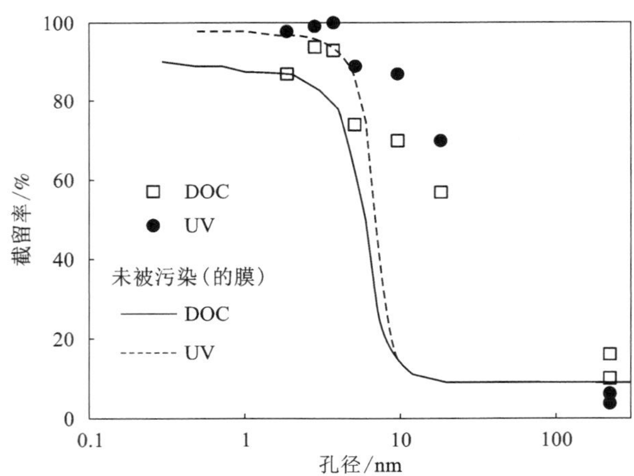

图 8-18　污染层(钙和 HA)对膜的有效孔径和膜的截留率的影响②[4]

---

① 原文没有对图 8-18 进行引用，编者根据内容匹配插入。

② 原文与图的信息有出入，编者进行了修改。

8.5　结垢

8.5.1　结垢的介绍和定义

在纳滤（和反渗透）中，膜结垢会限制系统正常运行，结垢是由一种或多种物质在其浓度上升至超过它们的溶解度极限时于膜上沉淀而导致的[69]。因此，以低于“临界值”的回收率来操作纳滤系统对于避免结垢是非常重要的，除非对水化学进行调整以防止沉积。目前，针对给定的膜系统和特定的阻垢处理，不可能对结垢风险的极限浓度水平做出可靠的预测[90]。

当浓缩液中微溶盐的离子积超过其平衡溶度积时，膜过程就会发生结垢，这也称为垢的形成或沉淀污染。“结垢”一词一般是指水中无机成分原位形成硬的、附着性沉积物，最常见的是逆溶解度盐[$CaCO_3$，水合硫酸钙（$CaSO_4 \cdot xH_2O$）和磷酸钙]。与其他类型的污染一样，沉淀污染降低了纳滤膜渗透液的质量和通量，并缩短了膜系统的寿命。当尝试提高水（渗透液）的回收率时，这个问题通常会更严重，截留液中盐浓度的增加导致过饱和，尤其是在非常接近膜表面处。膜上无机垢的形成也可能导致膜的物理损伤，原因是垢很难去除并导致膜孔的不可逆堵塞。

纳滤应用中发现的无机污染物包括碳酸盐、硫酸盐和二价离子磷酸盐、金属氢氧化物、硫化物和 SiO_2。更确切地说，垢中最常见的成分是 $CaCO_3$、石膏（成分 $CaSO_4 \cdot 2H_2O$）①和 SiO_2，而其他潜在结垢物种是 $BaSO_4$、$SrSO_4$、磷酸钙②、铁和铝的氢氧化物[69, 92, 93]。在纳滤系统中，对进料的结垢倾向进行可靠的预测至关重要，这可以最大限度地提高回收率和确定最有效的结垢控制方法。影响结垢的主要参数是浓缩液中的盐浓度、温度、流速、pH 和时间，还有膜的类型和材料。

盐在膜表面的沉淀或结晶涵盖了过饱和溶液的成核和生长。过饱和是沉淀（或者更确切地说，是沉淀的两个基本阶段——成核和生长）的热力学驱动力，随后将对此进行更详细的讨论。然而对于微溶盐，它的析出似乎受过程动力学的控制。人们普遍认为，沉淀动力学包括两个主要步骤[94]，任何一个都可以控制这一过程：

（1）成核阶段：核（或小颗粒或胚胎）在膜孔和膜表面的特定位置形成。这种类型的成核可被表征为异相成核，而不是缺少固体界面的均相成核。第三种成核形式是二次成核或表面成核，源于溶液中晶相（如引入晶种）的存在。不同成核过

① 后面均用“石膏”这一通俗表达。

② 磷酸钙，统一用“磷酸钙”表达，有多种结构和水合形式。

程的过饱和比临界值可以表示为 $S_{c,均相}>S_{c,异相}>S_{c,表面}>1$[95]。一般来说，成核是最难理解的步骤。成核速率在最终的结垢中起着重要作用，通常用阻垢剂对其进行抑制。

(2)晶体生长：以表面成核为例，最初随时间增长而形成一层薄的、有时是多孔的膜。用一种简单的方式描述就是，“生长单位”或结垢离子扩散到晶体表面并附着于该表面。在沉积物可被检测到之前通常存在一个延迟或诱导期。晶体生长也经过几个步骤，其中任何一个都可以控制整个过程。在本体中的成核占优势的情况下，晶体的生长发生在本体中，而晶体颗粒沉积在膜表面。

在纳滤过程中，最大的结垢风险存在于膜系统最后一段的浓缩流中。料液的渗透和移除会导致浓缩流中所有溶解物种的浓度水平增加，以及一种或多种微溶盐的过饱和，它们随后可能沉淀下来。因此，有必要估计整个膜元件中浓缩流的饱和条件。这些计算是基于对进料成分和浓缩(或回收率)因子(CF)或浓缩比的了解。对每一个物种 i，后者定义如下：

$$\mathrm{CF}_i = \frac{1-(1-R_i)}{1-y} \tag{8-22}$$

式中：y 为渗透回收比；R_i 为离子截留因子。

对于纳滤系统中的大多数二价物种来说，其 R_i 值在 0.9 至 1.0 之间；而对于单价物种来说，有很大一部分会通过膜。大多数离子(Ca^{2+}、Sr^{2+}、SO_4^{2-}、Cl^-等)的浓度可被估计为 CF 乘以给水浓度。这(一原则)不适用于水中的所有物种(例如 HCO_3^-、CO_2)，而对于 SiO_2，则需要针对 pH 的变化进行校正。

事实上，式(8-22)低估了膜附近的浓度，因为它没有考虑浓差极化效应[93]。当水渗透穿过膜时，聚集在膜表面附近边界层中的被截留离子的浓度比在主体中的更高，如图 8-19 所示。这意味着膜的边界层的过饱和度及由此结垢的风险更高。这种效应随渗透通量的增大而增强，且在低流速时更高。边界层浓度与浓缩液的主体浓度之比称为浓差极化因子(CPF)。通常，CPF 被估计为回收率的指数函数：

$$\mathrm{CPF} = \exp(K_i \cdot y) \tag{8-23}$$

式中：K_i 为半经验常数，与渗透通量和离子扩散率有关。

关于这个主题在本章的其他部分有讨论，而 Sutzkover 等人[96]介绍了一种测定膜系统中浓差极化水平的简单技术。由于过饱和概念的重要性，以下是对其更详细的介绍。

8.5.2 盐的溶解度和过饱和度

与沉淀过程有关的相变可以用热力学原理来解释。当某种物质从一相转变为另一相时，其吉布斯自由能的变化量(ΔG)如下：

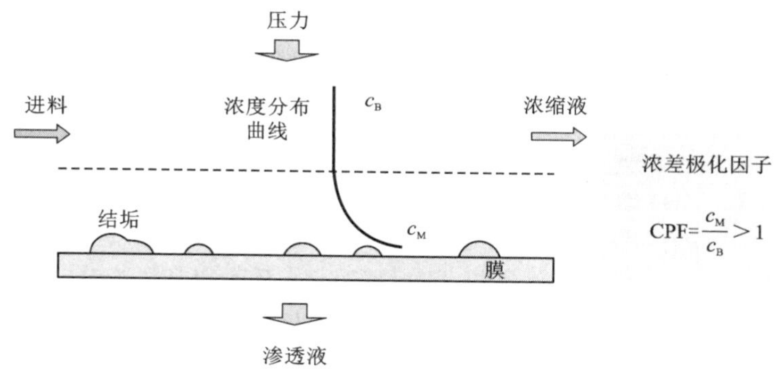

图 8-19　膜表面浓差极化层示意图

$$\Delta G=\mu_2-\mu_1 \tag{8-24}$$

式中：μ_1 和 μ_2 分别为相 1 和相 2 的化学势。

当 $\Delta G<0$ 时，相变是自发的。摩尔吉布斯自由能变化量也可以用活度来表示：

$$\Delta G=RT\ln\left(\frac{\alpha}{\alpha_o}\right) \tag{8-25}$$

式中：R 为气体常数；T 为绝对温度；α 为溶质的活度；α_o 为溶质与其宏观晶体平衡时的活度。

更具体地说，离子物质 M_nX_m 会根据下面的反应进行结晶：

$$nM^{a+}\ mX^{b-}\leftrightarrow M_nX_m(\text{固体}) \tag{8-26}$$

在主体或在膜表面，结晶的热力学驱动力被定义为从过饱和状态转变到平衡状态的吉布斯自由能的变化：

$$\Delta G=RT\ln\left[\frac{(M^{a+})^n(X^{b-})^m}{K_{sp}}\right]^{\frac{1}{(n+m)}}=RT\ln\left[\frac{IAP}{K_{sp}}\right]^{\frac{1}{(n+m)}} \tag{8-27}$$

式中：K_{sp} 为成相化合物的热动力学溶度积；IAP 为离子活度积；圆括弧中的量，(如，M^{a+})表示相应离子的活度。

晶体沉淀物的过饱和比：

$$S=\left[\frac{(M^{a+})^n(X^{b-})^m}{K_{sp}}\right]^{\frac{1}{(n+m)}}=\left[\frac{IAP}{K_{sp}}\right]^{\frac{1}{(n+m)}} \tag{8-28}$$

文献中，S 通常被写成没有指数的形式。活度系数可通过适用于低或高离子强度的各种公式来估算。形成过饱和是成核阶段和晶体生长的驱动力。只要与异质底物有足够的接触时间，就可能发生结垢。膜系统的过饱和主要是由渗透抽提和浓差极化引起的，温度和 pH 的变化对其也有影响，只是程度较低。

目前，在考虑所有可能的离子对，以及最可靠的溶度积和离解常数的情况下，能用各种计算机软件很容易地计算出各种盐在水中的溶液形态和过饱和比。这已在（有关溶质形态的）第 7 章中进行更详细的讨论。

图 8-20 为逆溶解度微溶盐（如钙的碳酸盐、硫酸盐和磷酸盐）的典型溶解度示意图。其中，实线对应的是平衡态；在 *A* 点，溶质与相应的固相平衡。在以下几种情形下会发生偏离平衡位置的情况：溶质浓度增加（等温，线 *AB*）时，溶解度随溶液温度的升高而下降（溶质浓度恒定，线 *AD*），或浓度和温度都有变化（线 *AC*）。脱离平衡的溶液必然会通过析出过量的溶质而回归到平衡态。对于大多数会结垢的微溶盐，其过饱和溶液实际上可以无限期地保持稳定。这些溶液状态被称为亚稳态。

然而，偏离平衡态的程度有一个阈值（图 8-20 中由虚线标记），如果达到该值，通常首先出现壁（膜）面结晶（结垢）。不论有或没有诱导期，溶液主体都能发生自发沉淀。这个过饱和度范围定义了不稳定区域，而图 8-20 中的虚线被称为超溶解度曲线。需要注意的是，超溶解度曲线的定义不是很明确，它取决于几个因素，如成垢离子的浓度水平、其他离子的存在和离子强度、悬浮物的存在、壁材和粗糙度、温度、pH 等。只有当溶液条件与亚稳态或不稳定区相对应时，才会发生固体的形成和随后的沉积；在溶解度曲线以下不会发生结垢。

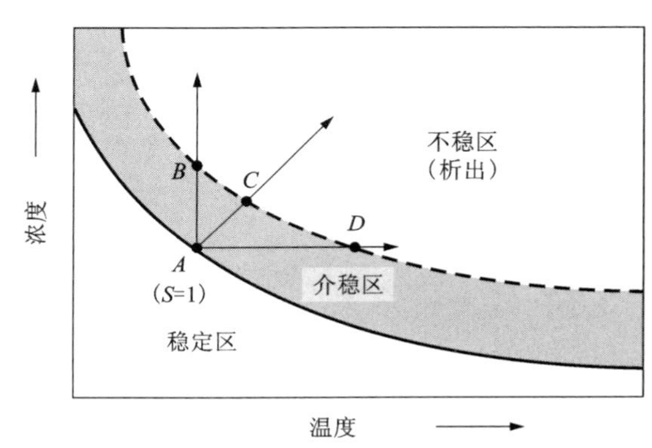

图 8-20　微溶盐的溶解度—过饱和度示意图

大多数膜供应商和文献都将 $S>1$ 作为开始结垢的标准。但通常这个标准会被修改，变成略低于或略高于 1。预期在 $S>1$ 时沉淀会析出的论点，就易溶盐而言是正确的，此时微小的偏离平衡也会导致结晶；然而，对于大多数在纳滤/反渗透系统中引起结垢问题的微溶盐，主体溶液要达到明显更高的过饱和比（“临界”过饱和比）才能引起结垢。在膜系统和非膜系统中都观察到了这一效果。例如有报道指出，反渗透系统即使超出硫酸钡平衡条件的 14 倍也不会发生结垢问题[97]。关于“临界”过饱和比的一个主要问题是，它的具体数值因化合物而不同，而且会随着盐溶解度的下降而上升。因此，人们预计 $CaCO_3$ 和 $BaSO_4$ 系统相比 $CaSO_4$ 系统可能有更高的“临界”过饱和比。

8.5.3　常见的结垢物

本节是关于膜应用中常见结垢类型的简要讨论。需要强调的是，在膜组件和其他结垢系统中形成的沉积物很少是均相的；正如在膜解剖研究中所看到的，在大多数情况下，它们由各种少量微溶盐和其他污染物（如有机物、胶体、生物污染）的混合物构成。对咸水和硬水而言，$CaCO_3$ 和石膏在需要预处理的结垢物中是最常见的。

硫酸钙结垢

石膏是硫酸钙结垢和室温下沉淀的多晶型物中最常见形式。30℃时，石膏的可溶性比碳酸钙高出约 50 倍。硫酸钙还以另外两种晶型存在：半水合物（$CaSO_4 \cdot 1/2H_2O$）和无水合物（$CaSO_4$）。温度（10～40℃）和 pH 对石膏溶解度的影响不大。

在一些处理过的水中，SO_4^{2-} 的来源之一是为了控制 $CaCO_3$ 沉淀而在进料中添加的硫酸（H_2SO_4）。如果使用过量的硫酸控制 pH，这种方法会导致 $CaSO_4$（或 $BaSO_4$、$SrSO_4$）的沉积。因此，必须对经过加酸或其他方法预处理的进水进行分析来评估硫酸盐结垢的可能性。

$CaCO_3$ 结垢

几乎所有天然水体都含有碳酸氢盐碱度和丰富的钙，因此容易出现结垢问题；大部分井水、地表水和微咸水域都存在 $CaCO_3$ 结垢的可能性。$CaCO_3$ 在纳滤过程中会形成致密的、极具附着力的沉积物，必须避免其沉淀。到目前为止，这是包括冷却水和油或气生产在内的几个系统中最常见的结垢问题。

$CaCO_3$ 能以三种不同的多晶型存在，按溶解度增加的顺序是方解石、文石和球霰石。这三种多晶型都已在结垢中被鉴定出来，但球霰石相当少见。热力学预测方解石——最不易溶解和更稳定的多晶型——是析出过程中的优先相。某些体系中也有文石。已有研究表明，特定多晶型的形成取决于水温和水化学特性（例如，pH、离子强度、其他离子/杂质/抑制剂的存在）。此外，在 $CaCO_3$ 过饱和的溶液中，Mg^{2+}的存在有利于文石的析出，却有可能阻碍球霰石的形成。过去 70 年来，基于理论和经验得到的大量指标可以定性地预测 $CaCO_3$ 的形成趋势。最常见的是 LSI 指数、Ryznar 指数（RI）和 Stiff and Davis 指数（S & DI）。

硫酸钡和硫酸锶结垢

$BaSO_4$ 的溶解度（$K_{sp}=1.05\times10^{-10}\ mol^2/L^2$，25℃）远小于石膏的[98]，在纳滤/反渗透系统的后端可能会引起潜在的结垢问题。它的溶解度随温度的降低而降低。$BaSO_4$ 结垢只能用冠醚和浓硫酸溶解，这说明了问题的严重性。Ba^{2+}极少在关于天然水体的分析中被报道，而且即使被发现了，其浓度也不超过 200 Tg/L。在膜结垢系统中，$BaSO_4$ 结垢非常罕见。在进行分析的 150 种元素中，没有发现

关于 $BaSO_4$ 的案例[99]。

在许多自然水域中，Sr^{2+} 比 Ba^{2+} 更为普遍地存在。浓度仅仅 10^{-15} mg/L 的 Sr^{2+} 就有可能诱导 $SrSO_4$ 结垢。$BaSO_4$ 和 $SrSO_4$ 通常在地表水中更常见。

SiO_2 结垢

无定型 SiO_2 是纳滤/反渗透系统和大多数涉水工艺中存在的主要污染问题之一[100]。由于 SiO_2 是地壳的主要成分之一，大多数天然水体中的 SiO_2 含量可以达到 100 mg/L。关于无定型 SiO_2 在水中的溶解度有过许多报道。在 pH 为 5~8 时，其室温溶解度为 100~150 mg/L；在 pH 大于 9.5 时，溶解度随 pH 显著增加。此外，SiO_2 溶解度随温度的升高而显著上升。因此，SiO_2 的浓度在通常的水处理操作中局限在 120~150 mg/L，多出的部分以无定型 SiO_2 和硅酸盐的形式沉淀。在膜系统中，SiO_2 结垢的后果很严重：清洗被污染的膜的费用很昂贵，而且存在其他问题。

SiO_2 矿物的溶解度一般随离子强度的增加而降低，而 $CaCO_3$ 和硫酸盐的溶解度则相反。研究表明，在 25℃ 和 pH 5.0~7.5 下，非晶态 SiO_2 的溶解度随着几种盐的加入而降低，原因是无机电解质对水相 SiO_2 的“盐析”作用[101]。这种效应本质上依赖于阳离子，在较高的温度下会消失（更恰当地说是逆转）。通过近年来对 100 多个膜元件的分析发现，66% 的膜元件存在 SiO_2 结垢[99]。膜的 SiO_2 结垢中铁和铝的含量分别为 88% 和 75%。

磷酸钙结垢

根据对膜元件的分析结果可知，近年来磷酸钙结垢在膜系统中越来越常见[99, 102]。这可以归因于处理富含磷酸盐的废水，以及使用含有磷酸盐和其他有机磷化合物的抗垢剂。

浓缩液中至少有四种磷酸钙相（与其他体系中磷酸钙结垢的形成相同）可能达到过饱和状态，在解剖分析研究中尚未确定有单相的存在。通常认为这些相是无定形磷酸钙[ACP，化学计量对应于 $Ca_3(PO_4)_2 \cdot xH_2O$]、磷酸氢钙二水合物[DCPD，$CaHPO_4 \cdot 2H_2O$]、磷酸八钙[OCP，$Ca_8H_2(PO_4)_6 \cdot 5H_2O$]和可溶性最低的相，羟基磷灰石[HAP，$Ca_5(PO_4)_3OH$]。一般认为，在中性 pH 下高的过饱和度溶液形成 HAP 之前通常有 ACP 或其他前驱相，而离子的存在可能会影响多晶型沉淀。给水中存在其他离子时，也会形成有缺陷的磷灰石。磷酸钙的溶解度在很大程度上取决于溶液的 pH，因此酸的加入可以缓解磷酸钙的结垢问题。影响磷酸钙结垢趋势的其他参数包括过饱和比、温度和离子强度。

8.5.4 结垢的表征

晶体沉积物的分析技术（与其他类型的沉积物一样）不简单，也没有标准化。

很麻烦的是，膜元件的内部不便于肉眼甚至是光学探针观测。对结垢的直接表征只能通过膜的破坏来完成，因此其是非原位的。沉积表征是对被损伤的膜组件进行解剖研究的一个重要部分。膜污染可以用多种技术来表征，这里简要介绍其中最常见的几种。对结垢表面的视觉和微观检查(如，SEM)构成了表征的第一步；通常采用能量色散光谱法(EDS)与 SEM 来测定元素组成，而核磁共振谱(NMR)可以确定结垢的化学结构。其次，利用 FTIR、傅里叶变换拉曼(FT-Raman)和 XRD 等光谱分析技术可以得到污染成分和主要晶相的定量和定性结果。最后，利用 X 射线光电子能谱(XPS)分析，可以确定结垢表层的性质。其中一些技术在第 5 章中有介绍，用于洁净的和被污染的膜的表征技术有部分是相同的。

实验用膜系统也可以用来确定结垢是怎样形成的和各种阻垢剂的效果。近年来，这样的装置已经得到了使用[103-105]。

8.5.5　结垢的机理

真实系统中通常存在大量物种和一系列物理机制，其直接后果是污染形成过程的高度复杂性。机制可能受质量、动量和传热，以及设备表面的化学反应的影响。此外，膜系统处理的各种水体的组成的多样性以及沿流动路径所发生的过程的变化，使得与结垢有关的机理和预防措施难以统一化。

有两种主要的机制可以解释形成晶体物质而导致的通量下降：滤饼的形成和表面堵塞(如文献 104，106)。前者是指溶液主体中析出的晶体颗粒在膜上沉积，形成了多孔的、柔软的、松散的结垢。根据滤饼形成模型，沉积层孔隙率为常数，厚度随时间增大，而通量下降是由沉积层的生长引起的。在表面堵塞机理中，首先在暴露的膜表面形成孤立的晶体“岛”或沉积物；随着时间的推移，这些“岛”会向侧面和向(上)表面生长，最终形成连续的、完整的结垢。因为这些“岛”覆盖的区域不允许水的渗透，所以通量将稳步下降。通量下降的这两种主要机制源于发生在膜系统中不同的成核形式。正如第 8.5.2 节所讨论的，壁或表面成核(对于大多数析出物种而言)在低于主体成核(均相、二次)所需超饱和比的条件下发生。因此对特定的盐来说，在相对较高的超饱和状态下以主体成核为主，会形成滤饼；而当超饱和比较低时，膜污染将通过晶体“岛”生长的方式进行。在这两种机制中，结垢之前可能有诱导期。

结垢速率由超饱和程度、水温、流动条件、表面粗糙度和基体材料等因素决定。整个过程中的一个关键因素是沉积物对表面的黏附。如果黏附性差，沉积物可能会被流体带走；如果黏附性强，最初生成的晶体会横向和纵向生长，形成连贯的污染层[107]。有时再结晶或老化作为第三步也会在结垢过程中出现。Gilron、Hasson[106]和 Brusilovsky 等人[103]对 $CaSO_4$ 结垢的研究表明，反渗透单元的通量下降是由于沉积物(表面或异相结晶)的横向生长堵塞了膜表面。$CaSO_4$ 结垢的晶体将自身边缘靠在膜表面，它们紧密地排布，从各个生长点向外生长(“辐射”)。这些结垢的形貌有力地支持了表面结晶机理的假设。此外，Hasson 和他的同事针对表面堵塞开发了一个通量下降模型，其中考虑了单晶层的横向展开。

Lee 等人[104]研究了纳滤装置中操作条件对结垢的影响。他们发现，这两种机制都有效，而且操作条件(即压力和错流速率)起着重要的作用。表面结晶在低错流速度和高操作压力时有优势。最近，Le Gouellec 和 Elimelech[105, 108]用一个小型循环装置研究了系统中存在多种物质和石膏结垢阻垢剂的情况。关于结垢机理的研究没有得出明确结论，但碳酸氢盐、Mg^{2+}和 HA 的存在延缓了石膏核的形成。此外，还建立了一个模型来预测纳滤系统中控制石膏结垢所需的阻垢剂用量。

在某个一次性纳滤/反渗透实验室单元中发现，碳酸钙有类似于 Hasson 等描述的硫酸钙的机理[109]。图 8-21(a)为 $CaCO_3$ 在纳滤膜上形成结垢而导致的典型的通量下降曲线，图 8-21(b)~(d)为不同运行时间点膜的 SEM 图像，表明了结垢层随时间变化而增长的趋势。在这个特定的运行(且几乎所有的运行)周期中，渗透通量在最初的 4~8 h 相当稳定，之后由于结垢而下降。在相当有限次的这些测试中(最长持续 15 h)，膜结垢被发现在S_c>3(下标 c 指方解石)或 LSI>0.9 时发生。将这些结果与管道中[110]的结垢实验进行比较可以发现，膜上的结垢发生在较低的超饱和状态，这显然是由于浓差极化效应。不同运行时间的 SEM 图显示，

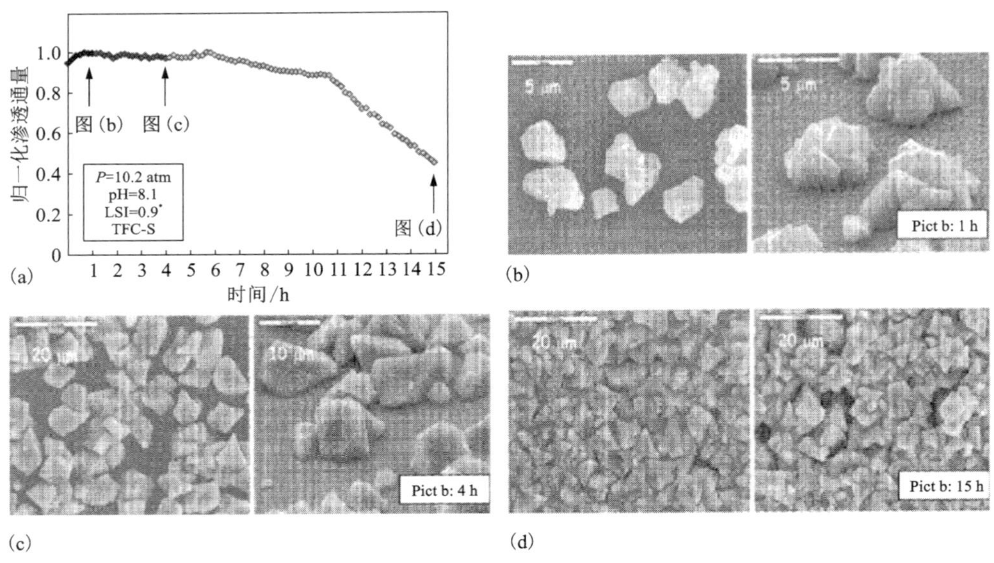

* LSI：朗格利尔(Langelier)饱和指数。

图 8-21 通量下降曲线(a)，在 pH 8.1 的条件下发生结垢的 TFC-S 膜于不同时间点的 SEM 图片(b~d)

即使 $CaCO_3$ 晶体明显覆盖了 40%左右的膜[见图 8-21(c)]，也没有记录到明显的通量下降。这一观测结果与膜通量下降的主要机制是表面堵塞的观点相矛盾。

8.6　胶体和微粒污染

8.6.1　胶体和微粒污染的介绍和定义

胶体和微粒污染是指被截留的胶体和微粒物质在膜表面因积聚而造成的通量和盐截留率的损失。胶体被定义为尺寸在几纳米到几微米之间的细小悬浮颗粒[111]。胶体物质在自然水域以及许多行业、过程和废水中普遍存在[112]。常见的胶体大小的污染物包括无机物质(黏土、SiO_2、盐沉淀和金属氧化物)、有机物质(天然和合成有机物的聚集体)和生物物质(细菌和其他微生物、病毒、脂多糖和蛋白质)。有关胶体和微粒污染研究的某综述表明，纳滤分离中最受关注的污染物是由 SiO_2、有机物、金属氧化物(特别是铁和锰)和微生物组成的胶体大小的物质[113-122]。

Champlin[75]建议去除小到 1 μm 的颗粒，然而这可能不足以避免污染。传统的纳滤进水预处理工艺不能去除亚微米胶体，甚至微滤/超滤工艺有时也不能去除直径在几百纳米以下的胶体。此外，膜附近被截留离子成分浓度的升高会屏蔽静电相互作用，这可能会促使溶解的(有机)物质聚集成胶体大小的粒子。当考虑盐的截留和浓差极化对膜表面附近溶液化学的影响时，就会认识到胶体污染过程中粒子—膜和粒子—粒子相互作用的重要性。胶体和膜的电动学特性极度依赖于 pH、离子强度和多价离子的存在[58]。因此，区分胶体和膜的基本物理化学性质对理解胶体污染很重要。下文简要地介绍了胶体和膜的特性、传递和沉积、胶体沉积层的形成，以及胶体污染的机理。

8.6.2　胶体性质

胶体物质在电解质水溶液中通常带电荷。胶体的表面的电荷起源于多个机理，包括离子溶解度的差异(如银盐)、表面官能团的直接电离[典型的基团，羧基(—COOH)、胺基(—$NH_2$①)或磺酸基(—SO_3H)]，溶液对表面离子的类质同相取代(如黏土、矿物、氧化物)，各向异性晶格结构(特别是在黏土中)，以及特定的离子吸附[111, 112, 123, 124]。(表面电荷)有助于双电层相互作用，这通常决定了胶体的聚集和沉积现象[58, 125, 126]。胶体特定属性[Zeta 电势(ζ)]被用来量化双电层相互作用的相对大小，它通常是通过测量胶体在悬浮液中的电泳迁移率，并根

---

① 原文是 NH_3，编者改为 NH_2。

据适当的理论计算来确定的[127]。众所周知，溶液的 pH 和离子强度直接影响 Zeta 电位及胶体相互作用。研究表明，胶体的表面电荷性质对胶体滤饼层结构（孔隙率）和水力学阻力有显著影响[128-134]。

当胶体在滤饼层积累时，大小和形状也对其所施加于渗透过程的水力学阻力有贡献[131, 132, 135]。胶体往往近似球形，但它们可能是类球状（微生物）、晶体（金属盐沉淀）、片状（黏土），或大分子（有机聚合物、蛋白质）。在许多自然水域中，胶体和颗粒的大小、形状、动电学特征具有多分散性，不论用任何易处理的建模方法都很难准确地描述。因此，用动态光散射确定一个平均的、球形的水动力直径，并与一个测量所得的颗粒平均 Zeta 电势联用来预测胶体相互作用的影响。表 8-3 提供了一种针对实际农业排水样本（加利福尼亚州，Alamo River in Imperial Valley）的独特的尺寸分级水质分析方法。农业排水是一种宝贵的替代水源，全球许多地区考虑对其进行再生；然而由于可能是咸水，通常必须进行脱盐[136-138]。取决于所计划的再生水用途，考虑使用反渗透或纳滤进行脱盐。

表 8-3　农业排水水质分级测定[Wang 2004]①

过滤直径/μm	pH	导电性能/(mS·cm^{-1})	TDS/(mg·L^{-1})	浊度(NTU)	TOC/(mg·L^{-1})	固体/(mg·L^{-1})	尺寸/μm	Zeta 电势/mV
—	8.17	3.322	2256	108.0	21.0	2750	9.89	-11.6
8.0	8.48	3.232	2198	7.540	18.4	2326	2.01	-14.4
1.0	8.51	3.303	22254	1.380	13.4	2268	1.74	-14.5
0.4	8.51	3.158	2148	0.321	12.3	2151	0.29	-11.5
0.1	8.59	3.140	2106	0.175	9.11	2107	0.00	-7.47

注：DOC = 11.04 mg/L（经 0.22 μm 过滤后）；细菌数 = 16~420；大肠杆菌 = 0.3 cfu②/mL。

对所有分析而言，表 8-3 中所示数据均采用标准方法获得。表中标题说明如下：TDS = 总溶解固体，TOC = 总有机碳，固体 = 重量分析得到的总固体，尺寸 = 水动力学直径。原水在冷藏间（5℃）中静置 24 h，然后在真空条件下依次用 8.0 μm、1.0 μm、0.4 μm 和 0.1 μm 的聚碳酸酯（PC）径迹蚀刻膜过滤。尺寸由动态光散射测试，并用库特计数器确定（仅针对原始、8 μm 和 1 μm 分级）。用 Smoluchowski 公式将电泳迁移率转化为 Zeta 电势[124]。表中数据只是为了定性说明天然胶体物质的物理化学性质。此外，这种分析可以用来证明在纳滤（或反渗

① 原文中引用的文献用“Wang 2004”表示，在文尾中未找到对应的文献。

② cfu = colony forming unit，菌落形成单位。

透）脱盐之前选择预处理工艺去除胶体污染物的合理性。

8.6.3　纳滤膜的性能

纳滤膜的物理化学性质（即渗透性、盐的截留率、“孔隙”大小等）也会影响胶体污染的速度和程度[60-62, 139]。纳滤膜的高水力学阻力使胶体滤饼层在污染被检测到之前就大量形成，而离子溶质的截留会屏蔽静电相互作用而加剧胶体污染。最近的研究表明，纳滤膜的表面性能（如 Zeta 电位、粗糙度、疏水性）与胶体污染的初始速率紧密相关[139-148]。图 8-22 展示了商业 TFC 纳滤膜可能的表面形貌，第 3 章讨论了纳滤膜的性质，下面将介绍它们各自对纳滤膜胶体污染的影响。

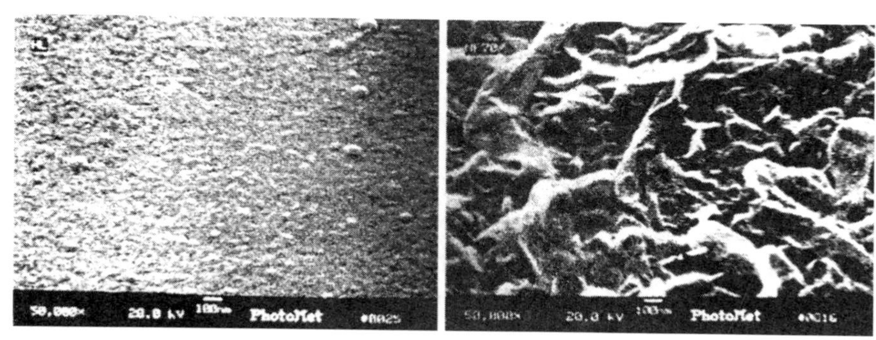

HL 膜和 NF 70 膜的 Zeta 电势分别为 -18 mV 和 -25 mV（在 10 mm 和 pH 7 时），接触角分别为 51.9° 和 51.7°，水力学阻力分别为 3.26×10^{10} 和 3.13×10^{10} Pa，盐截留率分别为 35% 和 83%［进料 50 L/(m^2·h)，10 mmol/L NaCl］。

图 8-22　均方根粗糙度（RMS）为 12.8（HL 膜）和 56.5（NF 70 膜）的两种商业纳滤膜的场发射扫描电子显微镜（FESEM）图像

（摘自文献［60］）

对多个聚酰胺（PA）TFC 膜的分析显示它们具有一致的物理化学性质。表 8-4 给出了 9 种不同膜的 AFM 粗糙度，以及实验确定的 Zeta 电势和纯水接触角。Zeta 电位是按参考文献描述的方法用流电位分析仪测定的[149]。数据表明，表面（平均）粗糙度的范围在几纳米至 50 nm 之间，还有些大约为半微米级别。表面积差（SAD）标志着相对于等投影面积的平面，由表面粗糙度引起的表面积的增加，是一种标准的 AFM 粗糙度分析统计，也称为 Wenzel 粗糙度比[150]。

在 10 mmol/L NaCl 电解质中，膜表面 Zeta 电位在中性 pH 条件下为 -35 ~ -20 mV。其中，LFC1 膜的 Zeta 电位明显较低，看上去是为了降低膜的污染趋势（而开发的），因为制造商（加利福尼亚，San Diego，Hydranautics）通常称其为“低污染复合材料”。如纯水接触角所呈现的，这 9 种薄膜样品均表现出一系列“润湿性”。这些接触角是在相对湿度较低的室温下用固着液滴法测定的。

表 8-4　典型 PA-TFC 膜的表面性能(由 Hoek 提供的数据，没有出版)

膜(名称)	R_a^*/nm	R_q^*/nm	R_m^*/nm	S_{AD}^*/%	Zeta 电位①/mV	T_w/(°)
NF 270	5.2	6.0	63	0.3	-29	69
SG	9.1	13.1	161	2.3	-21	63
HL	10.5	15.9	200	5.3	-10	40
ESPA	31.8	40.0	469	58	-34	41
AK	33.3	42.2	403	40	-23	66
CPA3	33.5	45.8	482	31	-22	69
LFC1	34.7	44.9	368	27	-7	60
NF90	37.9	48.7	415	17	-32	38
XLE	43.4	56.7	560	30	-25	58

① pH=7，10 mmol/L NaCl。 * R_a = 平均粗糙度，R_q = RMS 粗糙度，R_m = 最大粗糙度，S_{AD} = 表面积之差，T_w = 纯水接触角。

8.6.4　胶体的迁移和沉积

了解胶体污染的关键是了解粒子被带到膜表面的基本传递过程，如它们如何沉积或附着，以及它们为什么以滤饼的形式积累。颗粒在流体中的传递和沉积可以用对流扩散方程来描述[151]：

$$\frac{\partial c_S}{\partial t} + \nabla \cdot J_S = Q \tag{8-29}$$

式中：c_S 为颗粒浓度；t 为时间；J_S 为颗粒通量矢量；Q 为源汇项。

颗粒的通量向量 J_S 由下式给出：

$$J_S = - D \cdot \nabla c_S + uc_S + \frac{D \cdot F}{kT} c_S \tag{8-30}$$

式中：D 为粒子扩散张量；u 为流体诱导的颗粒速度；k 为玻尔兹曼(Boltzmann)常数；T 为绝对温度；F 为外力矢量。

式(8-30)右侧的项分别代表由扩散、对流和外力诱导的颗粒传递。

在膜的胶体污染中，外力是与胶体和引力有关，可由下式表示：

$$F = F_G + F_{Col} \tag{8-31}$$

式中：F_G 为引力；F_{Col} 为作用于悬浮颗粒与收集器表面之间的胶体力。

对于纳滤操作中的亚微米胶体系统，重力通常可以忽略不计。胶体力可以由总的相互作用势(Φ_T)的梯度推导而得，其公式如下：

$$F_{Col} = -\nabla \Phi_T \tag{8-32}$$

在传统的 DLVO 理论框架内[125, 126]，Φ_T 是范德华力和双电层相互作用力的总和。Song 和 Elimelech[152] 用对流扩散方程的一般形式研究了胶体在可渗透(膜)表面的沉积。数值模拟表明，粒子的初始沉积速率主要受控于渗透拖曳和双电层排斥这两个因素之间的相互作用。随后的实验证实了渗透拖曳和双电层排斥对胶体沉积初始速率的影响[131, 132]。

虽然上面的公式基本上是正确的，但除了学术目的，直接解这样的方程不切实际。Cohen 和 Probstein[153] 提供了一个方便的途径，来定量分析(通过 DLVO 方法描述的)稳定胶体的物理化学性质对胶体滤饼层形成的影响。在这篇经典的论文中，他们研究了由氧化铁纳米粒子引起的反渗透膜通量衰减，假设至少有一单层带正电荷的胶体污染物覆盖在带负电荷的膜表面，但随后沉积的污染物与已覆有污染物的膜表面的电荷相似，将导致排斥(静电)作用；他们还提供了由渗透对流、布朗扩散、侧向(惯性)升力、剪切诱导扩散和排斥界面力引起的颗粒通量的“数量级”近似，结论是净沉积速率肯定由渗透对流与(排斥性的静电相互作用引起的)界面通量之间的平衡决定，所有其他扩散或对流通量都可以忽略不计。

Goren[154] 对颗粒在渗透拖曳作用下向膜表面对流时，胶体颗粒与膜表面的水动力相互作用进行了详细的理论分析。这些水动力相互作用的净效应是，当粒子接近膜表面时，其有效拖曳力超过斯托克斯(Stokes)方程的预测。Goren 根据分析得到一个修正因子，当粒子接近膜表面时，修正因子急剧增加，且该因子是颗粒大小、膜电阻和分离距离的复杂函数。因此，除了主体对流和扩散相互作用以及界面物理化学的相互作用，界面微流体动力相互作用对胶体污染的影响(理论上)也很重要。根据 Cohen 和 Probstein[153] 描述的上述方法，可依据代表性的操作条件(如通量 11 gfd①)，错流速度 0.5 m/s(Re=1000)和膜表面性质(如膜阻力 $3\times10^{13}\ m^{-1}$，膜的 Zeta 电势-20 mV)，以及水质数据(如污染物 Zate 电势和水动力学直径)来执行数量级分析(括号中数据来自表 8-3)。

图 8-23 绘制了由渗透对流(主体数值——虚线与开放菱形符号，Goren 修正值——实线与填充菱形符号)曲线，以及基于剪切诱导扩散、侧向(惯性)升力、布朗扩散和界面(DLVO)力的各种反向传递机制引起的污染物理论通量。结论是，在不考虑对渗透拖曳进行修正时，由剪切诱导扩散和界面力共同引起的胶体颗粒的反向传递估计比由渗透引起的通量大几个数量级，且预期不会生成污染物沉积。通过应用 Goren 提供的水动力学修正，渗透对流引起的通量增加了几个数

① 1 gfd=1.698 $L/(m^2 \cdot h)$。

量级，并超过了反向传递通量。这种性质的分析至多是“数量级”的近似，且没在任何规模上进行过系统的测试。但由于考虑了所有已知的传递机制，还是有助于更好地理解胶体污染。

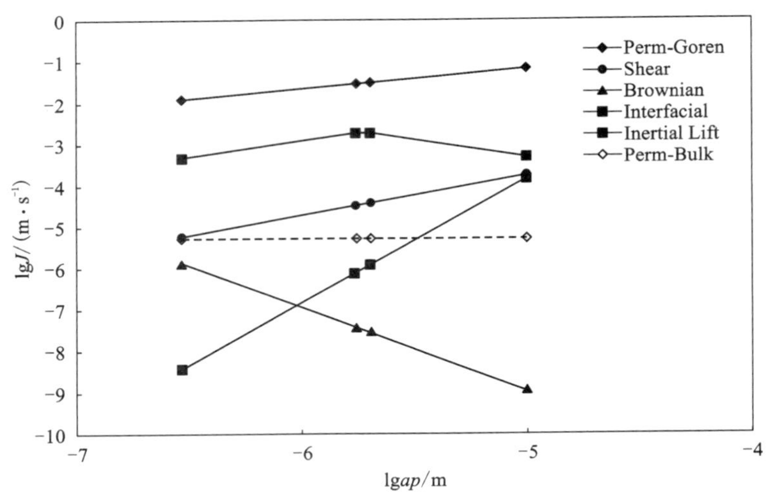

标有“Perm-Bulk”和“Perm-Goren”的曲线分别表示在 Stokes 牵引(主体)和 Goren 牵引(如上所述)时，渗透对流引起的污染物朝向膜面的通量。图中绘制了基于布朗扩散(Brownian)、剪切诱导扩散(Shear)、横向惯性升力(Inertial Lift)和 DLVO(界面)机理的反向传递机制以供比较。

图 8-23 假设代表性纳滤膜的性质、操作条件和污染物属性(大小和 Zeta 电势的数据见表 8-3)时，得到的胶体污染物的各种通量曲线

由于目前还不清楚一旦膜被一层薄的微粒覆盖后，其性质会如何影响随后的微粒沉积，我们对于(通过滤饼形成而导致的)长期污染受膜表面特性影响的程度知之甚少。Wiesner 等人[155]开展了对混凝胶体悬浮液进行膜过滤的最早研究之一，从实验和理论上比较了胶体的稳定性对稳定的和不稳定的胶体滤饼层结构(孔隙率)及渗透通量下降的影响。随后的理论和实验研究都证实了胶体稳定性、胶体和膜表面性质，以及胶体水动力学对各种膜过滤过程中滤饼形成和渗透通量下降的重要性[55, 130, 132, 133, 156, 157]。

虽然 DLVO 相互作用可解释大量有关聚集和沉积的实验数据，还必须考虑额外胶体的短程相互作用。这种非 DLVO 力包括排斥性的水合相互作用(由吸附于界面的定向水分子导致)、吸引性的疏水相互作用(原因是相对水分子与固体的亲和力，水分子间的亲和力更强)和排斥性的空间相互作用(由被吸附聚合物的形变或渗透导致)[158]。人们早就认识到这些非 DLVO 力的存在，但直到最近才通过实验证明了非 DLVO 相互作用对聚合物膜的胶体污染有显著影响[147]。

其他实验研究表明，表面粗糙度影响膜表面胶体沉积的初始速率[130, 133, 148, 159]。图 8-24 显示了图 8-22 所示纳滤膜在相同理化条件下过滤胶体悬浮液之后的 AFM 图像。右侧薄膜的表面明显有更多的颗粒沉积，且胶体似乎优先沉积在粗糙表面的凹陷中。此外，模型计算也显示胶体在粗糙膜的凹陷中优先沉积[60]。

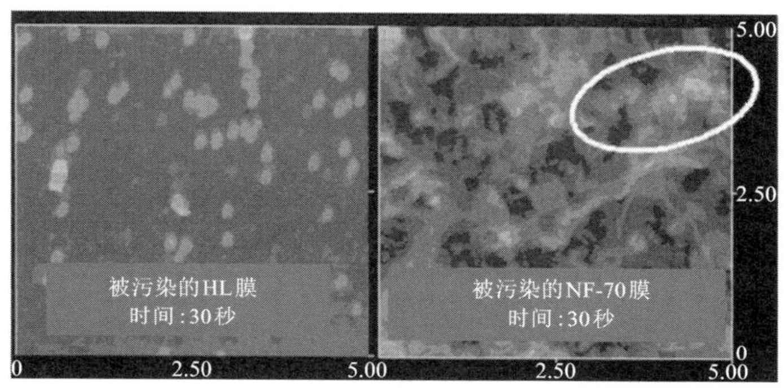

圆圈区域表明在粗糙纳滤膜的凹陷中沉积了大量的胶体。

图 8-24　纳滤膜在 10 mmol/L NaCl、20 gfd 的通量、19.2 cm/s 的错流速度、25℃以及 pH 7 的条件下，处理浓度为 0.0002%(v/v)的 100 nm 球形 SiO_2 胶体悬浮液之后的 AFM 图像(过滤实验仅持续 30 s。膜在过滤后被取出，用不含颗粒的电解液冲洗，并进行干燥，然后在空气环境中用 Tapping Mode™ 硅氮化悬臂端进行 AFM 成像[60])

8.7　生物污染

8.7.1　生物污染的介绍和定义

生物污染是涉及具有生物活性的有机体的所有污染[160]。膜的生物污染是由细菌及一定程度的真菌引起的污染[161]。本章讨论的生物污染和其他污染类型的根本区别在于生物污染过程的动态性。不同形式的化学污染在很大程度上是有机或无机物质在膜表面的被动沉积，而生物污染是一个微生物定殖和生长的动态过程，导致了微生物膜的形成。生物膜是在物体表面附着并生长的微生物群落。生物膜的形成是生物污染的前奏，只有当生物膜的厚度和表面覆盖率达到降低渗透性的程度时，生物污染才会成为一个问题。在严重的情况下，生物膜可能导致给水管道完全堵塞和由套叠引起的膜组件的机械失效[162, 163]。另外，也有关于醋酸纤维素(CA)纳滤膜的生物降解的报道[7]。

8.7.2 生物膜

微生物通过附着和生长而在膜表面积累。在形成附着之前，微生物通过被动的扩散、重力沉降或主动迁移(移动性)到达膜表面。微生物的沉积速率取决于流体流动的流变性能。生物膜的形成是由初始定殖的生物在膜表面的黏附引起的。这种膜表面通常是被修饰过的，例如，由于给水中的有机和无机分子或离子组分的吸附而被物化修饰[164, 165]。微生物附着是一种最初由长程力(具有吸引性的范德华力和排斥性的静电力)控制的物理化学过程[166, 167]。一旦细胞接近距基底表面 3~5 nm 时，黏附过程变得依赖于短程相互作用。附着以细胞与修饰过的膜表面之间形成的强黏附键合而结束。

一旦细胞牢牢地附着在膜上，它们就可能将液相(如给水或渗透液)中提供的有机质和其他营养物质转化为细胞物质和胞外物质，从而开始生长。微生物利用各种方法在膜表面生长，包括子细胞的产生和释放[168]、子细胞彼此间的运动，以及与生物膜积累最相关的[169]，由多糖-蛋白质复合物内聚层将微生物聚在一起的微群落的形成。最终，膜表面被大量的微菌落覆盖。这些微菌落将进一步生长，其中新的细菌类型将在生物膜内新形成的生态位进行定殖，包括微环境底部的厌氧区。每一个微菌落最初都是由初级菌落构成的纯环境，它们聚结形成柱状的和其他类型的、由不同微生物种类组成的生物膜结构，其中可能包括藻类、真菌和原生动物。微菌落或菌柱的聚结通常不会导致基底表面被密实的凝胶状生物膜所覆盖，因为即使是成熟的生物膜也布有纵横交错的通道网络，允许营养物质进入，并从黏液层中清除废物[170, 171]。因此，生物膜会产生一种自我复制的污染层。水通道中的生物膜增长到一定的厚度时，流水的剪切力会撕裂生物膜结构的上部。如果剪切力的强度不足以产生撕裂效果，生物膜就会堵塞水通道。图 8-25 为卷式膜组件的污染实例，而图 8-26 为(膜组件)隔板的污染情况。第 4 章详细介绍了膜组件、隔板及其构造。

生物膜细菌从溶解在给水中的有机物获得生长所需的碳和能量。生物膜中微生物的生长速度取决于必需的营养物质和有机底物(生物膜内微生物的食物来源)的供应速度。细胞代谢的有机碳部分会转化为胞外基质聚合物，因此生物膜内的生长收率往往低于浮游(悬浮)相。除直接暴露于液体的初始定殖群的生长外，即使在混合良好、营养成分平衡的培养基中，生物膜内微生物的生长速度远不能达到其最大值；原因是其在扩散受限的条件下生长。多糖-蛋白质复合物的孔限制了大分子接触生物膜内的细胞，对小分子而言也在生物膜-液体界面和嵌入生物膜基质的细胞之间形成了曲折的扩散路径[172, 173]。

生物膜在多孔支撑(如膜)上形成，且相比在无孔支持(如管道)上可能生长得更快，因为膜组件中有很大一部分液体(在反渗透或纳滤卷式元件中高达

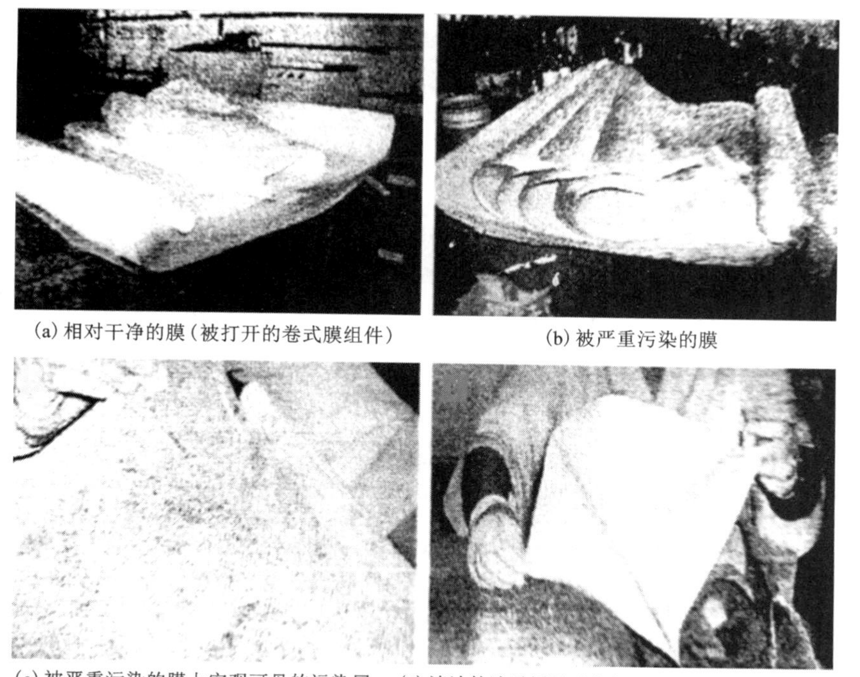

(a) 相对干净的膜（被打开的卷式膜组件）　(b) 被严重污染的膜

(c) 被严重污染的膜上宏观可见的污染层　(d) 清洁的渗透侧呈现白色，而被污染的给水侧为棕色

图 8-25　膜的生物污染

15%）流经生物膜时，会携带营养物质进入生物膜并将废的代谢副产物从结构中洗出。然而，在高压差下工作时其表面上的生物膜受到了更强的压缩，抵消了较高水通量带来的积极作用。这种压缩可能导致更致密、孔隙更稀少的生物膜，以及通量大幅度下降。

生物膜内的微生物种群通常是分层的。好氧菌在生物膜的表面和微环境内的通道上定殖，但高耗氧和受扩散控制的电子受体的供应通常将好氧菌的生长限制在从生物膜表面开始的 100～200 μm 的深度范围内[173]。生物膜的深层被厌氧生物占据，包括脱氮菌、减硫菌和产甲烷菌[173]。多糖-蛋白质复合物作为一种固定剂，可保证邻近的生物体在很长一段时间内被固定在一定的位置。这有助于建立能通过代谢互补来降解复杂有机物的联合体，群落中的每个成员都在结构复杂化合物的生物降解路径上对一个或多个反应进行催化。多糖-蛋白质复合物还可起到海绵的作用，吸附水相中浓度很低的营养物质。因此，微生物膜可以在营养成分非常低的环境，如超纯水系统中生长。

8.7.3 检测膜系统中的生物膜

以非破坏性的方式检测膜组件内的生物膜只能通过间接法，如通过比较入口和出口的细胞计数来判断组件内是否有微生物生长。如果在出水而不是进水中检测到从生物膜上脱落的微生物群，那么直接对给水和截留液进行微观比较就有可能确定生物膜的存在。

膜解剖允许使用荧光显微镜或 SEM 分析膜或隔板表面来检测微生物膜。图 8-26 和图 8-27 是这种电镜图片的例子。共聚焦激光 SEM 产生穿过生物膜结构的光学切片，随后被重建以获得生物膜的立体图像；因此该技术能对膜表面的生物膜进行无损分析。

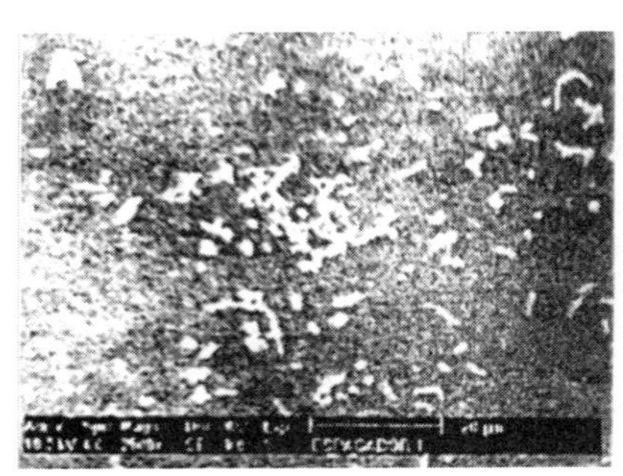

(a) 被轻微污染的隔板，其上大多数细菌以个体的形式出现，没有出现细胞外基质的迹象

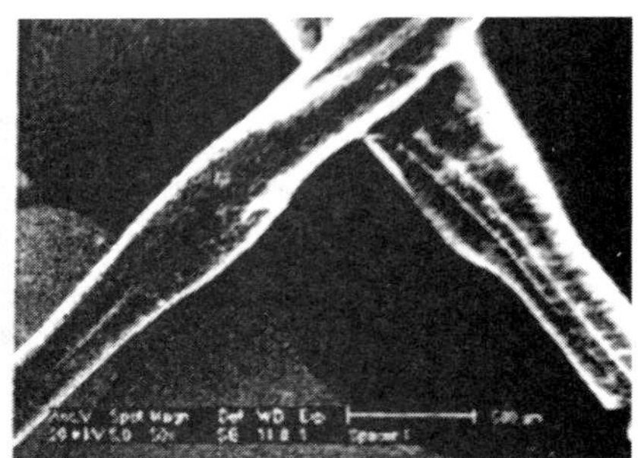

(b) 被严重污染的隔板的宏观视图

(c) 被严重污染的隔板上的污染层

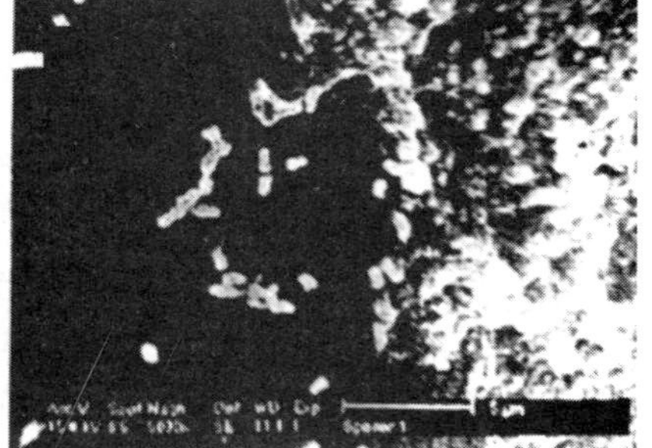

(d) 过渡区：介于相对干净的、仅被少数微生物集群占据的隔板表面和嵌入隔板表面厚的多糖-蛋白质复合物中的生物膜之间

图 8-26 给水侧隔板上的生物污染

细菌可以从膜表面去除，并用以下方法进行分析：用染料(DAPI，吖啶橙[175])对脱氧核糖核酸(DNA)进行染色的直接计数法，基因探针技术(如荧光原位杂交[176])。分析膜表面微生物群落的结构可以在提取 DNA[177] 或磷脂类脂肪酸

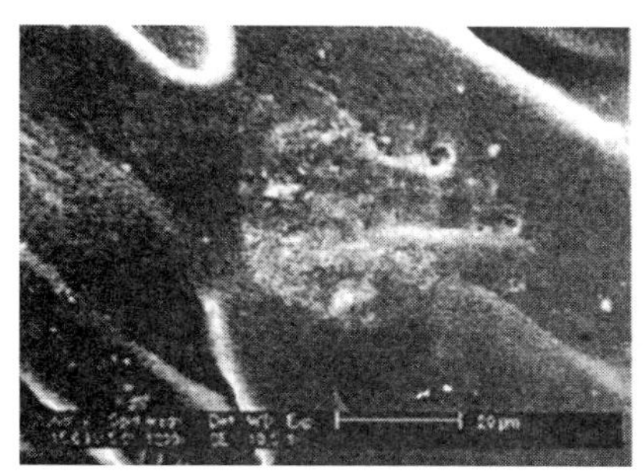

(a) 轻微污染的膜，覆盖有少量微生物(单个粒子)和主要与胶体物质混合的微生物聚集体

(b) (a) 图中胶体物质的放大图片

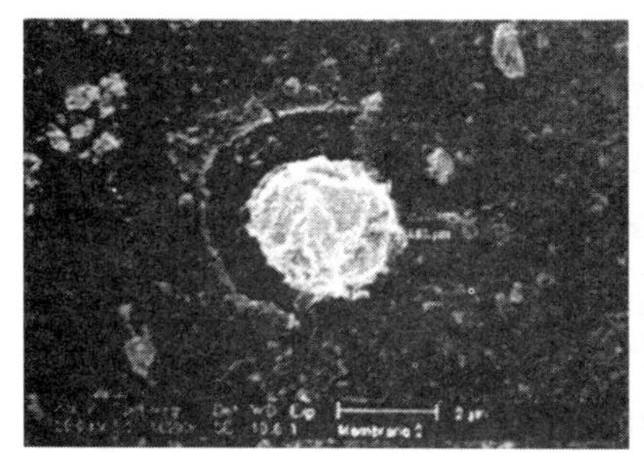

(c) 被严重污染的膜，带有主要由硫组成的包埋体

(d) 包埋在生物膜中的细菌(箭头指处)

在严重污染的膜上覆盖有一层很厚的软泥和其他有机物质。

图 8-27　被污染的膜的表面形貌 SEM 图片

(PLFA[178])之后进行。生物膜内细胞的生理活性可利用 5-氰基-2，3-二甲苯基四氮唑(CTC)①等荧光染料来估算[179]。

8.7.4　生物膜的微生物组成

从生物膜中分离出了各种真菌和细菌[162]。从被污染的 CA 膜上回收的真菌属有 *Acremonium*、*Candida*、*Cladosporium*、*Rhodotorula*、*Trichoderma*、*Penicillium*、*Phialophora*、*Fusariuon*、*Geotrichum Mucorales* 等，而从生物膜中分离的其他细菌属有 *Acinetobacter*、*Arthrobacter*、*Pseudomonas*、*Bacillus*、*Flavobacterium*、*Micrococcus*、*Micromonospora*、*Staphylococcus*、*Chromobacterium*、*Moraxella*、*Alcaligenes*、*Mycobacterium*、*Lactobacillus* 等。目前还不清楚这些微生物是以随机的顺序在膜上定殖，还是特定的微生物种类总是参与主要的集群。Ridgeway[180]报道，分枝杆菌是 Orange County(橙县)21 号水厂安装的 TFC 反渗透膜上的初始(定殖)"开拓

① 原文没有全称。一种是灵敏的氧化还原染料。

者”。反渗透膜和纳滤膜污染研究中确定的微生物范围随研究而变，意味着生物膜上的细菌随研究地点而改变。

关于在膜上形成生物膜的生物起源的研究很少。这些细胞通过给水的运输到达它们想要的位置。大多数纳滤和反渗透系统需要对给水进行某种形式的预处理。预处理阶段不正确的操作或计划可能是膜装置中形成生物膜的细菌的一个重要来源。预处理系统中的一些表面，如离子交换器、沙滤器、颗粒活性炭过滤器、脱气机、筒式过滤器、储罐和管道，都是反渗透或纳滤系统中膜的进料侧形成生物膜的生物(细菌等)的良好来源。渗透侧隔板上的生物膜则源自于制造过程中被带入这些位置的，或者穿过膜到达渗透侧的微生物。

8.7.5 膜系统中形成生物膜的后果

膜表面形成生物膜会导致典型的污染“症状”——通量下降。生物污染引起的通量下降通常有两个阶段。微生物膜在洁净的膜面上的定殖和生长导致的通量下降在最初阶段很显著，之后是变化较慢的第二个阶段，通量几乎以渐进的方式下降，这可能是由于生物膜的生长和移除之间的平衡。人们对生物污染导致通量下降的分子基础知之甚少。生物膜在膜表面的生长建立了第二过滤层。在过滤介质(如膜)表面形成的生物膜中，水通量的方向与基底表面垂直；(无渗透性的)①固体表面形成的生物膜则与之相反，水在其中只能相对于基底表面切向渗透。虽然成熟的生物膜有连通生物膜表面和基底表面的通道结构，但这些通道的大小和数量可能不足以吸收大部分渗透流。进入通道的水会离开膜上的生物膜(过滤)；由水流所携带的任何碎片或颗粒都将被膜表面拦截，并可能随时间的推移而堵塞管道。大多数渗透液可能来源于穿过生物膜基质的水，因此被生物污染的膜的(水)通量主要受基质孔隙度的控制。Leslie 等人[181]和 Hodgson 等人[182]表示，增强多糖-蛋白质复合物的渗透性的处理方式也会有利于(水)通量和大分子的透过，而用乙二胺四乙酸(EDTA)等去除细胞表面的多糖-蛋白质复合物时，反而会导致膜孔道被多糖-蛋白质复合物这类 EPS 堵塞。Flemming 等人[183]研究表明，对 EPS 结构进行化学改性可以提高水和溶质的渗透性。

生物膜会在所有与水相接触的膜系统中的所有表面上形成，包括隔板和管道的表面。生物膜的建立降低了膜表面的湍流混合，从而增加浓差极化。高浓度的被截留的盐与多种生物有机分子的联合可能增强盐在生物膜的多糖-蛋白质复合物中的沉淀。进料通道中生物膜的发展引起流体摩擦阻力的增加，可能会使膜组件内的压差达到使相邻膜片发生位移的点，从而导致膜组件套叠的失效。渗透通道或隔板中的生物膜是渗透液中细菌污染的潜在来源，这是对高纯水有需求的工

① 编者补充。

业(如电子、制药)值得重视的问题。青霉属和曲霉属的丝状真菌常常会降解进料与渗透液的分格胶线，从而破坏膜组件的完整性。由生物膜细菌产生的微生物产物可通过生物降解酶的直接攻击，或通过代谢副产物的间接攻击而使膜聚合物(如纤维素酯)变质。

8.7.6　生物膜基质和生物膜的控制

将微生物膜与浮游生物体(水中以单个细胞的方式悬浮的生物体)区分开来的一个特性是，生物膜细胞能够通过产生厚的细胞外黏液或多糖-蛋白质复合物来实现自我固定[184]。这种多糖-蛋白质复合物是生物膜中 50%~90%的有机碳的来源，主要由胞外多糖组成，但也包括其他生物来源的物质，如蛋白质、DNA、核糖核酸(RNA)、脂类等。生物膜中包围细胞的多糖-蛋白质复合物对生物污染的处理具有重要意义。多糖-蛋白质复合物是一种多孔结构，它不会明显地限制氧(O)、硝酸盐、硫酸盐等不带电荷的小分子接近细胞。但这些复合物能有效截留与其组分有亲和力的分子，使之被吸附并因此在结构中固定；此外，多糖-蛋白质复合物会截留任何尺寸大于其平均孔径的化合物。多糖-蛋白质复合物中的多糖吸湿性强，即使在低水活性的环境中，它们仍然能够含水。

多糖-蛋白质复合物仍然是控制生物膜的主要挑战。对生物膜的有效控制需要破坏多糖-蛋白质复合物，使生物杀灭剂能接触生物膜内的细胞。氧化剂在生物膜控制方面的效率较低，因为这些物质大部分被多糖-蛋白质复合物的氧化过程所消耗，不能到达细胞。生物杀灭剂必须与其他化合物一起使用，如洗涤剂、促溶盐和螯合剂，这些化合物能有效地破坏多糖-蛋白质复合物的结构，并允许生物杀灭剂直接作用于细胞[185]。化学清洗后跨膜通量的增加不一定意味着膜表面的生物膜细菌被很好地去除，可能仅仅是由于生物膜结构被破坏了[186]。对特定的生物膜重复使用相同的清洗液可能导致菌株的耐药性，从而降低生物膜对清洗剂的敏感性。因此，有效的生物膜控制需要周期性地改变清洗液和消毒溶液。在选择用于控制化学污染的阻垢剂时也必须谨慎。一些有机阻垢剂是微生物生长的良好底物，将加重生物污染[187]。

膜系统的设计和操作应尽量减少生物膜的积累。最有效的预处理手段是过滤，如超滤和微滤，它们可以有效地去除进料中的细菌。第 9 章概述了纳滤的预处理技术。然而，这些先进的预处理技术并不能去除或破坏微生物生长所需的有机碳源。过滤与生物反应器相结合的预处理系统，旨在将给水中可被生物利用的有机碳降到最低水平，这可能是控制生物污染的最有效组合[188, 189]。在许多膜操作中，连续加入如氯等低浓度氧化性杀菌剂已被证明是有效的；但要强调的是，这些措施要在膜操作刚开始启动且生物膜尚未生成之前就采用。合理地选择膜聚合物也可阻碍生物膜的形成。近年来，制造商在膜市场上推出了几种低污染聚合物[190, 191]。生物膜一旦形成，只有使用含洗涤剂、促溶剂、螯合剂和杀菌剂的化学混合物进行定期清洗，才能有效地控制生物膜的生长。关于清洗的更多细节将在下一节中介绍。

8.8 污染预防和清洗

8.8.1 预处理防污

纳滤通常借助不同类型的预处理来避免频繁的清洗。例如，颗粒物质被聚集和沉淀，直到进料液内几乎没有颗粒。如前几节所述，微滤和超滤可能比常规处理能更有效地去除这些微粒，但小的胶体物质仍有可能渗透。这种预处理的结果是需要非常低的淤泥密度指数(SDI<3)。Gwon 等人[26]报道了一个成功的案例，将没有出现生物污染的归因为超滤预处理。在预处理中也可使用杀菌剂和氯来避免生物污染。关于纳滤预处理的更多细节可以在第 9 章和 Shahalam[192]收录的一篇关于反渗透预处理的文章中找到。

8.8.2 膜改性防污

除了预处理，另外一个避免污染和后续清洗的途径是膜材料的选择，特别是膜表面改性。正常情况下，改性的目的是产生更亲水[193]、耐受性更高的膜，有时是带更多电荷的膜。膜改性时面临的问题是改性材料在膜聚合物中会占据空间，导致通量降低。Lee 等人[29]研究了阴离子表面活性剂和阳离子表面活性剂对用于过滤 NOM 的超滤膜的影响。使用阴离子表面活性剂对通量或截留率无影响，而使用阳离子表面活性剂时降低了通量，并伴随 NOM 截留率的提高。相反，Combe 等人[53]发现，使用阴离子表面活性剂时显著降低了 HA 的吸附。

Belfer 和 Gilron[194]尝试对纳滤膜(NF 270)进行改性，结果见表 8-5。用丙烯酸酯或其他类似单体对膜(也可以是卷式膜元件)进行了原位改性，交联剂为乙二醇二甲基丙烯酸酯(EGDMA)，反应时间为 15~60 min。可以看出，通量由于改性而有所下降，但污染程度(以纯水通量在实验前、后的差别来衡量)也下降了，尤其是甲基丙烯酸羟基甲酯(HEMA)改性后的膜。Gilron 等人[195]报道了一种针对反渗透膜的类似方法。该方法在膜上涂覆一层预吸附聚合物，可以通过空间位阻防止污染物进入膜基体。这种处理方法的效果取决于膜的特性。疏水膜通常更容易吸附和被污染，因此制备更亲水的膜可能会提高(抗污染)性能[85]。

表 8-5　纳滤处理造纸机过滤清液时，膜对吸收紫外光(UV)的化合物和总有机碳(TOC)的截留率(分别为 R_{UV} 和 R_{TOC})，以及膜污染状况(Belfer 和 Gilron[194])

膜	纯水通量 /[L·(m²·h)⁻¹]	渗透通量 /[L·(m²·h)⁻¹](0~3 h)	R_{UV} /%	R_{TOC} /%	污染 /%
原始膜	205	132	51	80	21.6
MA-1 mol/L 30%PEGMA	65	40	92.7	80	—
AA-1 mol/L	183~226	130	97	83	13
MA-0.5 mol/L PEGMA	232	148	90.2	69	22.5
HEMA-1 mol/L	156	123	98	80	4.9
HEMA-0.5 mol/L	173	120	96.8	72	1.4
HEMA-0.2 mol/L	204	118	96.6	72 74	1.4
HEMA-0.2 mol/L (循环槽)	175	125	97.7	82	0.6

注：以过硫酸钾/焦亚硫酸钾($K_2S_2O_8/K_2S_2O_5$)(0.005~0.03 mol/L)为引发剂，通过氧化还原引发接枝聚合原位改性的 NF270 膜。改性剂：丙烯酸(AA)、甲基丙烯酸(MA)、甲基丙烯酸聚乙二醇酯(PEGMA)、甲基丙烯酸羟甲酯(HEMA)。

Kilduff 等人[12]开发了利用 UV 照射和 UV 辅助接枝聚合来修饰纳滤膜表面的技术。这种处理方法增强了膜的亲水性，这可能是由于表面羟基的形成。然而，较低的污染是以截留率的降低为代价的。

8.8.3　清洗方法

物理清洗方法

虽然本节的重点是化学清洗，但某些物理清洗通常也是清洗程序的一部分，所以在此提供了一个简要的概述。物理清洗一般使用机械力来清除污染物[196]，这些方法包括倒冲/正向冲洗/反冲、擦洗(如管式膜组件使用泡沫球)、空气喷雾、二氧化碳反向渗透、振动、(超)声波降解法。

许多研究人员已对 TFC 膜使用了渗透液倒冲；这很令人惊讶，因为薄的活性层在反冲洗操作中受损的风险相当大。然而，Chen 等人[196]报道了这种倒冲的正面效果。

超声清洗是一种较为新颖的膜清洗方法，虽然超声在膜解剖中常用来将污垢沉积物从膜上移除以进行化学分析。Lim 和 Bai[197]将超声技术应用于微滤中，发现该技术对滤饼沉积具有很好的效果，但对消除孔隙堵塞的效果不明显。随着时间的推移，像孔隙堵塞更占优势，这导致了清洗效率的下降。因此，需要将超声波与倒冲以及化学清洗方法结合起来。

化学清洗剂和工艺

化学清洗依靠化学反应来破坏膜和污物之间的(化学)键和内聚力。这类化学反应包括水解、皂化、溶剂化、分散、螯合、胶溶作用[198]。

在许多情况下，纳滤膜制造商与清洗剂制造商合作，以建立最适合特定膜的清洗过程。然而如上所述，清洗方法的选择不仅要针对特定的膜，还受污染物特性的影响。配方清洁剂的典型生产商有 Diversy-Lever A/S、Henkel-Ecolab GmbH & CO、Ondeo Nalco Ltd. 和 Novadan A/S[199, 200]。一些作者列出了用于膜清洗的混合物或方案[15, 26, 27, 196, 201, 202]。Li 和 Elimelech[203]在一项非常基础的研究中明确，清洗只有在化学清洗剂能够消除钙离子桥联时才有效。他们用十二烷基硫酸钠(SDS)和 EDTA 对有机污染物和多价离子进行了研究。

碱性清洗：碱性清洗往往是最重要的，因为许多污染物(尤其是在 NOM 或废水中)的本质是有机物或是覆盖了有机物的无机胶体。碱性清洗的目的是去除膜表面和膜孔中的有机污物。高 pH 通常是由于使用了含 NaOH 和 Na_2CO_3 的清洗液。在大多数情况下，配方清洗剂中含有表面活性剂，它会乳化含有脂肪的颗粒，从而防止污染物重新附着到膜表面。表面活性剂以阴离子或非离子为主，与碱(烧碱)共同作用以去除污物。在许多情况下，一些多价螯合剂，如 EDTA 被添加到配方清洗剂中，以去除 Ca^{2+}，Mg^{2+}等多价离子。碱性清洗往往是最有效的清洗步骤[26]。

酸洗：酸洗的目的是去除膜表面和“毛孔”中沉淀的盐(结垢)。酸洗在反渗透过程中是最重要的清洗步骤，因为盐的截留会导致结垢。通常使用的酸是 pH 为 1~2 的硝酸。在许多清洗配方中，柠檬酸以及膦酸和磷酸(H_3PO_4)都被使用过。大量使用硝酸是因为其温和的氧化能力。在酸性清洗剂配方中也可能使用阳离子或非离子洗涤剂，以及一些多价螯合剂。

酶清洗：酶在今天的使用比以前更广泛。有些酶可以承受非常高的温度(如，70~90℃)，但在大多数情况下它们的使用最佳温度要低得多。当预期有生物污染时，或者当多糖是典型的污染物时，在考虑使用更中性的酸碱度进行清洗的情况下通常会使用酶。由生物污染微生物分泌的胞外物质本质上通常是多糖，因此酶的清洗很重要。这些酶的作用大多非常专一，因此在针对特定污染物或其他清洗剂不起作用时会选择酶。但必须保证酶不会攻击膜本身[204]。

控制微生物和生物污染的杀菌剂：Zeiher 和 Yu[205]描述了控制生物污染的三个重要术语。消毒：具有抗菌特性的清洗过程，使微生物数量减少为之前的1/1000。灭菌：描述了微生物被破坏、灭活或清除的过程，其数量可减少为之前的 100 万分之一。无菌：意味着使一个系统摆脱所有活细胞、活孢子、病毒和能够复制的亚病毒。根据 Zeiher 和 Yu[205] 的说法，膜系统需要无菌环境。表 8-6 总结了杀菌剂的使用量及其常用浓度。这里需要注意的是，许多纳滤膜不耐氯，使用生物杀菌剂时应向膜制造商咨询，以避免膜损伤。例如，Staude[3] 指出臭氧会破坏一些聚合物膜，膜对各种杀菌剂的耐受因膜而异。其中某些杀菌剂据报道会导致膜膨胀，使附着在膜上的污垢疏松，从而提高清洗效率[196]。

表 8-6　用于反渗透消毒的典型生物杀菌剂浓度(改编自文献[205])

杀菌剂	用量	注释
氯	0.1~1.0 mg/L	仅用于 CA 膜和其他耐氯膜
过醋酸	0.02%~1.0%	pH 为 3~4
甲醛	0.5%~3.0%	致癌物质
戊二醛	0.5%~5%	不推荐
异噻唑	0.01%~0.15%	缓慢
季胺	0.01%~1%	不推荐
DBNPA*	大于 200 mg/L	快速、易于处置
酸性亚硫酸盐	1.5%或除 Cl_2	防腐剂、生物性稳定、除氯

* 2，2-二溴-3-硝基丙酰胺。

清洗方法的选择

根据 Chen 等人[196] 的研究，选择合适的清洗方案时通常要基于试错法；即依据经验法则为假定的污染物选择各种清洗方案并进行测试。如果污染物还没有确定，就需要根据给水的特性做出假设。在前几节中已经详细描述了不同种类的污染物。基于这些污染物，Van Hoof 等人[99] 从广泛的膜解剖调查中得出结论——全世界约有 50%的污染物是有机的(有机污染物这一比例在欧洲比在美国高)，其次是氧化铁和 SiO_2，再就是 Al_2O_3、磷酸钙、$CaCO_3$ 和 $CaSO_4$。在美国是 SiO_2，而在英国是磷酸钙含量明显更高。要选择合适的清洗剂，通常需先用进料分析或薄膜解剖法来确定污染物。然而这一程序的局限性在于，如果有几种污染物，可能需要选择多种清洗手段。为此，Luo 和 Wang[15] 对现场清洗(CIP)进行了优化，并明确只要去除关键污染物就足够了，因为辅助性污染物可能同时被去除。毫无疑问，污染的本质和复杂性使找到理想的清洗剂变得很困难。为此，Chen 等[196] 将实验设计(析因设计)方法应用于清洗优化。如图 8-28 所示，超滤过程采用这种优化的结果是产率显著提高。Weis 等人[206] 根据膜的特性尝试了各种清洗方案，明确了清洗剂的选择有助于实现稳态流量。

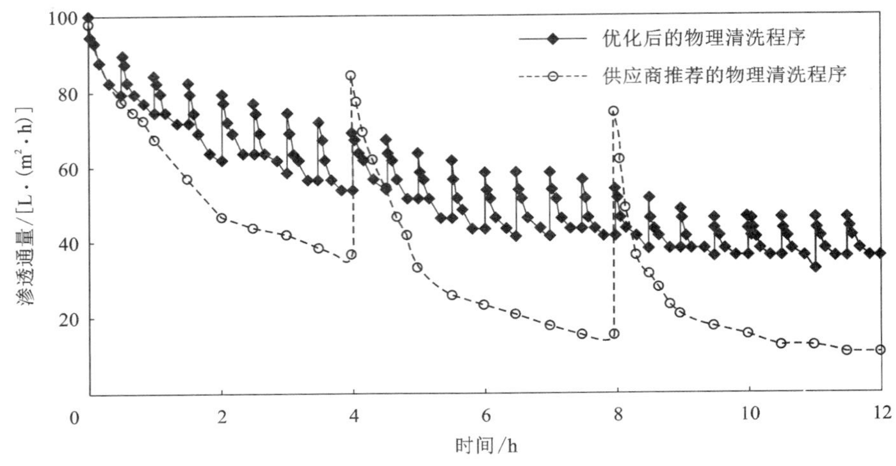

图 8-28 清洗工艺优化对通量的影响

（改编自文献[196]）

所采用的清洗方法取决于污染物的类型、膜对所使用清洗剂的耐受性，以及特定用途下使用清洗剂的规定。例如，什么配方的清洗剂是可以接受的，而这些配方在不同国家或地区肯定是不同的(例如，欧盟和美国有不同的规范)。

在大多数情况下，使用碱、酸或酶溶液，这些物质的混合物，添加剂的组合，或专有的混合物来进行清洗。在一些处理步骤中经常需要氯气来杀菌，但使用甲醛也有报道。

清洗的效果通常会因为对膜材料造成损害而被抵消，所以为了不影响膜的寿命，膜的耐久性是一个重要的考虑因素。

确定清洗要求和频率

工业清洗的间隔通常是在发生一定的通量损失时进行，尽管有证据表明，在污染早期阶段进行清洗，要比在污染已经发生且污染层已经压实等情况下更有效[207]。通常 10%~30%是所允许的通量最大降幅。除此之外，还可以选择定期清洗，如每周一次或更低的频率，这取决于过程的污染程度。在某些情况下，如果在亚临界通量下运行，纳滤几乎不需要清洗就可以一直使用。在挪威，用纳滤在低通量和低温下处理含腐殖质的水就是一个例子[208]。

在大多数情况下，纳滤需要的清洗工艺比超滤和微滤工艺少。究其原因，超滤和微滤工艺中常见的是孔隙堵塞，而这在纳滤中不那么严重。然而与反渗透相比，纳滤所用膜的结构更开放，因此清洗也更频繁。

反渗透和纳滤通常使用相同类型的清洗剂和清洗过程。在大多数情况下，清洗方案取决于纳滤所处理的流体(污染物类型)。

清洗间隔既取决于膜上污染物的量(主要指标是为保持恒定通量而增加的压力),也取决于一个事实——膜需要定期清洗和灭菌(乳品行业每天都要)。新近关于纳滤膜清洗的研究论文很少。在乳品行业中,微滤膜和超滤膜的污染和清洗及其效率的可视化已经被报道,且对大多数原则也进行了回顾。

8.8.4 清洗效果的确定

水的产率和膜阻力

有不同的方法来确定某特定清洗方案的有效性。第一种方法是用渗透通量的恢复率表示:纳滤完成后对膜进行清洗,将清洗后的初始渗透通量与清洗前的初始渗透通量进行比较,以确定通量是否因清洗而得到恢复。这可以在过程中原位完成。渗透通量恢复到过滤的初始通量是见证清洗已成功的最直接的方式[201]。通量恢复率可如下计算:

$$RR_{\mathrm{PF}} = \frac{J_{ci}}{J_i} \tag{8-33}$$

式中:J_{ci} 为清洗后的初始渗透通量;J_i 为清洗前的初始渗透通量[201]。

清洗的有效性也可以用纯水通量的恢复率表示[196]:

$$RR_{\mathrm{CWF}} = \frac{J_{\mathrm{Oc}}}{J_{\mathrm{Oa}}} \tag{8-34}$$

式中:J_{Oa} 是纳滤前的纯水通量;J_{Oc} 是清洗后的纯水通量。

图 8-3 是研究膜污染和清洗的基本模式;几次连续的清洗对通量恢复的影响如图 8-29 所示,所针对的案例是蛋白质、脂类和碳水化合物对超滤膜的污染及以下清洗程序:漂洗(水)、碱性清洗[氢氧化钠 0.5%(质量分数)],然后是蛋白酶洗涤剂[0.75%(质量分数)]清洗,最后是 NaClO(150 mg/L)溶液清洗。NaClO 是一种消毒剂,它具备清洗能力的原因之一是它能引起膜的膨胀[27]。

根据阻力串联模型,前面介绍的通量的变化也可以用膜阻力的变化来进行理解,如图 8-30 所示。从该图可得出关于污染物性质和清洗效果的结论。图中的阻力包括膜的本征水力学阻力(R_{M})、清洗后的残余阻力(R_{RES})、过滤后的阻力(本例为超滤;R_{UF})、可逆污染导致的阻力(R_{RF})、不可逆污染导致的阻力(R_{IF})、总污染导致的阻力(R_{F})、清洗后的膜的水力学阻力(R_{CW})。通过漂洗减少的阻力来自松散连接的沉积,如浓差极化或松散的凝胶层或滤饼层。允许实验误差的前提下,当 $R_{\mathrm{CW}} \approx R_{\mathrm{M}}$ 时,可认为清洗已经完成。

用阻力表达清洗效率(E_{RW})的公式如下:

$$E_{\mathrm{RW}} = \frac{R_{\mathrm{IF}} - R_{\mathrm{RES}}}{R_{\mathrm{IF}}} \times 100 \tag{8-35}$$

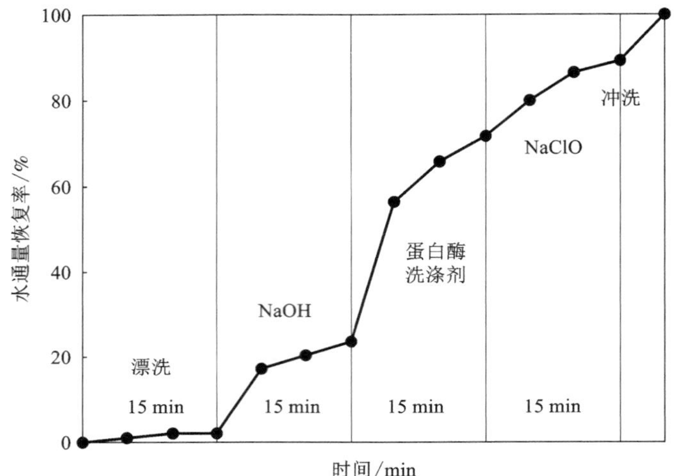

图 8-29　采用连续清洗步骤时的通量恢复情况

（图由 Sayed Razavi 等人提供[27]）

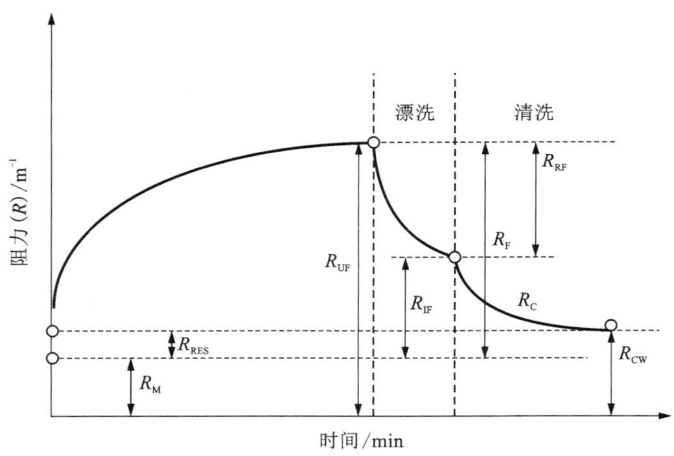

图 8-30　过滤、漂洗和清洗过程中的阻力

（改编自文献[202]）

清洗液中的污染物

清洗液组分的变化通常是（肉眼）可见的，例如去除结垢时产生的沉淀物或去除 NOM 时溶液的暗黄色或棕色。对清洗液的化学分析可以量化这些观察结果。例如，Liikanen 等人[201]测量了清洗液的 pH、浊度、颜色、总固体（TS）和阳离子，以进行质量平衡，并将带入清洗液中的去除物与膜上剩余物的量进行比较，这样不仅可以进一步了解清洗效率，还可以了解某些污染的可逆性。Gwon 等人[26]发现钙和铁主要存在于酸清洗中，而硅主要存在于碱性清洗中。此外，铁是最难以去除的，在整个清洗过程中牢固地附着在膜上。这是通过膜解剖检测中的超声技术确定的。

膜表面的研究

对清洗后的膜表面进行检查，确定污染物的去除情况。可用的方法与膜解剖检测中的方法类似，如流电位测量、接触角法、FTIR 或 SEM。这些表征方法大多具有破坏性，几种方法的结合是分析清洗效率的最佳途径[209, 210]。需要注意的是通量被完全恢复并不总是意味着所有的污染物都被去除了。

膜截留率和冲洗用水

污垢会影响截留率。清洗通常会恢复截留率，但有时会降低截留率。例如，Chen 等人[196]报道了 TDS 截留率在(膜)清洗后提高了 10%。

膜清洗的其他重要参数是洗涤水的使用情况和产率的损失。洗涤水的使用量可以表示为每单位产水量所使用的清洗水量(需要考虑洗涤用水通常是膜的渗透液，因此也是产水的一部分)[196]；产水的损失用清洗时间乘以运行期间的平均水通量来计算。在评估环境影响时，水的消耗和潜在危废流的产生都需要考虑。

操作参数对清洗效率的影响

持续时间：从文献可以看出，更短的过滤周期(更频繁但更短的清洗程序)是有利的，因为污垢层会随着时间的推移而致密化，变得更难以去除。此外，污染程度是清洗过程中的恢复率的一个重要参数；如图 8-28 所示，在污染程度较低时清洗，频率会更高，但能更有效地恢复通量[196]。

温度：一般来说，清洗效率随温度的升高而增加，但这种增加受膜的耐热性的限制[201]。同时，要在与纳滤过程相同或相比更高的操作温度下进行清洗；如果清洗是在较低的温度下进行，一旦继续正常的处理流程，污垢将有再次被吸附在膜上的风险。

文献多次报道在温度为 50℃时超滤膜可获得最佳的清洗效果[211-213]；在纳滤中这个温度似乎也很适合，前提是膜能耐受这样的高温。更高的温度可能会有更好的清洗效果，但能够承受 70~90℃的膜仍然很少见。在清洗中采用足够高的温度有两个原因：一是增强污垢的去除，二是去除热敏性微生物。一种可能规避膜稳定性问题的潜在途径是对薄膜实施一个短时间的热冲击。有机膜可以忍受这种类型的热处理，但该方法的应用迄今很有限。

压力和空气/水反冲洗：大多数案例显示高压对清洗是不利的。特别是对于多孔膜，因为压力可将污染物推到膜的更深处，对于开放式的纳滤膜也是如此。所施加的压力也会造成污染的压实[27]。

最有利的做法是将膜浸泡在清洗液中，然后用尽可能小的压力将污染从膜组件中挤出来。然而，通常必须在压力和流速之间折中，以获得最佳的污染去除效率。

在超滤和微滤中，反向脉冲常常能增强清洗(效果)，但在纳滤中由于所使用的膜和膜组件结构，不可能达到这一效果。例如，TFC 膜的活性层由于缺乏支撑层，在反冲洗过程中会被破坏；空气不能(快速)通过纳滤中的小孔隙，因此空气反冲不具备可行性。

清洗对渗透液质量的影响

Liikanen 等人[201]用 TOC、UVA(254 nm)、pH、碱度、硬度和电导率对渗透液进行分析，显示膜在清洗后运行得到的渗透液电导率普遍升高。酸性清洗有助于恢复膜对离子的截留。

清洗对膜的耐久性的影响

与今天使用的其他类型的膜相比，纳滤膜的耐受性通常更差。超滤膜和微滤膜可以用聚偏氟乙烯(PVDF)、Teflon、聚丙烯(PP)、聚砜(Psf)等非常结实和稳定的材料制成。在大多数情况下，这些材料不可能制成纳滤膜；然而，它们常被用作(纳滤膜)活性层的支撑。纳滤膜通常由芳香酰胺制成，例如聚哌嗪酰胺(见第 3 章)。通常，纳滤使用的膜对化学物质、热和 pH 的耐受能力是不同的，因此清洗过程有很大的不同[214]。薄膜的耐久性可以通过测量纯水通量和盐的截留来检验。与膜的原始状态相比，若清洗后同时发生通量的增加和盐截留率的降低，原因很可能是膜的完整性降低了。

耐酸/耐碱性：最好的普通纳滤膜的耐碱能力可达 pH 11 左右，耐酸能力可达 pH 1 左右。在许多情况下，纳滤膜能够在较短的时间内承受更高或更低的 pH，特别是在不超过其温度限制的情况下。事实上，高 pH 可以对膜进行修饰，使其具有更高的通量，而不降低膜的截留率[215]。

许多行业使用纳滤膜对工艺流体或废水进行分馏，困难在于膜无法承受(极)高或(极)低的 pH。因此，欧盟有很多研究旨在制备能在更大的 pH 范围内工作的纳滤膜，目标是在每个方向上增加 1~2 个单位[216]。通过表征膜对葡萄糖/蔗糖和盐的截留，以及使用扫描电镜检查表面裂缝来确定膜的耐久性。

耐高温性：纳滤膜的耐热性通常不强。大多数纳滤膜能耐受的温度在 40℃左右，也有报道称其稳定性可拓展到 50~60℃。很重要的一点是它可以在运行和清洗中承受 50~70℃的范围，这一温度范围可达到消毒的效果。

目前针对典型纳滤膜的热稳定性已经进行了一些研究，如图 8-31 所总结的[217]。一般情况下，随着温度上升，通量增加而截留率(图中没有显示)下降。在某些情况下，降低温度会导致膜变得更致密(即使经过了在 65℃时的短暂热处理)，因此膜的通量会减少，而截留率会提高(见图 8-31 中的 XN-40 膜)。然后通过碱性清洗再次增加通量。

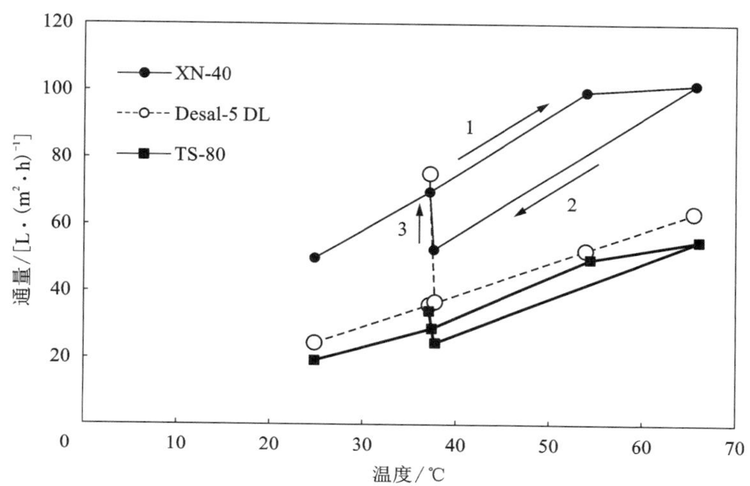

1—温度从 24℃升高到 65℃；2—温度从 65℃降低到 37℃；3—碱洗后通量的变化。

图 8-31　过滤 250 mg/L 的葡萄糖溶液过程中温度对纳滤膜通量的影响

（来自文献[217]）

8.8.5　案例：清洗的应用和清洗过程方案

本节对某些过程所使用的清洗方案进行了描述。在工业过程中，清洗通常被作为一种 CIP 程序，在恒流应用中跨膜压力达到临界极限，或者恒压过滤中通量下降到容忍水准以下时自行启动；或在设定的时间启动。

食品行业

食品行业，特别是乳品行业规定每天应该对膜进行清洗和消毒，提出这一要求是因为食品对微生物的生长非常敏感。由于这种清洗要求，膜在这类应用中的运行通量较高。乳制品行业的膜清洗通常有三个步骤：碱洗、酸洗和碱洗。乳品行业的污染物主要是蛋白质、盐和糖，或它们的降解产物，需要用碱性清洗环节去除（有机）①污染物，而除盐（钙盐）则需要酸性清洗。具体方案因应用过程而异，但往往或多或少是标准化的，有时还包括消毒。图 8-29[27] 是食品（大豆粉提取物）行业中这种清洗程序的一个案例。大多数膜是根据某个 CIP 进行清洗[218-221]。此外，已经被尝试过酶清洗，具有较低的清洗效率和较长的清洗时间。有些蛋白质还不能用酶除去[202]。

① 编者补充。

水及废水处理

大多数水和废水应用没有每天都进行膜清洗；纳滤工艺的目标是尽可能减少清洗次数，意味着这些工艺将在较低的平均通量下运行。

在水中含有 NOM 或 HA 等有机物的情况下，通常需要碱性清洗。Li 和 Elimelech[87]研究了一些清除 HA 和钙沉积的清洗剂。结果表明，EDTA 在 pH 为 11 时最有效，可完全恢复通量，而 NaOH 却是无效的。SDS 在其临界胶束浓度(CMS)以上应用时，效果不受 pH 的影响。Lee 等人[29]发现 SDS 对 NOM 污染无效，而 0.1 mol/L 的 NaCl 相对于更常见的清洗剂，如表面活性剂是有效的。碱液对疏水污物的去除效果较好，而对亲水性 NOM 组分的去除效果较差。Liikanen 等人[201]对 13 种清洗方案的效率进行了广泛的研究，确定了 Na_4EDTA 非常有效，但有人指出这可能取决于膜的类型，即每种膜可能需要针对特定的给水进行清洗优化。Hong 和 Elimelech[80]证实了 EDTA 的有效性，他们认为 EDTA 可从溶液中去除钙，并以这种方式减少(或在特定情况下逆转)污染。这意味着 EDTA 不仅对清洗有效，也对预处理有效。

Roudman 和 Digiano[65]在 pH = 10.3 的条件下使用了一种商业的无机碱洗剂(MC-3)和超纯水冲洗，仍无法去除 NOM 沉积。

海水淡化及其他行业

海水淡化过程中有大量的结垢，因此酸洗是最重要的。通常碱循环和酸循环并不总是交替进行，而是某一个的使用会更频繁；使用频率通常取决于预处理和现场需求。清洗间隔至少为一周；在某些情况下，该过程可以连续几个月不清洗[201, 207, 208, 222]。

8.8.6 清洗溶液的再生

清洗溶液的再生是一个重要的问题，这不仅是出于经济考虑，也是出于环境的原因。Argüello 等人[202]已经确定，酶清洗剂的活性在超滤分馏乳清的每个清洗周期中会损失约 30%，且与初始浓度无关。

事实上，纳滤已被用于处理清洗溶液，以回收和再利用清洗过程中的酸或碱。浓缩液包含污染物(在乳制品工业中可再生为动物食品)，渗透液则含有碱/酸和配方清洗剂中的其他组分，渗透液随后用反渗透浓缩[223-225]。

8.9 结论

本章对污染特性、常见污染物、污染机理和表征，以及膜的解剖进行了全面概述。主要污染类别，即有机污染、结垢、胶体和微粒污染，以及生物污染也有详细介绍，然后简要描述了清洗方法。

污染一直是膜研究的一个主要方向，而且即使存在污染，膜过滤也几乎总是有效的。但我们仍然期待膜清洗在未来的研究中有重大进展。

致谢

来自阿曼 Sultan Qaboos University 的 Shyam S Sablani 提供图 8-5 和图 8-6 做参考。感谢来自英国 Ondeo-Nalco 的 Linda Dudley，她提供了大量关于膜污染、结垢和清洗的资料。来自比利时 GEBetz 的 Paul Buijs 提供了图 8-2，来自以色列 Ben Gurion University 的 Jack Gilron 提供了图 8-4，非常感谢。

参考文献

[1] W J Koros, Y H Ma, T Shimizu. Terminology or membranes and membrane processes IUPAC recommendations 1996. Journal of Membrane Science, 1996, 120: 149-159.

[2] B Van Der Bruggen, L Braeken, C Vandecasteele. Flux decline in nanofiltration due to adsorption of organic compounds. Separation and Purification Technology, 2002, 29: 23-31.

[3] E Staude. Membranen und Membranprozesse-Grundlagen und Anwendungen. Weinheim, Germany: VCH, 1992.

[4] A I Schäfer. Natural organic matter removal using membranes: Principles, performance and Cost. Boca Raton, USA: CRC Press, 2001.

[5] H Huiting, J W N M Kappelhof, T G J Bosklopper. Operation of NF/RO plants: From reactive to proactive. Desalination, 2001, 139: 183-189.

[6] A G Fane, P Beatson, H Li. Membrane fouling and its control in environmental applications. Water Science and Technology, 2000, 41(10-11): 303-308.

[7] J H Choi, S Dockko, K Fukushi, et al. A novel application of a submerged nanofiltration membrane bioreactor (NF MBR) for wastewater treatment. Desalination, 2002, 146: 413-420.

[8] S F E Boerlage, M D Kennedy, M Dickson, et al. The modified fouling index using ultrafiltration membranes (MFI-UF): Characterisation, filtration mechanisms and proposed reference membrane. Journal of Membrane Science, 2002, 197: 1-21.

[9] J H Roorda, J H J M Van Der Graaf. New parameter for monitoring fouling during ultrafiltration of WWTP effluent. Water Science and Technology, 2001, 43(10): 241-248.

[10] M Mänttäri, M Nystrom. Critical flux in NF of high molar mass polysaccharides and effluents from the paper industry. Journal of Membrane Science, 2000, 170(2): 257-273.

[11] A Braghetta, F A Digiano, W P Ball. Nanofiltration of natural organic matter: pH and ionic strength effects. Journal of Environmental Engineering, 1997, 123(7): 628-641.

[12] J E Kilduff, S Mattaraj, J P Pieracci, et al. Photochemical modification of poly(ether sulfone) and sulfonated poly(sulfone) nanofiltration membranes for control of fouling by natural organic matter. Desalination, 2000, 132: 133-142.

[13] F A DiGiano, S Arweiler, A J J Riddick. Alternative tests for evaluating NF fouling. Journal of American

Water Works Association, 2000, 92(2): 103-115.

[14] F A DiGiano. In ICR workshop on bench-cale and pilot-scale evaluations. American Water Works Association, Cincinnati, Ohio, 1996.

[15] M Luo, Z Wang. Complex fouling and cleaning-in-place of a reverse osmosis desalination system, Desalination 141(2001), 15-22.

[16] J S Vrouwenvelder, D Van Der Kooij. Diagnosis of fouling problems of NF and RO membrane installations by a quick scan. Desalination, 2002, 153: 121-124.

[17] I C Escobar, A A Randall. Assimilable organic carbon(AOC) and biodegradable dissolved organic carbon (BDOC): Complementary measurements. Water Research, 2001, 35(18): 4444-4454.

[18] H F Shaalan. Development of fouling control strategies pertinent to nanofiltration membranes. Desalination, 2002, 153: 125-131.

[19] S F E Boerlage, M D Kennedy, M P Aniye, et al. Modified fouling index to compare pretreatment processes of reverse osmosis feedwater. Desalination, 2000, 131: 201-214.

[20] C R Reiss, J S Taylor. Membrane Technology Conference. AWWA, 433 - 448 AWWA, Reno, Nevada, 1995.

[21] D Van Der Kooij, H R Veenendaal, C Baars-Lorist, et al. Biofilm formation on surfaces of glass and teflon exposed to treated water. Water Research, 1995, 29(7): 1655-1662.

[22] B Hambsch. Untersuchungen zu mikrobiellen Abbauvorgangen bei der Uferfiltration. Universitat Karsruhe, Karlsruhe, Germany, 1992.

[23] J S Vrouwenvelder, D Van Der Kooij. Diagnosis, prediction and prevention of biofouling of NF and RO membranes. Desalination, 2001, 139: 65-71.

[24] S B Sadr Ghayeni, P J Beatson, R P Schneider, et al. Adhesion of waste water bacteria to reverse osmosis membranes. Journal of Membrane Science, 1998, 138: 29-42.

[25] G Carlson, J Silverstein. Effect of molecular size and charge on biofilm sorption of organic matter. Water Research, 1998, 32(5): 1580-1592.

[26] E m Gwon, M J Yu, H K OH, et al. Fouling characteristics of NF and RO operated for removal of dissolved matter from groundwater. Water Research, 2003, 37: 2989-2997.

[27] S K Sayed Razavi, J L Harris, F Sherkat. Fouling and cleaning of membranes in the ultrafiltration of the aqueous extract of soy flour. Journal of Membrane Science, 1996, 114(1): 93-104.

[28] B D Cho, A G Fane. Fouling transients in normally sub-critical flux operation of a membrane bioreactor. Journal of Membrane Science, 2002, 209: 391-403.

[29] H Lee, G Amy, J Cho, et al. Cleaning strategies for flux recovery of an ultrafiltration membrane fouled by natural organic matter. Water Research, 2001, 35(14): 3301-3308.

[30] D L Nghiem, A I Schäfer. Adsorption and transport of trace contaminant estrone in NF/RO membranes. Environmental Engineering Science, 2002, 19(6): 441-451.

[31] S Belfer, R Fainshtain, Y Daltrophe, et al. Surface modification of NF membrane to increase fouling resistance in operation on tertiary municipal effluent. Israeli Desalination Society Conference. IDS Haifa Israel, 2003.

[32] A M Farooque, M A Hassan, A Al-Amoudi. Autopsy and characterisation of NF membranes after long-term operation in a NF-SWRO pilot plant//IDA World Congress on Desalination and Water Reuse. 77 - 87 International Desalination Association, San Diego, California, 1999.

[33] F H Butt, F Rahman, U Badhuruthamal. Hollow fine fibre vs. spiral-wound reverse osmosis desalination membranes Part 2: Membrane autopsy. Desalination, 1997, 109: 83-94.

[34] K J Kim, V Chen, A G Fane. Characterization of clean and fouled membranes using metal colloids. Journal of Membrance Science, 1994, 88(1): 93-101.

[35] K J Kim, M R Dickson, V Chen, et al. Applications of field-emission scanning electron-microscopy to polymer membrane research. Micron Microscopia Acta, 1992, 23(3): 259-271.

[36] M Rabiller-Baudry, M L Maux, B Chaufer, et al. Characterisation of cleaned and fouled membrane by ATR-FTIR and EDX analysis coupled with SEM: Application of UF of skimmed milk with a PES membrane. Desalination, 2002, 146: 123-128.

[37] W R Bowen, N Hilal, R W Lovitt, et al. Direct measurement of interactions between adsorbed protein layers using an atomic force microscope. Journal of Colloid and Interface Science, 1998, 197(2): 348-352.

[38] W R Bowen, T A Doneva. Atomic force microscopy studies of membranes: Effect of surface roughness on double-layer interactions and particle adhesion. Journal of Colloid and Interface Science, 2000, 229: 544-549.

[39] W R Bowen, T A Doneva, A G Stoton. The use of atomic force microscopy to quantify membrane surface electrical properties. Colloids and Surfaces A, 2002, 201: 73-83.

[40] C Jarusutthirak, G Amy, J P Croue. Fouling characteristics of wastewater effluent organic matter (EfOM) isolates on NF and UF membranes. Desalination, 2002, 145(1-3): 247-255.

[41] D J Carlsson, M M Dal-Chin, P Black, et al. A surface spectroscopic study of membranes fouled by pulp mill effluent. Journal of Membrane Science, 1998, 142: 1-11.

[42] M Nyström, L Kaipia, S Luque. Fouling and retention of nanofiltration membranes. Journal of Membrane Science, 1995, 98: 249-262.

[43] M Mänttäri, L Puro, J Nuortila-Jokinen, et al. Fouling effects of polysaccharides and humic acid in nanofiltration. Journal of Membrane Science, 2000, 165: 1-17.

[44] P C Carman. Fundamental principles of industrial filtration-A critical review of present knowledge. Transactions of the Institute of Chemical Engineering, 1938, 16: 168-188.

[45] W R Bowen, F Jenner. Theoretical descriptions of membrane filtration of colloids and fine particles-An assessment and review. Advances in Colloid and Interface Science, 1995(56): 141-200.

[46] J G Wijmans, S Nakao, F R Van Den Berg, et al. Hydrodynamic resistance of concentration polarization boundary layers in ultrafiltration. Journal of Membrane Science, 1985, 22: 117-134.

[47] W S W Ho, K K Sirkar. Membrane Handbook. New York: Chapman & Hall, 1992.

[48] T K Sherwood, P L T Brian, R E Fisher, et al. Salt concentration at phase boundaries in desalination by reverse osmosis. Industrial and Engineering Chemicsry Fundamentals, 1965, 4: 113-118.

[49] S S Sablani, M F A Goosen, R Al-Belushi, et al. Concentration polarization in ultrafiltration and reverse osmosis: A critical review. Desalination, 2001, 141: 269-289.

[50] J D Nikolova, M A Islam. Contribution of adsorbed layer resistance to the flux decline in an ultrafiltration process. Journal of Membrane Science, 1998, 146: 105-111.

[51] I Koyuncu, D Topacik. Effect of organic ion on the separation of salts by nanofiltration membranes. Journal of Membrane Science, 2002, 195(2): 247-263.

[52] B Van Der Bruggen, B Daems, D Wilms, et al. Mechanisms of retention and flux decline for the nanofiltration of dye baths from the textile industry. Separation and Purification Technology, 2001, 22-23: 519-528.

[53] C Combe, E Molis, P Lucas, et al. The effect of CA membrane properties on adsorptive fouling by humic acid. Journal of Membrane Science, 1999, 154: 73-87.

[54] B Van Der Bruggen, C Vandecasteele. Flux decline during nanofiltration of organic components in aqueous solution. Environmental Science and Technology, 2001, 35(17): 3535-3540.

[55] G Belfort, R H Davis, A L Zydney. The behavior of suspensions and macromolecular solutions in crossflow microfiltration: Review. Journal of Membrane Science, 1994, 96: 1-58.

[56] Y J Chang, M M Benjamin. Modeling formation of natural organic matter fouling layers on ultrafiltration membranes. Journal of Environmental Engineering January, 2003: 25-32.

[57] R W Field, D Wu, J A Howell, et al. Critical flux concept for microfiltration fouling. Journal of Membrane Science, 1995, 100: 259-272.

[58] M Elimelech, J Gregory, X Jia, et al. Particle deposition and aggregation: Measurement, modeling, and simulation. Jordan Hill, Oxford: Butterworth-Heinemann Ltd., 1995.

[59] E M V Hoek, A S Kim, M Elimelech. Influence of channel height and crossflow hydrodynamics on colloidal fouling of reverse osmosis membranes. Environmental Engineering Science(in press), 2002.

[60] E M V Hoek. Colloidal fouling mechanisms in reverse osmosis and nanofiltration. New Haven: Yale University, 2002.

[61] E M V Hoek, A S Kim, M Elimelech. Influence of crossflow membrane filter geometry and shear rate on colloidal fouling in reverse osmosis and nanofiltration separations. Environmental Engineering Science, 2002, 19(6): 357-372.

[62] E M V Hoek, M Elimelech. Cake-enhanced concentration polarization: A new fouling mechanism for salt rejecting membranes. Environmental Engineering Science, 2003, 37: 5581-5588.

[63] B P Boudreau. The diffusive tortuosity of fine-grained unlithified sediments. Geochimica Cosmochimica Acta, 1996, 60(16): 3139-3142.

[64] E M V Hoek, M Elimelech. Cake-enhanced concentration polarization: A new fouling mechanism for salt rejecting membranes. Environmental Engineering Science, 2003, 37: 5581-5588.

[65] A R Roudman, F A Digiano. Surface energy of experimental and commercial nanofiltration membranes: Effects of wetting and natural organic matter fouling. Journal of Membrane Science, 2000(175): 61-73.

[66] C L Tiller, C R O'Melia. Natural organic matter and colloidal stability: Models and measurements. Colloids and Surfaces A: Physicochemical and Engineering Aspects, 1993, 73: 89-102.

[67] R Beckett, N P Le. The role of organic matter and ionic composition in determining the surface charge of suspended particles in natural waters. Colloids and Surfaces, 1990, 44: 35-49.

[68] C Jarusutthirak, G Amy. Membrane filtration of wastewater effluents for reuse: Effluent organic matter rejection and fouling. Water Science and Technology, 2001, 43(10): 225-232.

[69] M R Wiesner, M M Clark, J G Jacangelo, et al. Committee report: Membrane processes in potable water treatment, J. AWWAJan(1992): 59-64.

[70] S A Huber. Organics-The value of chromatographic characterisation of TOC in process water plants. Ultrapure Water, 1998: 16-20.

[71] A I Schäfer, R Mauch, A G Fane, et al. Charge effects in the fractionation of natural organics using ultrafiltration. Environmental Science and Technology, 2002, 36: 2572-2580.

[72] I S Chang, C H Lee. Membrane filtration characteristics in membrane-coupled activated sludge system-the effect of physiological states of activated sludge on membrane fouling. Desalination, 1998, 120: 221-233.

[73] G Amy, J Cho. Interactions between natural organic matter(NOM) and membranes: Rejection and fouling. Water Science and Technology, 1999, 40(9): 131-139.

[74] E D Mackey. Fouling of ultrafiltration and nanofiltration membranes by dissolved organic matter. Houston: Rice University, 1999.

[75] T L Champlin. Using circulation tests to model natural organic matter adsorption and particle deposition by spiral-wound nanofiltration membrane elements. Desalination, 2000, 131: 105-115.

[76] M Elimelech, W H Chen, J J Waypa. Measuring the zeta (electrokinetic) potential of reverse osmosis membranes by a streaming potential analyzer. Desalination, 1994, 95: 269-286.

[77] A E Childress, S S Deshmukh. Effect of humic substances and anionic surfactants on the surface charge and performance of reverse osmosis membranes. Desalination, 1998, 118: 167-174.

[78] A E Childress, M Elimelech. Effect of solution chemistry on the surface charge of polymeric reverse osmosis and nanofiltration membranes. Journal of Membrane Science, 1996, 119: 253-268.

[79] A I Schäfer, A G Fane, T D Waite. Nanofiltration of natural organic matter: Removal, fouling and the influence of multivalent ions. Desalination, 1998, 118: 109-122.

[80] S K Hong, M Elimelech. Chemical and physicalaspects of natural organic matter (NOM) fouling of nanofiltration membranes. Journal of Membrane Science, 1997, 132: 159-181.

[81] C R Bouchard, J Jolicoeur, P Kouadio, et al. Study of humic acid adsorption on nanofiltration membranes by contact angle measurements. The Canadian Journal of Chemical Engineering, 1997, 75(4): 339-345.

[82] K L Jones, C R O'Melia. Ultrafiltration of protein and humic substances: Effect of solution chemistry on fouling and flux decline. Journal of Membrane Science, 2001, 193(2): 163-173.

[83] K Ghosh, M Schnitzer. Macromolecular structures of humic substances. Soil Science, 1980, 129(5): 266-276.

[84] A Seidel, M Elimelech. Coupling between chemical and physical interactions in natural organic matter (NOM) fouling of nanofiltration membranes: Implications for fouling control. Journal of Membrane Science, 2002, 203: 245-255.

[85] J Lindau, A S Jönsson. Adsorptive fouling of modified and unmodified commercial polymeric ultrafiltration membranes. Journal of Membrane Science, 1999, 160: 65-76.

[86] J Cho, G Amy, J Pellerino. Membrane filtration of natural organic matter: Initial comparison of rejection and flux decline characteristics with ultrafiltration and nanofiltration membranes. Water Research, 1999, 33(11): 2517-2526.

[87] Q Li, M Elimelech. 2004(15/01/2004)(2003), Yale University, http: //www. yale. edu/env /elimelech/index research. htm.

[88] N A Wall, G R Choppin. Humic acids coagulation: Influence of divalent cations. Applied Geochemistry, 2003, 18: 1573-1582.

[89] A Schäfer, A Fane, D Waite. Direct coagulation pretreatment in nanofiltration of waters rich in organic matter and calcium. Desalination, 2000, 131(1-3): 215-224.

[90] D Hasson, A Drak, R Semiat. Inception of $CaSO_4$ scaling on RO membranes at various water recovery levels. Desalination, 2001, 139: 73-81.

[91] J C Cowan, D J Weintritt. Water-Formed Scale Deposits. Houston: Gulf Publ. Co., 1976.

[92] K A Faller. AWWA Manual M46 -Reverse Osmosis and Nanofiltration, AWWA: Denver 1999.

[93] R Rautenbach, R Albrecht. Membrane Processes. New York: John Wiley & Sons, 1989.

[94] J W Mullin. Crystallisation. London：Butterworths，1992.

[95] J A Dirksten，T A Ring. Fundamentals of crystallization：Kinetic effects on particle size distributions and morphology. Chemical Engineering Science，1991，46：2389-2427.

[96] I Sutzkover，D Hasson，R Semiat. Simple technique for measuring the concentration polarization level in a reverse osmosis system. Desalination，2000，131：117-127.

[97] C A C Van Der Lisdonk，B M Rietman，S G J Heijman，et al. Prediction of supersaturation and monitoring of scaling in reverse osmosis and nanofiltration membrane systems. Desalination，2001，138：259-270.

[98] R M Smith，A E Martell，R J Motekaites. NIST critically selected stability constants of metal complexes database. Gaithersburg，MD，1996.

[99] S C J M Van Hoof，J G Minnery，B Mack. Water Reuse，2001，11(4)：40-46.

[100] T Koo，Y J Lee，R Sheikholeslami. Silica fouling and cleaning of reverse osmosis membranes. Desalination，2001，139：43-56.

[101] W L Marshall，J M Warakomski. Amorphous silica solubilities II：Effects on aqueous salt solutions at 25℃. Geochimica Cosmochimica Acta，1980，44：915-924.

[102] F H Butt，F Rahman，U Baduruthamal. Characterization of foulants by autopsy of RO desalination membranes. Desalination，1997，114：51-64.

[103] M Brusilovsky，J Borden，D Hasson. Flux decline due to gypsum precipitation on RO membranes. Desalination，1992，86：187-222.

[104] S Lee，C H Lee. Effect of operating conditions on $CaSO_4$ scale formation mechanism in nanofiltration for water softening. Water Research，2000，34：3854-3866.

[105] Y A Le Gouellec，M Elimelech. Calcium sulfate(gypsum) scaling in nanofiltration of agricultural drainage water. Journal of Membrane Science，2002，205(1-2)：279-291.

[106] J Gilron，D Hasson. Calcium sulphate fouling of reverse osmosis membranes：Flux decline mechanism. Chemical Engineering Science，1987，42：2351-2360.

[107] O Söhnel，J Garside. Precipitation，basic principles and industrial applications. Oxford：Butterworth-Heinemann，1992.

[108] Y A Le Gouellec，M Elimelech. Control of calcium sulfate (gypsum) scale in nanofiltration of saline agricultural drainage water. Environmental Engineering Science，2002，19：387-397.

[109] T Pahiadaki，N Andritsos，S G Yiantsios，et al. Calcium carbonate fouling of RO and NF membranes(in preparation).

[110] N Andritsos，A J Karabelas，P G Koutsoukos. Morphology and structure of $CaCO_3$ scale layers formed under isothermal flow conditions. Langmuir，1997，13：2873-2879.

[111] D Myers. Surfaces，Interfaces，and Colloids. New York：John Wiley & Sons，1999.

[112] P C Hiemenz，R Rajagopalan. Principles of colloid and surface chemistry. Monticello，New York：Marcel Dekker，1997.

[113] M K H Liew，A G Fane，P L Rogers. Fouling of microfiltration membranes by broth-free antifoam agents. Biotechnology and Bioengineering，1997，56(1)：89-98.

[114] S T Kelley，A L Zydney. Protein fouling during microfiltration：Comparitive behavior of different model proteins. Biotechnology and Bioengineering，1997，55(1，July 5)：91-100.

[115] K Hagen. Removal of particles，bacteria and parasites with ultrafiltration for drinking water treatment. Desalination，1998，119(1-3)：85-91.

[116] L T Fu, B A Dempsey. Optimizing membrane operations with enhanced coagulation of TOC for drinking water treatment. Abstracts of Papers of the American Chemical Society, 1996(212): 13-ENVR.

[117] J J Porter. Recovery of polyvinyl alcohol and hot water from the textile wastewater using thermally stable membranes. Journal of Membrane Science, 1998, 151(1): 45-53.

[118] D E Potts, R C Ahlert, S S Wang. A critical review of fouling of reverse osmosis membranes. Desalination, 1981, 35: 235-264.

[119] G Tchobanoglous, J Darby, K Bourgeous, et al. Ultrafiltration as an advanced tertiary treatment process for municipal wastewater. Desalination, 1998, 119(1-3): 315-321.

[120] E Van Houtte, J Verbauwhede, F Vanlerberghe, et al. Treating different types of raw water with micro- and ultrafiltration for further desalination using reverse osmosis. Desalination, 1998, 117: 49-60.

[121] L Vera, R Villarroel-Lopez, S Delgado, et al. Cross-flow microfiltration of biologically treated wastewater. Desalination, 1997, 114(1): 65-75.

[122] S K Hong, M Elimelech. Chemical and physical aspects of natural organic matter (NOM) fouling of nanofiltration membranes. Journal of Membrane Science, 1997, 132: 159-181.

[123] W Stumm, J J Morgan. Aquatic Chemistry. New York: Wiley-Interscience, 1996.

[124] M Elimelech, J Gregory, X Jia, et al. Particle Deposition & Aggregation: Measurement, Modeling and Simulation. R A Williams(ed.). Woburn, MA: Butterworth-Heinemann, 1995.

[125] B V Derjaguin, L D Landau. Theory of the stability of strongly charged lyophobic sols and of the adhesion of strongly charged particles in solutions of electrolytes. Acta Physicochimica URSS, 1941, 14: 733.

[126] E J W Verwey, J T G Overbeek. Theory of the stability of lyophobic colloids. Amsterdam, NL: Elsevier, 1948.

[127] R H Ottewill, J N Shaw. Electrophoretic studies on polystyrene latices. Journal of Electroanalytical Chemistry, 1972, 37(JUN): 133-142.

[128] P Bacchin, P Aimar, V Sanchez. Model for colloidal fouling of membranes. AICHE Journal, 1995, 41(2): 368-376.

[129] D T Waite, A I Schäfer, A G Fane, et al. Colloidal fouling of ultrafiltration membranes: Impact of aggregate structure and size. Journal of Colloid and Interface Science, 1999, 212: 264-274.

[130] X H Zhu, M Elimelech. Colloidal fouling of reverse osmosis membranes-measurments and fouling mechanisms. Environmental Science and Technology, 1997, 31: 3654-3662.

[131] S Hong, R S Faibish, M Elimelech. Kinetics of permeate flux decline in crossflow membrane filtration of colloidal suspensions. Journal of Colloid and Interface Science, 1997, 196(2): 267-277.

[132] R S Faibish, M Elimelech, Y Cohen. Effect of interparticle electrostatic double layer interactions on permeate flux decline in crossflow membrane filtration of colloidal suspensions: An experimental investigation. Journal of Colloid and Interface Science, 1998, 204(1): 77-86.

[133] X H Zhu, M Elimelech. Fouling of revers-osmosis membranes by aluminum-oxide colloids. ASCE Journal of Environmental Engineering, 1995, 121(12): 884-892.

[134] S G Yiantsios, A J Karabelas. The effect of colloid stability on membrane fouling. Desalination, 1998, 118(1-3): 143-152.

[135] D Y Kwon, S Vigneswaran, H H Ngo, et al. An enhancement of critical flux in crossflow microfiltration with a pretreatment of floating medium flocculator/prefilter. Water Science and Technology, 1997, 36(12): 267-274.

[136] A G Abulnour, M H Sorour, H A Talaat. Comparative economics for desalting of agricultural drainage water

(ADW). Desalination, 2003, 152(1-3): 353-357.

[137] W Reimann. Treatment of agricultural wastewater and reuse. Water Science and Technology, 2002, 46(11-12): 177-182.

[138] H A Talaat, M H Sorour, N A Rahman, et al. Pretreatment of agricultural drainage water(ADW) for large-scale desalination. Desalination, 2003, 152(1-3): 299-305.

[139] C Combe, E Molis, P Lucas, et al. The effect of CA membrane properties on adsorptive fouling by humic acid. Journal of Membrane Science, 1999, 154(1): 73-87.

[140] K Riedl, B Girard, R W Lencki. Influence of membrane structure on fouling layer morphology during apple juice clarification. Journal of Membrane Science, 1998, 139(2): 155-166.

[141] W R Bowen, T A Doneva. Atomic force microscopy studies of membranes: Effect of surface roughness on double-layer interactions and particle adhesion. Journal of Colloid and Interface Science, 2000, 229: 544-549.

[142] J W Carter, G Hoyland, A P M Hasting. Concentration polarisation in reverse osmosis flow systems under laminar conditions. Effect of surface roughness and fouling. Chemical Engineering Science, 1974, 29: 1651-1658.

[143] M Hirose, H Ito, Y Kamiyama. Effect of skin layer surface structures on the flux behaviour of RO membranes. Journal of Membrane Science, 1996, 121(2): 209-215.

[144] J Y Kim, H K Lee, S C Kim. Surface structure and phase separation mechanism of polysulfone membranes by atomic force microscopy. Journal of Membrane Science, 1999, 163(2): 159-166.

[145] T Knoell, J Safarik, T Cormack, et al. Biofouling potentials of microporous polysulfone membranes containing a sulfonated polyether-ethersulfone/polyethersulfone block copolymer: Correlation of membrane surface properties with bacterial attachment. Journal of Membrane Science, 1999, 157(1): 117-138.

[146] M D Louey, P Mulvaney, P J Stewart. Characterisation of adhesional properties of lactose carriers using atomic force microscopy. Journal of Pharmaceutical and Biomedical Analysis, 2001, 25(3-4): 559-567.

[147] J A Brant, A E Childress. Assessing short-range membrane-colloid interactions using surface energetics. Journal of Membrane Science, 2002, 203(1-2): 257-273.

[148] E M V Hoek, S Hong, M Elimelech. Influence of membrane surface properties on initial rate of colloidal fouling of reverse osmosis and nanofiltration membranes. Journal of Membrane Science, 2001, 188(1): 115-128.

[149] S L Walker, S Bhattacharjee, E M V Hoek, et al. A novel asymmetric clamping cell for measuring streaming potential of flat surfaces. Langmuir, 2002, 18: 2193-2198.

[150] C J Van Oss. Interfacial Forces in Aqueous, 1994.

[151] L F Song, M Elimelech. Particle deposition onto a permeable surface in laminar-flow. Journal of Colloid and Interface Science, 1995, 17(1): 165-180.

[152] L Song, M Elimelech. Theory of concentration polarization in crossflow filtration. Journal of the Chemical Society. Faraday transactions, 1995, 91(19): 3389-3398.

[153] R D Cohen, R F Probstein. Colloidal fouling of reverse-osmosis membranes. Journal of Colloid and Interface Science, 1986, 114(1): 194-207.

[154] S L Goren. The hydrodynamic force resisting the approach of a sphere to a plane permeable wall. Journal of Colloid and Interface Science, 1973, 69(1): 78-85.

[155] M R Wiesner, M M Clark, J Mallevialle. Membrane filtration of coagulated suspensions. ASCE Journal of

Environmental Engineering, 1989, 115(1): 20-40.

[156] W R Bowen, A Mongruel, P M Williams. Prediction of the rate of cross-flow membrane ultrafiltration: A colloidal interaction approach. Chemical Engineering Science, 1996, 51(18): 4321-4333.

[157] W R Bowen, A O Sharif. Hydrodynamic and colloidal interactions effects on the rejection of a particle larger than a pore in microfiltra-tion and ultrafiltration membranes. Chemical Engineering Science, 1998, 53(5): 879-890.

[158] J N Israelachvili. Intermolecular and Surface Forces. London: Academic Press, 1992.

[159] M Elimelech, X Zhu, A E Childress, et al. Role of membrane surface morphology in colloidal fouling of cellulose acetate and composite aromatic polyamide reverse osmosis membranes. Journal of Membrane Science, 1997, 127: 101-109.

[160] H M Lappin-Scott, J W Costerton. Bacterial biofilms and surface fouling. Biofouling, 1989, 1: 323-342.

[161] H C Flemming, G Schaule, T Griebe, et al. Biofouling- the Achilles heel of membrane processes. Desalination, 1997, 113: 215-225.

[162] H F Ridgway, H C Flemming. Membrane biofouling. Water Treatment Membrane Processes. J Mallevialle, P E Odendaal, M R Wiesner. New York: McGraw Hill, 1996. 6. 1-6. 62.

[163] H C Flemming. Biofouling bei membranprozessen. Berlin: Springer, 1995.

[164] S B S Ghayeni, P J Beatson, R P Schneider, et al. Adhesion of waste water bacteria to reverse osmosis membranes. Journal of Membrane Science, 1997, 138: 29-42.

[165] R P Schneider. Conditioning film-Induced modification of substratum physicochemistry-analysis by contact angles. Journal of Colloid and Interface Science, 1996, 182: 204-213.

[166] R Bos, H C Van Der Mei, H J Busscher. Physicochemistry of initial microbial adhesive interactions-its mechanisms and methods of study. FEMS Microbiology reviews, 1999(23): 179-230.

[167] K C Marshall, R Stout, R Mitchell. Mechanism of initial events in the sorption of marine bacteria to surfaces. Journal of General Microbiology, 1971, 68: 337-348.

[168] K C Marshall. Adsorption and adhesion processes in microbial growth at interfaces. Advances in Colloid and Interface Science, 1986, 25: 59-86.

[169] K Power, K C Marshall. Cellular growth and reproduction of marine bacteria on surface-bound substrate. Biofouling, 1988, 1: 163-174.

[170] J W Costerton, Z Lewandowski, D DeBeer, et al. Biofilms, the customized microniche. Journal of Bacteriology, 1994, 176: 2137-2142.

[171] J W Costerton, P S Stewart, E P Greenberg. Bacterial biofilms: A common cause of persistent infections. Science, 1999, 284: 1318-1322.

[172] J D Bryers, F Drummond. Local macromolecule diffusion coefficients in structurally non-uniform bacterial biofilms using fluorescence recovery after photobleaching(FRAP). Biotechnology and Bioengineering, 1998, 60: 462-473.

[173] M Kühl, B B Jorgensen. Microsensor measurements of sulfate reduction and sulfide oxidation in compact microbial communities of aerobic biofilms. Applied Environmental Microbiology, 1992, 58: 1164-1174.

[174] J D Bryers. Two photon excitation microscopy for analysis of biofilm processes. Methods in Enzymology, 2001, 337: 259-269.

[175] G A McFethers, F P Yu, B H Pyle, et al. Physiological assessment of bacteria using fluorochromes. Journal of Microbiological Methods, 1995, 21: 1-13.

[176] R I Amann, W Ludwig, K H Schleifer. Phylogenetic identification and in-situ detection of individual microbial cells without cultivation. Microbiology Reviews, 1995, 59: 143-169.

[177] H Y Dang, C R Lovell. Bacterial primary colonization and early succession on surfaces in marine waters as determined by amplified rRNA gene restriction analysis and sequence analysis of 16S rRNA genes. Applied Environmental Microbiology, 2000, 66: 467-475.

[178] D M Moll, R S Summers. Assessment of drinking water filter microbial communities using taxonomic and metabolic profiles. Water Science & Technology, 1999, 39: 83-89.

[179] G G D Rodriguez, D Phipps, K Ishiguro, et al. Use of fluorescent probe for direct visualization of respiring bacteria. Applied Environmental Microbiology, 1992, 58: 1801-1808.

[180] H F Ridgeway. Microbial fouling of reverse osmosis membranes: Genesis and control//M W Mittelman, G G Geesey. Biological fouling of Industrial Water Systems: A Problem Solving Approach. Water Micro Associates. San Diego, California, 1987, 138-193.

[181] G L Leslie, R P Schneider, A G Fane, et al. Fouling of a microfiltration membrane by two Gram-negative bacteria. Colloids and Surfaces A: Physicochemical and Engineering Aspects, 1993, 73: 165-178.

[182] P H Hodgson, G L Leslie, R P Schneider, et al. Cake resistance and solute rejection in bacterial microfiltration: The role of the extracellular matrix. Journal of Membrane Science, 1993, 79: 35-53.

[183] H C Flemming, G Schaule, R McDonough, et al. Effects and extent of biofilm accumulation on membrane systems//G G Geesey, Z Lewandowski, H-C Flemming. Biofouling and Biocorrosion in Industrial Water Systems. Boca Raton: CRC Press, 1992: 63-89.

[184] J W Costerton, R T Irvin. The bacterial glycocalyx in nature and disease. Annual review of microbiology, 1981: 299-324.

[185] L H Rowley. Eleven biocides are investigated for microbial efficacy and membrane compatibility to use at the Yuma desalting plant. Desalination, 1994, 97: 35-43.

[186] J S Vrouwenvelder, D Van Der Kooij. Diagnosis, prediction and prevention of biofouling of NF and RO membranes//AWWA Membrane Technology Conference. AWWA, San Diego, California, 2001.

[187] J P Van Der Hoek, J A M H Hofman, P A C Bonne, et al. RO treatment: Selection of a pretreatment scheme based on fouling characteristics and operating conditions based on environmental impact. Desalination, 2000, 127: 89-101.

[188] Evan Houtte, F Vanlerberghe. Preventing biofouling in RO membranes for water reuse. Results of different tests. in AWWA Membrane Technology Conference. AW WA, San Diego, California, 2001.

[189] J Lozier, S Kommineni, Z Chowdhury, et al. Evaluating alternative fouling and scaling control methods for NF/RO treatment of surface waters//AW WA Membrane Technology Conference. AWWA, San Diego, California, 2001.

[190] M Jenkins, M B Tanner. Operational experience with a new fouling resistant reverse osmosis membrane. Desalination, 1998, 119: 243-250.

[191] J A Redondo. Improve RO system performance and reduce operating cost with FILMTEC fouling-resistant (FR) elements. Desalination, 1999, 126: 249-259.

[192] A M Shahalam, A Al-Harthy, A Al-Zawhry. Feed water pretreatment in RO systems: Unit processes in the Middle East. Desalination, 2002, 150: 235-245.

[193] A Maartens, E P Jacobs, P Swart. UF of pulp and paper effluent: Membrane fouling-prevention and cleaning. Journal of Membrane Science, 2002, 209: 81-92.

[194] S Belfer, J Gilron. EU-report, 2002.

[195] J Gilron, S Belfer, P Väisänen, et al. Effects of surface modification on antifouling and performance properties of reverse osmosis membranes. Desalination, 2001, 140: 167-179.

[196] J P Chen, S L Kim, Y P Ting. Optimization of membrane physical and chemical cleaning by a statistically designed approach. Journal of Membrane Science, 2003, 219(1-2): 27-45.

[197] A L Lim, R Bai. Membrane fouling and cleaning in microfiltration of activated sludge wastewater. Journal of Membrane Science, 2003, 216: 279-290.

[198] G Trägårdh. Membrane cleaning. Desalination, 1989, 71: 325-335.

[199] J Wagner. Membrane Filtration Handbook: Practical Tips and Hints. Osmonics, Inc. 2001.

[200] R Deqian. Cleaning and regeneration of membranes. Desalination, 1987, 62: 363-371.

[201] R Liikanen, J Yli-Kuivila, R Laukkanen. Efficiency of various chemical cleanings for nanofiltration membrane fouled by conventionally treated surface water. Journal of Membrane Science, 2002, 195: 265-276.

[202] M A Argüello, S Alvarez, F A Riera, et al. Enzymatic cleaning of inorganic ultrafiltration membranes used for whey protein fractionation. Journal of Membrane Science, 2003, 216: 121-134.

[203] Q Li, M Elimelech. Organic fouling and chemical cleaning of nanofiltration membranes: Measurements and mechanisms. Environmental Science and Technology, submitted, 2003.

[204] M J Munoz-Aguado, D E Wiley, A G Fane. Enzymatic and detergent cleaning of a polysulphone ultrafiltration membrane fouled with BSA and whey. Journal of Membrane Science, 1996, 117: 175-187.

[205] E H K Zeiher, F P Yu. Membranes: Biocides used for industrial membrane system sanitization. Ultrapure Water, 2000, 17(3): 55-64.

[206] A Weis, M R Bird, M Nyström. The chemical cleaning of polymeric UF membranes fouled with spent sulphite liquor over multiple operational cycles. Journal of Membrane Science, 2003, 216(1-2): 67-79.

[207] K Kosutic, B Kunst. RO and NF membrane fouling and cleaning and pore size distribution variations. Desalination, 2002, 150: 113-120.

[208] T Thorsen. Fundamental studies on membrane filtration of coloured surface water. Trondheim: Norway University of Science and Technology, 2001.

[209] W Weis, M Bird, M Nyström. The variation of zeta-potential with pH for UF membranes subjected ro a range of fouling and cleaning protocols. Fouling, Cleaning and Disinfection in Food Processing(D I Wilson, P J Fryer, A P M Hastings). Proceedings of a conference held at Jesus College, Cambridge, 2002, 181-188.

[210] H Zhu, M Nyström. Cleaning results characterized with flux, streaming potential and FTIR measurements. Colloids and surfaces A: Physicochemical Engineering Aspects, 1998, 138(2-3): 309-321.

[211] C J Shorrock, M R Bird, J A Howell. Membrane cleaning: Removal of irreversibly fouled yeast deposits. Transactions of the Institution of Chemical Engineering, 1998, 76(part C): 1-8.

[212] M Bartlett, M R Bird, J A Howell. An experimental study for the development of a qualitative membrane cleaning model. Journal of Membrane Science, 1995, 105: 147-157.

[213] M Nyström, H Zhu. Characterization of cleaning results using combined flux and streaming potential methods. Journal of Membrane Science, 1997, 131: 195-205.

[214] P Fu, H Ruiz, J Lozier, et al. A pilot study on groundwater natural organics removal by low-pressure membranes. Desalination, 1995, 102: 47-56.

[215] M Mänttäri, H Martin, J Nuortila-Jokinen, et al. Using a spiral wound nanofiltration element for the filtration

of paper mill effluents：Pretreatment and fouling. Advances in Environmental Research，1999，3(2)：202-214.

[216] S Platt，M Nyström，G Capanelli，et al. Stability of NF membranes under extreme acid conditions. Journal of Membrane Science，2004，239：91-103.

[217] M Mänttäri，A Pihlajamäki，E Kaipainen，et al. Effect of temperature and membrane pretreatment on the filtration properties of nanofiltration membranes. Desalination，2002，145：81-86.

[218] C R Gillham，P J Fryer，A P M Hasting，et al. Cleaning-in-place of whey protein fouling deposits：Mechanisms controlling cleaning. Transactions of the Institution of Chemical Engineering，1999，77(part C)：127-136.

[219] M L Cabera，F A Riera，R Alvarez. Rinsing of ultrafiltration ceramic membranes fouled with whey proteins：Effects of cleaning procedures. Journal of Membrane Science，1999，154：239-250.

[220] G Daufin，U Merin，J P Labbe，et al. Cleaning of inorganic membranes after whey and milk ultrafiltration. Biotechnology and Bioengineering，1991，38(1)：82-89.

[221] E Räsänen，M Nyström，J Sahlstein，O Tossavainen. Comparison of commercial membranes in nanofiltration of sweet whey. Le Lait，2002，82：343-356.

[222] S S Madaeni，T Mohamamdi，M K Moghadam. Chemical cleaning of reverse osmosis membranes. Desalination，2001，134：77-82.

[223] E Räsänen，M Nyström，J Sahlstein，et al. Purification and regeneration of diluted caustic and acidic washing solutions by membrane filtration. Desalination，2002，149：185-190.

[224] G Gésan-Guiziou，E Boyaval，G Daufin. Nanofiltration for the recovery of caustic cleaning-in-place solutions：Robustness towards large variation of composition. Desalination，2002，149：127-129.

[225] M Forstmeier，B Goers，G Wozny. UF/NF treatment of rinsing waters in a liquid detergent production plant. Desalination，2002，149：175-177.

缩略语和名词说明

缩略语/名词	意义	缩略语/名词	意义
AA	丙烯酸	CA	醋酸纤维素
ACP	无定型磷酸钙	CCC	临界聚沉浓度
AFM	原子力显微镜	CF	浓缩系数或回收率
AOC	可同化有机碳	CFU	(菌)群形成单位
ATP	三磷酸腺苷	CIP	现场清洗
ATR-FTIR	衰减全反射傅里叶红外光谱	CMS	临界胶束浓度
BDOC	可生物降解有机碳	CPF	浓差极化因子
BFR	生物膜形成速率	CTC	5-氰基-2，3-二甲基四氮唑
BSA	牛血清白蛋白	CWF	纯水通量(用作下标)

缩略语/名词	意义	缩略语/名词	意义
CWFR	净水通量恢复率	LSI	朗格利尔(Langelier)饱和指数
DAPI	吖啶橙	MA	甲基丙烯酸
DBNPA	2，2-二溴-3-硝基丙酰胺	MBR	膜生物反应器
DCPD	二水合磷酸钙	MF	微滤
DLVO	Derjaguin-Landau-Verwey-Overbeek	MFI	修正污染指数
DNA	脱氧核糖核酸	MFI-UF	修正污染指数-超滤
DOC	溶解有机碳	MTC	传质系数
EDS	电子色散光谱	MWCO	切割分子量
EDTA	乙二胺四乙酸	MS	质谱
EDX	能量色散 X 射线光谱仪	NF	纳滤
EfOM	废水有机物	DMR	核磁共振
EGDMA	乙二醇二甲基丙烯酸酯	NOM	天然有机物质
EPS	胞外聚合物	NMR	核磁共振
FA	富里酸	NPD	归一化压降
FESEM	场发射扫描电子显微镜	NSP	归一化盐通量
FR	通量下降率(下标 CWF：纯水通量；下标 PF：渗透液通量)	OCP	磷酸八钙
FT-Raman	傅里叶变换红外光谱	PEGMA	甲基丙烯酸聚乙二醇酯
GC	气相色谱	PA	聚酰胺
HA	胡敏酸(腐殖酸)	PC	聚碳酸酯
HAP	羟磷灰石	PF	渗透通量(用作下标)
HEMA	甲基丙烯酸的羟甲酯	PLFA	磷脂脂肪酸
HPC	斜交板计数	Psf	聚醚砜
IAP	离子活度积	PP	聚丙烯
ICP-MS	电感耦合等离子体质谱	PVDF	聚偏二氟乙烯
IEP	等电点	RI	Ryznar 指数
IR-IRS	红外内反射光谱	RMS	(Eric)均方根

缩略语/名词	意义	缩略语/名词	意义
RO	反渗透	TDS	总溶解固体
RR	通量恢复率（下标 CWF：纯水通量；下标 PF：渗透液通量）	TEM	透射电子显微镜
RNA	核糖核酸	TFC	薄层复合（材料）
SAD	表面积差异	TOC	总有机碳
SDI	淤泥密度指数	TS	总固体
SDS	十二烷基硫酸钠	UF	超滤
S & DI	Stiff & Davis 指数	UV	紫外线
SEM	扫描电子显微镜	UVA	紫外吸光度
SUVA	特定紫外吸光度	XPS	X 射线光电子光谱
TDC	细胞总数	XRD	X 射线衍射

希腊字母符号说明

符号	意义	符号	意义
$\tan\alpha$	t/V 对 V 的斜率	Φ_T	总的相互作用势
α	溶质的活度	Ω	曲折度
α_o	与宏观晶体达到平衡的溶质的活度	Γ	膜表面的有机吸附量
δ	边界层厚度	η_{20}	水在 20℃时的黏度
δ_c	滤饼层厚度	η_T	水在 T℃时的黏度
$\Delta\pi_m$	跨膜渗透压差	μ	溶质的化学势
$\Delta\pi_m^*$	滤饼层增强跨膜渗透压差	ν	水的速度（垂直于膜面）
$\Delta\pi$	跨膜渗透压差（下标 ORG：有机物；下标 INORG：无机物）	τ	膜的曲折度
ε	滤饼层孔隙率		

罗马字母符号说明

符号	意义	符号	意义
A	膜的表面积	FR_{PF}	与渗透液有关的通量下降
A_i	维里(Viral)系数	ΔG	吉布斯自由能变量
c	溶液中溶质的平衡浓度	H	通道高度/厚度(下标 c：薄的浓差极化层；上标 *：厚的凝胶层)
c_{B}	本体溶液中溶质浓度	i	样本数；离子 i
c_{BL}	边界层的溶质浓度	j_i	溶质 i 解离导致的摩尔增量系数
c_{F}	料液中的溶质浓度	J	过滤的渗透通量
c_{G}	凝胶浓度	J_i	清洗前的初始渗透通量
CF	浓缩系数	J_{ci}	清洗后的初始渗透通量
c_{P}	渗透液溶质浓度	J_{lim}	极限通量
c_{P}^*	存在滤饼增强时的渗透液溶质浓度	J_{O}	纯水通量(下标 a：过滤后；下标 b：过滤前)
c_{M}	膜/水界面的溶质浓度	J_{s}	溶质通量
c_{M}^*	进料浓差极化增强或滤饼增强后膜面溶质浓度	J_{v}	溶剂的体积通量
c_{S}	颗粒浓度	J_{S}	颗粒通量
d	直径	k	玻尔兹曼(Boltzman)常数
D	粒子扩散张量	k_{s}	溶质的传质系数
D_{s}	溶质扩散系数	k_{w}	溶剂的传质系数
D^*	滤饼中的传质系数	K	膜和溶液相之间的分配系数
D_{∞}	本体传质系数	K_{f}	参数(Freundlich 公式)
f_{os}	渗透系数	K_i	半经验常数
F	外力矢量	K_{ow}	辛醇/水分配系数
F_{Col}	颗粒与表面之间的胶体力	K_{sp}	相形成化合物的热力学溶度积
F_{G}	引力	M	溶质的摩尔质量
FR_{CWF}	就净水通量而言的通量下降	N	参数(Freundlich 公式)

符号	意义	符号	意义
n_i	溶质摩尔数	R_O	实际截留率
ΔP	跨膜水力学压差(进料为纯水时)；对系统施加的水力学压力	R_{OBS}	观察到的截留率
ΔP_c	胶体层导致的压力损失	R_P	孔内污染导致的阻力
ΔP_m	膜两侧的水力学压差	R_q	RMS 粗糙度
P_F	浓差极化系数	R_{RES}	清洗后的残余阻力
Q	体积流量	R_{RF}	可逆污染导致的阻力
R	理想气体常数	S	过饱和比
R_a	平均粗糙度	t	持续时间
R_A	吸附引起的阻力	T	绝对温度
R_C	滤饼层形成引起的阻力	T_w	接触角
R_{CP}	浓差极化引起的阻力	u	流体流动诱导的颗粒速度
R_{CW}	膜清洗后的阻力	U_0	切向流速
Re	雷诺数	v	料液朝向膜面的对流速率
R_F	总的污染阻力	V	溶液体积
R_G	凝胶形成导致的阻力	$V(x)$	渗透通量(轴向分布)
R_{IF}	不可逆污染导致的阻力	x	到膜表面的(垂直)距离
R_m	最大粗糙度	y	渗透回收比率
R_M	膜的本征阻力		

第 9 章　预处理和杂化/集成工艺

9.1　前言

更严格的环境立法和工业界内部竞争的加剧对更加高效的过程处理和废水处理方案提出了更多的需求。膜技术为水处理提供了几种不同的单元操作，其中最新的单元操作之一是纳滤(NF)，该技术的存在及其研究也就是十多年的时间。纳滤主要用于去除水和废水中溶解的有机物和无机成分，如对低品位水进行升级以供工业和饮用所需，或者对工业废水进行净化(见第 10 章和第 11 章)。

单一的分离技术往往不能满足工业过程的要求，必须使用涉及多种不同分离步骤的工艺流程。

由于大多数废水和工艺用水可能形成堵塞和污染，纳滤进水通常需要过滤。纳滤膜对高浓度固体物质很敏感。此外，膜容易被进水中的有机物质污染，导致清洗间隔和膜的寿命缩短。因此，在纳滤之前去除固体和导致污染的有机物能减少成本。

纳滤技术和其他膜技术一起被广泛使用，如微滤(MF)、超滤(UF)、反渗透(RO)。纳滤还与离子交换(IX)和蒸发等传统技术相结合，形成杂化过程。杂化过程被定义为由不同种类的分离技术相结合所形成的一个完整的增强处理系统。本章的目的是全面回顾纳滤在包含多个分离阶段和分离方法的过程中的可行性。另外，第 17 章讨论了膜生物反应器(MBR)和纳滤组成的杂化过程。

9.2　纳滤系统中预处理的重要性

对进水预处理是为了保护膜和维持膜的性能。对膜进行保护通常是指防止污染，也包括防止机械损伤和化学损伤。比较高的固体负荷会对膜表面造成机械损伤，并限制过滤系统内水的流动。此外，氧化剂(如 Cl_2 和 O_3)对许多膜材料是有害的。纳滤的预处理要求和方法与反渗透相同。

在大多数情况下，过滤过程中的任何膜通量损失都是由污垢造成的。污垢会影响膜的使用寿命，而膜的清洗会导致运行中断。清洗间隔取决于进料液、过滤设备和工艺条件。每一种膜的装填构型在清洗的难易程度和对污垢的易感性方面是不同的。

纳滤过程中的主要污染种类是微溶的无机盐、胶体或颗粒物、溶解的有机物、化学反应物和微生物(有关污垢的更多信息请参阅第8章)[1]。污染可通过优化过滤工艺被部分控制：如选择合适的膜类型和材料、膜组件结构或过滤参数(如流量、压力和温度)。但除了优化过滤条件，通常还需要对进料液进行适当的预处理。最合适的预处理方案要根据废水的组成和用途来决定。预处理的要求随膜组件类型和装填密度而不同，例如，卷式膜组件要求的预处理比中空纤维式膜组件的程度低；换句话说，前者更加不易被污染[2]。

纳滤上游的预处理有以下作用[2]：

· 减少悬浮固体，并尽量减少胶体的影响。
· 减少进料液中潜在的微生物污染。
· 添加化学试剂(阻垢剂，pH 调节)。
· 必要的时候去除废水中的氧化性化合物(以保护膜)。

纳滤的预处理方法及其作用详见表9-1。

表9-1　纳滤的预处理方法及作用[2-8]

预处理	微溶盐	胶体*	固体颗粒	生物处理	氧化物	有机物
pH 调节	•	•				
阻垢剂	•	•				
离子交换	•	•				
石灰软化	•					
去饱和	•					
紧凑型加速沉淀软化(CAPS)	•	•				
介质过滤		•	•			
氧化过滤		•				
管道混凝		•				•
混凝		•	•			•
微/超滤		•	•			•
滤芯式过滤		•	•			
氯化				•		
脱氯					•	
“休克”(剂量)处理				•		

续表9-1

预处理	微溶盐	胶体*	固体颗粒	生物处理	氧化物	有机物
消毒				•		
颗粒活性炭过滤				•	•	•
生物处理		•				•
电磁处理	•	•	•			

*胶体包括淤泥、胶态的铁、铝、硅。

9.3 不含膜过程的预处理方法

9.3.1 无机沉淀的控制

微溶的多价盐由于截留而被浓缩到超过其溶解度极限时，就会发生结垢。当目标是用纳滤过程实现高回收率时，结垢的风险会增加。最常见的微溶盐或潜在的结垢物有 $CaSO_4$、$CaCO_3$ 和 SiO_2 等，其他可能的产生污染的盐是 $Mg(OH)_2$、$BaSO_4$、CaF_2 和 $SrSO_4$[2]。

结垢可分为两类：碱性物质和非碱性物质。$CaCO_3$ 和 $Mg(OH)_2$ 会形成碱性结垢。大部分的天然水富含 $CaCO_3$，而 $CaCO_3$ 在 $pH<7$ 时是不会沉淀的。因此，防止 $CaCO_3$ 结垢的一种传统方法是往进水中加入酸，其中最普通的是硫酸（H_2SO_4）。然而，硫酸的添加有可能引起腐蚀和 $CaCO_4$ 的沉淀问题。降低 pH 也可能增加进水中胶体和有机物的污染。因此，配方化学阻垢剂已广泛取代酸来进行阻垢[2, 9-11]。

最常见的非碱性垢是 $CaSO_4$，常以三种不同的形态存在：$CaSO_4$（无水）、$CaSO_4 \cdot 1/2H_2O$（半水合物）和 $CaSO_4 \cdot 2H_2O$（二水合物，也称石膏）；它们的溶解度均高于 $CaCO_3$ 和 $Mg(OH)_2$。与 $CaCO_3$ 沉淀相比，$CaSO_4$ 沉淀不受 pH 的控制，而是受温度的控制[9]。

水软化

石灰（CaO）软化是去除水中硬度（钙、镁）的传统方法。石灰和苏打粉（Na_2CO_3）的加入将镁以氢氧化物、钙以碳酸盐的形式沉淀以降低钙和镁浓度。另一种被广泛使用的水软化方法是离子交换法，Na^+取代有害的 Ca^{2+}、Mg^{2+}。

CAPS 是一种部分软化工艺，主要是为了降低钙硬度。CAPS 工艺设备由反应混合槽、过滤装置和泵组成。反应悬浮液含有水和质量分数为 3%的 $CaCO_3$ 固体。原水连同烧碱（主要成分 NaOH）一起被送入水槽。这会导致浆料中 $CaCO_3$ 的过饱和，并在浆料（晶体在悬浮颗粒上生长）和滤饼（滤饼的孔壁上的成核和晶体生长）内结晶。部分软化减少了对阻垢剂的需求和提升了回收率。CAPS 工艺去除重金属、SiO_2 以及共沉淀疏水性污染物的潜力也已得到证实[6-8]。

在去饱和单元中，微溶盐被迫在晶种上沉淀。这一步通常是在最后一段纳滤之前使用，此时浓缩液中盐的浓度是最高的。高浓度的总有机碳（TOC）可能干扰某些盐的沉淀，如 $BaSO_4$。干扰的机理是某些有机化合物被吸附在晶种上（晶体中毒），对结晶有阈值效应[3]。

阻垢剂

阻垢剂是防止结垢的化学试剂，有聚合物和非聚合物两类。低于化学计量的阻垢剂可以防止超过溶解度极限的盐的沉淀（阈值效应）。它可以干扰正常的晶体生长，导致不规则的晶体形状。其结果是盐的污垢形成能力（晶体变形能力）降低。阻垢剂也可以使晶体带有同等荷电而形成相互排斥（不一致性）[2, 9, 10, 12-15]。

被广泛使用的第一种阻垢剂是六偏磷酸钠（SHMP），且目前仍在使用，但正在让位于更有效的磷酸盐阻垢剂。作为有机膦化合物的膦酸盐也是一类广泛使用的阻垢剂，例如二亚乙基三胺-五-（甲基膦）酸（DTPMPA）、1-羟基亚乙基-1、1-二膦酸（HEDP）、2-膦酰基丁烷-1，2，4-三羧酸（PBTC）和氨基三亚甲基膦酸（AMP）。用作阻垢剂的许多聚合物已经商业化，其中有很多是聚阴离子电解质。最常用的聚合物是聚丙烯酸、聚丙烯酰胺、聚马来酸、聚羧酸和聚磺酸盐。聚合物阻垢剂的性能取决于其官能团、表面电荷密度和摩尔质量，有效性也受操作温度和 pH 的影响。现在还出现了一类新的阻垢剂，即树突状聚合物，是具有 3D 结构的、高度支化的共混聚合物。然而，这些阻垢剂尚未广泛用于商业用途[10, 12, 16]。

阻垢剂性能的局限性导致通常需要组合至少两种不同类型的阻垢剂以获得最佳结果。例如，HEDP 能显著抑制 $CaCO_3$ 和 $BaSO_4$ 的形成，但对 $CaSO_4$ 没有任何明显的抑制作用[10, 17]。某些阻垢剂对 Ca^{2+} 的耐受性低，这会导致钙沉积物（例如膦酸钙或磷酸钙）形式的过度膜污染[9, 10]。许多形式的颗粒物会吸附阻垢剂分子。阻垢剂在富含悬浮固体的水中的有效浓度会显著降低，因此水中会发生沉淀[9, 18]。

预防二氧化硅污垢

含高浓度 SiO_2 的浓盐水会导致严重且不可逆的膜污染。在实践中广泛认可的操作是将浓缩液中 SiO_2 的含量保持在 120~155 mg/L，这取决于 pH 和操作温度。SiO_2 沉淀的化学现象是复杂的，可能包含胶体 SiO_2、$MgSiO_3$ 或铝硅酸盐。例如，$CaCO_3$ 晶体可以作为 SiO_2 和硅酸镁沉淀的晶核。三价阳离子（如 Fe^{3+} 和 Al^{3+}）的存在也很重要。因此，含高浓度 SiO_2 的水中应避免存在多价金属氧化物[18]。

pH 的降低使天然存在的硅酸盐颗粒的负电荷减少，导致其稳定性降低。因此，硅酸盐颗粒或其与金属氧化物或有机物的共存可能会加剧胶体污染问题[11]。

据 Gill[10] 和 Darton[18] 报道，聚合物分散剂和阻垢剂被用于防止 SiO_2 结垢。如前文所述，从进料中除去含钙物质和多价金属以及任何悬浮物质可最大限度地降低 SiO_2 沉积的风险。在石灰软化中，加入 $AlCl_3$ 或 $ZnCl_2$ 可除去多数土壤中的很大一部分 SiO_2。然而，对铝和硅的沉淀物进行常规过滤非常困难。在 CAPS 中，$CaCO_3$ 浆液中 SiO_2 与 $AlCl_3$ 或 $ZnCl_2$ 的共沉淀及滤饼过滤不会显著增加过滤时间[8]。

铁、锰和锌的去除

铁、锰和锌也会形成不溶性沉淀物。某些阻垢剂能将这些离子稳定在水中[10]。离子交换或氧化预过滤器，如绿砂过滤器，可用于去除铁和锰。然而，绿砂在低 pH 下会失活，或者当进料含有>2 mg/L 的溶解氧时，铁、锰氧化物沉淀可能会导致离子交换操作失败。离子交换器的进料应该进行预处理，使其不含悬浮的铁和锰[19]。在传统的地下水处理中，经常对水曝气以沉淀铁，然后通过快速砂滤器和滤芯过滤器进行过滤[20]。

水的磁化处理

防止结垢的最新方法之一是水的磁化或电磁处理。该方法不是去除具有结垢潜力的离子，而是使它们失去结垢的能力。其预防机理尚不清楚，但人们认为有可能是铁和锌等重金属被磁场激活并起到阈值抑制剂的作用。电磁处理对悬浮颗粒和胶体也有效。在诱导形成的电磁场(EMF)中，污染物带电并且发生排斥。尽管用于磁处理的设备已经商业化，还是有人对这种方法持怀疑态度[4]。

9.3.2　胶体和固体的去除

颗粒污染物(即胶体)、悬浮固体和微生物细胞会导致截留侧卷式通道的阻塞，这是膜系统中一个常见的问题。通过预处理将其彻底清除并不容易[21]。胶体物质尤其会给纳滤中造成问题。在天然水域中有各种各样的胶体：胶体 SiO_2 和硫、铁、铝化合物的沉淀，腐蚀产物，淤泥，黏土，生物碎片，甚至是具有高摩尔质量的有机物质(如腐殖质)[11]。因为胶体物质通常相当分散，需添加混凝剂或絮凝剂作为过滤的辅助措施，或者通过在线混凝来减少胶体。在线混凝通常将所使用的混凝剂(如明矾、$FeCl_3$、$Fe_2(SO_3)_2$ 和/或聚电解质)在预过滤之前加入进料流中[2]。混凝剂的用量根据进料液而变化，因此需要频繁现场测试和调整以获得最佳的化学剂量。

低固体含量的水在纳滤之前仅需要预过滤。通过适当的设计，预过滤可除掉几乎所有的悬浮固体。进水若有高浓度的悬浮固体、高浊度和/或高淤泥密度指数(SDI)，通常在过滤之前要先混凝，然后进行沉淀。沉降时间和剂量等条件由现场测试来确定[2]。

有各种预滤器(如介质过滤器、袋式过滤器和滤芯过滤器)可供使用。介质过滤器可分为单介质、双介质和多介质几种，过滤材料包括砂子、无烟煤、精细石榴石或浮石等。除筛分外，过滤材料还有其他功能。锰绿砂用于氧化过滤器，方解石用于中和过滤器，而硅藻土或活性炭用于吸附过滤器。有很多设计选项供参考：介质过滤可快可慢，可以是向下流或向上流[15]。

9.3.3 去除有机物质①

纳滤膜表面吸附的有机物会导致通量衰减。在最严重的情况下，通量损失是不可逆的。高摩尔质量化合物在疏水或带正电荷时的吸附可能性最大。二价阳离子和低 pH 能提高天然有机物(NOM)的吸附能力[2-11]。作为 NOM 主要成分的腐殖酸，其污染趋势背后的机理与其结合多价离子的倾向有关[22, 23]。多价离子，如钙、铁等，可与 NOM 形成不溶性络合物或凝胶，并在膜表面析出。NOM 与钙的络合随 pH 增加而上升，这是因为 NOM 的负电荷增加了；可以用这种方式使 NOM 沉淀[24, 25]。

通常，提高 pH 是防止有机污染的优选方法，因为膜和有机化合物都将带负电荷。以乳化液、油和油脂等形式存在的有机物应在纳滤之前被去除。乳化液在膜上可以形成油膜，而油和油脂则很容易吸附在膜表面。混凝或活性炭吸附是去除油和油脂的有效方法[2]。

天然水体中的有机物主要是腐殖质。如果 TOC 含量很高，腐殖质可以通过混凝、超滤或活性炭吸附而去除。然而，颗粒活性炭过滤会有释放细菌的风险。碳孔内的高表面积及所吸附的有机养分提高了过滤器的生物活性。当碳过滤器以足够慢的速度(2~10 m/h)和足够高的床层(2~3 m)运行时，所有的微生物活性会在上部区域发生，而过滤的水几乎不含细菌和营养物[2]。

生物预处理也能有效地去除有机物。为了加强细菌(对有机物)的去除，在生物预处理之前，可以通过臭氧氧化等降解有机物[26]。生物预处理将在后面的章节中讨论。

9.3.4 预防生物结垢

所有的原水都含有微生物，根据大小，它们中的大多数可以被视为颗粒或胶状物质，且可以通过预过滤来去除。然而，微生物在有利条件下能够繁殖并形成生物膜。进料液中溶解性有机营养素会促进(微生物的)繁殖，因此预防其生长是预处理过程的主要目标[1, 2]。

---

① 现象复杂，建议结合参考文献进行理解。

氯化是已经使用多年的灭菌方法。Cl_2 的效果取决于浓度、暴露时间和 pH。Cl_2 在入口处加入，静置反应 20~30 min。尽管现在许多膜都具有耐氯性能，膜过滤之前也必须对进料液进行脱氯处理以防止膜氧化。活性炭床对脱氯非常有效。残留的游离 Cl_2 也可以通过使用化学还原剂［如焦亚硫酸钠（$Na_2S_2O_5$，简称 SMBS）］来去除[2, 27]。

O_3 是一种比 Cl_2 更强的氧化剂，但它很容易分解。因此，为杀死所有微生物，必须保持足够的 O_3 浓度[2]。在膜过滤之前必须脱除 O_3，而紫外线照射能成功地完成这一目标。

O_3 氧化可以改变有机分子的结构和所带电荷，产生可吸附在膜表面的离子基团。NOM 的 O_3 氧化已知可分解碳-碳双键（—C ═C—），并形成醛基、酮基和羧基[3]等基团。因此，O_3 和其他氧化剂（如 Cl_2、过氧乙酸、过氧化物和 $KMnO_4$）是有效的杀菌剂，但同时也会降低进水的生物稳定性。例如，腐殖酸是非常复杂的大分子，因此不能用作好氧和厌氧细菌的营养物质。一旦腐殖酸化合物被氧化成小片段，它们就会转化为可被吸收的有机碳，成为细菌的食物[2, 27]。因此，氧化杀菌可能会间接引起生物污染，并增加膜的 NOM 污染。如果氧化后再进行生物预处理等，则可消除由 NOM 引起的膜污染问题。

波长 254 nm 的紫外线照射具有杀菌作用。紫外线处理不需要添加化学试剂，但这种方法只能用于相对清澈的水，因为胶体和有机物会削弱辐射的效果[2]。

生物活性也可以用生物杀菌剂来控制。非氧化杀菌剂配方对膜材料损伤小，在集成膜系统中得到了广泛普及。然而经验表明，长期使用非氧化杀菌剂往往会引起微生物耐药性。建议根据（微生物的）再生长速度在"休克"剂量水平使用这些药剂。如果同时使用两种不同的杀菌剂，效果会保持不变[27]。其他常用的杀菌剂是氯胺和 SMBS，氯胺会对纳滤通量产生不利影响，而亚硫酸氢盐对好氧菌比对厌氧菌更有效[1, 2]。

9.3.5 生物预处理

在生物预处理过程中，有机化合物作为碳基质维持微生物的生长，有利的环境也会起到促进作用。将对基质进行代谢的微生物随后从水体中分离出来，留下相对洁净的污水。设计生物工艺的目的主要是在好氧或厌氧条件下去除溶解的和悬浮的有机物。生物预处理还可以去除悬浮固体、氮、磷和重金属，但易受有毒化学品的影响[5]。

重力沉降和深度过滤被用于分离生物质与最终出水。前者是最常用的方法，然而，气泡将污泥提升至表面，或者密度较低、大块的、不沉淀的絮状物的存在常常影响沉淀过程。微滤和超滤膜与生物过程耦合形成所谓的 MBR 常被用作沉淀的替代技术[5]。

纳滤前的生物预处理可以增加纳滤通量，防止污染，提高清洗工艺的效果。图 9-1 显示了生物预处理(嗜热菌，T=45~55℃，好氧)对纳滤通量的影响。对压力磨木(PGW)工厂的排水进行了带预处理和不带预处理的纳滤过滤。在纳滤开始运行后的第 30 min 及第 8~10 h[即当体积折减系数(VRF)为 5 时]对流量进行了测量。生物预处理减少了较高浓度下的污垢，从而增加了通量。pH 从 5 到 7 的变化对防止瞬时污染很关键；但归根结底，生物预处理因降解了疏水性污垢而变得很重要[28]。

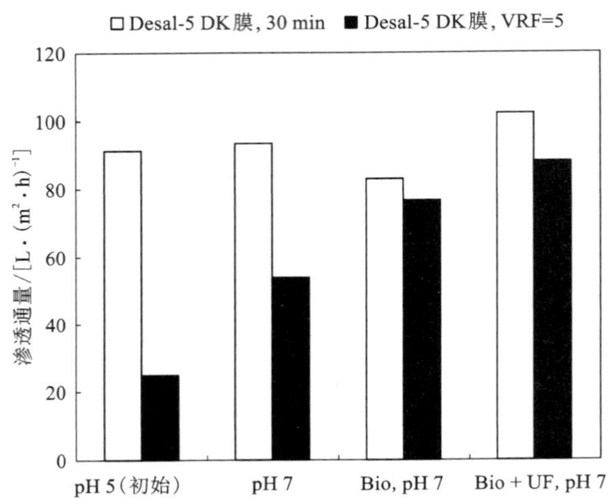

在工厂用悬浮载体生物膜中试装置(Valmet Floobed，V_{tot} = 2 m³)进行嗜热好氧菌生物预处理(T=45~55℃)。在 10 bar 的压力和流速为 6 m/s 的情况下使用 Desal-5 DK 膜[28]。

图 9-1　生物预处理对纳滤处理制浆造纸工业机械制浆机循环水的过膜通量的影响

生物预处理比化学处理速度慢。因此，生物预处理(不包括 MBR)作为纳滤的预处理方法比其他预处理方法的利用率更低。然而，纳滤用作 MBR 的后处理已得到成功应用，如用于垃圾填埋渗滤液的净化[5, 29]。有关详细信息参见第 16 章和第 17 章。

9.4　使用过滤介质的预处理方法

在许多杂化/集成工艺流程中，过滤是纳滤的一种预处理方法，可采用常规过滤、微滤或超滤。在某些情况下，其他类型的预处理可被更经济、更环保的过滤技术所取代。

9.4.1 常规过滤

传统的过滤工艺在许多情况下用作纳滤进料液的预处理是可行的。微滤和超滤通常具有更好的选择性、更少的占地面积和更灵活的使用方式。然而在某些情况下，将纳滤与现有的过滤技术(例如砂滤)结合起来更容易。除大型砂滤器外，袋式过滤也可用于膜工艺。很常见的步骤是在膜工艺前添加一个 5～10 μm 的预过滤系统，以避免膜元件发生过度堵塞和膜污染问题。添加滤芯式过滤器有时仅仅是为了安全起见，保护膜元件不受意外过量的固体物质的影响。

有相当多的应用在纳滤上游使用常规过滤。Reiss 等人[30]报告了利用袋式过滤和砂滤的一种应用；根据他们的报告，可采用由慢砂滤和纳滤组成的杂化工艺对城市污水进行二级处理。在该工艺中，经过慢砂滤的废水通过 5 μm 的预滤器后进入纳滤工艺。慢砂滤的目的是去除在其他方式(如快砂滤)下可能污染纳滤膜的生物和有机物质。因此，慢砂滤可减少纳滤器的清洗成本。

在处理地下水时，河岸过滤也可用作纳滤的预过滤步骤[31-33]。结合适当的后处理，如 pH 调节，由河岸过滤—曝气—绿砂过滤—纳滤组成的过程链可以提供生物性和化学性稳定的，不含微量有机物的饮用水[32]。砂滤作为纳滤预处理的最大应用是在法国 Méry-sur-Oise 的地表水净化过程中。在河水的净化中，大型纳滤过程的上游设置了带有絮凝的双层过滤系统[34]。

9.4.2 微滤

在微滤(MF)和纳滤的联合工艺中，微滤的主要用途是纳滤进水前的预处理。微滤能去除固体颗粒和一些胶体物质，降低浊度并使水变得澄清；微滤渗透液然后进入纳滤，浓差极化和膜污染现象会削弱。这种预过滤在许多情况下是必不可少的，因为纳滤过程通常使用非常容易堵塞的卷式膜组件。微滤作为纳滤预处理的应用不像超滤那么普遍。目前，有一些微滤/纳滤系统的应用实例，如在洗衣行业和制糖业。下面的第一个例子是关于商业洗衣废水的处理。

处理商业洗衣废水的应用

商业洗衣废水具有较高的生物需氧量(BOD)、化学需氧量(COD)，以及高浓度的洗涤剂和表面活性剂。为了对洗涤环节的水进行循环(利用)，必须去除其中的污染物。利用微滤/纳滤组合的系统可从洗涤水中去除油、油脂、清洁剂、表面活性剂和其他杂质，为洗衣清洗周期提供高质量的循环用水[35]。

图 9-2 中描述的两级系统包含了微滤阶段和后面的纳滤阶段。卷式微滤元件去除了悬浮固体，如棉绒、油、油脂和污垢，这些物质会堵塞或污染纳滤膜。通过增设 11.4 m^3/h 的循环得以提升微滤阶段(进水侧)的流速。卷式纳滤阶段去除了总溶解固体、洗涤剂和表面活性剂。纳滤的渗透液被循环至热水洗涤工

段。纳滤可去除 99.5%的总悬浮固体、油和油脂，以及 76%的总溶解固体[35]。

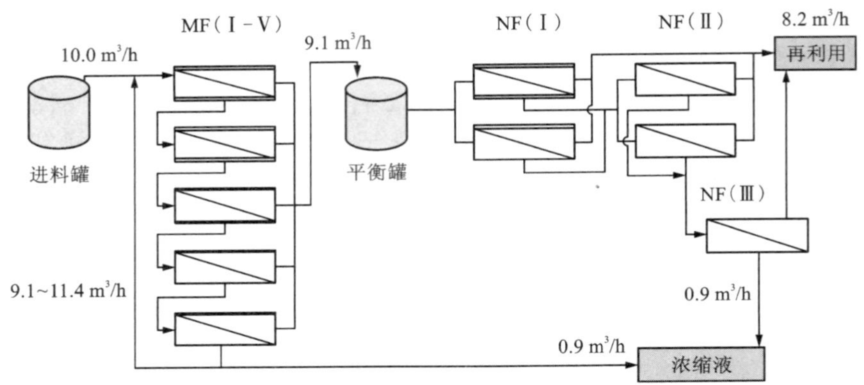

该工艺使用的膜是 Desal JX(微滤)和 Desal-5DK(纳滤)。由 Osmonics 公司(www.osmonics.com)提供修改后的流程图(版权所有见文献[35])。

图 9-2　包括卷式微滤和卷式纳滤的商业洗衣废水处理工艺

甜味剂和制糖工业中的应用

在甜味剂和制糖工业中，微滤也可以与纳滤结合。淀粉经酶处理可产生 95%的葡萄糖，剩下的 5%包括双糖和三糖。生产高纯度葡萄糖(即纯度大于 99%)的常规结晶工艺昂贵且耗时，因此为了制备纯葡萄糖，有人提出了由微滤和纳滤组成的膜法技术。将微滤渗透液送入纳滤装置，以分离葡萄糖和杂质，所产生的纳滤渗透物是纯度>99%的葡萄糖糖浆[36]。

9.4.3　超滤

超滤也可以用作纳滤的预处理。超滤在某些情况下比微滤更受欢迎，其更致密的结构能提供更好的分离效率。使用超滤能除去部分纳滤进料液中会损坏或污染纳滤膜或堵塞膜组件的有机或无机组分；也可通过超滤分馏有机物质，以便通过纳滤来浓缩或纯化产物(如分离盐和有机物)。这种预处理去除了进料液中的部分有机物，在某些应用中也增加了纳滤的通量。目前，超滤/纳滤组合在处理含大量有机物质的溶液的工业应用中非常常见。

超滤在多个行业中被广泛用作纳滤的预处理。通常，当被处理溶液包含盐(多价和/或单价)和有机物时，可以使用超滤/纳滤组合；使用超滤去除溶液中较大的有机分子后，可用纳滤去除痕量有机物和多价盐。

产品纯化和生产

在乳品行业中有一个同时使用超滤和纳滤进行分馏的经典案例。Helakorpi

等人[37]研究了纳滤对乳糖结晶的影响，证明对乳清用超滤进行预过滤和脱蛋白后，其渗透液可用纳滤进行部分脱矿质和预浓缩。本研究使用的工艺过程如图 9-3 所示。

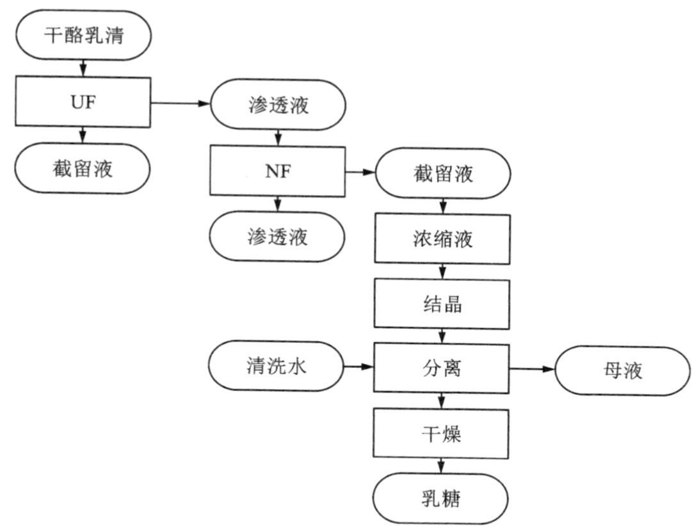

图 9-3　乳糖生产过程的方框(流程)图

(Helakorpi 等提供[37])

用纳滤处理乳清超滤渗透液使乳糖的结晶效率提高了 5%~12%。此外，乳糖结晶所产生的母液在体积和灰分含量方面都下降了[38]。

预防污染和增强截留

Redond[39]已经报道了肉类加工行业使用超滤作为纳滤预处理的实例。南欧的家禽和肉类加工业需要处理和循环高达 2000 m^3/d 的废水，其总溶解固体(TDS)含量为 2.2%~2.5%。某些处理过的废水含 1.0%~1.5%盐和低浓度硫酸盐，可被用作过程溶液。因为需要少量的钙，不能完全去除废水中的硬度。反渗透由于截留了太多的多价盐，在这种情况下不被视为可行的分离技术。

采用疏松纳滤膜对整个废水进行处理是解决这一问题的有效方法(见图 9-4)。但由于废水可能带来高污染，需要进行一定的预处理。这可以通过常规过滤、微滤或超滤来实现。微滤或超滤均能有效去除细菌、囊藻和微生物成分，超滤还可以去除许多病毒。此外，膜技术的操作成本比传统预处理工艺低 30%以上。因此，根据 Redondo 的观点[39]，微滤或超滤预处理应优先于常规的预处理方法(如絮凝、沉降介质过滤、滤芯过滤)，然后对纳滤渗透液和盐水采取进一步处理以获得所需(产品)品质。

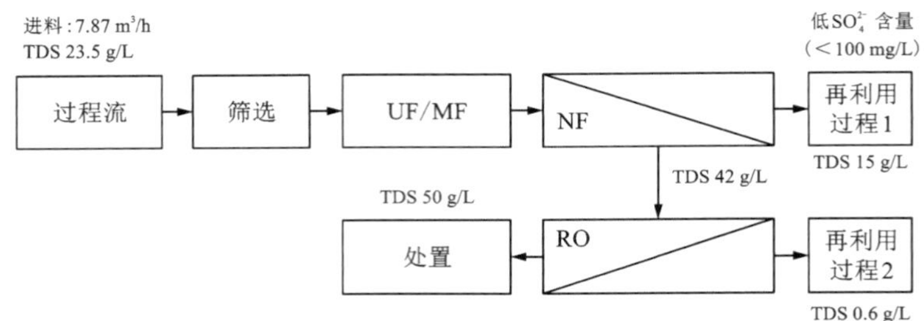

图 9-4 肉禽中试工厂的废水处理工艺流程图

（来自文献[39]）

在制革工业中，超滤也可以用作纳滤的预处理以回收废鞣槽（液）中的铬[40]。传统的铬元素回收方法是基于 NaOH 对铬盐的沉淀，随后用硫酸溶解 $Cr(OH)_3$[41]。但是，所回收溶液的品质并不总是最优的（合适的）。

可以采用膜技术来提高被回收的铬的质量。该过程包括超滤和纳滤。来自鞣制槽的原始进料液的浓度非常高，以至于单独使用纳滤不能对其实现有效的处理。超滤很好地截留了固体成分和脂肪物质，并允许大部分铬进入渗透侧。超滤渗透液随后被送至纳滤；在此阶段，铬几乎被全部截留（测试用膜的截留率为 99.9%），纳滤渗透液中的铬浓度非常低。对纳滤截留液进行进一步浓缩后，回收的铬溶液可用于鞣制和复鞣过程[40]。

在纺织工业中，超滤预处理可提高纳滤在处理废水过程中对 COD 的截留率。直接纳滤法对含染料废水中 COD 的截留率是 90%。通过增设预处理，COD 截留率可提高到 97.5%[42]。

纳滤/超滤工艺在制糖工业，如甜菜制糖中是可行的。从浸渍甜菜中分离出来的汁液可用超滤处理，再用纳滤处理，蒸发和结晶后即可得到白糖[43]。

9.5 纳滤作为其他过程的预处理

在许多废水或工艺用水的处理工艺中，纳滤没有用作“管道末端技术（end of pipe technology）”。这是因为纳滤渗透物不够纯净，必须进一步处理才能达到工艺目标。然而，由于其分离特性，纳滤非常适合用作其他几种分离技术的预处理。

9.5.1 反渗透的预处理

由于纳滤和反渗透的截留模式存在部分差异，它们可以结合使用以获得更有效的分离性能。另外，纳滤膜的结构较松散，通常可用作反渗透的预处理，以除去水中可能在反渗透阶段损坏膜的物质。纳滤一般去除多价盐和有机物，这样反渗透可以在没有严重污垢的情况下运行。

Takaba 等人[44]很好地回顾了反渗透脱盐过程中最常见的问题。热海水淡化工艺作为一种新型、合算的饮用水生产工艺，具有很大的吸引力。然而在海水进入反渗透之前，需要通过预处理除掉其中的结垢成分，以防止膜结垢。膜表面结垢通常会导致通量降低(详见第 8 章)。纳滤是一种潜在的预处理工艺，因为它能截留硫酸盐(以 $CaSO_4$ 形式存在的主要结垢成分)。

在反渗透和多级闪蒸(MSF)之前添加纳滤使总能耗降低了 25%～30%，显著改善了海水淡化工艺。此外，化学品消耗的减少使该工艺对海洋环境更加友好。图 9-5 展示了某个该应用的工艺流程图[45, 46]。Al-Sofi 等人[47]将海水反渗透进料的纳滤预处理描述为海水淡化的一个突破。

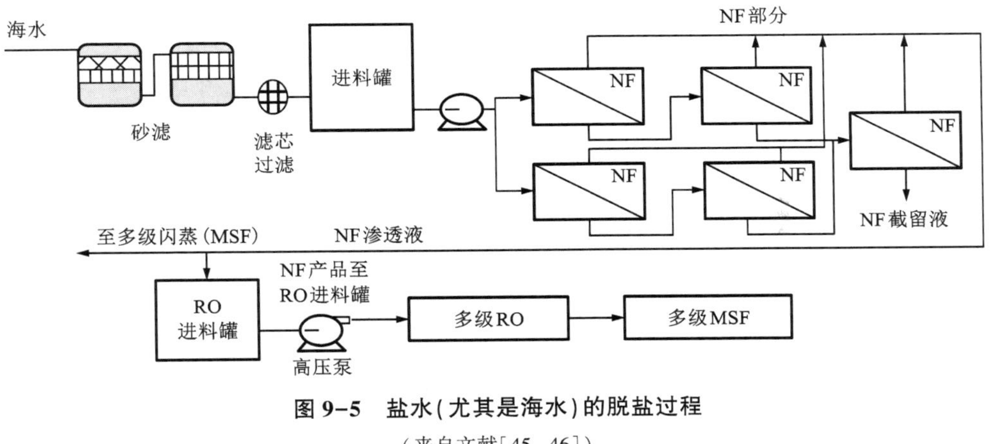

图 9-5　盐水(尤其是海水)的脱盐过程

(来自文献[45, 46])

使用纳滤作为预处理的另一个原因是它能够将物质彼此分离。含有(不同)产品的纳滤渗透液或浓缩液通常非常稀，反渗透可用于浓缩和进一步纯化产品流，如图 9-4 所示。

9.5.2　电渗析的预处理

工业废水的成分通常很复杂且浓度高，无法用电渗析进行有效分离。纳滤法作为电渗析(ED)的预处理，可去除大部分对电分离过程形成抑制的污染物，如多价金属离子；作为电渗析浓缩物的后处理单元，可以实现选择性分离，或者对稀释液进行净化。目前，由纳滤和电渗析组成的工艺流程的数量不多，应用的重点是金属、乳制品、纸浆和造纸工业领域的废水处理[48-50]。

De Pinho 等人报道了有关纳滤/电渗析工艺在制浆造纸工业中应用的可行性，该工艺的目的是减少水的消耗。某平均每天生产 1000 t 纸浆的牛皮纸厂面临的任务是处理大约 6000 m^3/d 的初次碱性漂白液(即图 9-6 中的 E_1 废水)。E_1 废水的成分非常复杂，常规的生物和物理化学处理在技术上或经济上通常不可行[50, 51]。

De Pinho 等人[52]的研究使用了纳滤和电渗析结合的工艺流程，如图 9-6 所示。该工艺的中试装置安装在 Portucel(位于葡萄牙的 Setubal)的一家牛皮纸制浆厂。来自 E_1 废水处理管道的废水被输送至中试装置。预处理包括盐酸(HCl)调节 pH、絮凝/混凝，以及用砂滤和 5 μm 滤芯过滤进行的分离，用于去除废水中的纤维和胶体。来自预处理段的料液被送入纳滤段，该段使用有效面积为 1.7 m^2 的 SEPAREM 卷式膜组件。实验是在 30~50℃、压力为 15 bar 的条件下进行；纳滤渗透液被送至电渗析单元，该单元使用的是 Asahi Glass 的 Selemion AMV 和 CMV 膜。

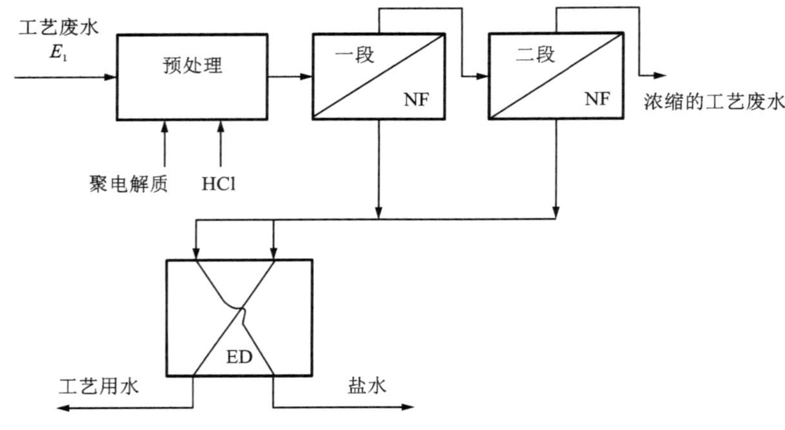

图 9-6 纳滤/电渗析组合工艺的方框流程图

(来自文献[52])

Rosa 等人[53]发现纳滤可以在部分除盐的同时去除低摩尔质量的有机物和有机氯化物。纳滤可去除 E_1 废水中 95%的颜色、90%的有机物和 30%的盐分。多价盐几乎完全被除去。纳滤与其他分离技术结合才能满足循环用水的质量要求。用电渗析处理纳滤渗透液足以将 NaCl 的含量降至 60 ppm①。对处理 E_1 废水的纳滤/电渗析序列的优化使产水中几乎没有多价离子，且 NaCl 浓度低[50]。

9.5.3 离子交换的预处理

使用离子交换(IX)和纳滤的最重要的应用是水的软化和去矿质化。这两个过程的分离机理也都考虑了电中性。纳滤在许多研究中被作为离子交换的替代处

① ppm=part per million，百万分之一。

理方法而与之进行比较。在某些应用中，离子交换已被纳滤所取代。使用这两种技术的工艺成本非常相似，因此是否安装膜过程的决定因素不是工艺的经济性，而是作为水软化副产物的废水的品质。然而，由于这两种技术以不同的方式处理相同的问题，我们很自然地会去猜想由它们结合起来的工艺流程能做什么。离子交换的问题在于，它必须根据特定流程进行定制，而没有纳滤作为预处理移除水中的某些有害物质，定制在某些情况下是不可能的。此外，离子交换在处理被高度污染的水时会很快达到其交换容量，过程必须停止以进行再生。在进行离子交换前通过纳滤去除多价离子，废水可被部分净化以减轻离子交换阶段的负担。而且，再生过程本身产生的废水也可以用纳滤处理。

采用纳滤进行预先去矿质化的好处包括[55, 56]：离子交换去矿质化设备可以小型化；降低水和化学品的消耗；减小再生废水的体积；可以通过节省运营成本来弥补组合系统较高的基本投资。

纳滤和离子交换组合系统的效率在澳大利亚乳品行业得到证明，所采用的过程能生产出脱灰(矿物质、无机盐)率为 90%~95%的乳清。这一过程使乳清加工商能够根据客户的需求定制不同的产品[55, 56]。

纳滤也可以作为饮用水脱硝酸盐的预处理。纳滤与离子交换结合可以产出几乎不含硝酸盐的饮用水，而其余的化学性质几乎不变。在这个组合过程中，预过滤的饮用水会被送入纳滤装置，使水中的硝酸盐部分净化，多价盐几乎完全净化。所得的渗透液被进一步送入阴离子交换器，其中的硝酸盐与 Cl^- 交换。(纳滤使)离子交换给水几乎不含硫酸盐和溶解的有机碳，该工艺流程具有以下优点[57]：离子交换器的操作容量增加，减少再生剂的需求；树脂上潜在的细菌生长和有机物的污染效应降低。

纳滤也可用于金属工业中离子交换不能直接处理的稀释废水的浓缩。例如，位于墨西哥 Sonora 的 Mexicana de Cananea 露天铜矿就是这种情况。1997 年，矿坑累积的 2000 万 m^3 的径流威胁到该矿的扩建计划。径流中含有雨水、碎石浸出铜的残余硫酸，以及价值约 2000 万美元的铜。但其中铜的浓度太低，用矿井的液体离子交换系统无法提取，而安装新系统的成本太高。矿业公司需要找到一个更节省成本的方法，或者放弃径流中的铜。有人采用 Osmonics 提供的纳滤法将铜浓缩到原含量的 2 倍，允许使用现有离子交换系统[58]。

9.5.4　蒸发前的预处理

纳滤非常适合作为蒸发前的预处理。蒸发是一种浓缩多种溶液的有效方法，但蒸发过程中的能耗非常高，在大多数情况下是一个费用非常昂贵的过程。将纳滤作为蒸发前的预浓缩步骤在经济上是可行的。当采用纳滤渗透液作为蒸馏的进料液时，由于其中多价盐浓度较低，脱盐过程更加高效。

Turek 等人[59]报道了一个利用纳滤来增强蒸发过程的例子。纳滤可用于去除大多数在蒸发过程中起抑制作用的多价盐，所讨论的蒸发过程被用于从波兰一家煤矿的卤水中生产 NaCl。波兰的煤矿卤水带来了严重的生态问题，需要特殊处理。煤矿卤水在用于制造 NaCl 之前，要通过十二级补偿装置或蒸气压缩装置对其进行蒸发浓缩。蒸发法能耗高，限制了煤矿卤水在工业生产中的循环利用。

采用低能耗蒸发工艺(如 MSF)的一个障碍是煤矿卤水中的钙和硫酸根离子浓度很高。使用具有孔径足够大的电荷纳滤膜有可能降低渗透液中二价离子的浓度，而几乎不改变 NaCl 的浓度[59]。在这一特定应用中尤为重要的是，纳滤几乎完全截留钙和硫酸盐。在某些情况下，如果多价盐含量足够高，单价盐由于道南效应甚至可能会在渗透液中浓缩[60]。

纳滤的渗透液在多级蒸发过程(如 MSF)中能以最低的石膏结晶风险被浓缩。这种组合工艺使 NaCl 的生产比传统方法更经济[59]。

9.6 纳滤作为后处理工艺和完善技术

9.6.1 净化

虽然纳滤通常用作其他分离技术的预处理工艺(如海水淡化和水处理)，它也可以用于后处理工艺。在某些情况下，纳滤足以净化溶液中不需要的物质，例如本章介绍过的微滤或超滤渗透液的后处理。在其他情况下，对纳滤进水的预浓缩让使用较小的纳滤单元和提升工艺的经济性变得可行。

如果最终产品中含有一些杂质，如单价盐和微量的有机污染物，纳滤一般足以作为分离的完善步骤。同时，需要考虑使用纳滤还是反渗透作为末端处理。在某些情况下，如果渗透液中需要保留一定量的无机盐，纳滤会比反渗透更可取，例如 Marcucci 等人报道的纺织工业废水的回用处理。一般来说，这可以看作是渗透液的质与量的矛盾。纳滤的通量更高，而反渗透的渗透液的纯度更优。为了在最后的纳滤中获得被充分净化的渗透液，通常会有几个连续的分离阶段。

处理过程废水时，纳滤的渗透液和/或浓缩液通常需要进一步处理，以达到预期的产品质量。这些完善过程包括蒸发、结晶和干燥等。

将纳滤与常规分离技术结合用于饮用水生产时，纳滤通常靠近处理工艺线的末端。纳滤下游对净化进行完善的方法可能包括氧化和/或紫外线消毒。Mavrov 等人展示的来自食品工业的一个例子表明，在处理低污染的工艺(牛奶和肉类加工)用水时，单靠紫外线消毒就足以净化纳滤渗透液中的大部分残余微生物。处理后的水可作为锅炉补给水或温热的清洗水而被重复利用。但在处理工业废水时，纳滤在某些应用中可以作为真正的“管道末端技术”而被加以利用。Mutlu 等人在一项研究中报道了以微滤为预处理的面包房酵母车间废水纳滤脱色，平均含 4 g/L COD 的废水被成功处理，去除了 94%的 COD 及 89%的颜色[63]。除了食品工业，纳滤在其他工业领域（如 Marcucci 等人报道的纺织工业）也被证明是一项令人满意的完善型分离技术[61]。

Rautenbach 等人[29]报道了一个很早就被开发出来的工艺流程，但用常规生物技术处理含有大量难降解物的废水需要长的停留时间。为克服这一问题，使用了一种由活性污泥生物反应器和纳滤组成的杂化工艺流程（被称为 Biomembrat-Plus®工艺）来处理垃圾渗滤液。该工艺将纳滤浓缩液输送到生物反应器，提高了生物降解速率。这一过程在第 17 章中有更详细的描述。

9.6.2　分馏

纳滤在某些情况下可将进料流分离成渗透流和浓缩流，各自含有不同的组分，可以在其他工艺中被重复使用或用于终端产品生产。

以下通过由 Osmonics 提供的一个来自金属工业的案例展示了纳滤分馏的优势。在该案例（酸性漂洗水的处理）中，纳滤被作为反渗透的后处理工艺，原因是初始进料过于稀释而不能直接用纳滤，必须通过反渗透进行预浓缩。

铜棒精炼厂每小时产生 17000 L 2%的硫酸漂洗液，其中含有 1.2 g/L 的溶解性铜。该厂安装了一套膜系统对酸进行浓缩和澄清以便工艺再利用，并回收和浓缩可溶性铜（见图 9-7），最终减小废物流的体积。膜系统分为两个阶段。反渗透阶段总共装载了 84 个 DESAL-3 反渗透元件，而纳滤阶段装载了 12 个 DESAL-5 纳滤元件[64]。

第一级反渗透将酸从 2%浓缩到 10%，第二级反渗透对第一级的渗透液进行进一步净化，使其可作为工艺水被再利用；第二级反渗透的浓缩液返回工艺流程，第一级反渗透的浓硫酸和铜进入纳滤装置。硫酸渗透穿过纳滤膜，而 $CuSO_4$ 被截留[64]。

纳滤浓缩液在蒸发器中进一步浓缩，而渗透液被送回酸洗槽。整个系统的进料液流量为 17000 L/h，每天回收约 333 kg 的 $CuSO_4$，产生 14800 L/h 的废水和 1800 L/h 的 10%的硫酸（pH = 0.9）。该系统使每年总成本节约超 56 万美元，系统投资成本的回收期少于一年[64]。

正如该案例所示，对纳滤给水进行浓缩有时是明智之举。这个过程在没有反渗透的情况下也可以进行，但存在几个缺点。缺点之一是需要一个更大的多级纳滤系统，且相应地需要更大的蒸发和离子交换装置用来处理稀释的铜溶液。反渗透和纳滤的组合似乎是这种情况下最经济的选择。随着耐受性更强的膜的出现，在金属工业中将会更多地使用纳滤和反渗透。

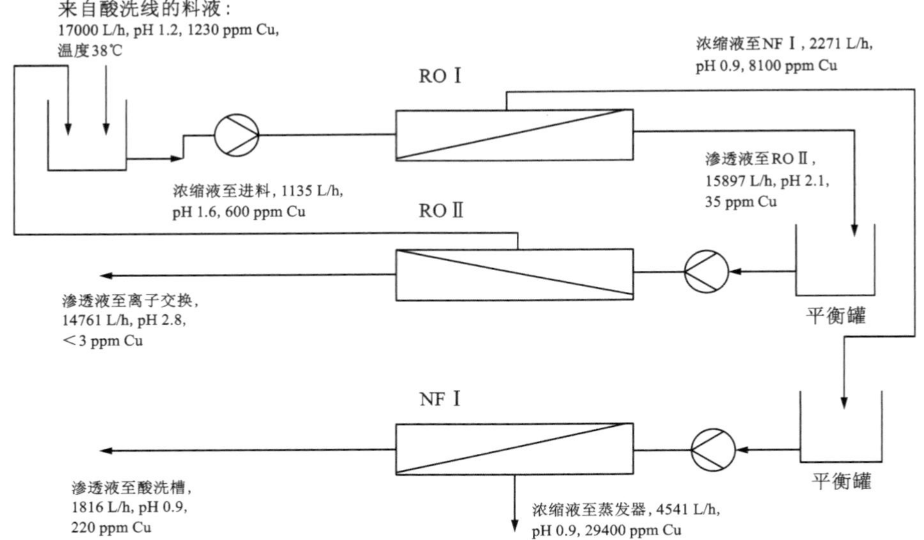

该工艺包括反渗透阶段和纳滤阶段。修改后的流程图由 Osmonics, Inc.（www.osmonics.com）提供[64]（版权所有）。

图 9-7　膜工艺处理铜棒精炼厂产生的酸性废水

9.7　结论

纳滤仍是一种相当新的分离技术，其精确分离的机理尚未完全清楚。在过去的四、五年中，纳滤的研发非常热门。在工业界的不同领域，使用纳滤的工艺流程的数量在增加，显示了纳滤作为一种处理水和废水的分离技术，其地位在不断上升。当前有关纳滤的另一个趋势是通过设计使相关工艺流程在经济和环境方面更可行。

随着耐受性和稳定性更强的纳滤膜被开发出来，纳滤将来有望在几个工业领域中用作前处理和后处理。目前有几十种不同的纳滤膜可供选择，它们具有不同的特性，并适用于不同的水溶液。

考虑到纳滤的众多应用，本章所述内容只是极小的一部分。在某些应用中，仅纳滤就可以满足所需的分离效率。在其他工艺流程中，纳滤能与超滤、反渗透结合，并针对每个工艺过程进行定制。

自 20 世纪 80 年代中期被初次采用以来，纳滤技术走过了一段漫长的路程。随着更严格的环境法规的出台，工业界正在努力降低工业废水的污染水平，并探索工艺用水更有效的处理过程。随着对纳滤及其潜力的认识的深入，纳滤在工艺用水和废水处理方面将会有更多的工业化应用。

参考文献

[1] T F Speth, A M Gusses, R S Summers. Evaluation of nanofiltration pretreatments for flux loss control. Desalination, 2000, 130: 31-44.

[2] J A Redondo, I Lomax. Y2K generation FILMTEC* RO membranes combined with new pretreatment techniques to treat raw water with high fouling potential: Summary of experience. Desalination, 2001, 136: 287-306.

[3] I Bremere, M Kennedy, P Michel, et al. Controlling scaling in membrane filtration systems using a desupersaturation unit. Desalination, 1999, 124: 51-62.

[4] C V Vedavyasan. Potential use of magnetic fields-a perspective. Desalination, 2001, 134: 105-108.

[5] T Stephenson, S Judd, B Jefferson, et al. Membrane bioreactors for wastewater treatments. LondonI: WA Publishing, 2001: 1, 41-45, 166.

[6] J Gilron, D Chaikin, N Daltrophe. Demonstration of CAPS pretreatment of surface water for RO. Desalination, 2000, 127: 271-282.

[7] OKedem, G Zalmon. Compact accelerated precipitation softening (CAPS) as a pretreatment for membrane desalination: I. Softening by NaOH. Desalination, 1997, 113: 65-71.

[8] A Masarwa, D Meyerstein, N Daltrophe, et al. Compact accelerated precipitation softening (CAPS) as pretreatment for membrane desalination: II. Lime softening with concomitant removal of silica and heavy metals. Desalination, 1997, 113: 73-84.

[9] S Patel, M A Finan. New antifoulants for deposit control in MSF and MED plants. Desalination, 1999, 124: 63-74.

[10] J S Gill. A novel inhibitor for scale control in water desalination. Desalination, 1999, 124: 43-50.

[11] S G Yiantsios, A J Karabelas. The effect of colloidal stability on membrane fouling. Desalination, 1998, 118: 143-152.

[12] E G Darton. Scale inhibition techniques used in membrane systems. Workshop on Membranes in Drinking Water Production, 1997, l'Aquila, Italy.

[13] J Milligan. Scaling and antiscalants in RO. Workshop on Membranes in Drinking Water Production, 1997, l'Aquila, Italy.

[14] J Schippers. Fundamental aspects of fouling, scaling and membrane integrity. Workshop on Membranes in Drinking Water Production, 1997, l'Aquila, Italy.

[15] Z Amjad. RO systems-current fouling problems and solutions. Desalination and Water Reuse, 1997, 6(4): 55-60.

[16] D L Kronmiller. Special properties and reverse osmosis antiscalant applications of dendrimeres. http://www.membraneonline.com/Articles/An tiscalantAppsDendrimers.htm. Aug. 1999, (referred February 26. 2002).

[17] Z Amjad. Applications of antiscalants to control calcium sulphate scaling in reverse osmosis systems. Desalination, 1985, 54: 263-276.

[18] E G Darton. RO plant experiences with high silica waters in the Canary Islands. Desalination, 1999, 124:

33-41.

[19] M A Thompson. Evaluation of conventional and membrane processes to softening a North Carolina ground water. Desalination, 1998, 118: 229-238.

[20] J A M Van Paassen, J C Kruithof, S M Bakker, et al. Integrated multi-objective membrane systems for surface water treatment: Pretreatment of nanofiltration by riverbank filtration and conventional ground water treatment. Desalination, 1998, 118: 239-248.

[21] S F E Boerlage. Monitoring particulate fouling in membrane systems. Desalination, 1998, 118: 131-142.

[22] M Nyström, L Kaipia, S Luque. Fouling and retention of nanofiltration membranes. Journal of Membrane Science, 1995, 98: 249-262.

[23] M Mänttäri, L Puro, J Nuortila-Jokinen, et al. Fouling effects of polysaccharides and humic acid in nanofiltration. Journal of Membrane Science, 2000, 165(1): 1-17.

[24] A I Schäfer, A G Fane, T D Waite. Nanofiltration of natural organic matter: Removal, fouling and influence of multivalent ions. Desalination, 1998, 118: 109-122.

[25] M Nyström, K Ruohomäki, L Kaipia. Humic acid as a fouling agent in filtration. Desalination, 1996, 106: 79-87.

[26] P Väisänen, T Huuhilo, L Puro, et al. Effect of pretreatments on membrane filtration in the papermaking process. The Yearbook of Cactus-Technology Program, 1999, VTT Energy, Jyväskylä, Finland, 1999: 23-34.

[27] J S Baker, L Y Dudley. Biofouling in membrane systems. Desalination, 1998, 118: 81-90.

[28] M Mänttäri, E Kaipainen, M Nyström. Flux enhancement in nanofiltration of pulp and paper effluents. World Filtration Congress 8, Brighton, April 3-7, 2000: 1003-1006.

[29] R Rautenbach, R Mellis. Waste water treatment by a combination of bioreactor and nanofiltration. Desalination, 1994, 95: 171-188.

[30] C R Reiss, C Robert, N Langenderfer, et al. Integrated membrane systems for treatment of surface waters. Proceedings of the Annual Conference of American Water Works Association, 1997: 381-399.

[31] J A M Van Paassen, J C Kruithof, S M Bakker, et al. Integrated multi-objective membrane systems for surface water treatment: pretreatment of nanofiltration by riverbank filtration and conventional ground water treatment. Desalination, 1998, 188(1-3): 239-248.

[32] T H Merkel, T F Speth, J Wang, et al. The performance of nanofiltration in the treatment of bank-filtered and conventionally-treated surface water. Proceedings of the Water Quality Technology Conference, 1998: 270-281.

[33] J A M Van Paassen, J C Kruithof, S M Bakker, et al. Integrated multi-objective membrane systems for surface water treatment: Pretreatment of nanofiltration by riverbank filtration and conventional ground water treatment. Water Supply, 1999, 17(1): 275-284.

[34] C Ventresque, G Bablon. The integrated nanofiltration system of the Mery-sur-Oise surface water treatment plant(37 mgd). Desalination, 1997, 113: 263-266.

[35] Laundry Waste 130, Nanofiltration Application Bulletin, Osmonics, 1996, (http://www.osmonics.com/Products/Page235.htm).

[36] T Binder, D K Hadden, L J Sievers. Nanofiltration process for making dextrose. US Patent 5869297, 1999.

[37] P Helakorpi, H Mikkonen, L Myllykoski, et al. Nanofiltration in the dairy industry. Case study: Effect of nanofiltration on lactose crystallisation. Proceedings 8th World Filtration Congress, Brighton 3-7 April 2000:

914-917.

[38] H Mikkonen, P Helakorpi, L Myllykoski, et al. Effect of nanofiltration on lactose crystallisation. Milchwissenschaft, 2001, 56(6): 307-310.

[39] J Redondo. Combined systems tackle marginal resources. Desalination and Water Reuse Q, 2001, 11(2): 37-45.

[40] A Cassano, R Molinari, M Romano, et al. Treatment of aqueous effluents of the leather industry by membrane processes: A review. Journal of Membrane Science, 2001, 181: 111-126.

[41] Technical Brochure. Impianto centralizzato per il recupero del sofato basico di cromo da reflui di conceria. Consorzio Recupero Cromo, S. Croce S/Arno, Italy, 1992.

[42] J M Marzinkowski, B Van Clewe. Water recirculation by membrane filtration of dye-containing wastewater. Melliand Textile International, 1998, 79(3): 174-177.

[43] R C Reisig, J D Mannaperuma, M Donovan, et al. Sugar beet membrane filtration process. Patent WO 0114594 A2, 2001.

[44] H Takaba, M Fuse, T Ishikawa, et al. Removal of scale-forming components in hot-seawater by nanofiltration membranes. Maku, 2000, 25(4): 189-197.

[45] A M Hassan, M A K Al-Sofi, A S Al-Amoudi, et al. A new approach to membrane and thermal seawater desalination processes using nanofiltration membranes(Part 1). Water Supply, 1999, 17(1): 145-161.

[46] A M Hassan. Process for desalination of saline water, especially seawater, having increased product yield and quality. Patent WO 9916714 A1, 1999.

[47] M A K Al-Sofi, A M Hassan, O A Hamed, et al. Optimization of hybridized seawater desalination process. Proceedings of the Conference on Membranes in Drinking and Industrial Water Production, Vol. 1, Desalination Publications, L Aquila, Italy, 2000: 303-312.

[48] M R Adiga. Treatment of plating wastewater for removal of metals. Patent CA 2197525 AA, 1997.

[49] V Jolkin. Treating of whey. Patent WO 9728890 Al, 1997.

[50] M N De Pinho, V M Geraldes, M J Rosa, et al. Water recovery from bleached pulp effluents. Tappi Journal, 1996, 79(12): 117-124.

[51] M D Afonso, V Geraldes, M J Rosa, et al. Nanofiltration removal of chlorinated organic compounds from alkaline bleaching effluents in a pulp and paper plant. Water Research, 1992, 26(12): 1639-1643.

[52] V Geraldes, M N De Pinho. Process water recovery from pulp bleaching effluents by an NF/ED hybrid process. Journal of Membrane Science, 1995, 102: 209-221.

[53] M J Rosa, M N De Pinho. The role of ultrafiltration and nanofiltration on the minimization of the environmental impact of bleached pulp effluents. Journal of Membrane Science, 1995, 102(1-3): 155-161.

[54] P Canepa, C Garombo. Comparison between ion exchange and nanofiltration for softening of industrial water. Filtration and Separation, 1996, 33(2): 131-135.

[55] F Rousset, P Reboux. Nanofiltration and ion-exchange for the demineralisation of whey. Whey (Special Issue), IDF, 1998, 9804: 93-99.

[56] T Hutson. Nanofiltration and ion-exchange for the demineralisation of whey. Whey (Special Issue), IDF, 1998, 9804: 88-92.

[57] H Braun, H H Gierlich. Selective nitrate removal from drinking water by nanofiltration in combination with ion-exchange. Proceedings of the Membrane Technology Conference, 1993, 459-470.

[58] J Wagner. Nanofiltration of acidic solutions. Proceedings of the 3rd Nanofiltration and Applications Workshop,

Lappeenranta, 2001.

[59] M Turek, M Gonet. Nanofiltration in the utilisation of coal-mine brines. Desalination, 1997, 108(1-3): 171-177.

[60] R Rautenbach, A Gröschl. Separation potential of nanofiltration membranes. Desalination, 1990, 77: 73-84.

[61] M Marcucci, G Nosenzo, G Capannelli, et al. Treatment and reuse of textile effluents based on new ultrafiltration and other membrane technologies. Desalination, 2001, 138: 75-82.

[62] V Mavrov, H Chmiel, E Bélières. Spent process water desalination and organic removal by membranes for water reuse in the food industry. Desalination, 2001, 138: 65-74.

[63] S H Mutlu, U Yetis, T Gurkan, et al. Decolorization of wastewater of a baker's yeast plant by membrane processes. Water Research, 2002, 36: 609-616.

[64] Acid Waste 126, Nanofiltration Application Bulletin, Osmonics, 1996, (http://www.osmonics.com/Products/Page233.htm).

术语和缩略语说明

缩略语/术语	意义	缩略语/术语	意义
AMP	氨基三亚甲基膦酸	NF	纳滤
BOD	生物需氧量	NOM	天然有机物
CAPS	紧凑型加速沉淀软化	PBTC	2-膦酸丁烷-1，2，4-三羧酸
COD	化学需氧量	PGW	压力磨木工厂
DTPMPA	二乙烯三胺五(甲基膦酸)	RO	反渗透
ED	电渗析	SDI	淤泥密度指数
EMF	电磁场	SHMP	六偏磷酸钠
HEDP	1-羟乙基-1，1-二膦酸	SMBS	焦亚硫酸钠
IX	离子交换	TDS	总溶解固体
MBR	膜生物反应器	TOC	总有机碳
MF	微滤	UF	超滤
MSF	多级闪蒸	VRF	体积折减系数

第 10 章　水处理中的纳滤

10.1　引言

有许多因素促使人们更加关注膜工艺过程中所生产的饮用水。其中最重要的一点是对于越来越严格的水质管控趋势，在某些情况下只有通过膜工艺才能以经济可行的方式来满足要求。

相比于传统的工厂，膜工厂的投资和运营成本相对较高，这是多年来饮用水领域快速实施膜过程的障碍；在该领域，产品(水)的附加值水平是非常低的。然而，由于人们在膜、膜组件和膜系统生产能力的研发、标准化和拓展方面的巨大努力，使设备成本得到降低并优化了膜工艺的性能，因此这一差距越来越小。

对膜工艺在饮用水处理中有越来越多的应用的进一步解释是，膜处理在某些情况下比传统处理便宜；膜处理只需一步就可除掉不需要的组分，而传统处理则需要几个不同的步骤。这一点对于纳滤来说尤为真实，它只需一步就可以去除溶解的有机化合物和无机化合物。

10.2　纳滤用于饮用水处理的概述

在水处理中，纳滤(NF)分离允许移除小分子的溶解性有机物(如微污染物、消毒副产品前体等)，以及部分盐的过膜传递。

反渗透(RO)具有类似于纳滤的分离能力，但其截留率更高，因此有时可能会与纳滤形成竞争关系。然而，反渗透一般需要较高的压力(渗透性较低)，因此投资和运行成本都更昂贵。此外，钙和碳酸氢盐部分穿过纳滤膜是一个优势，因为通过网络分配的饮用水应该是 $CaCO_3$ 饱和的，以避免腐蚀($CaCO_3$ 稳定化)。

20 世纪 80 年代后期，纳滤技术开始应用于饮用水的生产过程，如处理佛罗里达州的硬水和有色水。

如今，许多现有或潜在应用结合了以下一种或几种纳滤的分离功能。

(1)溶解的矿物成分：硬度和碱度(软化)[1-5]；硫酸盐[6, 7]；硝酸盐；其他无机微污染物和金属(如镍、铬、镉、铁、锰等)。

(2)溶解的有机成分：天然有机物、有机颜料、藻类毒素[1, 2, 8]；可生物降解的溶解性有机分子[3, 4, 5]；可生物降解的溶解性有机碳(BDOC)；可同化的有机碳(AOC)。

(3)与灭菌化学品反应的溶解性有机分子[3, 4, 5]：形成灭菌副产物(DBP)的可能性；需氯量。

(4)有机微污染：杀虫剂[3, 4, 5, 11]；新出现的有机微污染物(内分泌干扰物、药物等)[12]。

(5)味道和气味[3, 4, 5]。

所用的进水可以是任何非咸水、地下水或地表水。纳滤不合适处理咸水，因为 Cl^- 和 Na^+ 是截留率最低的离子之一。

10.3 工厂设计

10.3.1 膜的选择

膜的选择基本上取决于进水成分和期望获得的渗透液质量指标。

工艺性能不仅取决于膜性能，还取决于包括预处理和后处理在内的系统设计(特别是系统回收率)。这可能意味着在膜选择、设计和产品质量计算之间存在着迭代推进，直到获得希望的最终水质。一般来说，膜制造商会提供计算机程序来完成大部分计算工作(Dow Filmtec：Rosa；Hydranautics：IMS Design 等)，其中一些可以从制造商的互联网站点下载。

对于某些组分，膜的截留能力有时是未知的，或者可能非常依赖于其他组分的浓度。在这些情况下，可能需要进行中试(可行性尝试或实验性膜筛选)。

给水特性

对尽可能多的参数进行分析非常必要，因为进料液品质和处理目标是决定预处理要求、膜的选择、膜处理单元的设计和运行条件的重要因素之一，需要知道特定离子浓度以评估浓缩液的结垢趋势和已处理水的腐蚀趋势。对于随时间变化的参数(如温度、杀虫剂浓度)，必须明确其变化范围。预处理会改变部分参数，它们在膜处理单元入口处的取值需要通过计算或保守估计来确定。

最重要的参数是温度、酸碱度、总溶解固体(TDS)、碱度、硫酸盐、氯化物、氟化物、硝酸盐、正磷酸盐、钙、NH_4^+、钡、锶、铁、锰、铝、SiO_2、H_2S、颜色、总有机碳(TOC)、溶解有机碳(DOC)及其 BDOC 部分、游离氯、细菌总数、浑浊度和淤泥密度指数(SDI)。完整的离子平衡对验证离子浓度非常有用。

如果怀疑这些成分大量存在于水中，则需要完成对进水的表征。表征是通过分析饮用水标准中给定了质量限制的任何其他参数来进行。

SDI 的测量(ASTM D4189—94)可以用修正污染指数(MFI)的测量代替，这个参数虽不太常见，但与通量下降或膜的清洗频率相关性更好。

膜材料和组件类型

饮用水生产中使用的纳滤膜主要有三类：卷式膜组件中的平板复合膜；卷式膜组件中的平板非对称膜；管式膜组件。

有两家膜制造商也提出了使用中空纤维式纳滤膜，但其在饮用水处理中的应用仍相当有限。

大多数工厂，特别是大、中型工厂，使用的是卷式膜组件。对于需处理地表水的小型工厂来说，为了采用简单流程以避免复杂的预处理管线，通常使用的是管式膜组件。表 10-1 列出了一些典型的商业纳滤膜组件。组件设计的更多细节见第 4 章。

表 10-1　典型的商业纳滤膜组件

商品名[a]	化学类别[b]	膜结构[c]；组件	盐截留率[d]/%*	组件流速/($m^3·d^{-1}$)	耐氯性[e]/($mg·L^{-1}$)	溶液	测试压力/bar	回收率/%
DS-51 HL8040F 400	PA	CS	98	43.5	<0.1	2 g/L $MgSO_4$	6.9	10
NF270-400	PA	CS	40~60	55.6	<0.1	0.5 g/L $CaCl_2$	4.8	15
NF200B-400	PA	CS	<45	27.7	<0.1	0.5 g/L $CaCl_2$	4.8	15
NF90-400	PA	CS	85~95	28.4	<0.1	2 g/L $MgSO_4$	4.8	15
ESNA1	PA	CS	90	37.8	<0.1	0.5 g/L NaCl	5.2	15
SU-620	PA	CS	65	36	<1	0.5 g/L NaCl	7.2	23.8
8040-TS80-TSA	PA	CS	99	34.1	<0.1	2 g/L $MgSO_4$	7.6	15
ROGA 8231LP Magnum	CA	AS	75	49.2	1	2 g/L NaCl	5.5	16
ROGA Magnum（专有的）	CA	AS	0~35 (0~1 K)	49.2	1	2 g/L NaCl	0~4.5	16
701A(专有的)	CA	AS	<10 (0~2 K)	25	1	2 g/L NaCl	0~4.5	10
1001A(专有的)	CA	AS	<5 (0~5 K)	25	2	2 g/L NaCl	0~4.5	10
CA202	CA	AT	<20 (0~1 K)	—	1	2 g/L NaCl	—	—

a—膜组件尺寸为 ϕ203 mm(8 英寸)，长度为 1016 mm(40 英寸)，但两种 ROGA Magnum(长度为 1524 mm，60 英寸)除外。制造商：Dow Filmtec：NF270-400、NF200B-400、NF90-400；Koch(科氏)：ROGA 8231LP Magnum，专有 ROGA Magnum；Hydronautics(海德能公司)：ESNA1；Osmonics Desal：DS-51 HL

8040F 400；Toray：SU-620；Trisep：8040-TS80-TSA；AG/Osmonics：701A、1001B；PCI（Patterson Candy International）Membranes：CA202；b—PA：聚酰胺；CA：醋酸纤维素；c—CS：复合卷式；AS：不对称卷式；AT：不对称管式；d—标称值或平均值；e—按照制造商的建议。

* 盐截留率括号内数字为切割分子量（MWCO）。

10.3.2 纳滤处理系统

饮用水纳滤单元从不是孤立的，而是通常包含以下工艺的处理系统的一部分。

预处理

如果使用的是卷式膜组件，则必须尽可能去除悬浮固体、胶体物质和其他导致膜污染的成分，以降低水的结垢趋势。这是因为卷式膜组件中附着在膜表面的颗粒和胶体通常很难用化学清洗清除。更多关于纳滤预处理的细节请参见第9章。

管式膜一般不需要任何预处理。因为滤饼在膜表面的形成受到水流的一定切向速度的控制，管式膜组件比卷式膜组件更易于清洗。

用于膜清洗的就地清洗（CIP）装置；包括腐蚀控制处理（如LSI调整）和安全灭菌的后处理。典型的纳滤处理工艺流程如图10-1所示。

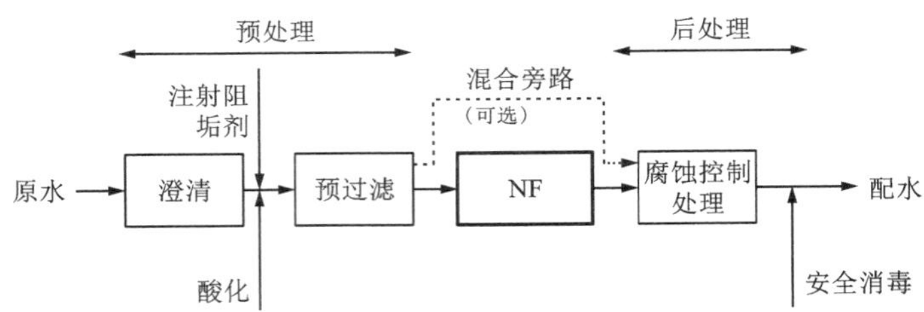

图10-1 典型的纳滤膜系统的工艺流程图

10.3.3 使用卷式膜的配置

使用卷式膜组件的纳滤是一种错流膜工艺。膜组件中的进料隔板充当湍流促进器。

为了确保有足够的水力条件，每个膜组件必须满足图10-2中所示的几个限制（由膜制造商推荐）：（1）元件最小浓缩液流速（对应于最小切向速度）；（2）取决于进水的污染潜力（例如，SDI≤3的给水污染潜力为15%）的元件最大（水）回收率；（3）取决于进水的污染潜力的通量最大值；（4）元件最大进料流速，用于防止入口和浓缩液出口之间过高的压差损坏膜组件(套叠)。

膜组件的通量和回收率是控制浓差极化和膜污染风险的主要参数。因此,膜组件构型的设计应使其通量和回收率尽可能地低。有关卷式膜组件及其流量限制的更多细节在第 4 章中有介绍。

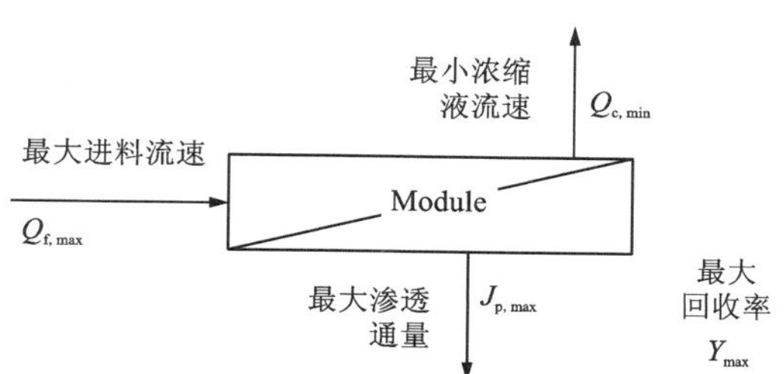

图 10-2 卷式膜组件的水力学极限

饮用水的纳滤处理通常采用单流向设计。以单个组件回收率控制在 15%左右为前提来实现 85%左右的系统回收率,膜组件必须串联排布。并联的压力容器数量(逐步)减少的两或三个阵列布局允许所有膜组件满足浓缩液的最小流速限制(以及上述其他所需的水力条件)。其典型布局如图 10-3 所示(圣诞树形排布)。

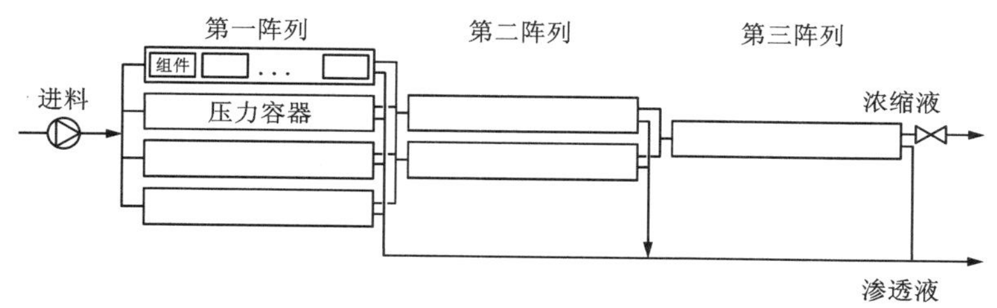

图 10-3 纳滤工厂典型的组件排布

设计流量的选择取决于几个标准,如污染、能耗、投资和膜更换成本。设计回收率主要取决于浓缩液出口处膜的结垢潜力和膜单元上游的结垢控制步骤(见第 11.3.5 节)。

10.3.4 使用管式膜的配置

管式膜一直被认为每平方米的造价太贵以至于不能用于水处理,造价高的原因是这种膜的生产更加复杂。此外,组件制作需要密封每根单独的膜管,且每根膜管每米仅覆盖大约 0.03 m^2 的膜面积。最后,单位安装体积的膜面积装填密度较低,因此厂房变得更大,导致拥有更高的成本。

膜过滤的成本与通量密切相关。正如将在后文中介绍的,天然地表水的膜过滤可能会受到来自天然有机物(NOM)的严重污染。管式膜也不例外。事实上,如毛细管和管式这样的开放通道中的污垢比卷式构型中的更不利。这些膜组件的层流表层中积累的浓差极化较少受到干扰，不像在卷式膜组件中，每个网格中都会发生部分再混合[13]。

对某些类型的膜而言，尤其是醋酸纤维素膜，污垢呈现为松散地漂浮在湿的膜表面的凝胶层，它很容易用机械方式擦掉。但这对卷式膜而言是不可能的。因此，使用 PCI Membrane 公司发明的机械泡沫球清洗程序的想法在英国发展起来。一项充分的前期研究表明，这个想法是有效的[14]。可在 24 L/(m^2·h)这一相对较高的平均通量下使用泡沫球清洁，间隔为 4~6 h。一个被命名为 Fyne Process 的工艺在运行中呈现快速的污染，但污染可轻易地从未受吸附性污染影响的 CA 膜上清除。其工作原理草图如图 10-4 所示。

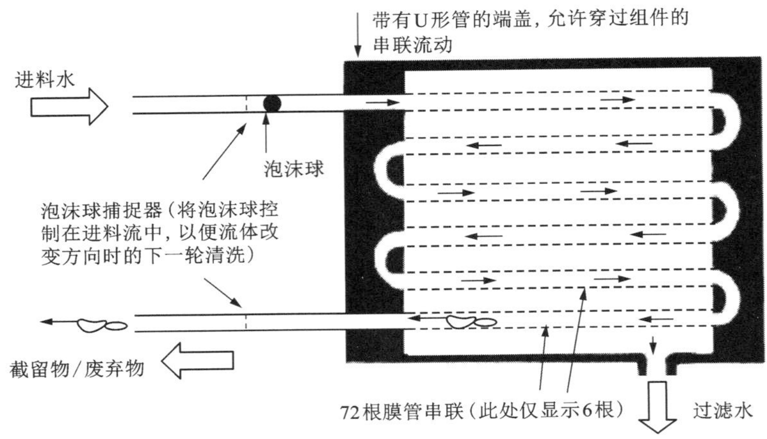

图 10-4　泡沫球清洗的工作原理[14]

管式膜的成本较高，更适合较小规模的工厂。但系统的可靠性使其被安装数接近 50 套，主要是在苏格兰，工厂处理量为 10~780 m^3/d[14]。图 10-5 显示了使用该工艺的某工厂的车间图片。工厂使用了 PCI Membranes System 公司的 C10 组件和 CA 202 膜。泡沫球清洁将化学品的使用量降到了最低。

图 10-5　处理有色水的典型管式膜车间

（由 PCI 有限公司提供）

10.3.5　卷式膜的预处理

预处理的作用是降低污染的可能性，以避免高频率的清洗。预处理不当加上不遵守清洗要求是膜性能快速下降或膜失效的最常见原因。

对此，可以通过澄清来减少颗粒和有机污染。澄清是包含氧化、混凝—絮凝、沉淀和砂滤，以及膜澄清[微滤(MF)或超滤(NF)]的常规处理系列。对于带有标准进料隔板的卷式膜组件，大多数膜制造商建议进料水浊度至少应低至 1 NTU[①](最好是 0.2 NTU)。对于这些组件，SDI 必须低于 5(最好是 3)。一些制造商出售的组件带有特殊的进料隔板，不易受污染的影响。在高 SDI(或 MFI)的情况下，进行中试以评估污染潜力可能会有用，因为上述污染指数只是污染潜力的粗略指标。在常规预处理后，滤芯过滤器被用作保护膜的安全屏障，以应对预处理中发生事故的情况。关于膜污染的更多细节详见第 8 章。

有几种盐，如 $CaCO_3$、$CaSO_4$、SiO_2、$BaSO_4$ 和金属氢氧化物，在浓缩液中能达到溶解度极限，并在膜表面沉淀析出，特别是组件中靠近卤水出口的位置。这类污染被称为膜结垢，可通过降低膜系统的回收率或/和下面任何一种途径或几种途径组合而构成的适当的预处理来控制：pH 调节[硫酸(H_2SO_4)、盐酸(HCl)或 CO_2]；降低相关盐的浓度(如 $CaCO_3$ 的石灰软化)；注射阻垢剂(防垢剂)。

调整 pH 仅对溶度积或至少一种离子(如 CO_3^{2-})的浓度依赖于 pH 的盐有效。结垢计算是基于盐的饱和平衡。实际上，结垢还取决于结晶动力学和操作条件(停留时间、卤水流速等)

对于工厂设计，强烈建议将盐浓度保持在溶解度极限以下。如果使用阻垢剂，离子(浓度的)[②]乘积必须低于溶度积与一个取决于盐和阻垢剂的系数的乘积。阻垢剂制造商也给出了 Langelier(朗格利尔)饱和指数(LSI)的最大值。另外，针对纳滤的预处理技术详见第 9 章。

10.3.6　后处理

与进料液相比，渗透液中的钙和 HCO_3^- 离子浓度降低，而浓缩液中的浓度则增加；纳滤基本上不会改变游离 CO_2 的浓度。由于分子很小且不带电荷，CO_2 不会被膜截留。因此，浓缩液中 $CaCO_3$ 过饱和(正 LSI 值)且会结垢，需要对进料液进行酸化或/和往其中注入阻垢剂。

但是，渗透液中的 $CaCO_3$ 处于不饱和状态(负 LSI 值)；如果未经防腐蚀处理而直接用渗透液进行配水，将导致配水管网的腐蚀。

---

① NTU：散射浊度，Nephelometric Turbidity Units。

② 原文中没有提到浓度。

最常见和最有效的防腐蚀处理是使 $CaCO_3$ 稳定化，即将 pH 提升到 $CaCO_3$ 的饱和 pH。这种后处理通常包括 CO_2 汽提塔，如有必要，可以添加 NaOH 使 LSI 达到微小的正值。

如果渗透液在过高的 pH 下达到了 $CaCO_3$ 饱和，则需要进行硬化处理，如与经过预处理的水混合或加入石灰。例如，欧洲饮用水标准的最高 pH 为 9，且氯的灭菌效率随着 pH 的增加而降低。

图 10-6(Halopeau-Dubin 图)举例说明了在纳滤的不同阶段中 $CaCO_3$ 的饱和状态。在 Halopeau-Dubin 图中，$CaCO_3$ 的饱和线都与图 10-6 中的三条饱和线平行，它们的确切位置取决于温度和钙的浓度。任何低于其对应的饱和线的点代表水中 $CaCO_3$ 是不饱和的，而高于曲线的点代表过饱和。所有代表恒定游离 CO_2 浓度的线都与图 10-6 中的平行(对应较低的游离 CO_2 浓度的线比图 10-6 中的位置要高)。

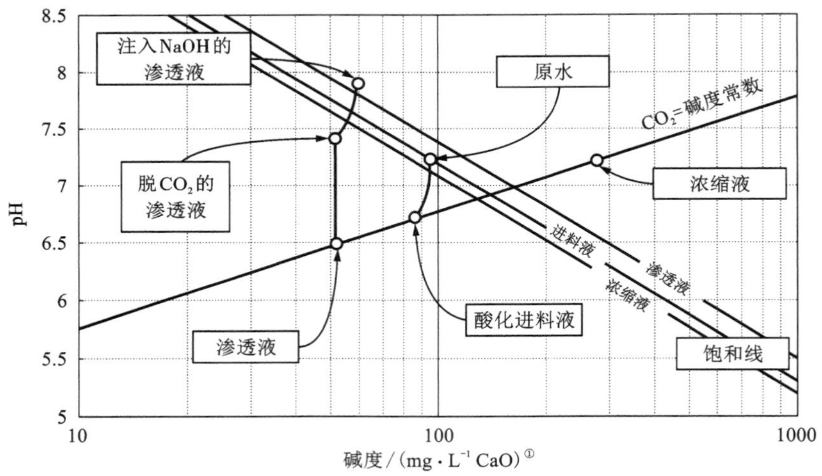

图 10-6　用 Halopeau-Dubin 图描述纳滤(示例)

除极软的水以外，原水一般接近其 $CaCO_3$ 的饱和状态。如果对水进行酸化(为了更好地混凝或/和控制结垢)，则 pH 会降低。如果使用矿物酸(硫酸或盐酸)，碱度也会略微下降。如上文所述，游离 CO_2 的截留率在 0 左右，因而纳滤分离沿着对应某个恒定 CO_2 浓度的直线进行。为了调节 LSI，需脱除 CO_2 直至其下降到一定的残留浓度。假如此时 $CaCO_3$ 还没有达到饱和状态，可以注入一些烧碱

---

① 碱度：非碱度的国标单位。此处是将碱度按照摩尔数不变的原则折算成 $CaCO_3$ 的浓度，也有折算成 CaO 的。后面不再一一注解。

(pH 升高，碱度略有增加)。

10.3.7　残余物的处置

纳滤工厂的残余物包括来自纳滤单元的浓缩液，CIP 清洗单元用过的溶液也包括从澄清步骤(预处理)中清除的悬浮固体。

纳滤浓缩液通常占被处理水的 10%~25%，包含经预处理的原水中存在的物质，浓缩系数由系统回收率和截留率决定。对于被完全截留的物种，它们的浓度系数为 $1/(1-Y)$。例如，在回收率 $Y=0.75$(75%)时，完全被膜截留的物种的浓度将增加 4 倍[10]。Mickey 等[10]对在美国安装的工艺流程所产生的浓缩液的特征及处置方法进行了综述。

10.4　工厂的运行和监控

纳滤工厂可以像其他膜工厂一样高度自动化，因此需要的操作人员比传统的处理工厂少。

监控膜的清洁状态很重要，能用来确定对化学清洗的需求及其效率。膜工厂收集的原始水力学数据(流量和压力)必须标准化(归一化)为一组参考条件，以便于对性能的监控。

饮用水纳滤装置通常以恒定的渗透液流速运行，这意味着膜污染会导致压力的增加。有两种不同的参数用于监测两种污染机制(见表 10-2)。

(1)渗透性或比通量速率，在操作温度不恒定(地表水)时需要根据温度进行标准化；

(2)进料液和浓缩液之间的压差将根据切向流速和温度进行标准化(仅卷式膜)。

表 10-2　卷式膜组件的两种污染机制

	膜表面的薄(致密)滤饼层	膜之间的间隙堵塞
	膜 进料隔板	膜 进料间隔
例子	有机物的吸附；结垢	颗粒污染；严重结垢；生物污染
监测	渗透性(温度归一化)	流量(和温度)归一化的进料/浓缩液侧压力的损失

在渗透性降低一定百分比或压差增加一定百分比后进行清洗。预处理过的地表水的典型清洗间隔为1~2个月，优质地下水的清洗间隔约为6个月。一般来说，要通过碱(洗)周期(去除有机污染)和酸(洗)周期(去除矿物污染)来完成清洗。这些周期通常交替使用数个清洗溶液的浸泡和再循环步骤。用于清洗的化学品可以是商业产品，也可以是非商标(通用)产品。

10.5 案例研究

10.5.1 Méry-sur-Oise[3, 4, 5]

介绍

世界上最大的纳滤工厂位于靠近法国巴黎的 Méry-sur-Oise，生产能力为140000 m^3/d。它为巴黎西北郊区约80万居民提供了高质量的饮用水。纳滤的给水是来自瓦兹河(Oise River)的预处理水。

Méry-sur-Oise 工厂为增加产能而选择纳滤的原因

Méry-sur-Oise 工厂是法国电力工业联合会(SEDIF)的三大饮用水设施之一。截至1999年，该厂由一条常规处理线(混凝—絮凝、沉淀、砂滤、O_3、颗粒活性炭过滤)组成，处理能力为20万 m^3/d。

1999年，一个平行扩建工厂(混凝—絮凝、沉淀、双介质过滤、纳滤)被投入使用，总产能因此增加了14万 m^3/d。该项目的主要目标之一是改善水质，强化溶解性有机物的去除，以及农药的去除。

扩建工厂选择了纳滤工艺，因为它符合这些目标，而且允许水软化。

为了评估和优化这一工艺过程，雏形工厂于1992年在 Méry-sur-Oise 现场建造并投入使用。

Méry-sur-Oise 雏形纳滤工厂(1992—2000年)

Méry-sur-Oise 雏形纳滤工厂由两条分别为60 m^3/h 的生产线组成，每条线配置了3个阵列(一个阵列有8-4-2个压力容器，每个容器有6个元件)。雏形工厂进水是现有常规处理厂处理过的水。

雏形工厂首次配备的是 Dow Filmtec 公司的 NF 70 薄膜。有关进料液和渗透液中 DOC 和农药莠去津(Atrazine)的一些结果分别显示在图10-7和图10-8中。

表10-3是 NF 70 纳滤膜过滤效率的汇总。

NF 70 薄膜的使用经验在全球范围内令人相当满意，但是其对钙和碳酸氢盐的高截留率导致浓缩液的 LSI 很高(难以控制结垢)；渗透液太软(尤其是在冬季)，需要与预处理水混合以提升硬度。

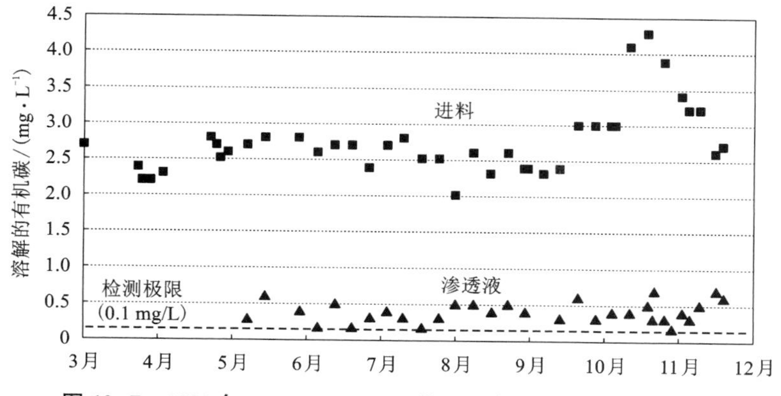

图 10-7　1993 年 Méry-sur-Oise 雏形纳滤工厂对 DOC 的去除

（资料来源：SEDIF）

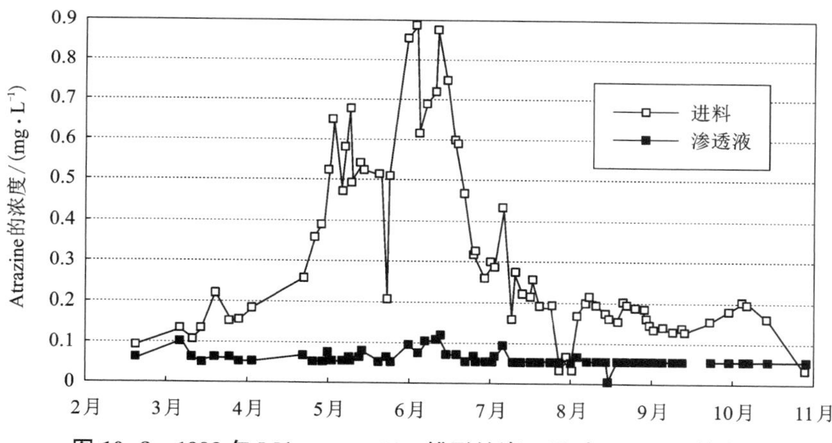

图 10-8　1993 年 Méry-sur-Oise 雏形纳滤工厂对 Atrazine 的去除

（资料来源：SEDIF）

表 10-3　Méry-sur-Oise 雏形工厂中 NF 70 薄膜的纳滤效率(资料来源：SEDIF)

参数	预处理	纳滤水	去除率/%
有机物			
DOC/($mg \cdot L^{-1}$)	3.6	0.4	89
BDOC/($mg \cdot L^{-1}$)	1.1	<0.1	>91
在 270 nm 的吸光率/m^{-1}	7.2	0.3	96

续表10-3

参数	预处理	纳滤水	去除率/%
杀虫剂			
Atrazine/(μg·L^{-1})	0.70	0.07	
西玛津(Simazine)/(μg·L^{-1})	0.40	<0.05	
灭菌副产物			
总卤化物生成势/(μg·L^{-1})	320	40	87
氯仿生成势/(μg·L^{-1})	72.8	3	96
溶解盐			
硬度①/(mg·L^{-1} $CaCO_3$)	300	50	83
钠/(mg·L^{-1})	19	10	47

因此，工厂决定与制造商合作开发一种新的薄膜，其主要性能目标如下：盐通量明显高于 NF 70 薄膜；对有机物的截留率至少与 NF 70 薄膜的一样高；合理的渗透性。

自 1996 年底以来，在雏形工厂对新膜(NF 200B)进行了评估。表 10-4 对两种膜的主要截留特性进行了比较。

表 10-4 Méry-sur-Oise(工厂)中 NF 70 膜和 NF 200B 膜的截留率的比较

项目	进料液	NF 70 薄膜的截留率/%	NF 200B 膜的截留率/%
钙硬度/(mg·L^{-1} $CaCO_3$)	250~300	75~90	50~70
碱度/(mg·L^{-1} $CaCO_3$)	90~220	65~85	40~60
DOC/(mg·L^{-1})	1~5	85~90	~90

Méry-sur-Oise 完整规模纳滤工厂

处理能力为 14 万 m^3/d 的全规模设施(见图 10-9)主要包括以下处理步骤。

(1) Actiflo®澄清池(混凝、微砂压载絮凝、层状沉淀)。

(2)臭氧化(使用低剂量以增强下游混凝)。

(3)带有在线混凝剂注射的双介质过滤。

---

① 译者说明：非硬度的国标表示方法。此处是将钙和镁的浓度基于摩尔数不变的原则折算成 $CaCO_3$ 的浓度。后同，也有折算成 CaO 的。后面不再一一注解。

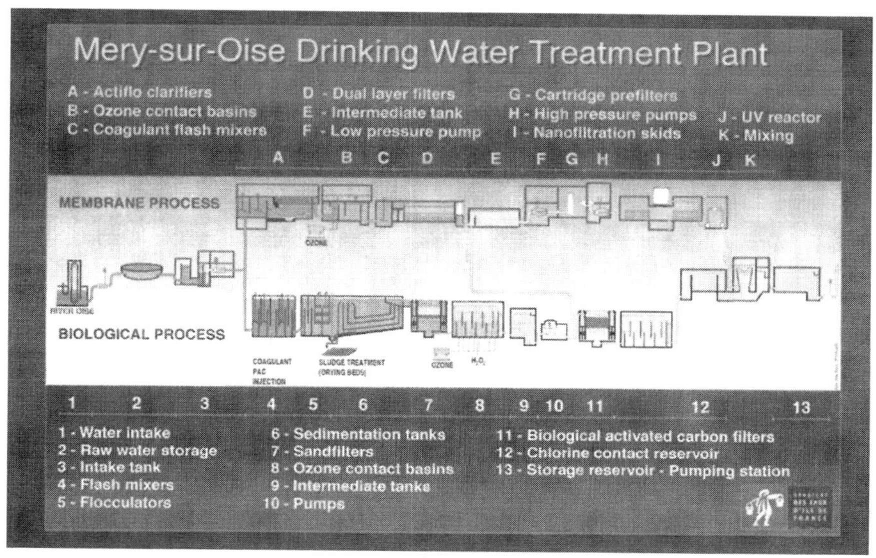

上：A—Actiflo®澄清池；B—臭氧接触池；C—絮凝快速混合器；D—双层过滤器；E—中间池；F—低压泵；G—滤芯预过滤器；H—高压泵；I—纳滤；J—UV 反应器；K—混合器。

下：1—取水口；2—原水储存；3—取水罐；4—快速混合器；5—混凝器；6—沉降罐；7—砂滤；8—臭氧接触池；9—中间池；10—泵；11—生物活性炭过滤；12—氯接触池；13—储存槽，泵站。

图 10-9 Méry-sur-Oise 水处理线的流程图

（来源：SEDIF）

(4)滤芯过滤(6 μm 截留的微滤，可反洗和化学清洗)。

(5)纳滤。

(6)CO_2 汽提。

(7)紫外线灭菌。

然后与来自传统处理(生产)线的水混合，加入氯并用苛性钠调节 LSI。在正常条件下，膜处理(生产)线以其最大流速运行，而常规处理(生产)线的产量接近其 3 万 m^3/d 的最小值。在需求高峰时，提升常规处理(生产)线的流速(最大 20 万 m^3/d)，允许获得 34 万 m^3/d 的整体最大产水。

纳滤工厂(见图 10-10 和图 10-11)由 8 条平行的生产线组成，每条线以 730 m^3/h 的恒定渗透液流速和 85%的回收率运行；每条线有 3 组分别包含 648 个、324 个、168 个 NF 200B-400 膜组件的阵列。这相当于总共有 9120 个组件，总的膜表面积约为 34 万 m^2。

图 10-10 Méry-sur-Oise：纳滤厂房通道

（资料来源：SEDIF）

图 10-11 Méry-sur-Oise：第三个阵列区块

（资料来源：SEDIF）

最初两年观测到纳滤单元对 DOC 的平均截留率为 91%。所有对纳滤渗透液中 Atrazine 的分析结果都低于检测水平(50 ng/L)，而纳滤进料液中观测到的最大浓度为 690 ng/L，这相当于截留率大于 93%。钙的截留率为 50%~70%，$NaHCO_3$ 的截留率数据如图 10-12 所示。

纳滤膜每 1000 h 进行一次化学清洗。

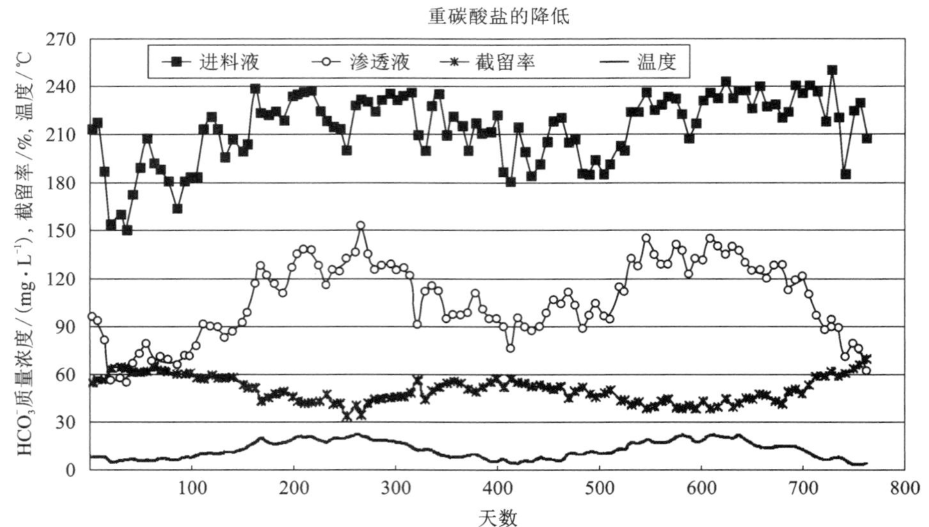

图 10-12 Méry-sur-Oise 纳滤工厂在减少碳酸氢盐方面的表现

（资料来源：SEDIF）

10.5.2　去除硫酸盐：Jarny[6, 7]

大多数表面带负电荷的纳滤膜对 SO_4^{2-} 的截留率为 90%～100%。因此，用纳滤处理硫酸盐浓度超过饮用水标准的水非常有效。在法国，饮用水中 SO_4^{2-} 的最高浓度目前为 250 mg/L（详见第 2001-1220 号法令）。

在法国东部，两家装有 Dow Filmtec 公司 NF 70 薄膜的工厂（Jarny 和 Le Soiron）处理了来自一个已关闭且被淹没的铁矿的水，硫酸盐浓度大约 2000 mg/L。该铁矿位于地下水中，在采矿仍然活跃期间，所有的水都被抽出，其中部分被用于生产饮用水。

矿井关闭一段时间后，出于经济原因停止了抽水，因此被淹。

从坑道壁浸出黄铁矿的化学反应是硫酸盐的来源：

$$4FeS_2 + 15O_2 + 2H_2O \longrightarrow H_2SO_4 + 4Fe^{3+} + 6SO_4^{2-}$$

（膜）工厂以 65%～75%的低回收率运行，降低在浓缩液排出前最后一个膜组件中硫酸盐结垢的风险。

表 10-5 总结了淹没前后 Jarny 铁矿原水中的主要成分，以及纳滤工厂设计中使用的估计浓度（在矿井被淹没前完成）。

表 10-5　原水的特征

参数	淹没前	纳滤设计的基础	淹没后（1997 年 1 月 21 号的分析）
浊度（NTU）	—	—	9.3
ρ_{TOC}/（$mg \cdot L^{-1}$）	—	—	0.82
$\rho_{总硬度}$/（mg/L $CaCO_3$）	474	1150	1500
$\rho_{Ca^{2+}}$/（$mg \cdot L^{-1}$）	168	130	296
$\rho_{Mg^{2+}}$/（$mg \cdot L^{-1}$）	31	200	185
ρ_{Na^+}/（$mg \cdot L^{-1}$）	50	110	460
$\rho_{碱度}$/（mg/L $CaCO_3$）	367	400	500
$\rho_{SO_4^{2-}}$/（$mg \cdot L^{-1}$）	192	1500	1794
电导率/（$\mu S \cdot cm^{-1}$）	900	—	3580

位于 Jarny 工厂的纳滤装置于 1995 年投产，被添加到现有澄清管线的下游（见图 10-13）。该系统的除盐性能如表 10-6 所示。

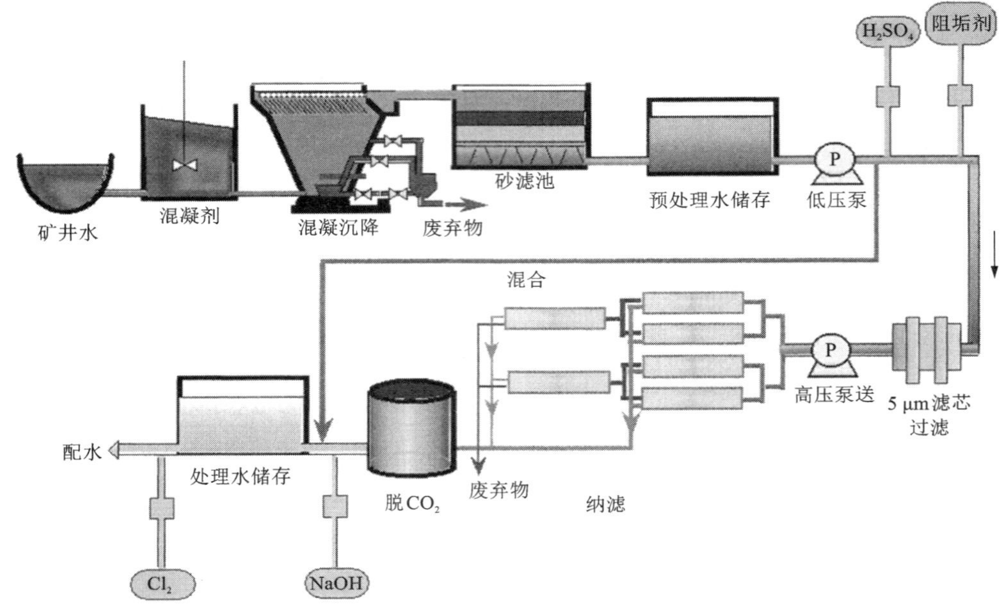

图 10-13　Jarny 工厂的流程图

表 10-6　Jarny 工厂在截留盐方面的表现

项目	进料液	渗透液	截留率/%
电导率/(μS · cm^{-1}@ 25℃)	3580	131	96.3
$\rho_{SO_4^{2-}}$/(mg · L^{-1})	1794	28	98.4
$\rho_{钙硬度}$/(mg/L $CaCO_3$)	450	5	98.9
$\rho_{碱度}$/(mg/L $CaCO_3$)	270	11	95.9

给水中的盐浓度大大超过了工厂设计时所考虑的值，渗透液中的盐浓度非常低。用预处理过的水与渗透液进行混合使其再次硬化，然后用 CO_2 汽提和加入苛性钠来完成 LSI 的调整。

在该地，纳滤是去除水中硫酸盐和生产符合饮用水标准的水的唯一经济可行的解决方案。如果没有纳滤，这一水资源极有可能被放弃。

10.5.3　钻孔水除农药及软化：Debden Road[11]

英国 Saffron Walden 的 Debden Road 自来水厂的钻孔水含有间歇性的、低含量的农药，需要进行适当处理才能去除，而处理的第二个目标是使钙硬度降低约 50%。

使用安装了 Dow Filmtec 公司 NF 200B 膜的纳滤工艺能达到这两个要求。该方案与采用基础交换软化/颗粒活性炭(GAC)过滤的组合工艺的比较表明，两组方案的投资成本大致相等，而纳滤的运行成本较低。

该现场就悬浮固体(浊度和 SDI)而言，原水质量良好，除了用作安全屏障的 5 μm 滤芯过滤器，系统不需要进行任何澄清(预处理)。纳滤膜由钻孔泵直接进料。

设计容量为 125 m^3/h 渗透液流的纳滤工厂于 1996 年底投产。膜堆包括 25 个压力容器，每个容器有 6 个元件(共 150 个元件)；所有容器分为前后三个阵列，配置为 14—7—4，允许有 85%的回收率。总的膜表面积为 5574 m^2，导致平均设计通量为 22.4 L/(m^2 · h)。给水的钙硬度约为 320 mg/L(以 $CaCO_3$ 计)，pH 约为 7.1，SDI 低于 2。进料没有进行酸化，但在预过滤(5 μm)后加入了阻垢剂，以防止浓缩液中 $CaCO_3$ 和 SiO_2 结垢。

工厂简化流程如图 10-14 所示。降低硬度和碱度的主要结果如表 10-7 所示。

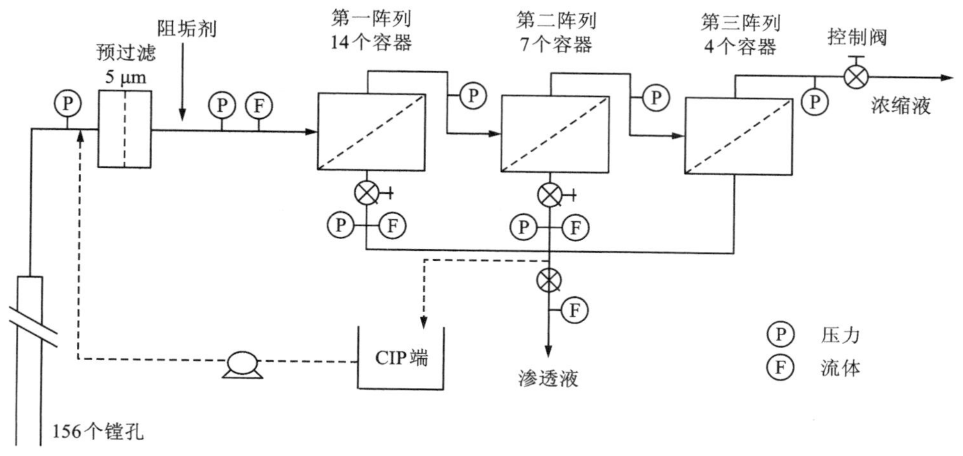

图 10-14 Debdon Road 工厂的流程图

表 10-7 给水和渗透液的主要特征

项目	进料液	渗透液	截留率/%
电导率/(μS · cm^{-1}@ 20℃)	620~680	400~470	30~40
钙硬度/(mg · L^{-1} $CaCO_3$)	290~350	150~200	40~50

续表10-7

项目	进料液	渗透液	截留率/%
碱度/(mg · L^{-1} $CaCO_3$)	270~330	140~190	35~50
pH	7.0~7.2	6.8~7.0	—

工厂运行的第一年，渗透液中检出的农药远远低于饮用水标准(0.1 μg/L)。在原水中发现的间歇性、低浓度农药为 Atrazine(≤160 ng/L)、Simazine(≤40 ng/L)和绿麦隆(Chlorotoluron≤100 ng/L)。

10.6 处理高色度水的工厂

地表水源中的 NOM 在寒冷的气候条件下浓度特别高。这种有机物的来源主要是植物质，它们被土壤和湖泊中的化学和微生物活动缓慢分解，部分腐烂的物质又进入新的合成，然后沿着其他路线再次分解。整个分解过程极其复杂和缓慢，气候和土壤成分也会影响这一过程。天然水体中产生的有机混合物包括一系列溶质、胶体和更大的颗粒，颗粒大小主要为 1.5~10 nm[16]。对于膜过滤，腐殖质和多糖是最重要的。其中，腐殖质是大分子，经典的分子量在 10000 左右。它们部分疏水和有芳香性，并具有在膜[尤其是聚砜(Psf)膜]表面牢固吸附的趋势。多糖链可以长达 200 nm，它们组成了动力学直径为 0.1~1 μm 的颗粒的骨架，因而非常重要。这些尺寸对于防治污染非常关键，因为这个尺寸范围内的颗粒在膜表面通过扩散返回溶液主体的效率是最低的。

因此，NOM 是膜的潜在污染物。但在寒冷的地方，如斯堪的纳维亚(Scandinavia)，它们也是水源的主要污染。因为它们会与氯反应生成有毒化合物，且它们会让水显棕色(主要由醌类等化合物中的含氧双键造成)。颜色是一个现实的和审美的问题。这点在挪威很重要，它限制了地下水源的使用，使地表水成为饮用水的主要水源。根据一些私人交流的案例，这个问题在加拿大、爱尔兰、苏格兰、德国南部和南澳大利亚也很严重。

去除 NOM 的常用方法是化学混凝和污泥分离。该过程是有效的，但还需要不断优化，尤其是在寒冷气候下温度发生变化时。因此，这些工厂非常需要通过人工操作来获得稳定的水质。根据 1979—1985 年的实验室和中试研究，挪威于 1989—1991 年启动了一些膜工厂。针对各种来源(湖泊和沼泽)的真实的有色水的实验结果表明，没有哪种膜或膜组件类型(卷式、毛细管式、中空纤维式或管式)能在使用最少预处理的情况下以高于 20~22 L/(m^2 · h)的通量运行。图 10-15 给出的案例显示了一些以前使用管式和卷式 CA 膜进行测试的通量。源水是送到实验室的沼泽水，在测试前被稀释到色度大约为 60 mg/L Pt equivalent①。测试单元分别包含 0.03 m^2(管式)和 0.5 m^2 的膜面积[16]。

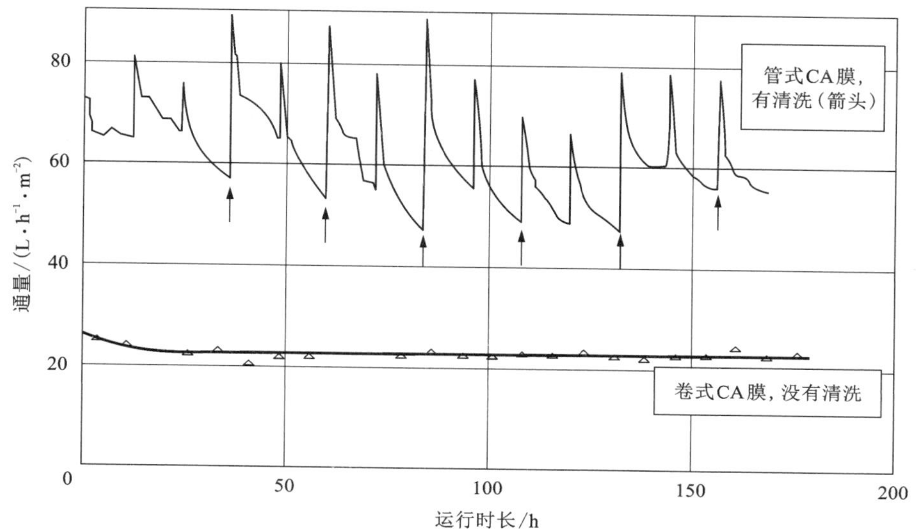

图 10-15　用管式和卷式醋酸纤维素膜对有色地表水进行测试的结果[16]

后来，使用 50 m^2 和 5 m^2 的膜面积进行了两次中试研究，对湖水进行了约 1000 h 的在线测试。在被测试的所有膜类型中，卷式 CA 膜组件看起来至少在几百小时内提供了最稳定的通量[16]。

因此可以得出结论，要么需要一些高级预处理，如常规混凝或另一组膜，要么应该使用最便宜的且性能良好的膜类型。卷式 CA 膜便宜，且在实验中也显示出了很好的通量稳定性。重要的是，与其他类型的膜，如薄层复合聚酰胺(TFC-PA)膜，特别是与 Psf 膜相比，它们更容易完全恢复通量。温和的中性清洁剂对 CA 膜的效果比强力苛性清洁剂对 Psf 的效果更好。污垢层是凝胶状的，且主要是化学物质(如 NOM)，很容易从 CA 膜上擦掉。

基于前三个大规模工厂良好的运行经验和稳定的产水品质，接下来的十年里北欧又启动了一系列使用 CA 膜的新工厂。它们都建立在相同的基本设计和相似的操作上，如图 10-16 所示。大多数工厂的预处理仅有一个 50 μm 的自清洁不锈钢滤芯过滤器。给水的浊度通常低于 0.5 NTU，但在某些情况下，如在某些季节浊度较高的河水水源内，滤芯过滤器上游安装了砂滤器。其他水源分析的几个典

① mg/L，铂当量。

型例子如表 10-8 所示。

表 10-8　挪威中部软地表水资源的一些例子[16]

来源	pH	电导率/(mS·m^{-1})	颜色/(mg PT-eq/L)	TOC/(mg·L^{-1})	Ca/(mg·L^{-1})	Fe/(mg·L^{-1})	Mn/(mg·L^{-1})
StavsjØen	6.5	8.0	49	6.4	5.8	0.40	0.12
Trolla	6.8	7.6	50	5.3	4.2	0.16	0.013
Vavannet	6.2	3.9	30	2.7	2.0	0.17	0.014
Larskogvannet	5.7	5.8	79	8.4	1.5	0.34	0.016

由于实际区域的地表水通常较软，因此需要进行后处理来调节 pH 和增加碱度。在大多数小型工厂中，简单地通过带有调节旁路的颗粒 $CaCO_3$ 床来完成 pH 控制。这一方法不会提供完全的碱度校正，但对于小型工厂来说，简单的操作很重要。使用该方法时很容易获得约 8 mg/L 的钙浓度和接近 8.5 的 pH。在大多数情况下，由这一简单系统辅助的腐蚀控制已经足够了。

图 10-16 显示了这些工厂中涉及的所有单元操作，可以看出这些工厂的工艺原理很简单。作者所知的所有工厂都采用了从浓缩液到进料液的再循环操作，以保持足够的错流。为了稳定运行，工厂必须控制以下三个因素。

(1)膜类型对于避免吸附污染至关重要。因此，大多数正在使用的膜都是经过特殊改造的专有膜。

(2)膜必须按适当的时间间隔进行清洗。通常是每天用特殊化学试剂(见下文)的高度稀释(大约 0.5 g/L)的溶液来完成。

(3)通量不得超过污染临界值，视膜类型和不同的源水在 15~22 L/(m^2·h)。通量控制应自动化。

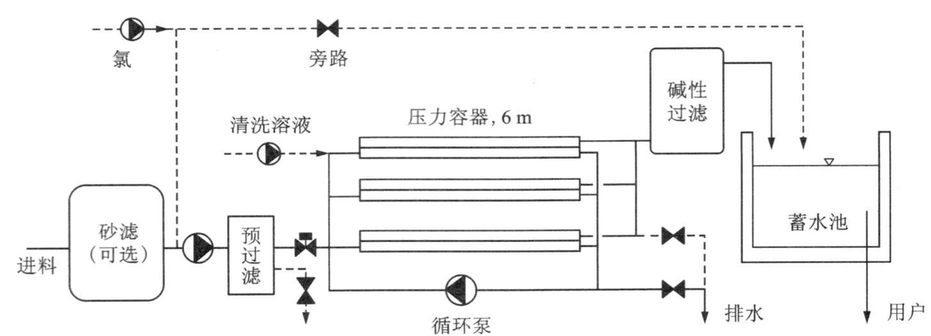

图 10-16　北欧大多数处理有色水的地表水工厂的布局[16]

第 2 点中描述的日常程序称为“化学清洗”。一些中试试验表明，与 1~2 天以上的污染相反，新生成的 NOM 污染在很大程度上会在没有通量的几个小时后自行消失[16]。所假设的原因是 NOM 需要一些时间来重组和聚集，而“化学清洗”在这发生之前就将新的污染物除掉了。

除了每天的“化学清洗”，主清洗通常每年进行一次。这些工厂虽然设计简单，但基于一些专有技术进行了优化，膜和清洁剂类型在一定程度上是保密的。

对膜截留率的选择取决于给水特性。在某些情况下，锰必须减少，因为这种元素存在于真正的溶液中时，需要更致密的膜；在其他情况下，颜色的去除将决定膜的截留率，这一点在图 10-17 中显而易见，该图显示了基于各种测试数据的截留率曲线[15]。

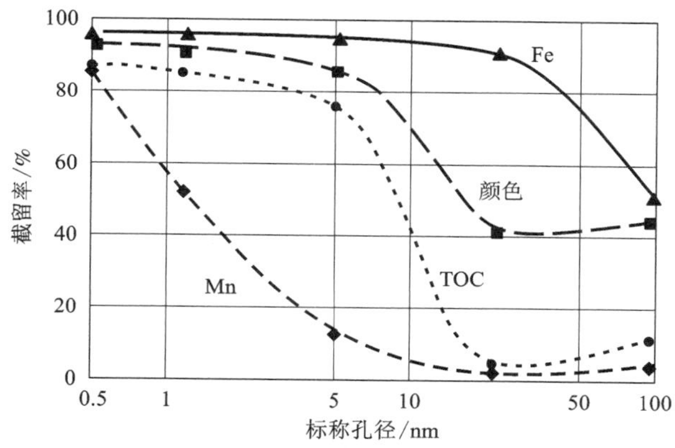

图 10-17 不同组分的截留率随孔径(膜生产商的技术规格)的变化[16]

如图 10-17 所示，有效地去除锰要求孔径小于 1 nm，去除颜色需要直径小于 5 nm 的孔。这意味着(处理)有色水所需的膜介于纳滤和超滤之间。实际的膜对氯化钠(NaCl)的截留率范围从小于 5%到高达 75%。在这一应用中，大多数膜的孔径为 1~2 nm，对应于<10%至 40%之间的 NaCl 截留率。这是纳滤和超滤的边界。需要除锰的工厂使用对 NaCl 截留率大约为 75%的更致密的膜。一些工厂使用的进料液的色度较低，需采用孔径为 3~4 nm 的膜，它们的 NaCl 截留率接近 0，上述膜所需的操作压力为 3.5~8 bar，具体取决于膜、温度和设备是否满负荷运行。

软水中有很大一部分 NOM 由长且拉伸的，并带负电荷的分子组成。这些电荷相互排斥，引起分子的伸展。但是当溶液的离子强度增加时，电荷排斥性降低，分子卷曲，尺寸缩小。因此，膜的最佳选择将取决于水的导电性。图 10-18 说明了这一点，显示的是总有机碳(TOC)和电导率之间的关系会影响 TOC 的截留。很明显，切割分子量(MWCO)为 1000(对应孔径 1~2 nm)的膜是最适合的。

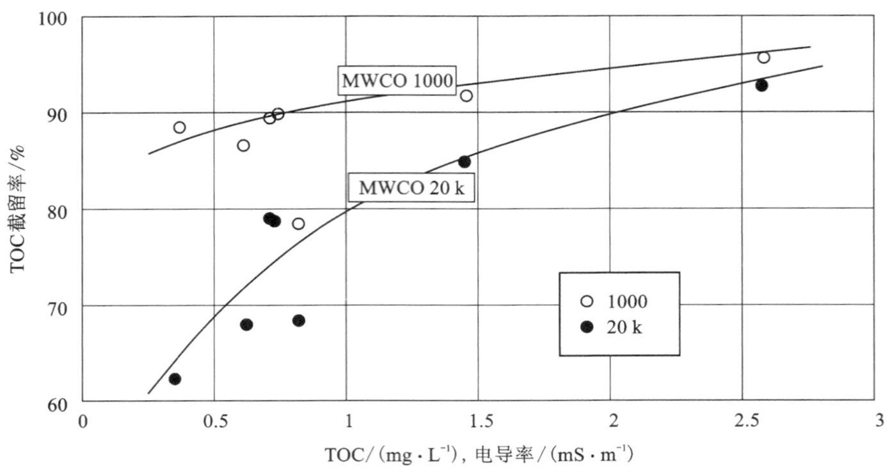

图 10-18　截留率随膜的 MWCO 以及 TOC/电导率关系而变化的函数曲线[17]

到 2001 年，全球范围内已有大约 130 家这类工厂在运行，其中 70%在挪威，其余大部分在苏格兰、爱尔兰和瑞典。这些工厂几乎只使用 CA 卷式膜，因为它们有良好的抗污性。工厂布局基本如图 10-16 所示。大多数工厂都很小，产能为 100～15000 m^3/d。图 10-19 显示了挪威一家服务于 Froya 公共供水系统的工厂的照片，该厂于 1997 年开始运行，产能为 8000 m^3/d。尽管设计简单，这些工厂的成本似乎也略高于常规的混凝化学处理，但它们仍然是首选，因为生产出的水质更稳定，人工操作更少；对工厂处理容量为 5000～10000 m^3/d 的技术部分的投资为 300 万美元，水处理的总成本约为 0.2 美元/m^3。

图 10-19　挪威 Froya 的一家 6000 m^3/d 的脱色工厂，配有 CA 卷式膜

（照片由 T Thorsen 提供）

10.7　结论

本章清楚地表明，纳滤在水处理行业中已经发挥了重要作用。当脱盐不是选择膜和操作条件的主要考虑因素时，纳滤范围内的各种选项为工厂量身打造特有的处理方式提供了良好的机会。源水中需要去除的最小的物质的处理效率通常将决定膜的选择。这种最小的物质可以是碱土金属离子(比如钙)、锰、硫酸盐、硝酸盐或溶解的有机成分。选项列于上文第 2 节中。

纳滤给水可以是任何非咸水、地下水或地表水。纳滤不适合对咸水的处理，因为 Cl^- 和 Na^+ 是截留率最低的离子。这使纳滤成为饮用水处理中去除溶解性有机和无机物质的通用方法。纳滤工厂也会清除水中的病毒、细菌和包囊等传染性物种。

本章中提到的许多情况之所以出现，原因是没有其他方法能够更好地满足处理的要求。在对清洁水的需求不断增加而质量令人满意的可用水源不断减少时，纳滤将成为淡水处理时更重要的选择。

参考文献

[1] L Tan. Color removal from groundwater sources by membrane processes. AWWA Proceedings Membrane Technology Conference, Baltimore, 1993.

[2] R A Bergman. Cost of membrane softening in Florida. Journal of American Water Works Association, 1996, 88(5): 32-43.

[3] C Ventresque, V Gisclon, G Bablon, et al. An outstanding feat of modern technology: The Mery-sur-oise nanofiltra tion treatment plant (340000 m^3/d). Proceedings of the Conference on Membranes in Drinking and Industrial Water Production, Paris, 2000.

[4] B Legube, K Agbekodo, S Dard, G Randon. Natural organic matter and organohalide precursors removal by nanofiltration: The case of Méry-sur-Oise. Preprints IWSA/AIDE Workshop on Membranes in drinking water production, Paris, 1995.

[5] C Ventresque, A G Turner, G Bablon. Nanofiltration: from prototype to full scale. Journal of American Water Works Associations, 1997, 89: 65-76.

[6] S Dard, P CÔté, P Seberac, et al. Drinking water production from high sulphate mine water by nanofiltration. AWWA Proceedings Membrane Technology Conference, Reno, 1995.

[7] S Bertrand, I Lemaître, E Wittmann. Performance of a nanofiltration plant on hard and highly sulphated water during two years of operation. Desalination, 1997, 113: 277-281.

[8] T Thorsen, T Krogh, E Bergan. Removal of humic substances with membrane system: Use and experience. AWWA Supplement to the Proceedings Membrane Technologies in Water Industry, Orlando, 1991.

[9] A Boireau, G Randon, J Cavard. Positive action of nanofiltration on materials in contact with drinking water. Journal of Water SRT-Aqua, 1997, 46(4): 210-217.

[10] M Mickley, R Hamilton, L Gallegos, et al. Membrane Concentrate Disposal. AWWA Research Foundation, Publ. No. 90637, 1993.

[11] A G Turner, E Wittmann. Operational experience of a nanofiltration plant for pesticide removal. Membrane Technology, 1998, 104: 7-9.

[12] A Schäfer, L Nghiem. Charge interactions, adsorption and size exclusion as mechanisms in organics removal using reverse osmosis and nanofiltration. Proceedings of the Conference on Membranes in Drinking and

Industrial Water Production, Mulheim an der Ruhr, 2002.

[13] T Thorsen. Concentration polarisation by NOM-A theoretical study. NF Workshop, Lappeenranta University of Technology, 2001.

[14] D Welch. PCI Membranes Ltd., personal communication. March, 2002.

[15] A B F Grose, A J Smith, A Donn, et al. Supplying high quality drinking water to remote communities in Scotland. Desalination, 1998, 117: 107-117.

[16] T Thorsen. Fundamental studies on membrane filtration of coloured surface water. Trondheim: NTNU, 1999.

[17] T Thorsen. Theoretical basis for filtration of humic water (in Norwegian). Symposium on drinking water treatment with membranes. Membranforum, Toten, 2001.

[18] P K Cornel, R S Summers, A E Olness. Diffusion of humic acid in dilute aqueous solutions. Journal of Colloid Interface Science, 1986, 110: 149-164.

[19] K Ghosh, M Schnitzer. Macromolecular structures of humic substances. Soil Science, 1980, 129: 266-276.

缩略语和符号说明

缩略语/符号	意义	缩略语/符号	意义	单位
AOC	生物可同化有机碳	PA	聚酰胺	
BDOC	可生物降解的溶解有机碳	PCI	Patterson Candy International	
CA	醋酸纤维素	Psf	聚砜	
CIP	原位清洗	RO	反渗透	
DBP	消毒副产物	SDI	淤泥密度指数	
DOC	溶解有机碳	SEDIF	法兰西共和国水工会(Syndicat des eaux d'Ile-de-France)	
GAC	颗粒活性炭	TDS	总溶解固体	
LSI	朗格利尔(Langélier)饱和指数	TFC	薄层复合(材料)	
MFI	修正污染指数	TOC	总有机碳	
MWCO	切割分子量	J	通量	$L/(m^2 \cdot h)$
NF	纳滤	Q	流量	L/d
NOM	天然有机物	Y	回收率	(-)
NTU	散射浊度(Nephelometric Turbidity Units)			

第 11 章　纳滤用于水再生、修复和清洁生产

11.1　引言

膜工艺过程在环境工程方面的应用非常广泛。膜的潜在优势包括多种分离机理，过程可能具有非破坏性，需要的化学试剂不多，相对节能(没有相变)，模块化和紧凑[1]。接下来的章节将概述一系列环境工程应用中与使用包括纳滤(NF)在内的半透膜有关的一些问题；这些应用包括城市污水的回收、地下水的修复，以及通过工艺过程流体的再生和工艺反应物的回收而进行的清洁生产。本书第二部分的其他章节将介绍涉及纳滤应用的其他案例，在别处还可以找到类似的例子[2]。

本章的目的是通过讨论以下问题来整合本书第一部分各章节中所探讨的有关纳滤的概念：在这些应用中使用膜的动机；在这些应用中，对膜工艺过程而言的传统的或具有“竞争性”的技术；膜在这些应用中的优势；膜工艺的特点，包括工艺原理和局限性。

本章描述的案例研究的摘要如表 11-1 所示。从广义上说，纳滤在环境工程应用中的驱动因素是在选择性地去除离子和其他分子物种的同时，回收工艺用水或缩小废物体积。很明显，这一双重要求促使膜技术开拓应用范围，比如纳滤膜在城市废水的回收再利用、受污染地下水的修复以及从工艺过程流体中回收关键物质和反应物方面得到应用。这些应用所采用的传统工艺包括间歇(批量)分离技术(如离子交换)和一系列连续的物理化学过程(如絮凝-沉淀和结晶)。与这些替代技术相比，纳滤的明显优势是关键离子的选择性分离和无需频繁再生的连续操作，还有化学影响低和满足适度的能源需求。我们可以通过表中的案例研究清楚地看到，与传统的处理技术相比，纳滤膜的这些特性具有许多工艺效益和环境效益。

表 11-1 案例研究特点概览

种类	项目动机	替代工艺	优势	工艺特性和基础	工艺的局限性
水回收	通过去除病原体、溶解性有机物和盐，从城市垃圾中回收可再利用的高品质水	反渗透（RO）离子交换（IX）	连续操作（与离子交换相比）；低能耗（与反渗透相比）	去除病原体；需要微滤膜或超滤膜预处理来控制纳滤膜的污染	一些关键物质，如硝酸盐、三氧化二氮、单价盐和不带电荷的低分子量化合物的去除率较差
水修复	工业污染后恢复地下水的质量	反渗透离子交换	连续操作（与离子交换相比）；选择性去除氯而减少腐蚀问题	利用纳滤的负截留的特点	高选择性纳滤膜的供应商很少，污染能削弱分离效果
再生工艺流体（Chlor-alkali）	去除痕量硫酸盐，避免损坏离子交换膜	离子交换，化学沉淀结晶，吹洗流	减少工艺成本和降低环境影响	截留二价硫酸盐，而一价盐以 > 90% 的回收率通过	高选择性纳滤膜的供应商有限
再生工艺流体（Cyano-Gold）	铜配合物导致氰化物溶液的损失；成本和风险的增加	尾矿的化学氧化或处置	氰化物库存量低，使用效率高；减少成本和提高环境效益	铜络合物与氰化物分离；去除/回收电积槽中的铜	取决于电积槽效率、pH 和纳滤特性

11.2 市政污水的回收利用

11.2.1 项目动机——水回收的重要性

水回收是处理城市或工业废水的一种惯例，目的是使废水的质量变得适合于有益的再利用，以代替向环境排放[3]。再生水的有益用途包括农业、城市和工业应用，以及增加地下水或地表水等传统水源的水量。再生水是工业、农业的重要资源，它不像传统水供应那样受变幻莫测的干旱的影响。事实上，对象在南加州这样的半干旱地区的石化工业[4]和负责管理、保护宝贵地下水供应的机构而言，再生水已经成为不可缺少的资源[5,6]。实施再生水工程的原因一般是淡水供应不足，其他驱动因素包括立法要求、水质保护问题，以及在某些情况下的国家安全

（见表 11–2）。

表 11–2　再生水工程的概览——应用、动机和用途

应用	例子	动机和用途
灌溉——农业	加利福尼亚州，Santa Rosa	农业可用水资源的季节性变化。该项目避免了建造新的蓄水设施，并减少了旧金山湾区/三角洲的废水排放。再生水用于食品和非食品作物的灌溉
灌溉——城市	加利福尼亚，Irvine 牧场；澳大利亚，新南威尔士州，Rouse Hill	立法规定大型住宅开发项目必须包含双网设备，以减少饮用水的总体需求。用途包括景观灌溉和厕所冲洗
工业	加利福尼亚州，洛杉矶，West Basin	West Basin 的回收项目是用再生水代替地下水，为洛杉矶的“三大”炼油厂服务。再生水用于冷却塔和高压锅炉补给水
	澳大利亚，布里斯班，Luggage Point	Luggage Point 的回收项目是为了满足英国石油公司（BP）在布里斯班的清洁燃料提炼厂的扩建而建造的。为扩建工程提供饮用水的费用远远高于回收工艺中的处理费用和运输费用
	新加坡，硅片制造厂	半导体工业需要大量的优质水来处理集成电路及其他硅片。这些工厂的超纯水设施容易受到进水水质变化的影响。在新加坡，地表水供应中有机碳水平的巨大差异给超纯水系统带来了问题。因此，用反渗透生产总有机碳（TOC）浓度一致的优质再生水代替了地表水
地下水管理	加利福尼亚州，橙县（Orange county），21 号水处理厂	再生水被注入加州橙县的一个饮用水含水层，以防止海水进入地下水盆地，也用于补给地下水盆地
增加地表水	新加坡	新加坡宣布使用再生水来扩大岛屿饮用水储备的计划，以减少对进口淡水的依赖

再生水项目的处理要求是由公共健康和卫生条例，以及终端用户的水质需要所推动的。管理再生水使用的条例主要针对保障公众健康。因此，随着公众接触再生水的概率的提高，对再生水工程的处理水平和最终水质要求变得更为严格。

如果再生水用于非饮用水用途，如灌溉和工业，这些条例旨在减少因意外表皮接触、吸入或摄取再生水而导致的急性健康风险，处理目标是确保被处理的废水中的病原体经灭菌而失活。如果再生水被用于增加并作为部分饮用水供应的地下水或地表水，这些条例考虑的是与长期接触有机污染物有关的慢性健康风险，以及与病原体有关的急性健康风险[7, 8]。

除健康要求外，影响非饮用水和饮用水再生项目处理水平的其他考虑因素如下。

(1)受再生项目径流影响的集水区的营养水平，特别是氮和磷的含量，以及富营养化的可能性。

(2)可能受处理过程径流影响的含盐量会使作物、植被、土壤和地下水退化。

(3)从审美角度来看，回收的废水不应与饮用水有显著差异，也就是说应该清澈、无色、无味。

在过去十年里，膜分离已基本满足这些监管要求。虽然再生水经过滤及消毒后可应用于农业及部分工业中，但城镇污水用膜处理到符合饮用水标准则实现了再生水作为替代性水供应系统的全部潜力。经膜处理达到饮用水标准的再生水现在通常用于生产清洁燃料[9]、半导电硅片[10]和补充饮用水含水层[11]。

这些应用中的每一种都对溶解性固体和有机碳有非常具体的要求。到目前为止，最常见的处理方法是使用反渗透去除盐和有机物。由于纳滤已被证明能选择性地去除盐和有机物，并具有很高的病原体去除能力，因此在高品质的非饮用水和饮用水再生项目中有潜在应用。

11.2.2 纳滤在市政(污水)回收应用中的优势

使用纳滤代替反渗透的一个直接优势是与降低操作压力相关的低能耗。然而，必须考虑到纳滤的截留性能与反渗透相比较低，特别是对于含氮化合物，这使节能效应打了折扣。接下来将讨论这些回收过程的处理理念，并重点介绍纳滤技术可能适用的条件。

11.2.3 过程基本原理

在高品质的工业和饮用水再生应用中，水回收的处理过程包括预处理阶段和去除有机碳或盐的高级处理阶段。先进的处理工艺可以是颗粒活性炭(GAC)、反渗透、离子交换、电渗析，或这些工艺的组合。几乎所有的司法管辖区的卫生条例都规定，待回收的市政废水必须通过营养物质的去除和澄清来进行充分的二次处理。所有市政废水都有些独特之处，表 11-3 总结的是在设计这些过程时必须考虑的关键参数，包括典型浓度。

表 11-3 所示的水质取值范围表明，所有二次出水均含有一定程度的悬浮物和微生物。这些成分会污染用于除盐和除有机化合物的下游工艺过程，因此需要对出水进行预处理，为脱盐和去除有机化合物的工艺过程做准备。直到 20 世纪

90 年代初，间接饮用水再生项目的最佳预处理方法是基于传统的沉降和过滤，包括闪蒸混合、絮凝和澄清，随后是颗粒介质过滤。尽管这些方法在加利福尼亚州的高品质工业和饮用水再生工厂中已取得了成功，目前工厂仍使用低压微孔膜代替传统的处理工艺[11]。微孔膜，如超滤(UF)和微滤(MF)被证明比传统形式的预处理能更有效地去除污染下游膜的悬浮物和微生物，它们是市政废水再生用于工业和非直接饮用水的工业标准。

表 11-3　高品质工业和饮用水再生应用的典型给水和产品水质指标

参数	进料水	产品水
总悬浮固体(TSS)	2～20 mg/L	<1 mg/L
总大肠杆菌	10^6～10^6 cfu*/100 mL	<1 cfu/100 mL
总有机碳(TOC)	8～12 mg/L	0.1～1 mg/L
总氮	1～40 mg/L	1～10 mg/L
总溶解性固体(TDS)	350～1200 mg/L	50～200 mg/L

注：(1)市政水回用工程二次出水(活性污泥沉淀池之后)的典型取值范围。(2)对高品质工业和饮用水再生项目的指标性要求。实际要求由当地条件决定。(3)最终的 TOC 要求和 TOC 的性质具有地点特异性，由行业或监管机构的需求决定。(4)给水中氮的取值随养分去除程度的不同而变化。最终氮浓度取决于工业用水要求或环境保护法规。(5)最终的 TDS 水平取决于再生水的最终用途。通常在水中添加矿物质以稳定和减轻再生水的侵蚀性(是反渗透透过液的特点)。

微孔膜工艺去除悬浮固体和微生物后，极大地提升了用于去除溶解盐或矿物质及大多数有机分子的先进处理工艺的效率。尽管一些回收厂采用电渗析和离子交换来除盐和用活性炭除有机物，反渗透由于对无机和有机物种的高去除率已经成为高级处理的首选替代系统。例如，橙县水区(OCWD)自 1997 年以来运行着一个 2600 m^3/d 的示范系统，该系统由微滤、反渗透和紫外线(UV)消毒组成，作为对 21 号水处理厂的扩建替代方案进行调研的一部分[11]；示范项目使用的是薄层复合(TFC)反渗透膜；示范工厂的水质数据表明，反渗透透过液满足美国国家一级饮用水法规的所有要求，并且 TOC 浓度降到了 0.1 mg/L 以下[11]。

然而，在这个多步骤过程中用纳滤代替反渗透引起了(研究人员的)兴趣。

11.2.4　工艺局限性

饮用水再生项目在某种意义上被认为是依赖于反渗透膜的高截留率特性，这并不是夸大其词。卫生及规管界认识到，二级污水中 90%的有机化合物并没有经过鉴定，因此很难评估用再生水来增加饮用水供应可能带来的长期风险。大多数卫生部门将 TOC 作为测量所关注的有机污染物的去除率的替代措施，但如果回收过程能呈现废水的“身份”变化就更好了。例如，TFC 反渗透膜已被证明在去除所谓的“废水指示化合物”方面是非常有效的。这些化合物是食品和洗涤剂常用化学品的衍生物。常见的废水指标包括乙二胺四乙酸(EDTA)和结构相似但生物降解性稍强的次氮基三乙酸(NTA)，这两种化合物都是用作洗涤剂或稳定剂的螯合剂和磷酸盐替代品。EDTA 和 NTA 存在于原废水中，且在生物处理过程中一直存在。其他废水指标还包括烷基酚聚乙氧基羧酸酯(APEC)，这是由烷基酚聚氧乙烯醚(APEO)的生物降解和/或羧基化形成的一类非离子表面活性剂。检测 OCWD 时发现，这些化合物以 70 μg/L 的浓度存在于回收过程的给水中，但被反渗透膜降至低于 0.1 μg/L 的检测极限(见表 11-4)[11]。用纳滤膜实质地去除痕量有机物也值得期待(见第 20 章)。

表 11-4　采用 TFC 反渗透膜去除废水中的指标化合物的效果

废水指标	微滤过的废水	反渗透透过液*
EDTA	65+/-27 μg/L	ND
NTA	1.6+/-27 μg/L	ND
APEC	59+/-30 μg/L	ND

* ND=not detected，未检测到。

虽然反渗透目前是比较受欢迎的市政污水除盐和除有机物的方法，但现代 TFC 反渗透膜对存在某些有公共卫生意义的低分子量痕量有机化合物的去除效果较差。其中一种化合物是 N-亚硝基-甲基乙胺(NDMA)。NDMA 是一种致癌物，被发现存在于许多工业过程中，包括火箭燃料的合成、以及作为润滑剂的抗氧化添加剂，以及橡胶工业中共聚物的软化剂。微量的 NDMA 也在香烟烟雾冷凝物及腌肉制品(如培根、熏鱼和腌鱼)中被发现。NDMA 具有极性和高度水溶性(19℃时大于 10 g/100 mL)，分子量为 74.08($C_2H_6N_2O$)。该化合物有许多同义词，包括 N-甲基-N-硝基-萨曼胺(N-methyl-N-nitroso methanamine)、二甲基亚硝胺(dimethylnitrosamine)和亚硝二甲胺(nitrous dimethylamine)。NDMA 极度致癌，是许多卫生部门关注的污染物之一；它通过饮用水的摄入而增加 $1/10^6$ 的终生癌症风险的浓度估计为 14 ng/L[或兆分之 14(ppt)]。加利福尼亚州卫生服务部对饮用水和非直接饮用水再生项目中的 NDMA 强制实施 20 ppt 的中期行动水平。

由于 NDMA 具有溶解性强、形状对称、分支少、分子量低、解离常数低等特点，反渗透对其仅能去除部分。从橙县(Orange County)的 2600 m^3/d 的设施中观察到的 NDMA 截留率在 47%至 57%之间[12]。但是二级出水中偶尔含有超过

200 ppt 水平的 NDMA，因此 OCWD 被要求在反渗透工艺链的下游安装一个高级氧化过程，以达到中期 NDMA 行动要求的 20 ppt 的水平[12]。氧化过程的工作原理是，存在 H_2O_2 时，NDMA 可因暴露于紫外线而被去除或破坏。NDMA 吸收波长为 200~260 nm 的紫外线能量，吸收峰位于 226 nm。在这些条件及没有任何氧化性化合物的情况下，NDMA 会分解成 CO_2 和无机氮化合物。紫外线与 H_2O_2 反应产生的 ·OH 可以增强这种光分解过程。NDMA 在 ·OH 的存在下可以被氧化。将亚硝酸盐自由基氧化成更稳定的硝酸盐，可阻止光解过程衍生物的重整/再生[12]。

橙县的案例表明，反渗透在某些情况下需要与高级氧化工艺结合使用，以满足市政再生项目的处理要求。这些发展趋势使人们意识到可以用纳滤代替反渗透；如果需要的话，之后再进行高级氧化。这种方法的预期好处是，纳滤系统的功耗比反渗透的低；关键问题是，哪种中水（再生水）应用适合用纳滤代替反渗透。

阻止纳滤进入再生项目的限制之一可能是，工业应用的终端用户或饮用水再利用的接收水体对氮或 TDS 的排放提出了严格要求。第 3 章和第 6 章已说明纳滤在去除单价离子方面不如反渗透有效，这一点将影响其满足 TDS 和总氮要求的能力。

在大多数情况下，中水的工业应用受到严格的盐（浓度）要求的控制。例如，澳大利亚昆士兰 Luggage Point 水回收厂的中水必须达到 100 mg/L 的 TDS 水平和 1 mg/L 的总氮水平。TDS 和总氮都是 BP 清洁燃料提炼厂设定的要求，它是中水的最终用户[9]。要求低水平的 TDS 是为了防止提炼厂内工艺设备的腐蚀，并满足为高压锅炉服务的去矿化系统的给水要求。为了减少冷却塔中生物生长的风险，并确保提炼厂产生的任何废物符合排放许可的氮标准，进水需要满足低氮水平。同样地，提供给新加坡半导体晶片制造厂的再生水的 TDS 极限值为 100 mg/L，NH_3 的极限值为 0.5 mg/L[10]。对 TDS 和 NH_3 提出要求是出于超纯水系统的需要，该系统用于处理硅片的最终冲洗用水[10]。因为纳滤仅部分截留单价离子，包括硝酸盐、亚硝酸盐和 NH_3 等，所以不太可能用于这些高级工业应用。

市政再生项目中使用纳滤的最佳机会是针对饮用水的再生项目，其中再生水用于补给含水层或补充作为饮用水源的河流或水库。美国[13]和欧洲地区[14]最近进行的中试和示范研究在最终补充饮用水供应的项目中将纳滤作为了高级水处理工艺。例如，在佐治亚州的 Gwinnette 县，纳滤被当作（以膜为核心的）处理工艺链的一部分，并与现有的高 pH 石灰（主要成分 CaO）和 O_3+GAC 工艺相比较，后者用于将处理过的废水排放到某地表水中[13]。以膜为基础的中试工厂由两列平行的处理工艺链组成，每条线的处理能力为 1320 m^3/d。其中一条采用微滤预处理，另一条采用超滤预处理。同时，每条线都有一个纳滤系统，装有陶氏 FilmTec

NF255 膜，其切割分子量（MWCO）为 200～300，纳滤装置的通量为 19 L/(m^2 · h)，回收率为 85%，外加压力为 415～750 kPa。回收工艺有效地将二次出水的 TOC 从 4.9 mg/L 降至不到 1 mg/L，NH_3 从 0.22 mg/L 降至 0.1 mg/L，总凯氏氮（TKN）从 1.8 mg/L 降至 0.6 mg/L。因为二次出水在膜工厂上游已完全硝化和部分反硝化，该品质的纳滤渗透液满足了 NH_3 和氮的许可要求，TOC 的水平也可以接受。佐治亚州对低分子量有机物没有任何具体要求，因此纳滤工厂的渗透液不需要进行额外的高级氧化处理。

11.2.5 关于纳滤用于水回收利用的结论

市政污水再生工程中重要的有机碳和其他成分可以用纳滤膜有效地去除。这种膜在低于反渗透的压力下工作；但对于单价离子，特别是 NH_3、硝酸盐和亚硝酸盐的截留率较低，将限制它们在市政废水回用于工业和饮用水项目中的应用。然而，一些工厂已表明，如果对含氮化合物和 TDS 不做要求，或者由纳滤膜上游的其他工艺处理，纳滤可以用于市政水回收项目。

11.3 地下水修复

11.3.1 项目动机

西澳大利亚的 WMC（西部矿业公司）的 Kwinana 镍精炼厂发生了地下水污染。镍精炼过程产生的副产物硫酸铵［Amsul，$(NH_4)_2SO_4$］，以晶体形式销售用于化肥生产。尾矿物料与 $(NH_4)_2SO_4$ 溶液的混合物储存于有内衬的尾矿坝中；内衬的失效导致约 5.5 万 t $(NH_4)_2SO_4$ 渗透到其（大坝）底层的地下水中。表 11-5 为被污染的地下水的典型分析。环境和经济压力要求回收 $(NH_4)_2SO_4$。

表 11-5 典型地下水的进料组成

物种	进料液浓度/(mg · L^{-1})	物种	进料液浓度/(mg · L^{-1})
TDS	13000	Cl^-	300
NH_4^+	3040	HCO_3^-	420
Na^+	550	TOC	2～19
Ca^{2+}	120	SiO_2	4
SO_4^{2-}	8960		

最初安装了一个反渗透装置，以便从地下水和尾矿坝中回收$(NH_4)_2SO_4$；然后增加了一个高压反渗透段，将进料浓缩至原来的 6 倍(相当于 83%的回收率)。采用多效蒸发器对反渗透浓缩液进行处理，用渗透液取代原水。然而，该工厂存在一个严重的问题是，所回收$(NH_4)_2SO_4$中氯化物的浓缩会导致蒸发器内部的严重腐蚀。为了解决这一问题，有人建议对现有的反渗透工厂进行改造，加入具备分离硫酸盐/氯化物潜力的纳滤膜。

11.3.2　纳滤的优势

纳滤浓缩液预期会保留$(NH_4)_2SO_4$，可以在没有腐蚀问题的情况下进行进一步加工。含有大部分氯化物的纳滤渗透液将由反渗透浓缩，并(以 30~40 g/L 的速度)输送到双内衬的蒸发池中。反渗透的渗透液将在主加工厂内被重复使用，以取代市政(供)水。在失效的尾矿库排空和停运前，增加了微滤装置作为预处理来去除悬浮物。

11.3.3　工艺特点和基础

进行了为期大约一年的中试，(单次)最长运行 80 天。中试工厂是一个 2 : 1 : 1 的阵列，每段由 3 个 4×40 英寸的元件组成。通过比较实验发现，Osmonics DK 5 纳滤膜最适合这种应用。中试工厂试验的典型数据如表 11-6 所示。中试装置的进料液从现有反渗透装置的中间阶段获得，为试验提供了有不同浓度的$(NH_4)_2SO_4$的稳定连续的进料液。对表 11-6 中的数据的检验表明，pH 沿阵列逐渐下降，这归因于NH_3(不带电荷的气相物种)相对于NH_4^+有更高的穿透率。浓缩侧$NH_4^+ \rightleftharpoons NH_3+H^+$平衡的重新建立产生了游离的质子。硫酸盐截留率约为 99%，为该物种的进一步加工提供了良好的回收率。Cl^-具有较强的负截留率，显著地促进了其与$(NH_4)_2SO_4$的分离。纳滤膜这种特性归因于道南(Donnan)效应，这一点在前面的章节(第 2、5 和 6 章)中有讨论，下面将进一步分析。

表 11-6　三段式中试结果

参数		阶段 1	阶段 2	阶段 3	截留率/%	注解
浓度 /$(g\cdot L^{-1})$	TDS	42.7	54.4	66.1	82.2	
	NH_4^+	9.1	11.3	14.0	16.3	
	SO_4^{2-}	27.5	37.1	45.6	59.3	
	Na^+	1.220	1.600	1.860	2.400	

续表11-6

参数		阶段 1	阶段 2	阶段 3	截留率/%	注解
浓度/(g·L^{-1})	Ca^{2+}	0.365	0.480	0.595	0.740	
	Cl^-	0.675	0.535	0.410	0.230	减少
	pH	6.3	6.1	6.1	5.7	减少
$n_{SO_4^{2-}}/n_{Cl^-}$的平均值		15.1	25.68	41.2	95.5	参考第 11.3.1 节
截留率/%	NH_4^+	91.5	93.3	93.9		
	SO_4^{2-}	99.1	99.2	98.6		
	Na^+	90.2	92.4	93.0		
	Ca^{2+}	98.0	98.7	97.1		
	Cl^-	-84	-112	-152		负

全规模工厂的设计目标如下。

(1)最大限度地回收和浓缩$(NH_4)_2SO_4$进料，并将其输送到蒸发器和结晶器。

(2)尽量减少(氯)盐渗流到蒸发器的量。

(3)尽量减少蒸发坝的$(NH_4)_2SO_4$损失。

最终选择了简单的单级多段纳滤和单级多段反渗透工艺，并以超滤为预过滤。工艺流程如图 11-1 所示。该工艺需要一个四段纳滤工艺链，使$(NH_4)_2SO_4$达到后续蒸发阶段的浓度要求。段间泵送用作维持合适的段通量速率。所选择的纳滤膜具有低膜阻(高渗透性)，在相对较低的驱动压力(300~500 kPa)下能达到所需的通量[12~20 L/(m^2·h)]。然而，这需要仔细控制通量，因为随着流体的浓度从大约 6 g/L 变化到 90 g/L 时，渗透压从 300 kPa 上升到 4700 kPa 不等。

反渗透流程的一个关键处理目标是减少输送到新的蒸发坝的Cl^-的渗漏量，因此其设计要实现最大可能的回收。反渗透工厂设计为三段，其中第三段带有增压泵和循环泵；最后一段的两个管道各装有 6 支 8 英寸的元件，每个元件的设计都允许在发生污染的情况下采用硬驱动。

该工厂于 1992 年底投产，1993 年 2 月进行了压力和化学调查(有关数据列于表 11-7 中)，以评估该工厂的运行状况。尽管工厂的进料液和安装进行了多次变动，10 年后仍然可获得相似的结果。

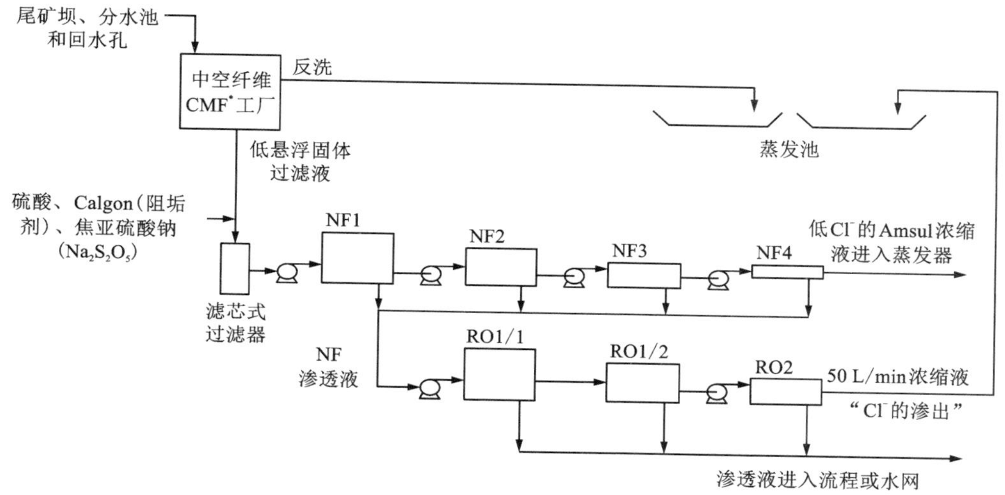

* CMF：连续膜过滤。

图 11-1　纳滤/反渗透工厂的布局图[16]

表 11-7　1993 年 2 月的操作数据

参数	NF1	NF2	NF3	NF4	RO1/1	RO1/2	RO2
进料流速/($L\cdot min^{-1}$)	1883	975	521	352	1607	624	214
进料压力/kPa	1200	1750	2200	2050	2230	2150	5500
渗透压力/kPa	300	300	400	120	69	87	无法获得
dP：压差/kPa	160	160	120	50	80	80	240
盐的穿透/%：导电性	14	8	6	16	2	3	8
$\rho_{NH_4^+}$/($mg\cdot L^{-1}$)	12	6	7	9	3	4	8
$\rho_{SO_4^{2-}}$/($mg\cdot L^{-1}$)	8	2	2	5	0.4	0.2	1.4
$\rho_{Ca^{2+}}$/($mg\cdot L^{-1}$)	2	2	1	3	<50*	<17*	<6*
ρ_{Na^+}/($mg\cdot L^{-1}$)	12	7	8	9	3	1	4
ρ_{Cl^-}/($mg\cdot L^{-1}$)	165	177	210	505**	7	5	3

* 反渗透的渗透液中 Ca^{2+} 的浓度低于报道的极限值，因此计算时使用报道极限值。

** NF4 的质量平衡显示这一数值有可能偏低。

工艺原理-氯离子的传递

初步试验(见表 11-6)表明，Cl^-具有负截留率，意味着它穿过纳滤膜的传送被增强。在完整规模的工厂中也发现了类似的效果(见表 11-7)，允许有效地从硫酸盐(过程流)中除氯。事实上，其他工艺都未曾经济地实现过纳滤对氯化物的优先提取。

混合物中的一个物种得到增强传递是纳滤膜的一个特性，可以用 Donnan 效应来解释。对于含有两个相同电荷的物种[一个不能透过膜(物种 1)，另一个能够透过膜(物种 2)]的系统，Donnan 效应将增强物种 2 通过膜的传递。假设物种 2 的传递由两个组成部分组成：(1)溶剂耦合引起的对流传递；(2)由 Donnan 效应驱动作用而产生的扩散传递。

基于此方法建立的模型已被有效地用于分析超滤在荷电高分子存在下对无机阳离子的负截留率。在截留硫酸盐的情况下，允许氯化物渗透的纳滤是类似的。虽然可根据 Nernst-Planck 的扩展方程(见第 6 章)对纳滤进行更严格的分析，下面的简单的模型是已说明 Donnan 效应的重要性。假设溶质传递的分量是累加的，则可得：

$$JC_2 + B(C_2^* - C_2') = JC_2' \text{(参见术语表和符号)} \tag{11-1}$$

(左边)第二项为 Donnan 扩散，其中的 B 为溶质扩散穿过膜的传质系数，驱动力为 Donnan 平衡理论给出的膜相浓度 C_2^* 与实际渗透浓度 C_2'之间的差异。物种 2 的截留率 R_2 可以定义如下：

$$R_2 = 1 - (C_2'/C_2) \tag{11-2}$$

与二价物种 1(SO_4^{2-})混合的单价物种 2(Cl^-)的平衡浓度，C_2^*，由 Donnan 理论给出[16]：

$$C_2^* = (C_2^2 + 2C_2C_1)^{1/2} \tag{11-3}$$

将式(11-1)至式(11-3)结合，得到：

$$R_2 = \frac{a}{(1+a)} \times \left[\frac{1}{(1+2b)}\right]^{\frac{1}{2}} \tag{11-4}$$

其中，$a=B/J$(即过膜传质系数与溶剂①通量之比)，以及 $b=C_1/C_2$(即截留物与渗透物的摩尔比)。由式(11-4)可知，随着 C_1/C_2 比值的增加，物种 2 的截留率变为负数，或者说(过膜)传送率($1-R_2$)增强。在本应用中，$b \gg 1.0$，由式(11-4)得到物种 2 的迁移数(t_2)：

$$t_2 = 1 + [a/(a+1)](2b)^{1/2},\ b \gg 1 \tag{11-5}$$

根据该模型，Cl^-的迁移数随 $b^{0.5}$ 增加。在上述被污染地下水的应用中，硫酸盐浓度远远超过 Cl^-的浓度(见表 11-5)，因此适用 $b \gg 1$ 的条件。图 11-2 绘制了中试工厂和全规模工厂(1993 年、1999 年、2000 年和 2002 年)中 NF1 至 NF3 的数据。虽然数据具有相当大的离散性，但趋势与式(11-5)中的预期相符。离散

① 编者修改。

性反映了膜性能随时间的变化及其进料液浓度的历史范围。

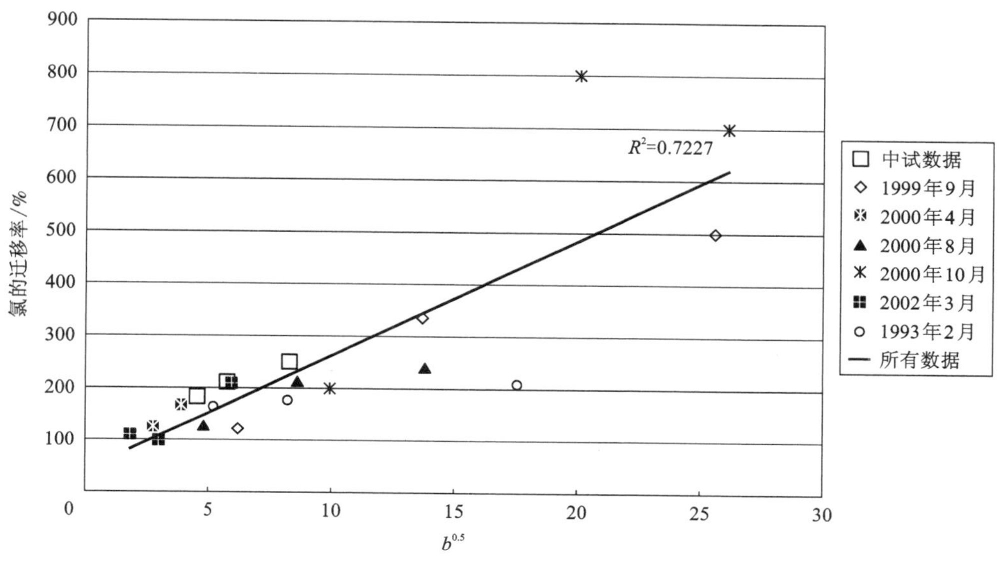

(摩尔比取每段 NF 的进料液和排放液的平均值)

图 11-2 氯的迁移随进料液中硫酸盐/氯化物的摩尔比($n_{SO_4^{2-}}:n_{Cl^-}$)的平方根的变化

11.3.4 过程的局限性

第四段的数据显示，迁移增强比模型预期的低。这一偏差可能是由系统最后单元的污染造成的。众所周知，反渗透膜和纳滤膜的表面污染降低了边界层传质，导致 Cl^-朝向膜的扩散通量和过膜传输均被抑制。这强调了污染控制和/或膜清洗的重要性，以便最大限度地从硫酸盐中分离氯。

11.3.5 有关地下水修复的结论

从含有氯化物的被污染地下水中回收硫酸铵可以通过多重膜过程实现。纳滤膜的独特功能允许分离单价和二价离子，使这一水修复过程变得可行。从硫酸盐中去除氯化物的效果因氯化物的负截留而增强，这种现象可以用 Donnan 效应来解释。纳滤的渗透液可以用反渗透处理，以提供工艺用水和温和的浓缩液。本案例基于 Macintosh 等论文，详细内容请参考原文。

11.4 清洁生产

表 11-1 中有两个过程流再生的例子。如果缺乏有效的再生过程，核心过程的经济效益就会被边际化，还会有环境风险。以下将介绍典型清洁生产的案例(一个与化学工业有关，另一个与矿业生产有关)，说明纳滤是如何转变这些操作的。

11.4.1 从氯碱盐水回路中去除硫酸盐

这一应用很特别，因为它是纳滤膜区分二价 SO_4^{2-} 和一价 Cl^- 的另一个案例。然而，与第 11.3 节中描述的应用不同，此案例中 Cl^- 是主要的阴离子，浓度高达 200 g/L(按 NaCl 计算)。这一描述基于 Kvaerner Chemetics 公司的 Maycock 等人的工作。

过程动机

在使用离子交换膜的氯碱工艺中，(NaCl)浓盐水通过电解槽回收。低浓度补充盐水中的 SO_4^{2-} 在电路中迅速积累。然而 SO_4^{2-} 对离子交换膜有不利影响，必须控制其浓度。控制硫酸盐的选项包括[19]如下内容：(1)化学沉淀，如 $BaSO_4$，或 $CaSO_4$；(2)离子交换；(3)结晶(仅限于氯酸盐工艺)；(4)清洗，可能伴随蒸发。

前三种方法要么费用高，要么在技术上受到限制，因此最受欢迎的方法是清洗。但第四种方法会浪费卤水，并有环境限制。

纳滤工艺的优点、特点和局限性

有人研制了一种基于纳滤的硫酸盐脱除工艺[20]。该工艺用于含有约 200 g/L 的 NaCl 和小于 11 g/L 的 Na_2SO_4 的脱氯卤水旁流，压力高达 3700 kPa，使含有 NaCl 和微量硫酸盐的渗透液返回到盐水回路。纳滤工艺以约 90%的回收率运行，富含硫酸盐的浓缩液中含有约 200 g/L NaCl 和约 80 g/L Na_2SO_4。该截留液大约是原始净化液的 10%，可以被排放或者在必要时进行化学处理($BaCl_2$)。为提高硫酸盐/氯化物的分离效果，可采用洗滤。

该工艺的效率与膜有很大的关系，所选择的膜(不详细)有>98%的硫酸盐截留率和低至可忽略的氯化物截留率。与关于地下水的研究的发现(11.3 以上)不同，(本研究)没有观察到显著增强的 Cl^- 迁移，即高的负截留率。这是因为没有满足所要求的(见第 11.3.3 节)$b(n_{SO_4^{2-}}:n_{Cl^-})\gg1$ 的条件；在本研究中，b 趋向于 <1.0。在该纳滤应用中，动电机制(Donnan 效应)将被非常高的 TDS 所削弱，因此离子分离的机理将基于水合离子的大小。

根据 Maycock 等人的研究，纳滤工艺的运行成本比其他硫酸盐控制替代技术要低。据报道，设备回收期对大多数氯碱厂有吸引力。

11.4.2　黄金加工中氰化物回收

本应用是关于纳滤膜如何在具有挑战性的环境下从黄金工艺废水中回收氰化物。这种被称为 Cyano Free™ 的方法[21]可与黄金工艺集成，通过结合纳滤和电积槽(EWC)，实现具有显著经济效益和环境效益的氰化物循环。它为清洁生产提供了一个很好的示范。

过程动机

氰化物用于金的冶金提取过程，与被破碎矿石中的金形成络合。通过活性炭吸附和随后的洗脱从络合物中回收金。然而，浸出过程中使用的大量氰化物可能被其他金属消耗，这些金属会与氰化物形成稳定的、可弱酸解离(Weak Acid Dissociable，简称为 WAD)的络合物，其中最重要的是铜，在发现黄金的地方可能大量存在。可溶性铜与 WAD 的配合物(Cu-WAD)的形成优先于金的配合物，可增加从矿石中回收金所需氰化物的库存，并限制了回收氰化物浸出液的能力。废液必须经过化学处理或在尾矿库中进行处理，以消除残留的氰化物。这些选项有几个缺点，包括化学品成本、氰化物补偿成本和尾矿控制方面的潜在环境问题。

为解决这些问题，需要回收游离 CN^- 和分解络合物，以释放和回收氰化物。该工艺使用经适当选择的纳滤膜分离 CN^- 和 Cu-WAD，并通过电积分解络合物，得到游离 CN^- 和铜金属(一种有价副产品)。

纳滤工艺的优点、特点和局限性

纳滤工艺流程如图 11-3 所示。从图中可以看出，纳滤在第一阶段中起预浓缩和分离的作用，在第二阶段的 EWC 回路中起分离器的作用。第一阶段的预浓缩通常是 2~4 倍，降低对 EWC 的水力负荷；第二阶段的纳滤从 EWC 出水中去除被释放的游离 CN^-。含 CN^- 和微量 Cu-WAD 的混合纳滤渗透液经反渗透浓缩后被循环至浸出回路。表 11-8 列出了基于膜过程的典型分离的结果。

表 11-8　膜过程对游离 CN^- 和 Cu-WAD 的典型截留率

膜过程	CN^- 截留率/%	Cu-WAD 截留率/%
NF 第一阶段	40~45(a)	97~99
NF 第二阶段	20	99
RO	>95	—

注：(a)实际上，由于游离 CN^- 的分析误差(低 CN^-/WAD 比面临的问题)，截留率可能更低。

由“纳滤激活”的 Cyano Free™ 过程的优势可以概括如下：(1)减少了对氰化物生产的需求；(2)减少了氰化物氧化化学品的消耗；(3)可处理的 WAD 浓度没

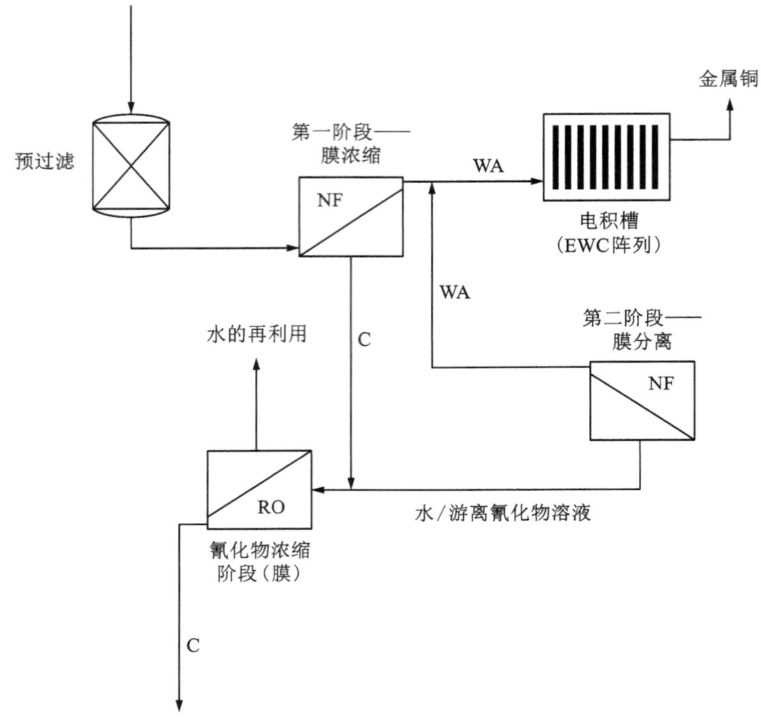

图 11-3　包含两段纳滤的 CaynoFree™ 过程的经典流程

有上限；(4)作为副产品被回收的铜的价值；(5)显著降低环境风险。

该过程的经济效益与具体的地点有关，但典型应用的投资回收期为 1~2 年。其局限性包括对 EWC 中铜的去除效率的依赖性、需要确定适合的纳滤膜。

11.5　结论

纳滤在水的回收、水修复和清洁生产中具有重要作用。这些应用过程利用了纳滤的较低的操作压力以及独特的分离能力。

在市政污水的回收利用中，当上游过程在去除含氮化合物和 TDS 方面没做严格要求或问题没得到解决时，可使用纳滤膜。在这些应用中，纳滤相对于反渗透在能耗方面的要求较低，可能是一个优势。

纳滤分离单价离子和多价离子的能力是在其他环境中应用的一个重要特性。这些应用包括回收含有硫酸盐和氯化物的地下水、回收氯碱盐水(另一种氯化物/硫酸盐分离)，以及在金提取过程中从氰化物浸出回路中去除铜的络合物。后两种应用是清洁生产的案例，纳滤特别适合这类应用。

参考文献

[1] A G Fane. Membranes for water production and wastewater reuse. Desalination, 1996, 106: 1-9.

[2] W S Ho, K K Sirkar. Selected Applications (of RO). Membrane Handbook. New York: Van Nostrand Reinhold, 1992.

[3] T Asano. Wastewater reclamation, recycling and reuse: An introduction. T Asano, A Levine. Wastewater Reclamation and Reuse. Water Quality Management Library-Volume 10 Tecnomic, 1998: 6.

[4] R G Sudak, P D Jones. Municipal wastewater reclamation with microfiltration and reverse osmosis//Proceedings Microfiltration II, San Diego, 1998. National Water Research Institute, Fountain Valley, 1998: 93.

[5] W R Mills, S M Bradford, M Rigby, et al. Groundwater recharge at the orange county water district//T Asano, A Levine. Wastewater Reclamation and Reuse. Water Quality Management Library-Volume 10 Tecnomic, 1998: 1105.

[6] E C Hartling, M H Nellor. Water recycling in Los Angeles county//T Asano, A Levine. Wastewater Reclamation and Reuse. Water Quality Management Library-Volume 10 Tecnomic, 1998: 917.

[7] J Crook. Water reuse in California. Journal of American Water Works Association, 1985, 77(7): 60-71.

[8] Chemical Contaminants in Reuse Systems. In Issues in Potable Reuse. J Crook. National Research Council. National Academy of Sciences Press, 1998: 45.

[9] L Hopkins, K Barr. Operating a water reclamation plant to convert sewage effluent to high quality water for industrial reuse//Proceedings 3rd IWA World Water Congress, Melbourne, 2002.

[10] H M Tay, K W Ong. Water reclamation-The singapore experience. In Proceedings Microfiltration II, Costa Mesa, 2002. National Water Research Institute, Fountain Valley, 2002: 103.

[11] G Leslie, T M Dawes, T S Snow, et al. Meeting the demand for potable water in orange county in the 21st century: The role of membrane processes. Proceedings American Water Works Association, Membrane Technology Conference, Long Beach, 1999.

[12] J L Daugherty. Emerging contaminant removal at a demonstration scale wastewater reclamation facility. Proceedings of the American Water Works Association National Convention, 2001.

[13] R A Bergman. Membrane pilot and demonstration scale treatment for water reclamation at Gwinnett County, Georgia. Proceedings of the American Water Works Association Annual Conference, 2001.

[14] M Ernst, M Jekel. Advanced treatment combination for ground water recharge of municipal wastewater by nanofiltration and ozonation. Water Science and Technology, 1999, 40(4-5): 277-284.

[15] O Duin, P Wessels, H Van Der Roest, et al. Direct nanofiltration or ultrafiltration of WWTP effluent? Proceedings IWA Conference on Membranes in Drinking and Industrial Water Production, Paris, 2000(2): 105-112.

[16] P Macintosh, A G Fane, D Papazoglou. Reclamation of contaminated ground waters by a multiple membrane process. Proceedings IWA Conference on Membranes in Drinking and Industrial Water Production, Mulheim/Ruhr, 2002.

[17] S Glasstone. Textbook of Physical Chemistry. 2nd ed. London: Macmillan & Co. Ltd., 1960: 1252.

[18] A R Cooper. Negative rejection of cations in the ultrafiltration of gelatine and salt solutions. Ultrafiltration Membranes and Applications. New York: Plenum Press, 1980: 353-372.

[19] K Maycock, Z Twardowski, J Ulan. A new method to remove sodium sulphate from brine. S Sealy Modern

Chlor-Alkali Technology. 1998, Vol. 7, SCI: 214-221.
[20] Kvaerner Chemetics Inc. US Patent 5587083.
[21] QED Occtech Ltd. Patent pending, PCT/AU 01/00177(2001).

符号说明

符号	意义	符号	意义
b	截留物与渗透物的摩尔比	C'_i	物种 i 渗透浓度
B	溶质在膜内传递的传质系数	J	通量
C_i	物种 i 的摩尔浓度	R_i	进料物种 i 的截留率
C_i^*	道南(Donnan)平衡理论导出的平衡浓度	t_i	物种 i 的迁移数

下标说明

1	二价离子(被膜截留)	2	单价离子(过膜传递)

缩略语和名词说明

缩略语/名词	意义	缩略语/名词	意义
Amsul	硫酸铵	NDMA	二甲基亚硝胺
APEC	烷基酚聚乙氧基羧酸酯	NF	纳滤
APEO	烷基酚聚氧乙烯醚	NTA	次氮基三乙酸
BP	英国石油公司	OCWD	美国加州橙县(Orange County)水域
cfu	菌落形成单位	ppt	百万分之一(part per trillion)
CMF	连续膜过滤	RO	反渗透
CN^-	氰离子	TDS	总溶解固体
Donnan	道南	TFC	薄层复合
GAC	颗粒活性炭	TKN	总凯氏氮
EDTA	乙二胺四乙酸	TOC	总有机碳
EWC	电沉积单元	TSS	总悬浮固体
IX	离子交换	UF	超滤
MF	微滤	WAD	可被弱酸解离(的络合物)
MWCO	切割分子量	WMC	(澳大利亚)西部矿业公司

第 12 章　食品工业中的纳滤

12.1　引言

食品工业提供人类食用的产品，而产品质量和安全性在食品加工中起着重要的作用。当膜系统应用于该行业时，工艺设备、组件和膜都要满足卫生要求，以避免致病菌或腐败细菌污染产品。膜系统的卫生设计减少了装置中微生物的生长，减少了清洗频率，从而提高了生产效率。然而，即使有卫生设计，也需要频繁，有时甚至每天在极端 pH 下用酸性和腐蚀性溶液进行清洁，以达到基本的质量和安全标准。这就需要特别注意对膜和膜组件的材料选择。食品工业是最早将膜过滤引入商业过程的行业之一。乳制品工业已经于 1975 年左右引入卫生超滤（UF）和反渗透（RO）系统（见图 12-1）。1996 年，仅在乳制品工业就安装了大约 80000 m^2 的反渗透膜和 240000 m^2 的超滤膜。其中 75%的膜面积用于乳清加工（见图 12-1），乳清浓缩是目前膜过滤在食品工业中最成功的应用。

传统意义上，乳清是奶酪生产的副产品，通过蒸发和喷雾干燥来生产乳清粉末。目前膜过滤（反渗透）已作为蒸发和喷雾干燥的预浓缩步骤，而且由于较低的热处理温度减少了蛋白质变性，膜过滤的引入降低了能源和加工成本，并改善了产品性能。此外，利用超滤技术可以同时浓缩和去除乳糖与盐，从而生产出乳清蛋白浓缩液和乳清分离物等特殊产品。

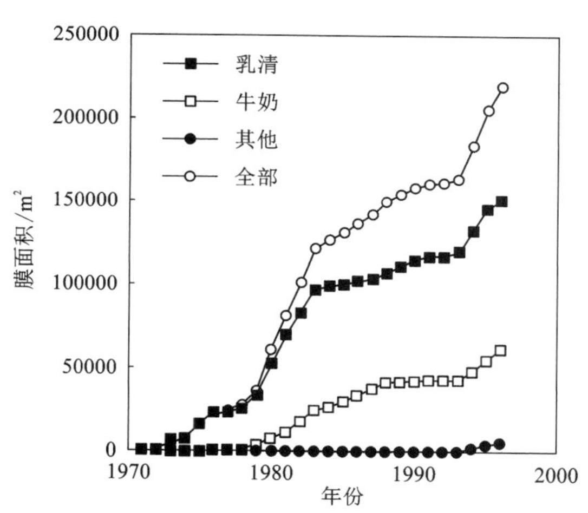

图 12-1　全球已安装的牛奶工业超滤膜面积

可以同时进行浓缩和脱盐的纳滤（NF）技术的引入填补了反渗透和超滤之间的空白。食品工业再次认识到这一技术的优势，并从 1984 年起开始将纳滤作为含乳清的脱盐乳糖生产工艺[2]。纳滤还被引入乳制品工业的其他应用以及其他食品工业部门(制糖工业)。这导致食品工业中安装的纳滤膜表面积在 2001 年迅速增长到约 30 万 m^2[3]。纳滤不仅应用于直接食品加工，还应用于过滤和回收水处理和离子交换系统的稀释清洗液或洗脱液。表 12-1 列出了纳滤在食品工业中的应用概况。需要注意的是，该表并没有对所有的纳滤应用进行汇总，仅展示了重要的应用示例。以下章节除了将更详细地讨论纳滤在乳制品工业和制糖工业中的一些具体应用，还将介绍食品工业中的诸如食用油工业、工艺水过滤和再利用等工艺中，以及其他正在开发的工艺中纳滤的应用。虽然工艺水的质量是食品生产和加工中一个关键问题，但本章不讨论从饮用水、地下水或地表水中获取工艺水的生产；这些内容我们在第 10 章中有提及；其他与食品相关的应用例子见第 13 章。

表 12-1　食品工业中的纳滤应用

部门	应用	参考文献
乳制品工业	乳清脱盐和浓缩	[4-18]
乳制品工业	超滤乳清渗透液脱盐和浓缩	[6, 8, 11, 12, 19-21]
乳制品工业	脱脂牛奶调整	[17]
乳制品工业	原位清洗液的过滤和回用	[17, 22-30]
乳制品工业	来自离子交换柱清洗液的磷酸盐浓缩	[17]
制糖工业	制糖脱色树脂洗涤液的处理	[3, 31-33]
制糖工业	葡萄糖浆的纯化	[34-36]
制糖工业	蔗糖或者甜菜糖的超滤渗透液的脱盐和纯化	[37]
饮料工业	来自消毒过程的洗瓶水和冷却水的过滤	[80]

12.2　乳制品工业中的应用

12.2.1　概论

膜过滤在乳制品工业方面的积极经验促使纳滤在与浓缩工艺和环境领域相关的工艺中被迅速采用。纳滤在乳制品工业中的主要应用是浓缩和乳清脱盐，其在含盐乳清、酸性乳清和甜性乳清中的应用已有报道。此外，大量的超滤乳清渗透液除了含有所需的乳糖，还含有相当多的盐类物质。在乳糖生产过程中，纳滤对超滤渗透液进行同步脱盐和浓缩时，提高了工艺效率和产品质量。以下章节不仅将更详细地介绍纳滤在乳制品工业中的成功应用，还将介绍纳滤在离子交换柱淋洗液回收和除磷等方面的应用。

12.2.2　乳清的浓缩和脱盐

乳清粉末被生产出来给动物和人类食用，还被用于巧克力等烘焙产品、冰激凌等冰冻乳制甜品中[4,5]。乳清粉末中的一价盐离子导致其口感很差，但粉末里二价盐离子的存在有助于产品的安全健康。因此，去除一价盐离子后相关产品的价值会增加[6,7]。从 1985 年开始，乳清和乳清粉末的脱盐获得了巨大的发展。含盐的、酸性的和甜性的乳清都能够通过纳滤来浓缩和脱盐[8-12]。

来自切达(cheddar)干酪或其他硬压干酪的含盐乳清时需要处理，因为盐分使其在动物饲料应用方面缺乏吸引力。虽然含盐乳清的总产量仅占乳清总产量的5%左右[10]，但在工业规模上这个数量却相当可观。由于含盐乳清的盐含量高，如果没有预处理就将这种乳清与甜性乳清混合，以及随后对混合物做进一步加工通常是不可行的。经过浓缩和纳滤后，90%~95%的 NaCl 可以从含盐乳清中被去除[8,12]。所采用的三步流程如下[8]：(1)预浓缩到初始体积的 50%；(2)以初始体积的 75%进行渗析；(3)浓缩到总的固体含量为 24%。

此外，由渗滤和浓缩步骤组合而成的其他三步工艺也有报道[12]。脱盐后的截留液实际上与普通的切达干酪乳清相同，二者可以混合并进行进一步加工[8]。1992 年，将含盐乳清转化为普通甜性乳清的纳滤装置数量估计为 10~15 台[12]。

有几种酸性乳清能够通过纳滤提高品质。盐酸酪蛋白(casein)乳清是酪蛋白生产的副产品。该乳清由于使用盐酸(主要组成 HCl)作为沉淀剂，其 pH 为 4.6，并且包含大量的 Cl^-[12]。当时将大量的乳清用来作为猪的饲料或者酸性乳清粉末限制了酪蛋白的生产。1988 年，一种酸性乳清脱盐和中和工艺被成功地开发出来。实际上今天所有盐酸酪蛋白的生产都在使用这种工艺(见图 12-2)，以生产出有价值的人类食用甜性乳清粉末[8]。在脱盐过程中，酸性乳清浓缩因子为 4，同时总的盐含量减少了大约 40%。一价盐离子的选择性去除后，可以使用 NaOH 对乳清进行进一步中和，以生产出与普通甜乳清成分含量相同的脱盐截留液。

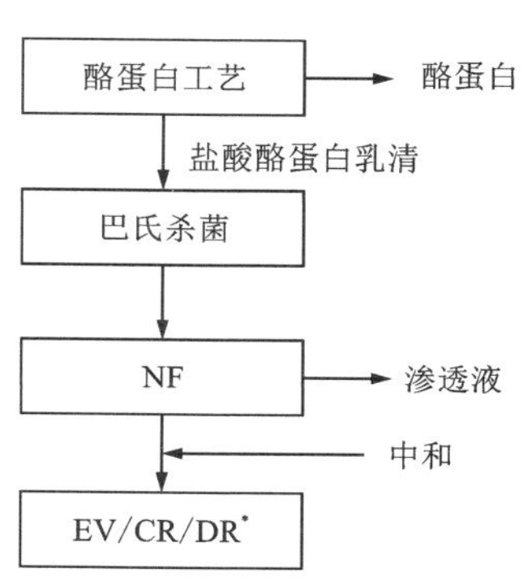

EV：蒸发；CR：结晶；DR：干燥。

图 12-2　盐酸酪蛋白乳清脱盐[8]

此外，松软干酪(coffage checse)乳清能够自发脱盐，同时能够通过纳滤部分去酸化。奶酪生产过程中有大量的乳酸发酵导致这类乳清的 pH 为 4.6。在脱盐过程中，除单价离子外，乳酸也可渗透通过纳滤膜。这样，所产生的乳清(即纳滤截留液)的价值就极大地增加了[12]。

纳滤用于甜性乳清脱盐的应用较新颖，不像其他两种应用范围广泛[8]。脱盐甜性乳清粉的传统生产工艺包括(见图 12-3)反渗透、蒸发、电渗析(ED)和/或离子交换(IE)、进一步蒸发和喷雾干燥(SD)。

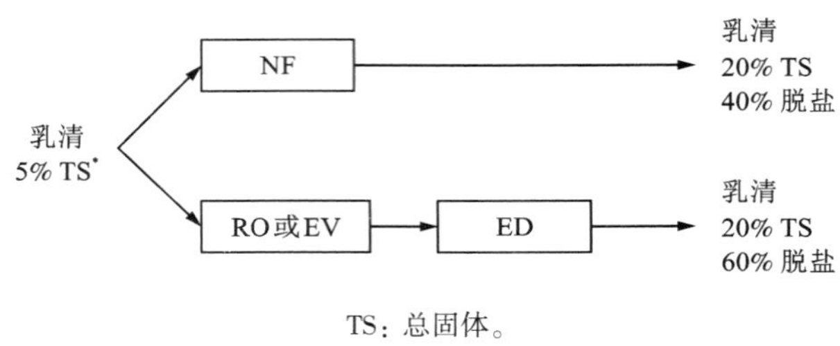

TS：总固体。

图 12-3 乳清浓缩和脱盐工艺选项[11]

对于脱盐步骤，电渗析比离子交换在经济上显得更有吸引力，其脱盐率高达60%[6, 14, 15]。纳滤是除反渗透、蒸发和电渗析(见图 12-3)外乳清浓缩和脱盐的另一个选择。在纳滤工艺步骤中，能够通过渗滤操作而进一步提高脱盐率。在总脱盐度为 45%的情况下，使用纳滤对甜性高达(Gouda)乳清的单价阳离子去除效果与总脱盐率为 60%时的电渗析的相似(见表 12-2)。因此，使用纳滤同样可以去除乳清中不需要的单价阳离子同时，而且对有益的二价阳离子的去除率较低。

表 12-2 通过电渗析和纳滤进行部分脱盐的乳清里减少的矿物质[11]

过程离子	*40%电渗析，减少/%	*60%电渗析，减少/%	*45%纳滤，减少/%
K^++Na^+	42	64	65
Ca^{2+}	24	35	6
Cl^-	71	89	54

* 已有的百分比数据代表总脱盐率。

将纳滤用于乳清脱盐的关键是所用膜的乳糖截留率[1]。对于盐截留率相近的膜，其乳糖截留率变化很大。高乳糖截留率的膜可避免较大的产品损失和较高的排放成本。此外，浓缩甜性乳清时，在高的操作温度下可能有磷酸钙沉淀，该沉淀可能是由于这种盐在高温下的溶解度更低和 pH 相对较高。避免产生这种沉淀的解决方案是降低乳清的 pH，在温度逐步升高后对乳清进行预过滤，以将纳滤进料中的沉淀的物质去除，或在相对较低的温度(<15℃)下操作。后者相比高温

操作渗透通量较低，但是就装置中微生物的生长而言是有利的，而且可以不必进行预过滤。

纳滤相对于甜性乳清脱盐传统工艺的优势如下[11, 16]：总费用的减少；较低的能耗；废水处理的减少；加工步骤数量的减少；产品有较好的口感、特性和黏度。

图 12-4　荷兰 Borculo Domo Ingredients 公司的甜乳清浓缩和脱盐的纳滤装置

由于这些优势，纳滤逐渐替代乳清浓缩液的浓缩和脱盐传统工艺。一些工厂近年来将纳滤装置用于脱盐乳清粉末的生产。图 12-4 为 1997 年荷兰商业纳滤装置全面启动的一个例子[4, 16]。对于这些工业装置的设计，Nernst-Planck 扩展模型能用来估计盐的去除率[11]。

12.2.3　乳清超滤渗透液的浓缩和脱盐

在经过结晶或者喷雾-干燥生产乳糖之前，可用纳滤对乳清超滤渗透液进行脱盐。其中，传统的蒸发用作浓缩工艺，1992 年已有 3~4 个以此为目的纳滤工厂在运行。用纳滤生产脱盐浓缩乳糖的牛奶厂之一是 Joseph-Heler 有限公司的 Hatherton 奶油公司[19]。纳滤处理乳清超滤渗透液被认为具备以下潜在优势：浓缩费用的减少；由于较少形成沉淀，减少了蒸发过程中的操作问题；因为乳糖需要的清洗较少，所以减少了结晶步骤的成本；可以获得较高的乳糖产量。

尽管有长期的商业经验，从公开文献中可获得的信息仍然很少。某中试工厂研究评估了两种常用的卷式纳滤膜——NF-45(Filmtec/Dow Chemical)和 Desal 5-DK(Osmonics/Desalination)对乳清超滤渗透液脱盐的性能。所用的乳清超滤渗透液来源于奶酪乳清，利用超滤将总固体含量从 6.3%浓缩到 15%。操作压力和温度分别是 30 bar 和 17℃。运行中 Desal 5-DK 的通量显然比 NF-45 的更高[20]，这和 NF-45 比 Desal 5-DK 具有较高纯水通量的结果一致。在纳滤过程中(见表 12-3)仅仅出现少量乳糖损失，纳滤对于以标准结晶工艺生产的可食用乳糖的纯度影响较小。此外，乳糖产量明显增加了 5%~12%，证明了纳滤处理在早期所宣称的潜在优势，并与其他声明中乳糖产量增加 8%~10%的结果一致。而且，纳滤的使用还降低了母液(一种乳糖生产的副产品)中的灰含量，所以将母液用在发酵等工艺中变得可行。扩展的 Nernst-Planck 模型也可预测工业装置设计中超滤渗透液脱盐过程的盐去除率[11]。

表 12-3 用于乳清超滤渗透液脱盐的 Desal 5-DK 和 NF-45 的性能[20]

组成	Desal 5-DK：从乳清超滤渗透液中去除率/%	NF-45：从乳清超滤渗透液中去除率/%
钠	27	34
钾	31	30
氯	53	58
钙	1.4	1.3
镁	1.5	0.6
乳糖	0.1	0.4
蛋白质	0.4	0.9

12.2.4 离子交换树脂再生处理

在一些商业设施中，离子交换仍然用于乳清的脱盐。在阴离子交换柱的再生中，产生了含有大量磷酸盐和有机物质的洗脱液。在大多数情况下，由于氮含量和化学耗氧量(COD)水平高，洗脱液的处理成本较高。在许多国家，由于政府严格限制，每年允许的磷排放量越来越低。日益增长的排放费用和环境限制促使乳制品工业寻找环境友好的解决方案来处理这些废液，而纳滤可实现这个目的。再生液经纳滤过滤浓缩后被送到其他可利用富含磷酸盐的物料流工厂。在某些情况下，纳滤浓缩液必须通过进一步蒸发浓缩来满足所需的产品运输要求。因为渗透液被排放，浓缩液被出售或者零费用处置，在某些情况下(取决于当地条件)废水排放费用大量地减小，平衡了纳滤装置的投资和运行成本，而且采用纳滤过滤洗脱液也对环境有积极的影响。基于此目的，一些商业装置在乳制品工业中被投入使用。因为卷式膜组件对污染更敏感，管式纳滤膜被用于处理脏的再生液。当纳滤浓缩液通过蒸发进一步浓缩时，会采用超滤预处理可以避免蛋白质沉淀对蒸发器的污染。尽管再生液是分批生产的，但通常使用连续的错流纳滤，其可在35℃和30 bar的典型温度和压力下进行操作。在某些应用中，出于再利用的需要，浓缩液不应该包含不溶的组分(例如 Na_3PO_4)。这就限制了纳滤过程的浓缩因子只能接近4，甚至更低，具体由工艺中的pH决定。

在商业装置里用于此目的的管式膜之一是WFNX0505(生产商为X-flow公司，前身是Stork Friesland公司)。在早期描述的工艺条件和pH=6.8的范围下，WFNX0505的通量在45 L/(m^2·h)和15 L/(m^2·h)之间，具体取决于浓缩因子

(见图12-5)。

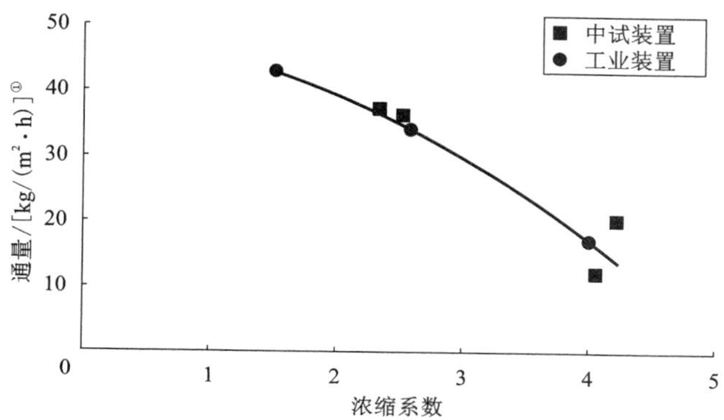

图12-5 在35℃和30 bar下处理离子交换柱再生溶液时，浓缩因子对WFNX0505膜通量的影响

能够实现的磷酸盐的截留率取决于纳滤过程中的浓缩因子和pH(见图12-6)。当送入纳滤装置中的再生液的pH从6.8增加到8.0时，以HPO_4^{2-}形式存在的磷酸盐比例增加，但代价是$H_2PO_4^-$浓度减少。由于Donnan排斥效应(二价阴离子HPO_4^{2-}和带负电荷的WFNX0505膜之间有较大排斥)，HPO_4^{2-}截留率比$H_2PO_4^-$更大，这解释了所观察到的pH对磷酸盐截留率的影响。在较高的浓缩因子下磷酸盐的低截留率，以及因此截留液中较高的磷酸盐浓度较高是由较低的Donnan排斥效应引起的。Donnan效应在第2章和第5章中有讨论。

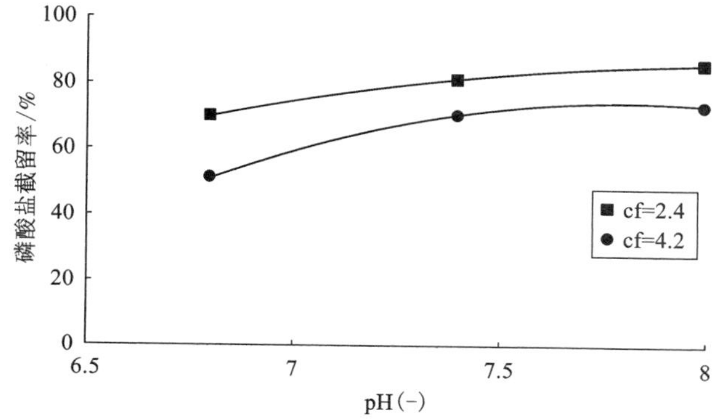

图12-6 在$T=35$℃和$P=30$ bar处理离子交换柱再生溶液时，浓缩因子和pH对WFNX0505膜的磷酸盐截留率的影响

① 文中的单位是L/(m²·h)。

尽管在高 pH 下进行处理可以提高纳滤对磷酸盐的截留率，但较高的 pH 会使 Na_3PO_4 在浓缩程度还较低时就开始沉淀。在 pH 6.8 下进行过滤能完全避免沉淀；在 pH 8 时进行操作则会导致沉淀发生，但是在纳滤处理后将截留液的 pH 减到 6.8，可显著减缓沉淀的产生。研发实验显示，没有预先进行超滤就直接使用卷式膜来处理也适用上面的 pH 调节。这会进一步提升该过程的经济性。

12.2.5 在线清洗溶液的过滤和再利用

在食品工业中，为了达到所需的食品安全标准，工艺装置的清洗是日常加工中必不可少的一部分。设备需经过清洗，去除装置中可能导致产品被污染的致病性微生物。在清洗过程中，除了用水清洗，还分别使用碱清洗和酸清洗以去除有机物和矿物沉积物。NaOH 溶液和硝酸(主要成分 HNO_3)经常被用于这些原位清洗(CIP)过程中。在某些情况下，还会使用特定的酸和碱溶液或酶清洗液。在大多数情况下，一部分废液或者整批废液被排放，将造成严重的环境问题[22]，并导致工业成本增加，因为废水排放成本和生产新批次碱和酸的取水成本增加了[23]。因此，至少从生态学的角度来看，过滤和再利用废弃清洗液似乎是有吸引力的。然而，极端过滤条件下的 pH 和温度(超过 60℃)对膜的化学性和热稳定性提出了很高的要求。陶瓷超滤膜或微滤(MF)膜则可以很容易地满足所要求的条件，可用于从啤酒和饮料工业的洗瓶机中回收碱溶液；在这些工业中去除难溶物和胶体物质是必须的。然而，当使用微滤或超滤来过滤和回收含有可溶性有机物的碱清洗液(例如在乳制品工业中所产生的)时，用 COD 的截留率代表有机组分的去除率通常是不够的[22, 23]。只要能满足所要求的极端条件，纳滤膜就适用于酸(硝酸)和碱(NaOH)清洗液的过滤和回收。随着使用管式 Koch MPT-34 膜的 AlkaSave™ 概念的引入，能够应对这些条件的聚合物纳滤膜和组件得到商业化[24-26]。

在乳制品工业中，蒸发器在清洗前极易被污染。来自蒸发器的废碱性清洗液包含大量溶解的有机物质和含氮成分。来自某牛奶蒸发器的废碱液的过滤和再利用工艺方案如图 12-7 所示[23]。

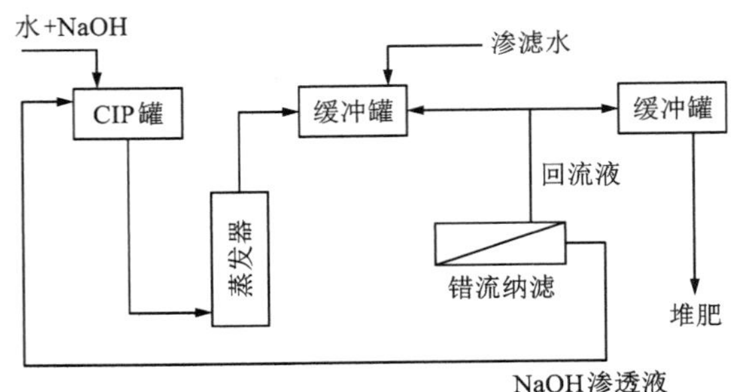

图 12-7 碱性清洗液的纳滤系统示意图[23]

利用聚合物膜对 COD 为 100~10000 mg(O_2)/L 的碱液过滤和再利用的初步研究表明，当体积浓缩因子在 20 左右时，渗透通量不受废碱液 COD 的影响。渗透液通量大约为 50～70 L/(m² · h)。只有在碱浓度超过 4%时，才观察到通量的减少(见图 12-8)，这是浓缩液渗透压增加的结果。

每一轮清洗后渗透液的 COD 含量增加，原因可能是膜的切割分子量(MWCO)会受极端运行条件的影响。然而，即使经过 25 次过滤和重复使用后，碱渗透液的清洗效率仍可与初始的碱液相媲美[23]。

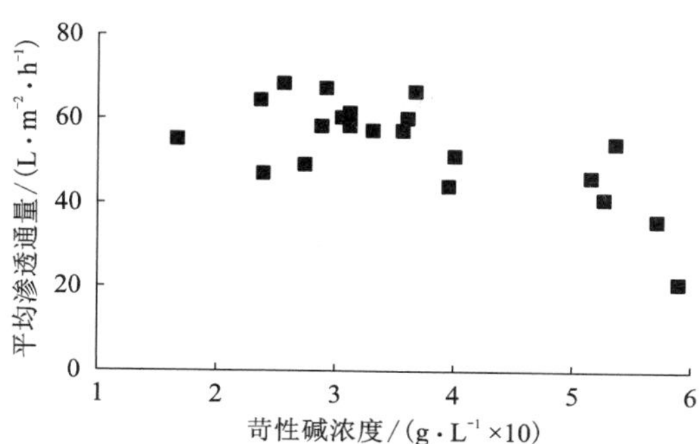

图 12-8 对碱性清洗液进行纳滤时的平均渗透通量与碱浓度的关系[23]

纳滤的投资回报周期很大程度上取决于能否通过出售纳滤浓缩液(例如用于堆肥)来避免废碱液排放增加的成本；如果可以，则回报周期在 1 年至 4 年之间，具体取决于废碱液中 COD 和氮含量以及废碱液的排放量，其中废碱液排放量通常决定了排放成本和当地环境情况。这些回报周期与制造商报道的一致[26-28]。在能耗、碱和水方面的节约也有助于成本的减少，但是程度不大。如果乳制品工业没有机会销售浓缩的有机成分，则最重要的成本节约(即减少排放成本)将无法兑现，而且碱液回收系统的回报周期超过 14 年，其变得毫无吸引力[27]。

基于中试工厂的结果，荷兰 Lochem 的 FCDF① 工厂几年前将纳滤装置用于过滤来自蒸发器的第一批碱溶液。他们对该工艺完全满意。浓缩液作为堆肥销售避免了污水排放成本[23]。除了这个工业装置，至少还有 8 个纳滤装置正在用于食品工业升级和 CIP 溶液再利用[29]。

虽然酸洗溶液的用量要远低于碱洗溶液的用量，但废硝酸的过滤和再利用似乎也很有应用前景。关于此应用的信息可以在 Novalic 等人[30]出版的著作中找到。

含有表面活性剂的复杂清洗液的过滤和再利用更麻烦，并且会导致膜表面的严重污染和膜通量减少[22]。

12.3 糖工业中的应用

12.3.1 概论

在糖工业里，浓缩和提纯是糖生产中起着非常重要作用的工艺过程。所用的技术包括蒸发、结晶和离子交换色谱法。与浓缩和提纯工艺相比，纳滤具有相当

---

① FCDF 可能是 Friesland Coberco Dairy Foods 的缩写。

大的经济优势，因此该领域进行了大量的研发，以实施纳滤。这使纳滤成功应用于淀粉葡萄糖糖浆的浓缩和阴离子交换树脂洗脱液中有色盐水的脱盐；但利用纳滤技术对甜菜稀汁进行浓缩则迄今为止还没有取得成功。这三个工艺将在本节中详细讨论，该领域的其它新发展将在第 12.5 节中说明。

12.3.2 葡萄糖浆的浓缩

将淀粉进行凝胶化和糊精化，再通过糊精糖浆的酶解转化(糖化)可制得葡萄糖。用葡萄糖淀粉酶在 60℃和 pH 4.2~4.5 糖化后，可得到总固体含量约 30%的葡萄糖糖浆。在这种糖浆中，葡萄糖占总糖含量的 95%~96%，另外 4%~5%是二糖和三糖。所产生的葡萄糖糖浆可被进一步提纯以获得高纯度(<99%)的葡聚糖。传统的提纯工艺是耗时和昂贵的结晶，而纳滤可以作为结晶法的低成本替代工艺来生产廉价的高纯度葡萄糖[34]。该工艺由 Archer Daniels Midland(ADM)公司申请了专利，有实验和工业规模验证。这些试验使用卷式纳滤膜[如 NF-70 (Filmtec/Dow Chemical)、NF-40(Filmtec/Dow Chemical)、Desal 5-DL(Osmonics/Desalination)和 FE-700-002(Filtration Engineering)]进行错流操作。在纳滤过程中，二糖和三糖被纳滤膜截留，而目标提纯物葡萄糖进入渗透液。葡萄糖在低浓度时被纳滤膜截留，但当浓度高达 28%时通过膜与低聚糖形成对比。葡萄糖在高浓度时的渗透可能因浓差极化的发生而增强。所报道的工业试验在 68℃和 28 bar 的条件下进行。表 12-4 列出了使用 FE-700-002 进行工业试验时，进料液、产品和流出液的总固体含量及葡萄糖纯度的日平均结果。渗透液的葡萄糖纯度在整个过程中超过 99.3%，但是，流出液中也含有大量的葡萄糖。

表 12-4 使用 FE-700-002 的工业试验期间，纳滤进料液、产品和流出液的总固体含量及葡萄糖纯度的日平均值[34]

流体	总固体含量/%	葡萄糖纯度/%
纳滤进料液	27.2	96.8
产品(渗透液)	19.8	99.7
流出液(浓缩液)	28.7	96.0

按照 Duflot[35]的介绍，上述工艺所得到的产率太低(20%~25%)，从工业和经济角度看，无法证明工艺的合理性。由 Duflot(Roquette Freres①)授权专利的工艺宣称克服了现有工艺的局限性和缺点。该专利工艺包括以下步骤：(1)用 α-淀

① 一家法国公司。

粉酶液化淀粉乳；(2)用葡萄糖生成酶，使淀粉乳糖化；(3)用纳滤分离糖化的水解产物，以获得高葡萄糖含量的纳滤渗透液。

用 NF-40 和 Desal 5-DK 膜在 40~50℃和 20~30 bar 的条件下分别进行纳滤。在纳滤过程中，截留液发生二次糖化，因为酶在整个过程中都保持活性。富含葡萄糖的纳滤渗透液能用作生产山梨醇的原料；截留液进一步进行分子筛分。据报道，在纳滤之前用炭黑和树脂对糖化和微过滤水解产物进行脱盐，就所获得的纳滤渗透液的纯度而言是不利的(见表 12-5)。

表 12-5　前端脱盐工艺对纳滤渗透液中葡萄糖纯度的影响[35]

前端脱盐工艺	流体	葡萄糖纯度/%	酶活性/(U·L^{-1})
是	纳滤渗透液	98.5	0
是	纳滤浓缩液	80	0
否	纳滤渗透液	99.7	0
否	纳滤浓缩液	80	7

Hendriksen 等人[36]也有一项生产高纯度葡萄糖(和其他产品)的替代工艺被授权。该工艺包含微滤、超滤，可能还有纳滤在内的组合。在较高的温度(63~80℃)下进行纳滤处理，以提高纳滤处理的效率。此外，在纳滤过程中酶的活性得以保持，是因为截留液被循环到糖化过程中。

12.3.3　稀汁液的浓缩

纳滤在制糖工业里最重要的应用之一可能是浓缩稀汁。1998 年仅在 Dinteloord 的 Suiker Unie 地区，稀汁的加工就达到了 700 m^3/h[16]。在传统的甜菜制糖过程中，首先是碳化①，然后是蒸发稀汁，最后是结晶以形成白糖。Koekoek 等人[16, 39]研究了纳滤作为稀汁浓缩蒸发的预处理的可行性。实施纳滤的预期好处如下：消除蒸发器容量对糖产量限制的瓶颈；蒸汽需求减少；在结晶步骤中减少非糖成分，使糖产量增加。

由于稀汁液的总固体含量通常在 15%~18%，渗透压高(约 20 bar)，而生产出的渗透液的渗透压相对较低，在纳滤过程中需要高压操作(30~40 bar)。温度在 95℃左右是为了避免糖生产过程中反复冷却和加热，并减少微生物的生长。但是，作者从工艺经济学的角度(较少的糖损失、足够少的微生物生长和足够的膜热稳定性)，在 Groningen 的 Suiker Unie 进行的工业操作中试使用了 60~70℃的温

① 碳酸漂白。

度。将稀汁从总固体含量 16%浓缩至总固体含量 21%的过程分为两个阶段(见图 12-9)。第一阶段生产浓缩稀汁液，渗透液从总固体含量 2%浓缩到总固体含量 10%~15%；第二阶段对渗透液进行进一步处理，以回收渗透液中的糖。两个阶段的浓缩液在结晶前被混合。两段制糖装置相比一段制糖装置的优点是减少了糖的损失，从而提高了糖产量，降低了排放成本。然而，这是以第二阶段装置和膜的额外资金投入以及工艺复杂性的增强为代价。双段工艺方案相对单段操作的经济吸引力很大程度上取决于其第一阶段所用膜的糖截留率。第一阶段使用的管式 Stork WFNX 膜和第二阶段使用卷式 Desal-DL 膜进行的商业试验表明，由于不可逆的污染，第一阶段的通量明显下降了，但造成这种污染的物质无法确定，可能是先前工艺步骤中使用的消泡剂和洗涤剂。随着这种不可逆污染的发生，纳滤的商业应用被推迟了。

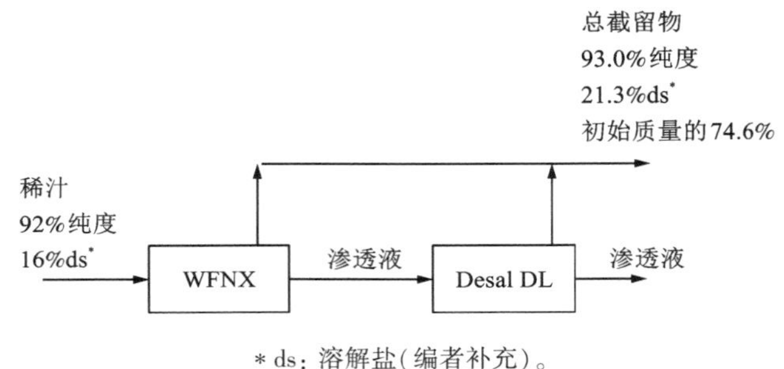

* ds：溶解盐(编者补充)。

图 12-9 针对甜菜稀汁的浓缩和脱盐所建议的纳滤流程[39]

12.3.4 来自阴离子交换树脂洗脱液的有色卤水的脱盐

蔗糖精炼过程必须进行脱色[3]，这个过程能够通过离子交换色谱进行。阴离子交换柱的再会生产有色卤水(NaCl 溶液)，其中含有 90%以上流经色谱柱但未被消耗的盐。所用到的再生液有较高的 COD，需要进行处理[31]。通过纳滤从含盐组分中分离盐，使膜过滤后的卤水能被再利用[31]。通过使用管式 NF Koch 膜 MPT-30 和 MPT-31，该工艺的可行性在 Hulett 糖精炼厂得以证实[32]。在该研究中，含 COD 约为 13000 mg/L、NaCl 50 g/L 的再生废水被进行过滤。使用 NF-45 和 Desal 5 这样的卷式膜也是可行的[31, 33]。通常采用分批式浓缩，但为了提高盐的回收率，可能用到渗滤。通过纳滤的使用，盐和水的消耗量可以减少 50%~80%，而且，排放液的体积能够缩小 3~10 倍。在 1999 年，至少有 3 个处理这些再生液的工业纳滤装置投入运行[3, 33]。根据供应商信息，在 2001 年安装了超过 25 台纳滤装置，其中一台在 Saint Louis de Marseille 工厂运行。

12.4　食用油工业中的应用

12.4.1　概况

1991—1992 年，食用油工厂以油籽、水果浆和动物为原料生产了大约 7300 万 t 脂肪和油[40]，2001 年已经增加到 1.12 亿 t。其中，植物油产量占主要份额，超过 8500 万 t。目前油籽的精炼（见图 12-10）是基于以下加工步骤[42, 43]。

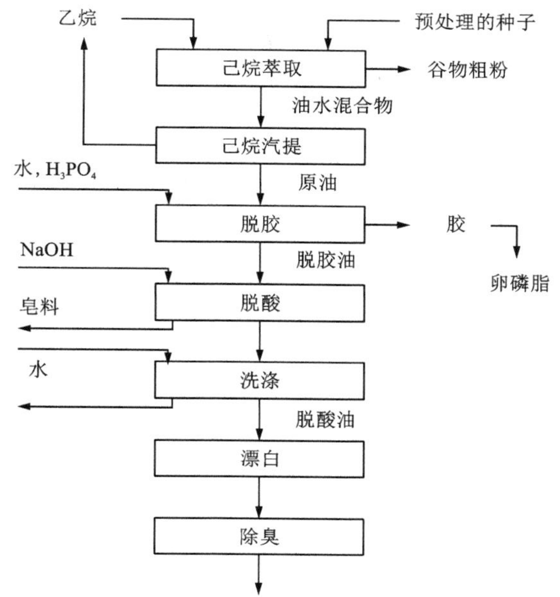

图 12-10　现有的蔬菜油精炼过程

（摘自文献[43]）

（1）油籽制备，这个过程也包括油籽的压榨[44]。

（2）将预处理过的油籽送到油提炼阶段，并将正己烷作为溶剂。

（3）提取物被称为油水混合物，包含 70% ~ 75% 正己烷，其大部分可以通过蒸发去除。

（4）一些额外的加工步骤被用于完全去除正己烷。仅在美国，估计每年就有 200 万 t 的正己烷通过这种方式被回收[42]。

（5）剩余的原油进入脱胶步骤，磷脂被去除。卵磷脂是磷脂分离产生的副产物。

（6）为了去除游离脂肪酸（FFA）和剩余的微量磷脂，加入 NaOH 水溶液并采用离心（脱酸）。

（7）油脱色要经过漂白步骤，最后一个步骤是高真空汽提脱臭。

膜在植物油精炼中应用的可行性评估表明，使用该技术可以节省大量的能耗。在美国，估计棉花籽、谷物、花生和大豆油的加工每年都能节能 68.6 PJ①。其最大的节能潜力（15.9~22.3 PJ）在于用膜技术取代目前的脱胶、精炼和漂白，额外的优点是减少约 60%的油损和减少对漂白土的需求。对于正己烷的回收，预

① 1 PJ = 10^{15} Joule。

计蒸发和膜技术相结合能节省 2.1 PJ[42]。除了超滤和微滤在这个领域的应用，纳滤的应用也有很多的机会。纳滤的三大潜在应用报道如下：溶剂脱胶；直接的油脱胶；脱酸。

此外，美国清洁空气法案（Clean Air Act）规定，在不久的将来，己烷必须被乙醇或异丙醇（IPA）所取代。关于这个主题，除了下一节提供的信息，本书第 21 章还介绍了非水溶液的应用。

12.4.2 溶剂化脱胶

纳滤用于溶剂化脱胶是在溶剂脱除过程之前进行的。Köseoglu 和他的同事们在用纳滤进行溶剂化脱胶方面做了很多的努力[48, 49]。有学者用正己烷和替代性溶剂乙醇、异丙醇形成的油水混合物研究了棉花籽油的膜过滤[48]，探讨了聚砜（Psf）、含氟聚合物、聚乙烯醇（PVA）、醋酸纤维素（CA）和复合纳滤膜的稳定性、通量和渗油性能。这些膜对乙醇和异丙醇的稳定性是可以接受的，但只有聚酰胺（PA）材料对正己烷表现出合理的稳定性。中试规模的测试结果显示，膜组件对于正己烷、异丙醇和乙醇的渗透系数分别为 0.02～13、0.06～1.66 和 0.01～1.30 [L/(m^2·h·bar)]，当纳滤膜的 MWCO 为 1000 时，该数值较大。对应的油截留率范围分别为<5%～99%、13%～100%和 94%～100%，当 MWCO 为 1000 时，油截留率较低。为了达到脱胶的目的，油截留率应该很低，使用 MWCO 1000 的纳滤膜正好合适。如果只是为了选择性地去除溶剂，更致密的膜是首选。为测定棉籽油和米糠油以正己烷为溶剂时的脱胶过程的质量，他们考察了磷脂截留率、FFA 的截留率和脱色率[49]。此过程利用磷脂形成的胶束（胶束的等效 MWCO 为 20000）来实现分离，单个磷脂分子可以穿过 MWCO 为 1000 的纳滤膜。除盐用的 DS-7 膜（MWCO = 1000）显示出的磷脂截留率>99%。在渗透液和浓缩液里，FFA 的浓度是相同的，并且红色液体显著减少，而黄色液体仅略有减少。当体积浓缩系数为 5 时，65%的油脂以及低于初始含量的 5%的磷脂进入渗透液。相比目前应用的最大去除率为 85%的脱胶工艺，该工艺是比较有利的。另外，纳滤可以代替部分漂白过程。用一些 MWCO 接近的芳香 PA 纳滤膜从棉籽油中分离乙醇时，几乎没有任何甘油三酯渗透，回收的乙醇中甘油三酯的浓度<1%。这个现象与针对正己烷的工艺完全相反。关于分离机制的研究仍在进行中[52]。

（膜）在正己烷中的稳定性对于膜制造商一直是一个难题，除了前面提到的脱盐膜制造商，其他公司（如 Osmocics、Koch 和 Solsep[52-54]）正在开发耐正己烷的 PA 膜。

12.4.3 直接脱胶

植物油直接脱胶是解决膜在溶剂中稳定性问题的一种方法。使用从压榨种子中获得的油，Subramanian 和同事们详细研究了这种方法[40, 44, 47, 50]。这个工艺与溶剂化脱胶法相比的一个主要的区别，也是一个主要瓶颈是膜对甘油三酯(在这种情况下是溶剂相)的低渗透性要比溶剂化脱胶法平均低一个数量级。过程没有溶剂以及相关的能源、安全和环境问题可能使该工艺具有竞争力，但不幸的是，目前还没有详细的成本分析。对于使用 PA 和 Psf 支撑的硅胶膜时，磷脂截留率从 52%到 100%不等，同时保持了甘油三酯的渗透性。此外，高达 80%的色度和高达 91%的氧化产物也能去除。奇怪的是，研究过程中发现游离 FFA 和维生素 E 截留率是负值。氧化产物的去除和维生素 E 的优先渗透对于产品的长期稳定是有益的。

类似的方法也可用于处理煎炸油[55]。煎炸油在使用中会经过不同的阶段。为了获得最佳的油炸效果，新鲜的油需要通过多次使用来改性。但长期使用后，油类会因甘油三酯的聚合、氧化和水解作用而发生降解。降解的存在提高了游离 FFA 的形成率，会导致油的颜色变深和味道变差。通过使用纳滤，总极性物质(用于衡量降解程度)减少了 40%，氧化产物的截留率为 24%~44%，而色度的脱除为 83%。此外，产品黏度降低，黏性更小，从而减少了烘烤产品时的油损失。回收油的品质低于新鲜油(破胶油)的品质，但接近最佳油的品质[55]。

12.4.4 脱酸

去除植物油中的游离 FFA 是一个非常重要的问题。在上述脱胶过程中，正己烷法和直接脱胶法对甘油三酯中游离 FFA 的脱除均无选择性。可是，在 Kuk 等人[51]描述的使用乙醇作为溶剂的工艺中，游离 FFA 从棉花籽油里被去除。在另一项研究中，PA 膜用于从花生油中提取游离 FFA，支持了上述的发现[56]。在去除游离 FFA 时，除乙醇外，还可使用其他溶剂[57, 58]。比如，用丙酮提取游离 FFA[57]；由聚(酰胺-b-醚)共聚物(PEBAX)和纤维素作为顶层的两种非商业膜用于去除向日葵、菜籽和棕榈油中的游离 FFA[57]。这两种膜的渗透性与表 12-6 中提到的类似，其中 PEBAX 膜的截留率为 81%~90%，纤维素膜的截留率为 92%~>98%。膜在丙酮中的长期稳定性还没有得到广泛的研究，但是商业上已经有了耐丙酮的聚合物膜[54]。

表 12-6 耐甲醇的膜及其用于游离 FFA 浓缩时的特性总结(摘自文献[57])

制造商	膜类型	甲醇渗透能力/[L·(m^2·h·bar)$^{-1}$]	油酸截留率/%
Osmonics	MS10	1.34	55~62
Fluid systems	PZ	2.38	65~70
Filmtec	FT-30	1.82	50~74

续表12-6

制造商	膜类型	甲醇渗透能力/[L·(m²·h·bar)⁻¹]	油酸截留率/%
Nitto Denko	NTR-729	1.07	76~84
Nitto Denko	NTR-759	2.76	86~94
Deaslination	Desal-5	2.76	78~94

另一个工艺是用甲醇对大豆油进行萃取，其中对游离 FFA/甲醇混合物进行倾析[58]。对含有游离 FFA 的甲醇溶液进行处理，以回收甲醇并浓缩游离 FFA。通过稳定性测试发现，有六种商用膜是适用的，如表 12-6 所示。在这项研究中，高截留率和低截留率膜的组合是获得富含游离 FFA 流出液(350 g/L 游离 FFA)和纯甲醇的最佳方法[58]。最近，还出现了一些其他耐甲醇的聚合物膜[52-54]。

12.5 新的发展和潜在的应用

12.5.1 概述

看到纳滤在乳制品和糖类加工中的成功应用，人们在进一步将纳滤的优势用于食品加工或与食品生产相关的环境处理方面做出了相当大的努力。除了前面描述的食用油工业的发展，表 12-7 列出了关于纳滤在其他行业潜在应用的研究和开发实例。本节将简要介绍其中几个例子。

表 12-7 食品工业纳滤的发展和潜在应用

应用	参考文献
从蛋白质水解物中分离氨基酸	[1, 59, 60]
通过电膜过滤法从酪蛋白水解物中分离氨基酸	[61]
肽馏分的脱盐	[62]
纳滤在干酪连续生产中的应用	[63]
低聚糖的回收	[64, 65]
替代型甜味剂的生产	[38]
羧甲基菊粉的脱盐	[66]
面团漂洗水的淀粉回收	[67]
葡萄酒加工中的葡萄汁浓缩	[68]

续表12-7

应用	参考文献
苹果汁的纳滤	[69]
以干梅子卤水为原料生产干梅子调味饮料	[70]
从发酵液中分离乳酸	[71-73]
浓缩大豆水用于生产乳酸饮料和水的再利用	[74]
风味组分的分离和浓缩	
鱼类废水的脱盐与增值	
工艺用水的过滤和回收	[75-77]

12.5.2 连续奶酪生产工艺中的纳滤

乳制品工业的一个主要重点领域是开发硬奶酪的连续生产工艺。2001 年，有人提出了一种连续生产硬奶酪、半硬奶酪和软奶酪的新工艺(见图 12-11)。

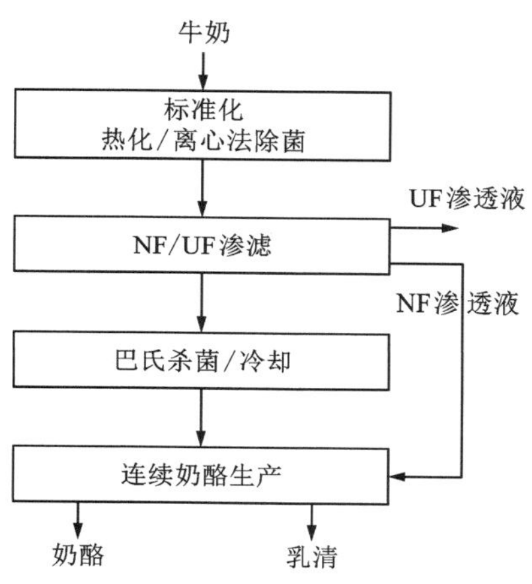

图 12-11 使用纳滤和超滤进行牛奶预浓缩的连续奶酪生产[63]

纳滤与超滤结合使用，在老化前，纳滤将干酪乳预浓缩至总固体含量23%，超滤则对应将其浓缩至总固体含量 29%。浓缩乳的酪蛋白含量是牛奶的2.5~3 倍。此外，所产生的纳滤渗透液被用于凝固步骤中，而超滤渗透液与所产生的乳清液结合后被进一步处理。所生产奶酪的感官特性与当前批量生产的奶酪的质量相似。在干酪中加入乳清蛋白，不仅可以提高操作效率，而且可以获得更高的产量。

12.5.3 氨基酸和低聚糖生产工艺中的纳滤

食品和牛奶工业近年来的发展趋势之一是用牛奶或其他天然资源生产保健品。先通过水解或者发酵产生如氨基酸、生物活性肽和低聚糖等组分，随后利用下游工艺分离这些来自发酵浆或者水解物的有价组分。纳滤能用在下游工艺过程中。

利用纳滤从水解物中分离氨基酸的研究已经有了一些报道[1, 59, 64, 78, 79]。氨基酸具有两性性质，因此，这些成分的净电荷可以通过改变水解物的 pH 来控制。

当使用相对开放的荷电纳滤膜(MWCO为1000)时，可以分离大小相似但净电荷不同的氨基酸。荷电膜和荷电组分之间的电荷相互作用(Donnan排斥效应)可将荷电分子与中性或相反电荷分子分开。例如，使用NTR-7450(Nitto-Denko)从模拟溶液中分离带正电荷的赖氨酸、中性亮氨酸，以及酪蛋白水解物[1,59]。在pH=5.5时，亮氨酸优先传输到渗透液，而赖氨酸大部分被截留了。分离选择性因子，定义为$(1-R_{亮氨酸})/(1-R_{赖氨酸})$①的比值，一般在2左右。离子强度的变化可以用来改变分离选择性。添加0.01 mol/L NaCl对分离效果的影响不大。然而，0.01 mol/L NaH_2PO_4的添加将导致模型溶液选择性因子增加到7左右。较高的赖氨酸截留率归因于$H_2PO_4^-$的相对截留率较大。相比之下，添加0.01 mol/L $CaCl_2$时，选择性因子约为0.5[1]。由于Ca^{2+}相对高的截留率与额外的易渗透反离子(Cl^-)的存在[1]，赖氨酸的传输速率增强。对于从复合水解产物中分离这些氨基酸，尽管NaH_2PO_4的效果不那么明显，但也有类似的现象[1]。

采用电膜过滤(也称膜电泳)可以进一步提高水解物中带电荷氨基酸同其他大小相似的中性氨基酸分离的效果。该技术利用了传统的纳滤、超滤或微滤膜，膜组件里带有电源。在传统压力驱动膜过滤的分离机制(尺寸排斥、Donnan排斥、介电排斥和膜的疏水/亲水性)之外，增加了额外的驱动力，即电场强度。这种额外的驱动力特别增强了带电组分通过膜的传递。用NTR-7450膜对酪蛋白水解物的电膜过滤批处理甚至获得了赖氨酸纯度为95%的渗透液；此处的纯度定义为赖氨酸浓度/赖氨酸与亮氨酸浓度总和的比值。

母乳是生物活性低聚糖最丰富的来源之一。这些生物活性成分可以通过以下工艺步骤从母乳中分离出来[64]：(1)分别通过离心和过滤去除脂肪和油脂；(2)脱脂乳的酶水解将乳糖转化为葡萄糖和半乳糖；(3)水解产物超滤去除酶；(4)通过纳滤浓缩和分离生物活性低聚糖。

产品中低聚糖含量超过了97%，需要进行四次纳滤循环。用醋酸纤维素(CA)膜获得的产品的纯度高于使用其他类型膜所生产产品的纯度。另外，也可以从山羊奶中获得纯产品，但需要更多次的纳滤循环。

12.5.4 羧甲基菊粉的脱盐

纳滤未来在制糖工业的应用可能包括羧甲基菊粉(CMI)的脱盐。多糖菊粉在食品工业中有许多种用途。菊粉的衍生物CMI是Sensus(公司)为非食品部门开发的，作为石化来源的聚丙烯酸酯的环保型替代品。将菊粉进行羧甲基化，得到含30% CMI和10% NaCl的溶液。然而，商用CMI产品最多只能含有1%的NaCl，因此需要脱盐。CMI含有3%(质量分数)的相对分子量低于300的成分，

---

① R—截留率。

为了避免活性 CMI 产品的损失，采用纳滤进行脱盐。Filmtech、Desal 和 Nitto-Denko 膜具有足够的 CMI 截留率(>99%)和除盐能力，使纳滤成为一种在经济上对 CMI 脱盐有吸引力的工艺。纳滤的低渗透通量阻碍了溶液浓度达到 40%CMI。根据工艺成本评价，对该浓缩步骤而言蒸发似乎更有吸引力。

12.5.5　替代性甜味剂的生产

传统上，糖被用作甜味剂；而如今，人们对替代性甜味剂的需求不断增加，尤其是对于甜菊叶类等天然来源的甜味剂。这些植物生长在亚洲东部地区和南美洲[38]。甜菊糖苷，一种源自甜菊叶的糖苷，据说 1985 年在日本的低热量甜味剂中占有 20%的市场份额。这些甜味剂在日本和亚洲东部地区的渗透水平为 4%～8%时，对应的市场潜力估计为 12 亿美元[38]。这些糖苷的生产涉及许多加工步骤，如使用有机溶剂萃取，有时甚至用色谱法。采用水萃取和多级膜过滤(包括微滤、超滤和纳滤)的替代工艺也有可能成功制备出糖苷甜味剂。有研究在 80℃和 5.1 bar 的条件下使用 Osmonics/Desalination Duratherm™ 膜以渗滤模式进行纳滤操作，随后用纳滤浓缩甜味剂。除了使用膜过滤简化生产工艺，纳滤的另一个优点是能从甜味剂产品中去除苦味成分。

12.5.6　工艺水的过滤和循环

在许多国家，饮用水和地下水的价格正在上涨。此外，由于地下水位下降，政府严格限制从地下取水，以及由于地下水的污染，导致洁净的地下水的供应面临压力，甚至工艺水的排放也变得越来越昂贵。因此，出于经济和环境原因，更有效地利用水资源变得越来越重要。膜过滤在促进工艺用水的升级和再利用方面起着重要的作用，推动更有效地利用可用水资源。在软饮料(不含酒精的饮料)行业，纳滤已于 1994 年成功被用于过滤和回收洗瓶和洗罐废水，以及来自杀菌过程的冷却水[80]。其他水循环应用也正在开发中[75-77]。许多国家规定，当工艺用水与食品直接接触时，工艺用水(原水)必须达到饮用水质量标准。这意味着纳滤通常可用于改善低污染工艺水，以实现循环利用。高 COD 的废水，如纳滤乳清渗透液，通常需要进行反渗透处理[75, 77, 81]以满足饮用水的要求。纳滤成功地用于一些可用的低污染工艺水，例如乳制品工业的蒸汽冷凝水、肉类工业的冷却淋浴水[76]和废水处理厂的废水，以更经济的方式生产了再循环工艺水[7]。这些工艺预计在不久的将来能够得到应用。大多数研究中使用了卷式膜，但毛细管纳滤膜的生产和应用逐渐成为新的发展趋势。根据初始结果，这些毛细管膜似乎比卷式膜组件有经济优势。

12.6 结论

纳滤已成功地应用于食品工业。2001 年，食品工业所用纳滤膜的总表面积约为 30 万 m^2。在生产过程中使用纳滤的最主要部门是乳制品工业和制糖业，主要应用于乳清和超滤乳清渗透液的浓缩和脱盐，以及葡萄糖糖浆的纯化。此外，纳滤还用于回收清洗液、过滤和浓缩离子交换柱再生液。纳滤的成功应用还激发了针对纳滤在食用油、乳品、制糖等工业潜在应用的大量研发。在这些研发成果的基础上，将纳滤应用于连续干酪生产以及用于替代甜味剂和菊糖衍生物的生产特别值得期待。在不久的将来，食品工业可能会将纳滤用于过滤和再利用废工艺水、渗透液和冷凝液。

参考文献

[1] J M K Timmer, H C Van Der Horst. Whey processing and separation technology: State-of-the-art and new developments. WHEY Proceedings of the second International Whey Conference. Chicago, USA, 27–29 October 1997, IDF special Issue 9804(1998). International Dairy Fedaration, Diamant Building 80, Boulevard Auguste Reyers, 1030 Brussels, Belgium, 40-65.

[2] T Huston. Whey processing and separation technology: Nanofiltration and ion-exchange for the demineralisation of whey. Proceedings of the second International Whey Conference, Chicago 27–29, October 1997, IDF Special Issue 9804, IDF Brussels, 88-92.

[3] G Daufin, J P Escudier, H Carrere, et al. Recent and emerging applications of membrane processes in the food and dairy industry. Trans IChemE 79 C(2001)89-102.

[4] C Bootsveld. Verwerking kaaswel bij domo food ingredients: Door nanofiltratie betere weiderivaten. FOOD Management 6 maart, 1998: 18-19.

[5] L D Barrantes, C V Morr. Partial deacidification and demineralisation of Cottage chese whey by nanofiltration. J. Food Sci. 62 2(1997)338-341.

[6] P M Kelly, B S Horton, H Burling. Partial demineralisation of whey by nanofiltration. Int. Dairy Fed. Annual Sessions Tokyo, Group B47, B-Doc, 1997(213): 87.

[7] B S Horton. Anaerobic fermrntation and ultra-osmosis. Trends in whey utilisation, Bulletin IDF, 1987 (212): 83.

[8] C Güngerich, G Huston. Demineralization of whey and whey products. Bulletin IDF 311(1996), International Dairy Federation, Diamant Building 80, Boulevard Auguste Reyers, 1030 Brussels, Belgium, 11-13.

[9] J Kelly, P M Kelly. Demineralization and delactosation of dairy industry. J. Soc, Dairy Tech, 1996(49): 8-9.

[10] J Bird. The application of membrane systems in the dairy industry. J. Soc. Dairy Tech, 1996(49): 16-23.

[11] H C Van Der Horst, J M K Timmer, T Robbertsen, et al. Use of nanofiltration for concentration and demineralization in the dairy industry: Model for mass transport. J. Membr. Sci, 1995(104): 205-218.

[12] P M Kelly, B S Horton, H Burling. Partial demineralization of whey by nanofiltration. IDF Special Issue,

1992(9201): 130-140.

[13] M Jevron. Separate and concentrate. Dairy-Industries-International, 1997(62): 19-21.

[14] A G Gregory. Desalination of sweet type whey salt drippings for whey solids recovery. Trends in whey utilisation, Bulletin IDF, 1987(212): 38.

[15] H Jönsson. Ion exchange for the demineralization of chese whey. Trends in whey utilisation, Bulletin IDF, 1987(212): 91.

[16] L Van Der Ent. Nanofiltration: Successon envalkuilen. VMT, 1998(18/19): 33-45.

[17] M H Nguyen. Australian developments in membrane processing of liquid foods. Food Australia, 1996(48): 232-233.

[18] F Rousset, P Reboux. Whey processing and separation technology: Nanofiltration and ion-exchange for the demineralisation of whey. Proceedings of the second International Whey Conference, Chicago 27-29, October 1997, IDF Special Issue 9804, IDF Brussels, 93-99.

[19] S Wilson. Turning profit into waste. Food Processing, 1998(67): 54-55.

[20] P Helakorpi, H Mikkonen, L Myllykoski, et al. Nanofiltration in the dairy industry, Case study: Effect of nanofiltration on lactose crystallisation. Proceedings World Filtration Congress 8, Brighton, 2000: 914-917.

[21] W R Bowen, A W Mohammad. Characterization and prediction of nanofiltration membrane performance-A general assessment. Trans IchemE 76 Part A, 1998: 885-893.

[22] G Trägårdh, D Johansson. Purification of alkaline cleaning solutions from the dairy industry using membrane separation technology. Desalination, 1998(119): 21-29.

[23] D Allersma, H C Van Der Horst, G Bargeman. Hergebruik van reinigingsmiddelen m. b. v. membraanfiltratie. VMT 2002(05): 32-33.

[24] J Yacobowicz, H Yacobowicz, R Shavit Alka. Save process for reclamation of caustic from dairy evaporator and CIP streams. Technical Information Membrane Products Kiryath Weissman Israel, 1994.

[25] H Kviat. Pasilac AlkaSave^{TM}-CIP recovery system, technical information process development APV Anhydro AS Membrane Filtration Denmark, 1995.

[26] N Ottosen. Recovery of caustic and acid cleaners from CIP solution by nanofiltration. Bulletin-of-the-International-Dairy-Federation, 1996(311): 47-48.

[27] M Dresch, G Daufin, B Chaufer. Integrated membrane regeneration process for dairy cleaning-in-place. Sep. Pur. Techn. 2001(22-23): 181-191.

[28] C Jung. The recovery of washing caustic from CIP waste water. European Dairy Magazine, 1996(5): 32-34.

[29] B S Horton. Water chemical and brine recycle or reuse-applying membrane processes. Aust, J. Dairy Technol, 1997(52): 68-70.

[30] S Novalic, A Dabrowski, K D Kulbe. Nanofiltration of caustic and acidic cleaning solutions with high COD. Part 2. Recyling of HNO_3. J. Food Eng, 1998(38): 133-140.

[31] S Cartier, M A Theoleyre, M Decloux. Treatment of sugar decolorizing resin regeneration waste using nanofiltration. Desalination, 1997(113): 7-17.

[32] S Wadley, C J Brouckaert, L A D Baddock, et al. Modelling of nanofiltration applied to the recovery of salt from waste brine at a sugar decolourisation plant. J. Membr. Sci. 1995(102): 163-175.

[33] M A Theoleyre, S Cartier, M Decloux. Coupling resin discoloration treatment with nanofiltration of regeneration effluents in sugar cane refinery(Couplage de la décoloration et de la nanofiltration des éluats de régénération en raffinerie de canne). Proceedings AVH Association 6th Sympossium Reims, 1999: 1-4.

[34] T Binder, D K Hadden, L J Sievers. Nanofiltration process for making dextrose. Patent US 5, 869, 297 (1999).

[35] P Duflot. Process for the manufacture of a starch hydrolysate with high dextrose content. Patent US 6, 126, 754(2000).

[36] H V Hendriksen, S Pedersen, A Svendsen, et al. Patent US6, 136, 571(2000).

[37] G S Brewer. Method and apparatus for fractionation of sugar containing solution. Patent US 5, 454, 952 (1995).

[38] S Q Zhang, A Kumar, O Kutowy. Membrane based separation scheme for processing sweeteners from stevia leaves. Food Res. Int, 2000(33): 617-620.

[39] P J W Koekoek, J van Nispen, D P Vermeulen. Nanofiltration of thin juice for improvement of juice purification. Zuckerindustrie, 1998(123): 122-127.

[40] R Subramanian, K S M S Raghavarao, H Nabetani, et al. Differential permeation of oil constituents in nonporous denser polymeric membranes. J. Membr. Sci, 2001(187): 57-59.

[41] Statistisch jaarboek 2001- Productschap Margarine, Vetten en Olien, 2001.

[42] S S Köseoglu, D E Engelgau. Membrane applications and research in the edible oil industry: An assessment. JAOCS, 1990(67): 239-249.

[43] A Iwama. New process for purifying soybean oil by membrane separation and an economical evaluation of the process. Proceedings of the World Conference on Biotechnology for the Fats and Oils industry, Am. Oil Chen. Soc. Champaign. IL, 1989: 244-252.

[44] R Subramanian, M Nakajima, T Kimura, et al. Membrane processes for premium quality expeller-pressed vegetable oils. Food Res. Int., 1998(31): 587-593.

[45] N Ochoa, C Pagliero, J Marchese, et al. Ultrafiltration of vegetable oils. Degumming by polymeric membranes, Sep. Purif. Techn., 2001(22-23): 417-422.

[46] R Subramanian, M Nakajima, A Yasui, et al. Evaluation of surfactant-aided degumming of vegetable oils by membrane technology. JAOCS, 1999(76): 1247-1253.

[47] R Subramanian, M Nakajima, T Kawakatsu. Processing of vegetable oils using polymeric composite membranes. J. Food Eng., 1998(38): 41-56.

[48] S S Köseoglu, J T Lawhon, E W Lusas. Membrane processing of crude vegetable oils: Pilot plant scale removal of solvent from oil miscellas. JAOCS, 1990(67): 315-322.

[49] L Lin, K C Rhee, S S Köseoglu. Bench-scale degumming of crude vegetable oil: Process optimization. J. Membr. Sci., 1997(134): 101-108.

[50] R Subramanian, M Nakajima. Membrane degumming of crude soybean and rapeseed oils. JAOCS, 1997(74): 971-975.

[51] M S Kuk, R J Hron Sr, G Abraham. Reverse osmosis membrane characteristics for partitioning triglyceride-solvent mixtures. JAOCS, 1989(66): 1374-1380.

[52] D Bhanushali, S Kloos, C Kurth, et al. Performance of solventresistant membranes for non-aqueous systems: Solvent permeation results and modeling. J. Membr. Sci., 2001(189): 1-21.

[53] Koch. www.kochmembrane.com/products/selro/selro.htm. 2001.

[54] Solsep. www.solsep.com. 2001.

[55] R Subramanian, K E Nandini, P M Sheila, et al. Membrane processing of used frying oils. JAOCS, 2000 (77): 323-328.

[56] N S K Kumar, D N Bhowmick. Separation of fatty acids/triacylglycerol by membranes. JAOCS, 1996(73): 399-401.

[57] H J Zwijnenberg, A M Krosse, K Ebert, et al. Acetone-stable nanofiltration membranes in deacidifying vegetable oil. JAOCS, 1999(76): 83-87.

[58] L P Raman, M Cheryan, N Rajagopalan. Deacidfication of soybean oil by membrane technology. JAOCS, 1996(73): 219-224.

[59] J M K Timmer, M P J Speelmans, H C Van Der Horst. Separation of amino acids by nanofiltration and ultrafiltration membranes. Sep. Pur. Tech., 1998(14): 133-144.

[60] Y Pouliot, M C Wijers, S F Gauthier, et al. Fractionation of whey protein hydrolysates using charged UF/NF membranes. J. Membr. Sci., 1999(158): 105-144.

[61] G Bargeman, M Dohmen-Speelmans, I Recio, et al. Selective ioslation of cationic amino acids and peptiders by electro-membrane filtration. Lait, 2000(80): 175-185.

[62] M C Wijers, Y Pouliot, S F Gauthier, et al. Use of nanofiltration membranes for the desalting of peptide fractions from whey protein enzymatic hydrolysates. Lait, 1998(78): 621-632.

[63] M Laats, G Hup, N Zoon, et al. Kaasproces vergroot differentiatie, flexbiliteit en rendement. Innovatief door gebruik van nanofiltratie/ultrafiltratie en continustremming. Voedingsmiddelentechnologie, 2001 (12): 11-13.

[64] D B Sarney, C Hale, G Frankel, et al. A novel approach to the recovery of biologically active oligosaccharides from milk using a combination of enzymatic treatment and nanofiltration. Biotechn. and Bioeng, 2000(69): 461-467.

[65] Y Matsubara, K Iwasaki, M Nakajima, et al. Recovery of oligosaccharides from steamed soybean waste water in tofu processing by reverse osmosis. Biosci, Biotech. and Biochem, 1996(60): 421-428.

[66] J Houwing, R Jonker, G Bargeman, et al. Dohmen-Speelmans, H C van der Horst. Ontzouten en concertreren van carboxymethylinuline(CMI) met nanofiltratie. NPT procestechnologie, 2001(3): 23-24.

[67] K H Park, J D Mannapperuma, P A Kelly, et al. Starch recovery from pasta blanching water using membrane filtration. IFT Annual Meeting, 1995: 292.

[68] R Ferrarini, A Versari, S Galassi. A preliminary comparison between nanofiltration and reverse osmosis membranes for grape juice treatment. J. Food Eng. 2001(50): 113-116.

[69] P Schauwecker. Nanofiltration of apple juice. Food Processing, 1994(4): 259-262.

[70] Y K Guu. Desalination of spent brine from prune pickling using a nanofiltration membrane. J Agricul. And Food Chem. 1996(44): 2384-2387.

[71] J M K Timmer, H C Van Der Horst, T Robbertsen. Transport of lactic acid through reverse osmosis and nanofiltration membranes. J Membr. Sci., 1993(85): 205-216.

[72] R Jeantet, J L Maubois, P Boyaval. Semicontinuous production of lactic acid in a bioreactor coupled with nanofiltration membranes. Enzyme and Microbial Technology, 1996(19): 614-619.

[73] J M K Timmer, J Kromkamp, T Robbertsen. Lactic acid separation from fermentation broths by reverse osmosis and nanofiltration. J Membr. Sci., 1994(92): 185-197.

[74] Y K Guu, C H Chiu, J K Young. Processing of soybean soaking water with a NA-RO membrane system and lactic acid fermentation of retained solutes. J Agricul. And Food Chem., 1997(45): 4096-4100.

[75] M Frank, G Bargeman, A Zwijnenburg, et al. Capillary hollow fiber nanofiltration membranes. Sep. Pur. Tech., 2001(22-23): 499-506.

[76] Mavrov, E Bélières. Reduction of water consumption and wastewater quantities in the food industry by water recycling using membrane processes. Desalination, 2000(131): 75-86.

[77] G Bargeman, J Houwing, M Dohmen, et al. Zwijnenburg, M Wessling. Capillaire membrane maken proces waterhergebruik goedkoper. NPT procestechnologie, 2001(4): 7-9.

[78] T Tsuru, T Shutou S I Nakao, S Kimura. Peptide and amino acid separation with nanofiltration membranes. Sep. Sci. Technol., 1994(29): 971-984.

[79] A Garem, J Léonil, G Daufin, et al. Nanofiltration d'acids amines sur membranes organiques: Influence des parametres physicochimiques et de la pression transmembranaire sur la sélectivité. Lait, 1996(76): 267-281.

[80] H Miyaki, S Adachi, K Suda, et al. Water recycling by floating media filtration and nanofiltration at a soft drink factory. Desalination, 2000(131): 47-53.

[81] H C Van Der Horst, T Robbertsen, J M K Timmer, et al. Concentreren en ontzouten van wei door nanofiltratie. Voedings middelen technologie, 1995(28): 35-37.

符号说明

缩略语/符号	意义	缩略语/符号	意义	单位
ADM	Archer Daniels Midland(公司)	NF	纳滤	
CA	醋酸纤维素	PA	聚酰亚胺	
CIP	在线清洗	PEBAX	聚(酰胺-b-醚)共聚物	
CMI	羧甲基菊粉	Psf	聚砜	
COD	化学需氧量	RO	反渗透	
CR	结晶	UF	超滤	
DR	干燥	COD	化学耗氧量(mg/L)	
ED	电渗析	MWCO	切割分子量(Da)	
EV	蒸发	P	压力	bar
FCDP	Friesland Coberco Diary Foods (公司)	R	截留率	%
FFA	游离脂肪酸	SD	喷雾干燥	
IE	离子交换	T	温度	℃
IPA	异丙醇	TS	总固体	
MF	微滤			

第 13 章　化学工业过程中的纳滤

13.1　引言

本章对化学过程工业中的一些主要过程和产品进行了分类和讨论，其中包括制药、生物技术和石化工业，所采用的分类与美国普查局为追踪美国经济体系中产品流动而建立的标准产业分类(SIC)相对应。

化学过程工业可以分为无机化工、有机化工、制药和生物科技化工、石化工业(石油生产)。

本章介绍了纳滤(NF)在这些工业生产过程中及处理排放的污染流体时的应用或潜在应用。在上述工业中有许多地方用到了纳滤，但大都没有公开，仅有口头信息交流。

本章的作者们来自膜制造业和相关大学，之前都在化工行业从业，在纳滤的应用开发和工艺方面都有多年的经验，其他几章(见第 11、12、14、15、19 和 21 章)也介绍了一些纳滤的化学工业应用。

13.2　无机化学工业

13.2.1　工业特性

无机化学工业生产了 300 多种不同的化学品，约占美国化学品货物总值的 10%。其工业分类对应于 SIC 代码 281“工业无机化学品”。

无机化学品有碱和 Cl_2、无机气体、无机颜料及其他未分类的无机化学品。

约有三分之二的货物价值(包括 200 种不同化学品)归入 SIC 2815，其中行业内最大的单一工业过程是 Cl_2 和苛性钠(NaOH)的生产(SIC 2812)。

无机化学工业的产品是来源于矿物的化学品，而不是基于碳的分子，例如酸、碱、盐、氧化剂、工业气体和卤素、颜料、干色剂、碱金属、矿物肥料、玻璃建材等。氯碱工业是最主要的无机化学工业，产品主要有 Cl_2、烧碱(NaOH)、纯碱(Na_2CO_3)、$NaHCO_3$、KOH 和 K_2CO_3。Cl_2 和苛性钠占美国氯碱工业价值的 80% 左右，通过电解盐(盐水)来生产(美国，1992 年)。

13.2.2 无机化学工业中的工业生产

本节介绍了氯碱工业以及纳滤在制备工业化学品方面的当前应用或潜在应用。

纳滤传递一价阴离子和排斥二价阴离子，在无机化学工业中有着重要的应用前景。除松散反渗透(RO)外，一价阴离子的截留率随着总溶解固体（TDS）的增加而显著降低，$CaCl_2$ 的截留率随着 TDS 的增加而提高，如图 13-1 所示。这些性能为纳滤在处理无机化学工业中的盐水、酸以及混合盐方面带来了良好的应用前景。

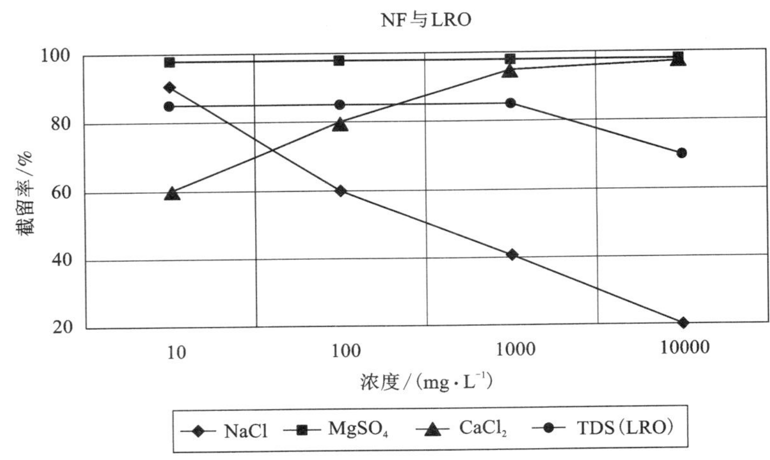

图 13-1 不同盐类型和盐浓度对应的截留率(LRO=松散反渗透)

Cl_2 生产中使用的盐(在美国)有大约 70%是从天然盐沉积物中提取的，其余的是从海水中提取的。不管是用什么方法提取的盐都含有杂质，在用于电解之前必须将其除去。杂质由钙、镁、钡、铁、铝和硫酸盐组成，会生成沉淀而阻塞隔膜，显著降低电解槽的效率。

纳滤膜用于从海水或盐水中分离杂质。纳滤膜对 SO_4^{2-} 有很高的截留率(>99%)，与其同时被截留的还有等当量的阳离子如 Ba^{2+}，Sr^{2+}，Mg^{2+}，Ca^{2+}，Al^{3+}，它们结垢是从形成溶解性较低的盐开始。

苛性钠加工

Cl_2 和 NaOH 是 NaCl 饱和水溶液（盐水或卤水）电解的副产品。

$$NaCl + H_2O \longrightarrow NaOH + Cl_2 + H_2 \quad (13-1)$$

电解池的使用与水银电池、隔膜电池或膜电池类似，每个池由一组与卤水接触的阳极和阴极组成。

13.2.3　多目标的纳滤-反渗透海水脱盐

反渗透和纳滤的结合，可将一个行业的废液转化为另一个行业的有价值产品。

海水纳滤作为反渗透的预处理技术在世界范围内得到了广泛的认可。纳滤-反渗透系统会排放浓盐水，多目标海水淡化概念描述了这种盐水作为无机化学工业原料的可能用途(见图 13-2)。

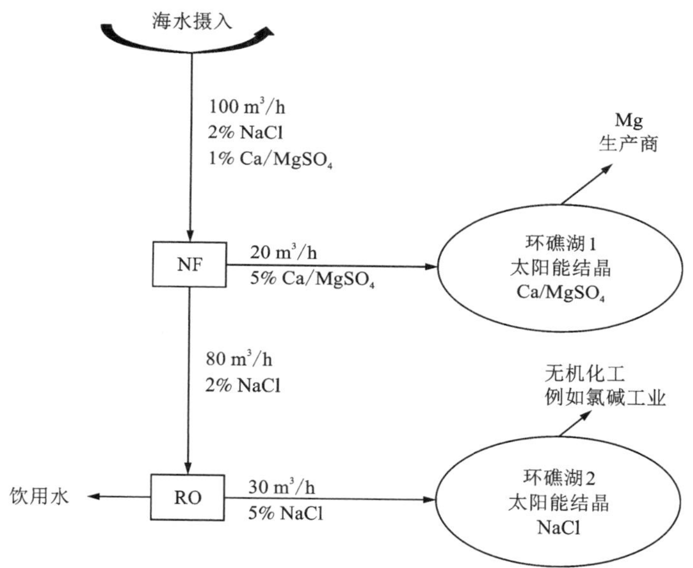

图 13-2　多目标的纳滤-反渗透海水脱盐

现今多采用纳滤作为反渗透或多级闪蒸(MSF)系统上游海水的预处理，通过降低反渗透和 MSF 进料的结垢概率来提高脱盐装置的回收率。

(来自反渗透和纳滤的)两种浓缩盐水目前均被排放。与此同时，无机化学工业也使用纳滤渗透液(反渗透浓缩液主要含有 NaCl)这类盐水，用于氯碱工业生产氯。纳滤浓缩液(主要是 $MgSO_4$ 盐)的另一个潜在用途是镁金属工业。

这种将纳滤-反渗透海水淡化厂的盐水用到无机化学工业的观点有可能使饮用水生产成本显著降低 50%以上[1]。

针对为氯碱工业以及 $MgSO_4$ 浓缩用于镁制造业生产相对清洁的 NaCl 盐水为目标测试了海水的纳滤。表 13-1 列出了用卷式纳滤元件 DK(Osmonics)获得的典型截留率。

表 13-1 纳滤对杂质的典型截留率

成分	沙特阿拉伯大型纳滤工厂中盐的截留率/%
SO_4^{2-}	99.9
Mg^{2+}	98
Ca^{2+}	91
HCO_3^-	56
TDS	28000~45000 mg/L

来源：A. M. Hassan, IOA World Congress on Desalination, Bahrain 2002. 工厂>20000 m^2；膜：DSS DK (Osmonics)。

13.2.4 纳滤净化来自天然矿床的卤水

天然矿床中的盐通常以固体的形式被开采出来或者从地下浸出。浸出包括向地下盐层注入淡水，然后用泵将盐溶液抽出。

氯气生产过程中 SO_4^{2-} 的去除对工厂运行的优化至关重要。加拿大 Kvaerner Chemetics 公司的 Andrew Barr 描述了某纳滤系统的开发和运行[2]，该系统据说比现有的硫酸盐去除工艺更环保、更具成本效益，它不仅能有效地截留浓盐水中的 SO_4^{2-}，而且由于对 Cl^-的零截留而提高了选择性。在 20~40 bar 的压力下，使用 DK 膜从氯碱盐水中有效地分离出了 Na_2SO_4；在整个 NaCl 浓度范围内，硫酸盐截留率一直很高(95%以上)。

与现有的硫酸盐去除工艺相比，纳滤系统除了具有抗污染优势，还具有更高的成本效益。纳滤技术可收回净化盐的大部分成本，或是减少与钡法预处理相关的购买费用和处置成本[3]。

13.2.5 无机化学工业中的污染处理

无机化学工业中的大多数污染物以液态形式产生。由无机设备释放和转移的一些主要化学物是硫酸(主要成分 H_2SO_4)、磷酸(主要成分 H_3PO_4)、硝酸(主要成分 HNO_3)、氨水(主要含 NH_3)和 Cl_2。酸经常受重金属化合物的污染，而纳滤在洁净此类废液方面发挥着越来越重要的作用。

铵盐废水

纳滤可将含$(NH_4)_2SO_4$ 的废水浓缩至15%。该方法分为两级系统，第一级中$(NH_4)_2SO_4$ 浓度在 30 bar 的中等压力下增加至 8%，第二级增加至 15%。$(NH_4)_2SO_4$ 进一步结晶后可以作为肥料出售。这是膜技术将污染物转化为有价产品的一个很好的例子[信息来自位于澳大利亚西部 Kurinana 的 West Mining Nickle Refining 工厂][4]。

酸性废液处理

有人开发了耐热酸的聚合物纳滤薄膜及其卷式膜元件，并从 2001 年开始进行了试验。这些元件被证明在 70℃、30%的硫酸中是稳定的[5]。

纳滤已经被大规模地用于处理冷的酸性废水。该操作可能有两个不同的目标：①净化酸以便再利用；②回收溶液中的金属。

当然，也可以是两者结合的目标。

纳滤膜（如 Desal－5）对硫酸的截留率几乎是 0，对 Na_2SO_4 的截留率接近 100%，这一事实可以通过观察硫酸的分解步骤来解释。

$H_2SO_4/HSO_4^-/SO_4^{2-}$

第一步解离产生 H^+ 和 HSO_4^{2-} 离子。HSO_4^{2-} 离子只有一个负电荷，其穿过纳滤膜的难易程度与 Cl^- 相同。第一步解离产生 SO_4^{2-} 离子，但需要使用非常高浓度的硫酸，而这一点在水溶液中几乎不可能发生。

盐酸通过纳滤膜的速度与浓溶液中 NaCl 的速度相同。溶解在盐酸溶液中的金属将以对应其分子量和尺寸的效率被截留，但是向进料溶液中添加硫酸盐（如 Na_2SO_4）或少量硫酸，可以显著提高其截留率[6]。

纳滤在酸处理中的一些应用如下。

（1）硫酸/硫酸盐。Mexicana de Cananea 公司使用纳滤处理了 900 m^3/h 的含 2%的硫酸和 $CuSO_4$ 混合物的进料。膜类型为 DK（Osmonics 公司），所安装的膜面积达 42000 m^2，压力 20～40 bar，回收率 50%，纳滤膜的比通量为 10.5 L/(m^2·h)（数据由 Osmonics 提供）[7]。处理结果是酸被回用，纳滤浓缩液中的 $CuSO_4$ 被回收。

（2）金属。纳滤被用于从铝箔生产行业（BEKROMAL 公司）的 10%的磷酸中回收诸如铝等金属[7]。据瑞士 VP GmbH 公司报道，铝阳极电镀行业使用了一种新的耐酸膜，用来分离 3%～10%的硫酸中的铝。酸来自该工艺中的离子交换单元。膜处理的目的是重复利用酸，而不是中和后就丢弃。同时，富铝浓缩液被重新用作诸如沉淀剂等。

（3）磷酸。磷酸是世界上仅次于硫酸的第二大产出酸。纳滤通过去除重金属来提纯磷酸。Osmonics 公司报告了化肥工业中用于净化磷酸溶液的大型纳滤系统（膜面积 3000 m^2）[8]。用于净化磷酸的 DS－5 纳滤膜在 69 bar 压力下的渗透通量约为 3 L/(m^2·h)，酸渗透率为 94%，杂质阳离子截留率为 99.2%[9]。

（4）硝酸。德国 Amafilter 公司报道了一种从硝酸溶液中除去铅的工艺。根据这篇论文，铅浓度上升到 70 g/L，80%～90%的硝酸在该过程中被回用[10]。Osmonics 公司报道了核工业中通过对硝酸铀（UO_8NO_3）的截留而使其与硝酸分离的工艺。当 2 mol/L 的酸完全通过膜时，UO_8NO_3 的截留率为 86%。

(5)硼酸。Osmonics 报告说，放射性核素可被截留且与硼酸分离。^{58}Co 和 ^{60}Co 的截留率大于 85%，^{124}Sb 的截留率大于 99%，而有 97%的硼酸穿过膜[11]。

13.3 有机化学工业

13.3.1 工业特性

有机化学工业生产的有机化学品(含碳化学品)被用作化学中间体或最终产品。

有机化学工业使用的基本原料来自石油和天然气(约 90%)以及通过焦炭生产回收的煤焦油冷凝液(约 10%)。有机化学工业的 SIC 代码是 286，主要包括：2861 树胶和木材化学品、2865 循环有机化学品、2869 工业有机化学品、石油化工。

产品特性

分类代码 SIC 2865 涉及的重要产品类别如下：①苯、甲苯、萘、蒽和其他环状化学产品的衍生物；②合成有机染料；③合成有机颜料；④环状（煤焦油）原油，如轻油和轻油产品。

分类代码 SIC 2869 涉及的重要化学品类别如下：①非环状有机化学品，如乙酸、己二酸、氯乙酸、草酸及其金属盐、甲醛、甲胺等；②溶剂(如戊醇、丁醇和乙醇、甲醇乙酸酯、醚、二醇)和氯化溶剂等；③多元醇(如乙二醇、山梨醇、合成甘油等)，合成香料和调味材料(如水杨酸甲酯、糖精、柠檬醛、合成香兰素等)；④橡胶加工化学品，如抗氧化剂等；⑤环状和非环状的增塑剂，如磷酸酯、苯酐等；⑥合成鞣剂，如磺酸缩合物；⑦多元醇与脂肪酸或其他酸形成的酯和胺。

分类代码 2861 中的重要类别是硬木和软木蒸馏产品、木材和树胶、木炭、天然染料和天然皮革材料。

有机化学工业中纳滤的污染防治

减少污染的最好办法是防止污染的产生。含有膜的系统可以在有机物成为“污染”之前对其进行净化和浓缩。必须强调的是，每个过程都会产生特定的污染。化学工业历史上排放的化学品比其他工业都多，而膜技术可以改善该工业的环境效应，如表 13-2 所示。

表 13-2　有机化学工业里排放量最高的一些化学物质

酸(硫酸，磷酸和盐酸)	纳滤有很大的应用潜力
酒精，例如甲醇或者乙二醇	纳滤有很大的应用潜力
溶剂，例如甲苯	纳滤膜及其应用处在开发阶段

13.3.2　有机化学工业中纳滤的潜在应用和实际应用

(1)超滤/纳滤处理漂洗水

在某个现场中试装置中测试了超滤膜和纳滤膜，以回收资源和工艺用水。还有一个重要目标是降低冲洗水的有机负荷，因为高达 300 kg/m^3 的化学需氧量(COD)是废水处理的主要成本因素。

开展了膜的筛选和中试实验。研究发现，废水中的 COD 降低了 96%，减少了环境影响，也降低了废水处理成本[12]。

使用纳滤膜的一个挑战是处理有机溶剂(关于这个问题的更多信息可以在第 21 章"纳滤的非水溶液应用"中找到)。膜在这种环境下必须稳定。针对纳滤在处理有机溶剂（如醇类、烷烃、酯类、醚类、酮类）方面的潜在应用，以及在净化含高浓度有机化合物的水方面的潜在应用，有学者已经发表了一些综述[13, 14]。

(2)纳滤处理专业摄影成像洗涤水

柯达(Kodak)公司尝试用纳滤回收用于摄影处理的化学品和冲洗水。其目标是通过纳滤回收至少 80%的水，在试验期间的回收率达到了 80%至 95%[15]。

图 13-3 是该流程的示意图。纳滤装置的入口压力为 20~25 bar。纳滤装置使用的是 MPSW-11 膜，包含 9 个 5.6 m^2 的元件，总的膜面积为 50.4 m^2。该装置的平均产水量为 3.5 m^3/h，即平均通量为 70 L/(m^2 · h)，试验结果如表 13-3 所示。

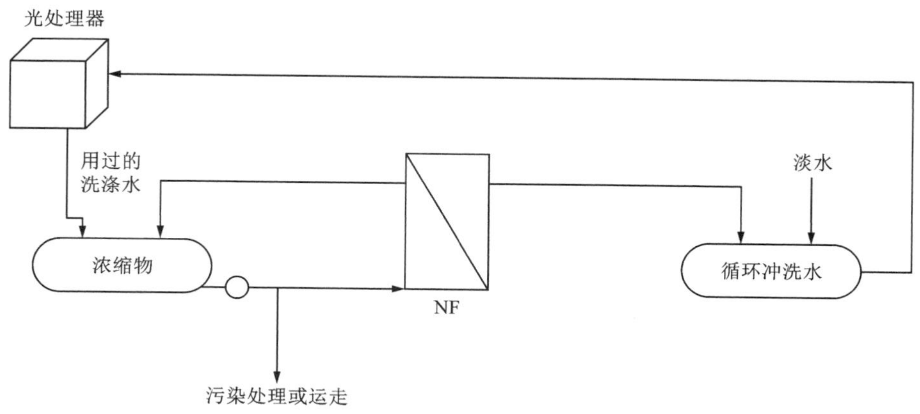

图 13-3　纳滤用于摄像加工的流程示意图[15]

表 13-3　照片加工冲洗水测试结果

成分	浓缩液/(mg·L^{-1})	渗透液/(mg·L^{-1})	截留率/%
COD	10000	500	95.0
BOD_5 *	4400	nd	—
硫代硫酸盐	15000	400	97.3
硫酸盐	9100	400	95.6
氯化物	250	450	-80.0
磷酸氢盐	360	40	88.9
总硫	13000	700	94.6
镁	30	0.3	99.0
银	300	2	99.3
钙	400	5	98.75
三价磷	200	20	90.0
有机物	少量	没有	—

* BOD_5：五日生化需氧量。

浓缩液的 pH 为 3.5，渗透液的 pH 为 6。从表 13-3 所示的结果来看，洗涤水中的大多数化学物质都被截留，而氯化物呈现约 80%的负截留率。

银的截留率非常高，导致银的损失仅为 2 mg/L。浓缩液必须经过处理以回收银。此外，最近的实验表明，当纳滤与分离的洗涤水一起使用时，浓缩液在经过一些化学调整后可以再利用。

柯达公司对此工艺进行了经济评价，其结果汇总在表 13-4 中。纳滤工厂的循环冲洗水总量为 7000 m^3/a。成本为 2.86 欧元/m^3，淡水的成本为 2.67 欧元/m^3。这意味着，仅回收水并不构成安装纳滤工厂的充分动机，但银的回收将带来额外的收益。

表 13-4　经济数据①

项目	—	年费用/k£
投资	46.65 k£	5.80
维护	投资的 3%	1.40

① 文字介绍中使用的是“欧元”。

续表13-4

项目	—	年费用/k£
总固定费用	—	7.20
动力消耗	26000 kW/a	3.00
劳动力	120 h/a	1.10
膜替换(2 年)	4.5 组件/a	5.50
滤袋替换	36 滤袋/a	0.15
清洗	25 kg/a	0.15
水消耗	1100 m^3/a	2.45
废物	1100 m^3/a	0.45
总变动成本		12.80
总费用		20.00

纳滤技术在去除洗涤水中的大部分污染物方面是非常有效的，并且使洗涤水的回收率高达 80%。该技术在银回收方面也特别有效。但由于实验进行的时间不够长，无法说明膜的寿命，膜寿命可能会对照片加工中使用纳滤的最终成本数据产生重大影响。将回收的浓缩液作为补给水进行再利用以及对洗涤水进行循环将比单独回收水带来更大的投资回报。

(3)均相催化剂的分离

在相转移催化和过渡金属催化等多种均相催化反应中，反应产物的分离是一个主要问题。催化有机合成已成为发展清洁工艺的主要焦点。使用相转移催化剂避免了在涉及水溶性亲核试剂和有机可溶性亲电试剂的反应中使用非质子溶剂；类似地，过渡金属催化剂相比于化学计量试剂能带来更快的反应。这种催化的一个主要缺点是，要从反应介质中除去催化剂，需要在大量的且通常是具有破坏性的反应后处理。目前，几乎没有任何工业使用的分离是专门针对以活性形式回收催化剂的，更多的是为了获得纯产品，同时回收金属并将其输送至催化剂制造商。因为损失了比金属更昂贵的促成催化剂活性的配体，上述工艺的经济性较差。

由于催化和反应环境的本质，只能采用耐溶剂的纳滤膜。通常，均相催化剂(分子量)相对较大(M_r>450)，而反应产物小得多，因此使用纳滤对催化剂和反应产物进行分离是可行的。

相转移催化

对于相转移催化，通常采用一种模型反应：以甲苯为溶剂时，使用 KCl 水溶液，以及通过四辛基溴化铵(TOABr，M_r 546)的催化，将溴庚烷(M_r 179) 转化为碘庚烷(M_r 226)[16-18]。

Koch-MPF-50(切割分子量 MWCO 700)、MPF-60(MWCO 400)和 Desal-5(MWCO 350)这些膜对催化剂的截留率较低，为 48%~86%。Grace STARMEM 122(MWCO 220)、STARMEM 120(MWCO 200)和 STARMEM 240(MWCO 400)这些膜几乎完全截留催化剂(截留率为 99%)。尽管 Desal-5 和 MPF-60 两种膜的标称 MWCO 与 STARMEM 240 的相同，但对 TOABr 的实际截留率并不在同一水平，原因极可能与膜的 MWCO 的测定方法或这些膜所用聚合物的结构有关[17]。

在一组"反应——过滤"循环中测得，STARMEM 122 膜对产物碘庚烷的截留率为 8%~15%。反应混合物由 0.5 mol/L 溴庚烷和 0.05 mol/L TOABr 组成，温度为 20℃，纳滤压力为 30 bar。由于催化剂沉淀、渗透压效应和浓差极化的共同作用，所得通量从 9.1 L/(m^2·h)降到 7.0 L/(m^2·h)，但用反应混合物清洗膜可以很容易地恢复通量。在三个循环中，催化剂没有失去活性[17]。

过渡金属催化

碘苯(M_r 204)与苯乙烯(M_r 104)的 Heck 耦合反应生成的反式二苯乙烯(M_r 180)，通常被选作过渡金属催化的模型。所用催化剂为双(乙缩醛)双(三苯基膦)钯(Ⅱ)[bis-(acetato)bis(triphenylphosphine)palladium(Ⅱ)，M_r 749]配合物，反应溶剂为四氢呋喃（THF)、甲基叔丁基醚(MtBE)，以及乙酸乙酯与丙酮的 50：50 混合物[19]；使用的膜是 STARMEM 122。在 30 bar 和 20℃条件下，以 THF 为溶剂时测得的通量为 45.8 L/(m^2·h)，比使用其他溶剂的系统要大很多[如对应溶剂 MtBE 的通量仅为 11.3 L/(m^2·h)，对应乙酸乙酯/丙酮的为 32.3 L/(m^2·h)]，但反应速度最慢。在乙酸乙酯/丙酮中的反应速度比在其他溶剂中的快得多。在许多"反应——过滤"循环中发现，第四次催化剂循环中的反应速率比初始值低 20%。另外，钯在这些周期中的截留率从 99%下降到 90%[18]。显然，这是因为形成了可通过膜的更小的钯物种。

其他被研究的商业化有机金属催化剂是以乙酸乙酯，回氢呋喃(THF)和二氯甲烷(DCM)为溶剂的 Jacobsen 催化剂(一种 M_r 为 622 的锰络合物)，Wilkinson 催化剂(一种 M_r 为 925 的铑络合物)，以及联萘二苯磷钯(Pd-BINAP，一种 M_r 为 849 的络合物)[20]。被测试的膜分别是 Desal-5、MPF-50 和 STARMEM 120、122 和 240。所测试的大部分系统在 20 bar 条件下获得了良好的催化剂截留率(大于 95%)，以及良好的溶剂通量[大于 50 L/(m^2·h)]。相比 Koch Selro 膜和 Desal 膜的 81.4%~94.2%的截留率，Grace 公司的新一代膜表现出更高的选择性，截留率为 95.4%~99.6%，但其 STARMEM 240 膜在 DCM 和 THF 中不稳定，120 膜和 122 膜在 DCM 作为溶剂时没有通量。Grace 膜由聚酰亚胺(PI)制成[21]，这种膜也用在了 Exxon Mobil 的 Beaumont 炼油厂的 MAX-DEWAX① 工艺中。

对于选择性氢化，也可使用纳滤与反应进行耦合。Smet 等人[22]报道了用联萘二苯磷钌[Ru-BINAP(M_r 929)]和 1，2-双(2，5-二甲基膦)苯铑[Rh-EtDUPHOS(M_r 723)]分别对衣康酸二甲酯(M_r 158)和 2-乙酰氨基丙戊酸甲酯(M_r 143)进行连续的手性选择性加氢的研究。试剂溶解在甲醇中，MPF-60 膜对催化剂的截留率分别为 98%和 97%。在 10 bar 和 30℃的条件下，用纯甲醇测得的通量约为 1.2 kg/(m^2·h)。Rh-EtDUPHOS 催化剂表现出缓慢的失活，可能是由于磷化氢配体的氧化。

包括 Union Carbide 公司、Hoechst 公司和 De Nederlandse Staatmijnen(DSM)公司在内的一些公司已经获得了应用纳滤回收均相催化剂的专利，特别是用于氢化甲酰化反应的铑配合物[23-26]的处理中，既有耐溶剂的聚合物膜，也有无机纳滤膜。

(4)纳滤和醇类

低分子醇主要是甲醇和乙醇，在化学(和其他)工业的许多工艺中被广泛用作溶剂和清洁剂。它们在使用过程中受到污染时，根据实际应用，可能需要对其进行净化以供进一步使用。这一步骤通常需要在中央处理厂进行昂贵的现场蒸馏或提纯。

在大多数情况下，使用纳滤膜系统回收低分子量醇类比使用蒸馏过程更有效。加利福尼亚州 Escondido 的 Desalination Systems 公司建立了一套回收被污染的甲醇的纳滤系统，处理来自膜制造过程的废液，甲醇渗透液被循环使用。

(系统)设计和运行参数如下(Osmonics 应用公告 101)：DK 4040 C 元件，每个外壳 3 个元件，阵列 2∶0，进料压力 8.3 bar，容量 5.5 m^3/d。其他出版物是关于纳滤处理甲醇溶液中较大的有机小分子溶质的研究[27]。

纳滤与反渗透循环和浓缩乙二醇

基于多元醇的溶液通常被许多行业使用。这类溶液价格低廉，相对容易制造和调整。甘油的化学式为 $C_3H_5(OH)_3$(M_r 92)；乙二醇(EG)的化学式为 $CH_2(OH)CH_2(OH)$ (M_r 62)。

多元醇低分子量的特点为纳滤对其进行清洁和再利用提供了可能性。作者仅知道航空公司（除冰）和汽车行业（防冻剂）的例子。在化学工业中，多元醇与其他废物混合，进入“管道末端”处理厂。纳滤技术为有机化工中多元醇的回收利用提供了一种可能。

EG 的常见用途是热交换流体，因为它具有良好的导热性，且 EG/水的混合溶液还具有高沸点和低冰点。EG 及其衍生物也用于制造树脂、医药品、食品表

① MAX-DEWAX：一种溶剂脱蜡工艺。

面活性剂、润滑剂、油墨、溶剂、聚合物(增塑剂)和其他产品。需注意的是，EG摄入量足够高的话也是有毒的。

MWCO适当的纳滤膜被用来纯化乙二醇，去除诸如硬度、硫酸盐、颜色、相对分子量>300的有机分子和其他污染物等杂质。

飞机在低于冰点的温度下要喷洒除冰液。除冰液通常含有30%~50%的乙二醇、表面活性剂和其他化学添加剂。在飞机起飞前，有些机场用移动式除冰装置在各个登机口对飞机进行除冰，其他机场则在一个中心地点对飞机进行除冰。反渗透+纳滤+蒸发单元将乙二醇净化并浓缩至50%，以供再次使用。

反渗透+纳滤系统可用于除冰化学品的再利用，而且有些公司就是专门开发此类应用的[28]。在明尼苏达州的明尼阿波利斯、得克萨斯州的达拉斯、伊利诺伊州的芝加哥等地的机场安装了多套该系统[29]。

纳滤清洗和回收丙二醇

另一个回收多元醇的应用是在汽车工业。用过的汽车防冻剂(丙二醇)被认为是有害废物。受污染的防冻液处理成本很高，使其回收和再利用经济性不佳。对此，可通过安装反渗透膜系统来实现丙二醇的回收。丙二醇(如有33%的浓度)可以穿过膜，而多价盐、油、悬浮固体和颜色被截留。

该系统在大约30 bar的压力下的特定通量为6~10 L/(m^2·h)。纳滤清洗过的聚丙二醇溶液可直接被再利用，或者进入下游高压反渗透或蒸发器进行浓缩。作为蒸发器的预处理，纳滤系统可提供优质的进料，从而提高蒸发器性能，减少清洗频率。

(5)染料等

染料作为一种生产高质量产品、最大限度地提高产量和产能、节约材料的方法，纳滤在染料工业，特别是活性染料、酸性染料和直接染料工业中已被广泛接受。其中，活性染料是分子量为600~3000的可溶性阴离子染料。纳滤用于(染料的)①脱盐和浓缩是目前纳滤的最大应用之一[30]。染料经过膜的脱盐和浓缩，无机物含量减少了，因而强度被提升了。Ciba Geigy已于1982年获得该应用的专利[31, 32]。

在粉末染料生产中，在干燥前使用纳滤可以提高工厂产能。干燥机的进料浓度可从通常的总固体含量7%~10%增加到25%。通过连续运行喷雾干燥器并在喷雾前使用纳滤浓缩染料，产量预计将提高170%。由于染料的造粒过程不会产生粉尘，喷雾干燥更有效。

在液体染料的生产中，几乎完全脱盐将有助于提高产品的稳定性和增强染料的溶解性。渗滤常用于实现高水平的脱盐。这样做的结果是，部分染料会穿过

---

① 括号中的内容为编者补充。

膜，但（在量上）①远低于压滤过程中的。纳滤使染料的产量提高了 8%左右。根据染料的分子量和类型（图 13-4 和图 13-5），当盐的去除率为 98%~99%时，约有 0.01%~0.25%的染料会穿过膜[33]。

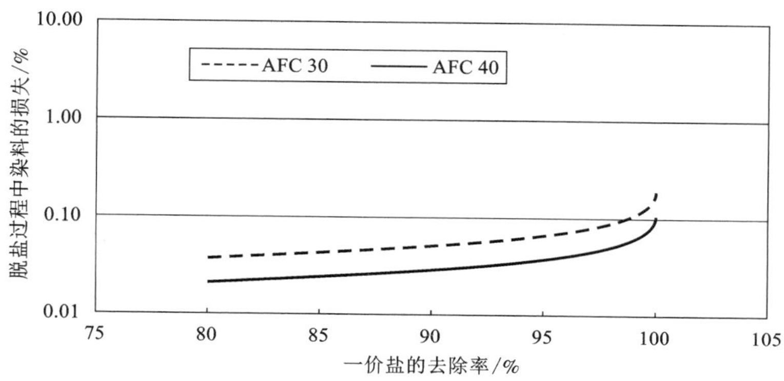

图 13-4 普施安蓝（Procion Blue）、三嗪类（triazine）染料（BASF）②进行一价脱盐时，染料通过膜的比率（AFC 30 和 AFC 40 为膜的类型）①（数据由 PCI③ Memtech 提供）*

所用膜的 MWCO 通常为 200~300。染料的脱盐和浓缩一般分两步进行：渗滤过程对含有 6%~8%染料和 8%~10% NaCl 的原色浆进行脱盐；当染料中 NaCl 的含量降到所期望水平（<0.1%）时，对溶液进行浓缩。纳滤装置中被浓缩的截留液中含有 24%~33%的染料和 0.2%~0.5%的 NaCl。使用时纳滤装置的入口压力为 15~30 bar，温度范围为室温到 50℃，渗透通量从室温的 15~20 L/(m^2·h)上升到 50℃的 70 L/(m^2·h)，用于染料脱盐的纳滤装置（见图 13-6）平均尺寸为 150~200 m^2（膜面积）①。

纳滤也可以用于染料槽中废水的脱色，以获得<99%的染料截留率。随着盐浓度的增加，脱色率降低。在低盐浓度下，被截留染料在膜表面形成凝胶层，会阻止染料渗透[34]。第 15 章进一步讨论了纳滤在染料/纺织工业中的应用。

油墨

在法国，对含有钢笔墨水的废水进行脱色的纳滤装置自 1997 年 2 月以来已投入运行[35]。在试验阶段，根据膜的 MWCO，以及它们对溶剂和酸溶液的耐受性，选择了两种膜进行测试：Koch MPT 20 膜（MWCO 600）和 MPT 31 膜（MWCO 400）。测试在分批模式下进行，压力为 25 bar，温度为 30℃，直到体积浓缩因子

---

① 括号内容为编者的补充说明。

② BASF 是企业名称，全称为 Badische Anilin-und Soda Fabrik。

③ PCI，Patterson Candy International。

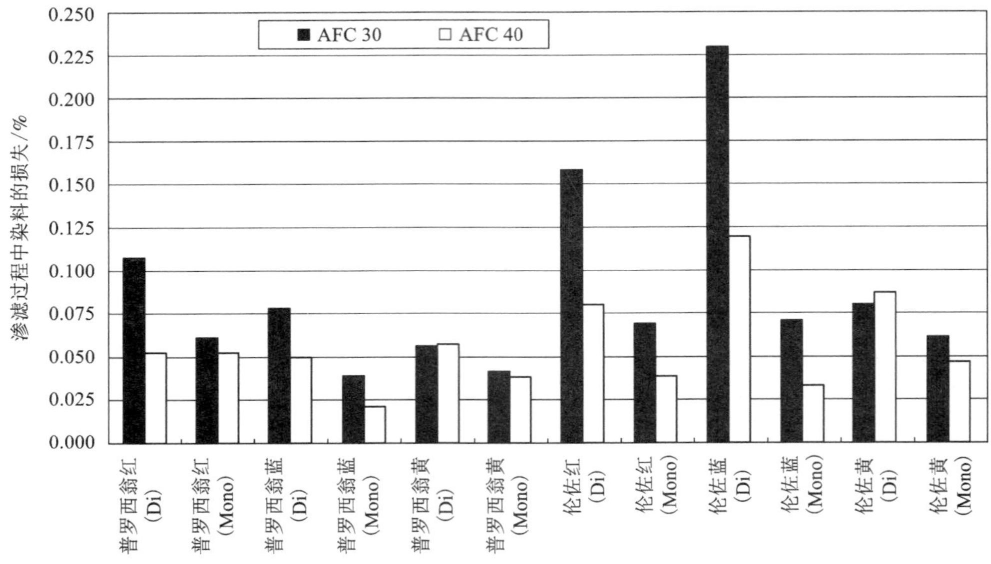

图 13-5　脱盐率平均值为 98%的渗滤过程中染料的过膜率

[**Di**：**二价盐**(**Na_2SO_4**)；**Mono**：**一价盐**(**NaCl**)](数据由 PCI Memtech 提供)

达到 10。MPT 20 膜在浓缩过程中通量最高，为 45~80 L/(m^2·h)，但 3 周内截留率从 98.8%下降到 96.5%。在 10 倍浓缩下，MPT 31 膜通量较低，为 35~55 L/(m^2·h)，但截留率稳定在 99.95%。

图 13-6　染料脱盐的典型纳滤工厂

(图片由 PCI Memtch 提供)

该(过程)工业装置非常小，只有 0.9 m^2，在 50 h 内过滤 2000 L，然后进行 1 h 的清洗。30℃时膜的平均通量为 40 L/(m^2·h)，错流速率为 2.5 m/s，压力为 26~28 bar，因此装置的电力负荷为 4.1 kW。所观察到截留率为 99.7%~99.95%，体积浓缩因子为 15~40。膜的使用寿命为两年。

装置

全世界安装了大约 80 套用于染料脱盐的纳滤装置，其中大部分位于东南亚地区，还有一些在欧洲地区和美国。该应用涉及的总的膜面积估计为 8000~

10000 m^2。德国 Bitterfeld-Wolfen 的 Chemie GmbH Bitterfeld(Wolfen)(CBW)①化工厂生产能力为 1000 t/a，其染料生产中用到了纳滤装置。德国 Dystar 安装了一套 100 m^2 的纳滤装置[36]，有 15 个卷式的 Nadir NF PS 10 膜的组件；在法国 St. Claire du Rhone 的 Avecia/Stahl(公司*；Stahl 是 Avecia 的特种化学品部)①安装了两套纳滤装置，分别装有 270 m^2 管式膜和 800 m^2 卷式膜，用于皮革染料的脱盐和浓缩[37]。在中国，某纳滤装置自 1993 年首次运行[38]，其中的膜在使用三年后更换。美国纽卡斯尔(Newcastle)有一套大型的纳滤装置，由 Avecia/CEL(公司)①运行，采用面积为 400 m^2 的卷式膜用于喷墨产品的脱盐和浓缩[38]。

(6)提高吡啶二甲酸的回收率

吡啶-2，3-二羧酸(PDC，M_r 167) 可作为制备医药、农药和着色剂的原料。在含 KOH 的水溶液中，用 $KMnO_4$ 氧化 2，3-二甲基吡啶是制备 PDC 的一种工艺。在氧化过程中形成的 MnO_2 被过滤并清洗。添加盐酸调节溶液至 pH 1 使 PDC 结晶，对所形成的晶体进行离心和清洗。剩余母液和来自 PDC 过滤的洗涤水不仅含有盐和副产品，而且含有大量的 PDC 产品，很难处理。MnO_2 过滤的冲洗水含有原料、PDC[约 5%(质量分数)，这是高 pH 时的最大溶解度]和副产品，但不含盐，可循环至氧化步骤，也可与母液或 PDC 过滤的洗涤水混合。母液和 PDC 过滤洗涤水的循环会导致不希望出现的盐和副产品的积聚现象。由于必须排放母液和洗涤水，该工艺中 PDC 的总回收率仅有 65%~70%。

图 13-7 显示了纳滤用于从盐和副产品中分离 PDC[40]的工艺方案。

来自 PDC 过滤的母液和洗涤水都含有约 1%(质量分数)的 PDC。它们的混合流体中的副产物为 0.015%(质量分数)的吡啶酸、0.12%(质量分数)的甲基甲酸吡啶、0.04%(质量分数)的尼克酸、0.54%(质量分数)的甲基烟酸和大约 20%(质量分数)的 KCl。通过添加 25%的 KOH 溶液，将纳滤装置进料的 pH 提高至 8.5。所用的膜为 Stork-Friesland(现为 X-Flow)的 WFN 0505 膜，在高 pH 和高盐浓度下对盐的截留率很低，甚至为负值[41-42]。所施加的压力为 30 bar，进料温度为 40℃。PDC 的局部截留率保持在较高水平：开始时为 91.6%，在 6 倍浓缩后为 85.6%。副产物和盐的截留率也随浓度的增加而降低，甚至达到负值。纳滤去除了 85%~90%的 KCl 和副产物。由于副产物和 KCl 的截留率较低或为负值，未观察到这些化合物的累积现象。因此，浓缩液可循环至结晶步骤，且渗透液可在无需任何进一步处理的情况下排放。有纳滤时，PDC 的回收率为 80%~85%。总体结果是产品收率从 65%~70%提高到 90%左右，纳滤工艺的(投资)回收期不到一年。美国某个总产能为 600 t/a 的 PDC 生产工艺从 1997 年开始使用纳滤，纳滤装置的进料量为 7200 m^3/a，膜面积约为 30 m^2。

① 括号内容为编者补充。

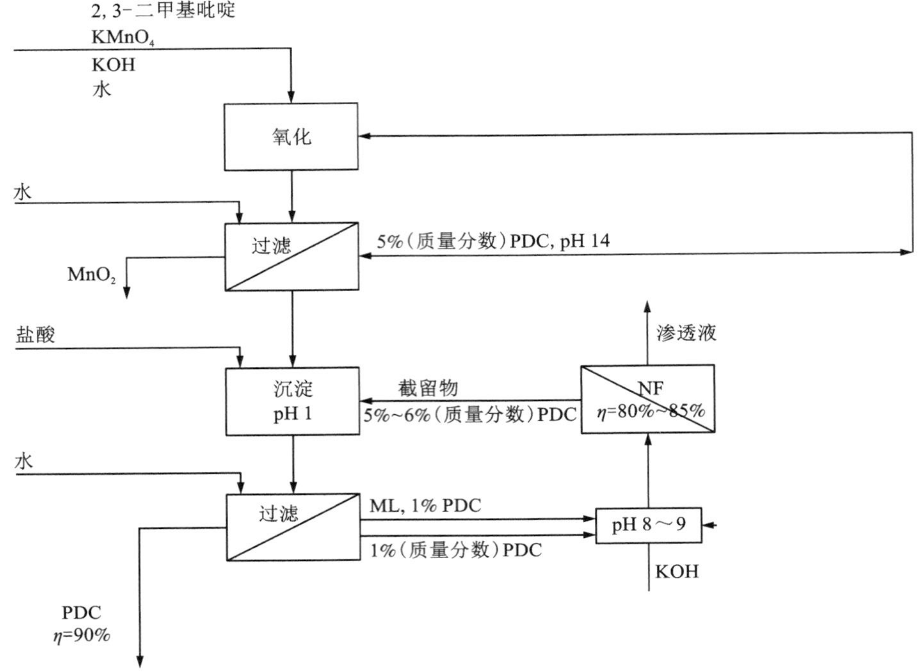

图 13-7　包含纳滤的 PDC 生产工艺流程（η：回收率）

13.4　制药和生物技术工业

药品制备工业类别包括将原料制成供人类和动物使用的药物制剂的生产、制造和加工。制药工业的 SIC 代码是 283。本章介绍了制药和生物技术工业的一些工业标准流程。我们试图展示纳滤膜技术在这些过程中扮演的角色，但对于没有案例研究的情形，我们则进行一般描述。

在制药和生物技术工业，产品开发过程有三个主要阶段：(1)研发；(2)通过发酵、萃取和/或化学合成将有机物质和天然物质转化为原料药；(3)终端药品的配方设计。

13.4.1　研发小型试验技术

根据塔夫斯(Tuffs)大学药物开发研究中心 1995 年的一项研究数据，药物研发机构在研发一种新的药物制剂时将评估 5000~10000 种成分。然而，其中只有大约五种能继续进入有限的人体临床试验阶段。

总的来说，产品开发必须比以往更快、更便宜、更好！

候选产品的增长速度快于传统实验室工作台技术的筛选速度。膜分离小型测试技术用于净化、分离、浓缩快速而可靠。

从实验台测试到工业装置

实验室测试中的分离、净化和浓缩是在膜槽中采用错流进行的(见图 13-8①)。这种模式对体积的要求低，设计和使用简单，允许快速筛选候选化合物；温度、压力和黏度的条件也易于调整。

实验室小型试验的下一步是使用小型膜组件，如面积约 0.5 m^2 的(5.08 cm×30.48 cm)卷式组件(见图 13-9)，或者是使用单纤维或纤维束的管式测试组件。它有完整系列的膜产品可提供不同的元件结构(如不同的进料隔网)，以应对各类不同的固体和黏度。

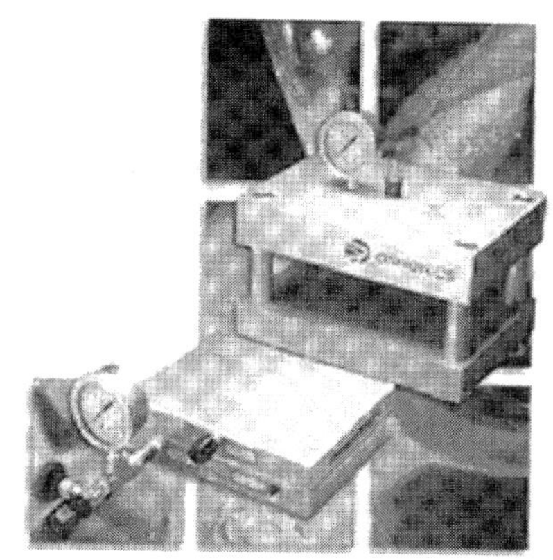

图 13-8　平板聚合物膜的实验室错流测试装置

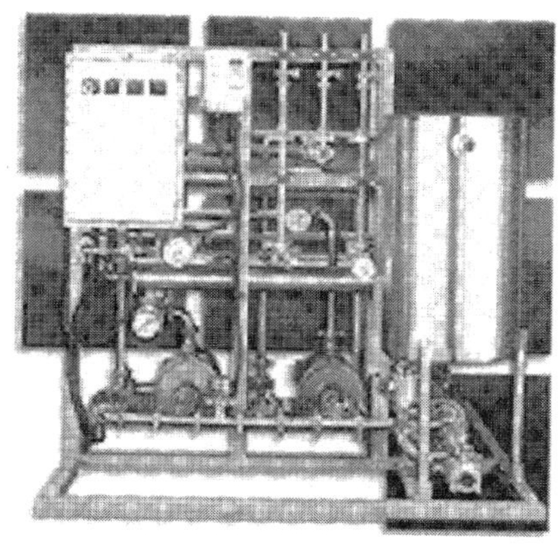

图 13-9　可承受最高 70 bar 和 80℃的卷式膜元件中试装置(最大膜面积是 18 m^2)

中试/样机应用

一旦实验室小型试验确定了达到预期目标所需且合适的膜化学条件，将直接放大到定制的中试装置中(放大有时还包括中间阶段的样机中试)。这个过程为最终的生产阶段提供了一个蓝本。

13.4.2　一般工业过程说明

大多数药物是基于“批量”工艺通过以下方式生产的：化学合成、发酵、从天然来源中分离/回收，或这些工艺的组合。每种工艺生产的经黄药物如下(见图 13-10~图 13-12)：

(1)化学合成：抗生素、激素、维生素、抗组胺药、疫苗。

---

① 原文中没有提到该图，为编者补充。

(2)发酵：多糖、抗生素、类固醇、维生素、克拉维酸、氨基酸。

(3)天然产品提取：酶和助消化药、胰岛素、疫苗。

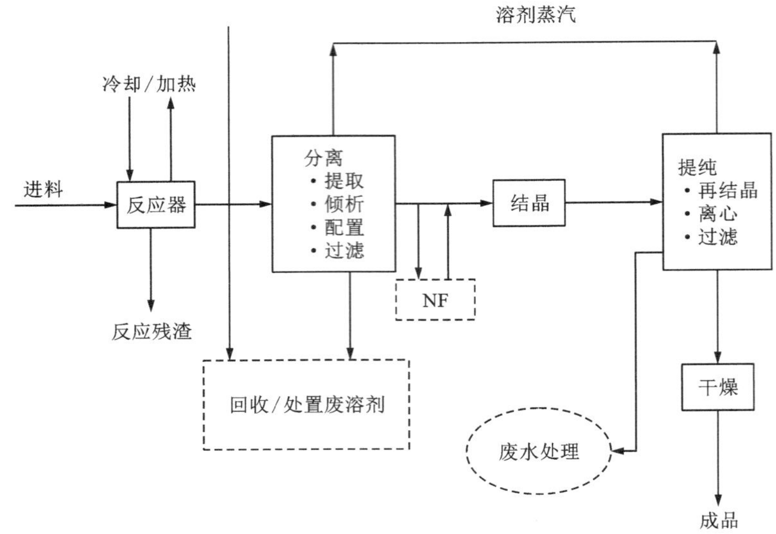

注：虚线框表示纳滤在此处有潜在应用。

图 13-10　化学合成的简化流程图[43]

在天然物的提取过程中，有三个环节可以用到纳滤：

(1)混合、洗涤废水的纳滤。

(2)蒸发前的纳滤。

(3)蒸发器冷凝液的纳滤。

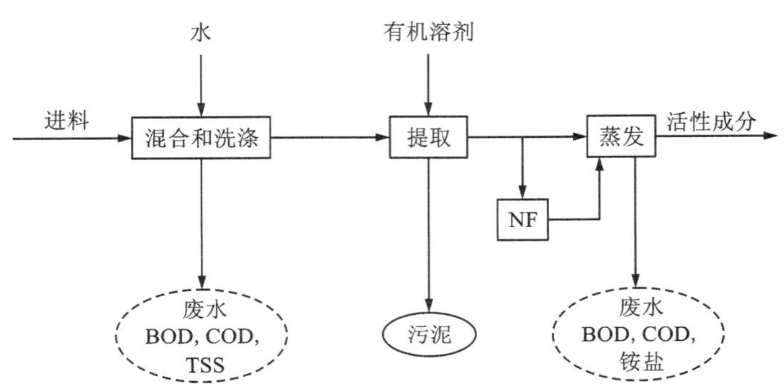

注：虚线框表示纳滤在此处有潜在应用；TTS：总悬浮固体。

图 13-11　天然物质/生物质提取的简化流程图[43]

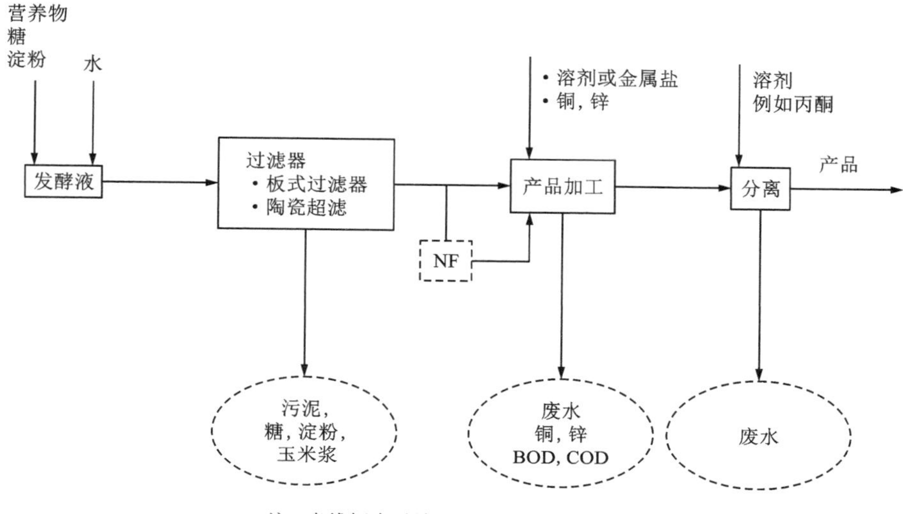

注：虚线框表示纳滤在此处有潜在应用。

图 13-12　发酵的简化流程图[43]

13.4.3　纳滤在制药和生物技术工业中的应用

纳滤膜分离技术在该行业的废水处理和净化过程中有许多潜在应用，但相关内容极少发表。

某些公司在将纳滤膜应用于制药和生物技术方面（自采用纳滤膜以来）已有近 15 年的经验，涵盖从发酵过程中回收抗生素、生物活性物质的浓缩和提纯、从生物液体中去除热原、酶回收、蛋白质或多糖的浓缩和提纯等。

已证实的纳滤膜在制药方面的应用包括生产头孢菌素 C、克拉维酸、红霉素、柔红霉素、青霉素 G、维生素 B12、6-氨基青霉烷酸(6-APA)、7-氨基脱乙酰氧基头孢烷酸(7-ADCA)以及其他产品[44]。

抗生素生产

纳滤工艺目前已成为抗生素生产中的关键工艺之一。在抗生素生产线中，纳滤工艺有多种用途，也可用于不同的工艺步骤。

其中，在下游加工中的典型应用是发酵液澄清后的浓缩、离子交换步骤前的发酵液预浓缩和离子交换洗脱液在结晶前的浓缩。

在前两种应用中，卷式薄膜纳滤系统用在陶瓷微滤或超滤系统过滤发酵液之后的效果最佳。

纳滤可以避免热冲击导致的产品变化，获得高的活性浓度。纳滤是在低温下进行的，这通常是避免产品降解的根本。纳滤还可以浓缩产品，同时去除溶液中的无机盐，以获得更高纯度的最终产品。

有机合成常常产生既含有机化合物又有无机盐的反应混合物，在涉及矿物酸或碱作为催化剂或中和剂的反应中形成。后续的净化通常很简单，因为矿物盐在有机溶剂中会沉淀，而有机分子则用溶剂萃取或向水中加盐使其析出(盐析)。当有机分子是亲水的，即化合物完全(或至少高度)溶于水介质时，对以水为溶剂的混合物进行分离更为困难。在这种情况下，有机/无机混合物的分离是漫长而乏味的。工业方面的有机合成通常在高浓度水平下进行，因此会形成高浓度的反应混合物。大多数已发表的关于纳滤的工作都与水处理、软化和超纯水生产中的低浓度或稀的水溶液有关(<4% w/v，通常<1% w/v)①，对浓度高的有机/无机混合物水溶液的纳滤分离知之甚少。

接下来的例子涉及分子量为300~700的季铵盐的生产[45]。用于实验的进料溶液是由精细化学合成的反应混合物，其含有43 g/L铵盐、37~40 g/L NaCl和54.4 g/L NaOAc(醋酸钠)。由于盐浓度升高以及总盐浓度高于10% w/v，溶液的离子强度很高。该工艺使用了卷式纳滤组件Nanomax 50(MWCO 250)，在渗滤步骤几乎将无机盐完全去除，后续是浓缩步骤。由于季铵盐的热敏性，最佳压力为10 bar，温度为15℃。在渗滤过程中，由于盐浓度降低导致进料溶液的渗透压降低，膜的通量增加，如图13-13所示。最终得到，有机盐的截留率大于99.5%，损失的铵盐不到2%；在最佳实验条件下，可去除99%以上的无机盐。

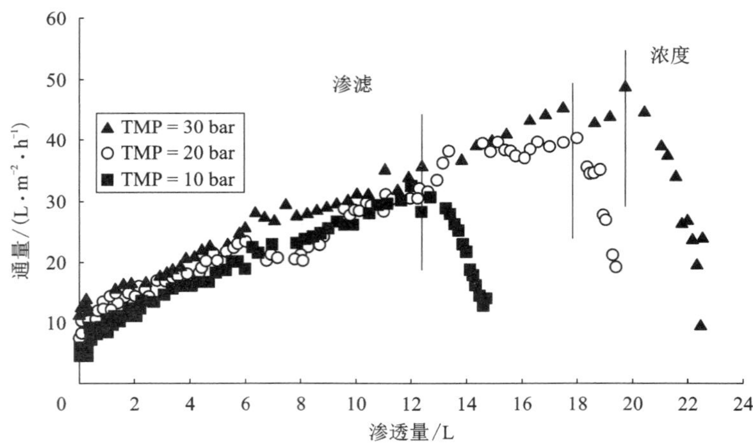

图13-13　渗透通量随渗透体积的变化(T=15℃，pH=4.5)[45]

① w/v是质量浓度(单位体积内的质量)，单位为g/L。因此，4%对应40 g/L，依此类推。

下面简单介绍一个用于净化和浓缩活性成分的纳滤+反渗透系统(见图 13-14[①])。

图 13-14　用于抗生素净化和浓缩的 NARO®系统

(图片由意大利 Hydro Air Research 提供)

(1)系统工艺流程模式：连续的、进排料配置、多回路 NARO®设计(Hydro Air Research®)。

(2)渗透液产量：10000～13000 L/h。

(3)系统自动化：全自动化，由可编程逻辑控制器(PLC)控制。

(4)清洗程序：全自动化，由 PLC 控制(系统配 CIP 单元)。

(5)装机功率：41 kW。

(6)日耗电量（工作 20 h)：656 kW·h/d。

(7)清洗用水量：5～7 m^3。

(8)化学品消耗：专用清洁剂 2～5 kg/d。

(9)膜：做成卷式结构的特殊设计的纳滤膜和反渗透膜。

(10)膜寿命：6～18 个月，取决于进料特性和操作条件。

6-氨基青霉烷酸(6-APA)的回收

6-APA(M_r 216) 是合成青霉素的中间体，可以用酶促反应过程生产。该过程的反应混合物含有 6-APA、苯乙酸、NH_4Cl 和 KCl，用甲醇和 DCM 萃取，以分离出含有苯乙酸的有机相及含有 6-APA 和盐的水相。6-APA 由离心机分离，而含有 0.4%的 6-APA、15%的甲醇和 2%的 DCM 的母液使用安装了如耐溶剂的 Koch MPS-44 膜(MWCO 250)的纳滤系统。入口压力为 30～35 bar，温度通常在 4～

① 原文中没有提到该图，编者补充。

6℃。由于低温和甲醇的存在，通量较低，在 4～6 L/(m² · h) 范围内变化。含盐渗透液被排放；截留液含有浓缩的 6-APA(4%～6%)，被循环到萃取装置中。这样，产品损失会减少到最低限度（回收率 90%～95%），从而使投资回收期少于一年。具体的工艺方案如图 13-15 所示[46]。某中型工厂每天生产 15～20 t 母液，但采用纳滤从母液中分离出 6-APA，每天可回收 60～80 kg 6-APA。

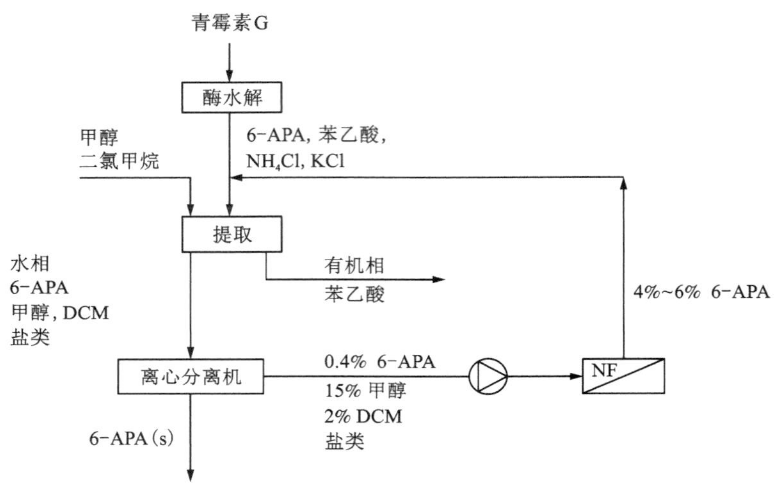

图 13-15　通过纳滤回收母液中的 6-APA

当没有甲醇时，通量可以更高。对于含有 0.014 mol/L[0.3%（质量分数）] 6-APA、0.014 mol/L 苯乙酸、0.005 mol/L 青霉素 G、0.05 mol/L 硼酸、1.0 mol/L NH_4Cl、0.24 mol/L KCl 和 0.24 mol/L DCM 的人工母液，在压力为 25 bar、温度为 6～10℃、浓缩 24 倍的条件下，其平均渗透通量为 23 L/(m² · h)[47]，截留液包含 0.336 mol/L[7.25%（质量分数）] 6-APA。所用的膜是来自 Millipore 的 Nanomax 50(MWCO 250)。最终得到，6-APA 的截留率为 98.9%～99.35%，NH_4Cl 和 KCl 的截留率分别为 2.3%和 8%，6-APA 的回收率达 98%以上。

纳滤也可用于青霉素生物转化液的浓缩和脱盐。6-APA 在 25 bar 的压力和 6～10℃的温度下从 0.211 mol/L 浓缩到 0.746 mol/L，平均通量为 8.6 L/(m² · h)，6-APA 的回收率约为 97%。

据估计，目前有 15～20 家纳滤工厂在运行，膜面积从 100 m²(2～3 家工厂)到 200～300 m² 不等。

7-氨基脱乙酰氧基头孢烷酸(7-ADCA)的制备

在制备 β-内酰胺类抗生素药物的过程中，合成的最重要阶段之一是扩环反应，将含 5 元杂环的青霉素转变为含 6 元杂环的头孢菌素骨架。MWCO 约 2000

的纳滤膜可用于提纯含有产物(如，7-取代氨基脱乙酰头孢菌素)的水溶液。该溶液可直接用于 7-ADCA 的合成，无需中间分离[48]。

碳(杂)青霉烯类抗生素

碳(杂)青霉烯是一类针对耐甲氧西林金黄色葡萄球菌的抗生素，其苯磺酸盐是一种结晶的、不吸水的粉末，在室温下稳定，可长期保存。然而，这种盐的水溶性有限，被禁止用于静脉注射。碳(杂)青霉烯的氯化物极易溶于水，但它是无定形的，且在固态时活性会下降。在这种情况下，一种常见的对策是在开发具备生物效应的盐的同时，设计能尽量减少降解的制造条件和储存条件。用纳滤膜(Nanomax 50，MWCO 250)和浓缩的 LiCl 溶液进行渗滤，可将苯磺酸盐转化为氯盐[49]。这种方法将两种盐的有益特性结合到一个单一的可扩大过程中，可缩短循环时间、增强灵活性并提高整体质量。对于浓度为 0.1 kg/L 的 40 kg 碳(杂)青霉烯苯磺酸盐的处理，使用了 25 个渗滤体积的 20%(质量分数)的 LiCl 溶液，在通量为 20 L/(m^2·h) 时需要约 40 m^2 的膜面积。在 2~5℃下，用渗滤制成的所有批次的药物预计最大降解为 0.5%，而通过其他工艺制备的氯化盐以 0.2%/月的速率降解。

回收萃取过程中的溶剂

有许多工艺使用了溶剂。与水基工艺相比，它们的体量较小，这限制了聚合物卷式膜行业开发新的耐溶剂膜和元件的兴趣。

原则上，溶剂可以用聚合物膜处理。然而，因为溶剂可能会严重影响聚合物，使其膨胀或溶解。该状况的背景是聚合物膜的制备采用了相转化技术，涉及几种常见的溶剂。

陶瓷膜在处理溶剂时完全没有问题，因此，如果陶瓷膜能够获得符合要求的 MWCO，将是合理的选择。以陶瓷材料构建的真实的纳滤膜目前还无法获得，而采用同样材料的超滤(UF)膜和微滤(MF)膜则早就有了。在这之前，聚合物膜是针对分子量在 150~300 时纳滤应用的唯一选择。表 13-5 显示了聚合物和陶瓷纳滤膜的一些特性。

表 13-5　聚合物和陶瓷纳滤膜的一般比较

特性	聚合物膜	陶瓷膜
水渗透率	2~10 L/(m^2·h·bar)	20~40 L/(m^2·h·bar)
MWCO	>150	>1500
盐截留率	<99%	<70%
压力	<60 bar	<10 bar

续表13-5

特性	聚合物膜	陶瓷膜
温度	<80℃	<120℃
低 pH	>0	>0
高 pH	<14	<14
氧化剂 H_2O_2	$<200\times10^{-6}$	<50000 mg/L
氧化剂 Cl_2	<1 mg/L	<2000 mg/L
有机溶剂	溶胀	非常稳定

现阶段有关无机膜的研究主要是针对氨基酸的分离[50-51]，探讨电荷效应、同离子排斥和反离子的吸引。此外，还研究了跨膜压力、盐浓度和 pH 对陶瓷膜截留性能的影响。

其他一些已发表的应用如下：含有 2%乙酸的药物浓缩[52]；椰子油中托泊替康(*Topotecan，一种药物）的浓缩（Smithkline Beecham 公司）[53]。

盐类和氨基酸的分离

在精细化工的几个工艺中，化学品的生产过程中 pH 经常发生变化。所产生的盐与产品的比例约为 10~100，因此盐与产品的分离是一个非常重要的工艺步骤。在甜味剂阿斯巴甜(L-天冬氨酰-L-苯丙氨酸甲酯)的酶促反应过程生产中可以找到一个例子。来自超滤装置的渗透液用于回收所用的酶，其中不仅含有大量的 NaCl[10%~15%(质量分数)]，也含有少量有价值的原料，如苯丙氨酸[Phe，1.0%~1.8%(质量分数)]、苯丙氨酸甲酯[0.15%~0.65%(质量分数)]、L-天冬氨酸[0.03%~0.04%(质量分数)]和苯甲酰基羰基-L-天冬氨酸[Z-Asp，0.50%~1%(质量分数)]。由于盐含量高，该工艺流体只能部分回收，其余的必须排放到废水处理厂。然而，纳滤可以用来分离和浓缩有价值的有机化合物，同时去除大量的盐。Koch Selro MPT 10(葡萄糖截留率 97.7%)和 Stork(现为 X-Flow)WFN 0505 膜被用于测试。WFN 0505 膜对有机化合物的截留率高于 MPT 10 膜截留率。高 pH 的好处体现在可以降低 NaCl 的截留率和提高通量。苯丙氨酸甲酯在高 pH 下水解为苯丙氨酸，因此在该溶液里不存在。在 pH>8 时，NaCl 的截留率非常低，甚至是负截留，可低到-40%，这具体取决于 pH 和浓度；与此同时，有机化合物的截留率仍然很高，苯丙氨酸的截留率约为 80%，Z-L-天冬氨酸的截留率为 98%，如图 13-16 所示。通量由 pH 决定，并随浓度变化，如图 13-17 所示。

有机化合物的回收率从 70%(苯丙氨酸)到 95%(Z-L-天冬氨酸)不等，取决于进料的浓缩因子。

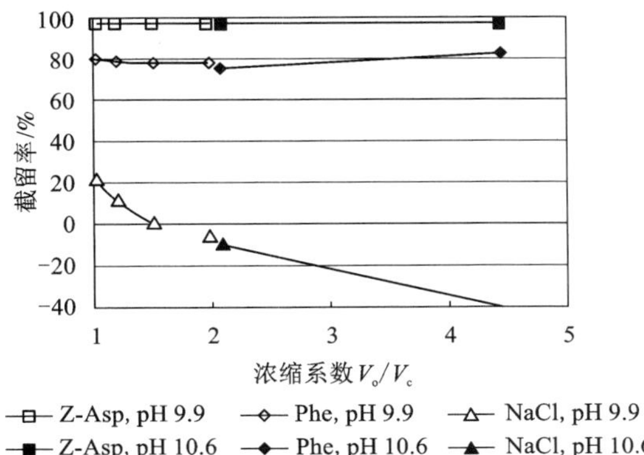

进料：Phe 1.59%(质量分数)，Z-Asp 0.98%(质量分数)，NaCl 10.55%(质量分数)；

V_o：进料初始体积；V_c：浓缩后的进料体积。

图 13-16　用纳滤处理超滤渗透液的结果(WFN 0505 膜，30 bar，40℃)

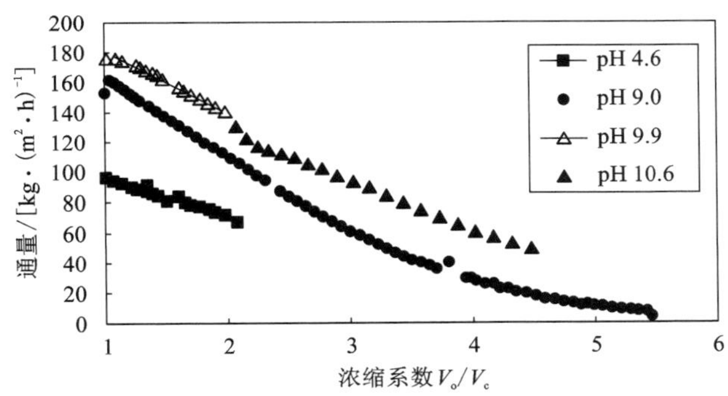

V_o：进料初始体积；V_c：浓缩后的进料体积。

图 13-17　用纳滤处理超滤渗透液的结果(WFN 0505 膜，30 bar，40℃)

纳滤也可用于分离 L-苯丙氨酸和 L-天冬氨酸[54]。用 Hydranautics ESNA2 膜(葡萄糖截留率 52.5%)可以从 L-天冬氨酸中分离苯丙氨酸。当 pH 4~8 时，苯丙氨酸的截留率为 0，天冬氨酸的截留率为 70%~90%。采用 Nitto Denko ES20 膜对溶液进行浓缩，并对使用这两种膜的分离过程进行了模拟，但遗憾的是，没有进行实验来验证这一模拟过程。

在 L-天冬氨酸的某生产工艺中，先由富马酸与 NH_3 的酶催化反应生成 L-天冬氨酸，再通过硝酸将 L-天冬氨酸沉淀出来。随后对所得母液进行纳滤，其中剩余的 L-天冬氨酸被截留并循环回到沉淀装置。渗透液中含有约 20%的 NH_4NO_3，浓缩后可作为肥料使用[55]。

浸泡水和废水浓缩

含有大量有机物质(淀粉、蛋白质、油)的浸泡水和洗涤水，经微滤、纳滤和/或反渗透组合技术处理后可循环使用。在某个特殊的马铃薯加工厂，采用微滤和纳滤构建了一个两级膜系统。在提取了大部分淀粉后，废水混合了所有的工艺流体(浸泡、洗涤和蒸煮)，包含大约5%的蛋白质、4%的多糖，以及一些果皮，并在污水池中进行生物修复。在此过程中遇到的问题之一是，废水中的大量硝酸盐杀死了负责修复的微生物。废水(进料)流在微滤之前通过75 μm的筛网，使蛋白质变性。系统在2 bar、57℃下运行至进料含6%的总固体，平均通量为34 L/(m^2 · h)。然后，微滤渗透液用纳滤进行进一步处理，能够达到12.5%的总固体。这一操作解决了生物修复问题，且获得了其他优势[56]。

纳滤处理蒸发器冷凝液

蒸发器广泛应用于食品、乳制品、有机化工等行业，从流体中去除水分以获得更稳定或体积更小的产品，浓缩液随后被干燥成粉末。蒸发过程中凝结的水是热的，本身可能还含有少量的产品。蒸发器冷凝水可通过反渗透膜回收，成为一种有价值的优质热冲洗水源。纳滤在这方面的实践不多见。

低温的蒸发器冷凝液是一种易受生物污染的产品，可能导致纳滤和反渗透性能的显著降低。对此，已被证明的一种非常可靠的方法是在80~90℃下对整个工厂进行30 min的巴氏灭菌。

对于热的冷凝水，有可耐受90℃高温的纳滤和反渗透卷式元件供连续使用[57]。

纳滤纯化葡萄糖糖浆

某酶促反应工艺可用淀粉生产葡萄糖糖浆。原始的葡萄糖糖浆含有95%的葡萄糖(单糖)和5%的杂质(二糖和三糖)。

纳滤卷式元件被用来对葡萄糖糖浆进行提纯，所得产品含有99%的葡萄糖和少于1%的杂质。

多年来，该工艺一直是纳滤的重要应用。工艺中膜在20~40 bar和高达50℃的条件下运行，Osmonics公司的DL膜，在上述工艺条件下对单糖和双糖具有选择性。图13-18显示了葡萄糖和蔗糖的截留率与两种膜的回收率的关系。

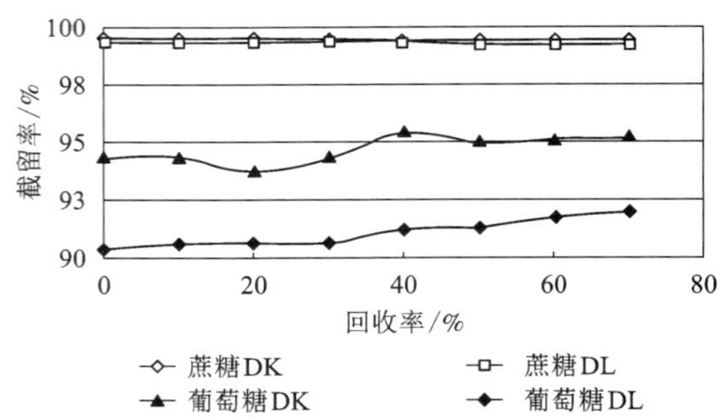

截留特征随着操作条件而改变(DL、DK为膜型号)。

图13-18　标准条件[25℃，糖浓度1%(质量分数)]下不同糖类的截留率

13.5　石油化工

纳滤技术在石油化工领域的实际应用还不多，有报道的只有溶剂润滑油脱蜡和二次油的回收。纳滤在石油化工中有许多潜在的应用，主要以专利的形式记载下来。关于纳滤的非水应用在第 21 章有进一步讨论。

13.5.1　溶剂润滑油脱蜡

润滑油生产是炼油工业中能源最密集的工艺之一，在世界上有 100 多个此类工艺。在通常称为脱蜡的润滑油精制过程中，使用具有挥发性的有机溶剂[通常是甲基乙基酮(MEK)和甲苯]的混合物来溶解含蜡润滑油，冷却该混合物使蜡质成分沉淀，用旋转滚筒过滤器除去蜡。随后从润滑油中回收混合溶剂，并回用到(上述)工艺中。典型的工艺方案如图 13-19 所示。

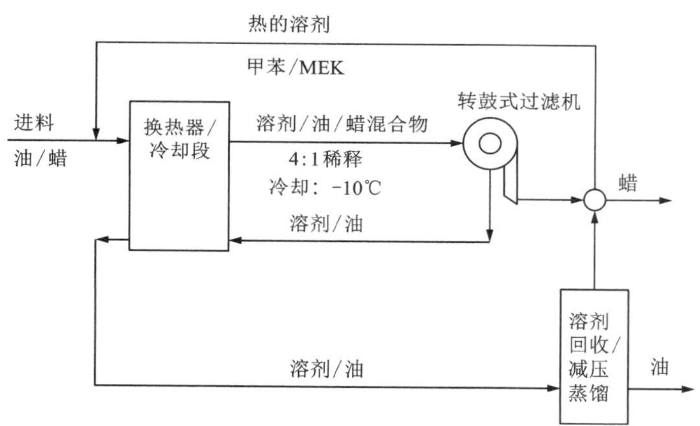

图 13-19　传统冷却式溶剂脱蜡流程

纳滤可有效地解决溶剂润滑油工厂中制冷和回收部分的问题。尽管 Shell/KSLA 公司的 Bitter 在 1989 年已经报告说[58, 59]，他在四年内基于该工艺成功地运行了一个小型装置，但直到 1998 年，才在 Exxonmobile 的 Beaument 炼油厂安装了一套商业装置[60]。

使用膜装置脱蜡的工艺流程如图 13-20 所示。在过滤温度或接近过滤温度条件下从滤液中回收高达 50%的冷溶剂，并将其直接用到脱蜡过程中，从而降低了换热器冷却进料环节和溶剂回收环节的能耗[61-62]。额外的冷溶剂也加快了过滤速度，从而缩小了处理给定量的进料所需膜面积。

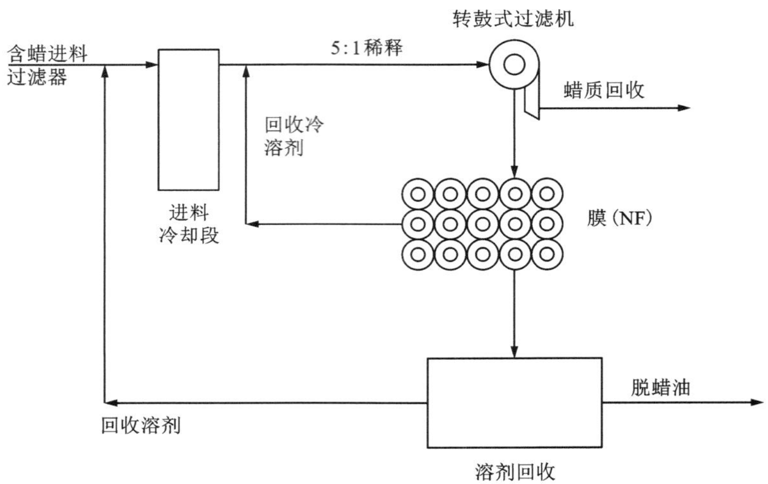

图 13-20　采用纳滤单元的新型溶剂脱蜡流程

所使用的 PI 膜的 MWCO 约为 300，安装在卷式膜组件中，膜面积为 18.6~27.9 m^2[63]。该膜对润滑油的截留率很高，超过 95%，导致渗透液含油量低于 1%（质量分数），如图 13-21 所示。

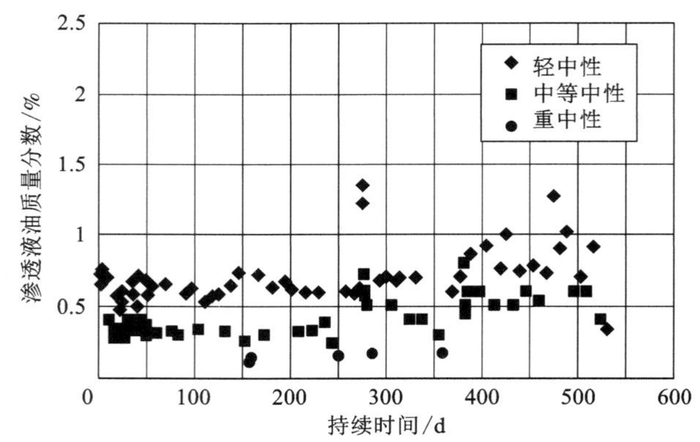

图 13-21　来自商业纳滤脱蜡单元的数据

（由 Exxon Mobil 提供）

纳滤装置的进料含有 20%（质量分数）的润滑油和通常为 65∶35 的丁酮和甲苯混合物。其中，优选比例取决于要脱蜡的蜡油残液进料，可在 40∶60 到 80∶20 之间变化。进料温度较低，通常为 -18℃ 至 0℃，压力为 41 bar。根据专利中的数据[21, 63]，在 41 bar 的压力和 -10℃ 的进料温度下，初始通量为 8.5~13 L/(m^2·h)。由于高压导致的压实，250 天后的通量降到初始通量的 50%左右；之后，通量至少在 700 天内保持稳定。图 13-22 表明了运行开始后的前 700 天内，商业装置中由渗透液生产低温溶剂的状况。

根据 ExxonMobile 公司的工业经验，预计膜的使用寿命为 4 年，这是其 Beaumout 工厂（1998—2002 年）目前的运行时长。纳滤工艺与选定的辅助设备共

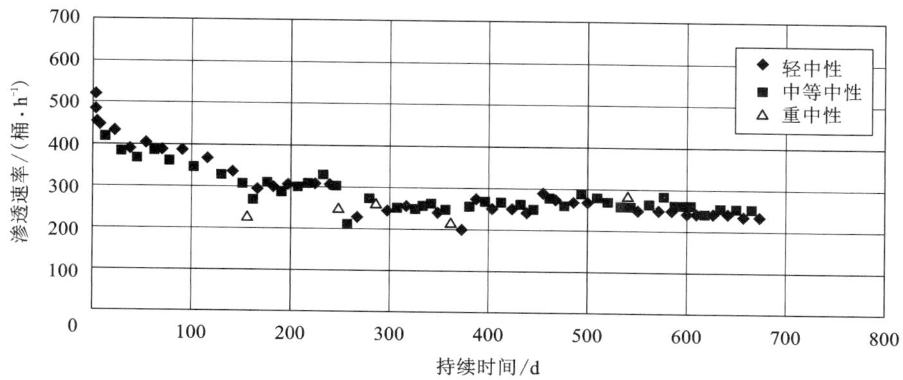

图 13-22　来自商业安装冷溶剂的渗透液生产速率

（数据由 Exxon Mobil 提供）

同升级，使平均基础油产量提高了 25%以上，脱蜡油产量提高了 3%~5%。膜法不仅使单位体积产品能耗降低近 20%，还让粗蜡的油含量降低了 3%[60]。

自 1998 年以来，Exxon Mobil 已在 Beaumout 炼油厂运行一套商业装置（图 13-23），其最大进料能力为 11500 m^3/d，实际进料速率是 5800 m^3/d（240 m^3/h），渗透液生产量最初是 70 m^3/h，在 250 天后减少到 40 m^3/h。假设初始通量是 8~12 $L/(m^2 \cdot h)$，以及最后通量为 5~7 $L/(m^2 \cdot h)$，达到产能为 11500 m^3/d 的估计装置所需膜面积为 12000~16000 m^2，是以液态有机物为原料的操作中最大的膜安装面积。按照 Exxon Mobile 公司的数据，这套装置的基本建设费用是 550 万美元，每年的盈利收益为 610 万美元，意味着这套装置不到 1 年就可以收回成本。

图 13-23　Beaumout 工厂润滑油脱蜡的纳滤单元

（由 Exxon Mobil 提供）

13.5.2　污染物去除

Shell 公司声称，他们使用疏水性纳滤膜从各种液态烃类产品［如运输燃料（汽油、煤油和柴油）］中去除了最大浓度为 5%（质量分数）的高分子量污染物[64-65]。分子量为 400 及以上的污染物可通过疏水性纳滤膜［以聚二甲基硅氧烷（PDMS）为选择层，以聚醚酰亚胺（PEI）或聚丙烯腈（PAN）为支撑层］有效去除。对于运输燃料的净化，这些膜在 10 bar 的压力和 21℃的温度下获得的通量分别为

90 kg/(m^2 · h)和 20 kg/(m^2 · h)；对于 85%(质量分数)二环戊二烯的提纯，在 30 bar 的压力和 29℃的温度下的平均通量为 16.6 L/(m^2 · h)。在这些专利列举的实例中，所提到的回收率为 50%~66%。可能需要两段过程才能获得更高的烃原料回收率。因此，这一过程在经济上是否可行还有待观察。如果需要两段过程，则总进料需加压两次，每次 10~30 bar，而回收的渗透液(即产品)是常压。

13.5.3 原油脱酸

原油及其蒸馏馏分可能含有大量有机酸，如环烷酸。油中的酸性杂质会引起腐蚀问题，特别是在 200℃或更高的温度下进行操作时。酸性组分通常用极性溶剂(如甲醇)萃取除去。从处理过的原油系统中分离出萃取相后，通过蒸馏回收极性溶剂，以实现再利用。英国 British Petroleum(简称 BP)公司声称有一种用纳滤膜从萃取相中分离极性溶剂的方法[66]。纳滤装置的渗透液主要含有甲醇，被循环至萃取柱，而含有环烷酸和一些残留甲醇的截留液通过蒸馏进行提纯，使得回收的甲醇也被循环到萃取柱中。该流程图如图 13-24 所示。

纳滤膜必须能够耐受溶剂，例如 Koch MPF 50、MPF 60 或 MPF 44 及 Osmonics 的 Desal DK、Desal DL、Desal-5 和 Desal YK。在该实例中，2%(质量分数)的环烷酸甲醇溶液在 30bar 的压力下过滤。根据膜的类型，渗透通量在 50~100 L/(m^2 · h)时变化，截留率在 76%~87%时变化。

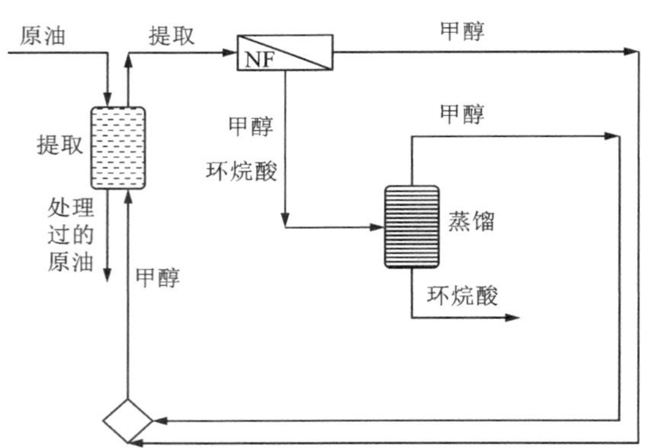

图 13-24 原油脱酸的工艺流程图

13.5.4 二次采油

海上石油生产通常涉及利用高压水射流注入油层的二次采油，以实现整体生产的经济性。注入的水必须满足一定的要求：不含悬浮固体和基本上不含硫酸盐，以消除潜在的油层堵塞。堵塞可能是由此类固体，以及由 Ba^{2+} 和 Ca^{2+} 等离子与注射水中可能被大量携带的硫酸盐发生反应而造成。此外，注射水的离子浓度应与油藏水的相似，这一点非常重要。自 1999 年以来，这种装置已经在英国北海的 Janice 油田投入使用。油层水中 Ca^{2+} 含量约为 10 g/L，海水中 SO_4^{2-} 约为 2.9 g/L，预计会发生严重的 $CaSO_4$ 结垢。一套装有 Dow Filmtec SR-90-400 膜的纳滤装置被成功地用于生产注射用低硫酸盐海水[67]。硫酸盐脱除过程的进料量约为

620 m^3/h，水的回收率为 75%。

Osmonics 公司宣称他们有这种工艺，使用的是他们自己的 Desal-5 膜[68]。应用过程不用（专门）调节海水的温度，因为泵的能量输入足以使进料温度升高到纳滤装置要求的进料温度。进料压力通常为 10～15 bar，超过 99%的二价离子被去除，平均通量为 34 L/(m^2·h)，给水回收率约为 90%。

13.5.5　采出水回收

向海上油井注入蒸汽或水可以提高油的采收率。一套中试装置已经在北加州 Bakersfield 附近的一个油田[69]运行了大约 6 个月，在 1700 多个小时的运行期间每分钟处理 20 加仑的采出水（4.5 m^3/h）。该区的油井已接近使用年限，稠油与采出水的体积比接近 1∶10。采出水温度为 85℃（185℉），含盐量约为 10000 ppm，悬浮固体含量较高，且其中的铁、硅和硼是饱和的。

膜技术三步法（超滤、纳滤和反渗透）与离子交换法相结合的应用已被证明足以生产出适合土地灌溉的水。经过超滤、纳滤和双反渗透处理后，产水中 NaCl 含量低于 150 ppm，远远低过 1000 ppm 的排放限值。唯独没有满足硼的严格限制（0.75 ppm）；在第二次反渗透后，仍然有 5～10 ppm 的硼留在渗透液中。对此，使用专门的离子交换树脂可以将硼含量降低到可接受的水平。

进料经过预处理槽后进入超滤装置，该装置在 90%至 95%的回收率下运行，浓缩液通过管道流回油水分离器。在超滤渗透液中加入阻垢剂，以防止后续纳滤膜的硫酸钙结垢。纳滤设备装有 MWCO 150～200 的膜，在相同温度下运行，回收率为 90%～95%；纳滤浓缩液进入处置井。在第一步反渗透（也在 85℃下）中处理纳滤渗透液，但在第二步反渗透之前将其冷却至环境温度，从而在最高盐截留率下运行。反渗透步骤的综合回收率为 80%～90%，所得浓缩液可在其他操作中使用。该工艺流程图如图 13-25 所示。

考虑超滤浓缩液的循环利用和反渗透浓缩液的各种用途，采出水的总回收率可超过 80%。

用膜法处理油气田采出水一般具有回用和处理的双重目的。这些水经常被重复利用并在有问题油井的增产技术中。在注水法中，纳滤渗透液是理想的。其矿物背景组成与采出水接近，但去除了所有硬度，且温度接近地层中的自然温度。这在一定程度上减少了在地质层中形成沉淀和堵塞的风险；液体在地质层内必须自由流动才能产生预期的增产效果。

在中试研究的现场，采用注入蒸汽来提高油井的产量。这就要求使用反渗透生产具有锅炉给水质量的水。将多余的反渗透水用于土地灌溉这一预期用途的焦点是硼含量，它不能被膜技术降低到 0.75 ppm 的监管限值。因此，添加了离子交换步骤以去除多余的硼。高质量的反渗透水使离子交换步骤能够毫无问题地高效工作。

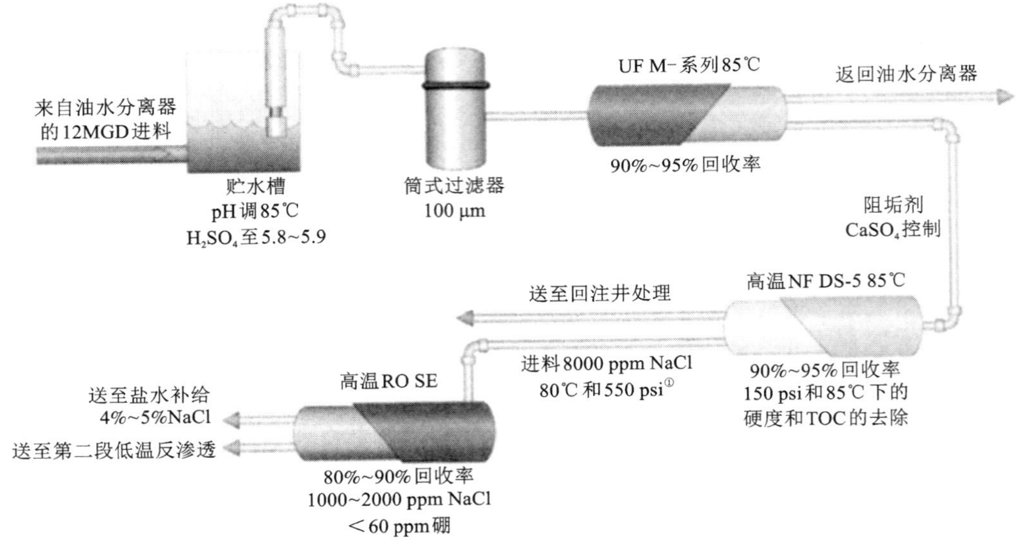

图 13-25 回收采出水的工艺流程图

13.6 结束语

纳滤技术在化学过程工业，如染料脱盐、制药和生物技术工业中，是一种成熟的分离技术，尽管其应用极少被发表。纳滤技术的应用潜力很大，最大的纳滤装置在石油化工行业已用于润滑油的脱蜡。

分子量为150~1000的无机纳滤膜比聚合物膜更适用于有机溶剂，对其进行开发将为纳滤技术在化学过程工业中拓宽应用范围，特别是在与有机溶剂相关的均相催化剂回收和其他工艺中。

致谢

作者感谢美国ExxonMobil公司、意大利Hydro Air Research公司、英国Koch Membrane System公司、瑞士Osmonics公司和英国PCI Memtech公司提供基本数据和图片。

---

① 1 psi = 6894.76 Pa。

参考文献

[1] M Turek. Silesian University of Technology, Faculty of Chemistry. U L B. Krzywoustego 6, 44-100 Gliwice, verbal conversations about Project No 3 T09B, 09719200, 2002.

[2] A Bart. Sulphate removal by nanofiltration. Flration+Separation, 2001, 38(6): 18-20.

[3] Kvaerner Canada brochure.

[4] L Lien. Business Development Manager, Crossflow, Osmonics. Internal information.

[5] Product Information Osmonics DURACID.

[6] B Nicolaisen. Nanofiltration Article. membrane 020607, internal document OSMONICS.

[7] J Wagner. Membrane technology: Treatment of acidic products, presented in Lappeenranta University of Technology. Handouts 3rd Nanofiltration and Application Workshop in Lappeenranta Finland, 26 - 28 June, 2001.

[8] L Lien. Business Development Manager Crossflow, Osmonics. Verbal information.

[9] M P Gonzalez, R Navarro, I Saucedo, et al. Purification of phosphoric acid solutions by reverse osmosis and nanofiltration. Desalination, 2002, 147: 315-320.

[10] D Jakobs, G Baumgarten. Nanofiltration of nitric acidic solutions from picture tube production. Desalination, 2002, 145: 65-68.

[11] M Kyburz. Säureaufbereitung mit Umkehrosmose und Nanofiltration, Preprints Aachener Membran Kolloquium, GVC-VDI-Gesellschaft Verfahrenstechnik und Chemieingenieurswesen. Düsseldorf, 1995, 26: 1-25.

[12] M Forstmeier, B Goers, G Wozny. UF/NF treatment of rinsing waters in a liquid detergent production plant. Desalination, 2002, 149: 175-177.

[13] M Schmidt, S Mirza, R Schubert, et al. Nanofiltrations membranen für Trennprobleme in organischen Lösungen. Chem. Ing. Techn, 1999, 71: 199-206.

[14] X J Yang, A G Livingston. L Freitas dos Santos, Experimental observations of nanofiltration with organic solvents. J. Membr. Sci, 2001, 190: 45-55.

[15] Electronic. reference: www. kodak. com/US/en/motion/support/processing/nanofilter. shtml.

[16] S S Luthra, X Yang, L M Freitas Dos Santos, et al. Phase-transfercatalyst separation and re-use by solvent resistant nanofiltration membranes. Chem. Commun, 2001: 1468-1469.

[17] S S Luthra, X Yang, L M Freitas Dos Santos, et al. Homogeneous phase transfer catalyst recovery and re-use using solvent resistant membranes. J. Membr. Sci, 2002, 201: 65-75.

[18] D Nair, S S Luthra, J T Scarpello, et al. Homogeneous catalyst separation and re-use through nanofiltration of organic solvents. Desalination, 2002, 147: 301-306.

[19] D Nair, J T Scarpello, L S White, et al. Semi-continuous nanofiltration-coupled Heck reactions as a new approach to improve productivity of homogeneous catalysts. Tetrahedron Lett, 2001, 42: 8219-8222.

[20] J T Scarpello, D Nair, L M Freitas Dos Santos, et al. The separation of homogeneous organometallic catalysts using solvent resistant nanofiltration. J. Membr. Sci, 2002, 203: 71-85.

[21] L S White, I F Wang, B S Minhas. Polyimide membrane for separation of solvents from lube oil. US Patent 5264166, 1993.

[22] K De Smet, S Aerts, E Ceulemans, et al. Nanofiltration-coupled catalysis to combine the advantages of

homogeneous and heterogeneous catalysts. Chem. Commun, 2001: 597-598.

[23] J F Miller, D R Bryant, K L Hoy, et al. Membrane separation process. WO 9634687 A1, 1996, US Patent 5681473, 1997.

[24] J F Miller, J A Rodberg, B M Roesch, et al. Membrane separation process formetal complex catalysts. WO 0107157, 2001, US Patent 6252123, 2001.

[25] H Bahrmann, T Muller, R Lukas. Process for preparing aldehydes. US Patent 5773667, 1998.

[26] O J Gelling, P C Borman, H A Smits, et al. Process to separate a rhodium/phosphite ligand complex and free phosphite ligand complex from a hydroformylation mixture, EP 1103303, 2001.

[27] J A Whu, B C Baltzis, K K Sirkar. Nanofiltration studies of larger organic microsolutes in methanol solutions. J. Membr. Sci, 2000, 170: 159-172.

[28] Conversation with VQUIP INC. Burlington, Ontario, Canada.

[29] Desalination Systems. Application Bulletin, 127.

[30] C Crossley. How the dye industry is benefiting from membrane technology. Filtration+Separation, 2002, 39 (5): 36-38.

[31] E Tempel, R Lacroix. Process for producing concentrated aqueous dyestuff preparations of anionic paper or wool dyes. EP 0059782, 1982.

[32] R Lacroix. Process for the preparation of stable aqueous solutions of water-soluble reactive dyes by membrane separation. US Patent 4523924, 1985.

[33] PCI-Memtech Brochure TP 155. 5, Dyestuffs processing with membrane filtration, electronic reference: www. pci-memtech. com/images/tp155_5. pdf

[34] I Koyuncu. Reactive dye removal in dye/salt mixtures by nanofiltration membranes containing vinylsulphone dyes: Effects of feed concentration and cross flow velocity. Desalination, 2002, 143: 243-253.

[35] A A Zöllner. Das Salz aus der Suppe, CIT Plus, 2002, 5(5): 30-32. M Martin: Membrantechnik für scharfe Farben. Chemie Technik, 2002, 31(5): 66-67.

[36] R Knauf, U Meyer-Blumenroth, J Semel. Einsatz von membrantrennverfahren in derchemischen Industrie. Chemie Ing. Technik, 1998, 70(10): 1265-1270.

[37] K Abhinava. Applications of nanofiltration membrane processes in the fine chemical industry. Handouts 3rd nanofiltration and Application Workshop in Lappeenranta University of Technology, Lappeenranta, Finland, June 26-28, 2001.

[38] S Yu, C Gao, H Su, et al. Nanofiltration used for desalination and concentration in dye production. Desalination, 2001, 140: 97-100.

[39] P Jaouen, J M Lanson, L Vandanjon, et al. Coloration par nanofiltration d'effluents contenant des encres pour stylos: étude et qualification deprocédé mise en oeuvre industrielle. Environ. Technol, 2000, 21: 1127-1138.

[40] V Cauwenberg, P J D Maas, F H P Vergossen. Process for recovery of pyridine-2, 3-dicarboxylic acid, EP 0947508, 1999. US Patent 6133450, 2000.

[41] G W Meindersma, F H P Vergossen. Application of nanofiltration for the recovery of valuable components. Abstracts Oral Presentations, ICOM '93, Heidelberg, 30 August-3 September, 1993.

[42] G W Meindersma, F H P Vergossen. Process and apparatus for recovery of raw materials in the aspartame preparation process. EP 0642823, 1995; US Patent 5501797, 1996.

[43] EPA report: Economic impact and regulatory flexibility analysis of proposed effluent guidelines for the

pharmaceutical manufacturing industry. EPA 821R95018, 1995.

[44] M Villa. Hydro Air Research Italy (HAR). Internal Information.

[45] N Capelle, P Moulin, F Charbit, et al. Purification of heterocyclic drug derivatives from concentrated saline solution by nanofiltration. J. Membr. Sci, 2002, 196: 125-141.

[46] H W Rösler, J Yacubowicz. Extremfallen, neue Membranmaterialen ermöglichen Trennaufgaben unter extremen Prozeβbedingungen. Chemie Technik, 1997, 26(5): 200-202.

[47] X Cao, X Y Wu, T Wu, et al. Concentration of 6-aminopencillanic acid from penicillin bioconversion solution and its mother liquor by nanofiltration membrane. Biotechnol. Bioprocess Eng, 2001, 6: 200-204.

[48] J F Lopez Ortiz, O Ferrero Barruego, E Gonzalez de Prado, et al. Processfor purifying 7-substituted-amino-desacetoxy-cephalosporines through the use of filtration membranes. EP 0841338, 1998.

[49] V Antonucci, D Yen, J Kelly, et al. Development of a nanofiltration process toimprove the stability of a novel anti-MRSA carbapenem drug candidate. J. Pharm. Sci, 2002, 91(4): 923-932.

[50] C Martin-Orue, S Bouhallab, A Garem. Nanofiltration of amino acid and peptide solutions: Mechanisms of separation. J. Membr. Sci, 1998, 142: 225-233.

[51] H Grib, M Persin, C Gavach, et al. Amino acid retention with alumina nanofiltration membrane. J. Membr. Sci, 2002, 172: 9-17.

[52] J Yacubowicz. Applications for solvent stable nanofiltration membranes in the pharmaceutical industry. Preprints Aachener Membran Kolloquium, GVC-VDI-Gesellschaft Verfahrenstechnik und Chemieingenieurswesen, Düsseldorf, 1997: 95-112.

[53] K K Sirkar. Application of membrane technologies in the pharmaceutical industry. Current Opinion in Drug Discovery &Development, 2000, 3(6): 714-722.

[54] X L Wang, A L Ying, W N Wang. Nanofiltration of L-phenylalanine and L-aspartic acid aqueous solutions. J Membr. Sci, 2002, 196: 59-67.

[55] K H Giselbracht, J Schaller. Process for preparing L-aspartic acid, EP 0959137, 1999. US Patent 6258572, 2001.

[56] Osmonics. Application Bulletin 137, Starch Processing. 2. Steep water concentration.

[57] Osmonics DURATHERM product family and brochure.

[58] J G A Bitter, J P Haan, H C Rijkens. Solvent recovery using membranes in the lube oil dewaxing process. AIChE Symp. Ser 85 (272, Membr. Sep. Chem. Eng, 1989: 98-100.

[59] J G A Bitter, J P Haan, H C Rijkens. Process for the separation of solvents from hydrocarbons dissolved in the solvents. US Patent 4748288, 1988.

[60] N A Bhore, R M Gould, S M Jacob, et al. New membrane process debottlenecks solvent dewaxing unit. Oil Gas J, 1999, 97: 67-74.

[61] L S White, A R Nitsch. Solvent recovery from lube oil filtrates with a polyimide membrane. J Membr. Sci, 2000, 179: 267-274.

[62] R M Gould, L S White, G R Wildemuth. Membrane separation in solvent lube dewaxing. Environmental Progress, 2001, 20(1): 12-16.

[63] R M Gould, A R Nitsch. Lubricating oil dewaxing with membrane separation of cold solvent. US Patent 5494566, 1996.

[64] E R Geus. Process for purifying a liquid hydrocarbon fuel. WO 0160949, 2001. US Patent Application 2002/0007587, 2002.

[65] R P H Cossee, E R Geus, E J Van Den Heuvel, et al. Process for purifying a liquid hydrocarbon product. WO 0160771, 2001.
[66] A G Livingston, C G Osborne. A process for deacidifying crude oil. WO 0250212, 2002.
[67] G H Mellor, R C W Weston, G F Bavister, et al. Sulphate removal membrane technology: Application to the Janice Field. P Hills. Special Publication nr 249: Membrane Technology in Water and Wastewater Treatment, RSC, 2000: 201-210.
[68] L A Lien. Method for secondary oil recovery. WO 0212675, 2002.
[69] B Nicolaisen, L A Lien. Internal paper, Business Development Crossflow Business. Osmonics Inc.

缩略语和符号说明

缩略语/符号	意义	缩略语/符号	意义
7-ADCA	7-氨基脱乙酰氧基头孢烷酸	NF	纳滤
6-APA	6-氨基青霉烷酸	PAN	聚丙烯腈
BASF	Badische Anilin - und Soda Fabrik(公司)	PDC	吡啶-2，3-二羧酸
BOD	生化需氧量(下标5：五日)	PCI	Patterson Candy International (公司)
COD	化学耗氧量	PDMS	聚二甲基硅氧烷
CBW	Chemie GmbH Bitterfeld (Wolfen)(公司)	PEI	聚醚酰亚胺
BINAP	联萘二苯膦	Phe	苯丙氨酸
DCM	二氯甲烷	PI	聚酰亚胺
DSM	Dutch State Mines (De Nederlandse Staagnijnen)	PLC	可编程逻辑控制器
EG	乙二醇	ppm	百万分之一
EtDUPHOS	1，2-双(2，5-二甲基膦)苯	RO	反渗透
LRO	疏松反渗透	SIC	标准工业分类
MEK	甲基乙基酮	TDS	总溶解固体
MF	微滤	TOABr	四正辛基溴化铵
MSF	多级闪蒸	TS	总固体
MtBE	甲基叔丁基醚	TSS	总悬浮固体
M_r	(相对)分子量	THF	四氢呋喃
MWCO	切割分子量	Z-Asp	苯甲酰基羰基-L-天冬氨酸

第 14 章　制浆和造纸工业中的纳滤

14.1　引言

制浆和造纸工业在纸浆加工、漂白和造纸中会使用了大量的水，大部分水在经过某种分离过程处理后可能会再循环，而蒸发和膜分离是针对该目标所研究的主要工艺类型。当前，水循环利用的理念正日益流行。由于世界上的水资源短缺，即使现场水资源丰富，也需要制定取水规则和进行水处理。许多工厂正尝试通过采用最佳可行技术（BAT）使废水尽可能接近零排放。当关闭水回路时，物质开始在循环水中积聚，最麻烦的是溶解的萃取物（通过黏性物质在过程中引起问题）、糖（引起微生物入侵的风险）、多价盐（引起流动性问题）和氯化物（引起腐蚀的风险）。

通过使用不同类型的膜工艺，可以减少不需要的物质的量。其中一种方法是使用超滤（UF）。这将减少固体物的量，并使其在关闭部分水回路的情况下达到恒定的水平。超滤对胶体、颜色、大多数糖和一些多价盐具有不同程度的截留[1-4]。超滤已被应用于综合型工厂的多个环节中[5-10]，如清洗漂白废水、清洗造纸过程中的透明滤液、回收涂层颜色[11-12]以及从亚硫酸盐溶液中回收木质磺酸盐[13]。

纳滤（NF）在循环水回收中的优势主要在于可以获得比超滤更干净的水。这种干净的水甚至可以用在工厂里要求最苛刻的地方。同时，纳滤使用的压力比反渗透（RO）的更低。使用纳滤时，化学需氧量（COD）降低 70%～90%，可被吸附有机卤素化合物（AOX）降低 90%～97%，大多数多价金属降低 90%以上[14-18]。

如今，在制浆和造纸工业中，很少有膜工艺达到了工厂规模，特别是涉及纳滤的膜工艺。膜没有被广泛使用的主要原因与需要处理大量的水有关。如果所有的工厂用水都需要处理，那么每秒要处理许多立方米的水，所需的膜面积也将是巨大的。外部来源的工艺水有足够的品质保证且成本相对较低，这使得工艺水的处理和再利用不具优势。

然而，使用膜的可行性随着膜组件成本的减少而增强。例如，现在以 1～2 m^3/s 的速度使用反渗透脱盐在经济上是可行的。以色列的一些新的海水淡化厂的规模与制浆和造纸工业所需的规模相似[19]。由于盐水排放量较少，制浆和造纸工业的通量可能更高。未来的环境立法可能要求所有类型的工艺水流至少进行部分程度的净化，并将奖励这样做的公司。一个需要高效和有效的清洁过程的时代可能很快到来。

本章将讨论与制浆和造纸工业使用纳滤相关的特殊问题，并将阐明对纳滤工艺的要求，还将回顾现有纳滤工厂的工艺，以及已进行的中试规模试验和针对不同类型的水的一些小型试验。本章第 2 部分将介绍专门用于制浆和造纸工业用水的纳滤在组件和工艺参数方面的特殊要求。由于针对工厂规模运行的报告很少，能获得的具体数据不多，因此将使用中试和小型试验来阐明的在未来运行工厂规模的纳滤的可能性。本章第 3 部分将简要介绍某个综合工厂。有关制浆和造纸工业的更详细的知识，读者应查阅相关文献。

14.2 制浆和造纸工业中的纳滤组件及要求

制浆和造纸工业综合工厂的水中含有大量的纤维。在工厂加工过程中，纤维数量变化很大，且有时候当工厂的可运行性较差时，负荷可能很大[6-20]。因此，在没有对进料进行预处理时，卷式组件和中空纤维式组件从内部进料通常是不可能的。

循环水/废水通常也含有大量的胶体。如果造纸机里含有破损的纸张(悬浮在溶解的废纸或纸板)的水时被混合在水流中进行处理，废水很可能也含有从破损的纸张中带出的涂料颜色和树脂。这些物质和纤维一起形成具有黏性的污垢，很容易吸附在各种过滤器和金属部件上。已经发现，袋式过滤器或微滤器在预处理中使用时，必须经常更换，且在某些情况下，在将流体导入卷式膜之前，需要进行一系列不同类型的预处理。

另外，研究表明，少量纤维如果不堵塞进料通道，可能会减少污染，因为纤维会吸附一部分疏水性污染物。这种效应在采取机械清洗的旋转或振动增强组件中尤其明显[21-22]。

另一种需求是由综合制浆和造纸厂的水温决定的。制浆厂的正常温度很容易上升到 70℃，而且在许多情况下会接近 90℃，是许多现有的膜不能承受这样的温度。如果碱性很强，例如在清洗过程中或某些漂白阶段，温度和碱性条件的共同作用会破坏膜。

因此，制浆和造纸工业中使用的纳滤组件应能够抵抗高温、高负荷的纤维和胶体，并能够承受这些参数的突然变化。这些要求意味着，在开发可行的工艺时必须考虑不同类型的预处理[砂滤器、袋式过滤器、微滤(MF)、超滤、生物降解等]，才能为内部进料的卷式元件或中空纤维式元件提供低淤泥密度指数(SDI)的进料[21-22]。在大多数情况下必须使用管式组件，因为如果使用快的错流速度[8]，它们不太容易被堵塞。而 Metso Paperchem Oy 公司的错流旋转(CR)组件是另一种选择[1, 2, 23-26]。在这个平板组件堆中，膜之间有转子，会增加进料液通道中的湍流，并从膜表面去除纤维。这个组件已经在超滤系统中成功使用，现在正在针对纳滤进行开发。另一种高剪切组件类型是振动剪切强化处理(V-Sep)组件，其中的剪切力是由膜堆的振动产生的，振幅越大则剪切力越高[27, 28]。有关 V-Sep 技术的更多详细信息，请参见第 4 章。据报道，该组件在纳滤范围内比在超滤中运行得更好。图 14-1(a)为转子速度和剪切力对旋转增强过滤器通量的影响，图 14-1(b)为超滤膜的 V-Sep 组件中剪切力的影响。在纳滤中使用的从外部进料的中空纤维膜尚未在更大规模上进行试验，但可能是一种替代方法。

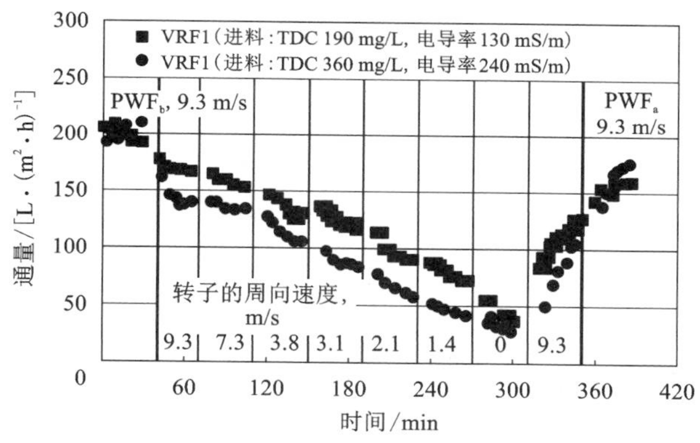

pH 4.9，35℃，10 bar，DOW NF 200 膜；TDC：总溶解碳；PWF：纯水通量。

图 14-1(a)　错流旋转(CR)过滤器里转子的叶片尖速度(周向速度)对造纸机器酸洗滤液的过滤渗透通量的影响[24]

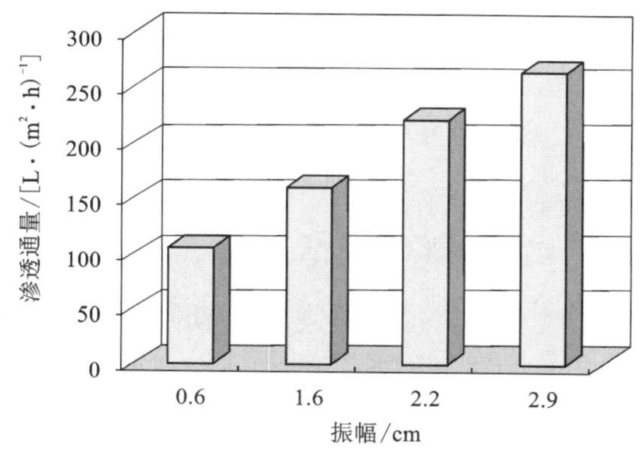

Nadir Filtration C30F UF 膜，pH 5，50℃，2 bar。

图 14-1(b)　V-Sep L 过滤器的振幅对沉淀后的磨木工厂循环水的过滤渗透通量的影响
(摘自文献[27])

被开发的任何系统都需要具有很高的容量，因为必须处理大量的水，而且纳滤渗透通量[最大为 120 L/(m·h)]通常远低于超滤通量[最佳情况下约 400 L/(m^2·h)]。然而，应该注意的是，还不完全清楚超滤、纳滤和反渗透之间的边界在哪里。图 14-2 以集中参数形式展示了几种膜在相似通量下的截留率。图中的通量值是根据膜类型采用不同压力而获得的。能够看到，致密超滤膜(UF 8000 和 UF 10000)截留了一些疏水成分(UV 280 nm)，几乎与 TFC S 和 Desal-5 膜(NF 膜)一样。致密纳滤膜 TFC-ULP 的截留率与反渗透膜大致相同。根据该图，纳滤膜归类为截留 80%~90%的 TDC。由于制浆和造纸工业的水量非常大，因此我们的目标是找到尽可能有高通量的膜，且截留率也要求优化。

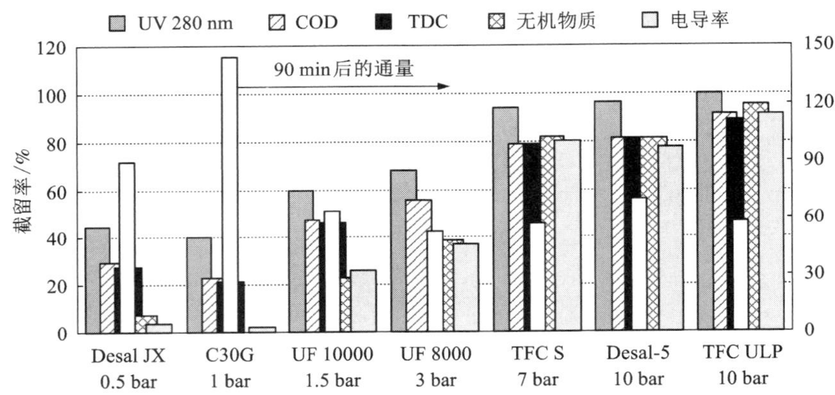

(平板组件，错流速率 3.5 m/s，温度 40℃，COD=化学耗氧量，TDC=总溶解碳，UV 280 nm 表疏水成分，无机物质=550℃时焙烧的残渣)。

图 14-2 不同膜(从左至右切割分子量降低)在造纸厂总废水过滤时的渗透通量和截留率[17]

14.3 可用膜处理和再利用的制浆水和造纸水

14.3.1 综合性工厂中的制浆和造纸工艺

制浆和造纸工艺已经发展了 100 多年，在这期间原料加工和造纸工艺都发生了变化。如今，机械浆(全纤维)取代了化学浆(纯纤维素纤维和含有木质素、半纤维素和抽提物的黑液)，用途越来越广泛，造纸过程中的脱水速度也越来越快。以现代综合制浆造纸厂为例(见图 14-3)，一个集成工厂包含了从树木加工到获得现成纸张所需要的所有工艺。这些工艺中所需的能量一般通过在回收锅炉中焚烧废物来获取，同时回收蒸煮化学品以供再次使用。

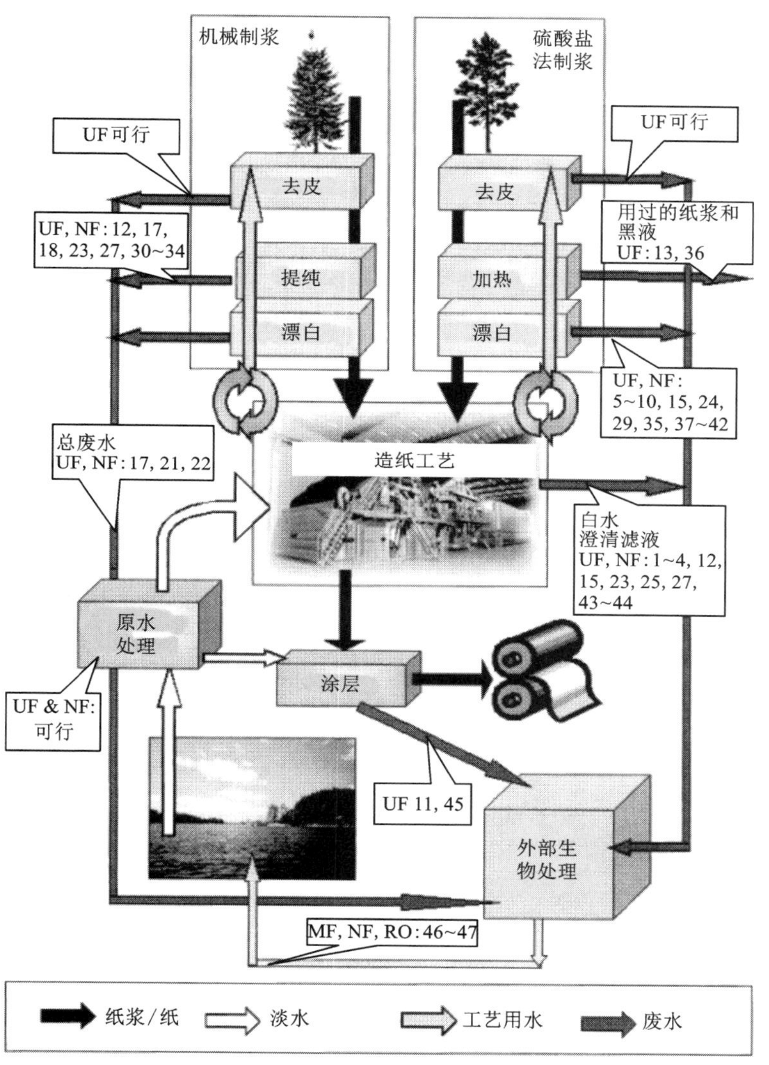

在可以应用膜过滤的环节指明了合适的膜技术，并提供了文献编号以供进一步了解所需。

图 14-3　生产轻量涂层(LWC)纸的制浆造纸综合厂中水循环系统流程图

在机械制浆过程中，脱皮的原木被压在磨石或旋转的金属圆盘上。在这个过程中，因此非纤维素材料也被留在纸浆中只有 5%的木材被浪费了。这种纸浆由于含有木质素而相当黑，因此不能单独用于高档纸，即使它在某种程度上大部分被过氧化物漂白了。化学制浆能生产非常纯的纤维素纤维，但得率仅有 45%~50%。今天，化学制浆主要是根据 Kraft 制浆法(硫酸盐法)进行的，其中木片在

NaOH 和 Na_2S 中加热以产生纸浆。在这个阶段，纸浆仍然与木材的残余物混合，颜色非常深。将其中的黑液与纸浆分离，然后用不同种类的漂白化学品（主要是 ClO_2、O_2 和过氧化物）对纸浆进行漂白。黑液中含有很多可以回收的物质，但仍然主要采用焚烧的方式以回收能量。亚硫酸盐法使用了不同类型的化学物质，是另一种煮制纸浆的方法。但它并不像今天的 Kraft 工艺那样被认为是“清洁”工艺。

在造纸过程中，纸浆（机械浆和化学浆的比例由纸张等级决定）与造纸机湿端的化学物质混合，这种被稀释的纸浆悬浮液将铺展在网丝上形成纸网。网片的脱水是在不同的阶段进行的。首先在网片上过滤，然后加热。这个脱水阶段中的水称为白水，经过圆盘过滤阶段后，它被分馏为超净/澄清液和浑浊滤液。

纸网然后可在涂布环节或在专用涂布机中涂上颜色，这意味着赋予纸幅白度、光泽、强度和适当的疏水表面，以供印刷。

未在综合型工厂中再利用或在回收锅炉中焚烧的废水，大多采用好氧活性污泥处理法在外部生物处理厂进行处理，处理后的水返回排水沟。

14.3.2 综合性工厂中的水流

图 14-3 描述了机械制浆和化学制浆的过程。原水仅在造纸工艺和涂层工艺中被送入系统。如果原水水质差，可以采用不同的方法对其进行预处理。从造纸机开始，水的循环是根据逆流原理进行的，这样，受污染最严重的水就可以在去皮过程中进入外部处理。关于将所谓的“核心”放在哪里，人们提出了许多想法。有一种方法是在进一步循环之前在工艺中的某个阶段进行处理；或者，可以过滤收集到的总废水。图 14-3 中标出了一些可以通过膜过滤进行清洗的流体，指明了可以使用的工艺和一些参考文献。在所有的流体中，去皮水含有最多的危害环境的成分。用干法去皮是发展趋势，仅在冬季原木解冻时用到水，这意味着废水会消失。机械浆循环水含有最丰富的萃取物质和多糖。化学浆蒸煮液具有很高的 pH 和很多的潜在有价物质。针对涂层有色废水，超滤膜工艺的投资回收时间目前约为一年，因为回收的有色物质含有有价成分，循环利用不难。

在大多数情况下，超滤渗透液质量良好，可满足循环使用。随着工厂的高度封闭，超滤将保持工厂中有机物的量不变。如果要减少有机物数量和盐的含量，就必须使用纳滤。造纸机中也有一些非常敏感的地方，如压感淋浴器，它需要非常纯净的水以免堵塞，至少是需要经过纳滤处理的水。

如何处理浓缩液的问题仍然悬而未决。如果质量差，将导致其不能再用于造纸，最好的选择是将其焚化，但这需要额外的浓缩。或者，可以将其送去进行外部生物处理（目前通常是这样做的）。使用纳滤的另一个潜在问题可能是渗透液中积累了高浓度的氯化物，具有高度腐蚀性。解决这个问题的一种方法是将纳滤与电渗析相结合[29]，或在再循环前使用反渗透，但这种混合工艺的成本可能会很高。

14.4 现有工厂规模生产中的纳滤装置

全球现有的造纸工厂极少采用纳滤装置。Lien 等人描述了首批此类工厂之一[22]。该工厂采用了一套纳滤工艺处理总废水，处理量为 10000 $m^3/d(0.1\ m^3/s)$；设备所在工厂生产新闻纸、印刷纸和脱墨浆。如图 14-4 所示，通过砂滤器、可反冲洗滤网过滤器和袋式过滤器几个阶段，对纳滤进水进行预处理。清洗间隔超过两周。

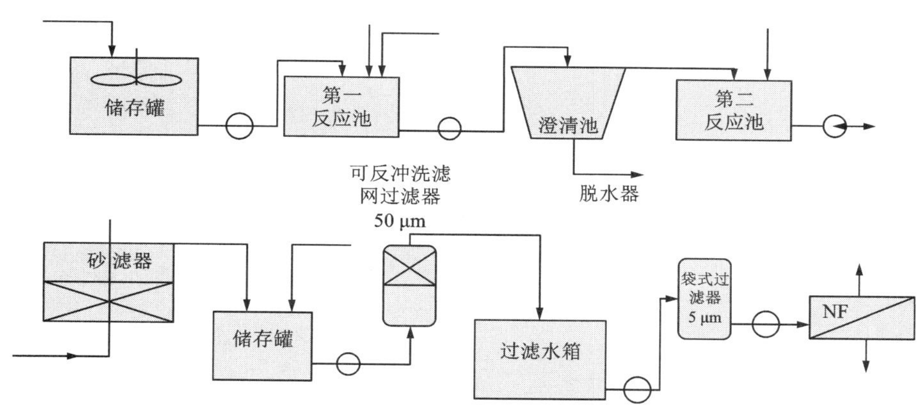

图 14-4 每天处理 1 万吨总废水的造纸厂纳滤工艺流程图[22]

（由 Osmoics 公司的 L Lien 等提供）

在芬兰的 M-Real Kirkniemi 工厂，造纸机净滤液先使用 Metso Paperchem Oy 的 CR 过滤器进行超滤，然后使用 Osmonics 的 Desal-5 NF 元件对部分渗透液做进一步处理，如表 14-1 和图 14-5 所示[1, 2, 43]。

表 14-1 在 M-Real Kirkniemi 工厂 PM3 的过滤车间细节[43]

（由 Mesto paperChem Oy 的 T. Sutela 提供）

操作条件	超滤	纳滤
组件	9×CR1000/60	卷式
膜	再生纤维素， 切割分子量(MWCO)30000	聚酰胺(PA)/聚砜(Psf)， NaCl 截留率 50%

续表14-1

操作条件	超滤	纳滤
面积/m^2	720	900
通量/[$L\cdot(m^2\cdot h)^{-1}$]	250~500(平均 300)	30~40
容量/($m^3\cdot h^{-1}$)	216(平均)	30
压力/bar	0.8	9
温度/℃	55~60	58~60
体积减少因子(VRF)	15~25	5
洗涤间隔	每 5 天	3 天一次碱洗，一周一次酸洗
膜寿命/a	1.5(平均)	>2

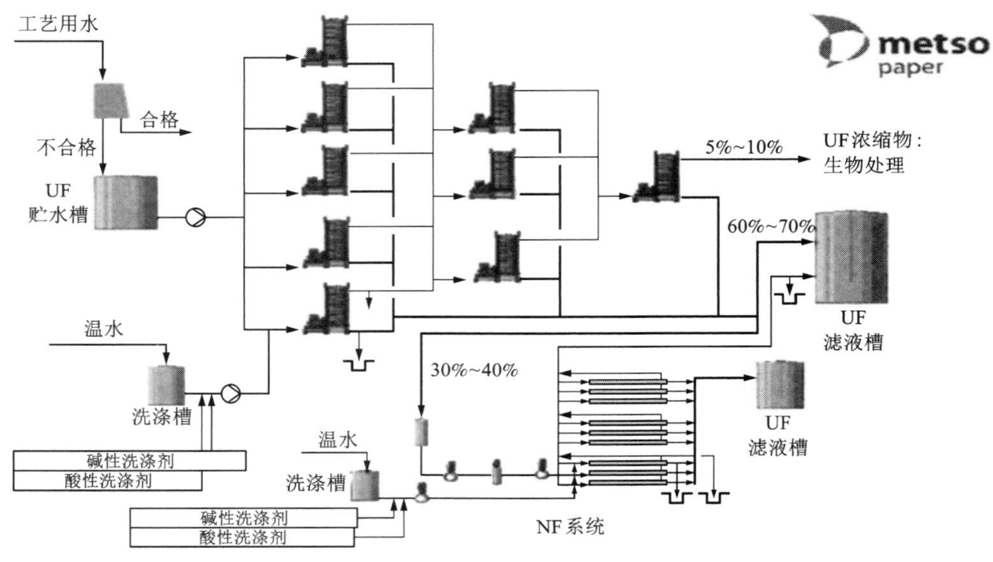

图 14-5　M-Real Kirkniemi 工厂的过滤流程示意图[43]

(由 Mesto Paperchem Oy 的 T Sutela 提供)

在一个零废水排放的造纸厂的纸板生产过程(见图 14-6)中，使用膜及相关预处理净化厂废液吨纸 3.2 m^3[47]。预处理方法有溶解气浮法和活性污泥法。其次是微咸水单元的超滤和反渗透，产生的水约为每吨纸 0.7 m^3。膜工艺之后是机械蒸汽再压缩(MVR)蒸发，将另外吨纸 0.4 m^3 的水再生后返回到造纸厂。只留下吨纸 0.8 m^3 的水作为补充水。

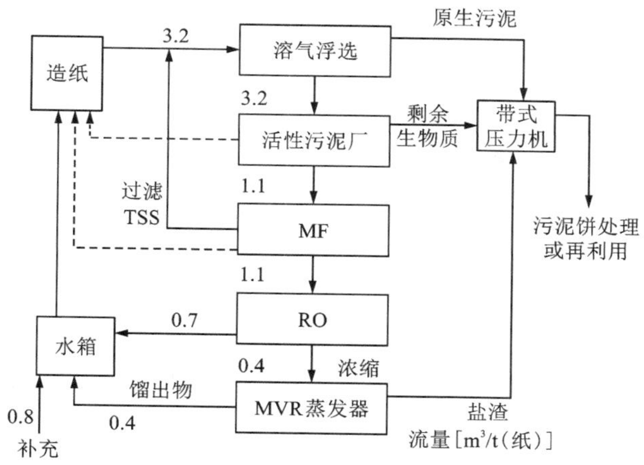

图 14-6　新墨西哥 McKinley 造纸有限公司挂面纸板厂的水回收处理系统[47]

（由 Envirocell 的 L. Webb 提供）

其他已经使用了反渗透，但可能也使用了致密纳滤的工厂是位于欧洲不同地方（威尔士、卢森堡、波兰、苏格兰、德国和法国）的 Kronospan 工厂[48]。在这些组合系统中，木材工厂废水在压滤机中进行絮凝和过滤，然后在反渗透之前用多介质过滤器对水进行处理。浓缩液可在生产中重复使用，渗透液在循环到工艺主流之前用碳过滤器处理。进入压滤机的进水 COD 为 24000 mg/L，在压滤机中形成滤饼；出水 COD 为 7000 mg/L，进入多介质过滤器和反渗透。反渗透产水的 COD 为 100 mg/L。因此，反渗透步骤几乎 100%去除了木材房废水中的 COD。在这种情况下，反渗透工艺比其他处理方法要便宜得多。反渗透最终处理的成本仅为 1 英镑/m^3，而生物处理或蒸发的最终处理成本分别为 5 英镑/m^3 和 15 英镑/m^3。

14.5　中试和实验室规模系统

Lappeenranta 理工大学与 UPM Kymmene Oyj 公司和 Metso Paperchem Oy 公司合作，对压力磨木水和干净滤液进行了膜过滤研究，进料来自 Lappeenranta Kaukas 造纸厂。用弓形筛对磨木水进行预处理，然后用错流旋转过滤器或好氧高温生物处理对磨木水进行超滤[32]。在某些情况下，给水也采用 O_3 氧化法或絮凝法处理[26, 31]。最后用纳滤膜过滤预处理过的给水，对卷式纳滤元件以及两种不同的 CR 平板组件进行了实验研究。结果表明，纳滤处理的水质比单独使用超滤处理的水质好很多，在纳滤前仅采用生物法处理的水质最好。其原因是生物处理破坏了许多污染物，例如将多糖降解成单糖，使形成污染的木质素被消化掉等。生物处理中细菌产生的有色物质也被纳滤膜去除[25]。纳滤的缺点是循环水中的氯化物含量没有减少。图 14-7 描述了经过上述特殊处理后磨木工厂废水中残留在渗透液中的物质。

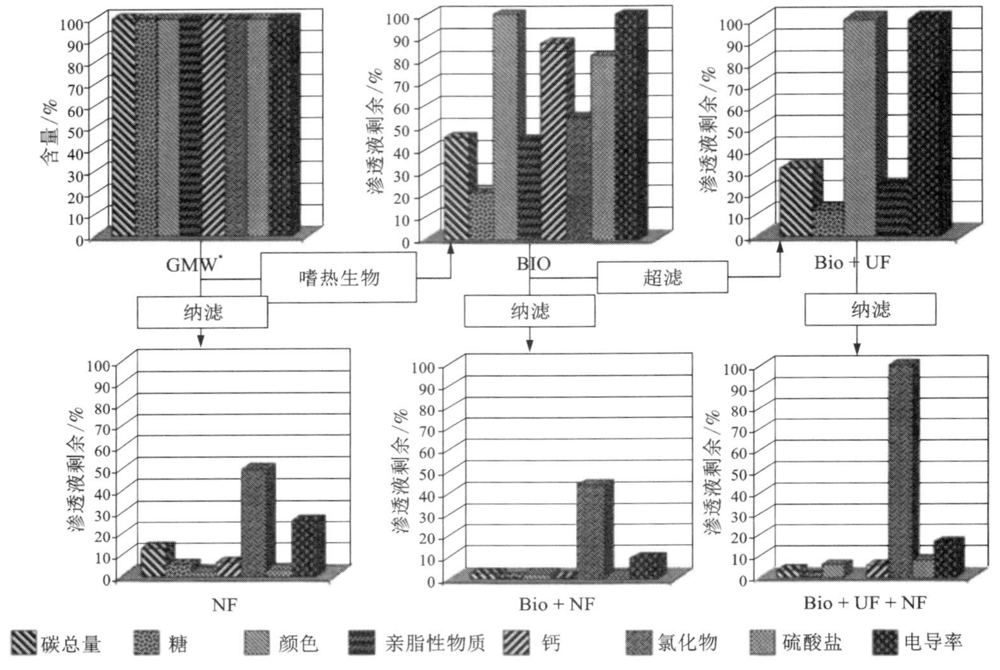

* GMW：磨木工厂废水，BIO：生物处理；UF = C30F 和 NF = Desal-5。

图 14-7　结合有纳滤的工艺流程处理磨木水得到的水质

（摘自文献[31]）

对于 pH 为 5，含 250 mg/L TDC 的酸性澄清滤液的纳滤处理，使用 CR 或非 CR 超滤的弓形筛作为预处理(水已经通过了纤维回收过滤器，即省掉了所有圆盘过滤器)。当使用卷式纳滤组件时，通常使用 CR 过滤器进行超滤预处理。在 CR 纳滤过滤器(转子速度 9. 3 m/s)的中试研究中，使用了 NF 270 膜和 Desal-5 DL 膜。一些实验在不同的压力和回收率条件下进行了 2 周以上的运行。通量在某些情况下超过 100 L/(m^2 · h)，这在工厂规模下完全可以接受，TDC 的降低程度也令人满意。然而，在纳滤过程中，渗透液质量明显由给水的浓度决定。在回收率很高的情况下，需要多段操作来生产纯水。图 14-8 描述了不同压力和回收率下渗透通量以及进料电导率随时间的变化。

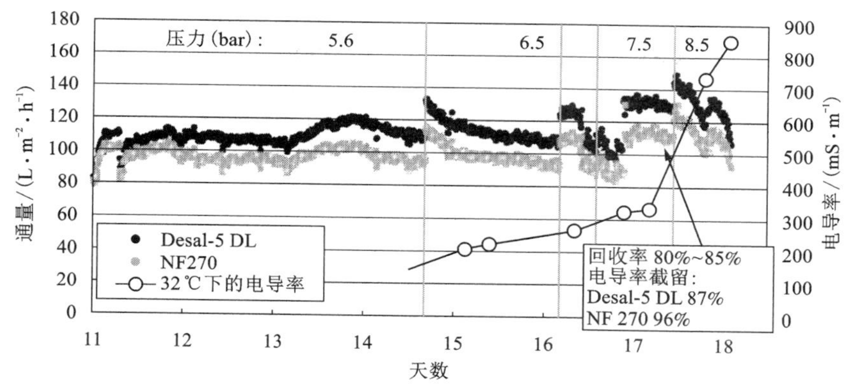

图 14-8　在 40℃下对来自造纸机且经过超滤和 pH(从 5 到 7)调整的酸性澄清滤液进行纳滤(CR 过滤器)，得到不同压力和回收率下渗透通量和进料液电导率的变化[49]

使用的 NF 270 膜的纯水渗透系数(PWP)约为 20 L/(m^2·h·bar)，因此可以在相对较低的压力下使用。在 4.3 bar 的压力、60%的回收率和 40℃的温度下过滤 5 天后，渗透通量稳定在 60 L/(m^2·h)以上。TDC 和电导率的截留率分别为 65%和 85%。

在造纸机滤液的纳滤过程中，滤液的 pH 从酸性变为碱性[24]。因此，由于离解作用而可能带负电荷的所有物质的截留率都提高了[见图 14-9(a)]。这是荷电膜和进料液中带负电荷的分子之间相互排斥的结果。通量也因此增加了，使工艺更具成本效益。

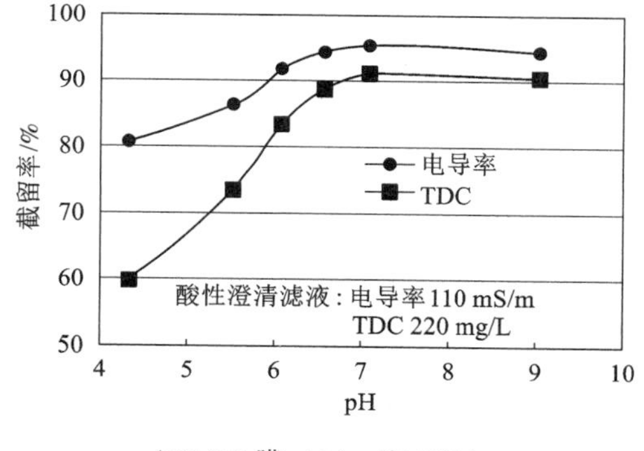

(NF 200 膜，10 bar 和 40℃)。

图 14-9(a)　pH 对电导率和 TDC 的截留的影响[24]

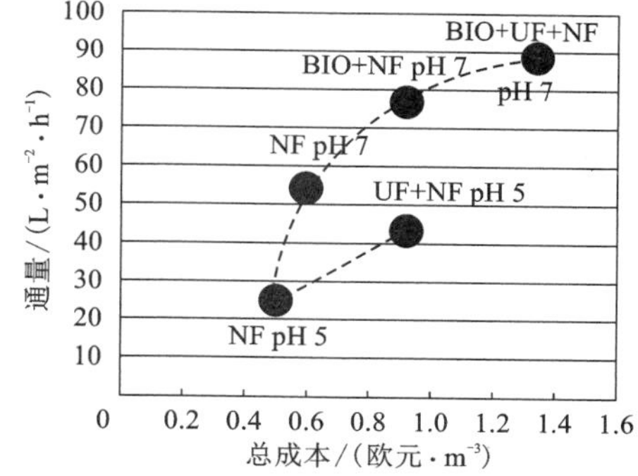

图 14-9(b)　用不同工艺流程净化磨木厂废水，在纳滤环节达到特定通量时流程所需成本估算

(摘自文献[26])

图 14-9(b)显示了将纳滤用于磨木厂废水时，pH 及前面讨论的预处理对通量恢复和所估计的成本的影响。可以看出，成本随着通量的增加而增加。根据这些估算可知，要获得通量与洁净渗透液成本之比的最佳值似乎应该选择 BIO+NF (pH 7)，其成本约为 0.9 欧元/m^3。关于纳滤和杂化系统预处理方案的补充信息见第 9 章和第 17 章。

最需要净化的水流是 Kraft 制浆漂白水。在 20 世纪 80 年代，人们已经做了一些努力，用超滤来清洗这些漂白水[5, 6, 8, 10, 35]。漂白废水通常非常黑，如果没有进行一定程度的净化，就不能排放。结果非常好，并且在日本和斯堪的纳维亚安装了一些超滤膜装置[5, 6, 8]。由于废水的高 pH，获得了非常高的截留率、良好的通量和极少的污染[35]。而现在膜工厂使用的是非常致密超滤膜。Patterson Candy International(PCI)公司在瑞典已经建立了一些工厂，所使用的膜的 MWCO 为 2000~4000[6]。一个有趣的特点是，处理软木材和硬木材的过程需要使用不同类型的膜。这表明，每种特殊情况下对膜过程的选择非常微妙。在西班牙和葡萄牙，针对漂白过程中相似的环节也有纳滤的研究[37, 38, 41]。

另外，特别难以处理的废水是脱墨废水，因为它含有印刷油墨。已有尝试用 Osmonics 公司的膜对这种废水进行纳滤处理[50]。在另一项研究中，使用 Nitto Denko 公司的膜对纸张再生废水进行了过滤[51]。

蒸煮废液，即 Kraft 制浆中的黑液，通常在回收其中的有价成分后被焚烧。这种含有约 70%有机成分，如糖类、醇类、酸和萃取物的液体可采用不同类型的膜工艺进行分馏。使用纳滤时可以分离糖和低摩尔质量的物质；高摩尔质量的物质可以用超滤分馏，并在化学工业中用作不同类型聚合物的原料。有人采用 PCI 膜对黑液的分馏进行了研究[36]。当使用亚硫酸盐进行蒸煮时，从废亚硫酸盐溶液中可以再生上述同样的物质[13]。

14.6 结论

目前，在制浆和造纸工业中，纳滤并没有被大量用于许多工厂规模的生产过程。即将到来的对废水质量的更严格的要求以及对接近零排放工厂的需求迫使工业界考虑把纳滤作为减少水消耗的 BAT 选择之一。纳滤能产出非常好的水质，可以在工厂的任何地方使用。如果使用卷式组件，则必须结合不同的预处理方法进行操作以使纳滤有效。或者，可以使用高剪切组件降低浓差极化和污染。最佳的预处理方法包括高温好氧生物处理、絮凝、调节 pH 或超滤。

在几年内，制浆和造纸厂有可能将一些纳滤工艺作为“关键”纳入其水循环系统，特别是在水源有限的工厂。在工业中，膜的使用越多，组件的成本就越低。

致谢

获得了芬兰科学院(Academy of Finland)的财政支持。

参考文献

[1] M Teppler, J Bergdal, J Paatero, et al. The treatment and use of waste water on the paper machine. Pap. Celul. 1998(53)(7-8): 167-170.

[2] M Teppler, J Bergdal, J Paatero, et al. PM and BM white water treatment with membrane technology. PTS Symposium, Munchen, Germany, 28 November 1996: 28.

[3] J Nuortila-Jokinen, P Soderberg, M Nystrom. UF and NF pilot scale studies on internal purification of paper mill make-up waters. Tappi 1995 int. Environmental Conference, May 7. 10, 1995, Atlanta, USA. Book 2: 847-859.

[4] J Nuortila-Jokinen, M Nystrom. Comparison of membrane separation processes in the internal purification of paper mill water. J. Membr. Sci. , 1996(119): 99-115.

[5] U H Haagensen. Case Sanyo Pulp, Iwakuni, Japan. Ultrafiltration of Kraft Bleach Effluent. De Danske Sufferfabrikker, 1982.

[6] A Merry, R Greaves, G Danielsson. Bleach waste COD reduction: A case study. Preprints 1995 Topical Conference: Recent Developments and Future Opportunities in Separation Technology. November 12 17, 1995, Miami Beach, FI, USA, American institute of Chemical Engineers, USA Vol 1: 492-495.

[7] R Greaves. The use of ultrafiltration for COD reduction to pulp mill efficient a case from Sweden. TAPPI International Environmental Conference, Nashille, TN, USA, 1821 April, 1999(3): 1167-1191.

[8] F Faith, A S Jönsson, R Wimmeritedt. Membrane filtration of bleach plant effluents, International Pulp Bleaching Conference. Heisinki, Finland, 15 June 1998, Book 2, Poster presentation: 669-672.

[9] F Fäith, A S Jönsson, R Wimmeritedt. Membrane filtration how will it affect the bleach plant 7. 6th International Conference on New Available Technologies. Stockholm, Sweden, 14 June 1999: 181-188.

[10] M J Rosa, M N De Pinho. The role of ultrafiltration and nanofiltration on the minimisation of the environmental impact of bleached pulp effluents. J. Membr. Sci. 1995(102): 155-161.

[11] J Nuortila-Jokinen, M Nystrom. Membrane filtration of paper mill coating colour effluent. 8th World Filtration Conference, April 37, 2000, 2 pp, Brighton, UK.

[12] J Nuortila-Jokinen, T Huuhilo, M Nystrom. Closing pulp and paper mill water circuits with membrane filtration. Proc. Adv, Membr. Technol, Oct. 14 19, 2001, Ciocco, Italy.

[13] Anon. Paterson Candy Int. Membrane Systems, Recovery of Lignosulfonate Fractions by Ultrafiltration at Borregaard Industries. TP RO 88. 1.

[14] S C M Mudado. Applications of synthetic membranes in the pulp and paper industry. Papel 61, 2000(1): 56-61.

[15] A Hernadi, I Lele, R Kolhleb, et al. Cleaning of effluents of pulp and paper mills with nanofiltration. Papiripar 45, 2001(5): 173-174.

[16] M Nyström, M Mänttäri, J Nuortila-Jokinen. Nanofiltration of pulp and paper effluents. Water Management,

Purification and Conservation in Arid Climates. M. F. A. Goosen, W. H. Shayya. Technomic Publishing Company Inc, Lancaster, Pennsylvania, USA 1999(2): 185-213.

[17] M Mänttäri. Fouling management and retention in nanofiltration of integrated paper mill effluents, Thesis, Lappeenranta University of Technology Research Papers, Lappeenranta, Finland, 1999(78).

[18] M C Beaudion, B Thibauil. The influence of nanofiltration on the total dissolved solids and other properties of an effluent from a newsprint mill. 84th annual meting technical session, Montreal, Canada, 27 30 Jan. 1998, Preprints A, pp. A223 A227

[19] Anon. Membt. Tech. 2001(133): 1.

[20] Anon. Paterson Candy Int, Membrane Systems. Pulp deresination by ultrafiltration at MoDoCell, TP RO 87. 1.

[21] M Mänträri, H Martin, J Nuortila-Jokinen, et al. Using a spiral wound nanofiltration element for the filtration of paper mill effluent. pretreatment and fouling, Adv. Env. Res. 3, 1999(2): 202-214.

[22] L Lien, D Simonis. Case histories of two large nanofiltration systems reclaiming effluent from pulp and paper mills for reuse. Proc. TAPPI 1995 Int. Environmental Conference, TAPPI Press, Atlanta, USA, Book 2, pp. 1023-1027.

[23] A Zaidi, H Bulsson, S Sourirajan, et al. Ultra and nanofiltration in advanced effluent treatment schemes for pollution control in the pulp and paper industry. Wat. Sci. Tech. 25(1992)(19): 263-276.

[24] M Mänttäri, M Korhola, M Nyström. Nanofiltration of paper industry effluents using a rotation enhanced filter. Poster presentation in Euromembrane 2000. The Hills of Jerusalem, Israel, September 24 27. 2000: 181.

[25] M Mänttäri, E Kaipainen, M Nyström. Flux enhancement in nanofiltration of pulp and paper effluents. World Filtration Congress 8, Brighton, UK, April 3 7, 2000: 1003-1006.

[26] J Nuortila-Jokinen, T Huuhilo, M Mänttäri, et al. Hybrid processes for process water recycling in the pulp and paper industry. Proc. Engineering with Membranes, June 3 6, 2001, Granada, Spain, Vol. 1: 1268-1273.

[27] J Nuortila-Jokinen, M Nyström. Experiences of the VXEP filter in pulp and paper applications. ICOM 2002, 7. 12. 7. 2002, Toulouse, France, 6 pp.

[28] B Culkin. Vibratory shear enhanced processing. An answer to membrane fouling. Chem, Proc. Jan, 1991.

[29] V Geraldes, M N De Pinho. Process water recovery from pulp bleaching effluents by an NF/ED hybrid process. J. Membr. Sci. 1995(102): 209-221.

[30] T Huuhilo, F Väisänen, J Nuonila-Jokinen, et al. Influence of shear on flux in membrane filtration of integrated pulp and paper mill circulation water. Desalination, 2001(141): 245-258.

[31] P Väisänen, T Huuhilo, I Puro, et al. Effect of pretreatments on membrane filtration in the paper making process. The yearbook of Cactus-technology program, 1999: 23-34

[32] T Hutihilo, J Suvilampi, I Puto, et al. Internal treatment of pulp and paper mill process waters with a high temperature aerobic biofilm process combined with ultrafiltration and/or nanofiltration. Paper Timber 2002 (84)(1): 50-53.

[33] M M Dal-Cin, F Mclellan, C N Striez, et al. Membrane performance with a pulp mill effluent: Relative contributions of fouling mechanisms. J. Membr. Sci, 1996(120): 273-285.

[34] M M Dal-Cin, C N Striez, T A Tweddle, et al. Membrane performance with a plug screw feeder pressure: Operating conditions and membrane properties. Desalination, 1996(105)(3): 229-244.

[35] M Nyström, M Lindström. Optimal removal of chlorolignin by ultrafiltration achieved by pH control. Desalination, 1988(70): 145-156.

[36] S Luque. Fraccionamiento de Lignina Mediante Técnicas con Membranas y Análisis de Fracciones por

Cromatografía de Permeación de Gel, Tesis Doctoral, University of Oviedo, Spain 1995.

[37] M D Afonso, M N De Pinho. Nanofiltration of bleaching pulp and paper effluents in tubular polymeric membranes. Sep. Sci. Technol., 1997(16): 2641-2658.

[38] M J Posa, M N De Pinho. The role of ultrafiltration and nanofiltration on the minimization of the environmental impact of bleached pulp effluents. J. Membr. Sci., 1995(102): 155-161.

[39] R S Sierka, H G Folster. Membrane treatment of bleach plant filtrates. 1995 Topical Conference, Recent Developments and Future Opportunities in Separation Technology. Miami Beach, FI, USA, November 1995 (12 17), Vol. 1: 485-491.

[40] W X Yao, K J Kennedy, C M Tam, et al. Pre-treatment of kraft pulp bleach plant effluent by selected ultrafiltration membranes. Can. J. Chem. Eng., 1994(72)(6): 991-999.

[41] J Romero, J I Francisco, A Lastra, et al. Nanofiltration of the chelate-stage effluent for the ZLE in TCF mills. Invest. Téch. Papel, 1999(142): 609-617.

[42] F Fäith. Treatment of bleach plant filtrates by ultra-and nanofiltration. Thesis. Lic. Tech. University of Lund, Sweden, 1999: 92.

[43] T Sutela. Operating experience with membrane technology used for circuit water treatment in different paper mills, COST E14 and PTS-Environmental Technology SYMPOSIUM. H. Grossman and I. Demel (Eds.), Munich: PTS 2001, PTS Symposium WU-SY 50 108. pp. 11-1-11-17.

[44] D Pauly. Kidney technology for whitewater treatment. Paper Tech., 2001(42)(8): 29-36.

[45] J Alho, I Roitto, S Nygård, et al. A review on coating effluent treatment by ultrafiltration. Proceedings of 2nd Eco Paper Tech Conference, The Finnish Pulp and Paper Research Institute and The Finnish Paper Engineers' Association, Gummerus, Jyvaskyla, 1998: 219-231.

[46] A Helbe, C H Möbius. Closing cycles with internal and external processes for advanced effluent treatment. Int. Papwirtsch. 2000(12): T206-T218.

[47] L Webb. IPPC STEPS UP TO BAT. Pulp Pao. Int., 1999(41)(4): 29-32.

[48] S Finnemore, T Hackley. Zero discharge at Kronospan Mill: Recent advances in wood pulp effluent treatment. Paper Tech., 2000(41): 29-32.

[49] M Mänttäri, M Nystrom. NF 270, a promising membrane in water treatment in industry. J. Membr. Sci. 2004 (242): 107-116.

[50] J Bredael, N J Sell, J C Norman. The use of membrane technology to clean drinking effluents. Prog. Pap. Recycl. 1996(6)(1): 24-31.

[51] K H Ahn, H Y Cha, I T Yeom, et al. Application of nanofiltration for recycling of paper regeneration wastewater and characterization of filtration resistance. Desalination, 1998(119): 169-176.

缩略语说明

缩略语	意义	缩略语	意义
AOX	可被吸收有机卤素化合物	PCI	Patterson Candy International 公司
BAT	最佳可行技术	Psf	聚砜
BIO	生物处理	PWP	纯水渗透系数
COD	化学耗氧量	PWF	纯水通量(下标 a：清洗之后；下标 b：清洗之前)
CR	错流旋转	RO	反渗透
LWC	轻量涂层	SDI	淤泥密度指数
MF	微滤	TDC	总溶解碳
MWCO	截留分子量	UF	超滤
MVR	机械蒸汽再压缩	UV 280 nm	280 nm 紫外吸收
NF	纳滤	VRF	体积减少因子
PA	聚酰胺	V-Sep	震动剪切增强处理(组件)

第 15 章　纳滤处理纺织染料废水

15.1　引言

纺织工业需要大量的工业用水，并产生大量废水。要获得理想的织物性能，如颜色、抗静电性能、易除尘性能，需要对织物进行许多的化学处理和冲洗，而排放这种高色度的盐水和相关的漂洗水会造成环境问题，特别是在拥有大型纺织工厂的发展中国家。消耗大量能源和淡水资源是另一个在成本和可获得性方面令人关切的问题。因此，纺织工业现在必须满足更严格的立法要求和解决成本问题。

防止废物的产生，循环利用水和其他有价组分，以及尽量减少不必要的废物，是现在纺织工业的目标。废水的特性对传统的和新的处理工艺都提出了重大挑战。

印染废水的特点如下：染料含量高；盐含量为 40～80 g/L；化学需氧量（COD）来自洗涤剂、乙酸和络合剂等添加剂；高温（50～60℃）；pH 高（一般约为 11）。

除色和回收/去除电解质环节可通过水、盐和渗透液的热量的重复使用，以及尽量减少废水的排放来显著节省成本。目前，传统的废水处理通常不会去除颜色，而是在将废水排放到污水系统之前用漂洗水稀释。针对纺织品废水已开展大量先进处理方法的研究。这些处理方法包括絮凝、氯化、活性炭吸附、O_3 氧化、光催化和膜过滤，都取得了不同程度的成功。但这些处理方法的主要问题是单位体积的成本高和废液的浓度变化大。

在这些处理方法中，絮凝的有效性受到已经很高的溶液电解强度的限制，而氯化和 O_3 氧化最有可能将液体中的降解产物聚集，使其随后吸附在纤维上，从而进一步干扰染色过程[1]。而且，O_3 降解大部分染料。然而，即使是高剂量的臭氧也不能使有机染料完全矿化成 CO_2 和 H_2O，这是由于脱色率随初始染料颜色的增加而降低[2]。传统的处理系统使用常规活性污泥，这些系统对广泛使用的活性染料去除效果很差，即使与污水混合处理，对纺织废水的脱色也没有效果[3-4]。此外，活性染料在纺织品上的固色率（约 70%）较其他染料的固色率低（约 90%）[5]，导致排放点的水呈高度有色，引起公众的投诉。粉末活性炭（PAC）是最常用、最成功的吸附剂。但是PAC的成本较高，脱色程度由染料的种类决定，很难达到100%的脱色率[6]。

考虑到这些因素，膜过滤是目前纺织工业中流行的选择之一。虽然膜过滤技术具有很高的初始安装成本，但它通过重复使用盐和渗透液而实现显著的成本节约，也可通过使用预过滤器，定期清洗以消除膜污染，并选择最合适的膜系统来降低成本。在这一背景下，Wenzel 等人[7]比较了四种不同的从棉花活性染色中回收水分的技术。他们发现，活性炭和逆流蒸发的成本最高，而化学沉淀和膜过滤的成本最低。

在南非，超滤（UF）、反渗透（RO）和纳滤（NF）已被用于处理和再利用化学品及水。应用过滤技术的一个难题是截留液或浓缩液的处理。目前，浓缩液是通过蒸发、焚化或排放到海洋中来处理的。可是这些处理过程在环境上和/或经济上都是不可接受的[8]。高浓度纺织废水处理的替代方法包括 O_3 氧化法和 Fenton 氧化法[2, 4, 6, 9]。然而，这些方法操作成本高，还会产生不良副反应和产物[4, 10]。其他需要解决的问题包括[11]：膜污染及其最小化；避免淡盐水供应过剩；避免对所有染色机器进行大规模的管道调整和控制安装。

纺织工业中使用的许多染料的相对分子量在700至1000之间（见图15-1），因此非常适合纳滤分离。仅有少数几个装置用纳滤回收纺织废水中的水和盐，但它们是成功的，所节省的资金能在不到3年的时间内收回投资[1, 12]。若深入了解和利用纳滤的分离截留机制，可以进一步缩短回收期。

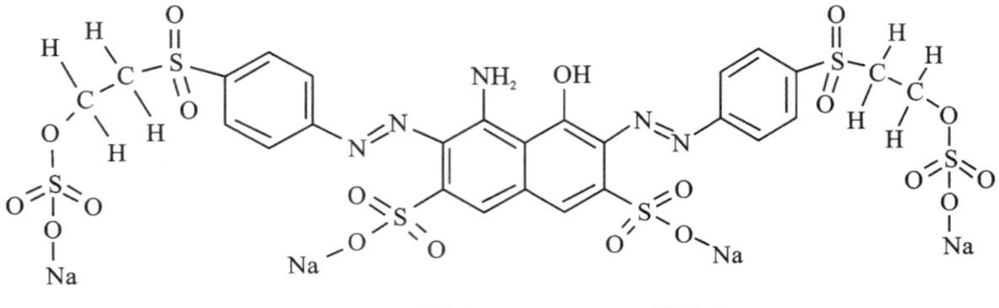

图15-1　活性黑5（M_r 991）的结构

15.2　纺织染料废水处理：纳滤与超滤、反渗透的比较

为纺织染料废水选择膜技术在成本方面的考量是基于通量和选择性之间的平衡。超滤技术已成功地应用于许多工业领域，但由于它不能去除低分子量染料而没有得到纺织工业的广泛认可[13-14]。超滤截留系数在30%至90%之间，因此废水直接回用变得不可能，需要通过纳滤或反渗透进一步过滤。Groves 和

Buckley[15]研究了这样一个系统，发现反渗透存在着污染问题，导致通量低和分离性能差。反渗透的另一个缺点是由于使用了致密的聚合物膜，渗透通量受到限制[16]。此外，当盐浓度很高，要通过高压获得合理的跨膜通量时，反渗透的作用就会降低[5]。纳滤提供了一种可能的替代方法，降低电解质的截留率以减小渗透压，同时保持高的染料截留率。与反渗透压力大于2000 kPa相比，新一代薄层复合膜(TFC)的纳滤可以在500~1000 kPa的相对较低的压力下获得高通量[17]。因此，废水的高回收率和高截留率是可实现的，这样就可以获得能在染色工艺中循环使用的高质量的渗透液[18]。应用纳滤处理活性染料废水的优势如下[1, 19]。

(1)合适的资金成本。

(2)低压/高通量运作。

(3)适中至较低的空间需求及营运成本。

(4)易于化学清洗。

(5)组件化结构，易于规模化。

(6)处理最高可达70℃的高温废水的能力。这使纳滤分离更具吸引力，因为它将减少加热淡水所需的能源消耗。

(7)一价离子截留率的最小化。

(8)几乎100%截留多价阴离子。

(9)实现分子量大于150的溶解性不带电荷分子的分离。

15.3 纺织染料废水的纳滤

许多研究显示，人们对纳滤技术可以最大限度地减少和重复利用纺织染料废水的兴趣不断增长。Porter[20]指出，当回收的染料和化学品的价值附加到能源和水的价值上时，能节约的成本是显著的。当废水中只有一种染料存在时，废水的再利用很简单。然而，由于大多数染色工艺都使用一系列不同的颜色，而染料废水在被循环利用之前必须去除所有的颜色，因此回收变得复杂。纳滤利用空间排斥和电荷排斥来截留杂质；然而，对于纺织染料废水，必须通过膜的选择和流体动力学来很好地控制(分离)选择性，以便最小化渗透压积累和保持高的染料截留率，从而得到可接受的除色效果。染色过程中使用的高盐浓度意味着，染料/盐与膜孔之间的，以及膜壁附近的染料分子之间的静电相互作用将受到较大影响。例如，由于极化和高盐浓度，染料可能在膜壁附近聚集。如果考虑到盐水的重复使用，则较低的盐截留率和较高的通量必须与获得较高的染料截留率进行权衡。原因是溶液的渗透压已经很高，即使膜壁处盐浓度由于流体动力学状态差或本征截留率的提高而仅有略微上升，也会使通量大幅度减小。染料废水中，这些相互作用特别容易受到膜电荷、染料和电解质的浓差极化，以及电解质价态的影响。

15.3.1 膜荷电效应

Erswell 等人[1]是最早研究荷电膜用于活性染料溶液再利用的人之一。荷电超滤膜(纳滤的另一种名称)被用于进行闭环回收；在不同条件下监测膜对染料和盐的截留率、膜的渗透通量等性能。他们的结论是，荷电超滤在高回收率下处理染色液在技术方面是可行的。此外，渗透液中回收的电解质价值比淡水高出一个数量级，使这一工艺在经济上更有利。但是，即使使用高压(高达 4 MPa)，也只能获得低通量，最大通量为 30 L/(m^2·h)。因此，仍然可以对工艺参数进行改进。此外，还报道了工作温度对盐和颜色的截留率没有影响。

Jiraratananon 等人[1, 20]使用一种带负电荷的纳滤膜，在操作温度为 35℃和压力为 10 MPa 环境下，处理含有 10 g/L NaCl 和 300 ppm 的活性红染料的料液，获得大约为 37.2 L/(m^2·h)的通量，略高于由 Erswell 等人获得的通量。他们进一步研究了三种不同纳滤膜的性能，即 ES 20 膜、LES 90 膜和 NTR-729 HF 膜。ES 20 膜和 LES 90 膜是带负电荷的膜，其中 ES 20 膜具有波纹表皮层，表面积大，设计工作压力低于 LES 90 膜。NTR-729 HF 膜是一种表面电荷中性的取代聚乙烯醇(PVA)。结果表明，LES 90 膜的渗透通量最高，ES 20 膜的渗透通量最低，ES 20 膜和 LES 90 膜的盐截留率比 NTR-729 HF 膜的盐截留率更高。

15.3.2 电解质和染料浓度对浓差极化的影响

在纺织染料废水中，盐的成分和浓度会发生很大的变化，这对通量和截留过程具有重要的影响。不仅电荷相互作用随电解质浓度和价态而变化，渗透压差异也会改变驱动力。随着 NaCl 浓度的增加，渗透通量通常减小。Jiraratananon 和 Shu 等人[21-22]报道了 NaCl 浓度从 0 增加到 80 g/L 时类似的发现。这是因为进料中盐浓度的增加会引起跨膜渗透压升高，从而降低驱动力。随着盐浓度的增加，盐的截留率也降低。正如第 2 章所讨论的，道南(Donnan)效应在这些膜对盐的截留中起着重要的作用。Cl^-离子被截留，而 Na^+离子通过膜扩散；随着 Cl^-浓度的增加，膜中 Cl^-离子的分配增强。因此，穿过膜的离子通量变高，盐截留率变低。Van Der Bruggen 等人[23]也观察到同样的现象，带负电荷的膜对盐的截留率可能会随着离子强度的增加而发生较大的变化，这表明浓差极化在抑制静电排斥方面发挥了重要作用。

Jiraratananon 等人[21]使用的中性膜由于不带表面电荷而表现出最低的盐截留率，截留主要由溶质的大小以及膜的形貌决定。当盐浓度增加时，盐的吸附量增加，从而降低了盐的截留率。此外，由于它是中性的，很少有带电胶体颗粒或分子吸附到膜上，因此降低了污染的可能性。还值得注意的是，与只含有染料或盐的溶液相比，同时含有 NaCl 和染料的溶液其渗透通量更低。Jiraratananon 等人[21]认为这是由于跨膜渗透压和染料浓差极化的叠加效应造成的。此外，染料存在时的盐截留率更高。他们还认为，由于染料浓差极化的发生，膜表面附近形成了一层边界层，是盐渗透的阻力。

Jiraratananon 等人还报道，尽管染料浓度从 180 ppm 变化到 300 ppm，纳滤膜的渗透通量保持不变。Van Der Bruggen、Tang 和 Chen 等人[23-24]报道了相同的观察结果；即当溶液中存在盐时，染料的截留率保持不变。这说明染料的截留主要受空间效应控制，而电解质通过渗透压效应控制溶质阻力。

Xu 等人[18]通过膜的纯水渗透性、NaCl 的传质系数和膜孔的平均半径来表征纳滤膜。在最大压力为 4 MPa 的条件下，分别用纯的和工业染料浆液进行了染料过滤实验，获得了高达 220 L/($m^2 \cdot h$)的通量和大于 98.5%的染料截留率。他们还研究了跨膜压力对通量和分离的影响。结果表明，不同染料对这些变量的依赖性不同。Xu 等人[18]得出的结论是，在低压下不存在浓差极化，因此薄膜模型不适合于计算传质系数。此外，在纳滤过程中，识别染料溶液中的传质现象也很复杂，研究没有给出主要的传递机制。

15.3.3　电解质价态的影响

染色过程中可以使用多种不同的盐来帮助把染料固定在纤维上，包括高浓度的一价和二价离子。对于纺织染料废水，截留率的不同对直接过滤这些废水的可行性至关重要。对所有盐的高截留率意味着需要高的能量/膜成本来克服渗透压。有些染料/染色工艺需要 Na_2SO_4 或芒硝(主要是水合 Na_2SO_4)来中和纤维的 Zeta 电位，以允许染料黏附在纤维上。然而 Na_2SO_4 并没有像 NaCl 那样被广泛地使用，且相关研究和报道也比较少。

Van Der Bruggen 等人[23]以活性蓝 2、活性橙 16、Na_2SO_4、Na_2CO_3、NaOH 和一种表面活性剂组成的合成染料溶液为进料，研究了纳滤膜的截留率和通量下降机制。研究发现，随着离子浓度的增加，离子的截留程度降低，染料浓度或离子强度对染料的高截留率没有影响。由于对盐有明显的截留作用，膜通量随盐浓度的增加而迅速下降，降低了该废水在较高盐浓度下进行纳滤的可行性。

在最近的一项工作中，对将被广泛使用的 NaCl 作为合成染料废水的一部分进行了研究。除了潜在的较低的截留率，NaCl 具有比 Na_2SO_4 更低的渗透压阻力。这些因素表明，采用纳滤从纺织染料废水中回收卤水可能比文献报道的方法更为可行[24]。最近，Tang 和 Chen 利用活性黑 5 的研究表明，TFC 膜在低到中等压力(<500 kPa)下对 NaCl 的截留率低，但保持了高的染料截留率。他们发现，即使在 80 g/L NaCl 的条件下，染料的截留率仍然维持在 96%以上，而且很少发生污染。与 Van Der Bruggen 等人发现的结果相似，染料的存在(高达 1583 ppm)并不影响通量。(进料液)本体与渗透液之间的渗透压差决定了所观察到的阻力。

最近的研究也表明，即使在高盐浓度下，纳滤膜也显示出一价离子和二价离子在截留方面的显著差异。对 SO_4^{2-} 阴离子的效果可能是由于膜表面的空间和电荷效应。图 15-2 显示的是在相同条件下使用浓度为 20 g/L 的 Na_2SO_4 和 NaCl 溶液进行的两个独立实验的结果。Na_2SO_4 溶液的平均通量为 16 L/(m^2·h)，而 NaCl 溶液的平均通量为 54 L/(m^2·h)。有关 Na_2SO_4 的结果与 Van Der Bruggen 等人报道的研究结果相类似。Van Der Bruggen 等人也指出对含二价盐的高浓度溶液进行纳滤是不可行的，但他们没有研究更常用的 NaCl 盐[23]。上述研究中膜对 Na_2SO_4 的截留率为 96%，而对 NaCl 的截留率为 8.7%，表明该膜具有较高的选择性。二价离子的高截留率所产生的高渗透压将限制这种膜在存在大量二价离子情况下的应用。另外，研究也考察了 pH 的影响，预计电荷相互作用会增加对 NaCl 的截留，导致了如图 15-3 所示的通量降低。

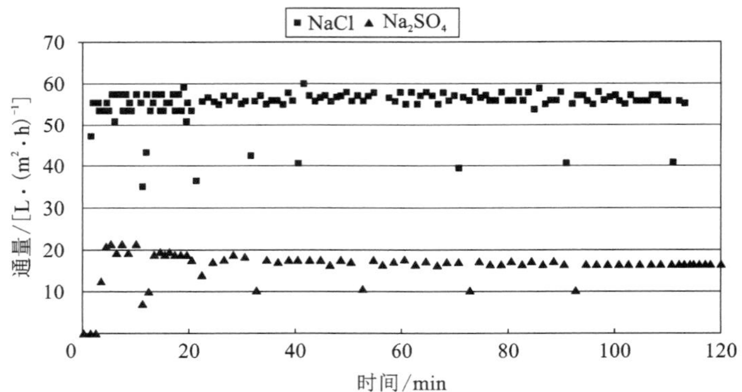

盐浓度 = 20 g/L，染料浓度 = 450 mg/L，进料流量 = 3 L/min，压力 = 500 kPa

图 15-2　处理 Na_2SO_4 和 NaCl 溶液时的通量比较

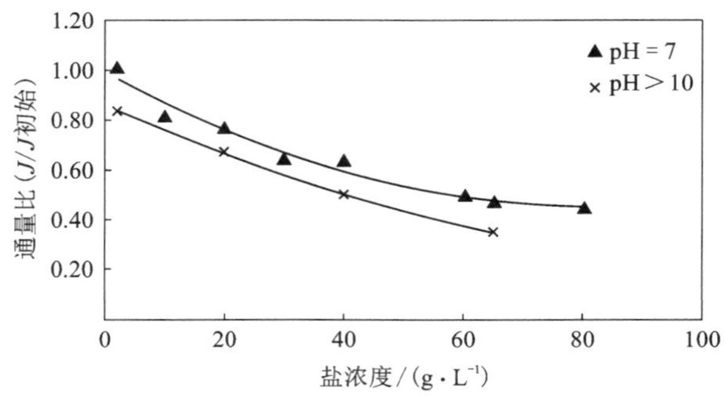

图 15-3　活性黑 5 过滤过程中观测到的 pH 对通量比值（过滤通量/初始水通量）与 NaCl 浓度关系的影响

有研究对含 NaCl、Na_2SO_4，以及活性和分散性染料的合成废水和真实废水进行了比较，发现含 NaCl 的实际废水的通量具有可比性。但是，如前文所示，所用 TFC 膜对 Na_2SO_4 有高截留率并导致了低通量(见图 15-4 和图 15-5)。因此，Na_2SO_4 的存在使膜在回收盐水以供再利用方面的表现打折扣。

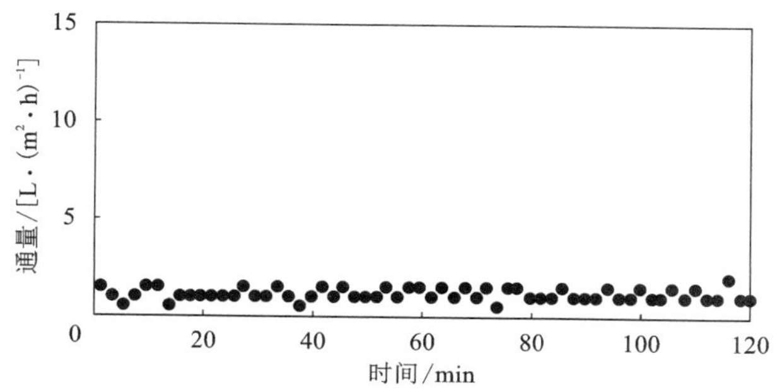

pH 9.75，进料流量=3 L/min，压力=500 kPa

图 15-4　含有活性染料(3.15%)和 65 g/L Na_2SO_4 的实际纺织废液的过滤

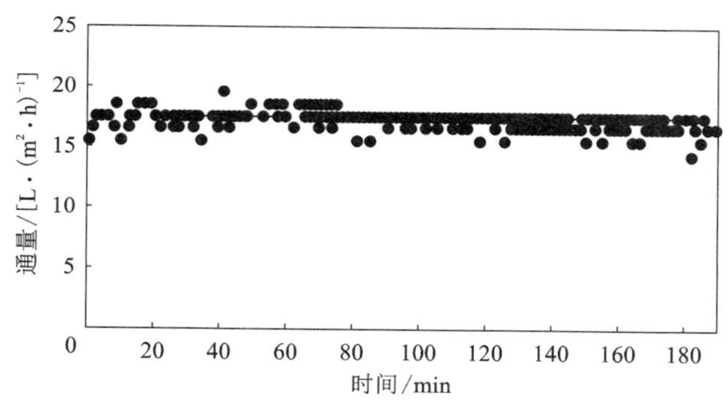

pH 10.83，进料流量=3 L/min，压力=500 kPa

图 15-5　含有活性染料(2.95%)和 60 g/L NaCl 的实际纺织废液的过滤

15.4　染料废水的膜污染

纳滤膜污染可由染料溶液内的染料以及其他污染物(如胶体、高分子添加剂等)的沉积引起。染料的聚集会因为膜壁附近的浓差极化或在溶液中的低溶解性而发生。染料在高 pH 下水解可以改变染料在膜表面上的沉积和渗透性。然而，许多纳滤膜在过滤后用水简单地冲洗，就显示出水通量的实质性恢复，尽管膜的颜色发生了变化。这表明由染料沉积导致的大多数污染似乎是可逆的[24-25]。

Shu 等人[22]的研究在低压(500 kPa)下使用纳滤处理含活性黑 5 和 10~80 g/L NaCl 的溶液，并探讨了染料池中活性染料水解的影响。与溶液中只有盐或只有新鲜染料(有两个离子基团)时的情况相比，有四个离子基团(—SO_3Na)的水解染料对应更高的通量。膜对未水解染料和盐的截留率比对水解染料的高。另外，研究发现增加 pH 可以降低通量，并显著地降低染料截留率。pH 为 7 时，有 99%的染料和 65%的盐被截留。据报道，当盐的浓度从 10 g/L 升高到 20 g/L 时，盐截留率提高；然而，当盐浓度超过 20 g/L 时，盐截留率降低。染料和盐截留率的变化是由于极化层中潜在的染料聚集作用造成的；聚集现象在本研究使用的死端搅拌单元结构中很严重。

为了防止潜在的膜污染，Noel 等人[14]对纳滤膜施加跨膜电势，导致带电粒子形成电泳运动而远离膜表面。对两种不同的纳滤聚合物膜，NF 45 膜和 BQ 01 进行了测试。BQ 01 膜为磺化聚苯醚(SPPO)膜，NF 45 是活性层为聚哌嗪酰胺的 TFC 膜[14]。两种膜的渗透通量随外加压力呈线性增加趋势。有趣的是，当电势为 60×10^2 V/m 时，NF 45 膜可以成功地避免膜污染；这个值被称为净电场效率值，超过该值后通量变得恒定。然而，对于 BQ 01 膜，需要更高的电势来减少污染，该膜的净电场效率值为 125×10^2 V/m。两种膜对染料的截留率均为 100%。与 Xu 等人的研究一样，Noel 等人用水和动态渗透性对纳滤膜进行了表征[14, 18]。

15.5 去除复杂污水中的 COD 和 BOD

虽然许多研究使用简单的盐和染料废水，也有部分研究测试了更复杂的纺织染料废水，其中可能存在电解质、有机污染物和染料的混合物。研究重点是对 COD 或生化需氧量(BOD)的去除，而不仅仅是对染料的去除。Chen 等人[16]研究了用纳滤技术处理退浆废水的方法。退浆废水取自第一次漂洗过程，含有可溶性和不溶性污染物，pH 为 10.2。它是 COD 或 BOD 的主要贡献者，其典型 COD 约为 14200 mg/L。由于确定废水中溶质浓度很复杂，研究是用 COD 截留率对总过滤面积为 10 m^2 的纳滤膜性能进行定量。COD 截留定义为 $R_{COD}=1-C_p/C_f$，其中 C_p 和 C_f 分别为渗透液和浓缩液的 COD。为避免产生过度膜污染，防止高压泵损坏，在纳滤分离前用 1 μm 级微滤器进行了预处理，去除了大部分悬浮固体污染物。结果表明，增大跨膜压降可提高膜的渗透通量和 COD 的截留率。这说明退浆废水中污染物与膜材料之间没有很强的相互作用。由于污染不是一个严重的问题，因此可以将纳滤用于退浆废水的处理中。Chen 等人[16]还宣称，由于废水中存在碱和酶，膜能够实现自我清洁[16]。较高的 pH 也会提高渗透通量和 COD 截留率。在 pH 为 10.2 和 5.5 的条件下，COD 去除率分别为 95%和 80%~85%。他们声称，在酸性环境下，更多的淀粉(废水中的主要成分)水解为小分子蔗糖和葡萄糖，从而降低了 COD 在较低 pH 下的截留率。提高操作温度会提高渗透通量，原因是水黏度的降低；此外，COD 截留率也升高。渗透通量随进料液浓度的增加而降低，原因是更高的流体黏度和密度。Rozzi 等人[6]也研究了微滤和纳滤集成系统，并报道了类似的观察结果。

在波兰的一项研究表明，纳滤工艺渗透液适合回用，允许染色达到标准的显色效果和洗涤牢度[26]。用于试验的纳滤膜的切割分子量(MWCO)约为 180，试验操作压力为 10 bar，温度为 70℃，因此染料、盐和 COD 的截留率分别为>98%、>53%和<21%。

15.6 杂化(集成)系统

纺织染料废水处理的困难度促使对组合(杂化或集成)处理系统进行研究，组合处理系统既包括传统的处理技术，也包括新的处理技术。尽管许多纳滤膜具有很高的截留率，但过滤后的废水仍存在明显的颜色。例如，典型的染料废水可能含有 500 ppm 的活性染料；即使用截留率 99%的膜处理，也会留下高色度的出水。杂化(集成)系统则提供了解决方法，以实现高质量的废水排放或再利用。正如在第 9 章中所讨论的，杂化(集成)系统可能涉及单元的组合，首先减少污染负荷，然后是精细化步骤，以实现回用或排放。使用涉及化学氧化或生物处理的杂化(集成)系统来处理有问题的浓缩液的相关探讨(见第 17 章和第 18 章)。

Gaeta 和 Fedele[27]研究了将纳滤和反渗透相结合的可能性。为了减少膜污染，以及延长操作时间和膜寿命，他们还采用了预处理。组合工艺流程如图 15-6 所示[27]。

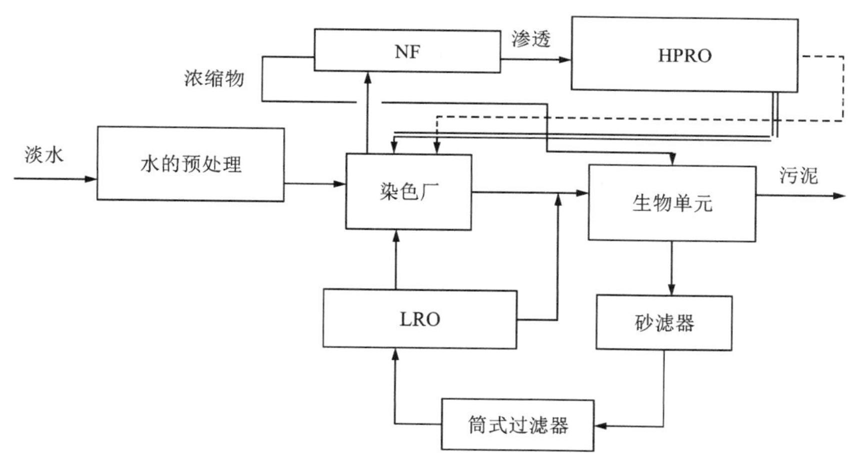

HPRO：高压反渗透，LRO：疏松反渗透。

图 15-6 Gaeta 和 Fedele 所研究的杂化(集成)工艺流程示意图

从染料室流出的废水可分为两种：有染料（来自染色池）和无染料（来自洗涤、整理和其他操作）。无染料液流用生物法处理，而别的液流用卷式纳滤膜和“常规”的反渗透处理。纳滤分离在30℃和18 atm条件下进行。在6.7 m^3/h新鲜进料液、7 m^3/h内循环的条件下获得的水通量为1 m^3/h。据称，高达95%的辅助化学品（包括盐）是从含有染料的流体中回收的。在70 atm下操作的“常规”反渗透，将来自纳滤的渗透液的含盐量从约40 g/L浓缩到70 g/L。近7 m^3/h的内循环被证明能带来较高的回收率，但循环流体需要高的比能耗，导致运行成本增加。组合工艺的投资回收期一般在18至30个月之间，这取决于自动化程度。对不含染料的流体先用生物法处理，然后用砂滤器、筒式过滤器处理，最后进行松散反渗透（LRO）处理。结果从该流体中回收了高达90%的水。LRO的渗透液可重复使用，而浓缩液经过生物法处理后被排放。

将纳滤分离与湿式氧化相结合的工艺已在许多文献中得到了研究[28-29]。Dhale和Mahajani的研究首次用纳滤处理含偶氮染料分散蓝CI79的纺织废水，脱色率>99%，COD截留率达97%。渗透液可以循环回用，但含有机染料的浓缩液需采用催化湿式氧化处理。以$CuSO_4$为催化剂，湿式氧化在120 min内将COD降低了90%，99%的颜色被破坏。在湿式氧化中，水中溶解氧与可氧化的物质发生反应，产生无害的产物，如H_2O和CO_2。湿式氧化工艺是在高温（150~350℃）和1~30 MPa的压力下进行的。

Tang和Chen[30]认为纳滤可以与光催化氧化相结合。他们使用合成染料废水展示，在环形反应器中使用紫外线活化的TiO_2对低浓度下脱色特别有效，即使有高浓度盐存在。由于影响通量的主要因素是盐截留引起的渗透效应，而不是染料的浓度，光催化去除痕量色度被认为是满足高质量水回用要求的一种精细方法。其他可能的膜反应器包括使用光催化分解难降解成分，同时利用纳滤器将较小的中间体与较大的、未降解的组分分离。光催化剂+膜的结合系统将在第18章中进一步讨论。

Wenzel等人[7]声称，从工艺用水分离出（ⅰ）染料池水+首次漂洗水和（ⅱ）漂洗水的最佳解决方案是使用活性炭吸附和纳滤。Rautenbach和Melli[29]也进行了类似的研究。活性炭对染料和COD的吸附足以使染料浴能够重复使用，对颜色或牢固性没有不利影响。在90℃和4.5 bar的条件下进行，纳滤分离可回收漂洗水，获得30 L/(m^2·h)的高通量，染料截留率为99%。纳滤分离工艺回收的热漂洗水不需加热即可回用，冲洗过程加快了2倍，因此提高了生产能力。

Van Der Bruggen等人[23]对染料废水的两种不同处理方式进行了比较。许多纺织工业都将活性污泥系统作为生物法处理的一部分。他们研究探讨了将纳滤分离与生物处理相结合的可能性，并将其性能与单独的纳滤分离进行了比较。实验采用活性橙16和活性蓝2。结果表明，纳滤分离活性污泥处理环节出水的通量可以接受。由于活性污泥处理后的盐浓度较低，可以避免渗透压积累的问题；染料和其他组分的截留率也很高，足以将废水转变成可再利用的工艺水。相反，在直接用纳滤处理废水时，由于盐浓度的升高，产生了较高的渗透压，并进一步使染料分子牢固地附着在膜表面，引发了膜污染。因此，要获得合理的渗透通量是不可能的。

Achwal[19]也研究了将纳滤与生物法相结合的可能性。在 40℃、20 bar 和流速为 900 L/h 的条件下，对含活性黑的染料废水进行了处理，其平均渗透通量为 13 L/m^2。盐截留率和过滤时间未见报道，染料截留率为 99%。研究声称，没有必要在被再利用的工艺水中添加新鲜盐。该渗滤液经实验证明适用于重复使用。采用生物法处理了部分来自纳滤过程的浓缩液，其中含有不能回收利用的物质。这个生物过程包括一天的厌氧固定床反应和三天的好氧固定床反应。结果表明，该处理工艺成功地减少了 99% 的 COD、五日生物耗氧量（BOD_5）、总有机碳（TOC）和色度。

Rozzi 等人[17]用两种不同的组合系统来处理二次纺织染料废水。在第一个组合系统中，纺织染料废水首先用微滤（MF）膜分离处理，然后在 10 bar 下进行纳滤分离。微滤分离是为了消除悬浮固体和胶体，因为它们会导致纳滤膜的快速污染。所用纳滤膜是在聚砜（Psf）支撑上涂覆聚酰胺（PA）的复合膜，被制备成了卷式构型。虽然纳滤组件的渗透性能令人满意，达到了纺织印染厂的再利用标准，但由于昂贵的陶瓷微滤膜和控制微滤膜污染的高剂量聚合氯化铝（70 mg Al/L），组合系统成本较高。

第二个组合系统在多介质过滤和低压反渗透分离（4 bar）之前进行了澄清絮凝步骤。多介质过滤器由六层不同的介质组成，即卵石、砾石、石英砂、沙子和无烟煤。澄清/过滤工艺旨在去除胶体，以减少反渗透膜污染。结果表明，反渗透出水水质好，COD<10 mg/L，电导率<49 μS，残色可忽略不计，适合纺织工厂回用。在长达 80 h 的周期内，以 10 L/（m^2 · h）通量运行时的渗透速率仅降低 5%，表明膜污染程度较低。Rozzi 等人进一步展示了第二个组合系统比第一个具有更好的经济可行性。研究还概述了膜分离的缺点，即如何对浓缩液进行适当的处理。浓缩液含有大多数盐和残余有机污染物，难降解 COD 含量较高。他们建议采用 O_3 氧化等化学氧化以增加回收之前可生物降解材料的比例，以及通过电渗析或蒸发来降低即将回用的工艺水的含盐量。

Van't Hul 等人[3]针对平幅纺织洗涤系列开展了工艺集成膜技术回收能源和水的研究，对纺织洗涤工艺提出了两种改进方案。在这些改进工艺中，反渗透被加入冷、热洗涤段，而纳滤则被整合到染色步骤中。研究发现，将过滤后的洗涤水从一个洗涤步骤循环到前一个洗涤步骤的工艺与将其在同一个洗涤步骤进行循环的工艺相比，总能耗和节水率更高。目前，许多高温污水流被直接排放到下水道[18]。如果这种液体能够回收利用，就会减少加热淡水所需的能源消耗。此外，使用两种改进工艺后的废水量都有显著减少(约90%)。因此，采用膜分离技术实现废水的最小化和工艺水的回用具有一定的潜力，但也存在一定的局限性，具体如下。

(1)冷洗段的温度升高。许多商业高分子膜不能耐受高温(80℃)和高pH(10)。

(2)洗涤水成分的变化。不需要的成分若没有被膜所截留，就有可能在工艺水的循环中积累起来。这可能对其他组分的洗涤效率产生重大影响。

15.7 结论

纳滤系统已被证明非常适合处理高浓度的染料和盐。与许多早期的研究相比，使用足够高的传质和新型的TFC膜可以在相对较低的压力(500 kPa)下获得更高的通量。在许多系统中，浓差极化并不显著。但由于本体中/膜壁处与渗透液中电解质在浓度上的微小差异也会产生很大的渗透压差，要实现盐水或水的可行性回用，必须注意对截留特性的控制。即使在很高的盐浓度下，小孔隙内的空间和电荷相互作用也可能在截留NaCl和染料方面起作用。

(纳滤)在纺织工业中的高盐负载下，也可以保持较高的染料截留值，所产生的脱色渗透液可以排放，或经组合系统进一步加工后被再利用。随着新型TFC膜低压工艺的进展，低盐截留率为废水的直接纳滤提供了希望。目前，(纳滤)与许多组合工艺的集成可以完全去除颜色和有机负载。处理浓缩截留液很棘手，要为其寻找环境和经济上都可以接受的处理方法。对于活性染料，其再利用是不可能的，但对于其他类型的染料，如直接染料，其未固定部分的再利用为减少处置问题提供了可能的方案。

致谢

作者感谢废物管理和污染合作研究中心(Cooperative Research Center for Waste Management and Pollution)的资助。作者还要感谢Bayer(悉尼)提供染料，Bruck Textiles供应纺织废料样品，以及Fluid Systems为我们的项目供应薄膜。

参考文献

[1] A Erswell, C J Brouchaert, C A Buckley. The reuse of reactive dye liquors using charged ultrafiltration membrane technology. Desalination, 1988(70): 157-167.

[2] J N Wu, M A Eiteman, S E Law. Evaluation of membrane filtration and ozonation processes for treatment of

reactive dye wastewater. Journal of Environmental Engineering-ASCE, 1998, 124(3): 272-277.

[3] U Pagga, K Taeger. Development of a method for adsorption of dyestuff on activated sludge. Water Research, 1994, 28: 1051-1057.

[4] P C Vandevivere, R Bianchi, W Verstraete. Treatment and reuse of wastewater from the textile wet-processing industry: Review of emerging technologies. Journal of Chemical Technology and Biotechnology, 1998, 72(4): 289-302.

[5] J P Van't Hul, I G Racz, T Reith. The application of membrane technology for reuse of process water and minimisation of waste water in a textile washing range. Journal of the Society of Dyers & Colorists, 1997, 113 (10): 287-294.

[6] A Rozzi, F Malpei, L Bonomo, et al. Textile wastewater reuse in northern Italy (Como) (Review). Water Science &Technology, 1999b, 39(5): 121-128.

[7] H Wenzel, H H Knudsen, G H Kristensen, et al. Reclamation and reuse of process water from reactive dyeing of cotton. Desalination, 1996, 106(1-3): 195-203.

[8] L R Gravelet-Blondin, C M Carliell, S J Barclay, et al. Management of water resources in South Africa with respect to the textile industry. The 2nd IAWQ Speclalised Conference on Pretreatment of Industrial Wastewaters, Divani Caravel Hotel, 16-18, October, 1996. Athens, Greece.

[9] F Gahr, F Hermanutz, W Oppermann. Ozonation - An important technique to comply with new German laws for textile wastewater treatment. Water Science and Technology, 1994(30): 255-263.

[10] W H Glaze, R M Le Lacheur, J J Pullin, et al. By-products of oxidation processes in water and wastewater treatment. Book of Abstracts, 210th ACS National Meeting, Chicago, IL, August 20-24(Pt. 1): (1995) ENVR-073.

[11] W A Rearick, L Farias, H B G Goettsch. Water and salt reuse in the dyehouse. Textile Chemist and Colorist, 1997, 29(4): 10-19.

[12] J Porter. Membrane filtration techniques used for recovery of dyes, chemicals and energy. Textile Chemist and Colorist, 1990, 22(6): 21-5.

[13] J C Watters, E Biagtan, O Senler. Utratitration of a textile plant effuent. Separation Science & Technology, 1991, 26(10-11): 1295-1313.

[14] I Noel, M R Lebrun, C R Bouchard. Electro-nanofiltration of a textile direct dye solution. Desalination, 2000, 129(2): 125-136.

[15] G R Groves, C A Buckley. Treatrment of textile effuents by membrane separation processes. Proc. Int. Symp. Fresh Water Sea 7th, 1980(2): 249-57.

[16] G Chen, C Xijun, Po-Lock Yue, et al. Treatment of textile desizing wastewater by pilot scale nanofiltration membrane separation. Journal of Membrane Science, 1997, 127(1): 93-99.

[17] A Rozzi, M Antonelli, M Arcari. Membrane treatment of secondary textile effluents for direct reuse. Water Science &Technology, 1999a, 40(4-5): 409-416.

[18] Y Xu, R E Lebrun, P J Gallo, et al. Treatment of textile dye plant effluent by nanofiltration membrane. Separation Science and Technology, 1999b, 34(13): 2501-2519.

[19] W B Achwal. Treatment of dyehouse water by nanofiltration. Colorage, 1998, 45(5): 39-42.

[20] J J Porter. Membrane filtration techniques used for recovery of dyes, chemicals and energy. Textile Chemist and Colorist, 1990, 22(6): 21-25.

[21] R A Jiraratananon, A Sungpet, P Luangsowan. Performance evaluation of nanofiltration membranes for

treatment of effluents containing reactive dye and salt. Desalination, 2000, 130(2): 177-183.

[22] L Shu. Membrane processing of dye wastewater: Dye aggregation, membrane performance and mathematical modelling. PH. D. Thesis. University of New South Wales, 2000.

[23] B Van Der Bruggen, B Daems, D Wilms, et al. Mechanisms of retention and flux decline for the nanofiltration of dye baths from the textile industry. Separation and Purification Technology, 2001, 22-23(1-3): 519-528.

[24] C Tang, V Chen. Nanofiltration of textile wastewater for water reuse. Desalination, 2002(143): 11-20.

[25] X Xu, J L Gaddis, T Wang. Dynamic formation of a self-rejecting membrane by nanofiltration of a high-formula-weight dye. Desalination, 2000, 129(3): 237-245.

[26] J Sojka-Ledakowicz, T Koprowski, W Machnowski, et al. Membrane filtration of textile dyehouse wastewater for technological water reuse. Desalination, 1998, 119(13): 1-9.

[27] S N Gaeta, U Fedele. Recovery of water and auxiliary chemicals from effluents of textile dye houses. Desalination, 1991, 83(1-3): 183-194.

[28] A D Dhale, V V Mahajani. Studies in treatment of disperse dye waste: Membrane-wet oxidation process. Waste Management, 2000, 20(1): 85-92.

[29] R Rautenbach, R Mellis. Hybrid processes involving membranes for the treatment of highly organic/inorganic contaminated wastewater. Desalination, 1995, 101(2): 105-114.

[30] C Tang, V Chen. Membrane and catalytic oxidation: Technical challenges and potential for synergistic combinations. Membrane BioReactors and Hybrid Systems Conference Proceedings, Australian Water Association, 2001.

英文缩略语、名词和罗马符号说明

缩略语/名词/符号	意义	缩略语/名词/符号	意义
BOD	生物耗氧量(下标 5：五日生物耗氧量)	Psf	聚砜
COD	化学耗氧量	PVA	聚乙烯醇
C	浓度(下标 f：进料侧浓度；下标 p：渗透侧浓度)	R	截留率
Donnan	道南(效应)	RO	反渗透(HPRO：高压反渗透；LRO：疏松反渗透)
MF	微滤	SPPO	磺化聚苯醚
M_r	相对分子量	TFC	薄膜复合
NF	纳滤	TOC	总有机碳
PA	聚酰胺	UF	超滤
PAC	粉状活性炭		

第 16 章 纳滤处理垃圾填埋渗滤液

16.1 引言

垃圾产量通常是衡量人类与环境相互影响程度的主要指标之一。在过去的二十年中，人们对由废弃物体量和毒性上升引起的环境影响的担忧加剧。尽管对废弃物防治策略相当重视，垃圾却仍不断增加。1995 年至 1998 年间，欧盟国家产生的垃圾总量增长了 16%，目前估计为每年 13 亿 t，相当于人均 3.4 t[1]。由于日益增长的人口密度和工业活动等人为因素的影响，在全球范围内能观察到垃圾增长量更加显著的发展。

在世界范围内，这些垃圾中的最大一部分被堆积于地表上/下，即垃圾填埋。采用这一操作的原因是，利用土地进行废物处置的费用相对较低，焚烧等其他处理技术的容量差，且许多国家的立法以保护空气和水源为主。

然而，垃圾填埋场中的废物仍会影响环境。渗滤液是垃圾填埋的主要排放物之一，由垃圾自带的水分和渗透至垃圾中的降水形成。在填埋区底部流出的渗滤液通常受到严重污染，对附近的地下水和地表水构成重大威胁。许多国家的法律规定，渗滤液必须进行收集和处理后才能排放。

垃圾渗滤液通常含有成分复杂的各种有机物和无机物。为了满足各种组分的处理的法律标准，通常需要组合各种方法进行处理，如将生物处理、化学氧化、吸附、沉淀、蒸发、干燥、气提、超滤和反渗透等进行组合。近年来，纳滤技术已成为垃圾渗滤液处理的可能的流程之一。

本章讨论了通过纳滤(NF)处理垃圾渗滤液的方法。其中，前两节对垃圾渗滤液进行了概括，并对目前所采用的工艺进行了回顾。这样做是因为纳滤很少作为独立的流程来使用，而总是在与其他工艺的竞争或结合中被加以考虑。第 4 节着重介绍了纳滤处理垃圾渗滤液，第 5 节讨论了这一过程的优缺点。

16.2 垃圾渗滤液

垃圾渗滤液的产生是填埋场内部复杂的水力和物理化学过程相结合的结果，其特性和生成速率很大程度上取决于以下几个参数：气候、垃圾种类及填埋时间。为了设计出针对特定垃圾渗滤液最合理的处理方案，了解垃圾渗滤液的产生及相关特点很有必要。

16.2.1 垃圾渗滤液的产生

垃圾填埋过程中的水平衡如图 16-1 所示。由于降水、蒸发和地表水的流动，填埋区域顶部一直有水的输入和输出。填埋区域内部的水是化学和生物反应的浸提物和产物。还有部分水储存在填埋区域内，垃圾渗滤液从填埋区域底部被释放出来。在许多国家，如奥地利、西班牙、爱尔兰和德国，填埋场的底部和两侧都要求设置密封层，以防止地下水进入填埋场，并保护下方土壤免受渗滤液的侵蚀[2]。在这种情况下，渗滤液是由填埋场底部的排水系统收集的。在垃圾沉积完成后，需要进行顶部密封，以尽量减少由于降水而产生的渗滤液。

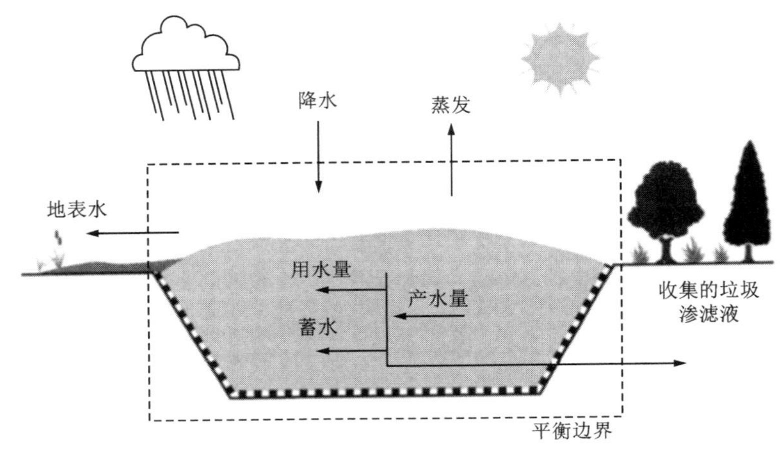

图 16-1 垃圾填埋过程的水平衡

对于蓄水率最高为 50%的垃圾而言[3]，垃圾渗滤液的体积流量粗略估计为年降水量的 25%[4]。然而，渗滤液处理厂的设计必须考虑到，强降水期间的流量可能会显著高于年平均水平。

表 16-1 给出了持续进行渗滤液处理大致所需的时间。它们是基于填埋场里主要有机物和无机污染物的平均生物降解和浸出速率而得出的。

表 16-1 渗滤液处理所需时间估计[1]

渗滤液产生速率	有害的废物填埋	市政固体废物填埋	无危害的低有机成分废物填埋	无机废物
中等(200 mm/年)	600 年	300 年	150 年	100 年
高(400 mm/年)	300 年	150 年	75 年	50 年

16.2.2　垃圾渗滤液的特点

根据 Dahm 等人[5]的研究，市政垃圾渗滤液的大致质量平衡如图 16-2 所示。根据这个质量平衡可知，大部分溶质是无机单价盐。除无机盐外，还有相当数量的含氮化合物，主要是 NH_3 和有机化合物，后者通过 COD（化学需氧量）、BOD_5（五日生物化学需氧量）、TOC（总有机碳）和 AOX（可被吸附的有机卤素化合物）等参数表征。

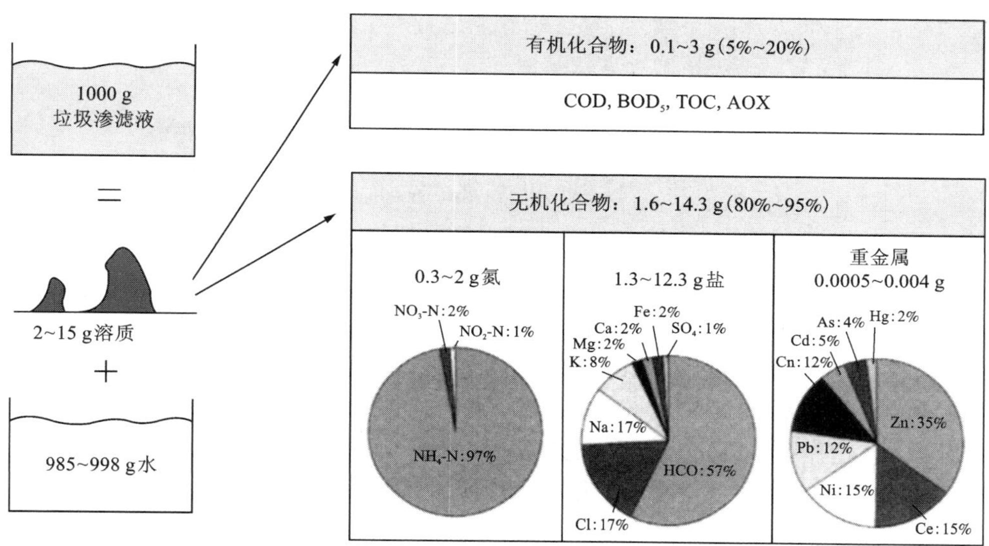

图 16-2　市政垃圾填埋渗滤液的质量平衡[5]

垃圾渗滤液中部分化合物的环境影响类别如表 16-2 所示。它表明垃圾填埋渗滤液带来严重污染，因此排放垃圾渗滤液之前必须进行处理。

表 16-2　垃圾渗滤液中化合物的影响分类

复合物/参数	环境影响类别
Cd，Ni，AOX	人类毒性（癌症）
Cu，Zn，Pb，Hg	生态毒性（表面/地下水）
盐，氯，硫化物，氨	生态毒性（表面/地下水）
氮	富营养化
COD	富营养化

垃圾渗滤液中的有机化合物主要为分子量分布广泛的脂肪酸、黄腐酸和腐殖质。Chian 等人[6]发现，大部分的有机物相对分子量低于 500(见图 16-3)。

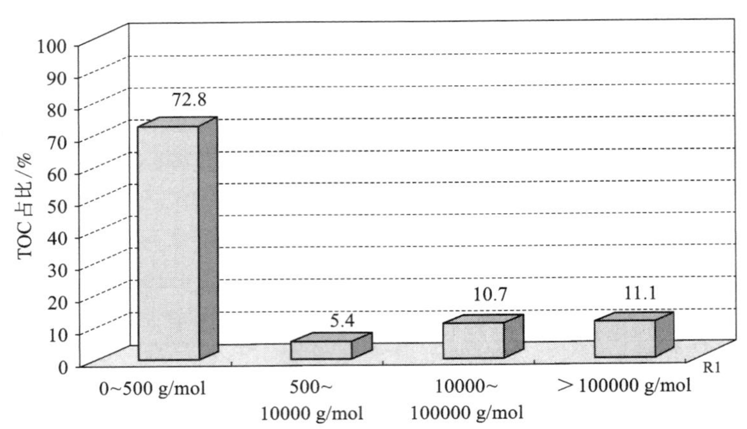

图 16-3　有机物的摩尔质量分布[6]

渗滤液的成分随垃圾填埋的时间而发生变化。在开始的 3~5 年内，通常会处于 pH 较低的酸性阶段，且有机化合物的比例相对较高，BOD_5/COD 的比值平均为 0.6。渗滤液经转变阶段后达到稳态，有机物含量变化较小，BOD_5/COD 比值小于 0.1，这意味着有机成分很难被生物降解[5]。

就应用膜工艺而言，渗滤液有导致膜污染和膜结垢可能性。垃圾渗滤液的污染指数一般为 3.5~5.4[7]，有很强的污染趋势，在实际设计和操作中必须着重考虑。污染过程中起主要作用的粒子的摩尔质量为 10 万~30 万 g/mol；因为对于这种尺寸的分子而言，其从膜到本体流的扩散和水力学传递最小[8]。

Baumgarten[9]指出，$CaCO_3$ 结垢可能是由于垃圾渗滤液中 $Ca(HCO_3)_2$ 的浓度过高。对于反渗透(RO)和纳滤膜来说，$CaCO_3$ 结垢的趋势特别强，因为 CO_2 可以透过这些膜，使靠近膜的区域的(水化学)平衡偏向 $CaCO_3$。为防止生成 $CaCO_3$ 结垢，应将 pH 调节到 6.2~6.8。

16.2.3　处理垃圾渗滤液的法律标准

在一些地区或国家，垃圾渗滤液受到相关污染防治法的管控。根据欧盟关于垃圾填埋的第 31/1999 号规定，垃圾渗滤液必须进行收集和处理[10]。在德国，对于垃圾渗滤液排放到地表水之前有最严格的质量检测标准。在某国(未明确是哪个国家)废水处理法规的附件 51 中，定义了如表 16-3 中所示的限值，其中 G 是生物测试中应用的稀释因子。

表 16-3　对排放到蓄水层(上层)或与其他废水流混合(底层)的垃圾渗滤液的限制标准[11]

参数	单位	限定值
COD	mg/L	200
BOD_5	mg/L	20
总氮	mg/L	70
总磷	mg/L	3
碳氢化合物	mg/L	10
NO_2-N	mg/L	2
鱼毒性	G_F	2
AOX	mg/L	0.5
Hg	mg/L	0.05
Cd	mg/L	0.1
Cn	mg/L	0.5
Cr(Ⅵ)	mg/L	0.1
Ni	mg/L	1
Pb	mg/L	0.5
Cu	mg/L	0.5
Zn	mg/L	2
As	mg/L	0.1
氰化物	mg/L	0.2
硫化物	mg/L	1

这些严格的法规是在垃圾渗滤液处理中应用先进工艺的主要推动力。膜工艺很早就进入了应用市场，原因是传统工艺根本无法满足所需目标。

在美国，由国家污染物排放处理部门制定了垃圾渗滤液就地处理和排放到地表水域的要求。根据渗滤液的类型和接收水的容量，需要采取一系列处理流程。垃圾填埋的相关标准在(美国)国家联邦法规(CFR)第 40 号关于环境保护的第 445 部分中可以找到，该条例区分了市政的和危险品的填埋场，并列出了目前最佳可实际操作的控制技术可达到的标准范围。表 16-4 总结了这些范围。

表 16-4　美国对垃圾渗滤液的限制标准[11]

规定参数	单位	每月最大量	每天平均量
BOD	mg/L	140	37
TSS*	mg/L	88	27
氨(以氮计算)	mg/L	10	4.9
松油醇	mg/L	0.033	0.016
苯甲酸	mg/L	0.12	0.071
p-甲酚	mg/L	0.025	0.014
苯酚	mg/L	0.026	0.015
Zn	mg/L	0.2	0.11

* 总悬浮固体。

美国和欧洲地区都以目前最优净化技术水平作为定义它们标准的共同原则。这意味着法律规定的范围必须被视为是动态的，并与当前的技术水平相对应。处理技术的进步，不论是处理技术性能方面的提升，还是方法适用性方面的提升，都有可能提高标准。

16.3　当前所用方法综述

垃圾渗滤液处理流程的设计必须考虑到特定的填埋成分以及当地的规定和经济条件的约束。由于污染物种类繁多，垃圾渗滤液处理流程通常需要进行几种不同的单元操作，以达到所有相关参数的标准。本章介绍了主要的几种处理工艺，它们都有可能与纳滤相结合，以完成所有的处理需求。

16.3.1　生物处理

在垃圾渗滤液处理的第一组单元操作中，通常有一个去除 NH_3、COD 和 BOD 的生物过程(BIO)，而带有硝化和反硝化的两级活性污泥工艺是一项先进的技术。在硝化过程中，废物中的有机氮被转化为硝酸盐。在反硝化装置中，硝酸盐被还原成氮气并排放到大气中。该系统通常要进行预脱氮，因为需要易于生物降解的物质作为硝酸盐转化的质子供体。为了实现氮的完全去除，通常需要建立从硝化池到反硝化池的再循环环流。由于未经处理的渗滤液(COD/BOD≫2)中缺乏足够的易降解有机物质，必须加入外部碳源来推动反硝化作用。硝化装置的供氧是另一个主要的挑战，因为这样的生物系统会处于 35~40℃ 的高温，并且膜生物反应器(MBR)中生物质含量可以达到 25 g/L；还需要使用微滤(MF)膜和超滤(UF)膜将这些系统中的生物质截留并浓缩。除了能完全去除包括病原体在内的颗粒物质外，这种方法还可以提高生物系统的整体性能[13]。一方面，生物膜的存在使污泥的停留时间(澄清系统中的分配限制)延长；另一方面，生物膜系统能提高执行硝化的自养微生物群体的稳定性。这些微生物的生长速率非常缓慢，在如沉淀池的常规系统中它们的浓度很容易被降至不适当的水平。MBR 能够将原始垃圾渗滤液中 NH_3 的水平从 1200～1500 mg/L 降低至 5～15 mg/L，最终的超滤渗透液中氮的浓度是 50～150 mg/L。这些膜不能截留分子量较低的化合物，致使流出液中 COD 浓度为 500～1500 mg/L。

16.3.2　吸附

通常来说，经过生物预处理阶段的流出液仍然具有非常高的 COD 值，需要进行额外的处理。活性炭广泛应用于从液体和蒸汽流中纯化和去除有机污染物。活性炭由许多高碳含量材料制成，包括煤、椰子壳、木材和泥炭。通过挥发作用和活化，这些材料形成了独特的内部孔状结构，能够应用于各种过滤操作。

典型的活性炭具有 600～1200 m^2/g 的表面积，部分甚至高达 3000 m^2/g。它们的内部孔隙根据其尺寸分为微孔(10～1000 Å)或大孔(大于 1000 Å)。吸附(ADS)主要发生在微孔中，大孔充当导管[13]。

颗粒活性炭与生物预处理相结合是垃圾渗滤液去除 COD、AOX 和许多有毒物质的主要处理技术。配置了 MBR 的系统流程如图 16-4 所示。目前欧洲有 50 多个地区在使用颗粒状活性炭来实现上述目的[14]。

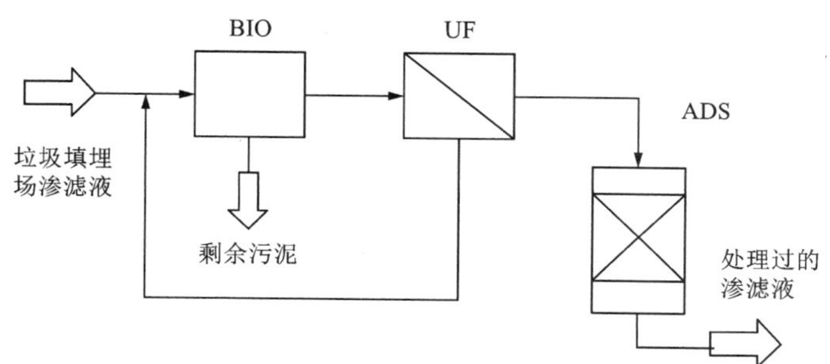

图 16-4　生化、超滤和吸收工艺的流程图

16.3.3　氧化/还原

难降解 COD 可通过垃圾渗滤液处理厂的氧化过程(OX)被消除或变得可生物降解。氧化还原反应还能让一些无机成分无害化并使它们可用于后续处理过程。

该反应是在一定 pH 下加入化学氧化剂或还原剂，以提高某种反应物的价态，降低其他反应物的价态。它可去除可氧化的无机物，如氰化物、NH_3 和一些金属（铁，锰，硒），以及可还原金属（铬，汞，铅，银，镍，铜和锌）。

O_3 是最强的氧化剂之一。它用于褪色，去除有机废物，减弱气味并降低水中的 TOC 含量。O_3 可以通过多种不同方式产生，包括紫外线（UV）照射和氧气流（包括空气）电晕放电。在处理少量废物时，利用紫外线发生器生成 O_3 是最常见的，大规模系统则需使用电晕放电或其他生成方法。

16.3.4 膜处理

膜处理具有可靠的屏障效应并能适应模块化工厂设计，在水和废水处理中起到关键作用[16]。各种压力驱动膜处理工艺目前已经应用于对垃圾渗滤液处理。根据 Baumgarten 的说法，目前在德国已有 70 多家以膜处理为基础的垃圾渗滤液处理厂正在运营[9]。

反渗透几乎对所有污染物都有着良好的截留效果，是垃圾渗滤液处理中最重要的膜处理工艺。该领域起步于 1984 年，荷兰的 Uttingen 建立了第一个单级反渗透工厂。不久之后荷兰又建立了两个反渗透工厂，而德国也建立了一个反渗透工厂。所有这些工厂的生产流程对无机和有机物质的截留效果都非常优异。在第一批工厂所积累的经验支持下，随后几年内处理垃圾渗滤液的反渗透工厂数量迅速增加[5]。

在更进一步的发展中，20 世纪 90 年代早期引进了高压反渗透（HPRO）技术，其压力高达 120 bar，用于处理反渗透浓缩液。目前，如图 16-5 所示的反渗透工厂在德国的许多垃圾填埋场中都有至关重要的作用。其反渗透环节水回收率可达 75%~90%，具有出色的经济性和可靠性。然而，使用压力高至 200 bar 的反渗透

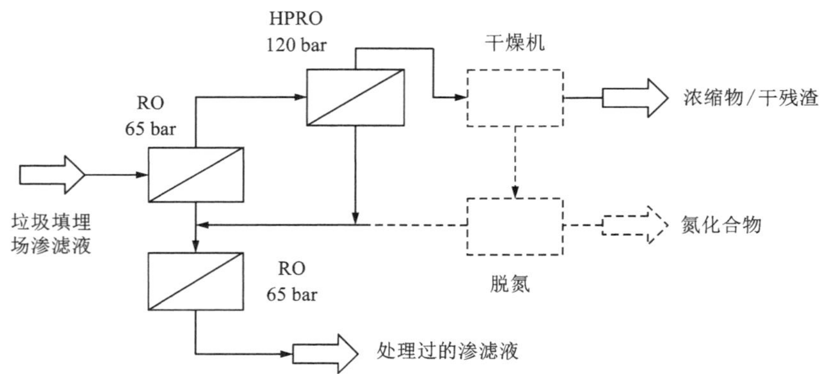

图 16-5 最新反渗透过程流程图[15]，干燥和脱氮是可选操作

以进一步提升水回收率的实验未成功[15]，原因是膜支撑层的强烈压实和污染、结垢带来的膜阻塞。

在 20 世纪 90 年代早期，有一段时期的反渗透技术也与生物预处理相结合，但最终证明这种方法存在问题且处理效率偏低[5]。

纳滤在垃圾渗滤液处理方面尚未发挥重要作用。在德国，纳滤处理垃圾渗滤液有一些实际的应用；在法国[7, 17]、芬兰[18]和瑞典[19]，目前仅处于实验室阶段，或用于处理低强度的垃圾渗滤液。纳滤在垃圾渗滤液中的应用将在第 16. 4 节中详细描述。

16. 3. 5　浓缩液的处理

采用反渗透法处理垃圾渗滤液时，有 10%～20%的原始渗滤液会被截留形成浓缩液。浓缩液的污染程度远高于原始渗滤液。在整个处理过程中，浓缩液的处理方式是技术经济方面的重中之重。

去除浓缩液最简单的方法是将它返回垃圾填埋场循环处理。根据 Große 和 Henigin 的观点[20]，这不会导致污染程度升高或渗滤液体积增加。当渗滤液的产生受到垃圾填埋场顶部密封的限制时，这种解决方案可行的。但是德国不允许浓缩液进行再循环。

其他解决方案如下。

(1)将浓缩液的干燥残余物沉积在地下填埋场中。据研究，沉积的成本为每吨 307～383 欧元[9]，其中不包括初步干燥、包装和运输的费用。

(2)污染物固定在石膏或粉煤灰中后再沉积于垃圾填埋场。该技术通过物理或化学方法固定污染物，然后将固体物质堆埋在垃圾填埋场上。据研究，该技术的成本为每吨 41～67 欧元[21]。然而，浓缩液必须以 1 ∶ 2 的比例与黏合剂混合，导致产生了大量填充废料。

(3)焚烧浓缩液并将灰烬堆埋，这种方法的成本为每吨 51～153 欧元[9]。

最后一步的高成本使得膜处理的回收率成为垃圾渗滤液处理的主要指标。图 16-6 表明了水回收率、反渗透单元成本及浓缩液去除成本之间的相互关系。可以看出，因为垃圾渗滤液中溶质的高截留率，为了提高水回收率需要大幅度提升截留液的浓度。这样做的结果是通量降低而所需膜面积和处理成本增加。在最大的水回收率下，渗透压完全平衡了跨膜压力，流量变为 0。

在浓缩液外部线性去除的情况下，浓缩液去除的成本随着反渗透单元水回收率的升高而降低。因此当水回收率非常接近反渗透单元的最大水回收率时，总体处理成本具有最小值。

由于最终去除步骤的成本较高，通常在最终处置之前通过蒸发来缩小浓缩液的体积。

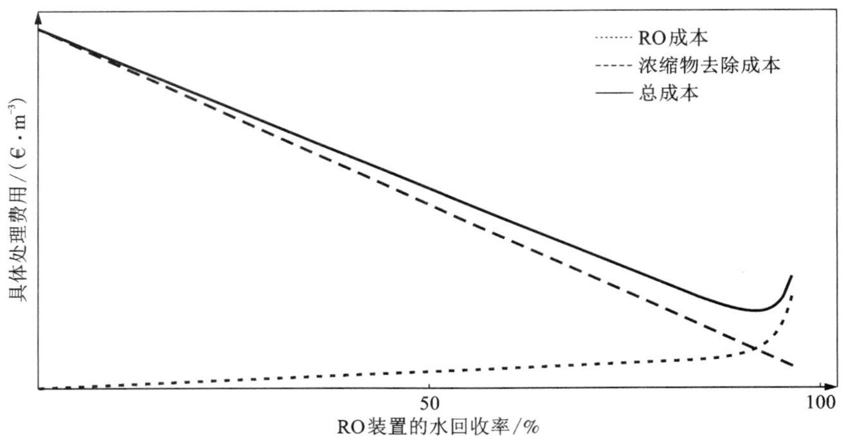

图 16-6　反渗透单元中费用和水回收率的相互关系

16.3.6　流程组合

在垃圾渗滤液处理厂中，有许多方法可以将上述处理单元组合起来。表 16-5 给出了可能的过程组合。

表 16-5　垃圾渗滤液处理的过程组合[21]

优选序号	处理单元						
1	BIO	UF	OX				
2	BIO	UF	ADS				
3	BIO	UF	RO		EVA	DRY	
4	BIO	UF	NF		EVA	DRY	
5	BIO	UF	NF	OX			
6	BIO	UF	NF	ADS	EVA	DRY	
7	FIL	RO	RO			DRY	
8	FIL	RO	NF	RO		DRY	N2
9	FIL	RO	RO				

注：FIL 为过滤，例如砂滤；BIO 为生物处理，可能包括硝化/反硝化；UF 为超滤，例如生物质截留；ADS 为吸附，例如活性炭吸附；OX 为氧化，例如臭氧氧化；RO 为反渗透；NF 为纳滤；ION 为离子交换；EVA 为蒸发；DRY 为干燥；EXT 为浓缩液外部去除；N2 为氮回收，例如 NH_3 的气提。

对氮、有机物和盐的消除以及浓缩液的处理是重大的挑战，可以通过多种方式来实现。生物处理、萃取和反渗透处理是除 NH_3 的唯一选择；有机物可以通过生物处理、吸附氧化和致密膜来去除；盐含量只能通过反渗透膜处理来有效降低。

16.4　纳滤处理垃圾渗滤液

反渗透膜对几乎所有污染物都具有高截留率，而纳滤膜仅仅对有机污染物和多价离子具有高截留率。这算得上是一个缺点，因为使用纳滤技术处理渗滤液时需要有额外步骤去除含氮化合物以及单价盐。另外，将纳滤作为一种控制整个过程中不同污染流体的选择性工具，也能实现先进的工艺组合。这可能会让流程更加复杂，但也会使它更符合成本效益。

在简要描述了纳滤处理垃圾渗滤液的一般特点之后，本节介绍了目前已付诸实践的纳滤工艺，并从经济性角度对它们进行了比较。

16.4.1　纳滤处理垃圾渗滤液的特征

Baumgarten[9]概述了纳滤在垃圾渗滤液处理中的一般特征；该概述基于几个处理垃圾渗滤液的中试和全规模工厂进行分析，如表 16-6 所示。纳滤膜对于以集合参数 COD 和 AOX 来表示的有机物质，对于二价盐离子(如 SO_4^{2-})，以及对于重金属都具有高截留率；而纳滤膜对于含氮化合物和一价盐离子的截留率较低。

表 16-6　纳滤膜和反渗透膜在处理垃圾渗滤液时的一般特征[6]

参数	单位	纳滤	反渗透
COD 截留率	%	90~95	92~97
AOX 截留率	%	85~93	90~96
NO_3-N 截留率	%	10~20	83~93
NH_4-N 截留率	%	10~20	86~94
Cl^-截留率	%	5~10	98~99.6
SO_4^{2-} 截留率	%	94~98	99~99.9
重金属截留率	%	85~96	88~97
渗透液通量	L/(m^2·h)	20~40	10~20
水回收率	%	75~85	70~80
跨膜压力	bar	10~30	40~65

16.4.2 纳滤作为独立工艺

如上文所述，纳滤不适合作为垃圾渗滤液处理的独立工艺。Trebouet 等人完成了法国 Saint Nazaire 垃圾填埋场渗滤液处理的中试研究（流程如图 16-7 所示）[17]。即使研究中使用了较低污染倾向的渗滤液，纳滤处理仍不能达到法国对含氮化合物的严格法律标准，如表 16-7 所示。

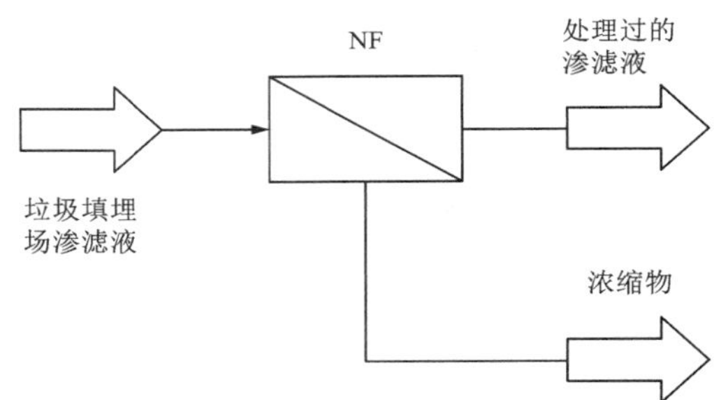

图 16-7 纳滤作为单一工艺处理垃圾填埋场渗滤液

表 16-7 法国 Saint Nazaire 垃圾填埋场中原始垃圾渗滤液及纳滤渗透液的特征[22]

参数	单位	原始渗滤液	渗透液	限制
COD	mg O_2/L	500	100	120
BOD_5	mg O_2/L	7.1	0.11	30
TKN*	mg/L	540	380	30
NH_4-N	mg/L	430	340	—

TKN—总凯氏氮。

16.4.3 生物处理和纳滤

由于纳滤对含氮化合物的截留率较低，需要进行第二单元操作来去除这些化合物。生物处理是去除含氮化合物的一种有效方法。生物处理和反渗透的工艺组合在 20 世纪 90 年代早期已经应用于相当多的垃圾填埋场，用纳滤膜替代反渗透膜是一个很有吸引力的想法。生物处理通常需要沉淀池或者使用超滤来截留活性污泥，其中超滤还是纳滤更为便宜和优质的预处理过程，因为它能够更好地除去较大颗粒，减少纳滤膜的污染。

Baumgarten 介绍了该工艺在德国 Mechernich 垃圾填埋场的应用（工艺流程如图 16-8 所示），但由于膜上形成了不可逆的污垢层而最终失败。这种情况是由于使用了规格为 20 μm 的微孔筛来截留生物单元的活性污泥。后续实验表明，使用规格为 0.4 μm 的微滤预处理可以将膜污染降低到可接受的程度。

另外，通过结合纳滤与生物预处理来去除含氮化合物（详见第 17 章“纳滤生物反应器”)，也能得到质量达标的渗滤液，如表 16-8 所示。

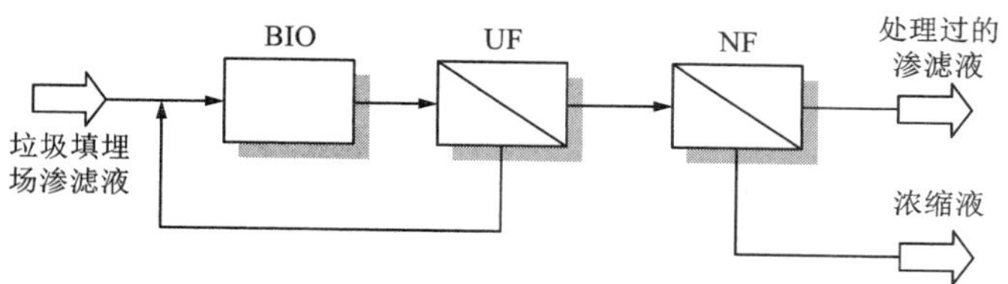

图 16-8　生物处理与纳滤的组合

表 16-8　德国 Mechernich 垃圾填埋场中经过生物预处理的垃圾渗滤液和纳滤渗透液的特征[9]

参数	单位	预处理渗滤液	浓缩液	渗透液	限制
COD	mg O_2/L	887	3776	97	200
AOX	mg/L	1.09	4.54	0.48	0.5
TKN	mg/L	37.5	164.2	3.6	—

表 16-9 将纳滤与最初在填埋场使用的两段式反渗透法进行了比较。尽管纳滤的跨膜压力较低，它的渗透通量却几乎是反渗透法第一阶段的两倍，这能够显著提高回收率并降低总成本。

表 16-9　对经过生物预处理的渗滤液进行纳滤和反渗透处理的效果比较[9]

参数	单位	纳滤	反渗透
平均渗透液通量	L/(m^2 · h)	28.4	16.1(22.7)
水回收率	%	90	80
压差	bar	30	40

通过蒸发和干燥可缩小膜单元中浓缩液体积，而剩余的干燥残余物可堆埋在地下填埋场中。虽然采用纳滤膜能将去除浓缩液的成本降低到之前的一半，但仍占总处理成本的 32%左右(见第 16.4.6 节)，这正是我们仍需进一步努力和改进以提升水回收率的原因。

16.4.4　通过吸附/氧化方式处理生化过程、纳滤过程的浓缩液

Rautenbach 和 Mellis 研究了利用活性炭吸附或氧化来处理纳滤浓缩液的方法，以形成闭环系统；即将纳滤的浓缩液经过吸附或氧化单元处理后再循环回到

生物预处理阶段，如图 16-9 所示[16]。这种设计的优势是除生物处理的剩余污泥外的零排放系统，水回收率接近 100%。该工艺是德国的 Emmerdingen 与 Wehrle Werk AG 合作开发的，并以 Biomembrat-Plus®的名称取得了工艺专利[23]。

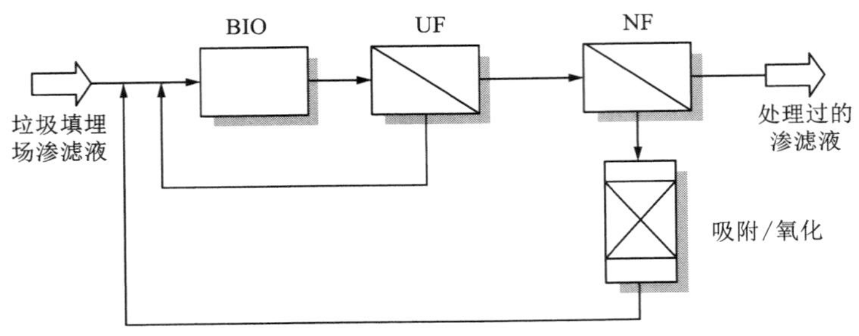

图 16-9　纳滤浓缩液的吸附或氧化处理

由于纳滤膜的选择透过性，循环中不可生物降解的物质浓度会显著增加。这反过来会要求吸附或氧化单元的工作效率的提高，以及生化过程的生物降解速度的加快。

诸如二价盐等被纳滤膜截留且不能被吸附、氧化或生物降解的物质会在循环系统中不断积累。中试和全规模的应用表明，这一点可能没有特别明显的负面影响。这些累积物质最终通过剩余污泥离开循环系统。

氧化作用不仅会降低系统的 COD，而且会通过分解难降解化合物来增加可生物降解部分的 COD，如图 16-10 所示。

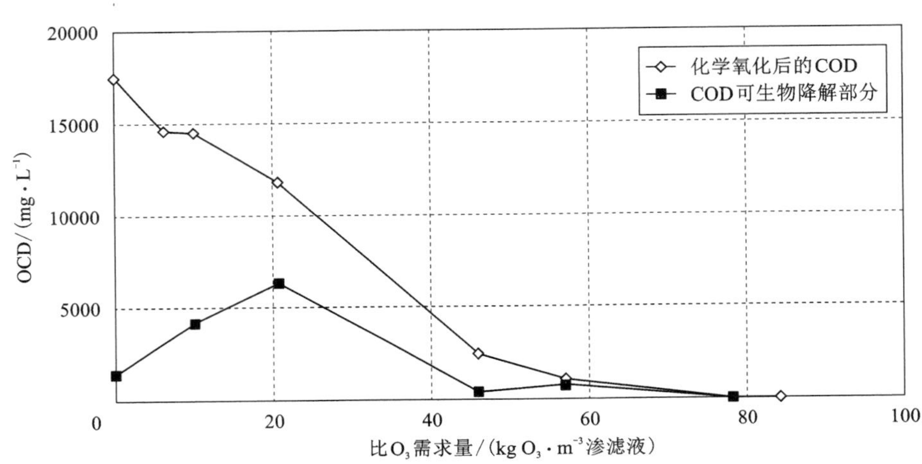

图 16-10　臭氧处理的不同浓度 COD[16]

表 16-10 显示了德国 Berg 的 Biomembrat-P'lus®全规模工厂中各阶段的 COD 与液体流速。

表 16-10　德国 Berg 的 Biomembrat-P'lus®全规模工厂的情况[19]

参数	单位	进料液	生物/超滤	纳滤(渗透液)	纳滤(浓缩液)	氧化流出液	过量污泥
COD	mg O_2/L	3000	1100	100	4500	2250	
流速	m^3/h	2	2.2	1.7	0.5	0.5	0.046

16.4.5　通过纳滤、结晶和高压反渗透对浓缩液进行处理

采用高压反渗透处理反渗透浓缩液已被证明是一种经济、可靠的工艺。在 120 bar 的压力下，水回收率可高达 75%~90%。然而，浓缩液处理或去除的成本仍然是整个流程成本的主要组成部分，已采取各种措施进一步提高回收率。

在高于 200 bar 的压力下进行反渗透操作的实验中，渗透通量出乎意料的低。造成这种现象的原因可能是膜支撑层的压实，或者是膜的污染及结垢堵塞[5]。

在浓缩液处理过程中，使用纳滤技术可以摆脱由结垢和渗透压限制带来的反渗透局限性。氯化物的存在使反渗透浓缩液中 $CaSO_4$ 等结垢物质的溶解度增加。通过纳滤技术除去一价氯化物，截留在溶液中的这部分结垢物质能轻易到达过饱和度状态。

图 16-11 为反渗透、纳滤与结晶相结合的一种工艺流程的示意图。

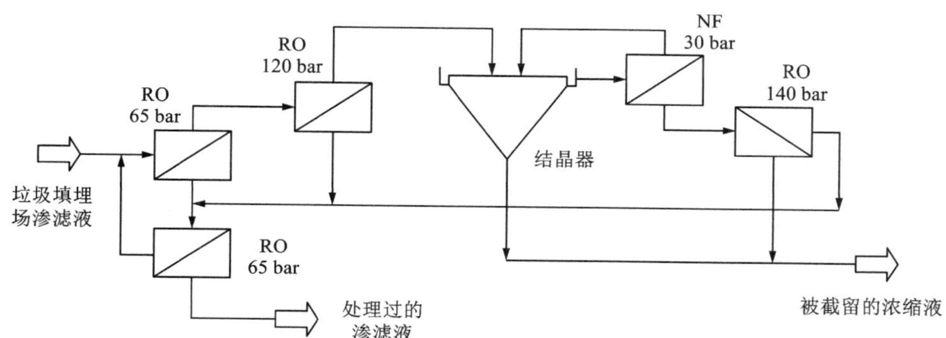

图 16-11　采用纳滤/结晶和高压反渗透工艺处理浓缩液[17]

纳滤单元应用于处理 $CaSO_4$ 和其他硬度元素的过饱和情况，要求组件对堵塞具有极强的抵抗能力。德国的 Rochem 为此开发了一种特殊的组件，称为 DTF 组

件，由一堆膜垫和托板组成，如图 16-12 所示。

图 16-12　具有抗堵塞潜力的纳滤 DTF 组件

如表 16-11 所示，这一工艺最近在德国的四家垃圾填埋场都进行了应用测试。除 Halle Lochau 外，平均水回收率为 95%左右，而且硫酸盐浓度较高，可达 80 g/L。在浓缩液去除成本极高的情况下，水回收率从 90%提高到 95%，进而使浓缩液减少约 50%，可以显著提高整个工艺的成本效率。

表 16-11　四家工厂的反渗透、高压反渗透和纳滤/高压反渗透阶段的回收率　单位：%

垃圾填埋场	Ihlenberg	Halle Lochau	Görlitz	Ilmenau
120 bar RO(渗滤阶段)	70	65	75	76
120 bar HPRO(浓缩阶段)	20	10		
NF/HPRO(140 bar)	7(70)	11(44)	20(80)	19(80)
工厂	97	86	95	95

纳滤/高压反渗透的比能耗较高(25~32 kW·h/m^3)。但由于其中大部分水由 60 bar 的反渗透回收，其比能耗仅为 4~6 kW·h/m^3，因此 95%总回收率下的总能耗仅为 8.5~12 kW·h/m^3，这相比其他过程是非常低的。

16.4.6　生物处理、纳滤和粉末活性炭吸附

目前正在进行测试的工艺是将生物预处理、纳滤和粉末活性炭(PAC)吸附相结合，如图 16-13 所示[24]。这个过程的基本思想是将粉末活性炭作为进料直接添加到纳滤单元中。

这样设计具有下列协同作用。

(1)非极性活性炭颗粒形成可逆的污垢层。

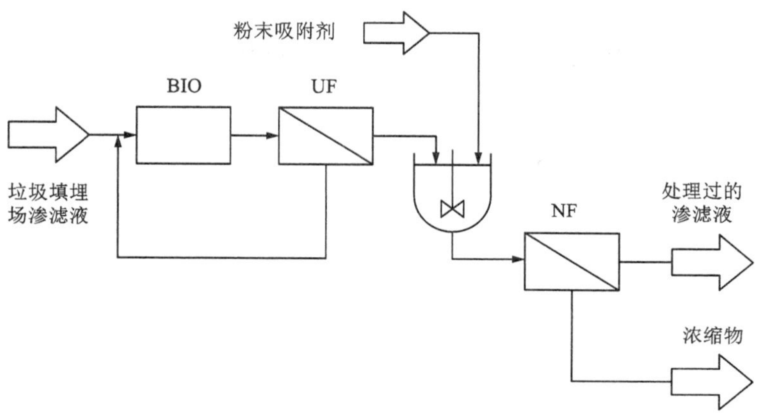

图 16-13　采用生物预处理的纳滤+粉末活性炭吸附组合工艺

(2)通过吸附提高后面纳滤渗透液质量。

(3)通过吸附作用，降低纳滤中的渗透压，增加渗透通量。

(4)由于浓度较高，吸附剂的吸附效率高。

实验结果表明，就有机溶质而言该工艺组合的渗透液质量要好很多，更重要的是在高回收率前提下增加了渗透液通量。图 16-14 展示了纳滤+粉末活性炭组合系统和单一纳滤系统的水回收率与渗透通量的关系。在低水回收率条件下，两种工艺的渗透通量相似；但在高回收率条件下，纳滤+粉末活性炭工艺的通量是单一纳滤工艺的两倍多。

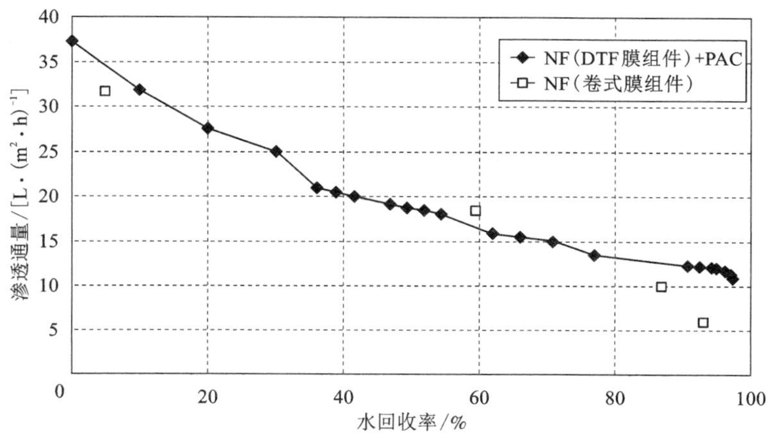

图 16-14　采用生物预处理的纳滤+粉末活性炭组合系统和单一纳滤系统的水回收率与渗透通量的关系

由于水回收率的提高，浓缩液处理的成本显著降低。虽然还没有研究最终的浓缩液处理步骤，但是焚烧浓缩悬浮液应该是可能的，甚至可由于粉末活性炭的存在而得到改善。浓缩液也可以通过粉煤灰来固定。

16.4.7 所述过程的经济性

除渗滤液处理的质量标准外，经济性是整个环节中最重要的方面。Baumgarten 以每天处理 100 m^3 含 1000 mg/L 含氮化合物和 1000 mg/L COD 的垃圾渗滤液为条件，估算了几种采用膜技术的渗滤液处理工艺的成本[9]。本节以他的估算为基础，比较了第 16.4.2 节和第 16.4.5 节中描述的过程，以及图 16-15 中结合了生物处理、超滤和颗粒活性炭吸附的过程。

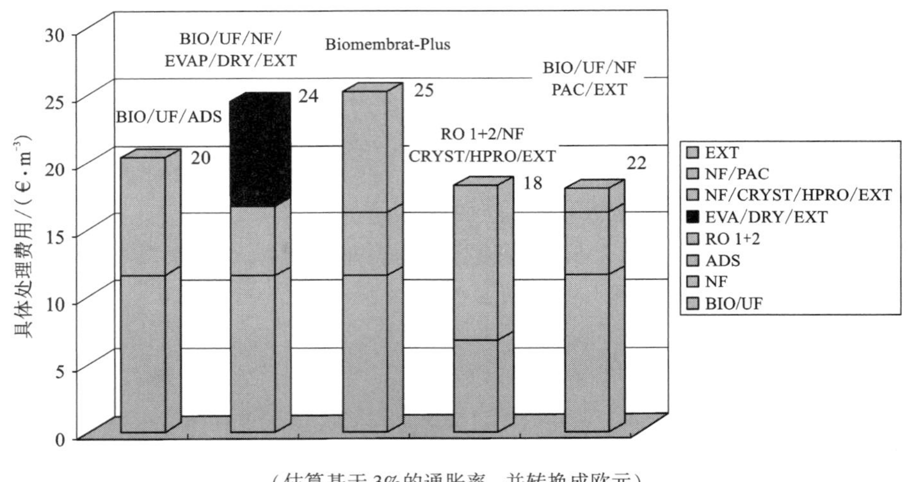

（估算基于 3%的通胀率，并转换成欧元）

图 16-15 采用纳滤的垃圾渗滤液处理过程的处理成本估算[9]

第 16.4.6 节中组合过程的成本估算除了考虑生物技术成本，还参考了 Eilers 对 240 m^3/d 工厂的估算，但假设略有不同。生物成本是取自 Baumgarten 针对其他工艺的工作。

生物处理、超滤和吸附相结合的渗滤液处理工艺成本低，渗透液质量好，常被认为是垃圾渗滤液处理的标杆。规模为 100 m^3/d 的工厂成本约为 20 欧元/m^3，但采用这种方法处理后的渗滤液质量通常不如采用纳滤和反渗透时的。

使用纳滤作为污染物截留主要步骤的工艺(如第 16.4.3、16.4.4 和 16.4.6 节所述)通常比较昂贵，因为它们必须以某种方式处理纳滤浓缩液。结合了生物、超滤、纳滤、蒸发、干燥、浓缩液外部去除的流程其成本通常比生物、超滤、纳滤、粉末活性炭、浓缩液外部去除流程的成本更高，尽管它们的配置相类似。两者的主要区别是后者回收率较高，这再次强调了垃圾渗滤液处理工艺中回收率的重要性。在这种情况下，浓缩液去除所节省的成本甚至可以平衡粉末活性炭成本。

对 Biomembrat-Plus®工艺的成本的估计可能稍有偏高，因为除了生物技术部分，其他的都是基于 71 m^3/d 的工厂的实际处理成本。但这个流程比生物、超滤、吸附流程更昂贵的结论也得到了其他作者的支持[25]。

只有当纳滤被用于进一步缩小浓缩液体积时，采用致密膜的过程才能与无浓缩工艺的生物/超滤/吸附流程相竞争。针对 18 欧元/m^3 的原始料液，将两级反渗透，纳滤+结晶+高压反渗透处理浓缩液，以及最终的浓缩液外部去除流程(第 16.4.5 节)进行结合，会降低 10%左右的成本。

当浓缩液可以回流至实际的填埋场时，过程的经济性各国均有所不同。在这种情况下，一级或两级的反渗透流程将是合适的选择。

16.5　结论

纳滤膜仅对垃圾渗滤液中的有机污染物和二、三价离子具有高截留率。以 NH_3、硝酸盐或亚硝酸盐形式存在的氮元素几乎可以不受阻碍地通过纳滤膜，这使得纳滤不适合作为垃圾渗滤液处理的独立流程。

将纳滤用作总体工艺的一部分在很大程度上受限于特定过程的要求和总体概念。通常可以设想到以下两种不同的选择。

(1)纳滤作为污染物去除的最终手段，使用生物技术完成 NH_3 的去除，但对一价离子的截留不作要求。浓缩液处理可以通过活性炭吸附或氧化来完成。

(2)纳滤用于反渗透过程中浓缩液的处理，通过去除结垢来提高水的回收率。

迄今为止已经投入实践的纳滤应用表明，使用纳滤来进一步缩小反渗透过程中浓缩液的体积是最经济的选择。这一过程还能获得较高的渗透液质量。当然，这仅对不允许浓缩液再循环到垃圾填埋场的国家有效。

纳滤在垃圾渗滤液处理中的一个主要应用领域可能是取代现有的“第一代”工厂中的反渗透膜，而这些工厂的确具有生物预处理和反渗透工艺。更换膜的投资成本非常低，使该选择十分具有竞争力。

参考文献

[1] European Environment Agency. Environment signals 2001-European Environment Agency regular indicator report. Copenhagen, 2001.

[2] European Environment Agency. Dangerous substances in waste. Copenhagen, Febuary, 2000.

[3] G Riegler, P Capitain. Korrespondenz Abwasser, 1993(40): 292-301.

[4] H Doedens, U Theilen. Sickerwasserentsorgung und-reinigung. Entsorgung spraxis-Special, 1990(4): 2-10.

[5] W Dahm, J St Kollbach, J Gebel. Sickerwasserreinigung. Stand der Technik 1993/94, EF-Verlag fur Energie und Umwelttechnik, Berlin 1994.

[6] E S K Chian, F B DeWalle. Characterization of soluble organic matter in leachate. Environ. Sci. Technol., 1997(11): 158-163.

[7] D Trebouet, J P Schlumpf, P Jaouen, et al. Effect of operating conditions on the nanofiltration of landfill leachates: pilot scale studies. Environ. Technol., 1999(20): 587-596.

[8] R Rautenbach. Membranverfahren-Grundlagen der Modul-und Anlagenauslegung. Springer-Verlag, Berlin, Heidelberg, 1996.

[9] G Baumgarten. Behandlung von Deponiesickerwasser mit Membrenverfahren-Umkehrosmose. Nanofiltration-Dissertation Universitat Hannover, 1998.

[10] European Community Directive EC/31/1999 on the landfill of waste.

[11] Abwasserverordnung zum Wasserhaushaltsgesetz der Bundesrepublik Deutschland, 1999, Anhang 51.

[12] Code of National Regulations (CFR) Title 40 the Protection of the Environment standards for landfill point sources, Part 445.

[13] T Stephenson, S Judd, B Jefferson, et al. Membrane Bioreactors for Wastewater Treatment. IWA Publishing, London, 2001.

[14] Information ARCESYSTEMS, http: //www. arcesystems. com/products/carbon/applications.

[15] R Rautenbach, K VoBenkaul, T Linn, et al. Waste water treatment by membrane processes-New development in ultrafiltration. nanofiltration and reverse osmosis, Desalination, 1997(108): 247-253.

[16] Virginia Tech University: Course Material. http: //www. cee. vt. edu/program_ areas/environ mental/ teach/gwprimer/group10/leachate. htm.

[17] R Rautenbach, K VoBenkaul. Pressure driven membrane processes-the answer to quality water supply and waste water disposal. Separation and Purification Technology, 2001(22-23): 193-208.

[18] R Rautenbach, T Linn, L Eilers. Treatment of severely contaminated wastewater by a combination of RO, high-pressure RO and potentiality and limit of the process. J. Mem. Sci. 2000(174): 231-241.

[19] R Rautenbach, R Mellis. Waste water treatment by a combination of bioreactor and nanofiltration. Desalination, 1994(95): 171-188.

[20] D Trebouet, J P Schlumpf, P Jaouen, et al. Stabilized landfill leachate treatment by combines physicochemical-nanofiltrration processes. Water Res., 2001(35): 2935-2942.

[21] S K Marttinen, R H Kettunen, K M Sormunen, et al. Screening of physical-chemical methods for removal of organic material methods for removal of organic material, nitrogen and toxicity from low strength landfill leachates. Chemosphere, 2002(46): 851-858.

[22] K Linde, A Jonsson. Nanofiltration of salt solutions and landfill leachete. Desalination, 1995 (103): 223-232.

[23] G Grobe. mehrjahrige Erfahrung bei der Aufbereitung von Deponiesickerwasser unter Einsatz von Membranen und Ruckfuhrung von Konzentrat auf den Mullkorper. in K. Marquardt (Ed.), Entsorgung organisch, anorganisch hoch belasteter Abwasser sua Mullentsorgungsanlagen, Expertverlag, Renningen, 1993.

[24] L Eilers. Nanofiltration und Adsorption an Pulverkohle als Verfahren skombination zur kontinuierlichen

Abwasserreinigung. Dissertation RWTH Aachen, 2000.
[25] K Stief. Stand der Technik bei der Hausmulldeponierung. Umwelt, 1999(29): 6-10.
[26] Wehrle Werk A G. Information on BIOMEMBRAT, Process.
[27] J Meier, T Melin, L H Eilers. Nanofiltration and adsorption on powdered adsorbent as process combination for the treatment of severely contaminated waste water. desalination, 2002(146): 361-366.
[28] R Mellis. Zur Optimierung einer biologischen Abwasserreinigungsanlage mittels Nanofiltration. Dissertation RWTH Aachen, 1994.

缩略语说明

缩略语	意义	缩略语	意义
ADS	吸附	MBR	膜生物反应器
AOX	可被吸附的有机卤素化合物	MF	微滤
BIO	生物处理	NF	纳滤
BOD	生物化学需氧量(下标 5：五日生化需氧量)	N2	氮的回收
COD	化学需氧量	OX	氧化
DRY	干燥	RO	反渗透
EXT	浓缩液外部处理	TKN	总凯氏氮
EVA	蒸发	TOC	总有机碳
FIL	过滤	TSS	总悬浮固体
HPRO	高压反渗透	UF	超滤
ION	离子交换	UV	紫外线

第 17 章 纳滤生物反应器

17.1 引言

17.1.1 概论

在开发基于细胞或酶的反应器过程中，有诸如批处理式、分批补料处理式或连续式等方案供选择。一般来说，转化和分离过程被认为是独立的单元，许多工业过程都是基于这种思路。然而，在过去的几十年中，人们越来越重视转化与分离的结合，膜反应器就是一个典型的例子。

早在 1896 年，第一台膜反应器就得到了应用，当时 Metchnikoff 等人[1] 试图证明胶体囊(collodion sac)细菌培养物中存在毒素。从那时起，在膜反应器领域出现了许多发展。Cheryan 和 Mehaia[1]、Belfort[2]、Kemmere 和 Keurentjes[3] 等人针对膜反应器在生物技术和化学工业中的应用前景写了一些评论。其中一些膜反应器的发展进程已经达到了工业规模水平。在生物技术中的两个典型例子是废水的大规模处理[4] 和 N-乙酰-D、L-氨基酸的拆分[5]。

膜生物反应器(MBR)可分为两种不同类型：基于生物活性细胞的过程或基于酶的过程(蛋白质基生物催化剂)[1, 2]。在基于生物活性细胞的过程中，细菌、植物和哺乳动物细胞被用来制造食品添加剂和药物或用于废水处理[1, 2]。酶反应 MBR 通常用于天然高分子材料的水解(与水结合)，如淀粉、纤维素(两种均为葡萄糖聚合物)或蛋白质水解[1]，或用于制药、农业化学、食品和化学工业中光学活性成分的分离[2, 3, 5]。用于水解和转化过程的基础化学与酶如表 17-1 所示。在光学活性组分的分离中，使用水解酶、脱氢酶或外消旋酶。水解酶使两种光学活性物质中的一种发生特异性水解，而另一种保持不变。脱氢酶则空间(或立体)定向地将两个氢原子或两个电子从辅酶(见第 17.2.1 节)转移到不具有光学活性的物质上，从而形成具有光学活性的产物。外消旋酶具有将某组分从一种光学活性态转化为另一种的特性，用于提高产量。

表 17-1　淀粉、纤维素和蛋白质水解的化学与酶概述

基质	反应*	酶
淀粉	$HO-R_1-O-R_2-OH+H_2O \leftrightarrow HO-R_1-OH+HO-R_2-OH$	α-淀粉酶
纤维素	$HO-R_1-O-R_2-OH+H_2O \leftrightarrow HO-R_1-OH+HO-R_2-OH$	β-淀粉酶
蛋白质	$HOOC-R_3-NH-CO-R_4-NH_2+H_2O \leftrightarrow HOOC-R_3-NH_2+HOOC-R_4-NH_2$	蛋白酶

* R_1 和 R_2 是含葡萄糖单元的聚合物；R_3 和 R_4 是各种氨基酸的聚合物。

通常，只有基于超滤（UF）或微滤（MF）的 MBR 工艺有报道，针对将反渗透（RO）或纳滤（NF）作为分离技术而加以应用的情况知之甚少。

使用 MBR 的原因与下列优势有关。

（1）为开发连续过程提供了更好的机会。与已经是连续化操作的废水处理和一些固定化酶处理相比，如葡萄糖异构化为果糖，酶反应过程采用批处理或分批补料处理。一个主要的原因是连续操作中的冲刷导致了细胞或酶活性的丧失，因此昂贵的生物催化剂利用率不高。用膜将细胞或酶截留在反应器中可以防止清洗失活，从而克服连续过程开发中的一个主要缺点。

（2）有可能更好地进行过程控制。在批处理和分批补料处理过程中，环境条件随时间而变化，因此控制变量也会随时间而变化，导致过程控制很难。一个连续过程通常可以达到稳定的状态，此时控制变量相对恒定，进料条件、温度或 pH 变化带来的干扰可以得到更好的控制。

（3）产品质量变化不大。

（4）由于消除了抑制因素和解耦了体积停留时间和生物（污泥）停留时间，MBR 的生物质含量更高，因此与传统的连续过程相比，其可获得更高的生产率。

但也必须认识到 MBR 的一些缺陷。

（1）由于生产时间延长，必须进行严格的卫生控制。除废水处理外，基于细胞和酶反应的工艺过程很容易受到腐败细菌的破坏。例如，当腐败菌没有受到如低 pH、低/高温度或高有机酸浓度等环境压力的影响时，不同菌种之间对可用基质（有机物或其他物质）的竞争时有发生。在一个连续过程开始时，腐败菌总是少数菌类。然而，在许多情况下，腐败细菌的生长速度比有用细菌的要快，经过长时间的操作，它们的数量将超过初始菌种。在一个 100 m^3 的反应器中，一个腐败细菌就足以完成这一任务。结果是，所需要的产品被腐败细菌制造的产物污染。因此存在卫生要求，在实际上强制施加环境压力或在使用前对工艺设备进行消毒。除陶瓷膜外，只有少数聚合物膜能承受 121℃ 的高温（许多过程中的杀菌温度）。目前，这是除污水处理以外，其他领域大规模 MBR 应用罕见的主要原因之一。

(2)需要设计工程、微生物学、酶学和膜技术等多个领域的经验。

本章首先讨论典型的 MBR 类型。第二部分将着重于使用纳滤分离技术的 MBR，并进一步介绍基于细胞和酶的过程。

17.1.2 反应器类型

Cheryan 和 Mehaia 分出了两种类型的 MBR：一种是带有外置膜系统的生物反应器(见图 17-1，顶部)，另一种是膜单元被集成的一体化生物反应器(见图 17-1，底部)。

在带有外置单元的生物反应器中，液体被从反应器泵吸到膜单元，在这里产物或抑制成分可以被移除。浓缩液返回到反应器中。当不具生物活性的物质或生物质是过程的主要产品时，可以用渗流将它们带走。该生物反应器的优点是可以单独优化膜工艺。

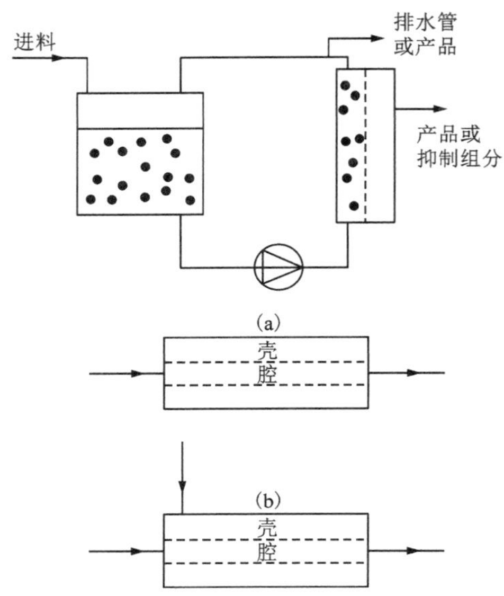

外置式(顶部)和一体化(底部)生物反应器[腔侧进料(a)和壳侧进料(b)]。

图 17-1 膜生物反应器种类

在一体化 MBR 中，重点是管式和中空纤维式膜的应用。可采用以下两种进料方式：腔侧进料(a)和壳侧进料(b)。由腔侧进料时，进料成分穿过膜扩散到生物活性区域，并在那里形成产品。产物从壳侧回流到腔侧，并从反应器中移除。与此类似的是，壳侧进料可用于生物活性物质固定在腔侧时的情形，扩散是基质进入管腔和产物从管腔出来的主要传递机制。在壳侧进料的情况下，进料在压力推动下通过生物活性区和穿过膜。产品在管腔区域被移走。浸没式膜的概念已经在 Cheryan 和 Mehaia[1] 关于小型容器装置的综述中提到，但目前在废水处理领域正蓬勃发展(详见第 17.2.2 节)。浸没式膜在某种程度上与壳侧进料的生物反应器相似，但它不是借助壳侧的额外压力迫使液体穿过膜，而是在膜的腔侧制造低压，将处理过的溶液吸走。

17.2 膜发酵器

MBR 是能被细菌、植物或哺乳动物等所有细胞应用的一种膜发酵器。就基于 NF 的发酵器而言，还没有使用植物或哺乳动物细胞的相关报道。已知的一些使用细菌的工艺可进一步分为产品生产工艺和废水处理工艺。针对每个过程时都将简要介绍过程中特定的微生物代谢，但关于微生物代谢的进一步阅读，请读者参考其他教科书[6-7]。

17.2.1 产物形成

乳酸是使用发酵工艺时产生的主要有机酸之一，每年能生产 25 万 t 至 30 万 t 乳酸[8-11]。它主要用于食品防腐剂、面团调和剂硬脂酸-2-乳酸酯的起始原料，以及良性工业溶剂的替代品——乳酸乙酯[12-13]。阿尔贡国家实验室(Argonne National Laboratories)开发的乳酸乙酯生产过程就涉及膜[13]。然而，目前还不清楚该过程中是否使用了 NF。近年来迅速发展的一项应用是生产聚乳酸(PLA)，一种生物可降解聚合物。Cargill Dow LLC 公司于 2001 年在内布拉斯加州的 Blair 完成了 14 万 t PLA 的生产设施构建[11]。

发酵过程中的有机物既是电子供体又是电子受体，葡萄糖向乳酸的转化就是一个很好的例子[6-7]。乳酸由葡萄糖或其他糖类经发酵产生，反应过程如图 17-2 所示。葡萄糖转化为丙酮酸是一个还原反应，其特征是从葡萄糖(主要的电子供体)中除去两个电子和两个氢原子。这些电子和氢原子随后被加到丙酮酸(主要的电子受体)中而形成乳酸。电子和氢原子向物质的转移称为氧化。为了转移氢，使用载体分子 NAD^+。

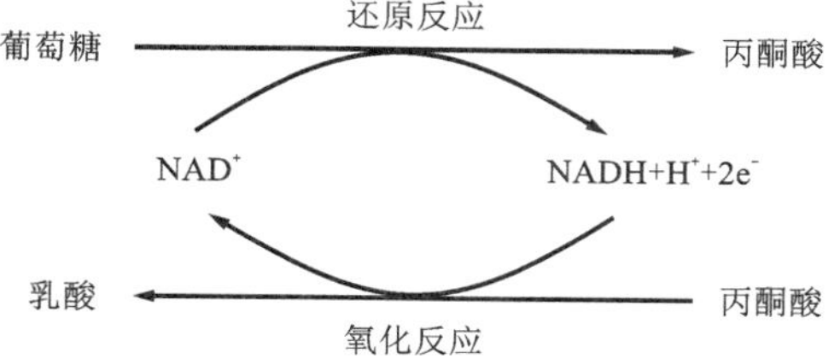

NAD^+：辅酶烟酰腺嘌呤二核苷酸氧化态；
NADH：辅酶烟酰腺嘌呤二核苷酸还原态。

图 17-2 以葡萄糖为原料的乳酸的生物形成

用基于纳滤的发酵器生产有机酸的工作以 Smith 等人[14]、Hanemaaijer 等人[15]、Schlicher 和 Cheryan[16]的观察为开始，他们发现反渗透膜对乳酸的截留率有很强的 pH 相关性。对这一现象的解释是反渗透膜对于未解离的乳酸比解离的乳酸表现出更高的渗透能力。这导致在低 pH 下产生了较高的乳酸渗透性。Setti[17]在 1974 年提出了用反渗透与发酵罐结合生产乳酸，但是没有试验结果验证。Hanemaaijer 等人[15]表明这个想法在中试上可行。可是，必须在低 pH 下进行乳酸的选择性分离也使乳酸生产率减少到大约 1 g/(L·h)。低生产率的原因是低的生物质浓度。在低 pH 下，乳酸菌仅仅表现出维持代谢，并不生长。相比于通常在中性 pH 下运行的纳滤和超滤膜发酵罐，该产率至少低了 10 倍[18]，渗透液中乳酸浓度(10 g/L)至少低了 4 倍。但产品纯度要高得多，因为只有水和未解离的乳酸才能被渗透。这种低浓度导致需要通过额外能量输入来浓缩产品，使该工艺在经济上不可行。为了对有机酸分离过程有更深入的了解，Timmer 等人[19, 20]研究了用反渗透膜和纳滤膜从模型溶液和发酵液中去除乳酸。研究表明，反渗透膜和纳滤膜的行为类似，将游离乳酸和非游离乳酸作为单独的渗透性物质，可以充分描述这些分离过程。在反渗透中发现的乳酸对 pH 的依赖性在纳滤膜过程中也可以观察到(见图 17-3)。

上述见解已用于乳糖转化为乳酸的 NF+MBR 工艺的开发中。尽管膜工艺性能就能耗效率而言有所提高，但由于生物质浓度较低，纳滤膜发酵器的生产率和乳酸浓度与 RO+MBR[21]中的类似(见图 17-4)。

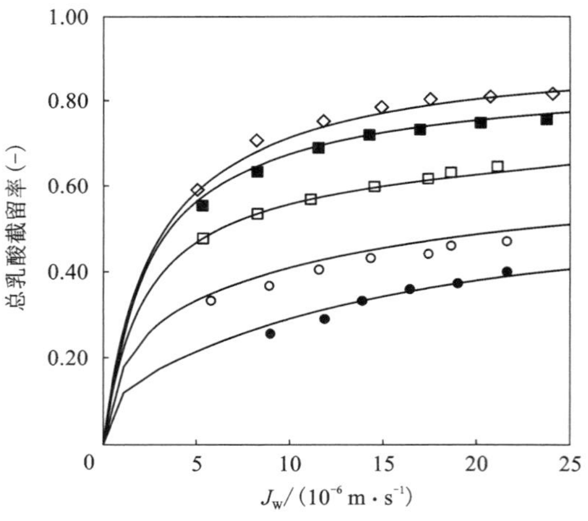

◇：H=4.86；■：pH=4.36；□：pH=3.86；○：pH=3.36；●：pH=2.86。

图 17-3 以 1%(w/v)的乳酸溶液为进料，在 25℃测得的 HC 50 纳滤膜对乳酸的截留率随水通量(J_W)和 pH 的变化

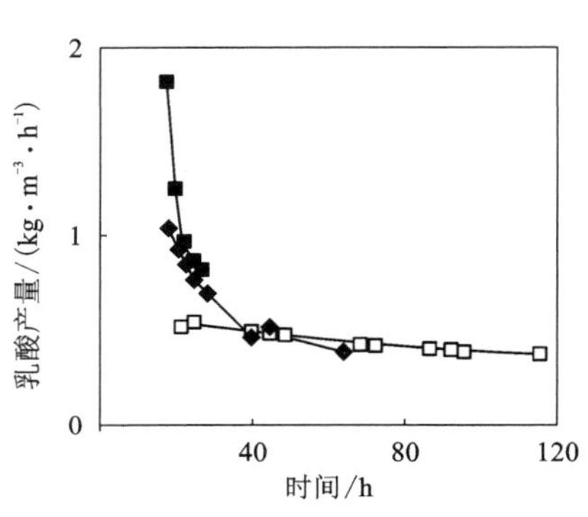

■：2 h；◆：8 h；□：20 h[21]。

图 17-4 在不同水力停留时间下，NF+MBR 中试装置中乳酸生产率随时间的变化

通过半连续运行将纳滤膜工艺的生产率提高到 7.1 g/(L·h)。渗透液中乳酸的最终浓度在 10~60 g/L。其中的较高浓度处于超滤和微滤过程中浓度的下限[18]。根据这些数据，Jeantet 等人提出了一个三步过程。第一步是细胞的增殖步骤，在这个过程中 pH 可以被控制；第二步是酸的生产步骤，接着是纳滤。在他们的方法中，假设每一步的 pH 都是恒定的，如图 17－5 所示。在酸化阶段，利用乳酸菌自然酸化的一些其他方法也是可能的（见图 17－5）。上述酸化方案均在单个反应器中进行。另一种技术方案是使用有两个反应器的系统，其中第一个反应器用于细胞的增殖，第二个反应器用于酸化+纳滤。但关于这一技术的过程性能、生物质活性、乳酸生产率和渗透液中乳酸浓度的结果不得而知。尽管 MBR 工艺有许多改进，该工艺在经济上仍无法与传统的分批生产工艺竞争。传统的分批生产工艺通过对微生物菌株进行开发，可获得 15%至 20%之间的乳酸浓度。

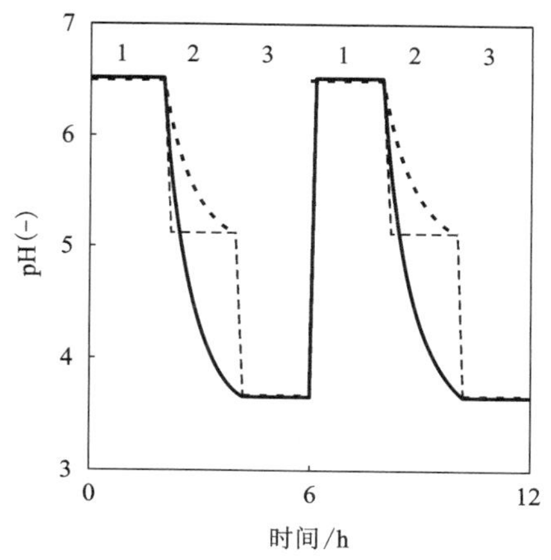

1：细胞增殖；2：酸化；3：纳滤（Jeanter 等提供的过程[22]）：破折线；自然酸化选择 1：实线；自然酸化选择 2：点线。

图 17-5　在 NF+MBR 中半连续生产乳酸的可能方案

17.2.2　废水处理

生物废水处理的主要目的是通过厌氧（产生 CH_4）或有氧转化去除所有的有机和含氮物质。在有氧转化过程中，CO_2 是有机物代谢的主要产物。含氮物质降解成 NH_3，并经硝化和反硝化作用转化为 N_2。

硝化是一种有氧呼吸过程[6-7]，其中 NH_3 在氧气的作用下转化为硝酸盐，其反应过程如下：

$$NH_4^+ + 2O_2 \longrightarrow NO_3^- + 2H^+ + H_2O \tag{17-1}$$

接下来的反硝化是一个厌氧呼吸过程[6-7]，其中将硝酸盐被转化为 N_2 的反应过程如下：

$$10[H] + 2H^+ + 2NO_3^- \longrightarrow N_2 + 6H_2O \tag{17-2}$$

在这个反应中，[H]代表来自 NADH 或其他辅酶的还原性等价物，必须由其他代谢过程产生。

由于硝化和反硝化就 O_2 而言需要不同的条件，废水处理系统一般由两个反应器组成：一个通气的和一个不通气的。然而，有时只用一个反应器，其中的富氧和贫氧区域可以通过两种方式获得：反应器中的不充分混合或序批式过程[23]，即通过开启和关闭曝气装置实现在同一容器中交替进行硝化和脱氮。浸没式 MBR 工艺在硝化反应器/区域中有膜单元，沿膜表面喷射的空气会导致膜表面的湍流，从而产生清洁作用。然而，结果表明，清洗作用在浸没式膜组件的上部效果差[24]。此外，在膜的底部与支架连接的地方会出现发生污染物沉积的死水区。Yamamoto 等人[25, 26]是第一批使用浸没式中空纤维研究 MBR 硝化/反硝化反应条件的人之一。他们采用间歇式曝气方法在反应器中创造硝化和反硝化条件，脱氮率达 90%以上。通过间歇抽吸，他们做到了连续 330 天运行一个约 60 L 的试验装置[26]。在他们的工作中，持续的吸力导致膜严重堵塞。自 20 世纪 80 年代末和 90 年代初以来，浸没式 MBR 取得了巨大进展，并得到了大规模推广。今天运行的大多数 MBR 使用双罐工艺，在硝化反应器中能连续抽吸[23, 24, 27-40]。除中空纤维膜以外，还应用平板式和管式膜。表 17-2 中对正在开发的用于废水处理的浸没式 MBR 商业系统及原理进行了回顾。

表 17-2　用于废水处理的浸没式 MBR 的现有和在研膜系统概览

供应商/开发商	系统名称	类型	参考文献
Kubota	Kubota	平板	[27-31]
Zenon	ZeeWeed(ZenoGem®-process)	中空纤维	[29-33]
Mitsubishi-Rayon	Sterapore-L	中空纤维	[23, 33-35]
Martin Systems AG	Vacuum Rotation Membrane(VRM®)	平板	[30, 36]
Berghof	Pendel 组件	管式	[37]
Wehrle Werk	BIOWING®-Process	中空纤维	[33, 38]
RWTH Aachen	未知	中空纤维	[24]
S. Search	未知	中空纤维	[39]
Nadir	浸没式膜组件	平板	[40]

1999 年，有 237 个使用 Kubota 系统的 MBR 正在运行或在建[27]。最大的污水处理量为每天 7100 m^3，一座每天处理 12700 m^3 的工厂正在建设中。不同 MBR 系统在废水处理中的性能是相似的。在大多数情况下，MBR 中有 95%以上的化学需氧量(COD，表示可氧化物质的总含量，主要是有机物)被去除，而生物需氧量(BOD，表示易生物降解有机物的量)去除率甚至更高[23, 27, 32, 36]。对含有难降解和不可生物降解的有机成分的废水(如垃圾渗滤液)，COD 去除率低于 95%，脱氮率为 84%~92%[23, 32, 36]。

除了浸没式 MBR，还对外置 MBR 进行了大规模的废水处理测试[29, 38, 41]。一些案例研究表明，COD 去除率可达 95%以上，NH_3 去除率可达 97%以上[41]。对填埋渗滤液而言，去除率仍然较低。外置式的一个缺点是，废水在膜表面循环需要更高的能量。也有研究表明，在一定条件下可以获得相似的能量消耗[38]。

磷酸盐的去除也是废水处理中一个问题，可以通过沉淀或掺入到 MBR 的生物质中得到解决。

在许多情况下，设计目标是重复使用MBR的渗透液。这对膜在去除细菌和病毒方面提出了要求。有报道称，细菌数量通常减少10^5倍，病毒减少10^4~10^6倍[26]和10^3倍[27]（见第12章）[29, 43]。

在废水处理领域，没有报道过外置纳滤单元与发酵罐的直接偶联。Rautenbach和Mellis[44]描述了一种过程，其中超滤膜发酵罐和随后超滤渗透液的纳滤处理被整合，将纳滤的截留液返回到UF+MBR的进料液中。Wehrle-Werk AG基于该工艺开发了Biomembrat®-plus商业系统[45]（见图17-6），非常适合含有难降解组分的废水处理。该方法还允许使用额外的处理过程，例如纳滤截留液的吸附或化学氧化。这种额外处理的一个优点是不可降解和难降解组分的去除率较高。此外，随着纳滤截留液中这些组分浓度的升高，吸附和氧化过程的效率提高了。垃圾渗滤液[44]（参见第16章）、棉纺织工业和制革工业[46]废水的中试有相关报告（关于将纳滤用于处理这些类型废液的其他讨论见第13章和第15章）。表17-3显示了COD减少百分比和渗透液中COD浓度的概况。减少率基于进水浓度和纳滤渗透液出口浓度。部分COD也会随剩余污泥从系统中离开，因此减少率数值并不表示COD转化率。工业废水处理中COD降低率为95%，而垃圾渗滤液处理中易生物降解的有机成分含量较低，因此具有较低的去除率（详见第16章）。然而，在对垃圾渗滤液的处理中，与不含纳滤的方法相比，应用纳滤作为第二处理步骤使COD减少率由9%提升至17%。

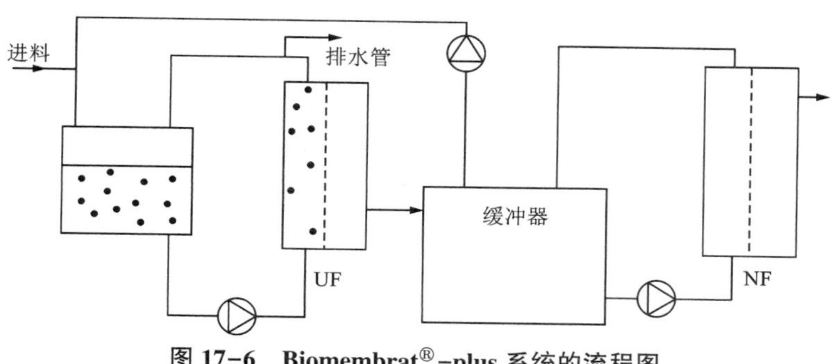

图17-6　Biomembrat®-plus系统的流程图

表17-3　Biomembrat®-Plus流程在不同应用中达到的COD去除率和纳滤渗透液浓度

应用	COD去除率/%	纳滤渗透液COD浓度/($mg \cdot L^{-1}$)	参考文献
垃圾场浸出液	56~86	<200	[44]
棉花纺织工业废物	95	15	[46]
制革厂废水	95	119	[46]

文献中特别提到的一个问题是系统中硫酸盐、Cl^-离子和NO_3^-离子的积累，这可能会干扰膜发酵罐中的生物反应[44, 46]。然而，尽管盐度增加，生产过程仍然可以运行数月。另外，氯化物和硝酸盐的渗透会随硫酸盐浓度的增加而增加，这在纳滤中更常见。

Yamamoto 组研究了某 MBR 中的浸没式纳滤膜[47-48]。在第一次尝试中[47]，他们使用表层剥落的开放式 Nitto Denko LES 90 卷式膜，且连续运行 NF+MBR 达 81 天。通过在渗透液侧抽吸，能够获得 0.02~0.04 MPa 的跨膜压力并建立范围为 0.2~1.7 L/(m^2 · h)的通量。在实验的两个部分中使用 1~1.5 天的水力停留时间。与 MF+MBR 相比，NF+MBR 系统的总有机碳(TOC)的减少程度更高(超过 99%，达到 1 mg 碳/L 的水平)，而单价离子表现出良好的渗透性。与单价离子相比，多价离子(如硫酸盐和HPO_4^{2-})显示出更高的截留率，但仍然从系统中被除去部分。NF+MBR 也是减少最终渗透液中磷酸盐的好方法。对主要污垢的简要研究表明，由细菌形成的滤饼是通量下降的原因，而几乎不发生吸附。这意味着通过水力学措施可以控制通量下降。可能由于这个原因，他们建议使用中空纤维纳滤膜开展进一步研究。有论文描述了浸没式醋酸纤维素(CA)中空纤维纳滤膜的应用[48]。反应器操作到 60 天时都没有发生严重的污染，而且不需要膜清洁。然而，在 71 天后会观察到膜的生物降解，膜内出现大的孔洞。奇怪的是，他们报道的是通量减少，而不是通量大幅增加。与 Biomembrat®工艺中发现的盐度增加相反，在浸没式 NF+MBR 中，单价和多价离子甚至磷酸盐的截留率在运行约 20 天后降至接近 0。这似乎表明膜失去了所有的纳滤特性，可能是由于污染导致膜表面电荷密度降低、低通量或前面提到的膜退化。关于硝化和反硝化，两个不同的区域似乎都存在；第一过程发生在膜组件区域之外，而后者发生在纤维之间。

17.2.3 工程

对于膜发酵过程的设计，图 17-7 所示的三个学科是必要的。

生物动力学部分包括生物质(或污泥)的反应动力学和产物形成速率，以及底物(或 COD)的消耗速率。在生物技术中，这三种过程通过诸如自催化(生物量生长)或底物、产品抑制等复杂方式而相互关联。为了更好地了解生物动力学，读者可以参考 Roels 编写的书[49]。

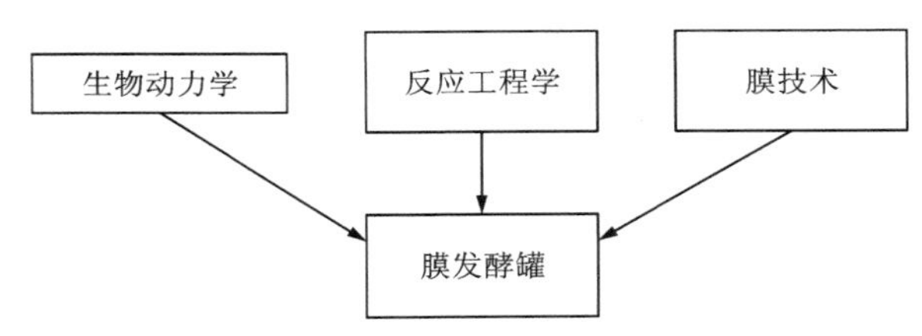

图 17-7 设计膜发酵工艺的三个必要学科

反应工程学部分将过程组合和质量平衡的内容添加到过程的动力学中。

介绍膜技术的部分关注诸如通量作为压力的函数，通量下降作为时间和进料组成的函数，进料组分和产物的截留率作为通量、通量下降和成分的函数，以及控制污染的方法等问题。还没有人详细研究细菌对膜的污染。一般认为，由细菌产生的胞外多糖作为黏合剂，可以使细菌附着在膜表面上[24]。所注意到的细菌附着之前的滞后时间可以从几天到几个月不等，并且强烈依赖于进水特性(关于污染和防污的更多细节详见第 8 章和第 9 章)。此外，必须确定清洗方案，以实现产品的最小损失和清洗化学品的最低消耗。在采用乳酸工艺的情况下，过程进行两周而不需要任何形式的清洗；没有进行更长时间的测试，使用 Ultrasil 11 的清洗足以满足恢复通量。对于废水处理厂来说，根据所使用的膜系统，每年需要 2~8 次的彻底清洗[29]。中期清洗的有效方式是使用渗透液或空气进行反向脉冲冲洗[50]。然而，对纳滤膜的反脉冲是非常罕见的。据我们所知，Norit 膜技术公司(原名 Stork Friesland)正在开发的毛细管式纳滤膜可以进行反脉冲。为了获得良好的化学清洗效果，必须考虑以下三个参数：清洗的持续时间、清洗剂的温度和清洗剂的浓度[24]。持续时间将决定停工时间和生产力的损失；清洗剂的温度和浓度将影响能源成本、清洗剂成本、额外的废水处理及其操作方式。比如，在浸没式 MBR 的情况下，升高清洗剂的温度需要将膜单元从生物反应器中取出，因为生物反应器中温度升高将破坏微生物群体；而在外置单元的情况下，可直接将膜单元与生物反应器断开并进行清洗。

图 17-7 中所示的三个学科的成功整合将设计出可以按指定的转换率运行的发酵过程。

17.3　酶反应器

17.3.1　氧化/还原反应

化学和食品工业面临的一个主要挑战是通过生物手段模拟氧化和还原反应。在用氧化或还原转化时，需要用如还原态烟酰胺腺嘌呤二核苷酸磷酸[NAD(P)H]或黄素腺嘌呤二核苷酸($FADH_2$)的辅酶。二十年来，已经有人在酶反应器中对使用辅酶的氧化和还原转化进行了研究，其中两个重要的问题是辅酶在酶反应器中的再生和截留，因为辅酶是主要的成本决定因素[51]。

对于再生，可对图 17-8 所示的两个与辅酶有关的反应进行结合。反应步骤 1 是底物被还原，使氧化态烟酰胺腺嘌呤二核苷酸磷酸[NAD(P)]再生成 NAD(P)H；反应步骤 2 是氧化步骤，其中氢从 NAD(P)H 转移到底物。表 17-4 给出了反应步骤 1 和 2 的实例概览。通常，酶促反应是一个平衡过程。为了促使氧化还原循环实现完全转化，还原反应的产物可以被除去或转化成其他产物。在生成 CO_2

的情况下，CO_2 可以移到气相中。在 D-葡萄糖酸-δ-内酯和木酮-δ-内酯分别转化为葡萄糖酸和木糖酸的情况下实现了完全转化，原因是两种内酯在水中均不稳定。在乙醇转化为乙酸盐的过程中[61]，所产生的 H_2O_2 被过氧化氢酶转化为水和 O_2。O_2 以此方式被部分再生。

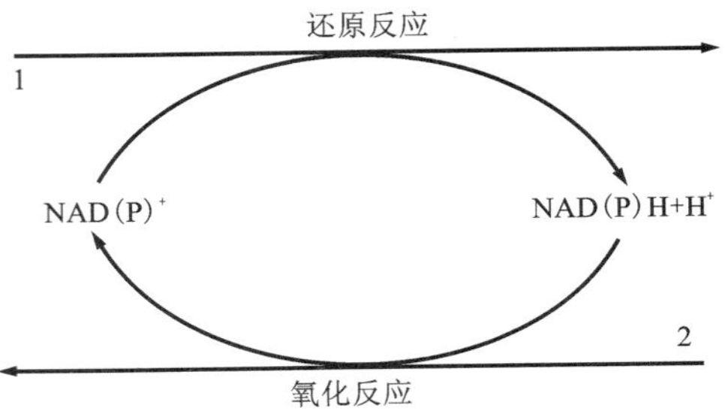

图 17-8　与 NAD(P)(H)相关的酶氧化/还原转化总反应示意图

表 17-4　与 NAD(P)H 相关的酶氧化/还原反应系统

反应步骤	底物	酶	产物	参考文献
1	葡糖糖	葡萄糖脱氢酶	D-葡糖糖酸-δ-内酯	[51，52，54，56-60]
	甲酸	甲酸脱氢酶	CO_2	[53]
	木糖	木糖脱氢酶	木糖-δ-内酯	[54]
	H_2/辅酶 F_{420}	F_{420}-$NADP^+$氧化还原酶		[55]
	乙醇	醇脱氢酶/乙醛脱氢酶	醋酸盐	[61]
2	果糖	甘露醇脱氢酶	甘露醇	[51，52，57]
	三甲基丙酮酸酯	亮氨酸脱氢酶	L-叔亮氨酸	[53]
	木糖	木糖还原酶	木糖醇	[54-56]
	3-脱羟基化肉毒碱	肉毒碱脱氢酶	L-肉毒碱	[58]
	葡糖糖	醛糖还原酶	山梨醇	[59，60]
	O_2	心肌黄酶	双氧水	[61]

为了在反应器中截留辅酶，制定了以下方案[51]。

(1)将辅酶与高分子量聚合物连接，从而提高截留率。

(2)从渗透液中取出辅酶并将其返回到反应器中的动态循环。

(3)辅酶与酶的共价或亲和结合。

(4)使用纳滤膜代替超滤膜。

当使用纳滤膜来截留辅酶 NAD(P)H 时，必须考虑膜对 $NAD(P)^+$和 NAD(P)H 截留的差异。尽管 NAD^+分子式带正电荷，凝胶电泳实验表明 NAD^+和 NADH 在 pH 4~9 时携带净负电荷[52]。NADH 是更负的分子。因此，带负电荷的纳滤膜被用来截留辅酶。表 17-5 概述了各种纳滤膜对 NAD(P)$^+$和 NAD(P)H 的截留作用。很明显，纳滤膜对 NAD(P)$^+$的截留低于对 NAD(P)H 的。这就限制了酶系统的转化率应调整为有利于 NAD(P)H 的存在，以避免辅酶的损失。此外，还发现，随着溶液离子强度的增加[57]，NAD$^+$和 NADH 的截留率降低，这一现象通常在纳滤中被观察到[62-64]。在葡萄糖转化为葡萄糖酸的情况下，截留率也随着葡萄糖酸浓度的增加而降低[51]。蛋白质或酶的存在所导致的膜污染具有相反的效果，并增加了 NAD$^+$和 NADH 的截留。除了 NAD(P)H 的渗透外，酶和辅酶的稳定性也是一个问题。

表 17-5　各种纳滤膜对不同溶液中 NAD$^+$、NAD(P)$^+$、NADH 和 NAD(P)H 的截留率汇总

公司	膜(材料或型号)	料液组成**	截留率/%	参考文献
Toray	PA(材料)*	NAD(P)$^+$(pH 8.0，50 mmol/L 磷酸盐缓冲溶液) NAD$^+$(溶液条件同上)	98 86	[53]
	SPsf(材料)	无蛋白质的溶液(pH7.5，溶液组成不详)		[52]
		a)在 TRA 缓冲溶液中的 NAD$^+$	85~92	
		b)在磷酸盐缓冲溶液中的 NAD$^+$	39~58	
		c)NADH	83~98	
		d)NAD(P)H	>99.5	
		蛋白质溶液(pH 7.5，溶液组成不详)		
		a)在 TRA 缓冲溶液中的 NAD$^+$	—	
		b)NADH	>98	
		缓冲溶液(pH 7.5，100 mmol/L)		[55]
		三(羟甲基)甲胺—盐酸中的 NAD(P)$^+$	64	
		磷酸钾中的 NAD(P)$^+$	60	
		双甘肽中的 NAD(P)$^+$	92	
Nitto	SPA-1(型号)	NADH(溶液组成不详)	35	[56]
	NTR 7410(型号)	″	73	
	NTR 7410x(型号)	″	92	
	NTR 7430(型号)	″	99	
Amicon	YO5(型号)		89	

续表17-5

公司	膜(材料或型号)	料液组成**	截留率/%	参考文献
Desalination	DS5(型号)	〃	98	[56]
	G5(型号)	〃	85	
Osmonics	SEPA-MX07(型号)	〃	95	
Nitto	NTR 4710(型号)	$NAD(P)^+$(pH 7.5, 67 mmol/L 三(羟甲基)甲胺—酸盐缓冲溶液)	87	[59]
		pH 7.5, 67 mmol/L 三(羟甲基)甲胺—盐酸盐缓冲溶液中有 0.2 mol/L 葡萄酸钠和 0.2 mol/L NaCl	61	
Rhone Poulenc	SPS 3026(型号)	pH 7.5, 67 mmol/L 三(羟甲基)甲胺—酸盐缓冲溶液	—	
		pH 7.5, 67 mmol/L 三(羟甲基)甲胺—盐酸盐缓冲溶液中有 0.2 mol/L 葡萄酸钠和 0.2 mol/L NaCl		

* PA——聚酰胺。

* * TRA——三乙醇胺。

一项研究[57]表明，在一个采用甘露醇脱氢酶和葡萄糖脱氢酶、以葡萄糖和果糖为底物和以 NADH 为辅酶的系统中，半衰期[将(辅)酶活性降低到初始活性的50%所需的时间，这是一个稳定性的衡量标准]可能因 pH 和缓冲条件不同而有显著差异。在含 100 mmol/L KCl 和 5 mmol/L 磷酸盐的缓冲液中，葡萄糖脱氢酶的最大半衰期在 pH 为 6 时接近 800 h，而在 pH 为 8 时半衰期下降到约 20 h。NAD^+和 NADH 的半衰期不同。在 pH 为 7.5 时的实验中，NAD^+是更稳定的形式。在磷酸缓冲溶液中，发现 NADH 的半衰期在 90 h(100 mmol/L 磷酸盐)到 400 h(5 mmol/L 磷酸盐)之间，NAD^+的半衰期在 400 h(100 mmol/L)到 900 h(5 mmol/L)之间。在 pH 为 6 时，NADH 的半衰期约为 30 h[56]。在该 pH 下，葡萄糖脱氢酶最稳定，NADH 的稳定性很低。上述情况表明了工艺开发的复杂性。此外，用纳滤截留辅酶 NADH 比截留 NAD^+更可取，但这与两种成分的稳定性相矛盾。

辅酶使用中的另一个重要参数是转换数(TON)，由每摩尔辅酶形成的产品的摩尔数来定义。TON 与辅酶通过渗透或失活而丢失有关。根据 Nidetzky 等人[56]的说法，为了使整个膜工艺的成本不受辅酶限制，TON 需要超过 50 万。试验发现 TON 在 780~106000 之间变化[52, 53, 57, 58]。L-叔亮氨酸、木糖醇、L-肉毒碱和山梨醇系统的生产率分别为 370 g/(L·d)[53]、80 g/(L·d)[54]、113 g/(L·d)[58]

和 114 g/(L·d)[59-60]。目前的 TON 不够高，强调增加这一数字非常必要。这可以通过选择环境条件，给予最高的 NADH 稳定性来实现。但这可能会与酶的稳定性产生冲突。提高辅酶稳定性的一种可能途径是将辅酶与一种能提高稳定性的配体连接起来。然而，在某些情况下，系统中的酶只使用天然辅酶，不接受配体修饰的辅酶或活性较低的辅酶[52]。对于这些系统，不会选择配体修饰。最后一个选择是开发 NADH 的化学替代物[65]。

17.3.2　反应器工程

对基于纳滤的酶反应器工程，可采用与膜发酵器类似的工程方法（见图 17-7）。然而，过程的生物动力学部分很麻烦。Nidetzky 等人[56-57]以及 Ikemi 等人[59]的研究结果表明，要全面描述两种组成酶的动力学，需要 10 个甚至更多参数。这些参数描述了两种酶的最大转化速度，酶对底物、产物和辅酶的亲和力以及底物、产物和辅酶的抑制作用。由于每一种酶都有其自身的特性，工程上的一个主要瓶颈始终是要获得可靠的动力学数据。

17.4　新的发展和机遇

如第 17.2 节提到的，人们针对乳酸的分离已经付出了很多的努力。与此相反，目前还很少有人对纳滤膜发酵器生产醋酸和柠檬酸进行研究，它们也是被大规模生产的有机酸，年发酵产量分别为 19 万 t[66]和 70 万 t[67]。在醋酸和柠檬酸生产过程中，酸主要以非离解的形式存在，非常适合用纳滤膜进行选择性分离；因此在这方面缺乏研究相当令人惊讶。另外，Verhoff 等人[68]和 Han 和 Cheryan[69]的研究表明，可通过纳滤分别选择性地去除柠檬酸和乙酸，因此纳滤膜发酵器在这些过程中具有潜在的应用。

在废水处理领域，浸没式纳滤膜系统预计会有进一步发展。由于低压纳滤通常使用由平板膜制作的卷式组件，开发平板浸没式系统的步骤应该不难。除了 UF/MF-MBR 数量的增加，预期 NF-MBR 将很快得到应用。最近还有人发现了一种厌氧氨氧化法（Anammox），并申请了专利，声称该法的能耗比常规污水处理厂的低 60%，CO_2 的释放量也减少了 88%[70-72]。基于这一相对常规硝化和反硝化的优势特性，预期 Anammox 工艺会与浸没式或外置式膜工艺结合。由于 MBR 仍是一种最新的技术，因此需要对膜过程与微生物的相互作用、废水成分和细菌对膜的污染以及控制污染的方法进行深入了解。MBR 中盐度的增加及其对细菌的影响尤其要特别注意。新的膜组件概念的设计，例如针对浸没式应用的设计也将是研究的一部分，且清洗方案的制定应该是一个主要关注点。

在低聚糖水解领域，利用纳滤膜的酶催化 MBR 提供了选择性地去除单糖和双糖的可能性[73]。Nadir PES-5 纳滤膜对单糖和双糖的截留率分别为 15% 和 37%，而对低聚糖(主要是三糖)的截留率为 75%。Van Der Bruggen 等人[74]和 Timmer[75]报告了类似的结果。

另外，在纳滤酶催化反应器中的超临界生物催化也值得期待。随着有机介质中酶活性的发现和随后超临界介质中酶活性的发现，开启了一个新的酶学领域[76]。随着未来对于可持续工艺发展的关注，超临界 CO_2 的应用与有机介质相比具有明显的优势。特别是传质受限的转化可以受益于超临界流体的特性，如较高的扩散率或较高的气体溶解性。此外，产品回收可以简单得多，避免使用盐回收产品。然而，还必须解决各种各样的问题，如底物的溶解性，超临界 CO_2 诱导的 pH 效应和将辅酶活性转移到超临界 CO_2。使用 NF-MBR 的可能性最近在使用均相催化剂的化学转化中得到展示[77]。在此得出的原理也可以用于生物催化过程。

参考文献

[1] M Cheryan, M A Mehaia. Membrane bioreactors. Membrane separations in biotechnology, W C McGregot. Marcel Dekker, New York, 1986: 255-301.

[2] G Belfort. Membranes and bioreactors: A technical challenge in biotechnology. Biotechnol Bioeng, 33(1989): 1047-1066.

[3] M F Kemmere, J T F Keurentjes. Industrial membrane reactors. Membrane technology in the chemical industry. S P Nunes, K -V Peinemann. Wiley VCH, Weinheim, 2001: 191-221.

[4] N Engelhardt, J C Rothe. Sind großtechnische Membrananlagen wirtschaftlich? Erkentnisse aus Anlageund Planung, Proceedings 4. Aachener Tagung. Siedlungswasserwrwirtschaft und Verfahrenstechnik, 11 - 12 September 2001, Aachen, Ü3-1-Ü3-27.

[5] A S Bommarius, K Drauz, U Groeger, et al. Membrane bioreactors for the production of enantiomerically pure aminoacids. Chirality in industry. A N Collins, G N Sheldrake, J Crosby. J. Wiley & Sons, 1992: 371-397.

[6] H G Schlegel. General Microbiology. 6th edition. Cambridge: Cambridge University Press. 1986: 406-437.

[7] R Y Stanier, E A Adelberg, J L Ingraham. General Microbiology. 4th edition. London: The Macmillan Press Ltd., 1980.

[8] C D Skory. Isolation and expression of lactate dehydrogenase genes from Rhizopus oryzae, Appl. Env. Microb. 2000(66): 2343-2348.

[9] www. lactic. com/company-info. html.

[10] www. lactic. com/newsspecial. html.

[11] www. cargilldow. com/natureworks. asp.

[12] J S Kaščák, J Komínek, M Roehr. Lactic acid. Biotechnology: A multi-volume comprehensive treatise. H -J Rehm, G Reed, A Pühler, P Stadler. vol. 6 M Roehr., VCH, Weinheim, 1996: 293-306.

[13] www. anl. gov/OPA/news99/news990325. htm.

[14] B R Smith, R D MacBean, G C Cox. Separation of lactic acid from lactose fermentation liquors by reverse osmosis. Austr. J. Dairy Technol. 1977(32): 23-36.

[15] J H Hanemaaijer, J M K Timmer, T J M Jeurnink. Continuous lactic acid production in membrane reactors. Voedingsmielentechnolo, 1988, 21(9): 17-21.

[16] L R Schihet, M Cheryan. Reverse osmosis of lactic acid fermentation broths. J. Chem. Technol. Biotechnol, 1990(49): 129-140.

[17] D Settti. Development of a new technology for lactic acid production from cheese whey. Proc. IVInt, Congress Food Sci. Technol. Vol IV, 1974: 289.

[18] J M K Timmer, J Kromkamp. Efficiency of lactic acid production by Lactobacillus helveticus in a membrane cell recycle reactor. FEMS Microb. Rev., 1994(14): 29-38.

[19] J M K Timmerghh, H C Van Der Horst, T Robbertsen. Transport of lactic acid through reverse osmosis and nanofiltration membranes. J. Membr. Sci. 1993(85): 205-216.

[20] J M K Timmer, J Kromkamp, T Robbertsen. Lactic acid separation from fermentation broths by reverse osmosis and nanofiltration. J. Membr. Sci., 1994(92): 185-197.

[21] J M K Timmer, T Robbertson, J Kromkamp, et al. Melkzuurproduktie op basis van wei in een membraan cel recirculatie reactor. NIZO report NOV-1695, 1992.

[22] R Jeantet, J L Maubois, P Boyaval. Semicontinuous production of lactic acid in a bioreactor coupled with nanofiltration membranes. Enz. Microb. Techn, 1996(19): 614-619.

[23] J Krampe, K H Krauth. Das sequencing batch reactor-membranbelebung sverfahren. Membrantechnik in der wasser aufbereitungund abwasserbe hande lung (M Dohmann, T Melin), Proceedings 4. Aachener Tagung Siedlungswasser und Verfahrensrechnik, 11-12 September 2001, Aachen, A8-1-A8-17.

[24] T Melin, K Voßenkaul. Perspektiven der Membrantechnik in der Abwasserbehandlung, in Membrantechnik in der Wasseraufbereitung und Abwasserbehandelung (M Dohmann, T Melin), Proceedings 4. Aachener Tagung Siedlungswasser und Verfahrensrechnik, 11-12 September 2001, Aachen, Ü5-1-Ü5- 25.

[25] K Yamamoto, M Hiasa, T Mahmood, et al. Direct solid-liquid separation using a hollow fiber membrane in an activated sludge aeration tank. Wat. Sci. Tech. 1989, 21(4): 43-54.

[26] C Chiemchaisri, Y K Wong, T Urase, et al. Organic stabilization and nitrogen removal in membrane separation bioreactor for domestic wastewater treatment. Wat. Sci. Tech., 1992, 25(10): 231-240.

[27] S Churchhouse, D Wildgoose. Membrane bioreactors hit big time-from lab to full scale application. Membrantechnik in der Wasseraufbereitung und Abwasserbehandelung (R Rautenbach, T Melin, M Dohmann), Proceedings 3. Aachener Tagung Siedlungswasser und Verfahrensrechnik, 8-9 February 2000, Aachen, B12-1-B12-17.

[28] C Belz. Betriebserfahrungen mit den BioMIR-Kleinklaran lagen (WSMS-Verfahren). Membrantechnik in der Wasseraufbereitung und Abwasser- behandelung (M Dohmann, T Melin), Proceedings 4. Aachener Tagung Siedlungswasser und Verfahrensrechnik, 11-12 September 2001, Aachen, A9-1-A9-14.

[29] H F Van Der Roest. Membranbioreaktor-technologie beim einsatz zur reinigung kommunaler abwässer. Membrantechnik in der Wasseraufbereitung und Abwasserbehandelung (M Dohmann, T Melin), Proceedings 4. Aachener Tagung Siedlungswasser und Verfahrensrechnik, 11 - 12 September 2001, Aachen, A5 - 1 - A5-14.

[30] E Dorgeloh, E Brands. Einsatz von membrantechnik in der dezentralen Abwasserbehandlung. Membrantechnik in der Wasseraufbereitung und Abwasserbehandelung (M Dohmann, T Melin), Proceedings 4. Aachener Tagung Siedlungswasser und Verfahrensrechnik, 11-12 September 2001, Aachen, A6-1-A6-9.

[31] www. kubota. co. jp/english/division/envi2. html.

[32] H Walther, S Stein, P Zastrow. Kläranlage Markranstädt-Betriebsergebnisse einder Membranbelebungsanlage für 12. 000 EW. Membrantechnik in der Wasseraufbereitung und Abwasserbehandelung (M Dohmann, T Melin), Proceedings 4. Aachener Tagung Siedlungswasser und Verfahrensrechnik, 11-12 September 2001, Aachen, A1-1-A1-15.

[33] F B Frechen, W Schier, M Wett. Membranfiltration zur ertüchtigung von kläranlagen in hessen. Membrantechnik in der Wasseraufbereitung und Abwasserbehandelung (M Dohmann, T Melin), Proceedings 4. Aachener Tagung Siedlungswasser und Verfahrensrechnik, 11-12 September 2001, Aachen, A3-1-A3-18.

[34] www. zenon. com/products/products. html.

[35] www. sterapore. com/eigo0/products. html.

[36] M Grigo. Betriebserfahrungen mit der VRM-technik in der Abwasserreinigung. Membrantechnik in der Wasseraufbereitungund Abwasserbehandelung (M Dohmann, T Melin), Proceedings 4. Aachener Tagung Siedlungswasser und Verfahrensrechnik, 11-12 September 2001, Aachen, A17-1-A17-16.

[37] B Günder. Erfahrungen bei der Abtrennung von Biomasse mit einem getauchten Pendelmodul. Membrantechnik in derWasseraufbereitung und Abwasser-behandelung (M Dohmann, T Melin), Proceedings 4. Aachener Tagung Siedlungswasser und Verfahrensrechnik, 11-12 September 2001, Aachen, A18-1-A18-11.

[38] J Laubach. Vergleich verschiedener Membransysteme zur Biomassenabtrennung. Membrantechnik in der Wasseraufbereitung und Abwasserbehandelung (M Dohmann, T Melin), Proceedings 4. Aachener Tagung Siedlungswasser und Verfahrensrechnik, 11-12 September 2001, Aachen, A19-1-A19-15.

[39] D M Koenhen. S. Search. personal communication.

[40] Anonymous. Nadir-submerged membrane module. News NF Nadir Filtration.

[41] www. wehrle-env. co. uk/pages/frameset. htm.

[42] M Dohmann. Rahmenbedingungen für den Einsatz der Membrantechnologie in Deutschland aus der Sicht des Umweltratesder Bundesregierung. Membrantechnik inder Wasseraufbereitung und Abwasserbehandelung (M Dohmann, T Melin), Proceedings 4. Aachener Tagung Siedlungswasser und Verfahrensrechnik, 11-12 September 2001, Aachen, Ü1-l- Ü1-6.

[43] C Adam, M Kraume, R Gnirss, et al. Vermehrte biologische Phosphorelimination in Membranbioreaktoren. Membrantechnik in der Wasseraufbereitungund Abwasserbehandelung (S M Dohmann, T Melin), Proceedings 4. Aachener Tagung Siedlungswasser und Verfahrensrechnik 11-12 Sentember 2001, Aachen, A11-1-A11-16.

[44] R Rautenbach, R Mellis. Waste water treatment by a combination of bioreactor and nanofiltration. Desalination, 1994(95): 171-188.

[45] Wehrle-Werk AG information leaflet "Biomembrat-plus", www. wehrle-werk. de, 2001.

[46] K H Krauth. Sustainable sewage treatment plants-application of nanofiltration and ultrafiltration to a pressurized bioreactor. Wat. Sci. Tech. 1996(34): 389-394.

[47] S Dockko, K Yamamoto. Wastewater treatment using directly submerged nanofiltration membrane bio-reactor (NF MBR), Proceedings IWA Membrane technology for water reclamation and reuse conference. 9-13 September 2001, Tel Aviv, Israel, 2001: 22-32.

[48] J H Choi, S Dockko, K Fukushi, et al. A novel application of a submerged nanofiltration membrane bioreactor (NF MBR) for waste water treatment. Desalination, 2002(146): 413-420.

[49] J A Roels. Energetics and kinetics in biotechnology. Elsevier Biomedical Press, Amsterdam, 1983.

[50] H Futselaar, H Schonewille, W Van Der Meer. Direct capillary nanofiltration - a new high-grade purification concept. Desalination, 2002(145): 75-80.

[51] M W Howaldt, K D Kulbe, H Chmiel. A continuous enzyme membrane reactor retaining the native nicotinamide cofactor NAD(H). Ann. N. Y. Acad. Sci., 1990(589): 253-260.

[52] M Howaldt, A Gottlob, K D Kulbe, et al. Simultaneous conversion of glucose/fructose mixtures in a membrane reactor. Ann. N. Y. Acad. Sci. 1988(542): 400-405.

[53] K Seelbach, U Kragl. Nanofiltration membranes for cofactor retention in continuous enzymatic synthesis. Enz. Microb. Technol., 1997(20): 389-392.

[54] B Nidetzky, W Neuhauser, D Haltrich, et al. Continuous enzymatic production of xylitol with simultaneous coenzyme regeneration in a charged membrane reactor. Biotechnol. Bioeng., 1996(52): 387-396.

[55] V Kitpreechavanich, N Nishio, M Hayashi, et al. Regeneration and retention of NADP (H) for xylitol production in an ionizedmembrane reactor. Biotechnol. Lett., 1985(7): 657-662.

[56] B Nidetzky, K Schmidt, W Neuhauser, et al. Application of charged ultrafiltration membranes in continuous enzyme-catalysed processes with coenzyme regeneration. Separations for Biotechnology 3, (D. L. Pyle, ed.), Royal Society of Chemistry, 1994: 351-357.

[57] B Nidetzky, D Haltrich, K Schmidt, et al. Simultaneous enzymatic synthesis of mannitol and gluconic acid: II. Development of a continuous process for a coupled NAD (H)-dependent enzyme system, Biocatal. Biotransf. 1996(14): 47-65.

[58] S Lin, O Miyawaki, K Nakamura. Continuous production of L-carnitine with NADH regeneration by a nanofiltration membrane reactor with coimmobilized L-carnitine dehydrogenase and glucose dehydrogenase. J. Biosci. Bioeng., 1999(87): 361-364.

[59] M Ikemi, N Koizumi, Y Ishimatsu. Sorbitol production in charged membrane bioreactor with coenzyme regeneration system: I. Selective retainment of NADP(H) in a continuous reaction. Biotechnol. Bioeng., 1990(36): 149-154.

[60] M Ikemi, Y Ishimatsu, S Kise. Sorbitol production in charged membrane bioreactor with coenzyme regeneration system: II. Theoretical analysis of a continuous reaction with retained and regenerated NADPH. Biotechnol. Bioeng., 1990(36): 155-165.

[61] R P Chambers, J R Ford, J H Allender, et al. Continuous processing with cofactor requiring enzymes: Coenzyme retention and regeneration. Enzyme Engineering Vol. 2(E. K. Pye, L. B. Wingard Jr., eds.). Plenum Press, New York, 1981: 195-202.

[62] T Tsuru, M Urairi, S Nakao, et al. Reverse osmosis of single and mixed electrolytes with charged membranes: Experiments and analysis. J. Chem, Eng. Japan, 1991(24): 518-524.

[63] W R Bowen, A W Mohammad. Diafiltration by nanofiltration: Prediction and optimization. AIChEJ., 1998 (44): 1799-1812.

[64] G Hagmeyer, R Gimbel. Modelling the salt rejection of nanofiltration membranes forternairy ion mixtures and for single salts at different pH values. Desalination, 1998(117): 247-256.

[65] J Schroeer, M Sanner, J L Reymond, et al. Design and synthesis of transition state analogs for induction of hydride transfer catalytic antobodies. J. Org. Chem., 1997(62): 3220-3229.

[66] H Ebner, S Sellmer, H Follman. Acetic acid. Biotechnology: A multi-volume comprehensive treatise, (H -J Rehm, G Reed, A Pühler, P Stadler), vol. 6 (M Roehr), VCH, Weinheim, 1996: 381-402.

[67] M Roehr, C P Kubicek, J Komínek. Citric acid, in：Biotechnology：A multi-volume comprehensive treatise, (H -J Rehm, G Reed, A Pühler, p Stadler), vol. 6(M Roehr). VCH, Weinheim, 1996：307-346.

[68] F H Verhoff, S Grond, F Hendricks. P Raman Lakshminarayanan. Process for recovering citric acid. WO Patent application W09608459, 1996.

[69] I S Han, M Cheryan. Nanofiltration of model acetate solutions. J. Membr. Sci. 1995(107)：107-113.

[70] J G Kuenen, M S M Jetten. M C M. an Loosdrecht, Sustainability of nitrogen removal. Information brochure Innovatieplein Machevo 2002：Stap in dewereld van morgen!, 2002：3.

[71] M S M Jetten, M C Van Loosdrecht. Method of treating ammonia-comprising waste water. PCT Patent W09807664, 1998.

[72] M S M Jetten, M Strous, K T Van De Pas-Schoonen, et al. The anaerobic oxidation of ammonium, FEMSMicrob. Rev., 1999(22)：421-437.

[73] M H López Leiva, M Guzman. Formation of oligosaccharides during enzymatic hydrolysis of milk whey permeates. Proc. Biochem., 1995(30)：757-762.

[74] B Van Der Bruggen, J Schaep, D Wilms, et al. Influence of molecular size, polarity and charge on the retention of organic molecules by nanofiltration. J. Membr. Sci. 1999(156)：29-41.

[75] J M K Timmer. Properties of nanofiltration membranes：Model development and applications. PhD Thesis. Eindhoven University of Technology. The Netherlands, 2001.

[76] A J Mesiano, E J Beckmann, A J Russell. Supercritical biocatalysis. Chem. Rev. 1999(99)：623-633.

[77] L J P Van Den Broeke, E L V Goetheer, A J Verkerk, et al. Homogeneous reactions in supercritical carbon dioxide using a catalyst immobilized by a microporous silica membrane. Angew. Chem. Int. Ed. 2001(40)：4473-4474.

缩略语说明

缩略语	全称/中文	缩略语	全称/中文
BOD	生物耗氧量	NF	纳滤
CA	醋酸纤维素	PA	聚酰胺
COD	化学耗氧量	PLA	聚乳酸
$FADH_2$	黄素腺嘌呤二核苷酸	RO	反渗透
MBR	膜生物反应器	TOC	总有机碳
MF	微滤	TON	转换数
NAD^+	氧化态烟酰胺腺嘌呤二核苷酸	TRA	三乙醇胺
NADH	还原态烟酰胺腺嘌呤二核苷酸	SPsf	磺化聚砜
NAD(P)H	还原态烟酰胺腺嘌呤二核苷酸磷酸	UF	超滤
$NAD(P)^+$	氧化态烟酰胺腺嘌呤二核苷酸磷酸		

第 18 章　光催化纳滤反应器

18.1　引言

饮用水、工业水和废水经常受到有毒有机物的污染。环境法现在非常严格，而且在未来几年中，污染物排放将越来越受到限制；此外，各种指示建议使用绿色化学概念和清洁技术来保护环境。在将水排放至河流或市政饮用水系统之前，对其进行净化的经典方法(例如活性炭吸附、化学氧化、好氧生物处理)通常是将污染物从一相转移至另一相，并未从根本上消除污染物，而是使其进入了新的废物流[1-2]。研究出的新方法，例如涉及光催化反应的方法，在许多情况下允许有机污染物完全降解为小的和无害的物种，且不使用化学品，以避免污泥的产生和处置。

在涉及光反应器的传统方法中，未降解的分子或其副产物仍留在最终的废水中，导致工艺效率相对较低。此外，光催化剂通常是悬浮的，其回收和循环使用是另一个难题。对此，这些问题可以通过耦合光催化技术和膜技术来解决。事实上，由于膜的选择性，膜分离工艺与其他分离工艺相比，在能源成本、材料回收、减少环境影响以及构建选择性去除某些组分的集成工艺方面已具有竞争性。特别是对于纳滤膜，它能够将较大的难降解分子截留在反应器中，而光降解产生的小分子和无害分子则可通过膜。

与传统光反应器相比，光催化膜反应器(PMR)具有一些优点。事实上，膜的存在将光催化剂限制在反应环境中，具有以下特点：①可以使用大量催化剂；②可以控制分子在反应器中停留时间；③能够实现将产物与反应环境分离的连续过程。特别是膜能够限制光催化剂的空间范围，以及在分子水平上进行选择性分离，而将污染物维持在反应环境中。

使用从微滤(MF)膜到反渗透(RO)膜的一系列不同配置的 PMR 已得到了研究[9-14]。特别是一些实验结果表明，在循环和连续膜反应器中使用纳滤(NF)对各种有机分子的光氧化具有优势。特别有意义的 PMR 配置如下：辐照包含膜的反应器；辐照循环罐和受到膜限制的悬浮催化剂。

在使用纳滤膜的非连续和连续光催化过程中，紫外辐射模式和一些污染物的初始浓度对光降解速率的影响也有报道[15]。关于纳滤膜对各种污染物的截留以及各种操作参数（pH 和一些污染物的初始浓度）对光降解速率的影响得到了介绍。

考虑到能源成本是工业应用的主要掣肘之一，可在 PMR 中使用太阳能辐射[16-19]。尽管文献中有大量关于光催化的报道，但是膜与光催化剂耦合的案例非常少，而纳滤膜的使用是一种相当新的方法。多相光催化与膜技术及其他方法的协同可在未来发挥重要作用。这种耦合的一些备选技术有生物技术（只有可生物降解的中间产物能到达渗透液进行生物氧化）、电化学和 O_3/H_2O_2。作为清洁、安全地减少污染的技术，膜、生物催化和光催化过程的发展在本章中有介绍，并提供案例，重点是分析纳滤膜与光催化耦合的应用。

18.2 背景

光催化应用在废物处理中是基于光吸收（通常是紫外光）引起的分子或固体的电子激发，极大地改变了这些物质失去或获得电子的能力，并促使污染物分解为无害副产品[20]。

液相光催化法被用于降解苯酚、氯酚、硝基酚[21-24]、除草剂和有机磷杀虫剂[25-26]、纺织废水中的染料[27-30]、尿嘧啶二元混合物[31]、铜（Ⅱ）乙二胺四乙酸络合物[Cu（Ⅱ）-EDTA][32-33]和甲醇悬浮液中染料等有机化合物[34]。此外，还报道了对光敏剂的使用[35]。

只有少数有机化合物，如氯氟烃、三氟乙酸、2，4，6-三羟基-1，3，5-三氮杂苯（三聚氰酸）不能用光催化方法完全降解[36]。在某些情况下，可观察到比起始底物毒性更大的瞬时副产物的形成。

对可用于光催化的反应器类型的研究非常多，文献中描述了能满足连续操作要求的悬浮型光催化反应器[37-38]。由于化学工业几乎只使用连续过程，因此对于潜在的应用，光催化剂粉末除了具有良好的催化性能，还应具有适当的尺寸和机械特性。迄今为止，只有少数中试装置光催化器的例子被报道，难以明确评估光催化过程（通常仅在稀释系统中有效）的成本，从应用的角度阻碍了它们的广泛发展[39]。

近年来，人们提出了一种在转鼓的表面涂有光催化剂的新型反应器[40]。还有一些作者已经在 Pyrex 玻璃片[41-42]、气凝胶[43]或在高表面积粒子（例如 Al_2O_3 或硅胶）上固定半导体[44-45]。所有这些方法的一个缺点是，反应物的传质阻力控制反应速率。

尽管杂化的 PMR 具有潜在的优势，但是光催化与膜耦合的研究还没有得到充分的展开。文献中报道的一些论文涉及以下方向：纤维素微孔膜[46]、含卟啉的膜[47]、在磺化阳离子膜上固定作为光敏剂的卟啉[48]、过滤与催化耦合[49-50]、膜

内固定 TiO_2[51]、催化剂物理沉积在膜表面或通过膜限制在悬浮液内[9-11, 15, 53, 54]。

18.2.1　多相光催化的基本原理

多相光催化的简单定义仅仅是指通过固体催化剂的作用加速光反应，固体催化剂可能与基质和/或初级产物相互作用，这取决于反应机理。应该通过判断转化数(TON)是否大于 1 来证明工艺的催化本质。TON 可以定义为一定时间内光诱导转化的数量与光催化位点的数量之比。可以在不知道(通常是这样)位点数量时考虑固体光催化剂的总表面积，但以这种方式获得的 TON 是下限。大多数光催化过程都是在多晶半导体的存在下进行的。最广泛使用的光催化剂是 TiO_2，它是锐钛矿和金红石的同素异形体(锐钛矿相通常更具光学活性)；也有报道使用许多其他固体(ZnO、WO_3、CdS、MoS_2、CdSe、Fe_2O_3 等)作为催化剂[55-57]。

当半导体被能量适当(即大于其带隙宽)的光照射时，电子从价带(vb)跃迁到导带(cb)(它们获得 cb 能量的还原能力)，并且在 vb 中产生正空穴(它们获得 vb 能量的氧化能力)。这种光产生的配对可以再组合而释放热能或光能，或引起吸附在催化剂颗粒表面的电子受体和供体的氧化还原反应(见图 18-1)。因此，光致电子-空穴对的再结合率应尽可能低，以提升它们在催化剂粒子表面的可获得性。

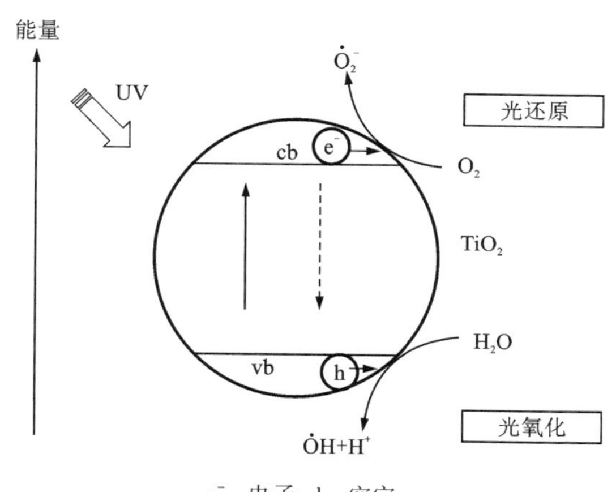

图 18-1　半导体粒子(如 TiO_2)被照射时的基本光催化机理

光催化剂应具有一些基本特性。首先，光吸收应该发生在近紫外波段和可能的可见光波长范围内，其稳定性应确保可以重新利用，以及在更一般的情形下，满足热力学和动力学约束条件。其次，光反应性不仅与光催化剂的固有电子特性有关，同时也与它们的结构、纹理和表面的理化特性有关，比如 vb 和 cb 的能量、带隙值、光生电子空穴对的寿命、结晶度、同素相、粒子大小、缺陷和掺杂的存在、比表面积、多孔性、表面羟基化、表面酸性和碱性等。它们对目标反应的重要性的相对权重决定了光反应性的最终水平。因此，光催化剂的部分性质并不能详尽地解释和讨论观察到的光反应趋势。

将多晶 TiO_2 用于存在 O_2 和通用基质的水介质中时所发生的反应步骤如表 18-1 所示。

表 18-1　使用多晶 TiO_2 时反应的步骤

	TiO_2 的角色	
$TiO_2+h\nu$	⟶	$TiO_2[e^-(cb)+h^+(vb)]$
$OH^-+h^+(vb)$	⟶	$\cdot OH$
	O_2 的角色	
$O_2+e^-(cb)$	⟶	$\cdot O_2^-$
$OH^-+h^+(vb)$	⟶	$\cdot HO_2$
$2\cdot HO_2$	⟶	$O_2+H_2O_2$
$H_2O_2+\cdot O_2^-$	⟶	$OH^-+\cdot OH+O_2$
	基质分解	
基质$+\cdot HO_2$	⟶	产物
基质$+\cdot OH$	⟶	产物
基质$+h^+(vb)$	⟶	产物

氧化剂自由基和空穴可一同引起对各种基质的氧化攻击。氧的存在对于捕获光产生的电子、改善电荷分离以及空穴的可用性至关重要。

关于多相光催化用于含溶解性无机物的废水的净化具有广泛的研究。氰化物因其高毒性而引起了人们的特别关注，许多研究通过光（通常是在阳光下）氧化将其转化为危险性较低的无机物（CNO^-、NO_2^-、NO_3^-、CO_3^{2-} 等）[59, 60]。

就有机物种类而言，光催化不是一种选择性氧化方法，在各种实际废水中存在的许多分子（包括苯酚、氯酚、硝基酚和除草剂）已被用作机制和动力学研究的模型化合物。然而，当以应用为目而提出对有机基质降解的光反应器进行放大时，测定总有机碳（TOC）和确定辐射下是否产生有害中间体的分析研究是必不可少的。

18.2.2 纳滤 PMR 处理废水

典型的纳滤膜应用包括水流中重金属的软化和去除、酸和碱的浓缩、单价盐的分离、有机溶剂流体(来自化学、制药和石化工业)的处理，以及废水(例如来自牛奶和乳制品工业)的处理，以降低生物需氧量(BOD)和化学需氧量(COD)。

根据目前的环境保护局(EPA)法规，纳滤是一种可以实现从废水中去除有机物的技术。Nunes 和 Peinemann 最近对其在化学工业中的应用进行了分析[61]。

选择废液处理技术取决于所含污染物的类型。可在废水中发现的污染物种类如下：(1)颗粒物(悬浮固体、乳化油污、纤维、微粒、胶体、细菌、病毒)；(2)无机物(重金属、氰化物、NH_3 和硝酸盐、核废料)；(3)挥发性有机物(芳香族、脂肪族醇、酮、卤代烃)；(4)非挥发性有机物(酚类、多环芳烃、杀虫剂、除草剂、表面活性剂、染料)。所含污染物的浓度以及各种污染物的同时存在被认为是重要因素。

来自许多行业(如石油精炼、有机化学品和染料、树脂和塑料，以及钢铁行业)的废水通常含有芳香化合物(如酚类和芳香胺)，其中大多数对环境和人类健康都有影响。

美国 EPA 将十一种酚类列为首要污染物，基于它们对水生生物的毒性和影响，包括在鱼类组织中的生物积累。酚类物质以多种方式被引入环境中。氯酚主要由商业工艺过程生产，其来源从苯酚污染水的氯化到造纸。农业实践涉及使用含有毒硝基酚的杀虫剂，然后这些有毒硝基酚会进入天然水道。许多能源相关行业在石油化工产品的制造和使用过程中都会生产副产品——烷基酚。

从废水中去除这些化学物质对工业的持续发展至关重要[62-69]。生物降解是达到这个目的的一种方法。在此通过一些案例的讨论对生物降解，尤其是当其与分离技术结合时的重要性进行分析。

利用酶处理城市和工业废水的可行性具有相关研究。例如，辣根过氧化物酶被用来去除酚和芳香胺[70]。过氧化物酶催化氧化可将水溶性有机物转化为水不溶性状态。这种酶催化的反应是 H_2O_2 对酚和胺的氧化。氧化过程中产生的游离酚和芳香胺自由基聚合成多芳产物，它们几乎不溶于水，易于过滤或沉淀分离。

真核藻类的生物降解能力尚不清楚。为了阐明真核藻类对苯酚的生物降解能力，Semple[64] 进行了一项研究，以苯酚为唯一碳源，浓度高达 4 mmol/L 的黄金滴虫(Ochromonas danica)培养基(CCAP 933/28)能够在光异养和异养条件下生长。

多酚氧化酶(PPO)来源广泛，包括普通蘑菇、双孢蘑菇(Agaricus bisporus)和面包霉神经孢菌(bread mould Neurospora Crassa)。这种酶可用于羟基化系列酚类底物，以产生儿茶酚，然后通过酶催化将儿茶酚氧化成邻醌产品。将羟基插入芳香结构中是一种不寻常的和有用的反应。由于多酚氧化酶被产物抑制，需将其固定在可及时移除产物的膜生物反应器(MBR)中，以提高系统的效率[65]。

当废水中无机物浓度过高时，由于无机物的抑制，传统的用于转化有机污染物的生物工艺可能难以实施。Liu 等人[71]探索了将生物工艺与膜萃取相结合来改进这类系统。这种方法能够降低无机物的浓度，有效地实现氯酚的生物降解。当中间体的抑制非常严重时，也可以使用类似的方法进行非常有效的光催化降解。

除了生物转化，TiO_2 光催化是一种不需添加化学物质就能处理水的新技术。Otaki 等人[72]研究了使用固定化 TiO_2 反应器以及紫外光灯和黑光灯作为光源对含有诸如噬菌体 Q-beta、大肠杆菌和隐孢子虫等微生物的水体进行消毒。他们还介绍了超滤(UF)和纳滤在中试规模膜工艺中的应用，以实现从东京都市区东部的市政水体中去除病毒(本土噬菌体)[73]。新的混合式光催化膜技术可作为替代方法。

Bio-Pure Technolgy 有限公司(位于以色列的 Rehovot)声称开发了一种新技术，能够制造化学稳定的纳滤膜，用于处理侵蚀性工业废水流体[74]。这些膜可用于回收碱、酸、水和能源，并减少污染。它们在 60~80℃的 10%~20% NaOH 溶液中，以及在高达 60℃的 12%的硫酸(H_2SO_4)中表现出很好的稳定性；对低分子量溶质有高截留率，对酸、碱和单价盐有低截留率。这些膜可用于强侵蚀性介质光的催化处理。

还有人开发出了一种光电生物催化反应器，用于处理被硝酸盐、持久性有机污染物和耐氯微生物污染的地下水，是当前某欧洲项目的目标[75]。他们提议的串联反应器通过电化学将水中(1)有机污染物和微生物的光催化破坏与(2)电生物催化反硝化关联起来。

18.3 应用和替代过程

18.3.1 可能的系统配置

Ollis[12]对可与膜操作结合的光反应器类型进行了综述。他将光催化工艺与通过膜操作(微滤、超滤或反渗透)进行物理分离相结合的四种配置加以区分：光催化+微滤用于催化剂浆液循环；光催化+超滤用于催化剂浆料和反应物循环；固定化光催化和超滤/反渗透用于反应物循环；将光催化剂固定在超滤/反渗透膜上，实现膜的自清洗。

案例很少这一状况表明需要大量的努力来利用各种可能性进行过程开发。

膜作为 TiO_2 颗粒分离器

Sopajaree 等人[9]耦合了一个聚砜(Psf)超滤膜系统和一个悬浮的光催化剂，反复进行基于反应和超滤模式的批量实验，发现在固定的操作时间内，污染物

(亚甲基蓝)转化率显著降低[10]。TiO_2 泥浆的粒径分布显示出向较大粒径(5~10 μm 凝聚体)的转变，被认为是光化学速率下降的原因。聚集可能是有机物光催化氧化产生羧酸中间体导致 pH 变化而引起的。例如，甲酸被证明会导致颗粒团聚，因为酸化会使 pH 接近所用 TiO_2 的零电荷点(PZC)(约 4.5)[76]。(据报道，根据其类型，TiO_2 的 PZC 为 4.5~6.2)。

Molinari 等人[53]报道了连续操作系统(提供进料和提取渗透液)，涉及悬浮液中使用的 TiO_2 颗粒(见图 18-2)；测量了在有光或无光降解的情况下膜对目标物种的截留率，以获得有关系统性能的信息。在另一个涉及膜的系统中，通过石英窗(见图 18-3)照射的是膜组件(膜池)，而不是循环池。

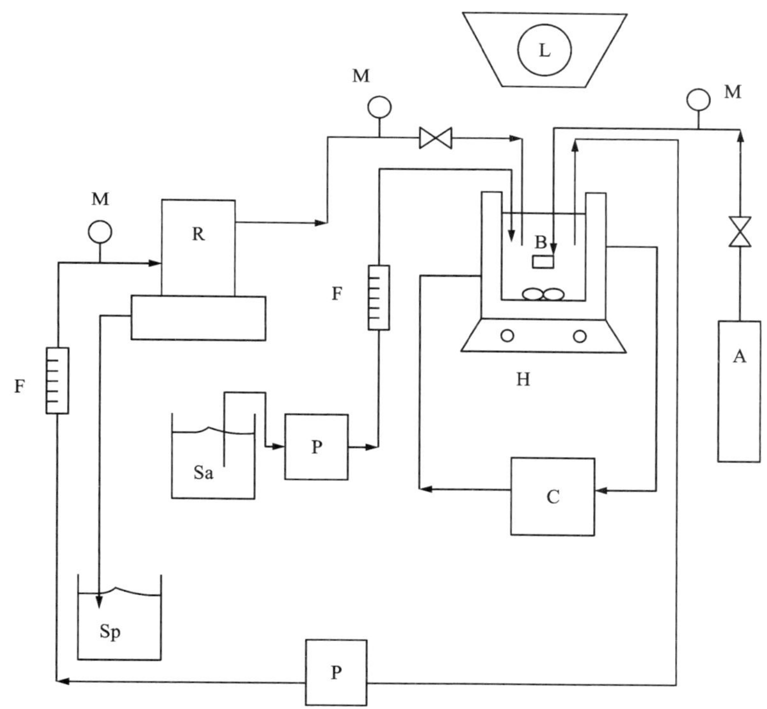

A—氧气筒；B—循环回收池(反应器)；C—恒温水；L—紫外灯；M—压力表；F—流量计；R—膜单元；H—磁力搅拌器；P—蠕动泵；Sa—进料池；Sp—渗透液池。

图 18-2　使用悬浮催化剂的连续式 PMR 系统流程[53]

Degussa P25 型 TiO_2(比表面积 50 m^2/g，结晶相由约 80%锐钛矿和 20%金红石组成)(见图 18-4)被用作光催化剂。污染物主要是 4-硝基苯酚(4-NP)，其在 TiO_2 悬浮液中经紫外光辐照的光降解已经被研究过，被选为模型化合物[24, 77-78]。

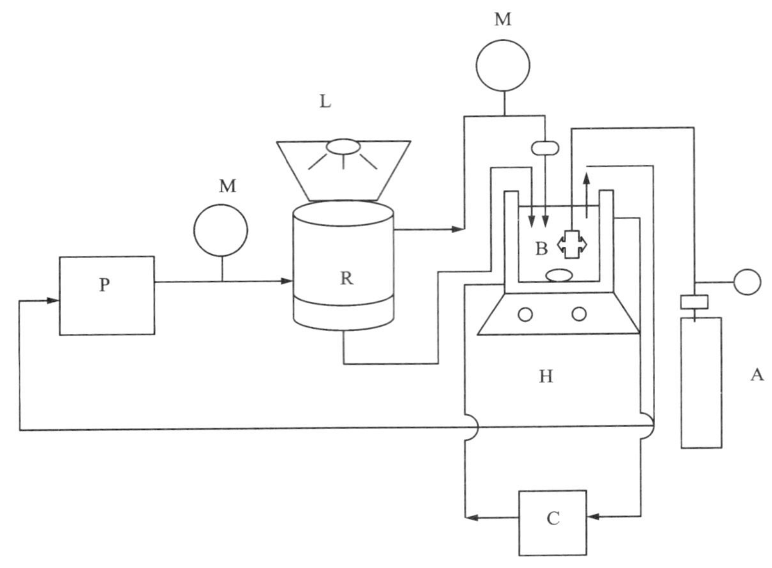

A—氧气筒；B—循环池(反应器)；C—恒温水；L—紫外灯；M—压力表；F—流量计；R—膜单元；H—磁力搅拌器；P—蠕动泵。

图 18-3　使用单元辐射和悬浮催化剂的非连续式 PMR 系统流程

使用的其他污染物有苯酚、腐殖酸、苯甲酸、有机染料和橄榄工厂废水，使用的膜包括从超滤到纳滤的商用膜以及自制膜。

通过测定总有机碳(TOC)、总碳(TC)和总无机碳(TIC)含量，确定了这些研究中污染物降解的程度。

膜作为 TiO_2 约束或者载体

该催化剂可以被包埋在透光的膜中或沉积在膜上游侧表面。许多作者大量研究了早期提出的系统配置，包括将催化剂沉淀在陶瓷膜壁上、聚合物膜内，或者不透明或光学透明的电极或光纤维上。这些案例不会在这里讨论，因为它们没有观察到膜的分离选择性，并且膜仅仅作为支撑体。第二种系统配置是更有趣的，涉及使用包括纳滤在内的几种膜类型。在表 18-2 中总结了用在光催化过程中的一些商业纳滤膜的特性。

(放大倍数：$\times10^3$)

图 18-4　Degussa P25 TiO_2 粒子的 SEM 微观照片

表 18-2 用在光催化过程中的一些商业纳滤膜的特性

膜种类	制造商	材料*	NaCl 截留率/%	$MgSO_4$ 截留率/%	通量/[L·(m^2·h)$^{-1}$]
NTR7410	东京，Nitto Denko	SPES	0.2 mol/L NaCl，10(4.9 bar，25℃，pH 6.5)		
NTR7450	东京，Nitto Denko	SPES	0.2 mol/L NaCl，50(4.9 bar，25℃，pH 6.5)		
N30F	德国，Hoechst，Celgard	改性 Psf 能在所有 pH 范围内运行，操作温度达到 80~85℃	0.2 mol/L NaCl，25~35	0.5 mol/L Na_2SO_4，85~95	40~70，40 bar，20℃
NF-PES-010	德国，Hoechst，Celgard	PES	0.5 mol/L NaCl，10~20	0.5 mol/L Na_2SO_4，40~70	200~400，40 bar，20℃
MPCB00000R98	意大利，Separem	PA	98		

* SPES—磺化聚醚砜；PES—聚醚砜；PA—聚酰胺。

Kleine 等人[79]将光催化剂 TiO_2 固定在有机聚丙烯腈(PAN)微滤膜中，以省去颗粒与处理过的废水的分离。Tsuru 等人[80]通过在 Al_2O_3 微滤器上涂抹 1 μm 厚的胶状 TiO_2 溶胶来沉积 TiO_2 层。TiO_2 层既充当超滤器，又充当光催化剂，在将有机污染物[聚乙烯亚胺(PEI)]氧化成更小的碎片的同时实现目标污染物(三氯乙烯，TCE)的氧化。结果表明，光催化反应可以减少膜污染。

Kwak 等人[81]探讨了 TiO_2 改性膜在抗菌作用，采用自组装诱导吸附法将溶胶-凝胶型 TiO_2 纳米粒子(2~10 nm)直接固定在反渗透 PA 膜表面，借助了芳香族 PA 上酰胺官能团(—CONH)的离子相互作用和氢键。对细胞沉积处的 TiO_2-PA 膜表面进行光照表明，存在光照比不存在光照时大肠杆菌(E. Coli)的细胞活力下降得更快。他们在 4 h 内观察到细胞被完全杀死，与未照射的结果形成对比。这种抗菌作用很重要，因为生物膜污染一般发生在水处理厂，会使总的运营成本显著提高。微生物膜对通常所使用的芳香族 PA 薄层复合(TFC)反渗透膜特别有害，因为这些膜对氯化反应的抵抗力很低，而且会产生有害的副产品，如三卤甲烷和其他致癌物。

Artale 等人[51]利用相转化技术制备了包埋 TiO_2 的超滤膜，并用膜进行了 4-NP 的降解试验。均相聚合物溶液由聚合物、溶剂和非溶剂组成，即商用 Psf、N-甲基吡咯烷酮(NMP)和 L-辛醇。

一些商用超滤膜在用于光催化前，要在紫外辐射下测试其光稳定性，PAN、氟化物+聚丙烯(PP)和 PP+Psf 一直到近紫外(300~400 nm)区域都相当稳定。PAN 膜还被用于通过物理沉积固定光催化剂，但光催化性能低于使用悬浮催化剂的情形[52]。

18.3.2 光反应器的辐射模式

文献中报道的许多系统都使用“静态辐射”光催化剂，即对被固定的光催化剂进行照明。这是光反应器设计中的一个缺点，因为需要的氧化速率越高，光催化剂被照射的面必须越大。这种方法要求设计出一种仅供 PMR 使用的特定的膜组件。作为替代方案，光催化剂的“动态辐射”，即对悬浮但限制在一定空间内的催化剂进行光照，应该便于利用光催化剂与膜的组合。实际上，商用膜组件和商用光反应器可以组装在一起。因此，这里只考虑对含膜组件进行直接辐照的配置，提供了关于对循环贮水池进行照射的装置和此类系统中使用纳滤膜的详细信息。

对含膜隔槽(膜池)的辐照

如上文所述，文献中描述的几乎所有系统都涉及使用膜的辐照，系统中的催化剂用不同模式固定。按照这一途径，对含有膜的组件进行辐射可以通过以两种方式实现[52]：(1)沉积在膜表面的催化剂；(2)被膜限制的悬浮状态下的催化剂。

与催化剂固定在膜表面的情况相比，通过具有良好光稳定性的 PAN 膜将催化剂限制在悬浮液中提供了更有效的性能。事实上，使用“悬浮模式”配置可使 4-NP 的初始浓度降低 80%左右，而使用“固定”配置可降低 51%。在悬浮催化剂和纯氧存在时，使用 PAN 膜和 GR51PP 膜与不使用膜这两种情形对 4-NP 的降解率相当[51]。文献中也报道了在聚合物载体中包埋多晶 TiO_2。然而，有研究表明，在悬浮液中加入相同质量的催化剂，可以更有效地降解污染物[82]。

对循环贮水池和受膜限制的悬浮催化剂的辐照

如前文所述，为了提高光催化和膜技术耦合的灵活性，可以使用如图 18-2 所示的反应器结构。这与前一节中所描述的配置的主要区别在于，其所照射的是循环池，而不是膜池。这一设计特别简单，并开辟了一系列可能的工业应用。例如，在反应器优化工作中，通过分别确定“光催化系统”和“膜系统”的尺寸，并利用每个系统的最佳方面，可以获得高辐射效率和高的膜渗透流速。此外，可以使用各种类型的商用膜(例如能够截留难降解分子的膜、能够抵抗化学环境的膜)或组件，而这些组件可以根据正在研究的光催化过程进行选择。这种配置与酶催化膜反应器中使用的非常相似[83]，酶在膜的加压侧连续循环。对于本章所考虑的应用类型，纳滤膜似乎特别适合，因为小尺寸的物质将从反应环境中被去除，而污染物将停留在受限空间，直到完全降解。由于不同类型的纳滤膜性质不同[84-86]，不同的污染物，包括可分解的有机碳[87]、非苯基农药[88]、甲醇溶液中的有机溶质[89]、蛋白质和腐殖酸等[90]，都能被适当的纳滤膜截留。

18.3.3　纳滤膜一般行为的研究

必须确定光反应器中使用的纳滤膜的一些重要特性：纯水渗透性；目标污染物的截留率；渗透液中污染物的浓度；污染物在膜上的吸附[53, 58]。

例如，Molinari 等人以 4-NP 为污染物研究了各种纳滤膜的性能，表明系统的截留性能受各种膜的吸附和通量特性的影响。图 18-5 显示，对所使用的膜而言，渗透液中 4-NP 浓度随着时间的增长而增加。应注意的是，必须避免或考虑污染物在系统部件(管道、连接件等)上的吸附，以便进行准确的测量。

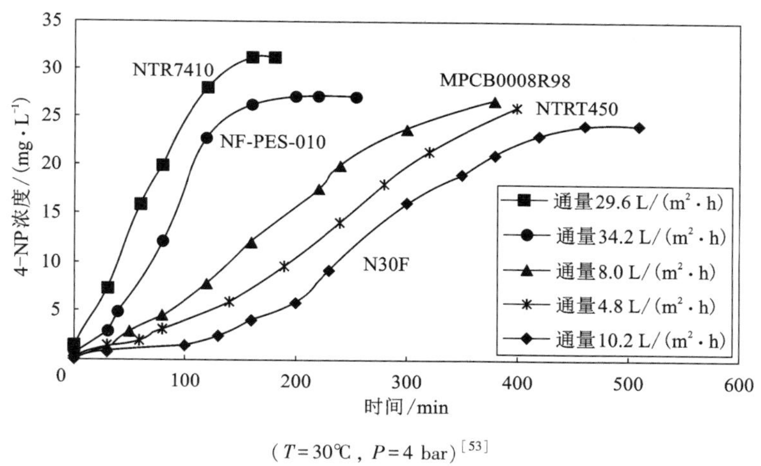

(T=30℃，P=4 bar)[53]

图 18-5　穿过不同膜的渗透液中 4-NP 浓度与时间的关系

吸附的影响在图 18-5 中很明显，尽管观察到 N30F 膜的稳态通量比 NTR7450 膜更高(大约两倍)，N30F 渗透液中 4-NP 的浓度却更低。观察 NF-PES-010 和 NTR7410 膜时也发现类似的现象。吸附试验表明不同膜的吸附能力按以下顺序下降：N30F>NF-PES-010>MPCB000R98>NTR7450>NTR7410；这一顺序证实了观察到的趋势[53]。

降解和渗透相对吸附在时间上有所不同，可以在未来开发高效的 PMR 时加以利用。事实上，即使在进料中污染物浓度产生波动的情况下，也可以获得较低的渗透浓度。

18.3.4 去除污染物的案例

间歇和连续 PMR 中 4-NP 的降解

4-NP 光降解可通过两种操作模式进行测试：渗透液连续循环（间歇膜系统）；向辐照容器连续注入溶液，并持续去除渗透液（开放系统）。

当测试 NF-PES-010（更高渗透性）和 N30F（更低渗透性）纳滤膜时，在悬浮催化剂的存在下膜的渗透通量比没有催化剂的情况下低一点。通过膜池的几何设计保证湍流和膜表面上方主体溶液的涡流存在，这样可以减少催化剂在膜面的沉积。

4-NP 在间歇（循环）和连续系统中的光降解表明，对于上述两种类型的膜，其渗透液浓度随时间变化的曲线均呈钟罩形。4-NP 在渗透液中的浓度变化可归因于三个因素：截留、光催化降解和吸附。渗透液中浓度呈现开始上升、随后降低的趋势，原因是光催化使截留侧的浓度降低。尽管连续系统中浓缩液的 4-NP 浓度的下降速度比在循环情况下要慢，但前者潜在的工业应用使其看上去似乎更有前景[53]。在最后这个系统中，辐射体积与总体积之比（V_i/V_t）的最佳选择很重要。当总悬浮液体积从 400 mL 上升到 700 mL 时（见图 18-6），V_i/V_t 因恒定循环体积而增加；因此，就被循环的悬浮液而言，其辐射百分比的增加使 4-NP 的降解有所提升。

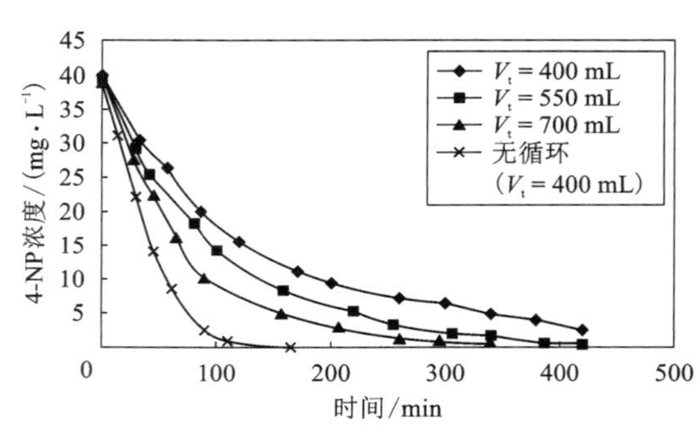

$T=30$℃，$P=3.5$ bar，$[TiO_2]=1$ g/L，$[O_2]=22\times10^{-6}$，$I=3.6$ mW/cm^2，切向流速 = 500 mL/min。

图 18-6 相比没有循环的系统，改变循环系统的总体积对浓缩液中 4-NP 浓度与时间关系的影响[53]

此外，还探讨了紫外线辐射模式、污染物初始浓度和 pH 对不连续和连续系统中光降解速率的影响。研究发现，光源浸没式装置（见图 18-7）的效率是图 18-3 所示光源外置式装置的三倍。事实上，在第一种情况下，约 1 h 后，4-NP 的降解率达到 99%，而在第二种情况下则需要约 3 h。因此，下面的所有讨论都涉及使用光源浸没式装置。

其他污染物

在测定了 NF-PES-010 和 NTR-7410 纳滤膜对各种污染物的渗透性和截留率后，对它们进行了降解运行测试[91]。研究发现，膜能截留催化剂和污染物；在 8 bar 压力下，NTR-7410 膜的水渗透通量[105 L/(m^2·h)]高于 NF-PES-010 膜

[30 L/(m^2·h)]。NTR-7410 膜还能够截留与膜具有相同(负)电荷的小分子，这是由于道南(Donnan)排斥(更多相关的详细信息，请参阅第 6 章)；此外，膜在 6 bar 压力下的通量为 20~40 L/(m^2·h)。

再次使用前，膜被浸泡在含有酶清洗剂(Ultrasil 50，0.5%w/v)的水池中过夜，然后用蒸馏水清洗(关于污垢和清洗的详细信息见第 8 章)。NTR-7410 膜的静电特性、较高的渗透通量和重复使用后易于清洗，是其适用于 PMR 应用的证明。在使用该膜的系统中，腐殖酸、专利蓝染料(酸性蓝 1，C. I. 42045)和 4-NP 的截留试验和光降解研究的结果介绍如下。

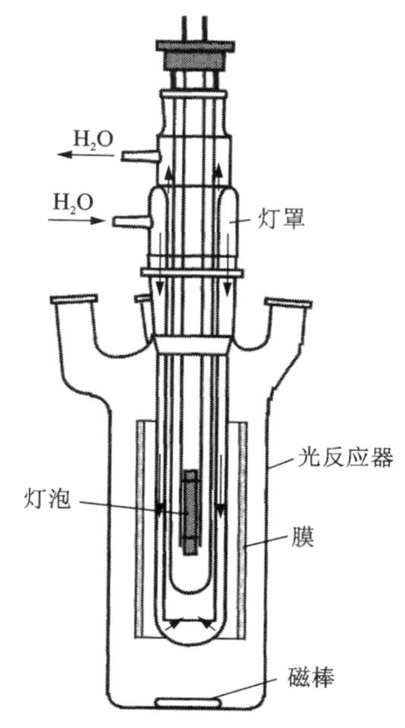

图 18-7　光源浸没式循环池

毫不奇怪，NTR-7410 膜提供了 100% 的腐殖酸截留，因为它们是由分子大于膜的切割分子量(MWCO)(600~800)的低聚物组成。对于专利蓝(摩尔质量 = 567 g/mol，初始浓度为 10 mg/L)，膜截留率约为 78.6%。对于 4-NP，在 pH 6.75 下观察到零截留，而在 pH 11 下测量到约有 77% 的截留率，并且可以忽略表观吸附(见图 18-8)。考虑到 4-NP 和膜的酸碱化学(会导致电荷行为)，4-NP 的截留率对 pH 的依赖关系是意料之中的[92-93]；比如①：

$$C_6H_4NO_2OH + H_2O \rightleftharpoons C_6H_4NO_2O^- + H_3O^+ \tag{18-1}$$

$$R - SO_3^-H^+ + H_2O \rightleftharpoons RSO_3^- + H_3O^+ \tag{18-2}$$

溶液的颜色深度、浑浊度和浓度是影响降解速率的其他变量。

腐殖酸存在于许多天然水中[94]，当使用膜时，腐殖酸常常会引起污染问题。在两种不同浓度和 pH 5 下使用腐殖酸，在 200 mg/L 下比在 40 mg/L 下获得了更暗、更浑浊的溶液/悬浮液。在 200 mg/L 溶液中观察到较低的初始降解率，但两种溶液在 1 h 后都发生了脱色。

Lee 等人[95]研究了腐殖酸与颗粒 TiO_2 光催化剂之间的相互作用。(1)单独的腐殖溶液或 TiO_2 悬浮液大体上产生了 160~170 L/(m^2·h)的恒定膜通量；(2)混合物带来的初始通量为 145 L/(m^2·h)，在操作的前 30 min 降至 101 L/(m^2·h)(减少约 30%)。作者通过考虑腐殖酸与 TiO_2 颗粒结合形成了一

① 膜表面的酸、碱化学反应。

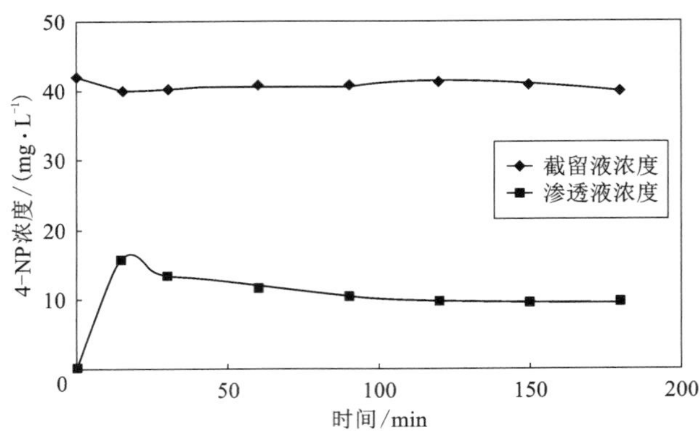

$T=30$℃；$P=6$ bar；切向流速 = 650 mL/min；体系渗透通量 = 18.0 L/(m^2·h)。

图 18-8　使用 NTR-7410 膜时，浓缩液和渗透液中 4-NP 的浓度与时间的关系[91]

个更致密的边界层来解释这一结果。此外，在超滤过程中，膜表面腐殖酸浓度的增加(浓度极化)诱导了进一步在 TiO_2 内的吸附。由于腐殖酸-光催化剂相互作用形成了更致密的滤饼，导致渗透流的减少。相反，当光反应器被照亮时，在 6 h 内测得了恒定的通量，这与腐殖酸的破坏相一致。作者认为腐殖酸光催化转化成了更小和/或吸附性较低的物种，并得出结论："光催化反应似乎对控制污染物质[如天然有机物(NOM)]具有吸引力"。

光子难以穿透和撞击催化剂颗粒，导致在污染物(特别是颜色鲜艳的污染物)有高的初始浓度的情况下观察到低反应速率，这是非均相光催化的缺点。在分批操作的无膜光反应器中进行了一组光降解试验。据观察，对腐殖酸而言，TOC 在约 2 h 后降至较低值(从 84.5 mg/L 初始值降至 8.7 mg/L)，而紫外分析显示 1 h 后的降解率约为 10%。这不是由于两种方法的灵敏度不同，而是由于存在含碳的有机中间体。TIC 趋势表明，碳酸盐和碳酸氢盐离子的存在可以使负责氧化攻击的 ·OH 自由基失活[96]。

另一个例子涉及 4-氯酚在水溶液中的降解。结果表明，反应的一些中间产物(苯醌和对苯二酚)可以显著降低反应速率[97]。通过将渗透汽化与光催化耦合，苯醌可以选择性地被去除。这也降低了对苯二酚的浓度，原因是苯醌和对苯二酚之间存在着可逆反应。专利蓝(另一种深色污染物)的光降解结果与腐殖酸类似。

对于 4-NP，在调整 pH 后迅速开始实验时，所观察到的光降解速率几乎不依赖于 pH(3 或 11)。而对于在 15 h 后才开始运行，在 pH 11 下观察到的光降解速率存在净降低。活性在较高的 pH 下降低的原因是催化剂的缓慢转化。

在高污染浓度下的连续 PMR

利用膜对催化剂和污染物的截留能力，可以最大限度地减少高污染物浓度造成的有害影响。为了研究这一点，在连续过程中测试光催化系统，使用的污染物初始浓度等于 0(即只有蒸馏水)。浓缩液被连续地注入(系统)，速度与移除渗透液的相同。尽管溶液最初进入系统的浓度很高，但在反应器中被立即稀释，因此污染物的光降解是有效的。可控制污染物在反应器中的停留时间，结果是渗透液中的浓度非常低。

用腐殖酸的光降解对该方法进行测试，初始浓度为 0，进料是 200 mg/L 的溶液。浓缩液和渗透液中的污染物浓度可分别稳定保持在低于 5 mg/L 和 2 mg/L。可以观察到，与先前的截留试验结果相比，腐殖酸的截留率不可忽视。这可能是因为在光降解过程中产生的腐殖酸低聚物尺寸较小。

此外，还对含高浓度(500 mg/L)专利蓝染料和 4-NP 的进料进行了连续试验。专利蓝的光降解率(见图 18-9)低于其他污染物，这可能是因为酸性染料在两亲催化剂表面上的吸附阻止了紫外线吸收。实际上，在测试结束时，催化剂呈现为蓝-黑颜色。

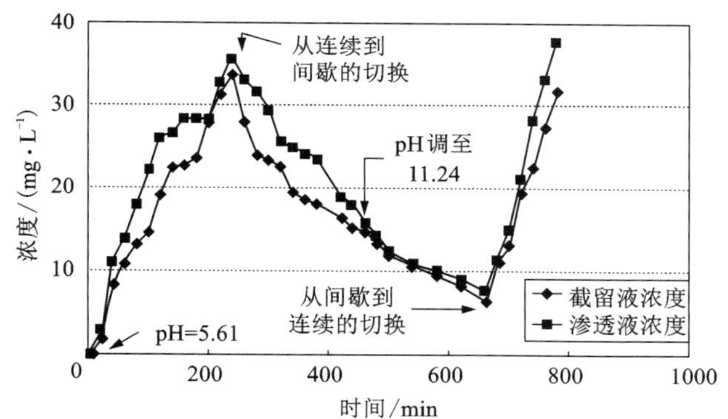

进料浓度 500 mg/L；T=30℃；P=6 bar；切向流速 450 mL/min；pH 5.61 时的体系渗透通量：连续操作——39.0 L/(m^2·h)，不连续操作——38.0 L/(m^2·h)；pH 11.24 时的体系渗通量：不连续操作——22.0 L/(m^2·h)，连续操作——22.5 L/(m^2·h)；光源：在光反应器里浸入 125 W 中压汞灯；pH 为图中所示。

图 18-9　在光分解运行中使用 NTR-7410 膜时，浓缩液和渗透液中专利蓝染料(三苯甲烷系染料)的浓度与照射时间的关系[91]

240 min 后，操作从连续式切换到分批式(无进料的渗透液循环)，观察到浓度在下降。此外，再次建立连续操作时浓度急剧上升。尽管在之前的试验中获得了很高的截留率，但在本运行过程中膜的截留始终可以忽略不计。这可以归因于

TiO_2 的催化作用，将染料分解成了能穿过膜的小物种。当只测试均相光分解过程时，会观察到一些截留率，原因是分解速率更低①。所描述的结果表明，系统的单一工作模式，即 PMR 的进料控制，可以有效地提高反应器的性能。

从图 18-10 中可以看出，初始的 4-NP 光降解(即前 100 min)大约与图 18-9 中观察到的相同。当在 pH 11 下操作时，膜截留率更高；而 pH 为 4 时，光降解速率更快。这些迥异的特点在耦合光催化和膜技术方面会产生一些困难。除了为每种应用类型选用合适的膜和流体动力学参数(例如膜池中压力和再循环流量)，另一种可能性是使用活性更强的 TiO_2 或采取适当的理化改性，以优化光催化剂的性能。

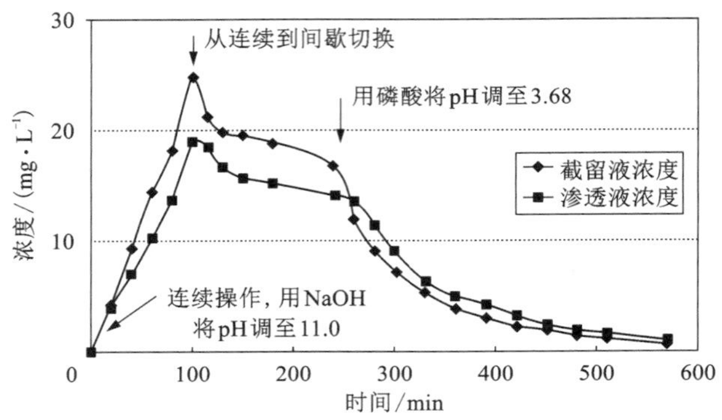

进料浓度 500 mg/L；$T=30℃$；$P=6$ bar；切向流速 450 mL/min；体系渗透通量 25.0 L/(m^2·h)；光源：将 125 W 中压汞灯浸入光反应器；pH 为图中所示。

图 18-10 使用 NTR-7410 膜时，浓缩液和渗透液中 4-NP 浓度与光分解运行中照射时间的关系[91]

作为一般效应，pH 可以改变 TiO_2 颗粒的表面电荷，从而改变催化剂的特性或其聚集行为[9]。在某些案例中，产生的酸(例如甲酸)可使 pH 接近 TiO_2 的 PZC，从而导致悬浮颗粒的团聚[76]。

18.4 结论

在本章所述的装置中，基于经典光反应器(悬浮催化剂)和膜工艺(分子级分离)各自的优点而构建的连续 PMR 显得非常有前景。由于悬浮颗粒具有较大的有效辐射表面积，可以在合理的时间内进行光催化降解。

① 原文中未提供关于这一描述的参考文献。

合适的膜应该既能截留催化剂，又能部分截留有机物，从而控制反应系统中的停留时间。

在 4-NP 降解的研究中发现，截留率、光催化降解和吸附有助于将渗透液中稳定状态的 4-NP 浓度保持在非常低的水平（40 mg/L 的进料对应<2.5 mg/L）。当浓度波动的污染物被供给到 PMR 时，吸附现象（在 4 bar 下从 80~400 min 的过渡态）尤为重要。

灯源浸没式的光反应器通常比外置式的系统更有效。此外，由于电荷排斥（Donnan 排斥）效应，污染水的 pH、污染物的分子量、污染物类型和膜都是影响污染物截留的变量。

为了选择合适的膜，应该在光反应器运行期间确定截留率。事实上，在 PMR 光降解腐殖酸、专利蓝染料和 4-NP 过程中测得的 NTR-7410 纳滤膜截留率明显低于在没有光降解情况下的，这可能是由于在光降解过程中产生的副产物和中间物种分子量小。

膜槽内的压力、受污染水的 pH、污染物的分子大小，以及（特别是）由光产生的副产物和中间物质，都会影响膜的渗透通量，从而影响膜的选择。

污染物初始浓度高，会降低光降解速率；但是，通过稀释反应器中的进料液浓度和通过膜来控制污染物的停留时间，可以解决这一问题。

文献中可获得的实验结果表明，适当地选择膜对于将 PMR 工艺应用于实际废水的处理至关重要。此外，采用光催化结合反渗透工艺生产饮用水，可以消除膜污染问题和工厂消毒的需要。

与其他方法相比，杂化连续式纳滤膜 PMR 工艺具有以下优点：简化了各种类型的水（工业、市政/家庭和农业用水）的清理或净化，无污泥生产，并减少了化学品的使用。预计这些杂化工艺在工厂升级计划，特别是在太阳能可用于辐射的情况下，可予以考虑。

致谢

作者感谢意大利国家研究委员会-膜技术研究所（ITM-CNR，前 IRMERC-CNR）（CS）和 MIUR（罗马）（INCA 财团的项目 L.488/92）对这份工作的财政支持。

参考文献

[1] A Gorenflo, S Hesse, H Frimmel. A concept for advanced biodegradation. Proc. European Research Conference on Natural Waters and Water Technology: Catalytic Science and Technology for Water, Acquafredda di Maratea, (Ⅰ), October 3-8, 1998: 32.

[2] R J Martin, G Iwugo, L Pawlowski. Physicochemical methods for water and wastewater treatment. EIsevier, N. Y., 1989: 265.

[3] E Drioli. Proc Int. Symp. on Membrane and Membrane Processes. Hangzhou, China, 5-10 April 1994.

[4] A J Howell, A Noworyta. Towards hybrid membrane and biotechnology solutions for polish environmental problems. Wroclaw Technical University Press, Wroclaw, 1995.

[5] A Caetano, M N De Pinho, E Drioli, et al. Membrane technology: Applications to industrial wastewater treatment. Kluwer Academic Publishers(The Netherlands), 1995.

[6] E Pramauro, A B Prevot, P Savarino, et al. Preconcentration of aniline derivatives from aqueous solutions using micellar-enhanced ultrafiltration. Analyst, 1993(118): 23.

[7] E Pramauro, E B Prevot. Solubilization in micellar systems: Analytical and environmental applications. Pure Appl. Chem., 1995(67): 551.

[8] E Pramauro, E B Prevot. Application of micellar ultrafiltration in environmental chemistry. Chim. Industria, 1998(80): 733.

[9] K Sopajaree, S A Qasim, S Basak, et al. An integrated flow reactor-membrane filtration system for heterogeneous photocatalysis. Part Ⅰ: Experimental and modelling of a batch-recirculated photoreactor. J. Appl. Electrichem. 1999(29): 533.

[10] K Sopajaree, S A Qasim, S Basak, et al. An integrated flow reactor-membrane filtration system for heterogeneous photocatalysis. Part Ⅱ: Experiments on the ultrafiltration unit and combined operation, J. Appl. Electrochem. 1999(29): 1111.

[11] R Molinari, L Palmisano, E Drioli, et al. Studies on various reactor configurations for coupling photocatalysis and membrane processses in water purification. J. Membr. Sci. 2002(206): 399.

[12] D F Ollis. Integrating photocatalysis and membrane technologies for water treatment. Proceedings of 2nd European Meeting on: Solar-Chemistry and Photocatalysis: Environmental Applications. Saint Avold, France, May 29-31, 2002, Plenary Lecture 1.

[13] K Karakulski, W A Morawski, J Grzechulska. Purification of bilge water by hybrid ultrafiltration and photocatalytic processes. Separation and Purofication Technology, 1998(14): 163.

[14] W Xi, S U Geissen. Separation of titanium dioxide from photocatalytically treated water by crossflow microfiltration. Water Research, 2001(35): 1256.

[15] R Molinari, M Borgese, E Drioli, et al. Photocatalytic membrane processes for degradation of various types of organic pollutants in water. Ann. Chim. (Rome), 2001, 91(3-4): 197.

[16] P Wyness, J F Klausner, D Y Goswami, et al. Performance of nanconcentrating solar photocatalytic oxidation reactoers, Part Ⅰ: Flat-plate configuration. Journal of Solar Energy Engineering, 1994(116): 3.

[17] Y Zhang, J C Crittenden, D W Hand, et al. Fixed-bed photocatalysts for solar decontamination of water. Environ. Sci. &Technol. 1994(28): 435.

[18] A J Feitz, T D Waite, B H Boyden, et al. Evaluation of two solar pilot scale fixed-bed photocatalytic reactors. Water Research, 2000(34): 3927.

[19] D Bahnemann, M Meyer, U Siemon, et al. A self-sufficient PV powered solar detoxification reactor for polluted waters. ASME Int. Solar Energy Conference, 1997: 1-6.

[20] K Raieshwar. Photochemical strategies for abating environmental pollution, Chemistry & Industry. vol. 2, 17 June, 1996: 135.

[21] E Pramauro, M Vincenti, V Augugliaro, et al. Photocatalyticdegradation of monuron in TiO_2 aquenous

dispersions. Environ. Sci. &Technol. 1993(27)：1790，and references therein.

[22] K Okamoto，Y Yamamoto，H Tanaka，et al. Heterogeneous photocatalytic decomposition of phenol over TiO_2 Powder. Bull. Chem. Soc. Jpn.，1985(58)：2015.

[23] M Barbeni，E Pramauro，E Pelizzetti，et al. Photodegradation of 4-nitrophenol catalyzed by TiO_2 partcles. Nouv. J. Chim. 1984(8)：547.

[24] V Augugliaro，Palmisano，M Schiavello，et al. Photocatalytiv degradation of nitrophenols in aqueous titanium dioxide dispersion. Appl. Catal.，1991(69)：323.

[25] K Konstantinou，T M Sakellarides，V A Sakkas，et al. Photocatalytic degradation of selected S-trizine herbicides and Process Engineering，ECGP'3. Fès 13-14 Nov. 2000：53.

[26] C Guillard，J M Herrmann，A Agüera，et al. TiO_2 based photocatalytic degradation of organophosphorous pesticides：Case study of pirimiphosmethil and fenamiphos. Book of Abstracts，3rd Int. Symp. on Environment，Catalysis and Process Engineering，ECGP'3，Fes 13-14 Nov. 2000：60.

[27] J A Navio，M C Hidalgo，G Colòn. Water detoxification by TiO_2 powder photocatalyts，Book of Abstracts，3rd Int. Symp. on Environment，Catalysis and Process Engineering，ECGP'3，Fès 13-14 Nov. 2000：54.

[28] A Houas，H Lachhab，M Ksibi，et al. Photocatalytic degradation of textile industry used waters. Case study of methylene blu. Book of Abstracts，3rd Int，Symp. on Environment，Catalysis and Process Engineering，ECGP'3，Fès 13-14 Nov. 2000：85.

[29] I ElGhazi，M K ElAmrani. Utilisation de la photo catalyse heterogene pour la depollution des rejets liquides：Decoloration et raduction des metaux lourds. Book of Abstracts，3rd Int. Symp. on Environment，Catalysis and Process Engineering，ECGP'3，Fès 13-14 Nov. 2000：106.

[30] I ElGhazi，M K ElAmrani，M Mansour. Degradation photocatalytique du colorant textile basic red 18 sur TiO_2，Book of Abstracts. 3rd Int. Symp. on Environment，Catalysis and Process Engineering，ECGP'3，Fès 13-14 Nov. 2000：143.

[31] M Belmouden，H Bari，A Assabbane，et al. Photodegradation des melanges binaires uracile (ou ses homolohues halogenes) avec l'acide phtalique sur le systeme $TiO_2/UV/O_2$. Book of Abstracts，3rd Int. Symp. on Environment，Catalysis and Process Engineering，ECGP'3，Fès 13-14 Nov. 2000：130.

[32] J K Yang，A P Davis. Photocatalytiv oxidation of Cu(2)-EDTA with illuminated TiO_2：Kinetics. Environ. Sci. &Technol.，2000(34)：3789.

[33] J K Yang，A P Davis. Photocatalyti oxidation of Cu(2)-EDTA with illuminated TiO_2：Mechanisms. Environ. Sci. &Technol.，2000(34)：3796.

[34] T Wu，G Liu，J Zhao，et al. Mechanistic study of the TiO_2-assisted photodegradation of squarylium cyaninedye in methanolic suspensions exposed to visible light. New J. Chem.，2000(24)：93.

[35] G Liu，J Zhao. Photocatalytic degradation of dye sulforhodamine B：A comparative study of photocatalysis with photosensitization. New J. Chem.，2000(24)：411.

[36] P Pichat，R E Enriquez. Interactions of humic acids，quinoline，and TiO_2 in water in relation to quinoline photocatalytic removal. Langmuir，2001(17)：6132.

[37] R H Brandi，O M Alfano，A E Cassano. Evaluation of radiation absorption in slurry photocatalytic reactors. 1. Assessment of methods in use and new proposal. Environ. Sci. &Technol. 2000(34)：2623.

[38] R J Brandi，O M Alfano，A E Cassano. Evaluation of radiation absorption in slurry photocatalytic reactors. 2. Assessment of methods in use and new proposal. Environ. Sci. &Technol. 2000(34)：2631.

[39] D F Ollis. Process economics for water purification：A comparative assessment. M. Schiavello. Photocatalysis

and Environment: Trends and Applications. Kluwer Academic Publishers, Dordrecht, 1988: 663.

[40] A Toyoda, L Zhang, T Kanli, et al. Degradation of phenol in aqueous solution by TiO_2 photocatalyst coated rotating-drum reactor. J. Chem. Eng., Japan 33, 2000: 188.

[41] M A Aguado, M A Anderson, C J Hill Jr. Influence of light intensity and membrane properties on the photocatalytic degradation of formic acid over TiO_2 ceramic membranes. J. Mol. Cat., 1994(89): 165.

[42] S Cheng, S Tsa, Y Lee. Photocatalytic decomposition of phenol over titanium oxide of various structures. Catalysis Today, 1995(26): 87.

[43] S A Walker, P A Christense, K E Shaw, et al. Photoelectrochemical oxidation of aqueous phenol using titanium dioxude aerogel. J. Electroanal. Chem., 1995(393): 137.

[44] V Loddo, G Marcì, L Palmisano, et al. Preparation and characterisation of Al_2O_3 supported TiO_2 catalysts employed for 4-nitrophenol photodegradation in aqueous medium. Mat. Chem. Phys., 1998(53): 217.

[45] G P Lepore, L Persaud, C H Langford, et al. Supporting titanium dioxide photocatalysts on silica gel and hydro-physically unmodified silica gel. J. Photochem. Photobiol. A: Chem., 1996(98): 103.

[46] I R Bellobono. Photosynthetic membranes in indystrial waste minimization and recovery of valuable products. A, Caetano et al. Membrane Technology Applications to Industrial Wastewater Treatment, Kluwer Academic Publishers. Dordrecht, Kluwer Academic Publishers, Dordrecht, 1995: 17.

[47] A B Solovieva, T N Rumjantseva, Yu I Kirjukhin, et al. Porphyrin containing membrane photocatalytic systems for steroid olefine oxidation. Euromembrane, 2000: 345.

[48] S L Kotova, T V Rumjantseva, A B Solovieva, et al. Porphyrins immobilizedon sulfocationic membranes as photosensitizers in singlet oxygen generation. Euromembrane, 2000: 355.

[49] K De Smet, I F J Vankelecom, P A Jacobs. Filtration Coupled to Catalysis: A way to perform homogeneous reactions in a continuous mode. Euromembrane, 2000: 356.

[50] P Puhlfürß, A Voigt, R Weber, et al. Microporous TiO_2 membranes with a cut off 500 Da. J. Membr. Sci., 2000(174): 123.

[51] M A Artale, V Augugliaro, E Drioli, et al. Preparation and characterization of membranes with entrapped TiO_2 and preliminary photocatalytic tests. Ann. Chim. (Rome), 2001, 91(3-4): 127.

[52] R Molinari, M Mungari, E Drioli, et al. Study on a photocatalytic membrane reactor for water purification. Catalysis Today, 2000(55): 71.

[53] R Molinari, C Grande, E Drioli, et al. Photocatalytic membrane reactors for degradation of organic pollutants in water. Catalysis Today, 2001(67): 273.

[54] F Van Laar, F Holsteyns, I F J Vankelecom, et al. Photocatalysis with membranes, Proc. Euromembrane, 2000: 357.

[55] M Schiavello. Photoelectrochemistry, Photocatalysis, Photoreactors, Fundamentals and Developments. D. Reidel Publishing Co., Dordrecht, 1985.

[56] E Pelizzetti, N Serpone. Photocatalysis, Fundamentals and Applications. J. Wiley&Sons, New York, 1989.

[57] A Di Paola, G Marci, L Palmisano, et al. Trattamenti innovatibi delle acque mediante l'utilizzo di radiazione UV e catalizzatori: la fotocatalisi eterigenea. Processi e Metodologie per il Trattamento delle Acque, a cura di L. Palmisano, Edizioni Spiegel, Milano, Cap. 13, 2000: 237.

[58] L Palmisano, A Sclafani. Thermodynamics and kinetics for heterogeneoid photocatalytic processes. Heterogeneous Photocatalysis, M Schiavello, Chap. 4, Vol. 3, Wiley Series in Photoscience and Photoengneering, Wiley&Sons, Chichester, 1997, Chap. 4 p. 110, and references therein.

[59] S N Frank, A Bard. Heterogeneous photocatalytic oxidation of cyanide ion in aqueous solutions at TiO_2 powder. J. Am. CHEM. Soc. 1977(99): 303.

[60] V Augugliaro, J B Gálvez, J Cáceres-Vázquez, et al. Photocatalytic oxidation of cyanide in aqueous TiO_2 suspesion irradiated by sunlight in mild and strong oxidant conditions. Catalysis Today 54(1999)245, and references therein.

[61] S Pereira-Nunes, K V Peinemann. Membrane technology in the chemical industry. Wiley-VCH, New York, 2001.

[62] J A Livingston. A novel membrane bioreactor for detoxifying industrial wastewater: 2. Biodegradation of 3-chloronitrobenzene in an industrially producted wastewater. Biotech. Bioeng., 1993(41): 927.

[63] C J Coolsey, P J Garrat, E J Land, et al. Tyrosinase kinetics: Failure of the auto-activation mechanism of monohydric of a quinomethane intermediate. Biochem. J. 1998(333): 685.

[64] K T Semple. Biodegradation of phenols by a eukaryotic alga. Res. Microbiol. 1997(148): 365.

[65] S G Burton, A Boshoff, W Edwards, et al. Biotransformation of phenols using immobilized polyphenol oxidase. J. Molecular Catalysis B: Enzymatic, 1998(5): 411.

[66] S Wada, H Ichikawa, K Tatsumi. Removal of phenols from wastewater by soluble and immobilized tyrosinase. Biotech. Bioeng., 1993(42): 854.

[67] M Nystrom, L Kaipia, S Luque. Fouling and retention of nanofiltration membranes. J. Membr. Sci., 1995(98): 249.

[68] A Cassano, E Drioli, R Molinari. Recovery and reuse of chemicals in unhairing, degreasing and chromium tanning processes by membranes. Desailnation, 1997(113): 251.

[69] E P Jacobs, J P Barnard. Investigation to upgrade secondary treated sewage effluent by means of ultrafiltration and nanofiltration for municipal and industrial use. WRC Report No 548/1/97, 1997.

[70] A M Klibanov, B N Alberti, E D Morris, et al. Enzymatic removal of toxic phenols and anilines from waste water. J. Appl. Biochem, 1980(2): 414.

[71] W Liu, J A Howell, T C Arnot, et al. A novel extractive membrane bioreactor for treating bio-refractory organic pollutants in the presence of high concentrations of inorganics. Application to a synthetic acidic effluent containing high concentrations of chlorophenol and salt. J. Membr. Sci., 2001, 181(1): 127.

[72] S Lee, K Nishida, M Otaki, et al. Photocatalytic inactivation of phage Q-beta by immobilized titanium dioxide mediated photocatalyst. Water Sci. and Technol., 1997, 35(11-12): 101.

[73] M Otaki, K Yano, S Ohgaki. Virus removal in membrane separation process. Water Sci. and Technol. 1998, 37(10): 107.

[74] E C Project RENOMEM: EVK1-2000-00067, http://www. innovation. flander. be /5kp/teksten/ evk1-2000. html.

[75] E C Project PEBCAT: EVK1-2000-00759, http://www. innovation. flander. be/ 5kp/teksten/ evk1-2000. html.

[76] K Buechler. Investigation of the mechanism for the controlled periodic illumination effect in TiO_2 photocatalysis. Ind. &Eng. Chemistry Research, 2001(40): 1097.

[77] L Palmisano, V Augugliaro, M Schiavello, et al. Influence of acid-base properties on photocatalytic and photocatalytic and photochemical processes. J. Mol. Cat., 1989(56): 284.

[78] A Sclafani, L Palmisano, M Schiavello. Phenol and nitrophenol photodegradation using aqueous TiO_2 dispersions. G R Helz, R G Zepp, D G Crosby. Aquatic and Surface Photochemisry. Lewis Publishers,

London, 1994：419.

[79] J Kleine, K V Peinemann, C Schuster, et al. Multifunctional system for treatment of wastewaters from adhesive-producing industries：Separation of solids and oxidation of dissolved pollutants using doted microfiltration membranes. Chemical Eng. Sci., 2002(57)：1661.

[80] T Tsuru, T Toyosada, T Yoshioka, et al. Photocatalytic reactions in a filtration system through porous titanium dioxide membranes. J. Chem. Eng. Japan, 2001(34)：844.

[81] S Y Kwak, S H Kim, S S Kim. Hybrid organic/inorganic reverse osmosis(RO) membrnae for bacterial anti-fouling：1 Preparation and characterization of TiO_2 nanoparticle self-assembled aromatic polyamide thin-film-composite(TFC) membrane, Environ. Sci. &Technol., 2001(35)：2388.

[82] R Molinari, G Schicchitano, F Pirillo, et al. Preparation and characterization of photocatalytic membranes made by cellulose triacetate filled with TiO_2, Abstracts of 5th National Congress of Consortium Chemistry for the Environment(INCA). Tunis, June 26-28, 2002：171.

[83] R Molinari, M E Santoro, E Drioli. Study and comparison of two enzyme membrane reactors for fatty acids and glycerol production. Ind. &Eng. Chemistry Research, 1994(33)：2591.

[84] A E Childress, M Elimelech. Relating nanofiltration membrane performance to membrane charge (electrokinetic) characteristics. Environ. Sci. &Technol., 2000(34)：3710.

[85] M Ernst, A Bismarck, J Springer, et al. Zeta-potential and rejection rates of a polyethersulfone nanofiltration membrane in single salt solutions. J. Membr. Sci., 2000(165)：51.

[86] T V Gestel, C Vandecasteele, A Bueckenhoudt, et al. Salt retention in nanofiltration with multilayer ceramic TiO_2 membranes. J. Membr. Sci., 2002(209)：379.

[87] I C Escobar, S Hong, A A Randall. Removal of assimilable organic carbon and biodegradable dissolved organic carbon by reverse osmosis and nanofiltration membranes. J. Membr. Sci., 2000(175)：1.

[88] Y Kiso, Y Nishimura, T Kitao, et al. Rejection properties of non-phenylic pedticides with nanofiltration membranes. J. Membr. Sci., 2000(171)：229.

[89] J A Whu, B C Baltzis, K K Sirkar. Nanofiltration studies of larger organic microsolutes in methanol solutions. J. Membr. Sci., 2000(170)：159.

[90] K L Jones, C R O'Meliam. Protein and humic acid adsorption onto hydrophilic membrane surfuces：Effects of pH and ionic strength. J. Membr. Sci., 2000(165)：31.

[91] R Molinari, M Borgese, E Drioli, et al. Hybrid processes coupling photocatalysis and membranes for degradation of organic pollutants in water. Catalysis Today, 2002(75)：77.

[92] B Van Der Bruggen, J Schaep, D Wilms, et al. Influence of molecular size, polarity and charge on the retention of organic molecules by nanofiltration. J. Membr. Sci., 1999(156)：29.

[93] P Meares Sinthetic. Membranes：Science, engineering and applications. D. Reidel Publishing Co., 1986.

[94] A I Schäfer. Natural organic matter removal using membranes：Principles, perfomence and cost. CRC Press, 2001.

[95] S A Lee, K H Choo, C H Lee, et al. Use of ultrafiltration membranes for the separation of TiO_2 photocatalysts in drinking water treatment. Ind. &Eng. Chem. Research, 2001(40)：1712.

[96] A Haarstrick, O M Kut, E Heinzle. TiO_2-assisted degradation of environmentally relevant organic compounds in wastewater using a novel fluidized bed photoreactor. Environ. Sci. &Technol., 1996(30)：817.

[97] G C Roda, F Santarelli. Effects of the coupling of pervaporation with photocatalysis in the treatment of organics polluted aqueous streams. Proceedings of Engineering with Membranes, Granada(Spain), June 3-6, 2001 (1)：334-339.

缩略语和符号说明

缩略语/符号	意义	缩略语/符号	意义
BOD	生物耗氧量	PP	聚丙烯
COD	化学耗氧量	PPO	多酚氧化酶
C_P	渗透液浓度	PZC	零电荷点
cb	导带	RO	反渗透
EPA	环境保护局	SEM	扫描电镜
MBR	膜生物反应器	SPES	磺化聚醚砜
MF	微滤	T	温度
NF	纳滤	TC	总碳
NMP	甲基吡咯烷酮	TCE	三氯乙烯
NOM	天然有机物	TFC	薄层复合
4-NP	4-硝基酚	TIC	总无机碳
P	压力	TOC	总有机碳
PA	聚酰胺	TON	转化数
PEI	聚乙烯亚胺	UF	超滤
PMR	光催化膜反应器	V_i	辐射体积
PAN	聚丙烯腈	V_t	总体积
PES	聚醚砜	VOC	挥发性有机化合物
Psf	聚砜	vb	价带

第 19 章　纳滤回收金属和酸

19.1　引言

传统上，膜应用于各种工业中的金属分离，其重点是去除作为污染物存在的各种金属，而这些金属的浓度往往较低。膜技术已被用作污染控制方案或内部工艺水处理的一部分。这些过程的驱动因素可以是环境和/或经济因素。例如，含镉、镍、铜、锌、铅和汞等金属的垃圾填埋场渗滤液的处理主要受与污染控制有关的环境问题驱动(见第 16 章)。在废水处理等领域，工业过程水的循环利用具有经济和环境效益，已经在前面的章节中进行了讨论(见第 11、13 章)。本章讨论采矿和金属精加工行业中的金属分离，目的是回收金属或酸，而不是分离金属以处理或净化水或废水。

酸性溶液在金属的电积、加工和工业应用中很常见，因此产生含金属元素的酸性中间体和废液是很普遍的。有一系列膜技术已应用于金属分离，重点是金属回收或水回收。反渗透(RO)和电渗析(ED)都已应用于金属精加工行业[1]。反渗透越来越多地应用于各种电镀漂洗水中，回收或去除存在于氰基质中的铬、铜、镉、锌和镍[2]，能够使水循环到漂洗槽以及金属络合物循环到电镀槽中，从而降低废液中金属沉淀和后续污泥处理的要求。电渗析和扩散渗析(DD)在商业上用于从酸洗、阳极氧化和蚀刻溶液中回收酸，但没有庞大的商业供应商基础[3]。对此，有人已经提出了纳滤(NF)膜的类似应用，但这类应用在工业上发展缓慢，可能是因为需要更高水平的技术来完善应用和实现有效获得稳定的膜[4]。

纳滤技术为酸性废水中的金属提供了特殊的分离机会。通常，纳滤膜对酸的截留率较低，但允许分离单价离子、二价阳离子和阴离子，从而带来了许多独特的分离过程，以增强金属的电积和处理。酸截留率低意味着它们在膜两侧的浓度相似，对渗透压差的贡献不大。因此，可以将水和酸视为溶剂。强酸溶液的高离子浓度限制了其他膜技术的实用性，但纳滤克服了这一难题。

本章探讨纳滤的使用，重点是在酸性环境中的酸回收和金属截留。此外，还讨论了纳滤技术在铜、金和铀加工中的应用，其中使用膜技术的重点不再是废物处理。

19.2　酸性溶液中金属截留的基本原理

关于纳滤技术在净化受污染的硫酸(成分 H_2SO_4)、盐酸(成分 HCl)、硝酸(成分 HNO_3)和磷酸(成分 H_3PO_4)工业液体中的应用已有几篇报道。这些溶液的特点是具有广泛的酸性条件[从 pH 4 到 33%(质量分数)的硫酸、35%(质量分数)的磷酸、10%(质量分数)的硝酸]和金属浓度(进料中金属盐高达 200 g/L)。纳滤系统的性能是由膜的截留或排斥机制与溶剂和溶质的物理化学性质之间的一组复杂相互关系决定的。如第 7 章所述, 表面电荷相互作用、尺寸排斥和(可能的)表面吸附都会影响膜的截留特性。离子强度、离子组成、物种形态、物种的水合或可能部分水合的有效尺寸以及 pH 也会影响每种物质的截留性能。

涉及酸性溶液的应用与涉及稀水溶液或盐水的应用在条件方面完全不同。影响纳滤分离金属和酸的重要因素介绍如下。

19.2.1　选择性

纳滤的特点是截留多价离子, 降低矿物酸截留率。在复杂溶液中控制截留的机制还不太清楚, 但可能是库仑相互作用、水合离子大小排斥或介电相互作用的组合(见第 6 章的讨论)。离子截留的两种主要机制往往是由电荷和水合离子的大小所致。如果电荷效应占主导地位, 则截留取决于同离子, 即与膜电荷相同的离子; 如果尺寸排斥机理占主导地位, 截留主要与水合离子的大小有关[5]。反离子的形态、性质和溶液的 pH 也在决定膜的性能方面起很大作用。溶液的 pH 会影响膜电荷, 这反映在 Zeta 电位上。大多数膜在 pH 3 和 pH 6 之间有一个零电荷点或等电点(IEP)[6-7]。膜与溶液中物质的相互作用决定了膜的性能。有关这种效应的一个例子是膜表面与溶液中硫酸盐的相互作用。如果膜的 IEP 值为 3, 那么在 pH 3 以上膜的净电荷为负, 在 pH 3 以下膜的净电荷为正。除此之外, 如图 19-1 所示, 硫酸盐(而非硫酸氢盐)是主要物种。

表 19-1 列出了混合金属溶液在 pH 4 下的纳滤截留率数据, 显示了多价离子的典型高截留率(>90%)和一价离子的低截留率(<60%)。在这个 pH 下, 膜会呈现为中性或轻微的负电荷, 因为据报道, 这种膜的 IEP 在 pH 4 附近[6]。所观察到的阴离子截留率顺序($Cl^- < NO_3^- < SO_4^{2-}$)可以用电荷

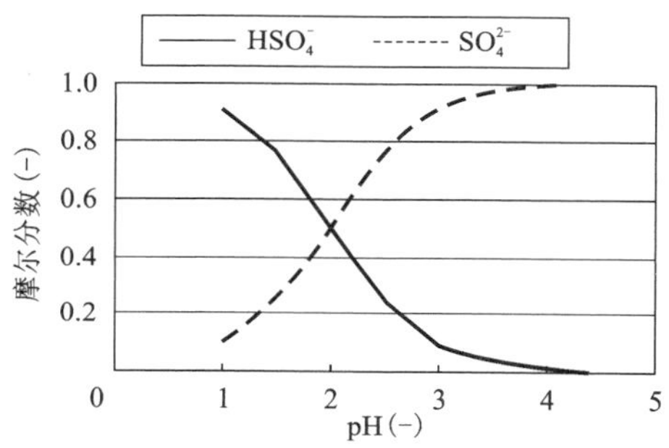

图 19-1　溶液中硫酸盐的化学形态

截留机制来解释，在该机制下增加同离子电荷密度会提升截留率，因此硫酸盐上的两价负电荷使其在这些条件下有高的截留率。而阳离子反离子的截留模式表明，水合离子的大小对截留率也很重要。Na^+和K^+的水合离子半径小于Mg^{2+}和Ca^{2+}的水合离子半径。Na^+半径和K^+半径小于Mg^{2+}半径和Ca^{2+}半径。在进料液pH时，硅主要以中性未离解物种H_2SiO_3形式存在，截留率相对较低。这个例子说明了在混合溶液中预测截留率相当困难。

表 19-1　铜酸性漂洗水的纳滤(pH 4，50%的回收，Deal-5 膜元件)(数据来源文献[8])

元素/组分	进料液浓度/($mg \cdot L^{-1}$)	渗透液浓度/($mg \cdot L^{-1}$)	截留率/%
Cl^-	71	45	37
NO_3^-	4.6	2.1	55
SO_4^{2-}	411	2.9	99
Na	189	111	42
K	11	5.6	49
Mg	21	0.7	96
Ca	32	2.5	92
Fe	0.2	0.02	91
Cu	28	0.35	99
Si	13	5.5	58

在pH低于IEP时，膜带正电荷。对于带正电荷的膜，阳离子成为同离子，阴离子成为平衡(或反)离子。在pH低于2的硫酸溶液中，主要阴离子种类将为硫酸氢盐，带有单价负电荷。此外，在较低的溶液pH下，易迁移的H^+成为同离子。根据电荷机制，正电荷膜的截留行为由同离子决定，因此小的H^+具有低的截留率，导致本质上是硫酸的物质具有高的迁移率。增大阳离子的电荷提高了截留率，这实质上解释了在酸溶液里酸与金属的分离。例如，如果主要的同离子是Ca^{2+}，正电荷膜对二价阳离子的截留无疑要比对一价Na^+的截留更强烈。在这一章后面给出的应用实例表明，对于强离解的酸，比如盐酸、硫酸和硝酸，截留率小于5%。然而，强酸性溶液中的离子强度非常高，溶液中反离子对膜电荷的屏蔽作用导致对截留机制的解释被进一步复杂化。

弱酸在强酸性的条件下形成了中性物质(见第7章)。例如，磷酸的$pK_{a1}=2.1$，在$pH \ll 2.1$时以中性H_3PO_4物质存在。使用离子排斥模型描述了弱酸(例如磷酸)的渗透，该机理允许小的中性分子通过膜，但排斥离子[9]。几项研究已经报道，对进料浓度为 27%~35%的磷酸，H_3PO_4 的截留率较低[9-11]。

金属的形态也会随着 pH 的变化而变化。例如，铬、锰、铀和钼可能以弱酸氧阴离子的形式存在，其质子化程度由 pH 决定。这说明酸浓度对物种形成和膜电荷影响的一个案例是从 K_2CrO_4 溶液中截留 Cr(VI)，如图 19-2 所示[12]。当 pH 高于 4 时，二价阴离子 CrO_4^{2-} 与一价阴离子 $HCrO_4^-$ 的比值增加，总的 Cr(VI)截留率提高。这可以用道南(Donnan)截留机制来解释(见第 6 章)，即带负电荷的膜会更强烈地截留二价阴离子 CrO_4^{2-}，因为它受到膜的静电排斥更大。

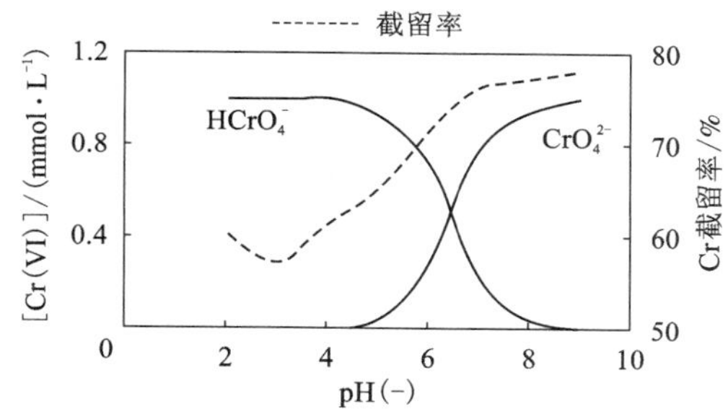

[Cr(Ⅵ)]=1 mmol/L；[NaCl]=0.1 mol/L；压力 7 bars。

图 19-2　Cr(Ⅵ)的化学形态对截留率的影响

(资料来自文献[12])

当 pH 降低到 IEP 以下时，膜带正电荷，截留受到阳离子的影响。这种效应有可能解释了在 pH 3 下观察到的截留模式的变化(更多细节见第 2 章)。

19.2.2　渗透通量：酸黏度和金属离子浓度的影响

渗透通量受酸黏度和渗透压的影响很大。如第 6 章所述，溶剂通量或速度可通过 Hagen-Poiseuille 类型关系来描述：

$$V = \frac{r_p^2(\Delta P - \Delta\pi)}{8\mu\Delta x} \tag{19-1}$$

对于给定的膜类型，孔径 r_p 和厚度 x 将是恒定的，通量将取决于施加的压力 ΔP、渗透压 $\Delta\pi$ 和溶剂黏度 μ。对于处理高浓度的酸的应用，溶剂黏度比水的黏度高得多，导致通量减小。

图 19-3 表明了酸黏度对膜渗透性的影响，实验条件是金属浓度不变，而硫酸浓度最高是 15%(数据未发表)。由图 19-3 可知，膜渗透性随着溶剂黏度的增加而下降，如式(19-1)所示。

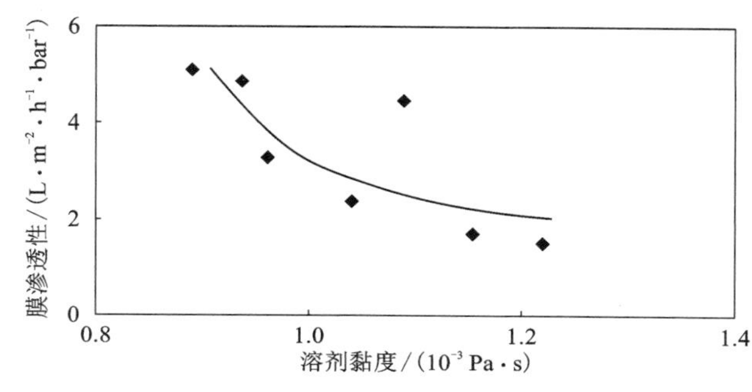

图 19-3　酸黏度对膜渗透性的影响

采矿和金属精加工作业产生的废液中金属含量通常较高，进料中金属盐为10~200 g/L。这会导致相对较高的渗透压，以及低通量和高操作压力。在酸性条件下，渗透压对纳滤回收铝阳极氧化槽废液的影响已经进行了研究。图 19-4 表明了在 17%的硫酸中 Al^{3+}浓度对通量的影响。为了处理超过 25 g/L 的 Al^{3+}浓度，操作压力必须增加到 3.5 MPa 以上。

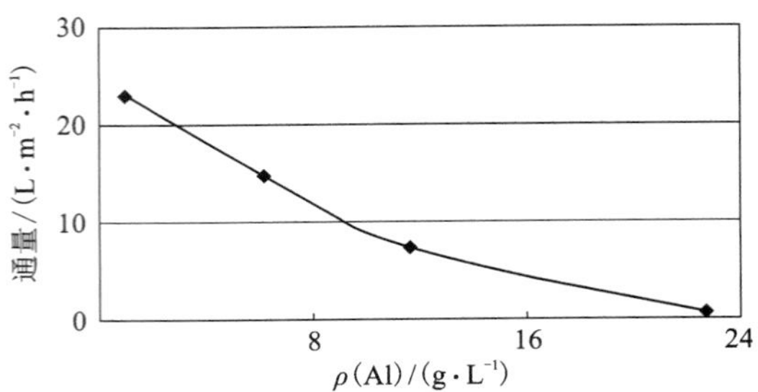

（数据来自文献[13]，NF45 膜，3.5 MPa 和 17%H_2SO_4）

图 19-4　渗透通量与铝离子浓度的关系

综上所述，与传统的纳滤应用相比，处理废强酸往往具有高操作压力和低通量的特点。典型的工作压力为 2~6 MPa，通量往往为 5~20 L/($m^2\cdot h$)。

19.2.3　膜稳定性

纳滤在酸性较强的环境中的商业应用已经有报道，比如 10%(质量分数)的硫酸[14]、35%(质量分数)的磷酸[11]和 10%(质量分数)的硝酸[11, 15]。在这些高酸、高浓度的情形下，纳滤的实际实施可能会受到若干因素的影响，包括相当成熟的耐化学腐蚀纳滤膜的可获得性[16]。目前正在对能够承受强碱性[17]和强酸性环境的纳滤膜进行开发，但商用纳滤膜的化学稳定性通常为 pH 2~12。

Nunes 和 Peinemann[16]总结了目前可用于酸/金属分离的纳滤膜，包括 DK (Osmonics)、MPT/MPS SelRO®(Koch)、NF45/NF(DOW)、PVD-1(Hydranautics)、NF-PES-10(Nadir)和几个来自 Somicon/Nitto 的膜。新兴陶瓷纳滤膜预期能特别好地适应酸性、化学侵蚀性环境，可在未来找到其应用。关于膜制造方法已在第3 章中讨论了。

在酸性较强的环境中，膜寿命缩短。然而，如图 19-5 所示，SelRO®系列的 MPF31 膜和 MPF34 膜在 37%的盐酸和 75%的硫酸中有超过 800 h 的膜寿命[18]。本章介绍的许多应用都是使用 Osmonics 提供的 DK 膜。研究表明，该膜在 40℃下浸泡在 20%硫酸中 30 天后，对含有 9.5%的 $CuSO_4$ 和 20%的硫酸的进料液中铜的截留率高达 80%[19]。

在腐蚀性化学条件下，需要仔细选择支撑设备(如膜组件、配件和管道)的耐受性[20, 21]。考虑到高压(2 MPa)和这些溶液的腐蚀性结合，压力容器和管道通常由耐腐蚀合金制成。硫酸浓度超过 20%时，316SS 就被腐蚀了，因此需要使用优质合金。对于 O 形环和垫圈，氟橡胶和特氟隆是合适的。由于大多数应用都使用卷式膜组件，因此也应考虑用于进料和渗透液隔板的材料。

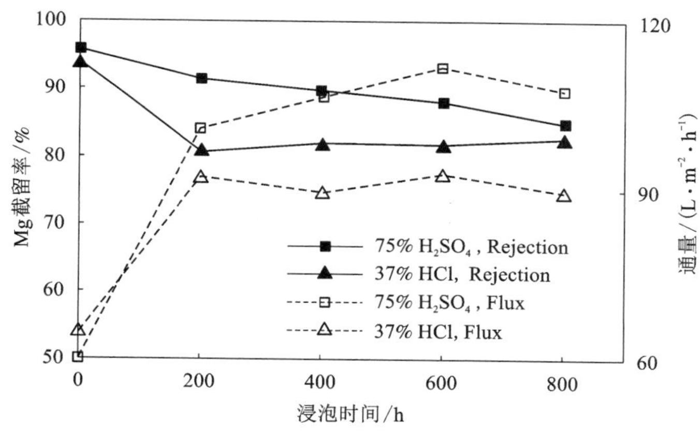

（MPF34 膜，2.5 MPa，0.2% $MgSO_4$ 和 25℃）

图 19-5　75%的硫酸和 37%的 HCl 对截留率和通量的影响（数据来自文献[18]）

19.3　酸性工业液体处理中的应用

以下是废酸处理的示例，其中纳滤已集成到工艺流程中，以促进水、酸和/或金属循环，而不是用作末端废水处理技术。

19.3.1　10%（质量分数）的硫酸溶液的纳滤

有人将 10%的硫酸的纳滤工艺与铜精加工产生的冲洗水流的处理进行结合[14, 22, 23]，开发了一种由反渗透和纳滤组合的系统，将所有组分[2%（质量分数）硫酸、1.2 g/L 铜和水]分离成可再利用的流体。该工艺在第 11 章中已详细描述，包括两级反渗透（RO Ⅰ和 RO Ⅱ）和纳滤，具体条件如表 19-2 所示。RO Ⅰ单元的渗透液作为 RO Ⅱ单元的进料。RO Ⅰ将硫酸从 2%浓缩到 10%（质量分数），作为纳滤的原料。纳滤系统使用 Desal-5 元件，可实现对浓缩液中铜的高效截留（96%）。

表 19-2　二级反渗透和纳滤处理铜酸性漂洗水过程（数据来自文献[14]）

溶液	流速 /($m^3 \cdot h^{-1}$)	$\rho(Cu^{2+})$ /($mg \cdot L^{-1}$)	pH[H_2SO_4%（质量分数）]	回收率
酸洗进料液	17.0	1230	1.2[2%（质量分数）]	
来自 RO Ⅰ的浓缩液	2.3	8100	0.9[10%（质量分数）]	

续表19-2

溶液	流速 /($m^3 \cdot h^{-1}$)	$\rho(Cu^{2+})$ /($mg \cdot L^{-1}$)	pH[H_2SO_4%(质量分数)]	回收率
来自 RO Ⅱ的渗透液	14.8	<3	2.8	87%
来自 RO Ⅱ的浓缩液	1.1	600	1.6	
从纳滤到酸洗池的渗透液	1.8	220	0.9[10%(质量分数)]	纳滤有 80%
从纳滤到蒸发器的浓缩液	0.45	29400	0.9	

系统产生了三种产品流，其一是低酸性和低铜的 RO Ⅱ渗透液。总的水回收率为 87%，纳滤渗透液含有大部分的酸[10%(质量分数)硫酸]，纳滤浓缩液含有高浓度的铜。

根据三种产品流中酸和铜的相对浓度得知，系统中大约有 82%的酸进入纳滤渗透液，而系统中有 97%的铜在纳滤浓缩液中。对于重复利用和循环废液中的所有成分而言，这是一个很好的例子。

19.3.2 20%(质量分数)的硫酸阳极氧化液的纳滤

Brown[24]申请了一项工艺流程的专利，该工艺将纳滤与扩散渗析或离子交换(IX)相结合，用于从酸中分离重金属。该方法在处理不同金属浓度的强酸溶液或弱酸溶液方面有灵活性，并已在铝阳极氧化液回收酸和铝中得以证明。图 19-6 表明了一种可能的流程。在某个例子中，将含有 9.6 g/L 铝的 20%(质量分数)的废硫酸溶液与纳滤浓缩液结合，并通过离子交换介质。酸被选择性地加载到树脂上，酸浓度非常低的离子交换贫液部分被排出用于副产品回收，部分与淡水混合以洗脱树脂中的酸。洗脱液(含有与原始进料相似的酸浓度，但铝浓度较低)被送入纳滤装置(在 3.4 MPa 下操作，使用来自陶氏化学公司的 Filmtec NF45 膜)。酸优先透过膜(回收率约为 51%)，产生纯化的酸流体，含有约 56 ppm 的铝(基于 100%的 H_2SO_4)。含有 10 g/L 铝的浓缩液对应的渗透通量约为 10 L/($m^2 \cdot h$)，但随着铝浓度的增加，渗透通量迅速下降。将纳滤浓缩液循环到离子交换进料中，以回收酸和有价金属。总的来说，原料中 99.9%的铝随离子交换贫液离开了系统，97.5%的酸被回收以形成 19%(质量分数)的硫酸。这些数据与其他替代技术(如扩散渗析)相比有很好的可比性。扩散渗析通常会在单次过滤中去除 90%的铝，酸的回收率为 90%；而离子交换中酸的回收率为 70%~95%，单次过滤中铝去除率低至 25%左右[25]。

所提议的工艺流程具有以下优势。

(1)单用纳滤处理需要在较高的渗透压下操作，以获得可观的纯酸回收率，

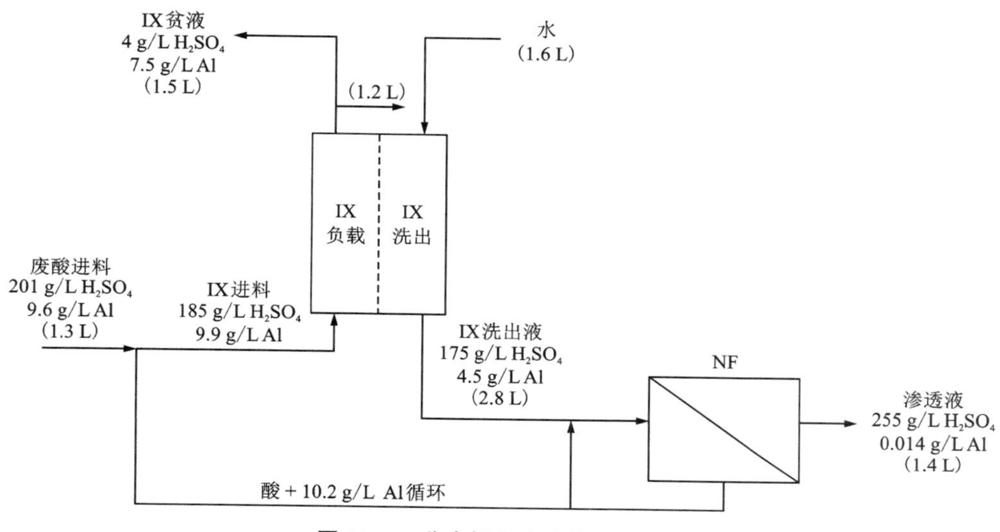

图 19-6　分离铝和硫酸的工艺流程

（数据来自文献[24]，图中括号内是相关体积）

显著降低渗透通量。

(2)就铝而言，单独使用离子交换不能实现高水平的酸净化。

(3)纳滤浓缩液的循环可实现非常高的酸回收率。

(4)回收部分的离子交换贫液可节约用水。

如前文所述，纳滤膜对 20% 的硫酸溶液的耐腐蚀性是一个重要问题。Baumgarten 和 Muller[20]处理高级不锈钢废硫酸溶液的错流试验表明，聚酰胺(PA)纳滤膜(DVA 003)仅持续两周。进料溶液为20%(质量分数)的硫酸，其中含有 2 g/L 的镍。试验在 4 MPa、20℃和 70%的回收率下进行，报告了 12 L/(m^2·h)的通量和 94%的镍截留率。Koch 膜系统提供的 SelRo®系列 MPF31 膜和 MPF34 膜具有更好的化学稳定性；据报道，在 75%的硫酸中，其稳定时间超过 800 h(见图 19-5)[18]。

19.3.3　纳滤纯化 33%(质量分数)的硫酸

Eriksson 等人[21]报道了在强酸性条件下纳滤的应用。铜冶炼厂产生的废酸[33%(质量分数)的硫酸]含有铜、铁、锌、镉和砷，总量约为 25 g/L，以及 1.3 g/L 的氯化物和氟化物。为了达到工业级硫酸的纯度，需要一个四级系统。第一级纳滤单元在 5 MPa 左右运行，随后的单元在 2~3 MPa。重金属及铁和锌的总截留率为 99.9%，铜和镉的总截留率为 99%，砷的总截留率为 50%。砷的低截留是由于它以非解离酸的形式存在。

一套中试在现场以分批式运行了 3 个月，且使用 Osmonics 提供的 DK 膜 Desal-5 元件。据报道，膜元件很好地抵抗了酸性条件，但建议管道和泵使用比 316SS 更耐腐蚀的材料。在该应用中，它回收的重金属不能被回用，但中和污泥的成本显著降低了。

19.3.4 盐酸酸洗废液的纳滤

一种处理电镀厂产生的废盐酸的方法已经由 Sommer 及其同事申请了专利[26]。用纳滤处理这种由铁、锌和混合金属酸洗溶液组成的进料时，金属被浓缩，酸进入了膜的渗透侧。微滤(MF)被用作预处理来去除固体。从纳滤中渗透出来的水进入反渗透，将其中的酸浓缩到所需的浓度，然后直接返回到酸洗槽中。没有关于纳滤进料中反渗透浓缩液的循环流中 HCl 浓度的详细说明，但镀锌工业中新酸洗槽通常含有 18%(质量分数)的 HCl，而废槽有 1%~2%(质量分数)的 HCl[27]。另外，纳滤浓缩液被中和。由于渗透压力高，纳滤系统在高达 20 MPa 的压力下运行，结果列于表 19-3 中。据报道，锌的低截留率可能是由于存在中性 $ZnCl_2$ 造成的。

表 19-3 纳滤纯化废盐酸的性能(数据来自文献[26])

金属	浓度单位	盐酸酸洗废液	渗透液	截留率/%
Fe	g/L	54	2.4	96
Zn	g/L	151	59	61
Mn	mg/L	378	24	94
Pb	mg/L	169	104	39
Cu	mg/L	35	20	43
Ni	mg/L	30	1.8	94
Cr	mg/L	25	0.5	98
Cd	mg/L	2.4	0.3	87

19.3.5 通过纳滤净化磷酸

硫酸分解磷矿产生的磷酸往往含有多种杂质，包括铝、铁和镁以及较低浓度的重金属，如锌、钒、铬和镉。磷酸的浓度取决于所使用加工路线的类型：通常，30%~44%(质量分数)的磷酸通过二水化路线生产，48%~69%(质量分数)的磷酸通过半水化路线生产[28]。Skidmore 和 Hutter[10]已经申报了一种适用于磷酸净化的专利工艺，该工艺使用单级或两级纳滤系统。第一级纳滤的操作压力为 4~7 MPa，通量为 2~10 L/(m^2·h)；第二级的渗透压较低，因此通量通常是第一级的 2~3 倍。

作者声称，在这类系统中 PA 膜的使用寿命较短，以前被认为主要是由于粗酸中微粒对膜的磨损，这一点受到工作温度的显著影响。因此，在较低温度(<35℃)下操作的纳滤，PA 膜的寿命从大约 300 h 增加到>2000 h。表 19-4 列出了第一级和第二级纳滤处理的进料液和渗透液浓度。多价金属的一级截留率通常为 90%~99%，单价阳离子和氟化物的一级截留率约为 50%，酸截留率较低，因为在非常高的酸度下，磷酸主要以非解离形式存在。在第二级纳滤产生 22%(质量分数)的磷酸中，阳离子总量为 2280 ppm(以 100% P_2O_5 为基础)，钾和钠占这些杂质的 83%。

表 19-4　湿法过程磷酸的纳滤(数据来自文献[10])

元素/组分	进料液浓度	第一级渗透液浓度	第一级截留率/%	第二级渗透液浓度
H_3PO_4	27.6%	25.5%	7.5	22%
H_2SO_4	1.7%	1.3%	25	0.94%
F	0.71%	0.29%	59	0.11%
Al	4400 mg/L	66 mg/L	98	12 mg/L
Fe	3500 mg/L	27 mg/L	99	8 mg/L
Ag	3500 mg/L	65 mg/L	98	8 mg/L
Na	133 mg/L	67 mg/L	50	83 mg/L
K	433 mg/L	195 mg/L	55	219 mg/L
Ca	350 mg/L	17 mg/L	95	2 mg/L
Cd	120 mg/L	7 mg/L	94	1 mg/L
Cr	410 mg/L	8 mg/L	98	0.4 mg/L
Zn	1123 mg/L	56 mg/L	95	7 mg/L
V	800 mg/L	40 mg/L	95	5 mg/L

在中试装置规模下，对 25%(质量分数)磷酸进行了数年的纳滤浓缩试验[11]。所有 Osmonics Desal 元件(DK 膜)的预期寿命都在一年左右。该装置在 40℃ 和 6 MPa 压力下运行。据报道，通量为 5 L/(m^2·h)的回收率高达 70%。铝、铁、

镁、镉和钒的截留率(见表19-5)与Skidmore报道的相似，然而，硫酸盐的去除率要高得多。

表19-5 纳滤处理湿法过程磷酸的中试结果(数据来自文献[11])

元素/组分	进料液浓度	截留率/%
H_3PO_4	35.3%	4
SO_4^{2-}	1.53%	99.4
Al	3300 mg/L	99.9
Fe	2800 mg/L	99.2
Mg	2800 mg/L	98.8
Cd	68 mg/L	93.5
V	600 mg/L	93.5

尽管作者没有报道，但上述数据显示出了典型的道南效应，即“低浓度且截留率低的物质的穿透被加速了”。第二级纳滤对单价物种钠和钾显示了道南效应。对于减少一些溶液中低含量的污染物金属，这可能是一个有用的技术。

在磷酸净化的另一个应用中，纳滤被用来控制蚀刻铝的磷酸池中的铝浓度[29]。将两段纳滤的渗透液[平均含量为10%(质量分数)磷酸，25 mg/L铝]合并，然后循环到酸池中。浓缩液在一个回路中运行，回路1的排放(5 g/L铝)进入第二套纳滤，回路2的排放(25 g/L铝)是系统的唯一出口。以<1%的渗透流(即99%的回收率)操作回路2，酸池中铝浓度保持在400 mg/L以下。所报道的操作压力为2.2 MPa，操作温度为65℃，加上较低的pH，缩短了膜的寿命。

19.3.6 通过纳滤分离硝酸和重金属

不锈钢酸洗过程会产生被重金属污染的漂洗水。实验室对pH为1.7~2.4的酸洗废水进行了试验，使用平板膜组件测试了纳滤去除重金属的效果。对三种膜的比较研究发现，在使用的操作条件(600 MPa、40℃和3 m/s错流速度)下，NF45(DOW)膜的通量为43 L/(m^2·h)。在相同条件下，PVD-1(Hydranautics)和DK(Osmonics)测得的通量为20~22 L/(m^2·h)，NF45、PVD-1和DK对Fe(Ⅲ)、Cr(Ⅲ)和N(Ⅱ)的截留率分别为99.5%、96%和96%左右。据观察，较低的pH会提高金属离子的截留率，这一效应归因于膜表面正电荷的增加。

19.4 纳滤在矿物加工中的应用

某些纳滤的应用目标是使废物最小化和废水再利用，广泛应用于矿物加工和金属精炼领域，助力于提高工艺效率。与矿物加工有关的解决方案的本质在预处理和防止石膏（主要含 $CaSO_4 \cdot 2H_2O$）形成方面提出了特殊的问题。通常情况下，澄清溶液中悬浮固体含量为 50~500 mg/L，而尾矿流等悬浮物中悬浮固体含量更高。去除固体至适合纳滤的水平所需预过滤类型包括多介质过滤器、筒式过滤器或微滤/超滤（UF），或者是这些过滤器的组合。矿物加工液通常含有高浓度的 $CaSO_4$，需要软化和调节 pH，并使用阻垢剂和膜清洗方案仔细控制膜垢，以优化性能和延长使用寿命。以下是在金属回收方面讨论的纳滤应用实例。

19.4.1 金加工中的纳滤

氰化法处理含金矿石的工艺流程简单，矿石经氰化物浸出液处理，浸出液将金溶解为金氰络合物 $Au(CN)_2^-$。金通常通过活性炭吸附及随后的洗脱和电积进行回收。或者采用 Merrill-Crowe 过程锌胶结法来沉淀元素金，沉淀物经冶炼后得到黄金。在这两种情况下，氰化贫液（脱金液）被循环到浸出步骤。通过 Merrill-Crowe 法或活性炭工艺获得的黄金需要进一步精炼。

氰化金浸出液的纳滤

Green 和 Mueller[32, 33]已经获得了一项专利，将纳滤应用于氰化金溶液中，从而分离氰亚金酸盐络合物与浸出液中存在的其他金属络合物。据称，这一过程对于含大量铜（0.1%~2%）的金矿石特别有意义。在氰化物浸出过程中，由于 $Cu(CN)_3^{2-}$ 等一系列氰化铜配合物的形成，铜可被溶解，从而导致氰化物消耗量过大。对这种母液进行纳滤，未络合的氰化物和 $Au(CN)_2^-$ 会渗透，而 $Cu(CN)_3^{2-}$ 截留在浓缩液中；然后用常规方法从渗透液中回收金，并回收含有价氰化物但铜含量低的贫液用于浸出。铜可以通过酸化以 CuCN 或 CuS_2 沉淀的形式从浓缩液中回收，再生的氰化物可以回用于浸出。据称，引入纳滤步骤可降低总氰化物消耗量，并提高后续黄金回收步骤的效率。例如，浸出液中高铜含量通过增强锌的钝化作用，影响了 Merrill-Crowe 法工艺中的胶结步骤效率。浸出液中铜浓度的增加也会干扰活性炭对金的吸附。因此，在工艺早期将铜从金中分离出来，减少锌、碳和氰化物的消耗，对整个工艺产生了有利的影响。

纳滤与活性炭洗脱和电积的集成

在用活性炭提取金的过程中，铜等杂质被带到洗脱液中，洗脱液被送入电解槽。杂质浓度过高会污染阴极，可能增加下游精炼成本。Green 等人[33]提出使用纳滤来处理洗脱液或来自洗脱阴极液循环的渗流。氰化金和游离氰化物会渗透过膜并返回到工艺中。铜和其他多价络合物会进到浓缩液中，可作为废物处置。因此，纳滤可以用来控制电解质中杂质水平。

氰化贫液排放处理

一种处理含氰化物和重金属液体的方法已经被 Mukhopadhyay 申请了专利[34]。为了从废水中去除氰化物和重金属氰化物络合物，他们提出了使用反渗透或纳滤膜处理黄金加工过程中的氰化物贫液。该工艺包括将进料液的 pH 调整到 8~10，然后添加可溶性金属离子盐，如 $CuCl_2$ 以确保游离氰化物的络合。据报道，重金属和贵金属的氰化物络合物被膜截留，而且由于所有的游离氰化物都被络合了，氰化物的截留率也很高。

Green 等人[33]也提出了类似的方法，在采矿业的氰化物废水中加入 CuCN，以确保氰化物完全络合。在软化步骤之后进行纳滤，然后可以排出渗透液。而体积显著减小的浓缩液可以用常规方法处理。一种选择是将浓缩液酸化到 pH 2，沉淀 CuCN，然后循环使用。其他用于纳滤浓缩液氰化物破坏的选择包括用次氯酸盐或 H_2O_2 进行化学氧化和光催化化学氧化。据称，通过纳滤提高氰化物的浓度可以显著减少化学氧化剂的使用量。

第 11 章介绍了纳滤技术在氰化金加工废液处理中的应用实例。

19.4.2 铜加工中的纳滤

目前，通过浸出+溶剂萃取(SX)+电积工艺处理铜精矿和低品位矿石所生产的高质量阴极铜超过 220 万 t[35]。图 19-7 所示的湿法炼铜回收工艺包括硫酸浸出(堆摊浸出、堆积浸出、原位浸出或槽式浸出)和随后的选择性溶剂萃取铜。离开反萃回路的负载反萃溶液给电积回路供料，弱电解液循环回到溶剂萃取反萃回路，溶剂萃取步骤的萃余液回用到浸出。以下是纳滤在铜湿法冶金领域的应用实例。

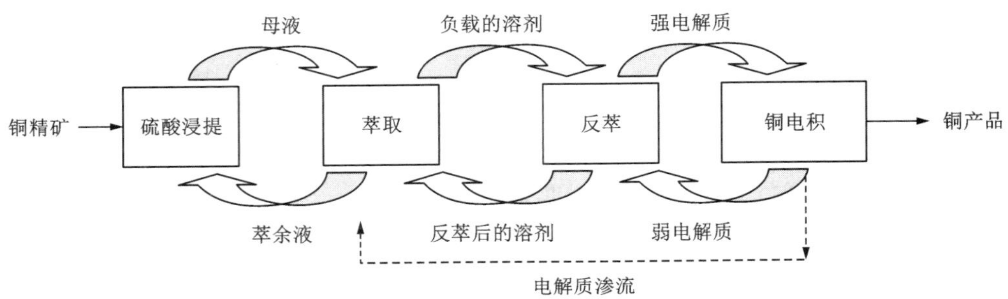

图 19-7 铜加工中的浸出+溶剂萃取+电积工艺

铜母液的纳滤

纳滤技术在这一领域的商业应用是为了增加浸出液母液(PLS)的铜浓度。Mueller 等人报道了七套现场中试装置试验和系统装置的结果；针对 pH 为 1.1~2.7，且含有 120~2600 mg/L 铜和 40000~131000 mg/L 总溶解固体(TDS)的母液，铜的浓缩系数为 1.5~2。渗透液的铜浓度范围为 1~50 mg/L，在研磨或浮选回路中被重新用作工艺水或用作电解液补充。作者认为，在这种情况下引入纳滤步骤可去除浸出回路中多余的水，降低耗水量，增加总处理量，减少中和沉淀成本，并去除 PLS 中的一价氯化物。

Wagner[29]也提出了类似的应用。在墨西哥的一个铜堆浸操作中，采用纳滤处理含 0.7 g/L 铜、pH 2~3 的富铜尾矿库水。将池水输送至四个平行的纳滤装置，其中含有 1600 个 Desal®元件，总进料流量为 900 m^3/h。最后得到的回收率为 50%~70%(2200 kPa 操作压力)，渗透液中铜浓度<10 mg/L。在这个例子中，驱动因素是尾矿库容量有限，需要减少库池水量。从纳滤浓缩液中回收铜，降低了石灰处理剩余酸性渗透液以达到环境可接受的排放标准的成本。与直接用石灰中和或溶剂萃取处理多余的池水相比，纳滤被认为具有竞争力。

Eriksson 等人[21]也报告了纳滤技术用于铜堆积浸出操作产生的 PLS。表 19-6 显示了在 2200 kPa 下处理 3 m^3/h 的中试装置的进料和纳滤渗透液浓度。浸取液中 $CaSO_4$ 是饱和的，需要优化 pH 和添加阻垢剂来控制石膏沉淀。另外，表中显示的最大渗透液回收率为 50%。结果还表明，以未解离的 H_2SiO_3 形式或聚合形式存在的 SiO_2 不会被膜截留。在该应用中，由于场地存在多余的水，纳滤产生的渗透液在排放前通过生物质吸附柱进一步降低重金属浓度。

表 19-6　纳滤处理铜浸出母液的中试测试结果(数据来自文献[21])　mg/L

元素/组分	浸出母液浓度	纳滤渗透液浓度	元素/组分	浸出母液浓度	纳滤渗透液浓度
Al	1500~2000	5~10	Mn	400~700	高达 50
Ca	400~500	2~10	Na	200~300	高达 100
Cd	0.1~2.5	高达 1	Ni	15~20	高达 1
Cu	700~800	高达 10	SO_4^{2-}	15000~30000	高达 500
Fe	200~300	高达 5	SiO_2	150~250	150~250
Mg	3800~4200	高达 50	pH	2.6~2.8	

铜电积渗流液的纳滤

溶剂萃取+电积循环回路会在电解液中产生一些杂质累积，电解液中硫酸含量高达 200 g/L。需特别关注的是三价氧化状态的锰、氯化物和铁。这些杂质的含量通常由渗流操作来控制，即返回用作浸出液，但会导致铜、硫酸、水和钴从罐室中流失。钴被添加到电解液中，用于稳定铅阳极并防止腐蚀[37]。在渗流中，钴损失和铜再加工成本的增加是一个巨大的运行成本。HW Process Technology 公司对铜电积电路中的排出液进行了纳滤处理测试，并报告了其中有 75%的渗透液回收率，铜、铁和钴的截留率分别为 12%、61%和 18%。因此，所建议的纳滤步骤是将三价铁与二价铜和钴部分分离，使渗流液减少约 60%。但在这个特殊的系统中没有给出 Cl^-截留率的数据。当铜浸出+溶剂萃取+电积装置中的渗流速率受氯化物污染水平的控制时，纳滤处理的效果会降低，因为预计氯化物的截留率会很低。

氰化铜浸出液的纳滤

一些含有难冶铜的原生矿石或尾矿可能会被氰化物溶解，但产生的浸出液往往太稀，无法通过直接电积法回收铜。Green 等人[33]已获得通过膜过滤(包括纳滤)处理此类液体的工艺专利。膜过滤步骤是截留多价金属配合物，有效地缩小体积和浓缩(2~10 倍)输送给电积槽的溶液。在引用的一个例子中，将含有 18 g/L 铜的纳滤浓缩液用酸处理到 pH 4~6，该工艺有助于回收氰化物和选择性沉淀 $ZnCN_2$；然后将溶液重新调整到 pH 9~10.5，并引入生产铜金属的电积槽；还提出了对阴极液使用第二个纳滤步骤，允许在循环的浓缩液流中回收大部分金属，同时通过纳滤渗透液排出所需体积的水。作者声称，在这种情况下引入纳滤技术，可以对易溶于氰化物的酸性矿石或酸性难溶矿石进行经济有效的浸出开采。

19.4.3 铀加工中的纳滤

铀矿开采活动产生的废物可能包括碾磨和清洗废物以及场地雨水径流。这些流体中铀通常以络合铀酰离子的形式存在，但具体形态由溶液成分和 pH 决定。例如，在酸性硫酸盐溶液中，存在 $UO_2(SO_4)^{2-}$和 $UO_2(SO_4)_3^{4-}$ 等铀物种，由于铀的高分子量以及铀酰硫酸盐配合物的尺寸，这些物种将被大多数纳滤膜有效截留。

纳滤在铀加工中的应用已经被提出。从矿石中提取铀的常用方法是用硫酸浸取，然后进行提纯和产品回收。浸出技术包括槽式浸出、堆摊浸出、堆积浸出和原位浸出。溶剂萃取或离子交换工艺通常用于铀溶液的升级和提纯，然后通过沉淀技术回收。以下案例中，纳滤是作为铀浸出和离子交换过程以及废水处理的一个组成部分。

铀碾磨厂废水的纳滤

有人对某运行中的铀工厂贮水池的废水进行了纳滤试验[38]，废水的来源是工厂周围的雨水径流。目前的做法是在排放前将污水通过人工湿地来有效地去除铀和锰，但不去除硫酸盐。纳滤被认为是一种替代处理方法。两种纳滤膜的实验室试验工作所获得的截留率对于关键元素来说都很高(见表 19-7)，表明了使用纳滤处理这类废物的潜力。膜对钙和镁的截留率也很高，高于 95%；对单价物种的截留率较低，钠是 75%~85%，钾是 84%~88%。一般来说，镭的行为方式与钙基本相同，但存在的量要小得多。这些试验中测得的镭的截留率与钙的相似。

表 19-7 铀工厂废水中主要元素的去除

元素/组分	进料液浓度*	Desal DK 的截留率	Nanomax 50 的截留率
U	0. 28 mg/L	>99%	>99%
Ra	2. 7 Bq/L	97%~99%	95%~99%
Mg	0. 78 mg/L	>95%	>95%
硫酸盐	354 mg/L	>85%	>80%

* Bq：放射性活度单位。放射性元素每秒有一个原子发生衰变时，其放射性活度即为 1 Bq。

纳滤去除现场浸出液中的杂质

就地浸出包括酸浸和碱浸，但最常见的是碱浸，可产生含有低浓度铀以及其他杂质(如钼和钒)的溶液。在碱性浸出液中，也会存在镁、钙和镭。铀一般是通过离子交换从这些溶液中回收，贫铀液被循环到浸出，这往往会导致杂质在浸出液中积聚。在 Stana 和 Erich 申请的专利工艺中[39]，纳滤用于将 PLS 中的铀从 100 ppm 浓缩到 8000 ppm。这一步有两种方法。第一种方法是使用切割分子量(MWCO)为 200 和 NaCl 截留率 10%~20%的膜(进料中参考条件为 2. 1 MPa 和 2000 ppm NaCl)。在第二种方法中，使用更松散的膜(在相同的参考条件下，MWCO 为 1500，NaCl 截留率为 5%~10%)，并在 PLS 中添加络合剂，使铀浓缩达到相同效果。虽然这两种膜都被描述为超滤膜，但可被认为是纳滤的早期形式。浓缩液富含铀，然后用常规技术回收。另外，还可使用松散的反渗透(参考条件 25%~50%的 NaCl 截留率)来提纯渗透液，该渗透液的铀含量较低，但富含浸出剂。钼、钒和镭的截留率均为 95%，硫酸盐和钙的截留率约为 85%。经过提纯的浸出液，通过调节 pH 和氧化剂含量，可以循环到注入井。该工艺的优势在于为铀回收提供了一种提升铀溶液浓度的方法，并防止返回地下矿床的浸出液受到污染。

纳滤用于洗脱液循环

含铀矿石通常在硫酸中被浸出，其中的氧化剂可溶解+4 和+6 价态下的铀，然后通过直接沉淀、离子交换或溶剂萃取从浸出液中回收铀。当使用离子交换时，铀在加载环节中加载到树脂上，并在洗脱环节中通过接触洗脱剂从树脂上剥离。洗脱液中含有相对较高浓度的阴离子，如氯化物，可与吸附在树脂上的 $UO_2(SO_4)^{2-}$ 或 $UO_2(SO_4)_3^{4-}$ 阴离子交换。含有从树脂中提取的铀的洗脱液被送往铀沉淀。在这一过程中，过量的洗脱液被消耗掉，有人提出用纳滤处理含有硫酸铀酰络合物、NaCl、$NaHCO_3$ 和 Na_2SO_4 的洗脱液。大的硫酸铀酰络合物和 Na_2SO_4 被膜截留，而一价氯化物和碳酸氢盐阴离子通过膜。渗透液被回收到树脂工艺的洗脱环节中，浓缩液被处理以回收铀。在这种情况下引入纳滤，可将过量的 NaCl 和 $NaHCO_3$ 循环至树脂洗脱环节，以减少洗脱剂消耗。

19.5 结论

很明显，考虑到二价、三价金属离子的水合状态和其他物理化学特性，纳滤膜为二价、三价金属离子相对单价离子的选择性回收提供了独特的工艺机会。此外，许多矿物萃取工艺和金属加工使用酸溶液。纳滤膜具有高的酸传递特性，其结果是跨膜的酸浓度差较低，导致渗透压差较低。这意味着许多废水和工艺流中含量高的酸性组分实际上可以在压力驱动的纳滤膜系统中进行处理。这有助于实际清理废液和回收废液中的金属物种。

很明显，处理酸溶液时特定膜的截留性能取决于一系列分离机理和液体化学的复杂性，通常难以预测。除非有经验，否则在评估膜性能和膜寿命时，测试工作通常是必须进行的。

尽管存在应用障碍，在金属和酸回收分离技术中应用纳滤膜必将日益广泛。

参考文献

[1] K Scott. Handbook of Industrial Membranes. Elsevier, Oxford, UK, 1995.

[2] P Crampton, R Wilmouth. Reverse osmosis in the metal finishing industry. Metal Finishing, 1982(80): 21.

[3] R G Macoun, A G Fane. Membrane-based solutions to the plating waste problem-a review. Water(Artarmon, Aust.), 1992(19): 26.

[4] P Macintosh. AWA: Membranes in Industrial Applications, 2002, Sydney, Australia.

[5] A G Fane, A R Awang, M Bolko, et al. Metal recovery from wastewater using membranes. Water Sci. Technol., 1992(25).

[6] G Hagmeyer, R Gimbel. Modelling the rejection of nanofiltration membranes using zeta potential measurements. Sep. Purif. Technol., 1999(15): 19.

[7] J Schaep, C Vandecasteele. Evaluating the charge of nanofiltration membranes. Journal of Membrane Science, 2001(188): 129.

[8] Osmonics web site, Nanofiltration 133 Plating Waste, http: //www. osmonics. com/products/ Page 238. htm, 1996.

[9] M P Gonzalez, R Navarro, l Saucedo, et al. Purification of phosphoric acid solutions by revese osmosis and nanofiltration. DESALINATION, 2002(147): 315.

[10] H J Skidmore, K J Hutter. Purification of aqueous phosphoric acid by hot filtration using a polyamide nanofilter. US Patent 5945000, 1999.

[11] M Kyburz. Acid preparation by reverse osmosis and nanofiltration. F&S Filtr. Sep. 1995: 13.

[12] A Hafiane, D Lemordant, M Dhahbi. Removal of hexavalent chromium by nanofiltration. DESALINATION, 2000(130): 305.

[13] C J Brown. Process and apparatus for purification of contaminated acids. Wo Patent 9, 622, 153, 1996.

[14] Osmonics web site, Nanofiltration 126 Acid Waste, http: //www. osmonics. com/products/Pa-ge233. htm, 1996.

[15] D Jakobs, G Baumgarten. Nanofiltration of nitric acidic solutions from Picture Tube production. DESALINATION, 2002(145): 65.

[16] S P Nunes, K V Peinemann. Presently available membranes for liquid separation. S P Nunes, K V Peinemann. Membrane Technology in the Chemical Industry. Wiley, 2001: 12-33.

[17] C Linder, M Perry. Chemically Stable NF Membranes for processing acid, alkali, solvent containing industrial waste water streams. 3rd Nanofiltration and Applications Workshop, Session 4: Applications and modelling, 26-28 June 2001. Lapeenranta University of Technology, Lapeenranta, Finland.

[18] R Rautenbach, R Knauf, M Perry. New applications for nanofiltration. Kim., HandasaKim., 1994 (19): 31.

[19] C J Kurth, S D Kloos, J A Peschl, et al. Acid stable membranes for nanofiltration. Wo Patent 0189654, 20011129.

[20] G Baumgarten, H Muller. Treatment and recycling of process solutions and effluents from surface finishing industry using membrane processes. Galvanotechnik, 1999(90): 1417.

[21] P K Eriksson, L A Lien, D H Green. Membrane technology for treatment of wastes containing dissolved metals. V Ramachandran, C C Nesbitt. Second International Symposium on Extraction and Processing for the Treatment and Minimisation of Wastes, 1996: 649-658.

[22] V Cinnani, P Macintosh. Membrane technology applications in copper processing. 4th Annual ALTA Copper Hydrometallurgy Forum, 20-21 October 1998, Brisbane, Australia.

[23] I W Van Der Merwe. Application of nanofiltration in metal recovery. J. S. Afr. Inst. Min. Met., 1998(98): 339.

[24] C Neuffer, U Menzel, U Rott. Wastewater from a printing plant. Wasserwirts-chaft Wassertechnik, 1999: 49.

[25] D E Bailey. Optimizing anodizing baths with diffusion dialysis. Metal Finishing, 1998(96): 14, 16.

[26] J Sommer, J Triebert, D Salomon, et al. Method for treating metal-containing mineral acids. DE Patent19, 829, 592, 1999.

[27] S O S Andersson, H Reinhardt. Recovery of metals from liquid effluents. T C Lo M HI Baird, C Hanson. Handbook of Solvent Extraction, John Wiley and Sons, 1983: 751-761.

[28] European Fertilizer Manufacturing Association(EFMA). Best Available Techniques for Pollution Prevention and Control in the European Fertilizer Industry. Booklet No 4 of 8, Production of Phosphoric Acid, EFMA, Brussels, Belgium, 2000.

[29] J Wagner. Nanofiltration of acidic solutions, 3rd Nanofiltration and Applications Workshop, Session 4: Applications and modelling, 26-28 June 2001. Lapeenranta University of Technology, Lapeenranta, Finland.

[30] M Nyström, J Tanninen, M Mänttäri. Separation of metal sulfates and nitrates from their acids using nanofiltration. Membrane Technology, 2000(2000).

[31] J Tanninen. Separation of ions in acidic solutions. 3rd Nanofiltration and Applications Workshop, Session 4: Applications and modelling, 26–28 June 2001. Lapeenranta University of Technology, Lapeenranta, Finland.

[32] D H Green, J J Mueller. Method for separating and isolating gold from copper in a gold Processing System. US Patent 5, 961, 833, 1999.

[33] D H Green, J Mueller, J A Lombardi. Separation and recovery of precious metals from ore-leaching cyanide solutions using permeable membrane. US Patent 6, 355, 175, 2002.

[34] D Mukhopadhyay, D Bergamini. Method for treating process streams containing cyanide and heavy metals. US Patent 5266203, 19931130.

[35] G A Kordosky. Copper recovery using leach/solvent extraction/electrowinning technology: Forty years of innovation, 2.2 million tonnes of copper annually. Kathryn C Sole, Peter M Cole, John S Preston, David J Robinson. Proceedings of the International Solvent Extraction Conference, 2, 17–21 March 2002: 853–862. Cape Town, South Africa.

[36] J J Mueller, D H Green, R Bernard, et al. Engineered Membrane Separation (EMSTM) systems for acid hydrometallurgical solution: Concentration, separation and treatment. Technical Proceedings of the 5th Annual Alta Copper Forum, 6–8 September 1999, Gold Coast, Australia.

[37] A K Biswas, W G Davenport. Electrowinning of copper. Extractive Metallurgv of Copper, Pergamon Press, Oxford, UK, 1980: 324–335.

[38] S J Macnaughton, J K McCulloch, K Marshall, et al. Applications of nanofiltration to the treatment of uranium mill effluent//IAEA. IAEA Technical Committee Meeting. Treatment of total effluent from uranium mining, milling and tailings, 1999, Vienna, Austria.

[39] R R Stana, W T Erich. Recovery of Uranium form Enriched Solution by a Membrane Separation Process. US Patent 4, 316, 800, 1982.

缩略语说明

缩略语	意义	缩略语	意义
DD	扩散渗析	NF	纳滤
ED	电渗析	PA	聚酰胺
EW	电积	PLS	浸出母液
IEP	等电点	RO	反渗透
IX	离子交换过程	SX	溶剂萃取过程
MF	微滤	TDS	总溶解固体
MWCO	切割分子量	UF	超滤

第 20 章　纳滤去除痕量污染物

20.1　引言

长期以来，有机和无机痕量污染物在水环境中的出现和变化被看成是一个重要的公共卫生和环境问题。在受到污水和废水影响的水体(包括地表水和地下水)中，已检测到很多种被确定为重要污染物的合成和天然痕量有机物。在某些地球化学条件下，地下水中也会自然产生痕量无机污染物。

痕量污染物是指由于其理化、毒理性质的综合作用而对人体健康和生物环境产生影响的化学物质。在水环境中，它们的浓度通常在 μg/L 的范围或更低。从毒理学的角度看，地下水和饮用水中低浓度痕量污染物可能并不总是对人类有害(事实上在大多数情况下，它们对人体健康影响在现阶段是未知的)，但就“预防原则”而言，它们是不受欢迎的[1]。痕量污染物的去除已经成为各个行业面临的问题，本章主要关注水净化过程，将介绍纳滤(NF)在水和废水处理中的作用、痕量污染物的产生及其对环境的影响、分离过程以及当前研究的回顾。

20.2　水和废水处理中的纳滤

在过去，纳滤和反渗透(RO)主要用于水的软化和脱盐。近几年来，纳滤在水和废水工业中都找到了商机。这可归因于以下三个因素[2]：对饮用水和废水的监管更加严格；用水需求增加；市场自我调节。

由于达到最大污染物水平(MCLs)的难度越来越大，水和废水处理出现了由强化混凝向膜过滤转变的趋势。混凝剂容易去除偏疏水的且分子量较大的化合物，而通过化学手段去除较小且更具亲水性的化合物则较为困难。纳滤膜在截留有机物方面具有巨大的潜力，因此越来越多地被用于处理“有色”水。对水的需求的增加使人们开始开发不适合常规处理的低品质水资源。事实上，水的循环利用已经成为保障水资源供应的主要途径[4]。

大多数废水有机物是生物处理的残余物，其分子量和芳香性往往低于天然水中的有机物，这些化合物也被称为废水有机物(EfOM)[5]。此外，这类化合物的生物降解性较低，部分原因是它们对主体有机物的结合力以及自身含有多种痕量有机物[6-7]。由于在膜技术的商业化以及水工业本身这两方面的发展，市场自我调节已经帮助膜工艺成为一种经济可行的选择。表 20-1 显示了使用纳滤/反渗透膜的废水和水处理厂的实例。更多关于纳滤在水和废水处理中的应用可参见第 10 章和第 11 章。

表 20-1　使用 NF/RO 膜的废水和水处理厂的实例

	地点	容量/($m^3 \cdot d^{-1}$)	应用
水回用	加州 Orange County(橙县)21 号水厂[8]	15000	通过地下水回灌实现间接饮用水回用
	墨西哥城[9]	500	灌溉
	加州 Livermore[9]	2800	灌溉；消防用水
	亚利桑那州 Chandler[9]	4160	间接饮用水
	阿姆斯特丹 Artis Zoo[10]	430~1200	清洗动物笼子；动物园环境的生态流水的供应
水供应	悉尼 Olympic Park (Homebush Bay)[11]	2200	非饮用水回用
	新加坡 Kranji NEWater 工厂[12]	40000	间接饮用水回用
	Méry-sur-Oise(巴黎，全球最大的使用 NF 工艺的供水工厂)[13]	140000	饮用水供应除菌

纳滤也是处理垃圾渗滤液的一种有效方法(具体应用见第 16 章)。垃圾渗滤液可能含有多种不可生物降解的痕量污染物，在经过生化处理后仍会留在排放的水中[14]。此外，纳滤在一些小规模的操作中发挥着重要作用，包括为偏远地区的军事活动提供移动水处理装置，处理诸如原污水[1]和太空旅行用水[15]等最恶劣的水源。在军事活动中，可靠和安全的饮用水供应是一个重要的后勤问题，有必要从含有许多痕量污染物的高污染水源中生产水。安全可靠的直接水回用也是执行长期太空任务时的优先事项。同样重要的是，纳滤为研究人员提供了一个有价值的富集和表征水环境中各种有机物的工具。

使用纳滤去除痕量污染物的过程是复杂的，迄今为止还未完全参透。因此，本章探讨的机制是初步的，还需要做很多工作来填补知识空白。本章将记录并讨论痕量污染物对于纳滤处理水和废水的重要性，以及去除机理和膜—污染物的相互作用。

20.3　痕量有机物的出现及其对人体健康与环境的影响

有机化合物普遍存在于各类水环境中，其所处范围很广，分子量(或摩尔质量)可以从几千个单位到不足一百个单位。处于分子量序列顶端的大多数化合物都是天然的，它们通常被称为天然有机物(NOM)。这些化合物对人体健康无害，但在消毒过程中形成致癌的三卤甲烷(THMs)/其他消毒副产品(DBPs)与其存在的量直接相关。

痕量有机物通常位于分子量序列的下端，它们引起了人们的极大关注。人们对农药、THMs、多氯联苯(PCBs)、多环芳烃(PAHs)等痕量有机物进行了管制，它们的 MCLs 由监管机构确定为可执行标准。然而，被监管化合物的清单并不详尽。由于难以在痕量水平上对此类化合物进行分析、分类或鉴定以及证明其健康效应或剂量-效应关系，许多化合物尚未得到监控。

大多数痕量污染物都是人为造成的。每天都有大量各种各样的合成有机物被生产出来且用于多种有益用途，如杀虫剂、颜料、染料载体、防腐剂、药品、制冷剂、推进剂、传热介质、介电流体、脱脂剂、润滑剂等[16]。这些化合物统称为合成有机化合物(SOCs)。毫无疑问，SOCs 通过提高工业和农业活动的生产效率、治疗和预防许多疾病，为世界的繁荣做出了贡献，但它们同样也对人类和生物多样性构成了重大的环境威胁。这些化学品的生产也可能引入副产品及其代谢物，其中一部分对人类健康和环境的危害远大于母体化合物。

根据其特性，SOCs 可进一步分为不同的类别，包括持久性有机污染物(POPs)、消毒杀菌剂、药物活性化合物(PhACs)和内分泌干扰化合物(EDCs)。最后一组还包括一些被人类、动物和植物排泄到环境中的天然化合物。这些分组中定义和示例的化合物如表 20-2 所示。

关于饮用水和地表水中痕量污染物的准则和法规在世界各地的权威机构中并不统一。欧盟及其同行(澳大利亚和以色列)目前正在制定水环境中 EDCs 和 PhACs 监管框架。美国地质调查局公布了一份自然水域中新出现的污染物清单。

虽然一些 SOCs 的毒理学是众所周知的，但对这些化合物的监测尤其是处理，直到最近才成为水工业的一个焦点。这是因为之前在制定饮用水标准时，水资源被假定为“无污染”。但这一假设越来越令人怀疑，因为确实有许多途径可以让痕量有机物到达水体。例如，污染物可直接用于控制水传播的疾病，可来源于农业用地污染物的浸出，可以是农业作业(即农药)的喷雾漂移和意外释放到水体中的大气沉降物(即滴滴涕[DDT]、PCBs)，从化工厂排放，还可以是污水排放导致的污染，例如许多欧洲河流既接收污水，同时又作为供水水源。

表 20-2　痕量污染物的分类、定义和实例

组群	定义	实例*	US-EPA 饮用水中最大污染水平/(μg·L^{-1})[18]**
消毒杀菌副产物(DBPs)	消毒过程中，消毒剂(氯、氯胺、O_3 等)与腐殖酸、黄腐酸等天然有机物质相互作用产生的副产物	溴酸盐	10
		亚氯酸盐	1000
		卤乙酸(HAAs)	60
		THMs	80
持久性有机污染物(POPs)	合成有机化合物中具有持久性、生物富集性和毒性的有机化合物，易发生长距离的大气运输	PCBs	0.5
		六氯环己烷(HCH)(包含 Lindane)	0.2
		二噁英(2，3，7，8-四氯二苯并-p-二噁英)	0.00003
消毒杀菌剂	用作除菌剂、杀虫剂、除真菌剂或除草剂的化学品	Heptachlor	0.4
		Lindane	0.2
		Endrin	2
		Atrazine	3
内分泌干扰素(EDCs)	通过间接机理或内分泌功能预后引起负面健康效应的外源性物质	雌二醇	不受限
		雌激素酮	不受限
		多氯联苯	0.5
		壬基酚	不受限
药物活性化合物(PhACs)	为防治疾病等的而用于人类或动物的药物中，未利用的部分、残余部分或代谢产物	环丙沙星	不受限
		碘帕醇	不受限
		碘羟酞酸	不受限
		卡巴咪嗪	不受限

*部分化合物可能的中文名称：Lindane—林丹；Heptachlor—七氯；Endrin—异狄氏剂；Atrazine—阿特拉津。

**US-EPA：美国环境保护署。

由于缺乏相关法规，对去除 PhACs 和 EDCs 的研究仍然非常有限。但对水循环需求的增加以及围绕痕量污染物衍生出的不确定性使这一方向得到了极大的关注。

20.3.1　消毒灭菌副产物(DBPs)

确保饮用水不含会有导致疾病和死亡的致病微生物是至关重要的。此外，污水在排入接收水体之前还需要去除或消灭这些微生物。消毒灭菌是实现这一目标最重要的工具之一，可以通过多种消毒剂或物理方法完成。Cl_2 和次氯酸盐是最常用的化学消毒剂，可以用氯胺、ClO_2、O_3、紫外线(UV)和物理过程，如超滤(UF)或纳滤进行消毒。然而，消毒过程(膜过滤除外)会产生许多 DBPs，这可能导致各种形式的癌症和其他健康后果[22-24]。

Cl_2 是最常见的消毒剂，在加氯过程中，Cl_2 与 NOM 反应生成一种复杂的副产物混合物，包括各种卤代化合物，其主要副产物是 THMS 和 HAAS。其他消毒剂可以产生不同类型的副产品。例如，众所周知 O_3 能产生多种醛类[25]。其他没有健康数据的 DBPs 可能浓度极低。这些化合物(包括已知的和未知的)对健康的综合作用也可能因个体而不同。DBPs 造成的长期接触(或慢性)风险显著低于水中未被杀灭的致病微生物导致的中等健康风险。因此，降低 DBPs 浓度不应与消毒本身产生矛盾，但 DBPs 的形成和去除应被视为消毒的一部分。

有几种方法可以降低 DBPs 的浓度，如消毒剂的用量优化，其中纳滤被看成是一种将成品水中 DBPs 浓度降至最低的有力工具。NOM 含有大量高分子量的宏观有机物。因此，可通过纳滤在消毒前去除自然产生的有机物来有效地降低 DBPs。在这种情况下，DBPs 形成潜力的降低通常被用来指示 DBPs 去除的有效性。纳滤也可以在消毒后直接去除 DBPs，但由于 DBPs 是分子量较小的有机化合物，因此去除效果较差。实际上，在某些情况下可以使用低压反渗透来确保消毒后 DBPs 的高去除率。表 20-3 总结了几项研究中由纳滤带来的 DBPs 和 DBPs 形成潜力的降低。

表 20-3　通过各种纳滤膜去除 DBPs 和降低 DBPs 的形成潜力

(＊THM：三卤甲烷；TOX：总有机卤化物；TOX：总有机卤化物；FP：形成潜力)

膜	化合物	化学式	截留率或 FP 降低率/%	参考文献	说明
N70	THM-FP	—	90~95	[26]	
	TOX-FP	—	87		
未知	THM-FP	—	95		中试规模
	TOX-FP		93	[28]	实验室规模
NF70	三氯乙烯	C_2HCl_3	85~95		
	四氯乙烯	C_2Cl_4	53~80		

续表20-3

膜	化合物	化学式	截留率或 FP 降低率/%	参考文献	说明
未知	二溴氯丙烷	$C_3H_5Br_2Cl$	35	[27]	全规模
未知	三氯乙烯	$CHCl_3$	87	[8]	全规模
	二溴氯丙烷	$CHBrCl_2$	87		
	二溴氯甲烷	$CHBr_2Cl$	70		
NF70	三氯甲烷	CCl_4	76~96	[28]	实验室规模
聚酰胺	二氯乙酸	$CHCl_2COOH$	68~71	[29]	中试规模
	三氯乙酸	CCl_3COOH	82~84		
CDNF50	总氧化剂		89~93	[30]	漂白纸工厂废水

虽然去除率通常很高(大部分高于 80%)，但这取决于污染物类型、使用的膜、操作条件以及被处理水体中可能的溶液化学。因此，目前还不可能得出对所有纳滤膜和 DBPs 都有效的一般结论。

20.3.2 持久性有机污染物(POPs)

近年来，POPs 引起了科学界、环境政策制定者和“绿色—平”等非政府组织的高度关注[31-34]。对这些化合物的难降解性和极端毒性的关注引导国际社会努力控制它们的使用和处置，并了解它们的全球分布和行为。这些努力促成了包括欧洲国家、加拿大和美国在内的 36 个国家签署了联合国-欧洲经委会(UN-ECE) POP 议定书。联合国环境署(UNEP)已经确定了 16 种 POPs 的清单，其中 11 种是杀虫剂的有效成分。还有更多的物质可能符合 POPs 标准，但由于它们的毒理学和理化性质评估存在难度，因此尚未公布[31]。

20.3.3 农药

如上文所述，农药是 UNEP 定义的 POP 清单中一个主要的种类。所列农药为 DDT、Aldrin、Chlorodane、Dieldrin、Endrin、Heptachlor、Mirex、Toxaphene 和六氯苯①[31]。

鉴于其极端的环境危害，持久性农药的使用和生产已经停止了至少 20 年。然而，这些物质的痕迹在世界各地的许多地区仍然可以检测到。这类化合物的降解速度很慢[31]，对许多物质来说，大约需十年或更长时间。因此，污染地区持久

① 部分化合物可能的中文名：Aldrin—艾氏剂；Chlorodane—氯丹；Dieldrin—狄氏剂；Mirex—灭蚁灵、Toxaphene—毒杀芬。

性农药的环境水平只能非常缓慢地下降[35]。相应地，地表水、地下水，特别是中水中，持久性农药及其代谢物的出现是水工业关注的问题。

虽然目前已登记的农药比以前的持久性和危害性都低，但由于其广泛和长期的应用，地表水和地下水中农药含量丰富是很常见的。例如，欧洲和北美部分地区由于过度使用杀虫剂导致了严重的水质变化[37-41]。1991 年至 1994 年期间，一项对巴黎地区三条主要河流进行的强化监测项目揭示了 Atrazine 的含量很高[39]。研究的结果如图 20-1 所示，第 10 章详细介绍了如何使用纳滤去除 Atrazine。

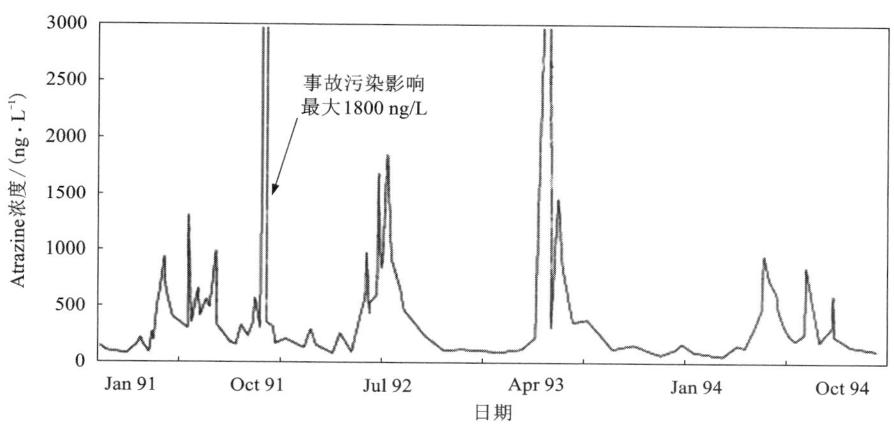

图 20-1　1991—1994 年期间法国地区某河流中 Atrazine 浓度的变化[39]

对发展中国家来说，因为农用化学品的密集和广泛应用、薄弱和不可执行的法规，最重要的是对该问题的环境意识低下，使得污染问题更为严重。1988 年 6 月至 1990 年 12 月进行的一项研究发现，巴西 Videira 的 10 个地区有 68%至 100%的饮用水源受到杀虫剂污染[42]，埃及地下水和地表水中的有机磷农药含量为 3～19 μg/L。1990 年从印度 Bhopal 地区采集到的水样中 DDT 的含量为 3～22 mg/L[43]。在一些发展中国家，尽管政府颁布了禁令，仍有证据表明 DDT 被非法用于对付蚊子[44-46]。

考虑到这些化合物对常规水处理的抵抗力，使用纳滤膜和低压反渗透膜去除农药获得了深入的研究。几项研究结果如表 20-4 所示，说明了纳滤/反渗透在使用不同膜去除此类化合物方面的有效性。图 20-2 显示了特定环境问题中几种农药的分子结构。尽管大多数农药的分子结构都有支链(意味着纳滤或低压反渗透膜具有很高的截留率)，但它们的分子结构和官能团有很大的差异。此外，截留率也很大程度上取决于使用的膜。例如，Atrazine 的截留率在 47%到 100%之间。从这些结果可以清楚地看出，人们还不能对纳滤截留这些污染物的性能进行归纳。

表 20-4　纳滤/反渗透膜对几种杀虫剂的截留率

膜	化合物*	进料浓度/(μg·L^{-1})	截留率/%	参考文献	附注**
未知	1，4-DCB	0.16	56	[8]	全规模
	1，2-DCB	0.20	50		
	1，2，4-TCB	0.16	56		
HNF-1	Simazine	20～170	42	[47]	中试规模
	Atrazine		61		
	Alachlor		89		
	Methoxychlor		99.2		
PVD 1	Diuron	1	82	[48]	实验室规模
	Simazine		92		
	Atrazine		92		
Desal 5 DK	Diuron	1	10		—
	Simazine		38		
	Atrazine		47		
NF 200	Diuron	1	45	[49]	实验室规模，在蒸馏水里
	Simazine		80		
	Atrazine		80		
NF 70	Simazine	0.1～0.4	50～100	[50]	中试规模，截留率随着 NOM 含量从 0.4～3.6 mg/L DOC 而增加
	Atrazine	0.5～1	50～100		
NF 70	Simazine	300	96	[51]	实验室规模
	Atrazine		97		
NTR 7250	Carbaryl	500～1500	40	[52]	实验室规模
	Chloroneb		53		
	Propiconazole		98		
NTR 7410	Carbaryl	500～1500	25	[52]	实验室规模
	Chloroneb		99		
	Propiconazole		97		

＊化合物的缩写：DCB—二氯代苯；TCB—三氯代苯；＊部分化合物的可能的中文名称：Simazine—西玛津；Alachlor—甲草胺；Methoxychlor—甲氧氯；Diuron—敌草隆；Carbaryl—西维因；Chloroneb—地茂散。

＊＊DOC—溶解性有机物。

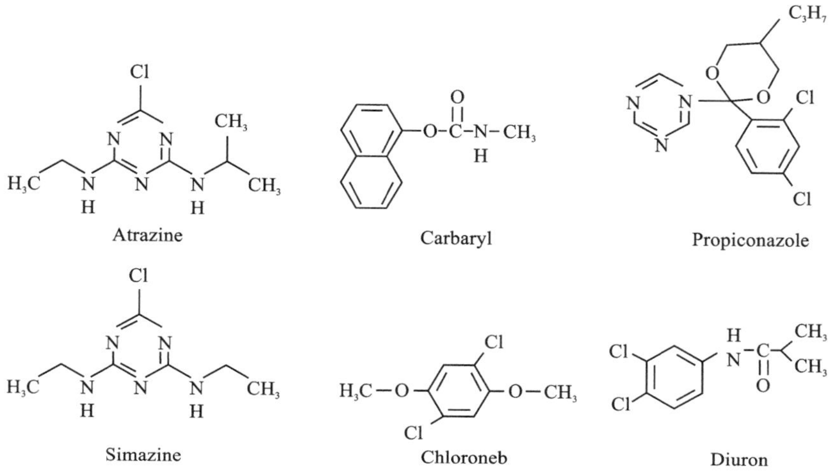

图 20-2　几种农药的分子结构

20.3.4　内分泌干扰物(EDCs)

EDCs 对人类和生物群的影响日益受到关注。在过去的几年里，人们做了大量的尝试来研究 EDCs 所产生的各种影响，如在污水排放点下游的雄性和幼年雌性鱼类的卵黄生成素(一种鱼类雌性的生物指标)水平的增加[53-57]。许多研究人员最近的研究证实了排放的污水中典型浓度的 EDCs 对鳟鱼的影响[58-60]。

EDCs 由大量合成的和天然的有机、无机化学物质组成[61-63]。其中，雌激素、17β-雌二醇(天然激素)和 17α-乙炔雌二醇(合成激素，避孕药的主要成分)等类固醇激素的影响非常显著，因为它们比其他 EDCs 具有更高的内分泌干扰能力(见表 20-5)，并且在城市废水中非常常见。类固醇激素都具有独特的五环结构(见图 20-3)。雌激素和雌三醇是 17β-雌二醇的中间代谢产物，主要产生于卵巢和胎盘。17β-雌二醇控制女性第二性征的发育，并与孕激素一起控制生殖过程[64]。孕酮是一种重要的孕激素，睾酮是一种重要的男性激素。

表 20-5　不同化合物与 17β-雌二醇相比的内分泌干扰效力

化合物	相对效力	参考文献
17β-雌二醇	1	
雌激素酮	3×10^{-1}	[65]
17α-炔雌二醇	1~10	[65, 66]

续表20-5

化合物	相对效力	参考文献
17β-葡糖苷酸雌二醇	2.5×10^{-2}	[66]
己烯雌酚	7×10^{-2}	
黄体酮	2×10^{-2}	
睾酮	1×10^{-2}	
植物雌激素	1×10^{-3}	
丁基酚	1.6×10^{-4}	[67]
壬基酚	0.9×10^{-5}	
十氯酮	1×10^{-6}	[68]
滴滴涕(DDT)	1×10^{-6}	

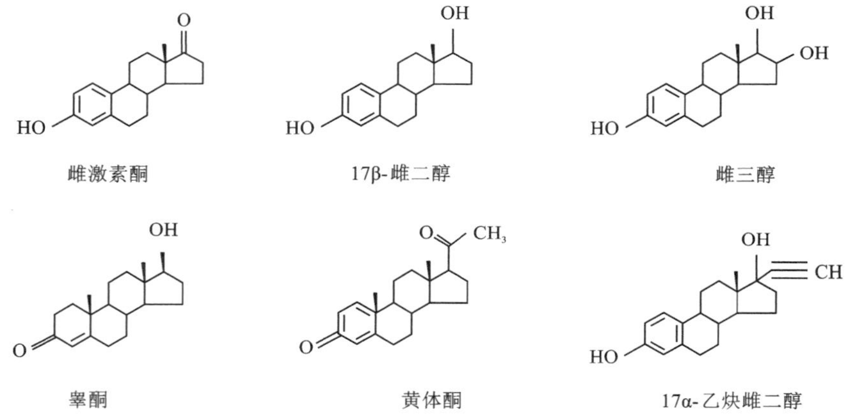

图 20-3　几种类固醇荷尔蒙的分子结构

这些类固醇激素是人类分泌的，在接收污水排放的水环境中普遍存在。它们在废水处理厂排放的污水或世界各地接收污水排放的淡水水体中被检测到通常在ng/L范围内[17, 69-74]。也有报道显示废水处理厂的废水中雌二醇的浓度高达200 ng/L。传统废水处理厂在去除类固醇雌激素方面的性能差异很大，因此，二级污水中某些类固醇雌激素浓度通常高到足以危害鱼类等野生生物，如仅仅1 ng/L的17β-雌二醇就可能对鱼类产生独特的影响[54]。尽管这一问题很严重，但由于EDCs(特别是类固醇激素)的浓度相对较低以及相关分析有难度，迄今为止对于水中和废水中EDCs的去除的研究一直很少。近年来，尤其是在欧洲，诸如 POSEIDON 和 PTHREE 等大项目正在尝试详细地解决这些问题[69]。

考虑到雌激素和 17β-雌二醇等 EDCs 的潜在影响，以及针对这些化合物时传统废水处理的不充分和不一致的性能，纳滤和低压反渗透膜可能在去除 EDCs 中起到重要作用。表 20-6 总结了最近几项研究报告中几种纳滤/反渗透膜对雌激素和 17β-雌二醇的截留作用。

表 20-6 中的结果表明，雌激素酮和 17β-雌二醇等天然激素的截留率随膜的类型在很大范围内发生变化。然而，所报道的最高截留率为 89%，因此不能完全截留这些化合物。这一现象将在后面的"机理"部分中更详细地进行解释。

表 20-6　不同纳滤/反渗透膜对雌激素酮和 17β-雌二醇的截留率

膜	化合物	进料液浓度	截留率/%	参考文献
TFC-SR2	雌激素酮	100 ng/L	13	[76]
	17β-雌二醇	100 ng/L	21	
TFC-S	雌激素酮	100 ng/L	76	[76]
	17β-雌二醇	100 ng/L	82	
X-20	雌激素酮	100 ng/L	87	[76]
NF-90	雌激素酮	100 ng/L	89	[77]
	17β-雌二醇	100 ng/L	86	
NF-270	雌激素酮	100 ng/L	85	[77]
	17β-雌二醇	100 ng/L	85	
UTC60	雌激素酮	50 μg/L	80	[78]
	17β-雌二醇	50 μg/L	72	
NTR7250	雌激素酮	50 μg/L	57	[78]
	17β-雌二醇	50 μg/L	58	
PES10	雌激素酮	100 μg/L	40	[79]
	17β-雌二醇	100 μg/L	50	

20.3.5　药物活性化合物(PhACs)

药物被用于人类和动物，以实现包括预防和治疗各种疾病在内的多种目的。鉴于所用化合物的多样性及其在环境中的广泛分布和持久性，药物残留及其代谢物可能会产生意想不到的影响后果[80-82]。根据化合物的物理化学性质，大部分给人和动物服用的药物会被不同程度地排出甚至直接排放到污水系统。虽然其中一些化合物是可生物降解的，但大多数外源性物质(非自然界固有)对传统的生物污水处理工艺而言是顽固的。在许多国家(包括奥地利、巴西、加拿大、克罗地亚、英国、德国、希腊、意大利、西班牙、瑞士、荷兰、澳大利亚和美国)进行的调查中发现，有 80 多种药物及其代谢物在水环境中被检测到浓度在 μg/L 或低一点的范围内[20, 83–88]。所报道的化合物包括被广泛应用的药物：镇痛剂、抗炎化合物、β 受体阻滞剂、降血脂药、抗癫痫药、$β_2$–交感神经药、抗肿瘤药、抗生素、X 射线媒介造影剂和避孕药。在水环境中经常检测到的几种 PhACs 分子结构如图 20–4 所示。

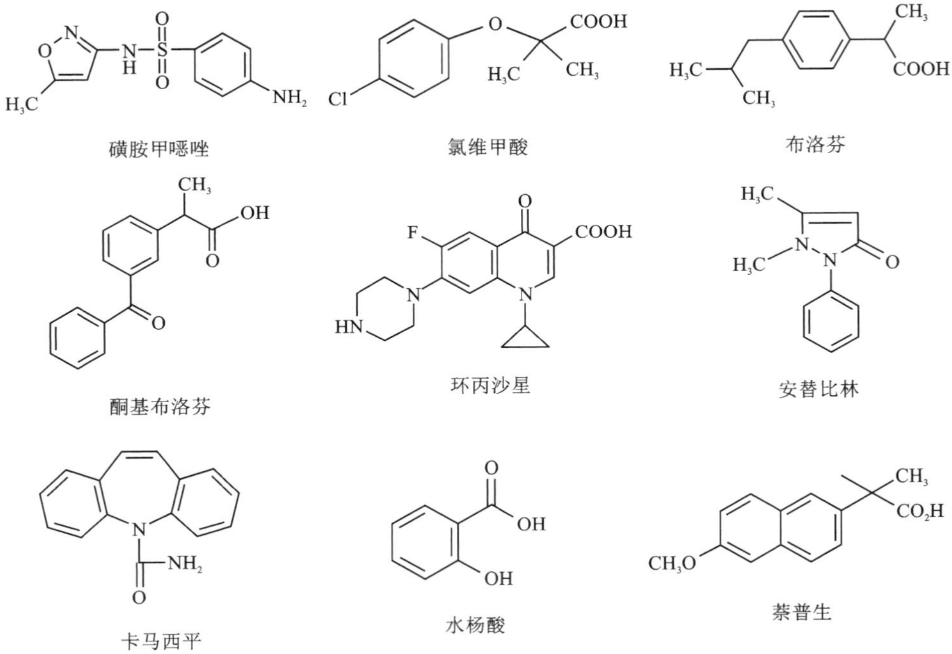

磺胺甲噁唑　氯维甲酸　布洛芬

酮基布洛芬　环丙沙星　安替比林

卡马西平　水杨酸　萘普生

图 20–4　水环境中经常检测到的几种 PhACs 分子结构

由于药物被设计成具有生物活性，它们对多种非靶向生物体产生广泛生理影响的潜力是固有的。环境中低浓度抗生素诱导[89]或增强抗生素耐药性[89–91]的潜力越来越受到科学家的关注。

一些研究表明，在传统的污水处理厂中，有些 PhACs 没有被完全消除，而是作为污染物排放到受纳水体中[84, 85, 92]。表 20–7 列出了市政污水处理厂去除部分 PhACs 的情况。在污水回灌条件下，降固醇酸、卡马西平、普里米酮或 X 射线造影剂等 PhACs 残留也可能渗入地下水含水层[93]。针对使用河岸过滤水的自来水厂或城市污水处理厂补给的下游人工地下水，都有报道指出以它们为水源的地下水和饮用水中存在 PhACs[94]。

表 20-7　市政污水处理厂对几种化合物去除率

<table>
<tr><th>化合物</th><th>参考文献</th><th>原污水浓度/(ng·L⁻¹)</th><th>渗透液浓度/(ng·L⁻¹)</th><th>去除率/%</th><th>处理过程</th><th>说明</th></tr>
<tr><td>双氯芬酸</td><td rowspan="3">[87]</td><td>N/A</td><td>N/A</td><td>4</td><td rowspan="3">絮凝</td><td rowspan="3">试验规模</td></tr>
<tr><td>降固醇酸</td><td>N/A</td><td>N/A</td><td>13</td></tr>
<tr><td>苯扎贝特</td><td>N/A</td><td>N/A</td><td>无</td></tr>
<tr><td>环丙沙星</td><td rowspan="4">[95]</td><td>313</td><td>68</td><td>79</td><td rowspan="4">STP</td><td rowspan="4">瑞士</td></tr>
<tr><td>环丙沙星</td><td>447</td><td>62</td><td>86</td></tr>
<tr><td>诺氟沙星</td><td>255</td><td>51</td><td>80</td></tr>
<tr><td>诺氟沙星</td><td>435</td><td>55</td><td>87</td></tr>
<tr><td>碘帕醇</td><td rowspan="3"></td><td>4300</td><td>4700</td><td>无</td><td rowspan="3">STP</td><td rowspan="3">德国</td></tr>
<tr><td>二乙酰氨基三碘苯甲酸盐</td><td>3300</td><td>4100</td><td>无</td></tr>
<tr><td>碘羟酞酸</td><td>170</td><td>160</td><td>无</td></tr>
<tr><td>布洛芬</td><td rowspan="5"></td><td>1000</td><td>600</td><td>52</td><td rowspan="5">STP</td><td rowspan="5">澳大利亚，通过用量和逸度模型来预测</td></tr>
<tr><td>卡马西平</td><td>2000</td><td>1000</td><td>39</td></tr>
<tr><td>双氯芬酸</td><td>400</td><td>300</td><td>30</td></tr>
<tr><td>磺胺甲噁唑</td><td>1000</td><td>900</td><td>27</td></tr>
<tr><td>萘普生</td><td>8000</td><td>4000</td><td>58</td></tr>
</table>

STP：污水处理工厂；N/A：数据不可获得。

表 20-7 中呈现的结果从 0 到 87%不等，这是由 PhACs、位置以及当地处理厂的设计和运行条件(包括生物质类型)决定的。虽然一些研究小组专注于痕量污染物的生物降解机理和传统处理工艺对去除此类污染物的优化，但不太可能实现对所有化合物的有效去除。

然而，几位研究人员在他们的研究中报道，使用纳滤/反渗透膜几乎完全清除了所有 PhACs[1, 8, 98-99]。表 20-8 表明，在反渗透过程中，药物的截留率很高。最近的研究表明，尽管 PhACs 的分子量与激素的相比差不多或更低，但 PhACs 的截留程度要高得多。这说明这些化合物在如何被去除方面可能存在显著差异，可能的机理将在下一节中讨论。

表 20-8　用纳滤/反渗透膜去除某些 PhACs

膜	化合物	进料液浓度/($\mu g \cdot L^{-1}$)	截留率/%	参考文献	说明
ESNA	非那西丁	100	19	99	试验规模
	普里米酮	100	87		
	双氯芬酸	100	93		
NF-270	磺胺甲噁唑	700	96	98	试验规模
	卡马西平	700	84		
反渗透膜	卡巴咪嗪	0.43	>99.8	1	中试规模
	降固醇酸	0.33	>99.7		
	双氯芬酸	0.329	99.7		
	萘普生	0.038	95		
反渗透膜	降固醇酸	7.4	89	8	中试规模

20.4　纳滤去除痕量有机物的机制

本节将探讨上一节中报道的纳滤对痕量有机物截留率产生变化(见表 20-4、表 20-6 和表 20-8)的原因。尽管主要关注的是纳滤，但在一定程度上也会涉及超滤和反渗透，从而将去除机制置于合理的背景中。

纳滤填补了超滤和反渗透之间的间隙，尽管其分离被认为是通过尺寸排除或电荷截留完成的，且吸附扩散机制也有助于其分离过程[2, 100]。根据溶质和膜的物理化学特性，可以通过一种或几种机理实现分离。“物理化学”一词明确表示分离可能是由于物理选择性(电荷排斥、尺寸排斥或空间位阻)或化学选择性(溶剂化能、疏水相互作用或氢键)造成的。

因此，一些低分子量痕量有机物的分离过程会受到它们与膜聚合物和/或与水的物理化学相互作用的强烈影响。这些相互作用是复杂的，痕量有机物的跨膜传递过程至今还有待深入理解。本节将概述现有的重要参数、目前的机理和模型以及它们用于痕量有机污染物去除的适用性。

20.4.1　分子化合物的特性和组群

痕量污染物的特征对于了解这些化合物在环境中以及在处理系统中的去向是非常重要的。根据有机化合物在溶液中的物理状态(如分散性、聚集性和挥发性)将其分为若干类，可以得出一些概括性的结论[102]。在早期的研究中，Hindin 等人[102]发现，主要以胶体、聚集体、胶束或大分子形式存在的化学物质具有很高的截留率；在分散体系中以聚集体形式存在，以及在真实溶液中以离散分子形式存在的化学物质截留率较低。他们还指出，挥发性和低分子量的化合物很难被膜截留，分子结构和构型也很重要。例如 Reinhard 等人[8]使用两套中试反渗透系统来去除废水回收过程中可能遇到的一些痕量有机物，包括 THMs、芳香烃、氯苯和苯甲酸。两种膜都能截留有支链的复杂分子，但对较小的化合物(如氯化溶剂)的截留特性差异很大。他们还得出结论，后者能通过醋酸纤维素(CA)膜，并且在某种程度上同时被聚酰胺(PA)膜截留。

另外，污染物的特性对于预测去除率至关重要。虽然对每种受关注的污染物都进行试验和监测是不可行的，但将污染物归到具有类似特征的组中则呈现出了重要的相关性。除分子结构和动电性能外，对理解纳滤过程中痕量有机物分离特别重要的理化性质包括但不限于极性、离解常数、疏水性、溶解性和挥发性。这些参数的详细信息如下文所述。应注意的是，文献中所报道的这些物理化学参数的值应谨慎使用，因为用于测定这些参数的方法和条件可能存在很大差异。

许多有机分子都是电中性的，没有净电荷，既不带正电荷，也不带负电荷。然而，分子中某些键，特别是官能团的键，是极性的。极性键导致分子内电子分布不对称。极性有机物比非极性有机物更具活性，它们可以随时与膜聚合物发生化学反应，即极性相互作用。净分子极性的大小是一个称为偶极矩的量，定义为单位电荷 q 的大小乘以极性中心之间的距离 r[103]。

$$\mu = qr \tag{20-1}$$

式中：q 是以静电单位表示的电荷；r 是以埃(Å=0.1 nm)表示的距离；偶极矩 μ 是以德拜单位(D)表示的矢量。

许多痕量有机物具有可电离官能团，可以被电离成带负电荷(酸)或带正电荷(碱)的分子。电离程度取决于溶液的 pH 及其在溶液中的解离常数(pK_a 表示酸的离解程度，pK_b 表示碱的离解程度)，它描述了水系统中电离物质与非电离物质之间的平衡关系。例如，双酚 A(BPA)的 pK_a 约为 10.1，在 pH 高于 10.1 时，BPA 主要以带负电荷的物种存在；而在 pH 低于 10.1 时，大多数 BPA 分子为中性物种。化合物的 pK_a(或 pK_b)也与其极性有关，因为它们都参与化合物中电子的分布。

根据该化合物的疏水性，可以在一定程度上理解和预测痕量有机物在膜基质或给水中的微粒和有机物中的分配，通常将其量化为液体辛醇和水之间的相对分配(辛醇-水分配系数，K_{ow})以及水中的溶解度。在文献中，分配的效率通常以 K_{ow} 的对数表示，并定义如下[104]：

$$\lg K_{ow} = \lg \frac{c_{oc}}{c_w} \tag{20-2}$$

式中：c_{oc} 是辛醇中溶质的浓度；c_w 是平衡状态下水中溶质的浓度。

水溶性是指水溶液在给定温度下的最大溶质浓度。

气相和水相之间化学平衡的亨利（Henry）常数（H）通常用于表示有机化合物的挥发性。与 K_{ow} 类似，H 为水与大气的分配系数如下：

$$H=\frac{\text{气体(空气) 里的浓度}}{\text{水里的浓度}} \tag{20-3}$$

20.4.2 尺寸排斥

尺寸排斥是一种基于污染物物理尺寸的简化截留模型。在尺寸排斥中，大于膜孔径的溶质因尺寸而截留。这与筛分现象类似，只是在膜过滤中，不论是孔还是溶质，都没有均匀的尺寸。由于形状不同，不同结构的溶质不易用等效球来表示，分子的大小和形状随应力和溶液化学的变化而变化。

许多研究人员认为尺寸排斥和筛分现象是相同的截留机制。这个过程可以用一些简化的假设来描述，通常假定膜由一束圆柱形毛细管组成，孔径为毛细管内径，溶质呈球形。还可以利用平均孔径和估计的等效球直径来模拟分离过程。这一过程对于膜截留胶体和微粒有用，也可用于盐的截留，但其中需要考虑水合离子半径。

在有机物的情况下，其形状可能偏离球形，分子也可能由于溶液化学的变化或与其他分子、表面的相互作用而改变构型。图 20-5 说明了由于尺寸排斥而截留痕量有机物的机理。

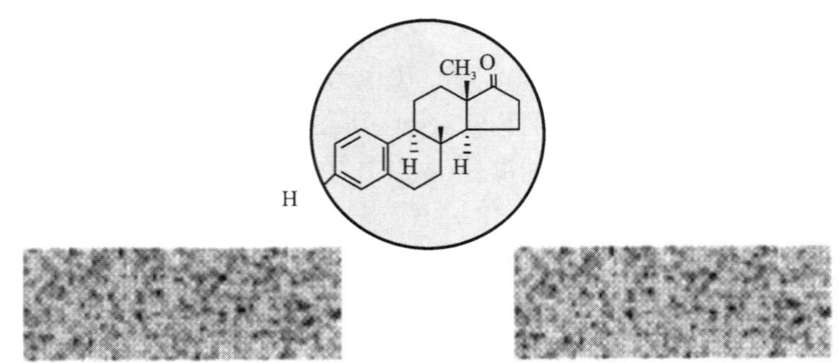

图 20-5 尺寸排斥机理

有人利用该方法建立了摩擦模型和孔隙模型等，以阐明用纳滤膜分离有机物的过程。这些模型包含了一些经验公式，相对简单且有说服力。根据孔隙大小、分子大小、纯水通量等物理参数，可以预测溶质的截留量。这些模型已经用碳水化合物等非极性中性有机物进行了验证[105-106]。

尽管尺寸排斥通常是主要的截留机制，但在许多情况下，分离过程并不完全基于这种机理。因此，这种尺寸排斥模型在追踪有机物方面的应用受到限制，原因有很多。首先，将有机分子表示为等效球体是这些模型的主要局限之一。此外，作为溶液化学的一个函数，有机分子的几何结构可能会有很大的变化。例如，已知一些较大的 NOM 分子在不带电荷(在低 pH 下)时会形成卷曲，但在高 pH 下由于电荷排斥而形成更多的线性链，如 Braghetta 等人[107]所述以及如图 20-6 所示。痕量污染物也可能改变构象，更重要的是，它们还与其他分子(如 NOM)相互作用，这可能对截留有重要影响[6-7]。最后，一些痕量有机物也可以与膜聚合物相互作用(例如通过氢键或疏水作用)，从而导致吸附，但这在空间位阻模型中不被考虑。

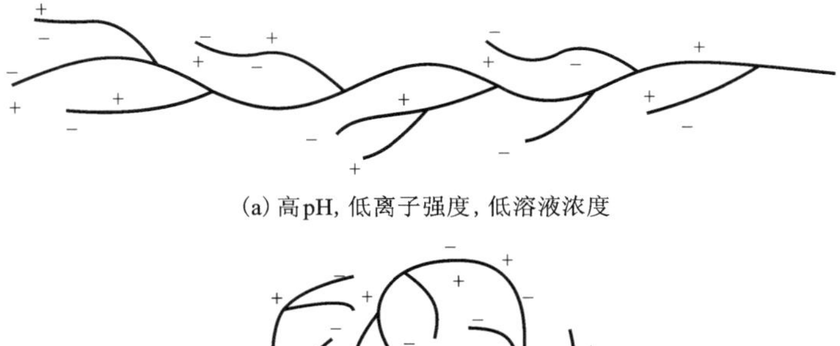

(a) 高 pH，低离子强度，低溶液浓度

(b) 低 pH，高离子强度，高溶液浓度[107]

图 20-6 天然有机物的分子尺寸和形状变化

吸附可能对截留有很强的影响。考虑到表面扩散比吸附扩散快，如果膜孔大于痕量有机物的尺寸，则可增强痕量有机物的跨膜迁移。这种现象对痕量有机物截留的影响程度由膜的孔径大小和分布决定。研究表明，以孔径大小为前提，尺寸排斥、吸附作用或两者的共同作用都有助于痕量有机雌激素的截留[104]。

有几个模型将污染物的分子量和大小进行关联。分子量是最容易获得的表明分子大小的参数。许多研究随后都集中在分子量方面，以获得有关纳滤截留中性有机物的信息。切割分子量(MWCO)对应截留率为 90%的溶质的分子量，是大多数膜制造商常用的一种测量纳滤膜截留性能的方法。

然而，MWCO 并不能提供分子量小于 MWCO 有机物的截留信息[108]。此外，由于不考虑分子的尺寸参数，具有相同分子量但不同分子结构的有机物的截留可能有所不同。因此，需要使用结构参数来估计截留程度。当分子被假定为球形时，斯托克斯(Stokes)半径通常被认为是描述分子尺寸的一个更好参数。分子的 Stokes 半径(r_s)用斯托克斯-爱因斯坦(Stokes-Einstein)公式计算如下：

$$r_s = \frac{kT}{9\pi\eta D_s} \tag{20-4}$$

式中：k 是玻尔兹曼(Boltzmann)常数($k = 1.380649 \times 10^{-23}$ J/K)；η 是黏度[kg/(m·s)]①；T 是温度(K)；D_s 是扩散系数(m^2/s)。

如方程所示，Stokes 半径本质上与扩散系数有关，而许多有机物没有这一数据。幸运的是，扩散系数可以使用表 20-9 中总结的几种不同方法根据分子量进行估算。然而，不同方法之间的差异可以达到大约 125%[109]。

表 20-9 估算扩散系数方法概括

方法	方程
Wilke-Chang	$D_s = 1.193 \times 10^{-7} \dfrac{M_v^{1/2} T}{\eta \cdot V_s^{0.6}}$ (20-5)
Worch	$D_s = 3.595 \times 10^{-14} \dfrac{T}{\eta \cdot M^{0.53}}$ (20-6)
Tyn-Calus	$D_s = 8.93 \times 10^{-8} \dfrac{V_w^{0.267} T}{V_s^{0.433} \eta} \left(\dfrac{\sigma_w}{\sigma_s}\right)^{0.15}$ (20-7)
Scheibel	$D_s = 8.2 \times 10^{-8} \left[1 + \left(\dfrac{3V_w}{V_s}\right)^{2/3}\right] \dfrac{T}{\eta V_s^{1/3}}$ (20-8)

除 Stokes 半径外，值得一提的其他尺寸参数包括将分子假定为球形的当量摩尔直径[108]，以及分子宽度和长度的计算都考虑到的范德华(Van der Waals)效应的 STERIMOL 参数[52]。这些参数与 Stokes 半径之间通常有很好的相关性。

有机分子也可以表示为圆柱体，其高度和直径是根据能量优化步骤确定的，可以使用计算机程序，如 HyperChem 来执行[108]。

有必要开展进一步的研究，用严谨的方法结合污染物特征的分组来考察痕量有机物的截留率。虽然尺寸是一个重要因素，但截留率也受到分子电荷的影响，分子电荷可能会增强来自膜的吸引力或排斥力。

20.4.3 电荷相互作用

Wang 等人[110]提出了一个模型，通过结合空间电荷和空间位阻这两种孔隙物

① 1 kg/(m·s) = 1000 mPa·s。

理现象来描述有机电解质穿过纳滤膜的传递。因此，该模型被命名为静电和空间位阻(ES)模型。基于此模型，溶质截留率是膜电荷密度与离子浓度之比、溶质半径与膜孔径之比，以及阳离子与有机阴离子之间相对迁移率的函数。因此，人们预期这些痕量有机物的截留率会受到溶液化学(如 pH 和离子强度)的影响。Braghetta[111]示意性地说明了溶液 pH 和离子强度对膜“表观”孔径的影响，如图 20-7 所示。膜结构的这种变化作为溶液化学的一个功能，通常借助通量和盐截留率的变化来表达。

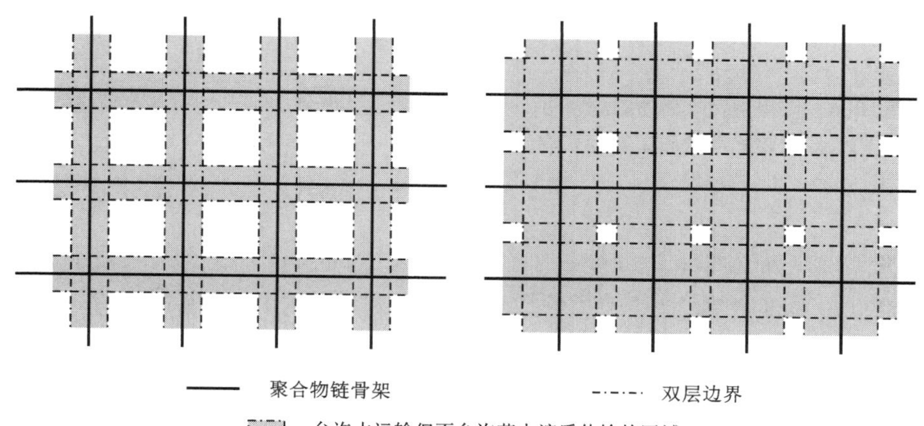

左：低 pH 和低离子强度；右：高 pH 和高离子强度(摘自文献[111])。

图 20-7　溶液 pH 和离子强度对膜特性影响的示意图

当分子在高 pH 或低 pH 下离解时，一些痕量有机物可能获得负电荷或正电荷。例如，p-氨基苯甲酸在 pH 高于 4.8 时具有负电荷，而在较低的 pH 时具有正电荷。带负电荷的有机物通常比同样大小不带负电荷的有机物具有更高的截留率，这可以归因于分子与膜的负电荷官能团之间的静电排斥；然而带正电荷的有机物很难被带负电荷的膜截留。Berg 等人[48]报道了 5 种不同的带负电荷的膜在高 pH 时对带负电荷的有机物 2-甲基-4-氯苯氧丙酸的截留率显著提高。Williams 等人[112]还表明，带负电荷的膜对 p-氨基苯甲酸的截留作用相类似，作为 pH 的函数，截留率随着电荷排斥作用的增加而提高(见图 20-8)。尽管静电相互作用主导了分离过程，但空间位阻也影响了这类溶质的截留[48]。

进料溶液的 pH 也会影响膜的特性及此膜的截留性质。最重要的是，膜表面电位通常用 Zeta 电位来测量。图 20-9 表明了几种纳滤膜的表面 Zeta 电位。一般来说，随着溶液 pH 的增加，膜表面的 Zeta 电位会从正值变为负值。因此，离子化合物与膜表面之间的静电相互作用也会随溶液的 pH 而变化。

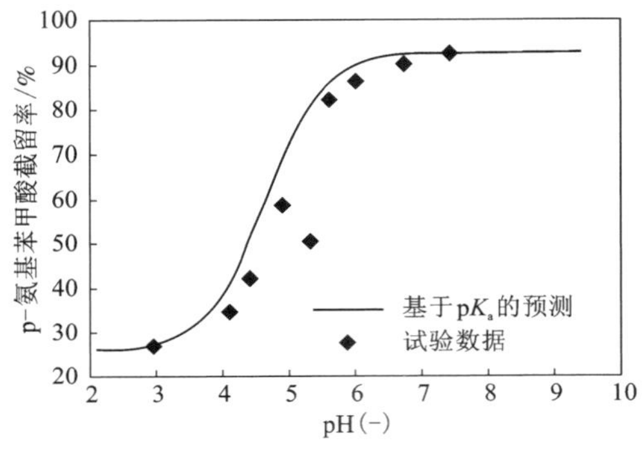

图 20-8 使用带负电荷的纳滤膜时，pH 对 p-氨基苯甲酸截留率的影响

（摘自文献[112]）

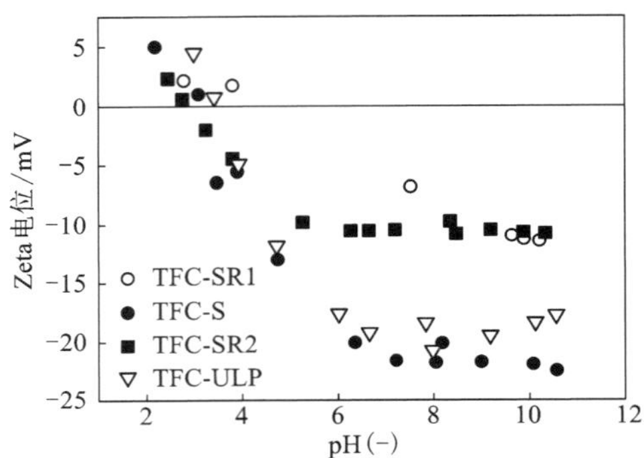

图 20-9 几种纳滤/反渗透膜的表面 Zeta 电位与 pH 的关系

除了膜表面 Zeta 电位的变化，Childress 和 Elimelach[114] 还使用 PA 纳滤膜说明了膜孔径对进料溶液 pH 的依赖性。在高或低的 pH 下，膜聚合物的官能团可以离解，并呈现带正电荷或带负电荷的部分。膜聚合物之间的排斥作用会减小或“封闭”膜孔。在孔表面的零电荷点（或等电点），膜官能团的电荷最少，排斥力的缺失有助于膜孔的扩大和打开；此时观察到的盐截留率相比于更低或更高的 pH 时有所下降（对应于渗透通量的峰值）。然而，Braghetta 等人[107] 报道了聚合物链之间的电荷排斥作用使孔径增大，导致截留率降低。这种痕量有机物的截留现象还没有得到检验。人们预计，pH 对痕量有机物特性和膜孔径的影响是不容易分开的。

20.4.4 极性引起的相互作用

通常，用纳滤膜分离极性有机物更为复杂，因为这一过程不仅受电荷排斥和尺寸排斥的控制，而且还受溶质和膜聚合物之间存在的其他物理化学相互作用的影响。这些极性相互作用可以影响主体溶液与膜孔之间溶质的分配、溶质在水-膜界面的吸附，甚至是溶质在膜聚合物中的吸附。Van Der Bruggen 等人[51] 成功地将尺寸排斥和极性效应结合起来解释了四种杀虫剂的截留率。因此，痕量有机物和膜聚合物的极性对预测痕量有机物的截留率具有重要意义。此外，有必要确定影响痕量有机物极性的化学参数。

虽然偶极矩可以通过实验确定，但考虑到存在大量污染物，测量所有痕量有机物的偶极矩是不实际的。Sourirajan 和 Matsuura[100] 在 20 世纪 70 年代早期的工作中确定了一些与极性间接相关的参数。与极性相关的主要可量化参数如下：

(1)以 $\Delta\nu_S$(酸度)所表示的溶质的氢键能力，即溶质在 CCl_4 溶剂和乙醚溶液中所对应红外光谱的-OH 波段最大值的相对位移。

(2)相对于给定的官能团，溶质分子中取代基的 Taft(δ^* 或 $\Sigma\delta^*$)或 Hammett(δ 或 $\Sigma\delta$)数。

(3)溶质的 pK_a 值。

然而，文献中经常报道 pK_a 值，其他两个参数则由于复杂性和不可利用性而受到限制。

除了这些间接极性参数，一些研究人员还试图将截留率与 $\lg K_{ow}$[式(20-2)]或膜表面的疏水性联系起来[52, 115-117]。然而，没有人总结任何特征相关性。一些研究人员将此参数称为 $\lg P$。$\lg P$ 或 $\lg K_{ow}$ 其实是相同的。这些参数是对分子极性的间接测量，它们之间是唯一相关的[100]。

与偶极矩相似，许多关于痕量有机物的文献中没有这些参数值的数据。考虑到化合物的骨架和组成，可以对结构相似但官能团不同的有机物进行比较，反之亦然。在参考有机物的基础上，可以对其他有机物的化学特性进行定性和定量预测。例如，Perrin[118]描述了一种基于有机物结构相似性来估计有机物 pK_a 的方法。也开发了一些商用计算机软件包，如 HyperChem 和 Pallas 来预测这些参数。然而，在使用此类软件时应注意，参考结构的数据库可能会受到限制，并且在某些情况下可能无法给出接近的估值。

由于难以量化某些污染物的化学特性，极性等化学特性和纳滤截留率之间的关系仍然无法确定。因此，没有普遍的指标适合于描述纳滤对极性痕量有机物的截留。膜供应商的信息，例如 MWCO 和盐截留率显然是不适合的；盐截留率作为去除痕量有机物的指标也常常失败[115]，而 MWCO 也只能谨慎地用于前面提到的非极性中性有机物。如图 20-10 所示，Kiso 等人[52]表明 11 种不同的芳香族杀虫剂的截留率与分子量之间存在较差的相关性。

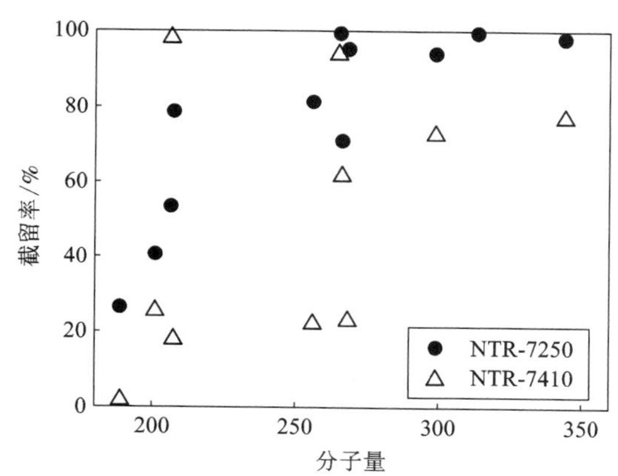

图 20-10　纳滤膜对 11 种芳香杀虫剂的截留率与它们的分子量的关系

Sourirajan 和 Matsuura[100]使用 65 种具有不同官能团的有机化合物研究了上

述极性参数与截留率的关联。实验结果表明，一元醇和酚类化合物的截留率与 $\Delta\nu_S$ 之间存在着独特的相关性，这类化合物在水溶液中基本上没有离子化。类似地，一元醇和多元醇的 $\Sigma\delta^*$ 与截留率之间也有很好的相关性。

随后，Sourirajan 和 Matsuura 利用吸附毛细管流动机制解释了这些相关性：当极性较高的溶质在膜-水界面的吸附处于有利的情况时，溶质的跨膜传输增强，截留率降低。这些结果确定了醇和酚的极性参数与截留率的相关性。更重要的是，Sourirajan 和 Matsuura 认为，$\Delta\nu_s$(或 $\Sigma\delta^*$)小于水($\Delta\nu_s = 250\ cm^{-1}$，$\Sigma\delta^* = 0.49$)的溶质的截留率为正，而 $\Delta\nu_s$(或 $\Sigma\delta^*$)高于水的溶质(如酚类)的截留率可以为负、0 或正，取决于过滤条件。Sourirajan 和 Matsuura 用苯酚和对氯苯酚以及几种不同的膜说明了这一发现[100]。一般来说，随着作为驱动力的跨膜压力的增加，这些溶质的截留率降低。这种分离现象对极性有机物来说是独特的，并实际上与其他溶质(如胶体、盐和中性非极性有机物)的分离过程形成了对比。

极性是一个重要因素，但它并不是影响分离过程的唯一因素。醚、酮、醛、酯、醇的截留率与 $\Delta\nu_s$ 和 $\Sigma\delta^*$ 形成的相关性曲线是不同的，说明除极性因素外，其他因素也会影响分离过程。识别并将所有这些因素纳入一个机理模型中，以理解和预测痕量污染物的截留率，将是一项复杂的任务，在未来的研究中应该投入更多的精力。

20.4.5 吸附

膜材料对痕量有机物的吸附(或分配)是利用纳滤去除痕量有机物的一个重要方面。许多研究人员已经观察到一些痕量有机物在膜聚合物上的明显吸附[27, 28, 52, 99, 112, 119, 120]。事实上在众所周知的吸附扩散模型中，吸附被认为是水以及在某些情况下溶质的过膜传递机制的第一步[112, 121]。能吸附到膜表面的痕量有机物通常具有很高的 $\lg K_{ow}$ 或氢键能力，并且在水中溶解度很小。

根据吸附扩散模型，水的跨膜通量很大程度上取决于其与膜聚合物亲水基团形成氢键的能力；而氢键的特性吸附可以减少水的渗透。膜聚合物和痕量有机物(在本案例中是类固醇荷尔蒙雌激素酮，它是导致图 20-12 中通量突破现象的化合物，其结构绘制在图 20-11 中)之间可能形成氢键。这意味着氢键在纳滤的截留中可能起主要作用。这一观点得到了之前一项研究的支持。Williams 等人[81]报道了苯在无氢键形成情况下的显著吸附，但水通量下降可以忽略不计。另一方面，2，4-二硝基苯酚，一种对芳香族 PA 膜有高氢键能力的化合物，其吸附导致通量下降了 60%。这可以归因于 2，4-二硝基苯酚和水之间对氢键位置的竞争。吸附也可以通过疏水作用来实现。Kiso 等人[52]表明了分子量和截留率之间的弱相关性(见图 20-10)，而且还研究了 $\lg K_{ow}$ 与纳滤膜对 11 种芳香杀虫剂的截留率和吸附之间的关系。这些农药的截留率与 $\lg K_{ow}$ 之间没有显著的相关性，但吸附

和 $\lg K_{ow}$ 关联显著。氢键和疏水相互作用可以独立或共同起作用。在后一种情况下，很难将二者的效应区分开来。

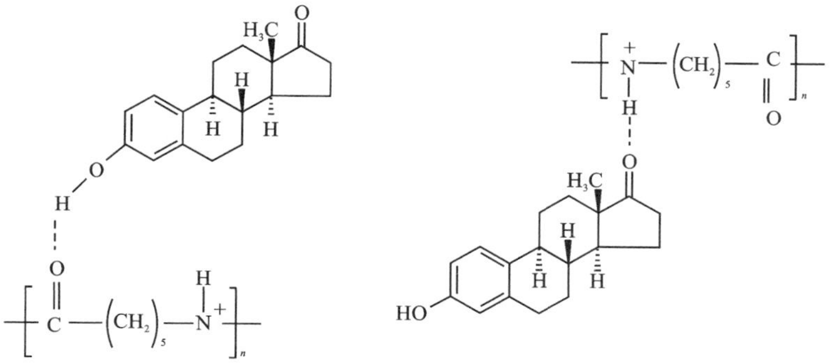

图 20-11　膜聚合物(聚酰胺)和天然荷尔蒙雌激素酮形成的氢键[120]

膜对痕量有机物的吸附有两个重要意义。其结果可能是痕量有机物的积累，从而导致一些问题的恶化。另外，由于扩散后的吸附(或分配)而形成的浓度梯度在一定程度上降低了膜的有效性。

痕量有机物可在膜中大量积累，并且操作条件的变化可能导致吸附/解吸平衡的改变，并随后释放一些积累的污染物[122]。例如，在膜清洗过程中，雌二醇释放的问题已经引起人们的关注，这里通常使用 pH 为 11 的碱性溶液来进行清洗。在这个 pH 下，雌二醇离解并带负电荷。随后，都带有负电荷的雌二醇与膜表面之间的电荷排斥作用，使雌二醇被解吸。表 20-10 表明了卷式膜元件可吸附的类固醇激素雌酮的量的近似值。有必要强调的是，类固醇激素，如雌激素酮，对鱼类的内分泌活性浓度只有大约 1 ng/L[65]。

表 20-10　不同尺寸组件上所吸附的雌激素酮的近似量

甾类激素	吸附量/μg					
	6. 35 cm 组件	NF-270 10. 16 cm 组件	20. 32 cm 组件	6. 35 cm 组件	NF-90 10. 16 cm 组件	20. 32 cm 组件
膜面积/m^2	2. 6	7. 6	53. 0	2. 6	7. 6	53. 0
雌激素酮	184	538	3737	169	493	3425
雌二醇	100	292	2027	82	239	1657
睾酮	111	325	2259	54	158	1098
黄体酮	231	674	4681	232	679	4718

虽然吸附有助于初始截留，但当膜达到吸附饱和时，会观察到有较低的截留率。在研究吸附对类固醇雌激素酮的截留率的长期影响时，Nghiem 等人[123]观察到纳滤曲线有明显的突变特征（见图 20-12）。

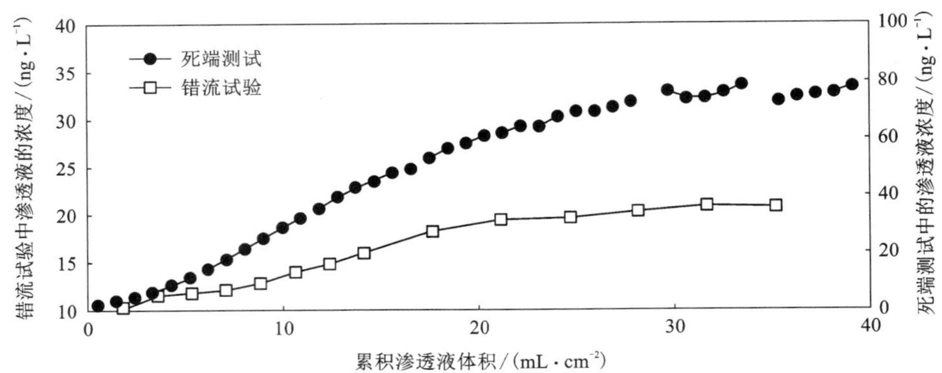

图 20-12　渗透液中雌激素酮浓度与累积渗透体积的关系[123]

这一现象可以用吸附-扩散模型，即溶质吸附（或分配）到膜中，并通过扩散进行跨膜传递来解释。吸附本身是由于疏水作用或膜聚合物与痕量有机物之间形成氢键而发生的。在致密聚合物中的扩散可以通过一系列从一个平衡位置到另一个平衡位置的连续跃迁来实现，这通常涉及二次键的形成和断裂[124]。这种"连接和断开"作用可能是两个键合位点之间切换的结果，如与基底之间的疏水键切换成与水之间的氢键[125-126]。以前有人观察到具有氢键能力的化合物截留率通常较低[121]。一些研究人员使用"溶质-膜亲和力"这个术语来谨慎地指代这一现象[99, 115]。在另一项研究中，Nghiem 等人[77]表明，几种天然激素的截留率略低于空间位阻孔隙传递模型的预测值。

20.4.6　结束语

前几节说明了纳滤过程中痕量有机物截留率的复杂性。截留作用主要受空间位阻、静电作用和溶质-膜亲和力三个因素的影响。这些因素可以复杂的方式相互依赖或共同作用。在后一种情况下，它们可能会增强或减弱彼此对截留率的影响。除此之外，它们还受到溶质和膜的理化性质的强烈影响。其中，极性、疏水性和氢键能力是最重要的。这些特性也受操作参数的制约，特别是溶液化学，如 pH 和离子强度。因此，要了解痕量有机物的截留，人们就必须充分了解许多相关因素之间相当复杂和相互交织的关系。尽管近年来有许多卓有成效的和专门的研究特别关注了痕量有机物的截留率，但仍需要通过更多的工作来充分了解每种现象的复杂性，并创建一个模型来充分描述这种真正复杂的系统。

20.5　纳滤去除痕量无机污染物

传统上，可能由于纳滤膜的高荷电量，纳滤在去除痕量无机污染物方面更为突出，其在重金属方面的大量工作反映了这一点。这在本书的第 19 章中有更详细的介绍。

在本章中，重点仍然是饮用水供应中痕量无机污染物的去除。来自深井的地下水是一种很好的水源，相对来说不含病原体和有机污染物。然而，地下水中可能含有一些有害的无机污染物，如砷、铀、氟化物和硼。尽管硝酸盐在饮用水中的最大浓度远高于定义痕量元素的浓度，它也被确定为研究对象。

砷是一种自然存在的元素，其以无机物形式存在的浓度可以相当高，特别是在地下水供应中。无机砷已被鉴定为是一种有毒和致癌的物质，可导致皮肤和各种形式的癌症[127-129]。

天然铀是三种同位素的混合物，其中 U-238 最丰富；其他两种同位素 U-234 和 U-235 只占不到 1%(见表 20-11)。令人惊讶的是，迄今为止还没有报道天然铀的放射性影响，尽管实际上它是放射性的。这可能是因为辐射剂量非常低。然而，摄入天然铀会导致肾和肝衰竭。

表 20-11　天然铀同位素组分和它们的半衰期

核素	质量分数/%	半衰期/年
^{238}U	99.2836	4.47×10^{9}
^{235}U	0.7710	7.04×10^{8}
^{234}U	0.0054	2.45×10^{5}

淡水中氟化物的浓度与土壤和矿物质的地球化学性质有关，而水是通过这些土壤和矿物质排出的。如果岩层中富含氟，深层含水层中氟化物浓度可高达 10 mg/L。定期饮用氟化物浓度超过 1.5 mg/L 的水可能会导致牙齿氟中毒，超过 4 mg/L 可能会逐渐增加骨骼氟中毒的风险[130]。

持续摄入高剂量的硼可能会影响人体健康，如胃肠道紊乱、皮疹和抑郁症[130]。存在于饮用水资源中的硼元素有如下来源：海水入侵，海水淡化过程中硼的去除不完全，硼通过富硼矿物自然浸出。

尽管硝酸盐是一种天然氮氧化物，但集约化农业实践和向河流排放污水导致淡水水体，特别是地下水中硝酸盐浓度的升高。由于硝酸盐可还原为亚硝酸盐，从而破坏血红蛋白的正常生物功能，高浓度硝酸盐对婴儿有特别不利的影响。因此，大多数水务主管部门将饮用水中的硝酸盐浓度限制在 50 mg/L。

考虑到这些污染物对人类健康的影响，大多数国家都对饮用水中的 MCLs 进行了监管。表 20-12 列出了世界各地几家水务部门针对这些无机污染物的最新饮用水指南。在高或中等盐度的地下水中，有时会出现这些污染物的超标现象。在这种情况下，纳滤被认为是一种可行的处理方法，它可以降低盐度，同时去除这些痕量污染物[133]。

表 20-12　几家水务部门针对受关注的无机污染物提供的饮用水指导值　单位：mg/L

污染物	US-EPA[18]	WHO[131]*	澳大利亚[130]	加拿大[132]
As	0.01	0.01	0.007	0.025
U(以 ^{238}U 为代表)	0.03	0.009	0.02	0.02
B	无	0.5	4	5
氟化物	4	1.5	1.5	1.5
氮化物	10	50	50	45

* 世界卫生组织。

20.5.1　痕量无机污染物的特征

大多数痕量无机污染物以离子形式存在于水环境中。在水溶液中，每个离子通过和 H_2O 偶极矩的正(或负)极的静电相互作用(见图 20-13)而与多个水分子紧密结合。这种相互作用的能量称为溶剂化能，它大到足以克服水的氢键。因此离子溶质的有效(水合)尺寸可以远远大于其离子尺寸(见表 20-13)。有趣的是，离子半径小的离子可以有更大的水合半径，因为它与更多的水分子紧密结合。例如，F^- 的水合半径大于 I^- 的水合半径，尽管前者的离子半径要小得多。离子化合物的水合作用可视为络合作用的一种特殊情况，水在其中起着配体的作用。络合使离子的表观尺寸增加，能显著提高截留率(更多细节见第 19 章)。此外，同一元素的不同化学形式在水合半径上也会有很大的差别(鼓励读者参阅第 7 章，了解化合物的形态和络合的更多细节)。需要注意的是，环境中痕量无机物通常以复杂的形式存在，而其中 NOM 等化合物又起着关键作用。

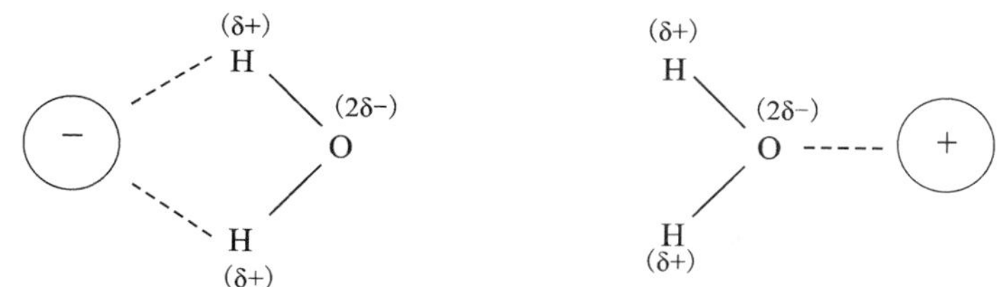

图 20-13 水分子的正(左边)或者负(右边)极与离子之间的静电相互作用

表 20-13 几种离子的离子半径和水合半径

离子	离子半径/nm	估计的水合离子半径/nm	参考文献
Na^+	0.095	0.280	[134]
K^+	0.133	0.230	
B^+	0.082	不可获得	
U^{4+}	0.103	不可获得	
AsO_4^{3-}	不可获得	0.400	[135]
I^-	0.205	0.331	
Br^-	0.180	0.330	
Cl^-	0.164	0.332	
F^-	0.116	0.352	
NO_3^-	0.179	0.340	

然而，在纳滤过程中这个问题很复杂，因为以比较为目的而记录的水合半径并不是一致的和完整的。此外，膜通常带有固定电荷基团，可以与水竞争；换句话说，离子是以离子交换的形式穿过膜。这种现象在反渗透膜和离子交换膜中更为显著。即使离子交换发挥的作用最小，仍有假设认为跨膜压力可以削减膜孔或溶质离子的水合层。Mukherjee 和 Sengupta[136] 认为，水合半径不可靠，不能用其获得诸如 NO_3^+、AsO_4^{3-}、AsO_3^{3-} 等多原子离子的截留率。他们建议使用离子交换选择性作为替代指标来获得离子的相对截留率，并说明了离子交换选择性和离子溶质截留率之间的特征相关性(较高的离子交换选择性对应的离子截留率较小)。事实上，离子交换选择性可以看作是“溶质-膜亲和力”的相似概念，如前一节中对痕量有机物所讨论的。离子交换选择性可以很容易地用离子色谱法或间歇等温线技术来确定。尽管离子交换选择性是一种预测痕量无机污染物截留率的有力方法，但它并不总是正确，必须谨慎使用。

回顾公开文献中离子交换选择性的可用数据，得到以下离子化合物被反渗透/纳滤膜截留的顺序：$SO_4^{2-}<NO_3^-<HAsO_4^{2-}<I^-<Br^-<Cl^-<F^-<H_2AsO_4^-$，$HCO_3^-\ll Si(OH)_4$，$H_3AsO_3$。虽然这个顺序对卤化物系列是正确的(见图 20-20)，但它与目前实验结果所报道的砷物种的截留率顺序($H_3AsO_3<H_2AsO_4^-<HAsO_4^{2-}$)相反[138-140]。该模型似乎仅适用于电荷数相同的离子化合物，且扩散是主要的传递机制。

20.5.2 截留机理

在中性纳滤膜中，溶质通过以下两种机理穿过膜。

(1)对流：它们由溶剂流携带，较大的溶质截留率较好(物理选择性)。

(2)吸附-扩散：它们通过化学势梯度下的扩散作用跨膜传递，迁移受化学选择性(如离子交换选择性)和扩散系数的影响。

然而，大多数可用的纳滤膜都带负电荷，固定电荷的存在也会影响膜中离子的传输。这种影响可以用两个主要原则来描述：道南(Donnan)平衡和能斯特-普朗克(Nernst-Planck)方程。当带负电荷的纳滤膜与电解质溶液接触时，与膜中固定离子具有同种电荷的离子被排除在外，不能通过膜。这就是所谓的 Donnan 排斥效应。在多电解质溶液中，渗透性较低或较高的离子可以改变其他离子的渗透性，因为必须在膜的两侧保持静电中和。例如，Seidel 等人[138]的研究结果表明，在 HCO_3^- 存在下，疏松的纳滤膜可以提高砷的去除率；由于 HCO_3^- 比 $HAsO_4^{2-}$ 更具渗透性，因此是 HCO_3^- 而不是 $HAsO_4^{2-}$ 跨膜传递。膜表面形成了 Donnan 平衡，膜的固定负电荷被电解质溶液中带正电荷的离子中和，如图 20-14 所示。因此，在膜-溶液界面上会形成电势累积。

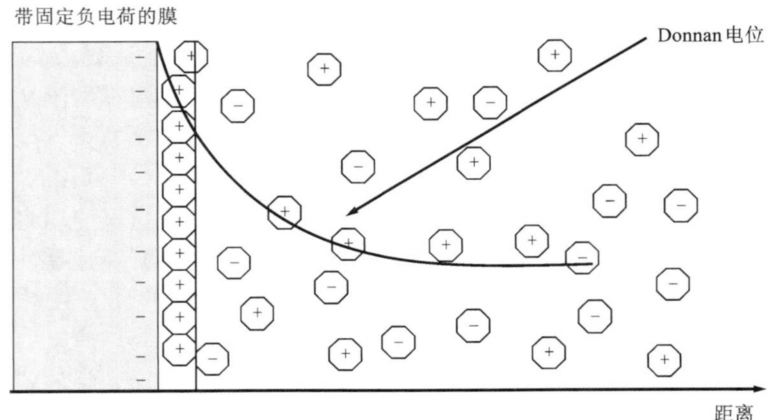

图 20-14 含有固定负电荷基团的膜在与溶液接触时界面上的离子分配示意图

Donnan 效应引起的电位可用式(20-9)计算。

$$E_{\text{don}} = \frac{RT}{z_i F}\ln\left(\frac{c_{i,\ m}}{c_i}\right) \tag{20-9}$$

式中：F、E_{don}、R 和 T 分别为法拉第(Faraday)常数、Donnan 电势、气体常数和温度(开尔文)；符号 z_i、$c_{i,\ \text{m}}$ 和 c_i 分别为组分 i 的电荷数、膜内和水相中的溶质浓度。

除了对流流动和浓度差，离子溶质还受到电位差引起的某种力的作用。假设最小的位阻相互作用和理想条件，这三种力的组合符合一个称为 Nernst-Planck 方程的公式：

$$J_i = J_{i,\ \text{diff}} + J_{i,\ \text{conv}} + J_{i,\ \text{elec}} \tag{20-10}$$

式中：J_i 为溶质总通量；$J_{i,\ \text{diff}}$、$J_{i,\ \text{conv}}$ 和 $J_{i,\ \text{elec}}$ 分别为由扩散、对流和电势引起的组分 i 的溶质通量。

在没有耦合现象的情况下，Nernst-Planck 方程可以表示如下：

$$J_i = -D_{\text{si}}\frac{\text{d}c_i}{\text{d}x} + \frac{z_i F c_i D_{\text{si}}}{RT}\frac{\text{d}E_{\text{don}}}{\text{d}x} + c_i J_{\text{v}} \tag{20-11}$$

式中：D_{si} 和 x 分别为组分 i 的扩散系数和离开膜表面的距离。

考虑对流和扩散通量的影响，Nernst-Planck 方程是对 Donnan 平衡模型的改进。尽管 Donnan 平衡模型和 Nernst-Planck 方程都被广泛用于模拟纳滤膜中离子的传输(更多细节见第 6 章)，但解决此类痕量无机污染物过程的具体研究仍然有限。Elimelech、Urase 及其合作者是为数不多的致力于解释通过纳滤膜去除砷和硝酸盐的一些人[138, 139, 141]。

20.5.3　砷

砷可以在环境中以各种形式和氧化态(价态-3，0，+3，+5)出现，但在天然水中，砷主要以无机物形式存在，如三价亚砷酸盐[As(Ⅲ)]或五价亚砷酸盐[As(Ⅴ)]的氧阴离子。砷的形态与氧化条件有关，地表水中以砷酸盐为主，而某些地下水中可能以亚砷酸盐为主。砷的毒理学和致癌性取决于它的化学形式，无机砷的毒性大于有机砷，亚砷酸盐的毒性大于砷酸盐[142]。

孟加拉国发生有史以来最大规模的人口中毒事件后，人们对地下水资源中砷含量的担忧呈指数级增长。据估计，由于孟加拉国饮用水的砷污染，该国有 3300~7700 万人面临危险[143]。许多国家和地区(包括孟加拉国、印度、中国北方、泰国、阿根廷、智利、墨西哥、匈牙利、美国西南部和近期的越南)的水资源中砷含量高，Smedley 和 Kinniburgh 对此都进行了记载[129]。由于饮用水中砷的慢性毒理学效应的证据越来越多，许多当局的建议和监管限制更加严格了。WHO 目前对饮用水中砷的指导值为 10 μg/L；但是，根据标准风险评估，该值应大幅降低。

1942 年，美国的饮用水砷含量限制为 50 μg/L；然而，1968 年关于砷暴露和皮肤癌的早期研究对其充分性提出了质疑。自 2002 年初以来，标准已降至 10 μg/L[144]。澳大利亚和日本的饮用水限值分别为 7 μg/L 和 10 μg/L，而加拿大饮用水的临时最大可接受限值为 25 μg/L[132]。

对水供应中砷的处理一直是许多研究的目标。在许多可行的处理技术中，膜过滤能满足最严格的限制。许多研究人员已经证明了纳滤能降低饮用水中砷的健康风险[138-140, 145, 146]。纳滤分离砷的过程是一个有趣的课题，因为它的各种形态在很大程度上与溶液的化学性质有关。砷(Ⅲ)和砷(Ⅴ)都以几种质子化形式出现。在天然水的典型 pH(pH 6.5~8)条件下，砷(Ⅴ)以阴离子形式存在，而砷(Ⅲ)以中性分子形式存在。因此，这两个物种有不同的分离机制。Brandhuber 和 Amy[140]研究了用带负电荷膜去除砷的过程，结果表明，在自然环境条件下，砷(Ⅲ)的截留主要是由于筛选机制，而砷(Ⅴ)的截留机制主要是由于电荷排斥(或 Donnan 效应)，如图 20-15 所示。

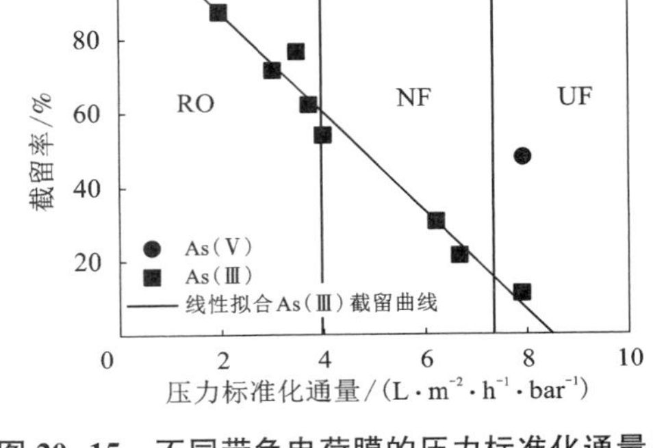

图 20-15 不同带负电荷膜的压力标准化通量与 As(Ⅲ)(正方形图标)、As(Ⅴ)(圆形图标)的截留率的关系[As(Ⅲ)和 As(Ⅴ)测试溶液平均砷浓度分别是 25.5 μg/L 和 18.5 μg/L，pH 接近中性]

(摘自文献[140])

由于砷(Ⅲ)和砷(Ⅴ)的形态都强烈依赖于 pH(见图 20-16)，因此可以预期砷的截留可能依赖于 pH。如图 20-17 所示，当 pH 从 7 增加到 10 时，As(Ⅲ)的截留率从 55%急剧增加到 85%，As(Ⅲ)从不带电物种(H_2AsO_3)变为带电物种($H_2AsO_3^-$)。还观察到 As(Ⅴ)截留率有轻微提高(-□-符号)，可能是由于膜和 As(Ⅴ)的(负)电荷都有增强[随着 pH 的增加，As(Ⅴ)的形态从一价($H_2AsO_4^-$)变为二价($HAsO_4^{2-}$)形式]。事实上，当 Elimelech 等人[138]使用另一种纳滤膜(-▲-符号)研究砷的截留时发现，砷(Ⅴ)的截留率随 pH 从 4.7 增加到 8.5 而显著提高(见图 20-17)。在更加多孔的负电荷纳滤膜中，砷(Ⅴ)的截留主要依赖于电荷排斥。

当使用纳滤去除痕量无机污染物时，出于经济原因，可能需要在高 pH 下操作，以提高砷的截留率和高回收率。然而，在高 pH 条件下，若含有诸如 Ca^{2+} 或 Mg^{2+} 等结垢剂，高回收率可能会导致严重结垢(见第 8 章)。

因此，可能需要有几个段的串联，在低 pH 段采取高回收率以降低盐度和消除结垢剂，然后针对砷和最小化结垢风险而在高 pH 段采取低回收率。

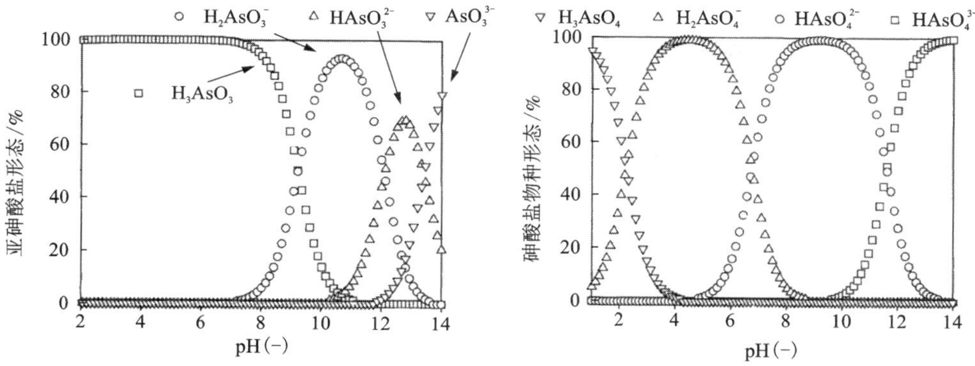

图 20-16　亚砷酸盐(左图)和砷酸盐(右图)物种形态与溶液 pH 的关系

20.5.4　铀

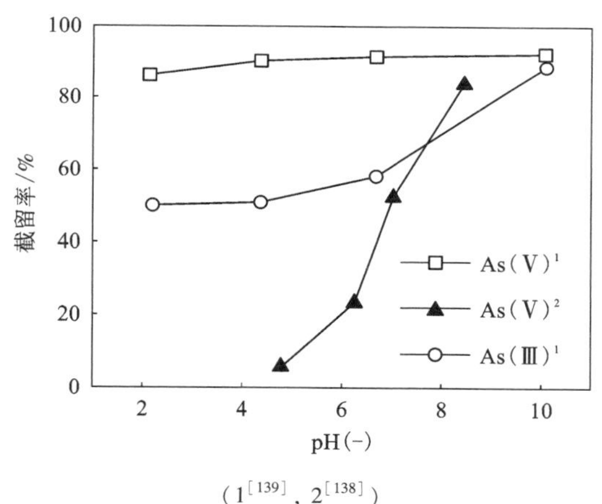

(1[139]，2[138])

图 20-17　溶液 pH 和膜种类对砷截留率的影响

铀是一种自然存在的元素，几乎在所有的岩石、土壤和水域中都能检测到。磷岩、褐煤或独居石中铀含量较高(为 50～300 mg/kg)。在三种天然同位素中，只有 U-234 可以用作核弹头或常规核反应堆的裂变材料。然而，U-234 在天然铀中只占很小的一部分。U-234 的浓缩过程会导致大量非裂变、低放射性铀副产品[即贫铀(DU)]的积累。全球 DU 的数量已达 100 万 t，目前以 UF_6 的形式储存[147]。

尽管还没有很多关于环境中铀的自然污染的报道，广泛的采矿活动、大量储存 DU 以及在海湾地区(1991 年和 2003 年)和巴尔干地区(1994 年和 1999 年)的军事行动中使用数百吨 DU 弹药的情况意味着局部污染已经发生在很多地方[147]。天然铀和 DU(在军事行动中被使用)通常以氧化铀的形式存在，如 UO_2 不溶于水和体液。然而，在富氧和弱酸环境中，它们很容易进一步氧化，形成可溶的铀酰物质，从而威胁到地下水含水层和供给用水。

铀酰离子容易形成络合物，特别是在天然水中与碳酸盐形成络合物(详见第

7 章的图 7-8 和图 7-9）。与亚砷酸盐和砷酸盐类似，对天然水中铀酰截的截留率也取决于溶液的 pH。在中性点附近的 pH 下，$UO_2(CO_3)_2^{2-}$ 是主要物种，各种类型的纳滤膜的截留率都是最高的，有 95%～100%；在较低的 pH 下，其截留率略低，但总体而言仍较高[148]。尺寸排斥可能是纳滤膜对铀的主要截留机理。事实上，铀的截留率远远高于 Na^+或 Ca^{2+}[149]。

20.5.5 硼

盐水和海水中硼的含量通常高于饮用水限值(WHO：0.5 mg/L)。例如，加拿大沿海海域的硼浓度为 3.7～4.3 mg/L[150]。富硼矿物质含水层的浓度甚至可能更高；在美国西部有含硼量为 5～15 mg/L 的报道[151]。硼对人类健康的影响是有争议的，因此世界各国政府当局对硼的饮用水指南存在很大差异。US-EPA 没有规定饮用水中的最高硼浓度[18]，澳大利亚[130]和加拿大[150]的最高硼浓度分别为 4 mg/L 和 5 mg/L。相比之下，WHO 提供的指导值为 0.5 mg/L[131]，日本当局目前规定饮用水中硼的最大值为 1 mg/L[152]。很明显的一点是，植被和作物对硼的敏感性比人类高。比如，灌溉水中硼浓度超过 0.5 mg/L 时，会对柠檬树和樱桃树造成明显的损害[150]。

有许多研究聚焦于使用膜技术去除饮用水中的硼。这些研究大多使用反渗透膜[152-156]。硼以硼酸的形式存在于天然水中，硼酸的离解也强烈依赖于水的 pH(见图 20-18)。在低 pH 或接近中性的 pH 下，体积很小的硼酸是不会被离解的。因此，大多数纳滤膜很难截留硼。

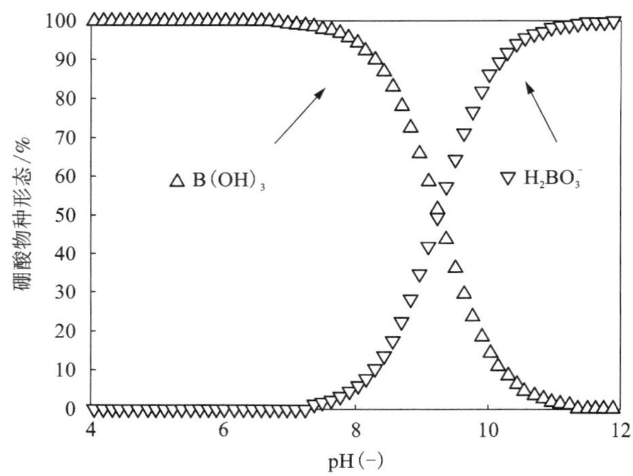

图 20-18 水溶液中硼酸物种形态与溶液 pH 的关系

硼酸在纳滤膜中的迁移机理被认为是吸附-扩散。当 Magara 等人[153]将硼浓度从 2 mg/L 变为 30 mg/L 时，发现截留率对浓度没有明显的依赖。跨膜压力(或回收)的增加可增强硼的截留。然而，在高回收率下的纳滤操作会导致给水中其他阳离子如 Ca^{2+}和 Mg^{2+}结垢。提高溶液的 pH 也可以提高硼的截留率。当硼酸在 pH 9.24 下离解时，它变成带负电荷的物质，表现出一定的 Donnan 排斥效应，被带负电荷的膜排斥。图 20-19 表明了几种反渗透膜对硼的截留作用。由于渗透水的 pH 也需要重新调整，因此 pH 的变化增强了工艺的复杂性。不幸的是，这两种方法不能在同一段应用，因为在高 pH 下结垢会更严重。几位研究人员建议采用一种多段方法，将高回收率和低 pH 段与低回收率和高 pH 段结合起来。目前，以色列 Askelon 市正在建设第一座海水淡化厂，利用这种多段方法，日处理能力超过 1 亿 m^3[155]。

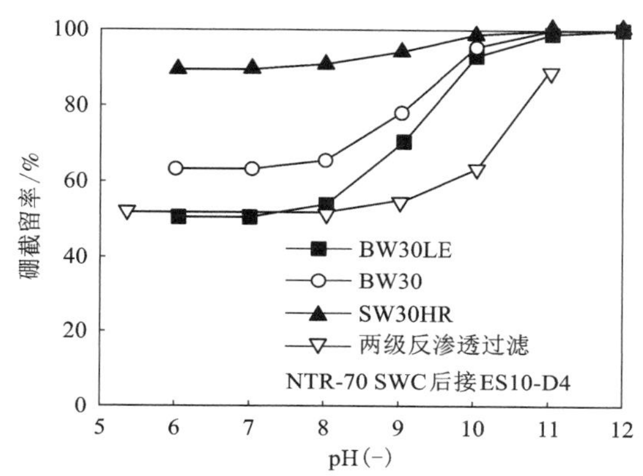

图 20-19　几种反渗透膜对硼的截留率与溶液 pH 的关系

(摘自文献[153]和[154])

20.5.6　氟化物

氟化物在低浓度(0.4~1.0 mg/L)时对牙齿健康至关重要，但它在高浓度(超过 1.5 mg/L)时会导致牙齿或骨骼氟化。因此，尽管许多水处理厂在其处理过程中会有氟化物加药系统，但在某些罕见情况下，必须降低氟化物以满足饮用水标准。传统的水处理方法没有离子交换树脂或特定的电渗析膜[157]，不能有效去除氟化物，纳滤似乎是降低氟化物浓度最有效的方法。

尽管氟化物的离子半径最小，但其水合半径大于其他卤化物(见表 20-13)。因此，Lhassani 等人[157]指出，尽管氟化物的分子量很小，但其在所有卤化物中截留率最高，特别是在扩散传递显著的低跨膜压力下。作为跨膜压力函数的卤化物截留率如图 20-20 所示。然而，氯化物和碘化物之间的截留差异不能用它们的水合半径解释，也不能用 Nernst-Planck 方程解释，因为这些卤化物具有相似的水合半径和电荷。在这种情况下，离子交换选择性有助于氟化物的高截留率似乎是一个合理的解释。实际上，当压力增加时，这些卤化物的传递机制从扩散转变为对流，随着离子交换选择性的影响减弱，氯化物和碘化物之间的截留差异会微妙地减小。

值得注意的是，松散的纳滤膜对氟化物和氯化物的截留率可以是相反的顺序。在研究 NTR 7450 膜对同离子混合物的截留时，Choi 等人[158]发现氯化物截留率为55%~70%，而氟化物截留率则要低得多，为 10%~15%。在这种情况下，由于 NTR7450 膜具有很高的负表面电位，Donnan 效应发挥了更大的作用。

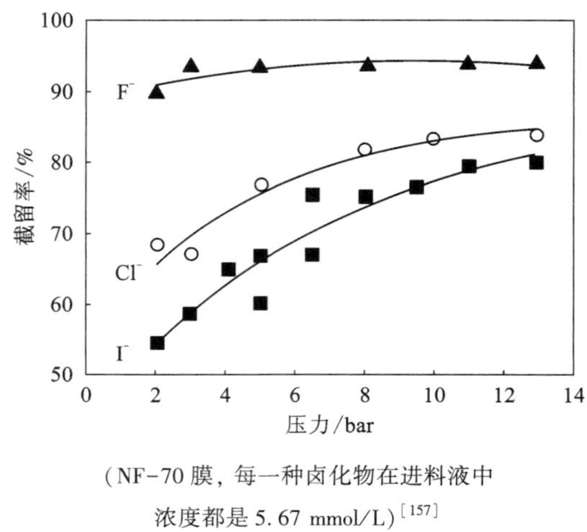

（NF-70 膜，每一种卤化物在进料液中浓度都是 5.67 mmol/L）[157]

图 20-20　单一溶液中卤化钠的截留率与压力的关系

20.5.7　硝酸盐

地下水中有时含有过量的钙和镁，而这些钙和镁会增加水的硬度，使水不适合人类饮用。因此长期以来，人们一直使用纳滤来软化地下水。近年来，由于集约化和不可持续的农业生产或糟糕的污水处理实践，许多地下水含水层被硝酸盐所污染。因此，对纳滤膜去除硝酸盐进行了大量的研究[141, 158-162]。尽管硝酸盐不具有形成物种的能力，而且不易与其他物种络合，但原水中存在着各种数量的同离子，硝酸盐与膜基体之间复杂的相互作用使得预测纳滤膜去除硝酸盐的性能成为一项困难的任务。

基于扩展的 Nernst-Planck 方程，考虑到进料溶液中存在价态更高的平衡离子，可以预测硝酸盐的负截留。Choi 等人[158]得到的实验数据证实了这一点。但是，Ca^{2+}和 Mg^{2+}等反离子的存在可以显著提高硝酸盐的截留率。但这一现象又因为这些离子可以屏蔽膜的固定负电荷而变得复杂；结果是离子溶质与膜之间的静电斥力削弱，从而降低膜的截留率[3]。

硝酸盐的水合半径略高于氯化物，两者的电荷量相似。然而，Cl^-通常能更好地被膜所截留，这种现象不能仅仅根据尺寸排斥机理或扩展的 Nernst-Planck 方程来解释。通过考虑“溶质-膜亲和力”，也就是前面提到的离子交换选择性，Ratanatamskul 等人[159]能够解释这一现象。吸附-扩散对硝酸盐在纳滤中的传递也起着重要作用。

20.5.8　结束语

如本节所述，尺寸和电荷是影响纳滤膜对痕量无机物截留的两个关键因素。

这些因素可以纳入扩展的 Nernst-Planck 方程中。以高电荷离子化合物形式(如 $H_2ASO_4^-$)或复合物[如 $UO_2(CO_3)_2^{2-}$]存在的痕量无机物在很大程度上能被纳滤膜截留。除第 7 章所述的机理外，这进一步强调了基于酸的痕量无机物转化和络合的重要性。几种痕量无机物的截留在很大程度上由溶液的 pH 决定。相反，中性物质[如 $B(OH)_3$]或水合半径较小的无机物(如 NO_3^-)通常很难被纳滤膜截留。除了尺寸和电荷，离子交换选择性似乎在扩散通量中起着重要作用，而扩展的 Nernst-Planck 方程无法预测相同电荷种类的相对截留顺序。尽管还需要做更多的工作，但物种形式和络合作用的加入为寻找一种能够预测痕量无机物截留的合理模型奠定了基础。

20.6 结论

本章介绍了纳滤作为去除水生环境中有机和无机污染物的显著方法的重要性，对各种痕量污染物在各种水体中的存在及其对人体健康的影响，以及用纳滤对其进行去除的前景进行了综述，还讨论了截留机理的一些见解。

截留通常由三个因素控制，包括空间位阻、静电相互作用和痕量有机物的溶质-膜亲和力，或痕量无机物的离子交换选择性。前两个因素往往主导分离过程，后一个因素起着微妙但同样关键的作用。所有这些因素都在很大程度上取决于溶质的理化性质，而这又可能受其环境的影响。由于痕量污染物通常表现出独特的物理化学特性，因此在纳滤过程中(和其他过程一样)痕量污染物的截留具有高度的化合物特异性。本章试图对纳滤过程中痕量污染物去除的相关研究工作进行全面的阐述。然而，在这些研究中使用的各种操作参数无法对这些结果做出结论性解释。本章说明了许多相互依赖的因素对看似简单的纳滤过程中痕量污染物截留的影响。要充分认识纳滤过程中痕量污染物分离过程的复杂性，并开发适当的预测模型，还需要更多的专门工作。未来的研究应特别关注痕量污染物的物理化学性质，以及它们与膜聚合物和溶液中其他物质的相互作用。

痕量污染物的去除是纳滤技术的一个重要特点。正是这一特性推动了纳滤进入了水市场，且随着对痕量污染物的监管的加强，这一趋势将得以延续。对机制的深入了解将有助于开发效率更高的膜。我们期待看到并为这一进展做出贡献。

致谢

作者要感谢科罗拉多大学巨石分校(University of Colorado at Boulder)的 Gary Amy 教授对本章初稿的有益评论，并感谢两位匿名推荐人的宝贵评论。

参考文献

[1] Heberer, T D Feldmann, K Reddersen, et al. Production of drinking water from highly contaminanted surface waters: Removal of organic, inorganic, and microbial contaminants applying mobile membrane filtration units. Acta Hydrochimica Hydrobiologica, 2002, 30(1): 24-33.

[2] Mallevialle, J P E Odendaal, M R Wiesner. The emergence of membranes in water and wastewater treatment, in water treatment membrane processes. J Mallevialle, P E Odendaal, M R Wiesner. McGraw-Hill: New York. 1996: 1.1-1.10.

[3] Schäfer A I. Natural organic matter removal using membranes: Principles. Performance and Cost, CRC Press, 2001.

[4] Bixio, D B De heyder, D Joksimovic, et al. Municipal wastewater reclaimation: Where do we stand? An overview of treatment technology and management practice. World Water Congress 2004. Marrakech (submitted), 2004.

[5] C Jarusutthirak, G Amy. Membrane filtration of wastewater effluents for reuse: Effluent organic matter rejection and fouling. Journal of Water Science & Technology, 2001, 43(10): 225-232.

[6] H Yamamoto, H M Liljestrand, Y Shimizu, et al. Effects of physical-chemical characteristics on the sorption of selected endocrine disruptors by dissolved organic matter surrogates. Journal of Environmental Science & Technology, 2003, 37(12): 2646-2657.

[7] R M R S Mesquita, A V M Canario, E Melo. Partition of fish pheromones between water and aggregates of humic acids. Consequences for sexual signaling. Environmental Science & Technology, 2003(37): 742-746.

[8] M Reinhard, N L Goodman, P L McCarty, et al. Removing trace organics by reverse osmosis using cellulose acetate and polyamide membranes. Journal AWWA, 1986, April: 163-174. Chapter 20-Trace Contaminant Removal with Nanofiltration 44.

[9] S D N Freeman, O J Morin. Recent developments in membrane water reuse Projects. Desalination, 1995 (103): 19-30.

[10] C W A Averink, W Buijs. Recycling of water with canal water supplement at Artis Zoo. Amsterdam, by means of ultrafiltration and reverse osmosis. Desalination, 2000, 132(1-3): 167-171.

[11] Listowski. A recycled water system for future urban development. IWA World Water. Melbourne: IWA, 2002.

[12] M Thompson, B Powell. Case study-Kranji high grade water reclamation plant, Singapore. Proc of IMSTEC' 03. Sydney, Australia, 2003.

[13] Ventresque, C V Gisclon, G Bablon, et al. An outstanding feat of modern technology: The Mery-sur-Oise nanofiltration Treatment plant(340000 m^3/d). Desalination, 2000, 131(1-3): 1-16.

[14] T A Peters. Purification of landfill leachate with reverse osmosis and nanofiltration. Desalination, 1998, 119 (1-3): 289-293.

[15] S Lee, R M Lueptow. Reverse osmosis filtration for space mission wastewater: Membrane properties and operating conditions. Journal of Membrane Science, 2001, 182(1-2): 77-90.

[16] J W Moore, S Ramamoorthy. Organics Chemicals in Natural Waters. Applied Monitoring and Impact Assessment. NewYork: Springer-Verlag, 1984: 289.

[17] D W Kolpin, E T Furlong, M T Meyer, et al. Pharmaceuticals, hormones, and other organic wastewater

contaminants in U. S. streams, 1999—2000: A national reconnaissance. Environmental Science & Technology, 2002, 36(6): 1202-1221.

[18] US-EPA. Web address: http: //www. epa. gov/safewater/mcl. html. (Access on 22nd Dec 2003), US EPA.

[19] Commission. E Proceedings of the European workshop on the impact of endocrine disrupters on Human Health and Wildlife. (1996). Weybridge, UK.

[20] S J Khan. Occurrence, behaviour and fate of pharmaceutical residues in sewage treatment. Doctoral dissertation. School of Civil & Environmental Engineering. University of New South Wales: Sydney, 2002.

[21] B B Levine. Fate of trace organic compounds in water reuse systems. Doctoral dissertation. Department of Civil and Environmental Engineering. University of California: Los Angeles, 1999.

[22] S D Richardson. Disinfection by-products and other emerging contaminants in drinking water. TrAC Trends in Analytical Chemistry, 2003, 22(10): 666-684.

[23] G Kleiser, F H Frimmel. Removal of precursors for disinfection by-products (DBPs) - differences between ozone- and OH-radical-induced oxidation. The Science of the Total Environment, 2000, 256(1): 1-9.

[24] S Regli, E G Means, B W Lykins. Disinfection and disinfection by-products regulations in the United States, in drinking water quality manegement. Technomic Publishing. 1995: 87-109.

[25] P C Chiang, Y W Ko, C H Liang, et al. Modeling an ozone bubble column for predicting its disinfection efficiency and control of DBP formation. Chemosphere, 1999, 39(1): 55-70.

[26] B M Watson, C D Hornburg. Low-energy membrane nanofiltration for removal of color, organics and hardness from drinking water supplies. Desalination, 1989, 72(1-2): 11-22.

[27] S J Duranceau, J S Taylor, L A Mulford. SOC removal in a membrane softening process. Journal AWWA, 1992, Jan: 68-78.

[28] G Ducom, C Cabassud. Interests and limitations of nanofiltration for the removal of volatile organic compounds in drinking water production. Desalination, 1999, 124(1-3): 115-123.

[29] M Itoh, S Kunikane, Y Magara. Evaluation of nanofiltration for disinfection by-products control in drinking water treatment. Water Science and Technology: Water Supply, 2001, 1(5-6): 233-243.

[30] M J Rosa, M N De Pinho. The role of ultrafiltration and nanofiltration on the minimisation of the environmental impact of bleached pulp effluents. Journal of Membrane Science, 1995(102): 155-161.

[31] D Lerche, E V d Plassche, A Schwegler, et al. Selecting chemical substances for the UN-ECE POP Protocol. Chemosphere, 2002(47): 617-630. Nghiem L D, Schäfer A I (2004) Trace Contaminant Removal with Nanofiltration. Nanofiltration - Principles and Applications, Schäfer A I, Waite T D, Fane A G. Elsevier, Chapter 8, 479-520. Introduction 45.

[32] K Breivik, R Alcock. Emission impossible? The challenge of quantifying sources and releases of POPs into the environment. Environment International, 2002(28): 137-138.

[33] J T Kretchik, Persistent Organic Pollutants(POPs). Regulatory forecast, 2002: 35.

[34] UN-ECE. Protocol to the 1979 convention on long range transboundary air pollution on persistent organic pollutants and executive body decision 1998/2 on information to be submitted and the procedure for adding substances to annexes I, II, or III to the protocol on persistent organic pollutants. United Nations: NewYork and Geneva, 1998.

[35] W A Ockenden, K Breivik, S N Meijer, et al. The global recycling of persistent organic pollutants is strongly retarded by soils. Environmental Pollution, 2003, 121(1): 75-80.

[36] K Breivik, R Alcock, Y F Li, et al. Primary sources of selected POPs: Regional and global scale emission

inventories. Environmental Pollution, 2004, 128(1-2): 3-16.

[37] W Battaglin, J Fairchild. Potential toxicity of pesticides measures in midwestern streams to aquatic organisms. Water Science & Technology, 2002, 45(9): 95-103.

[38] V Novtny. Diffuse pollution from agriculture-a worldwide outlook. Water Science & Technology, 1999, 39(3): 1-13.

[39] M A Tisseau, N Fauchon, J Cavard, et al. Pesticide contamination of water resources: A case study - the rivers in the Paris region. Environmental Contaminants: Water Science and Technology, 1996, 34(7-8): 147-152.

[40] J P Gao, J Maguhn, P Spitzauer, et al. Distribution of pesticides in the sediment of the small Teufelsweiher pond(Southern Germany). Water Research, 1997, 31(11): 2811-2819.

[41] S J Larson, P D Capel, M S Majewski. Pesticides in surface waters-distribution, trends, and governing factors. Pesticides in the Hydrologic System. Chelsea: Ann Arbor Press, Inc, 1997.

[42] B Dinham. The pesticide hazard. New Jersey: Zed Books. 1993: 228.

[43] T S Dikshith, R B Raizada, S N Kumar, et al. Residues of DDT and HCH in major sources of drinking water in Bhopal, India. Bulletin of Environmental Contamination and Toxicology, 1990, 45(3): 389-393.

[44] P H Viet, P M Hoai, N H Minh, et al. Persistent organochlorine pesticides and polychlorinated biphenyls in some agricultural and industrial areas in Northern Vietnam. Water Science and Technology, 2000, 42(7-8): 223-229.

[45] D D Nhan, F P Carvalho, N M Am, et al. Chlorinated pesticides and PCBs in sediments and molluscs from freshwater canals in the Hanoi region. Environmental Pollution, 2001, 112(3): 311-320.

[46] P H Viet, T B Minh. Contamination by persistent organic pollutants and endocrine disrupting chemicals in Vietnam-pattern, belaviour, trend, and toxic potential. Proc of Ecohazard 2003. Aachen, Germany, 2003.

[47] Y Kiso, A Mizuno, R Othman, et al. Rejection properties of pesticides with a hollow fiber NF membrane (HNF-1). Desalination, 2002, 143(2): 147-157.

[48] P Berg, G Hagmeyer, R Gimbel. Removal of pesticides and other micropollutants by nanofiltration. Desalination, 1997, 113(2-3): 205-208.

[49] Boussahel, A Montiel, M Baudu. Effects of organic and inorganic matter on pesticide rejection by nanofiltration. Desalination, 2002, 145(1-3): 109-114.

[50] K M Agbekodo, B Legube, S Dard. Atrazine and simazine removal mechanisms by nanofiltration: Influence of natural organic matter concentration. Water Research, 1996, 30(11): 2535-2542.

[51] B Van Der Bruggen, J Schaep, W Maes, et al. Nanofiltration as a treatment method for the removal of pesticides from ground waters. Desalination, 1998, 117(1-3): 139-147. Chapter 20-Trace Contaminant Removal with Nanofiltration 46.

[52] Y Kiso, Y Sugiura, T Kitao, et al. Effects of hydrophobicity and molecular size on rejection of aromatic pesticides with nanofiltration membranes. Journal of Membrane Science, 2001, 192(1-2): 1-10.

[53] S Jobling, M Nolan, C R Tyler, et al. Widespread sexual disruption in wild fish. Journal of Environmental Science & Technology, 1998, 32: 2498-2506.

[54] C E Purdom, P A Hardiman, V J Bye, et al. Estrogenic effects of effluents from sewage treatment works. Journal of Chemistry and Ecology, 1994(8): 275-285.

[55] J E Harries, D A Sheahan, S Jobling, et al. A survey of estrogenic activity in United Kingdom inland waters. Environmental Toxicology and Chemistry, 1996, 15(11): 1993-2002.

[56] J E Harries, D A Sheahan, S Jobling, et al. Estrogenic activities at five UK rivers detected by measurement of vitellogenesis in caged male trout. Journal of Environmental Toxicology and Chemistry, 1997(16): 534-542.

[57] J E Harries, A Janbakhsh, S Jobling, et al. Estrogenic Potency of Effluent from two Sewage Treatment Works in the United Kingdom. Environmental Toxicology and Chemistry, 1999, 18(5): 932-937.

[58] T P Rodgers-Gray, S Jobling, C Kelly, et al. Exposure of juvenile roach(Rutilus rutilus) to treated sewage effluent induces dose-dependent and persistent disruption in gonadal duct development. Environmental Science & Technology, 2001, 35(3): 462-470.

[59] T P Rodgers-Gray, S Jobling, C Kelly, et al. Long-Term Temporal Changes in the Estrogenic Composition of Treated Sewage Effluent and its Biological Effects on Fish. Environmental Science & Technology, 2000(34): 1521-1528.

[60] K L Thorpe, T H Hutchinson, M J Hetheridge, et al. Assessing the biological potency of binary mixtures of environmental estrogens using vittellogenin induction in juvenile rainbow trout (Oncorhynchusmykiss). Environmental Science & Technology, 2001(35): 2476-2481.

[61] G G Ying, R S Kookana, Y J Ru. Occurrence and fate of hormone steroids in the environment. Environment International, 2002, 28(6): 545-551.

[62] G G Ying, B Williams, R Kookana. Environmental fate of alkylphenols and alkylphenol ethoxylates-A review. Environment International, 2002, 28(3): 215-226.

[63] M Younes. Specific issues in health risk assessment of endocrine disrupting chemicals and international activities. Chemosphere, 1999, 39(8): 1253-1257.

[64] A Turan. Excretion of natural and synthetic estrogens and their metabolites: Occurrence and behaviour in water. Berlin: German Environmental Agency, 1995.

[65] K L Thorpe, R I Cummings, T H Hutchinson, et al. Relative potencies and combination effects of steroidal estrogens in fish. Environmental Science & Technology, 2003, 37(6): 1142-1149.

[66] C Pelissero, G Flouriot, J L Foucher, et al. Vitellogenin synthesis in cultured hepatocytes: An in vitro test for the estrogenic potency of chemicals. The Journal of Steroid Biochemistry and Molecular Biology, 1993, 44(3): 263-272.

[67] S Jobling, J P Sumpter. Detergent components in sewage effluent are weakly oestrogenic to fish: An in vitro study using rainbow trout(Oncorhynchus mykiss) hepatocytes. Aquatic Toxicology, 1993(27): 361-372.

[68] A M Soto, T M Lin, H Justicia, et al. An "in culture" bioassay to assess the estrogenicity of xenobiotics (e-screen) in Chemically induced alterations in sexual development: The widelife/human connection. T Colborn, C Clement (1992), Princeton Scientific Pulishing Co., Princeton: New Jersey: 295-309. Nghiem L D, Schäfer A I (2004) Trace Contaminant Removal with Nanofiltration. Nanofiltration-Principles and Applications, Schäfer A I, Waite T D, Fane A G. Elsevier, Chapter 8, 479-520. Introduction 47.

[69] H Andersen, H Siegrist, B Halling-Srensen, et al. Fate of estrogens in a municipal sewage treatment plant. Environmental Science & Technology, 2003, 37(18): 4021-4026.

[70] G D'Ascenzo, A Di Corcia, A Gentili, et al. Fate of natural estrogen conjugates in municipal sewage transport and treatment facilities. The Science of the Total Environment, 2003, 302(1-3): 199-209.

[71] T A Ternes, M Stumpf, J Mueller, et al. Behavior and occurrence of estrogens in municipal sewage treatment plants-I. Investigations in Germany, Canada and Brazil. The Science of the Total Environment, 1999(225): 81-90.

[72] C Desbrow, E J Routledge, G C Brighty, et al. Identification of estrogenic chemicals in STW effluent: 1.

Chemical fraction and in vitro biological screening. Journal of Environmental Science & Technology, 1998 (32): 1549-1558.

[73] A C Belfroid, A Van Der Horst, A D Vethaak, et al. Analysis and occurence of estrogenic hormones and their glucuronides in surface water and waste water in the Netherlands. The Science of the total Environment, 1999 (225): 101-108.

[74] S A Snyder, T L Keith, D A Verbrugge, et al. Analytical methods for detection of selected estrogenic compounds in aqueous mixtures. Environmental Science & Technology, 1999(33): 2814-2820.

[75] A C Johnson, J P Sumpter. Removal of endocrine-disrupting chemicals in activated sludge treatment works. Environmental Science & Technology, 2001(35): 4697-4703.

[76] D L Nghiem, A Manis, K Soldenhoff, et al. Estrogenic hormone removal from wastewater using NF/RO membranes. Journal of Membrane Science, (Submitted, Nov 2003).

[77] D L Nghiem, A I Schäfer, M Elimelech. Removal of natural hormones by nanofiltration membranes: Measurement, modeling, and mechanisms. Environmental Science & Technology, (Accepted, Jan 2003).

[78] K O Agenson, J I Oh, T Kikuta, et al. Rejection mechanisms of plastic additives and natural hormones in drinking water treatment by nanofiltration. Proc of Membranes in Drinking and Industrial Water Production. Mulheim an der Ruhr, Germany, 2002.

[79] S Weber, M Gallenkemper, T Melin, et al. Efficiency of nanofiltration for the elimination of steroids from water. Proc of Ecohazard 2003. Aachen, Germany, 2003.

[80] L J Schulman, E V Sargent, B D Naumann, et al. A human health risk assessment of pharmaceuticals in the aquatic environment. Human and Ecological Risk Assessment, 2002, 8(4): 657-680.

[81] H Bouwer. Concerns about pharmaceuticals in water reuse and animal waste. 219th ACS National Meeting. San Francisco, CA: American Chemical Society, Division of Environmental Chemistry, 2000.

[82] J Conly. Antimicrobial resistance in Canada. Canadian Medical Association Journal, 2002, 167 (8): 885-891.

[83] T Heberer. Occurrence, fate, and removal of pharmaceutical residues in the aquatic environment: A review of recent research data. Toxicology Letters, 2002(131): 5-17.

[84] C G Daughton, T A Ternes. Pharmaceuticals and personal care products in the environment: Agents of subtle change? Environmental Health Perspectives, 1999, 107 Supplement 6: 907-938.

[85] T A Ternes. Occurrence of drugs in German sewage treatment plants and rivers. Water Research, 1998, 32 (11): 3245-3260.

[86] M T T A Stumpf, R D Wilken, S V Rodrigues, et al. Polar drug residues in sewage and natural waters in the state of Rio de Janeiro, Brazil. The Science of the Total Environment, 1999(225): 135-141.

[87] T A Ternes, M Meisenheimer, D McDowell, et al. Removal of pharmaceuticals during drinking water treatment. Environmental Science & Technology, 2002, 36(17): 3855-3863. Chapter 20-Trace Contaminant Removal with Nanofiltration 48.

[88] T Ternes. Pharmaceuticals and metabolites as contaminants of the aquatic environment- an overview. 219th ACS National Meeting. San Francisco, CA: American Chemical Society, Division of Environmental Chemistry, 2000.

[89] L Guardabassi, A Petersen, J E Olsen, et al. Antibiotic resistance in *Acinetobacter* spp. isolated from sewers receiving waste effluent from a hospital and a pharmaceutical plant. Applied and Environmental Microbiology, 1998, 64(9): 3499-3502.

[90] L Guardabassi, D M A Lo Fo Wong, A Dalsgaard. The effects of tertiary wastewater treatment on the prevalence of antimicrobial resistant bacteria. Water Research, 2002, 36(8): 1955-1964.

[91] A Al-Ahmad, F D Daschner, K Kummerer. Biodegradability of cefotiam, ciprofloxacin, meropenem, penicillin G, and sulfamethoxazole and inhibition of waste water bacteria. Archives of Environmental Contamination and Toxicology, 1999, 37(2): 158-163.

[92] C Zwiener, T Glauner, F H Frimmel. Biodegradation of pharmaceutical residues investigated by SPE-GC/ITD-MS and on-line derivatization. Journal of High Resolution Chromatography, 2000(23): 474-478.

[93] I M Verstraeten, T Heberer, T Scheytt. Occurrence, characteristics, and transport and fate of pesticides, pharmaceutical active compounds, and industrial and personal care products at bank-filtration sites//Bank Filtration for Water Supply. C Ray, Kluwer Academic Publishers: Dordrecht.

[94] T Heberer, I M Verstraeten, M T Meyer, et al. Occurrence and fate of pharmaceuticals during bank filtration-preliminary results from investigations in Germany and the United States. Water Resources Update, 2001 (120): 4-17.

[95] E M Golet, A C Alder, W Giger. Environmental exposure and risk assessment of fluoroquinolone antibacterial agents in wastewater and river water of the Glatt Valley watershed, Switzerland. Environmental Science & Technology, 2002, 36(17): 3645-3651.

[96] T A Ternes, R Hirsch. Occurrence and behavior of X-ray contrast media in sewage facilities and the aquatic environment. Environmental Science & Technology, 2000, 34(13): 2741-2748.

[97] S J Khan, J E Ongerth. Modelling of pharmaceutical residues in Australian sewage by quantities of use and fugacity calculations. Chemosphere, 2004, 54(3): 355-367.

[98] D L Nghiem, A I Schäfer, M Elimelech. Removal of pharmaceuticals and pharmaceutical active compounds by NF/RO membranes. (In preparation).

[99] K Kimura, G Amy, J E Drewes, et al. Rejection of organic micropollutants (disinfection by-products, endocrine disrupting compounds, and pharmaceutically active compounds) by NF/RO membranes. Journal of Membrane Science, 2003, 227(1-2): 113-121.

[100] S Sourirajan, T Matsuura. Physicochemical criteria for reverse osmosis separations//S Sourirajan. Reverse osmosis and synthetic membranes. National Research Council Canada: Ottawa, 1977.

[101] B Clark, G L H Henry, D Mackay. Fugacity analysis and model of organic chemical fate in a sewage treatment plant. Environmental Science & Technology, 1995, 29(6): 1488-1494.

[102] E Hindin, P J Bennett, S S Narayanan. Organic compounds removed by reverse osmosis. Water & Sewage Works, 1969: 466-470.

[103] J McMurry. Organic Chemistry. California: Brooks/Cole Pulishing, 1992.

[104] R Schwarzenbach, P Sgschwend, D Imboden. Environmental organic chemistry. New York: Wiley-Interscience Publication, 1993.

[105] S Nokao, S Kimura. Models of membrane transport phenomena and their application for ultrafiltration data. Journal of Chemical Engineering of Japan, 1982(15): 200-205.

[106] B Van Der Bruggen, C Vandecasteele. Modelling of the retention of uncharged molecules with nanofiltration. Water Research, 2002, 36(5): 1360-1368.

[107] A Braghetta, F A Digiano, W P Ball. Nanofiltraion of natural organic matter: pH and ionic strength effects. Journal of Environmental Engineering, 1997, 123(7): 628-641. Nghiem L D, Schäfer A I (2004). Trace Contaminant Removal with Nanofiltration. Nanofiltration - Principles and Applications. Schäfer A I, Waite T

D, Fane A G. Elsevier, Chapter 8: 479-520.

[108] B Van Der Bruggen, J Schaep, D Wilms, et al. Influence of molecular size, polarity and charge on the retention of organic molecules by nanofiltration. Journal of Membrane Science, 1999, 156(1): 29-41.

[109] W Y Fei, H J Bart. Predicting diffusivities in liquids by the group contribution method. Chemical Engineering and Processing, 2001, 40(6): 531-535.

[110] X L Wang, T Tsuru, S-i Nakao, et al. Transport of organic electrolytes with electrostatic and steric hinderance effects through nanofiltration membranes. Journal of Chemical Engineering of Japan, 1995, 28 (4): 372-380.

[111] A Braghetta. The influence of solution chemistry and operating conditions on nanofiltration of charged and uncharged organic macromolecules in Civil and Environmental Engineering. University of North Carolina: Chapel Hill, 1995.

[112] M E Williams, J A Hestekin, C N Smothers, et al. Separation of organic pollutants by reverse osmosis and nanofiltration membranes: Mathematical models and experimental verification. Industrial Engineering Chemical Research, 1999(38): 3683-3695.

[113] A I Schäfer, D Nghiem, T D Waite. Removal of the natural hormone estrone from aqueous solutions using nanofiltration and reverse osmosis. Environmental Science & Technology, 2003, 37(1): 182-188.

[114] A E Childress, M Elimelech. Relating nanofiltration membrane performance to membrane charge (electrokinetic) characteristics. Environmental Science and Technology, 2000, 34(17): 3710-3716.

[115] Y Kiso, Y Nishimura, T Kitao, et al. Rejection properties of non-phenylic pesticides with nanofiltration membranes. Journal of Membrane Science, 2000, 171(2): 229-237.

[116] T Wintgens, M Gallenkemper, T Melin. Endocrine disrupter removal from wastewater using membrane bioreactor and nanofiltration technology. Desalination, 2002, 146(1-3): 387-391.

[117] M Gallenkemper, T Wintgens, T Melin. Nanofiltration of endocrine disrupting compounds//Membranes in Drinking and Industrial Water Production. Mulheim an der Ruhr: IWW, 2002.

[118] D D Perrin. Prediction of pK_a values//Physical Chemical Properties of Drugs. S H Yalkowsky, A A Sinkula, S C Valvani. Marcel Dekker: New York, 1980.

[119] E S K Chian, W N Bruce, H H P Fang. Removal of pesticides by reverse osmosis. Environmental Science & Technology, 1975, 9(1): 52-59.

[120] D L Nghiem, A I Schäfer. Adsorption and transport of trace contaminant estrone in NF/RO membranes. Environmental Engineering Science, 2002, 19(6): 441-451.

[121] M R Wiesner, C A Buckley. Principles of rejection in pressure driven membrane processes. Water treatment membrane processes. J Mallevialle, P E Odendaal, M R Wiesner. McGraw Hill: New York, 1996.

[122] S Chang, T D Waite, A I Schäfer, et al. Adsorption of the endocrine-active compound estrone on microfiltration hollow fiber membranes. Journal of Environmental Science & Technology, 2003, 37(14): 3158-3163.

[123] D L Nghiem, J McCutcheon, A I Schäfer, et al. The role of endocrine disrupters in water recycling-risk or mania? IWA 4th International Symposium on Wastewater Reclamation and Reuse. Mexico, City, 2003.

[124] S Glasstone, K J Laidler, H Eyring. The Theory of Rate Processes. New York: McGrawHill Book Co, 1941.

[125] R J B King, W I P Mainwaring. Steroid-Cell interactions. London: Butterworths, 1974.

[126] B E Cohen. The permeability of liposomes to nonelectrolytes. Journal of Membrane Biology, 1975(20): 205-234.

[127] W P Tseng, H M Chu, S W How, et al. Prevalence of skin cancer in an endemic area of chronic arsenicism in Taiwan. Journal of National Cancer Institute, 1968(40): 453-463. Chapter 20-Trace Contaminant Removal with Nanofiltration 50.

[128] K Christen. The arsenic threat worsens. Environmental Science and Technology, 2001, 35(13): 286A-291A.

[129] P L Smedley, D G Kinniburgh. A review of the source, behaviour and distribution of arsenic in natural waters. Applied Geochemistry, 2002, 17(5): 517-568.

[130] NHMRC/ARMCANZ, Australian drinking water guidlines. (2001): Canberra.

[131] WHO, Web address: http: //www. who. int/water_sanitation_health/ dwq/guidelines3rd/en/. (Access on 5th Jan 2004), WHO: Geneva.

[132] Canadian drinking water guidelines. Web address: http: //www. hc-sc. gc. ca/hecs-sesc/water/dwgsup. htm. , 2004.

[133] G Riise. Transport of NOM and trace metals through macropores in the Lake Skjervatjern catchment. Environment International, 1999, 25(2-3): 325-334.

[134] I S Butler, J F Harrod. Inorganic Chemistry. Redwood City: The Benjamin/Cummings Publishing Company, Inc. 1989: 784.

[135] D C Harris. Quantitative chemical analysis. San Francisco: W. H. Freeman and Company, 1982: 748.

[136] P Mukherjee, A Sengupta. Ion exchange selectivity as a surrogate indicator of relative permeability of ions in reverse osmosis processes. Environmental Science & Technology, 2003, 37(7): 1432-1440.

[137] M Pontie, C K Diawara, M Rumeau. Streaming effect of single electrolyte mass transfer in nanofiltration: Potential application for the selective defluorination of brackish drinking waters. Desalination, 2003, 151(3): 267-274.

[138] A Seidel, J Waypa, M Elimelech. Role of charge(Donnan) exclusion in removal of arsenic from water by a negatively charged porous nanofiltration membrane. Environmental Engineering Science, 2001, 18(2): 105-113.

[139] T Urase, J I Oh, K Yamamoto. Effect of pH on rejection of different species of arsenic by nanofiltration. Desalination, 1998, 117(1-3): 11-18.

[140] P Brandhuber, G Amy. Alternative methods for membrane filtration of arsenic from drinking water. Desalination, 1998, 117(1-3): 1-10.

[141] C Ratanatamskul, T Urase, K Yamamoto. Description of behavior in rejection of pollutants in ultra low pressure nanofiltration. Water Science and Technology, 1998, 38(4-5): 453-462.

[142] R Mascher, B Lippmann, S Holzinger, et al. Arsenate toxicity: Effects on oxidative stress response molecules and enzymes in red clover plants. Plant Science, 2002, 163(5): 961-969.

[143] A H Smith, E O Lingas, M Rahman. Contamination of drinking-water by arsenic in Bangladesh: A public health emergecy. Bulletin of the World Health Organization, 2000, 78(9): 1093-1103.

[144] M Kubr. POU market to benefit from the new arsenic limit. Filtration & Separation, 2002, 39(2): 23.

[145] J I Oh, T Urase, H Kitawaki, et al. Modeling of arsenic rejection considering affinity and steric hindrance effect in nanofiltration membranes. Water Science and Technology, 2000, 42(3): 173-180.

[146] J I Oh, K Yamamoto, H Kitawaki, et al. Application of low-pressure nanofiltration coupled with a bicycle pump for the treatment of arsenic-contaminated groundwater. Desalination, 2000, 132(1-3): 307-314.

[147] H Bem, F Bou-Rabee. Environmental and health consequences of depleted uranium use in the 1991 Gulf

War. Environment International, 2004, 30(1): 123-134.

[148] O Raff, R-D Wilken. Removal of dissolved uranium by nanofiltration. Desalination, 1999, 122(2-3): 147-150.

[149] A Favre-Reguillon, G Lebuzit, J Foos, et al. Selective concentration of uranium from seawater by nanofiltration. Industrial and Engineering Chemistry Research, 2003, 42(23): 5900-5904.

[150] S A Moss, N K Nagpal. Ambient water quality guidelines for boron. (2003). Ministry of Water, Land and Air Protection of British Columbia. Nghiem L D, Schäfer A I (2004) Trace Contaminant Removal with Nanofiltration. Nanofiltration - Principles and Applications, Schäfer A I, Waite T D, Fane A G. Elsevier, Chapter 8, 479-520. Introduction.

[151] L N Butterwick, D Oude, K Raymond. Safety assessment of boron in aquatic and terrestrial environments. Ecotoxicology and Environmental Safety, 1989(17): 339-371.

[152] M Taniguchi, M Kurihara, S Kimura. Boron reduction performance of reverse osmosis seawater desalination process. Journal of Membrane Science, 2001, 183(2): 259-267.

[153] Y Magara, A Tabata, M Kohki, et al. Development of boron reduction system for sea water desalination. Desalination, 1998. 118(1-3): 25-33.

[154] J Redondo, M Busch, J P De Witte. Boron removal from seawater using FILMTEC™ high rejection SWRO membranes. Desalination, 2003, 156(1-3): 229-238.

[155] I Liberman. Method of boron removal in Askelon desalination plant. Proc of Membranes in Drinking and Industrial Water Production. Muheim an der Ruhr, Germany, 2002.

[156] P Glueckstern, M Priel. Optimization of boron removal in old and new SWRO systems. Desalination, 2003, 156(1-3): 219-228.

[157] A Lhassani, M Rumeau, D Benjelloun, et al. Selective demineralisation of water by nanofiltration application to the defluorination of brackish water. Water Research, 2000, 35(13): 3260-3264.

[158] S Choi, Z Yun, S Hong, et al. The effect of co-existing ions and surface charateristics of nanomembranes on the removal of nitrate and fluoride. Desalination, 2000(133): 53-64.

[159] C Ratanatamskul, K Yamamoto, T Urase, et al. Effect of operating conditions on rejection of anionic pollutants in the water environment by nanofiltration especially in very low pressure range. Water Science and Technology, 1996, 34(9): 149-156.

[160] B Van Der Bruggen, R Milis, C Vandecasteele, et al. Electrodialysis and nanofiltration of surface water for subsequent use as infiltration water. Water Research, 2003, 37(16): 3867-3874.

[161] B Van Der Bruggen, K Everaert, D Wilms, et al. Application of nanofiltration for removal of pesticides, nitrate and hardness from ground water: Rejection properties and economic evaluation. Journal of Membrane Science, 2001, 193(2): 239-248.

[162] J Bohdziewicz, M Bodzek, E Wasik. The application of reverse osmosis and nanofiltration to the removal of nitrates from groundwater. Desalination, 1999, 121(2): 139-147.

缩略语说明

缩略语	意义	缩略语	意义
BPA	双酚 A	PAHs	多芳烃
CA	醋酸纤维素	PCBs	多氯联苯
DCB	二氯苯	PhACs	药物活性化合物
DBPs	消毒杀菌副产物	POPs	持久性有机污染
DDT	滴滴涕	RO	反渗透
DOC	溶解性有机物	STP	污水处理厂
DU	贫化铀	SOCs	合成有机化合物
EDCs	内分泌干扰物	TCB	三氯苯
EfOM	废水有机物	THMs	三卤甲烷
ES	静电和空间位阻模型	TOX	总有机卤化物
FP	(化合物)形成潜力	UF	超滤
HAAs	卤代乙酸	UNEP	联合国环境署
MCLs	最大污染浓度	UN-ECE	联合国-欧洲经委会
MWCO	切割分子量	US-EPA	美国环保署
NF	纳滤	UV	紫外线
NOM	天然有机物	WHO	世卫组织
PA	聚酰胺		

符号说明

符号	意义	单位
C	溶质浓度(下标 oc：辛醇中；下标 w：水中；下标 m：膜内；下标 i：溶质 i)	g/mol
D_s	扩散系数(下标 i：溶质 i)	m^2/s
E_{don}	道南(Donnan)电位	V

符号	意义	单位
F	法拉第(Faraday)常数	96500
H	亨利(Henry)常数	(-)
J	通量(下标 i：组分 i；下标 diff：扩散引起的；下标 conv；对流引起的；下标 elec：电势引起的)	L/(m^2·h)
K	分配系数(下标 ow：辛醇-水分配系数)	(-)
k	玻尔兹曼(Boltzmann)常数	1.0380649×10^{-23} J/K
M	摩尔质量(下标 v：溶剂；下标 s：溶质)	g/mol
q	电荷量	C
R	气体常数	8.314 J/(mol·K)
r	半径(下标 s：Stokes 半径)；极性中心距离	m
T	温度	℃
V	摩尔体积(下标 w：水；下标 s：溶质)	cm^3/mol
x	距离	m
z	离子的价态	(-)
η	黏度	mPa·s(cP)
σ	表面张力(下标 w：水；下标 s：溶质)	N/m^2
δ 或 $\Sigma\delta$	Hammett 值	(-)
δ^* 或 $\Sigma\delta^*$	Taft 值	(-)
μ	偶极矩	D
$\Delta\nu_s$	酸度	cm^{-1}

第 21 章　纳滤的非水溶液应用

21.1　引言

纳滤(NF)已被证明是一个在处理水性料液方面十分有效的工具。正如本书的各个章节所说明的，纳滤在化学过程工业以及食品工业和水处理的不同分支中都有应用。膜技术的成功激励研究人员在 20 世纪 70 年代和 80 年代尝试将膜的使用范围扩展到非水溶液[1-4]。基于典型的亲水性膜材料的超滤(UF)、纳滤和反渗透(RO)的局限性很快变得清晰也显现出来，其中聚合物和陶瓷膜对有机物的抵抗力很差或性能令人失望。由于各种原因，开发新的和更好的膜的相关工作还很少。因此，与针对水溶液的标准应用相比，膜技术在非水环境中的应用相对较少[5-6]。近年来，出现了一些有利于促进耐溶剂膜过程工业化的条件，如传统工艺所需能源成本的非理想性、过程强化的需求、对适度加工的要求的提升，以及对环境和人体健康的日益关注。然而，该领域正处在典型的发展阶段，许多应用工艺仍在测试中，极少达到工业规模。显然，膜过滤处理非水溶液要成为公认的单元操作仍需要时间和耐心。

纳滤特别的一点是，它可以与现有的单元操作结合使用，如蒸发、蒸馏和萃取，其中溶剂的回收很重要。这使得它成为某些过程升级的强大工具，否则将需要全面重建一个平行单元。纳滤可能比超滤或微滤(MF)更好用，因为它生产的清洁溶剂易于重复使用。此外，纳滤在热应力低的工艺中特别有用。随着基于发酵或更经典的化学方法的生物制品行业的发展，温和地回收产品变得至关重要。在这一领域，人们常常误以为膜过滤可产生“干燥的终端产品”，例如蛋白质、药物等；而实际情况是，纳滤只是涉及诸如短程蒸馏或色谱法的某个工艺流程的一部分。

在本章中，我们将简要回顾用于有机溶剂的不同类型的纳滤膜的开发。第 2 章和第 3 章对纳滤膜的发展(主要与水有关)做了更详细的描述。本章仅关注纳滤在商业运用范围内的开发。此外，我们还讨论了这些应用中纳滤的特性，迄今为止已发表的有关这一主题的材料很少。最后，介绍了(半)工业过程的一些实例。

21.2 材料和膜

人们对膜技术从非水溶液中分离低分子量物质的关注度迅速提升，这对膜的溶剂稳定性提出了要求。最初的方法是尝试利用商业化的反渗透膜，这种膜最初是为海水淡化而开发的(见第 2 章)。Sourirajan 及其同事报道了第一次使用醋酸纤维素(CA)膜进行的实验。研究发现，溶剂种类对膜性能有显著影响，由于 CA 的溶胀，膜的多孔结构不可逆地塌陷了[2, 9, 10]。

后来对其他纳滤膜也进行了性能测试，主要是针对含界面聚合聚酰胺(PA)层的复合材料。然而很快就发现，大多数现有的膜缺乏化学稳定性和/或足够高的通量和截留率[3, 4]。Köseoglu 等人[1]用一系列聚合物膜从己烷和醇等溶剂中回收食用油，发现被测膜的稳定性差或通量和截留率低。

Koch 膜系统引入了 SelRo®膜，其在 pH 介于 0~14 的水溶液中以及在最高达 70℃的大多数有机溶剂中都是稳定的。目前还不清楚有哪些聚合物被用于这些膜。这些膜最初是由 Membrane Product Kiryat Weizman(MPKW)有限公司开发的，基于一种带有交联聚(二甲基硅氧烷)(PDMS)层的复合膜[12, 13]。在实际涂层之前，多孔支撑浸入低分子量 PDMS 的稀释溶液中；溶剂蒸发后，聚合物作为孔隙保护剂留在孔隙中，防止热处理后孔隙坍塌。此外，孔填料的存在能防止涂层溶液渗透到支撑层中。第 2 章详细介绍了这些膜的发展。GKSS Forschungszentrum GmbH 开发了另一种复合膜，该膜包含一层 PDMS，除了化学交联，还通过低能电子束进行交联。根据辐射剂量的增加，PDMS 的化学稳定性可显著提高[14]。

有几种方法可以改善膜在有机溶剂中的化学稳定性，不仅在普通溶剂中，而且在极性非质子性溶剂(如二甲基甲酰胺(DMF)、二甲基乙酰胺(DMAc)和 N-甲基吡咯烷酮(NMP))中也起作用。MPKW 有限公司使用市售的聚丙烯腈(PAN)生产了多孔膜。之后，膜用金属乙氧基化合物(例如乙醇酸钠)交联[15]。丙烯腈和醋酸乙烯酯的共聚物可以在膜制备之前或之后通过肟化对膜进行改性。将该材料首先浸入羟胺和 Na_2CO_3 的水溶液中，然后浸入含有三聚氯氰的水溶液中[16]。在另一种化学途径中，膜在肟化后用亚苯基二异氰酸酯和聚乙烯亚胺处理[17]。还有一项研究中的膜是由丙烯腈和缩水甘油基甲基丙烯酸酯的共聚物制备的[18, 19]。随后，这些膜被氨解。在膜制备过程中，用多胺对丙烯腈与乙烯基苄基氯的共聚物进行原位交联，可以避免后处理[20]。

由疏水性成孔剂[如溴甲基化聚苯醚(PPO)]与成膜聚合物[如聚砜(Psf)或聚(丙烯腈-乙烯基乙酸)共聚物]的共混物制备的膜，可以与含有—NH_2 官能团的化合物交联，所得膜的特点是在有机溶剂中溶胀度低。通过与 PEI 膜交联，可得到在极性非质子溶剂中稳定的膜[21]。通过涂覆一层卤代烷基化(例如溴甲基化)PPO，所获得的膜耐溶剂且对低分子量物质有高截留率[22]。

表 21-1　应用于有机溶剂中的一些膜类型

条目	材料①	膜种类*	应用	注释**	组件类型***	第一作者	参考文献
1	不同 PI 种类	NF-RO 实验室制平板	均相催化，氢化氢甲酰化	Ru 复合物	有膜片的 CSTR	Gosser	[70]
2	硅橡胶 (Silastic) 和 PP	NF(/UF)	均相催化-Wacler 过程	Pd-氯化物和 Cu-氯化物	中空纤维	Kao	[66]
3	硅基材料	NF Koch MPF-60	均相催化循环-氢乙烯基化	树状聚合物上的 Pd 复合物	有膜片的 CSTR	Kragl	[78]
4	聚芳酰胺	UF Nadir PA20	乙醛的手性选择性加成	手性配体与改性甲基丙烯酸酯结合	有膜片的 CSTR	Kragl	[82]
5	Psf，PAN	UF/NF PCI，Desal	已烷回收	小型中试规模的工艺流程	卷式	Koseoglu	[1]
6	PAN	UF PCI	蔬菜油的精炼	试验室和中试规模	管式	Gupta，vander-Sande	[63，78]
7	PAI	NF GKSS/Solsep BV	素食油的去酸化，丙酮回收	在丙酮里，小型中试	卷式	Ebert	[76]
8a	PI	NF WRGrace/Exxon Mobil	Max-Dewax(燃料的脱蜡过程)	目前最大的中试	卷式	White	[6]
8b	PI	NF WRGrace	均相催化剂循环	基础研究	卷式	Nair	[6]
9	$\gamma-Al_2O_3$	以 $\alpha-Al_2O_3$ 为基膜的平板超滤	渗透乙醇	基础研究	碟片式	Leenaars	[57]
11	SiO_2-ZrO_2	以 $\alpha-Al_2O_3$ 为基膜的平板超滤	渗透乙醇	基础研究	碟片式	Tsuru	[54]

①PI—聚酰亚胺；PP—聚丙烯；PAI—聚酰胺-酰亚胺。

* Koch、Nadir、PCI(Patterson Candy International)、GKSS、Solsep BV、WRGrace、Exxon-Mobil，Desal 为公司。

* * Cu—铜，Pd—钯，Ru—钌。

* * * CSTR 为连续搅拌反应系统。

聚苯并咪唑(PBI)是一种具有优异的化学稳定性的膜聚合物。基于这种材料的微孔膜的制备在专利文献中得到了详细的描述[23-26]。

由该材料制备的膜最初用于反渗透过程，因此后续发展集中在更具亲水性的膜上。为此，开发出了磺化和羟烷基化 PBI[27]。PBI 膜的化学改性使其在极性非质子溶剂中具有稳定性；PBI 与溶解于弱酸中的聚多酸[例如溶解于冰乙酸中的全氟戊二酸、硫酸(组成 H_2SO_4)或均苯四甲酸]反应，导致了膜的溶剂稳定性提升[28]。另一种交联 PBI 的方法是在甲基异丁基酮中与二溴丁烷反应[29]。

PI 作为气体分离膜材料已被广泛研究，良好的化学稳定性也使它们成为用于有机溶液的备选材料。在 250~350℃ 的高温下通过热处理交联 PI，得到在极性非质子溶剂中稳定的膜[4, 31-34]。为了克服热处理后气孔塌陷的问题，采用了两种共聚酰亚胺的混合物，其中一种成分具有较高的玻璃态转变温度，可保证热稳定性，而第二种则具有耐溶剂性[31]。

一般来说，PA 膜也适用于非水溶液的处理。然而，尽管这类膜在海水淡化应用中已实现高度商业化，关于其在有机溶剂中的性能却很少有报道。Bhanushali 等人[35]以及 Yang 等人[36]研究了 Desal-5、Desal-DK 和 FT 30 膜的溶剂通量。专利文献中描述了在极性非质子溶剂中稳定的 PA 膜[37]。以上所述膜由多孔尼龙 6，6 作支撑体，其上通过 PEI 与二异氰酸酯原位反应形成 PA 层。

具有互穿网络的膜可以结合各个成分的优点[38]。通过氨基功能组分和二异氰酸酯的界面聚合得到聚合物层，该聚合物网络包含额外的聚合物，例如聚烷基硅氧烷，它可溶于界面聚合反应的溶剂之一，但不参与反应。含硅氧烷的膜呈现合理的己烷通量，而没有该组分时则无法检测到通量。具有多层聚乙烯醇(PVA)的复合膜在渗透汽化和蒸汽渗透过程中得到了商业应用，同时它们良好的溶剂稳定性也适用于反渗透和纳滤。然而，早期的实验表明，使用这些膜的过程通量太低。将 PVA 与离子组分[例如壳聚糖(CTS)或海藻酸钠(SA)]混合[39]，制备出了在 2-处理丙醇水溶液时具有合理通量和截留率的膜。

从化学稳定性角度来看，聚磷腈(PPZ)、聚苯硫醚(PPS)和聚醚醚酮(PEEK)等聚合物在制备溶剂稳定型纳滤膜方面有潜力。PPZ 膜已针对不同的应用被广泛研究[40-42]，但是它们还没有实现商业化。PPS 膜可以通过挤出聚合物溶液来制备[43]。在膜制备之前，PPS 在有氧的情况下先进行热处理，以增强聚合物的黏度。PEEK 膜的制备涉及聚合物在低温浓硫酸中的溶解，以及在铸造过程之前需将溶液保持在真空中[45]。这种相当复杂的制备方式可能阻碍其商业化发展。最近发表的一种新方法涉及热诱导乳清蛋白分离凝胶(WPI)膜[45]。该膜由 WPI 的聚集体组成，其大小和填充密度决定了膜的性能；到目前为止，其还没有截留数据，但所获得的己烷通量合理。

一个常常与聚合物膜有关的问题是膜的压实。压实过程可能发生在更高的压力、温度或存在有机溶剂溶胀的时候。在任何情况下，压实都可能对膜性能产生重大影响，导致生产出不稳定的膜。这个问题可以通过使用有机-无机杂化膜来解决。这种膜可以由有机载体与无机填料混合而成[46]，也可以由无机载体覆盖聚合物层组成[47]。

从表面上看，在有机溶剂中使用陶瓷膜似乎很不错。陶瓷膜在 20 世纪 60 年代已经实现商业化，自 20 世纪 80 年代以来，已经开发出纳米级直径的多孔结构[54, 55-62]。以胶体溶液为基础，通常通过溶胶-凝胶途径，合成 TiO_2、ZrO_2、Al_2O_3 和其他几种有机氧化物的膜。$\gamma-Al_2O_3$ 膜是最受关注的，能提供最小达 1 nm 半径的孔。TiO_2 和 SiO_2 膜的孔径似乎更小[52-56]，但到目前为止其工业生产很有限。人们经常声称，这些材料应产出最为强大的超滤膜和纳滤膜。然而，关于在有机溶剂处理中应用陶瓷膜的论文和专利却很少。虽然确实有一些案例涉及具有开放结构的管状陶瓷膜，这些膜具有超滤而不是纳滤特性(孔径大于等于 2 nm)，它们表现出较低的纯溶剂通量，低于根据水通量和线性黏性对流的预期。这导致研究人员认为有机溶剂流动受到氧化物表面性质的阻碍。如果这些低通量是陶瓷系统固有的，这将显著影响它们在有机溶剂中的应用。

21.2.1　纳滤膜用于有机溶剂体系的特点

如前文所述，第一种用于有机溶剂的膜其实是为水溶液中的应用而开发的。有机溶剂通常被认为具有水溶液特性，但在许多情况下，这混淆了实际过程的概念，并阻碍了早期应用的优化。由于同一种膜在不同溶剂中性能差别很大，因此最好用实际的溶剂介质对其进行表征。可以理解对于聚合物膜在不同溶剂中的性能差异，因为它们在不同溶剂中溶胀程度不同。此外，次要成分对膜结构也有重要影响。例如，溶剂中的少量水可能会引起一些问题。这种情况也经常发生在金属氧化物陶瓷膜上，其中的氧化物选择性地吸附孔隙中的水，阻碍了溶剂的通过。

针对溶剂体系，目前还没有标准的表征方法，也没有严格的纳滤膜定义。一般来说，纳滤的定义是模棱两可的，典型的说法是“纳滤是松散的反渗透”或“致密的超滤”。由于 IUPAC 将微孔定义为小于 2 nm 的孔，而超滤、纳滤，甚至是反渗透都有微孔，因此这个概念更加模糊。在没有更好的标准的情况下，我们(在本章中)采用了简单的陈述，即纳滤截留小分子(宏观分子量由数百到几千)。然而，根据文献数据很难比较不同的膜。对于某些膜，只有来自水系统的特性可供参考，研究人员必须做额外的表征工作。可以借鉴针对水进行的界定和使用诸如聚乙二醇的截留实验，但前提是这些分子可以溶解在有机溶剂中。实际上，这意味着只能使用酒精。在酮、烷烃或氯化溶剂等其他溶剂中，可以使用定义明确的分子，如维生素 E(M_r ~ 500)、着色剂(如甲基橙：M_r ~ 300)、甘油三酯(M_r ~ 1000)、脂肪酸(M_r ~ 330)或多环芳烃(M_r ~ 300-2000)。此外，很难找到一个能兼容不同溶剂的(测试)系统。关于有机溶液的试验会涉及各种不同的溶剂、溶剂混合物和溶质。由于溶胀在使用聚合物膜的情况下起决定作用，因此膜在一种溶剂系统中的分离性能不适用于另一种溶剂系统。这意味着不能将从水溶液中获得的截留值用于对有机溶液中的膜性能进行任何预测。非水系统中用于所需分离过程的膜材料需要根据特定应用所对应的溶剂和溶质进行选择。

Sourirajan 及其同事[3]证明了聚合物-溶剂相互作用的重要性，研究了碳氢化合物的混合物在致密聚合物薄膜中的渗透。对于二甲苯和乙醇的混合物，CA 膜对乙醇有优先的吸附作用，因此可以更快地渗透乙醇。通过在 CA 膜上涂覆氟碳聚合物，溶剂的渗透性被逆转，从而使二甲苯的渗透率更高。另外，吸附行为取决于要分离的溶剂混合物的组成[3]。对于 CA 膜来说，优先吸附碳氢化合物是可以预料的。然而，苯、甲苯等芳香族溶剂与 1-丙醇或 2-丙醇的混合物呈现出了相反的行为。

一般来说，膜的性能有赖于膜与溶剂的亲和力，即它是亲水的还是疏水的。几位作者[10, 35, 48-50]研究了疏水性硅基 MPF-50 膜的性能。他们在一系列针对线性醇分子的试验中观察到，通量随着溶剂分子大小的增加而减小。Reddy 等人[10]也用一组亲水膜证实了相同趋势。Whu 等人[50]和 Yang 等人[36]研究了亲水性 MPF-44 和疏水性 MPF-66 膜在有机溶液中的截留特性。根据制造商(Koch)的说明，水溶液中 MPF-44 和 MPF-600 的截留值分别为 250 和 600。然而，维生素 B_{12}(M_r 1355)[50]、亮蓝 R(M_r 826)[50]和藏红花素 O(M_r 351)[50]在甲醇中的截留率并不能反映这些截留值。Van Der Bruggen 等人[51]用同几种膜(MPF-44 和 MPF-60)进行截留试验，发现低分子量模型物质在水溶液和有机溶剂中的截留率有显著差异。White 等人[53, 79]用不对称的 PI 膜对不同碳氢化合物的甲苯溶液进行试验，试验结果表明，聚合物-溶剂相互作用和膜的孔结构对分离有很大影响。这也反映在 Koops 等人[85]的工作中。

开发有意义的传递模型以预测非水环境中纳滤膜的性能尚处于起步阶段。Machado 等人[48, 49]介绍了一种基于串联阻力法的半经验模型。对于多孔复合膜，主要阻力位于致密的顶层和底部超滤支撑层中，溶剂黏度和溶剂与膜的表面张力的差异为主要参数。作者得出结论，在膜聚合物和溶剂的表面张力存在较大差异的情况下，以及在低介电常数的溶剂中，该模型失效。然而，还应注意的是，聚合物的溶胀效应没有被考虑在内。Van Der Bruggen 等人[51]研究了疏水性膜和亲水性膜的溶剂通量。在 Machado 模型[49]的基础上对溶剂通量进行了分析，得出了与之基本相似的结论。

Bhanushali 等人[35]描述的关于疏水膜的另一个半经验模型是基于溶解-扩散机理。膜的吸附行为与溶剂黏度和表面张力被定义为决定溶剂通量的参数，该模型为纯溶剂通量的预测提供了合理的依据。但是，由于溶质和溶剂通量的耦合效应不能忽略，应将其纳入传递模型中[52]。Bhanushali 等人[52]由此证实了水和非水系统中传递机制的相似性。

Bitter[30]在评估吸附性时使用的表征系统是丙酮和甲苯混合溶剂中不同长度的烷烃。尽管这是一种有趣的方法，但必须证明它具有普遍适用性。Bhanushali 等人[52]的工作与 Bitter 的类似。在这两种情况下，基本模型都是来自 Kedem 和 Spiegler，只是吸附和扩散效应用不同的方法取近似值。White 等人[33, 71, 79]遵循了一种更具实验性的方法。他试图将分子质量截留值的概念应用于针对 Max-Dewax 脱蜡过程而开发的纳滤膜中。在建议的测试中，甲苯中 C_{10} 到 C_{22} 的线性烷烃（浓度 2%）的截留率被用来定义截留曲线。与实际待分离的真实原料相比，这是一个高度优化的情况，但据称它是表征膜的一个有价值的工具。

上述文献突出了与非水环境反渗透和纳滤这一复杂领域相关的难题。与水环境应用相比，非水环境存在各种溶质与数量无限的溶剂和溶剂混合物。目前还没有一个令人信服的模型能够完整地描述有机溶剂处理中纳滤膜的特性。然而，与直接使用水环境中的膜特性这一途径相比，上述文献提供的方法能更好地描述膜性能。对渗透现象缺乏基本的了解是我们没有详细回顾不同模型的主要原因。目前对纳滤膜进行系统监测的尝试可能仅仅是许多研究工作的开端，以获得更好的基本见解和有效的表征方法。

21.3 应用

如上文所述，面向有机溶剂的纳滤目前仍处在早期阶段。文献中提到了大量可能的应用，例如从油中回收甾醇和蜡、从有机液体中回收药物、循环利用油漆中的溶剂、回收均相催化剂、多聚物/低聚物的分馏、油的脱酸、加工（用过的）润滑油、溶剂脱沥青。相关工作还很不成熟，大多是在实验室进行。本节所介绍的工艺流程处于中试阶段或（接近）工业化，更多细节见第 13 章“化学过程工业中的纳滤”。

21.3.1 脱蜡

最大的处理有机溶剂的纳滤装置安装在石化行业。Bitter[8]和 White 等人[71]开发的两种脱蜡过程的变体值得讨论。Kulkarni[54]提出了一种不同的方法。这些应用的概念已经在 20 世纪 80 年代末完成论证，但“真正的应用”在 10 多年后才出现。该过程是传统过程去瓶颈的典型例子。后者将溶剂或溶剂混合物[甲基乙基酮（MEK）、丙酮]及其中的碳氢混合物冷却至通常为 268 K① 至 255 K 的温度范

① K 为开尔文温度，$T(\mathrm{K}) = T(℃) - 273.13$。

围。在冷却段，蜡质组分凝结并沉淀或过滤；滤液中的溶剂通过蒸发回收并在工艺中重复使用(见图 21-1)。在新方法中，膜过滤装置替代或辅助蒸馏步骤。Bitter 认为，在脱蜡过程中不需要回收极纯的溶剂。他建议进行三步操作，包括"正常"过滤、纳滤和蒸馏；在常规工艺中结合了膜，并在进一步纯化之前通过过滤去除了 25%的溶剂。该过程的工作温度通常在 268 K 以下，最大的好处是过滤后的溶剂不需要加热。因此，新方法的节能量相当可观，设备也可以更小。White 报告说，最初的工厂安装了 300 m^2 的膜，每天可以处理的量是 160 m^3 进料的 25%。该工艺使回收段的尺寸和容量减少 20%，热量减少 25%，制冷要求减少 10%。虽然大多数数据都在专利文献[8, 71]中提到，但一些膜的细节在 Bitter 等人[70]和 White 等人[6]的出版物中有介绍。20 世纪 80 年代，Bitter 对脱蜡的应用进行了描述，之后的详细说明仅限于中试规模。这种方法在技术上与 White 所描述的方法相似，但所用的膜不同。Shell 在工作中使用了聚乙烯与卤素取代硅层的复合膜片，而 White 报告了由 WRGrace 制造的不对称 PI 膜。Bitter 的选择有些令人惊讶，因为硅材料被认为会过度溶胀，从而在低分子量范围失去其分离特性。Bitter 也认识到这一点，指出溶剂混合物的选择对避免过度溶胀很重要。这两种膜都可作为卷式膜组件使用，但具体细节不清楚。

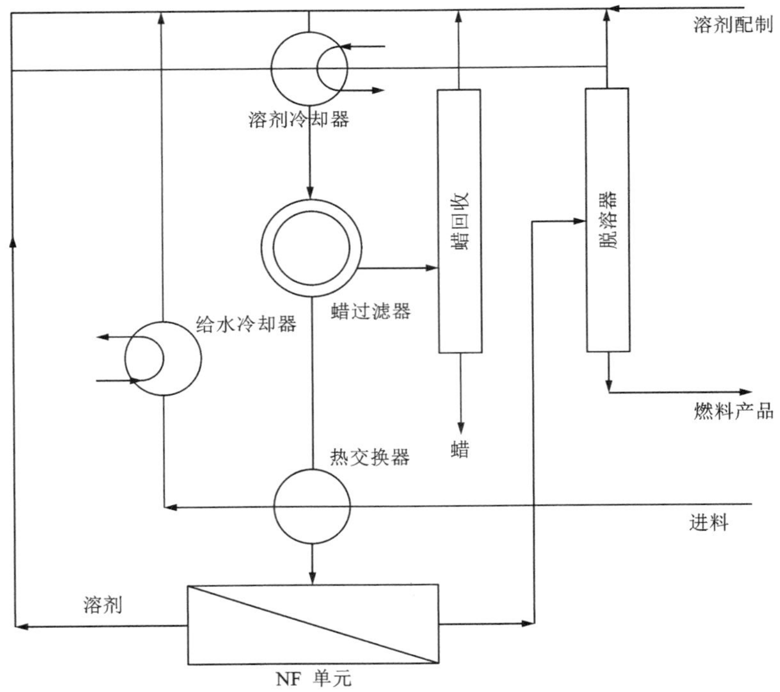

图 21-1　石化工业中膜脱蜡的概念流程[6, 8, 79]

White 报告说，Exxon-Mobil 公司在得克萨斯州 Beaumont 炼油厂安装了一套规模为 11500 m^3/天的装置。虽然没有公布关于膜面积的精确数据，但概念上的溶剂产量(1100 m^3/天)表明它是同类中最大的纳滤装置。

21.3.2 油脂化学

植物油工业是食品工业中一个相当特殊的分支，因为它在加工过程中广泛使用有机溶剂(另见第 12 章“食品工业中的纳滤”)。油菜、向日葵或大豆等植物种子的油均通过溶剂和机械相结合的方法提取或者仅仅是使用溶剂法提取。其中，乙烷提取法是最常见的。某些炼油厂会在脂肪的分馏中使用丙酮。目前，蒸发法用于回收这些溶剂，且溶剂在工艺中重复使用。早在 20 世纪 80 年代，人们就研究了膜在油脂化学工业中的应用，但由于一些大规模试验的失败，例如植物油精炼过程试验，膜的应用有所倒退。从 20 世纪 80 年代初开始，这些失败明显影响了膜技术在植物油工业中进一步推广的积极性。在植物油工业中使用膜的主要动机如下：(1)以特定方式分离分子的可能性；(2)最大限度地减少热破坏；(3)回收和减少废物的可能性；(4)适度的能耗。膜的一个最具挑战性的应用是从油籽萃取和溶剂分馏工厂中回收溶剂。据估计，仅美国就要使用超过 200 万 t 的萃取溶剂，主要是已烷。溶剂回收是植物油加工中一个非常重要的环节，满足了经济性、环保性和安全性要求。目前，溶剂是通过蒸馏和冷凝回收的。该操作是能源密集型的，涉及挥发性溶剂，可能导致危险情况，特别是在溶剂的沸点温度下。植物油工业中最受关注的操作是对油的萃取胶束混合物和磷脂溶剂混合物进行精炼、从萃取油中回收已烷以及从分馏过程中回收丙酮。在传统观点中，这些是植物油加工的下游步骤。

油的胶束混合物是在正已烷提取种子油过程中形成的，由甘油三酯(油)、磷脂和溶剂组成。在传统工艺中，磷脂通常被称为卵磷脂，通过洗涤、沉淀或离心除去。由于其极性，磷脂会形成非常松散的团聚物，可以被膜过滤掉。Gupta[63]已经描述了这一过程的原理。该过程产生了一种滤液，其中含有干净的油和已烷，以及一种更容易被加工的磷脂部分。虽然已烷必须通过汽提去除，但在减少化学品和提高油的质量方面可能会节省成本，至少有部分植物油的化学精炼不再需要。Gupta 的工作促成 20 世纪 80 年代在德国汉堡建立了一个工业装置。但该装置没有成功，原因很可能与磷脂胶束的极端流动性有关，后者阻碍了充分的分离，而且对污染行为也缺乏了解。Van De Sande[78]描述的一个典型技术难题是静电的发生。尤其是在正已烷等非极性溶剂中，库仑力迅速积聚，并可能干扰设备的安全运行。今天，通过使用较低的流速和特殊的组件结构，可以避免这个典型的问题。在文献中，这个过程通常被称为超滤。然而，考虑到早期的讨论以及该过程可能是最早被广泛试验的技术之一，这项工作还是很有意义的[82]。

通过从正己烷-油的流体中回收正己烷来节能和改善油质量(见第12章)是一个有趣的步骤。我们应该认识到，这里也涉及一个典型的消除瓶颈的努力，因为蒸发技术仍然是维持最终产品(油)中溶剂水平极低的关键。自1990年[1, 65, 76]以来，该工艺一直在开发中，并在2000年左右有了相当大的进步。然而，到目前为止还没有大规模的试验报告。丙酮被广泛用于油和脂肪的分馏过程中，它的回收和再利用大致与己烷相同。在标准的甘油三酯分馏过程中，不仅从油中回收丙酮，还通过去除水分来进行校正，因为水会干扰分馏过程。目前已有从低分子量物质(M_r 1000)[76]中回收丙酮的膜，但尚未在油脂化学中得到大规模应用。在欧洲，导致这一现象的原因主要是分馏只在三个装置上使用，竞争显然并不激烈。

21.3.3 均相催化

在复杂分子的有机合成中，均相催化变得越来越重要。在精细化工领域，有许多新的研究进展[66-72, 85]，特别是在碳-碳键偶联和不对称均相催化领域。在精细化学品中使用均相催化的一个缺点仍然是过渡金属和配体的消耗使催化剂的成本相对较高。配体通常是由大规模的多步骤合成制备的，在某些情况下可以改善催化剂来提高反应速率，但在大多数情况下这是不可能的。更普遍的解决方案是循环使用高效的催化剂。对于精细化学品来说，通过产品结晶和母液的再利用不可能达到这一目的。因此，在很多情形下催化剂被彻底丢弃。多相化使催化剂可以被滤出，但通常以活性和选择性严重降低为代价。此外，金属的滤出也成为一个问题。使用两相催化是另一种选择，但现有的方法都有如下缺点。

(1)两相-水相/有机相[67]。大多数载体的溶解度差，导致低的反应速率。

(2)两相-含氟相/有机相[68]。含氟相中含氟催化剂的截留不完全；含氟溶剂的成本和毒性。

(3)两相-离子液体/有机相[77]。离子液体的成本和可用性。

温和的分离技术可以促进均相催化在大型工业有机合成过程中的应用。实现这一点的直接方法是使用膜过滤。应当指出的是，这是为数不多的几种没有针对现有技术进行去瓶颈的膜技术应用之一。将超滤膜作为反应器或截留(生物)催化剂和允许产品通过简单的循环的概念已被广泛研究[83]。同样，大多数情况下该过程涉及水系统。在水中，最受关注的均相催化剂不太稳定，活性低，而且它们的分子量很低(最多几百)，超滤不足以对其进行截留。Gosser等人[70]于1977年首次提出了使用膜截留均相催化剂的例子。这项工作使用实验室制造的膜，对几种反应概念进行了论证。直到最近，适用于有机溶剂中这类催化剂的膜才被商业化。Kragl[80]、Vankelecom[69, 86]、Livingston[73]和Cuperus[81](另见表21-1)在公开文献中描述了使用这些膜的案例。显然，对于有工业意义的催化剂，膜和催化剂应相互适应。这里有许多因素需要考虑，但我们只列举了一些。为了提高截留率，均相催化剂被大分子改性，从而增大了催化剂的粒径。这些方法确实有效，但代价是较低的催化剂活性，更糟糕的是选择性低和更快的失活。使用更致密的膜来截留天然的均相催化剂会更简洁[86]。但是，简单循环回路的产品流将包含未反应的试剂以及产品。这些物质想必应该用另一种方法分开。

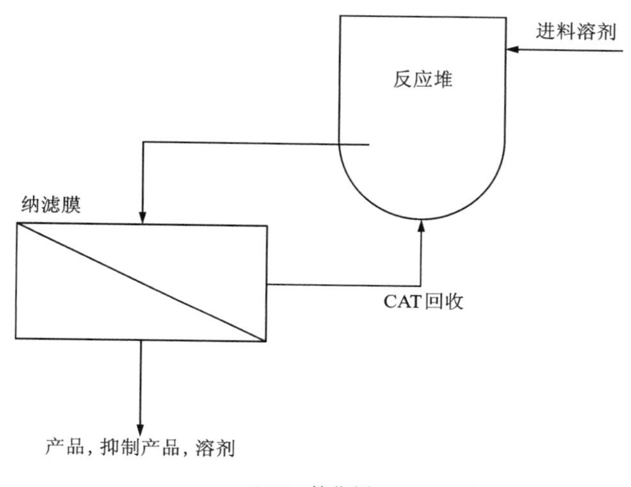

CAT—催化剂。

图 21-2　截留均相催化剂的循环路线

优化可以达到使几乎所有试剂都反应的程度，但由于催化剂的活性在多数情形下不够高，这意味着我们要使用不受欢迎的间歇反应器。另一个问题是，最佳分离温度和反应温度不同，也就是说，在反应温度下的截留是不充分的。Livingston 提出将两个过程解除耦合，但从本质上看这引入了两个单独的过程，且这两个过程都缺乏效率。

能够承受更高温度的、更致密的膜解决了这两个问题。根据 Luthra 等人[73]关于使用高耐受性膜(与 Max Dewax 工艺中使用的膜相同)的最新研究，稳定性预计不会成为问题。然而，均相催化剂的内在稳定性仍然是一个难题，将导致整体回收效率严重不足。因此，催化剂和流程开发人员应该密切协作，以解决这一难题。

21.4　最终评价

有机溶剂的纳滤技术正处于工业应用的边缘，未来很可能会应用于现有常规设备的升级中。如今，在石油化工行业已有大型装置，而有关其他应用的试验研究正在进行中。另外，由于对膜的特性缺乏适当的定义和实际测量，阻碍了其应用和发展，而污染和浓度极化方面的问题也尚未得到解决。

致谢

作者感谢来自荷兰格罗宁根大学(University of Groningen)的 Ir H. J. Heeres 教授和 J. G. de Vries 教授，意大利卡拉布里亚大学(University of Calabria)的 L. Giorno 博士，美国 WRGrace 的 L. S. White 博士和德国 Siemens-Axiva 的 F. Jordt 博士的有益评论和建议。

参考文献

[1] S Köseoglu, D E Engelgau. Membrane applications and research in the edible oil industry: An assessment. J. Am. Oil. Chem. Soc., 1990, 67(4): 239-249.

[2] S Sourirajan. Separation of hydrocarbon liquid by flow under pressure through porpous membranes Nature, 1964 (203): 1348-1349.

[3] J Kopecek, S Sourirajan. Performance of porouscellulose acetate membranes for the reverse osmosis separation of mixtures of organic liquids. Ind. Eng. Process Des. Develop, 1970(1): 5-12.

[4] H Strathmann. Composite asymmetrical membranes. US Patent 4, 71, 590(1978).

[5] F P Cuperus, J T P Derksen. Membrane technology used in the oleochemical industry. Lipid Technology, 1995, 7(5): 101-107.

[6] L S White, A R Nitsch. Solvent recovery from lube oil filtrates with a PI membrane. J. Membr. Sci, 2000 (179): 267-274.

[7] D M Koehen, A H A Tinnemans. Process for the separation of components in an organic liquid medium. US Patent 5, 338, 455(1994)

[8] J G A Bitter, J P Haan, H C Rijkens. Process for the separation of solvents from hydrocarbons dissolved in the solvents. US Patent 4. 748, 1988(288).

[9] B A Farnand, F D F Talbot, T Matsuura, et al. Reverse osmosis separations of some organic and inorganic solutes in methanol solutions using cellulose acetate membranes. Ind. Eng. Chem. Process Dev. 1983(22): 179-187.

[10] K K Reddy, T Kawakatsu, J B Snape, et al. Membrane concentration and separation of L-aspartic acid and L-phenylalanin derivatives in organic solvents. Separation Science and Technology, 1996, 31(8): 1161-1178.

[11] J G A Bitter. Process for the separation of an organic liquid mixture. US 4, 670, 151(1987).

[12] C Linder, M Nemas, M Perry, et al. Silicone-derived solvent stable membranes. European Patent 0 532 199 (1993).

[13] C Linder, M Nemas, M Perry, et al. Silicone-derived solvent stable membranes. US Patent 5, 265, 734 (1993).

[14] M Schmidt, K V Peinemann, N Scharnagl, et al. Strahlenchemisch modifizierte Silikonkompositmembran fur die. Ulteafiltration DE 195 07 584(1997).

[15] C Linder, M Nemas, M Perry, et al. Solvent stable membranes. European Patent 0 392 982(1990).

[16] C Linder, G A Viv, M Perry, et al. Semipermeable membranen aus polymeren auf acrylnitrilbasis, Verfahren zu iher Herstellung und ihre Verwendung. European Patent 0 061 610(1982).

[17] C Linder, M P Poröse. Semipermeable, durch Amidoximgruppen modifizierte Membran auf der Basis von Polyacrylnitrilen, Verfahren zu ihrer Herstellung und ihre Verwendung. European Patent 0 025 973(1980).

[18] H G Hicke, I Lehamnn, M Becker, et al. Solvent and acid resistant membrane on the basis of polyacrylonitrile (PAN)and a comonomer copolymerized there with and a method of manufacturing such a membrane. US Patent 6, 159, 370(2000).

[19] H G Hicke, I Lehamnn, G Malsch, et al. Preparation and characterization of a novel solvent-resistant and autoclavable polymer membrane. J. Membrane Science, 2001(198): 187-196.

[20] A Glaue, G Malsch, R Swoboda, et al. Verfahren zur Herstellung vernetzter Membranen DE. Application 101 38 318(2001).

[21] C Linder, M Perry, R Ketraro. Novel membranes and process for making them. US Patent 4, 761, 233 (1988).

[22] M Perry, H Yacubowicz, C Linder, et al. Polyphenyene oxide-derives membranes for separation in organic solutes. US Patent 5, 151, 182(1992).

[23] W C Brinegar. Production of semipermeable polybenzimidazole membranes. US Patent 3, 841, 492(1974).

[24] D G J Wang. Process for the production of semipermeable polybenzimidazole membranes with low temperature annealing. US Patent 4, 448, 687(1984).

[25] D G J Wang. Process for the production of semipermeable polybenzimidazole membranes with low temperature annealing. US Patent 4, 512, 894(1985).

[26] M J Sansone. Process for the production of polybenzimidazole ultrafiltration membrane. US Patent 4, 693, 824 (1987).

[27] M S Sansone, F J Onorato, H Pulaski. Sulfonation of hydroxyethylates polybenzimidazole fibers. US Patent 4, 826, 502(1989).

[28] H J Davis, N W Thomas. Chemical modification of polybenzimidazole semipermeable membrane. US Patent 4, 020, 142(1977).

[29] R P Barss. Solvent-resistant microporous polybenzimidazole membranes. European Patent 1 038 571(2000).

[30] J G A Bitter. Transport mechanisms on membranes. Shell laboratorium, 1988.

[31] W K Miller, S B McCray, D T Friesen. Solvent resistant microporous polyimide membranes. US Patent 5, 725, 769(1998).

[32] Y Nagata. Separation membrane. US Patent 5, 972, 080(1999).

[33] L S White. Polymide membranes for hyperfiltration recovery of aromatic solvents. US Patent 6, 180, 008 (2001).

[34] A A Chin, B M Knickerbocker, J C Trewella, et al. Recovery of aromatic hydrocarbons using lubricating oil conditioned membranes. US Patent 6, 187, 987(2001).

[35] D Banushali, S Kloos, C Kurth, et al. Performance of solvent-resistant membranes for non-aqueous systems: Solvent permeation results and modeling. J. Membr. Sci., 2001(2189): 1-21.

[36] X J Yang, A G Livingston, L Freitas dos Santos. Experimental observations of nanofiltration with organic solvents. J. Membr. Sci., 2001(190): 45-55.

[37] L E Black. Interfacially polymerized membranes for the reverse osmosis separation of organic solvent solutions.

US Patent 5, 173, 191(1991).

[38] D M Koenhen, A H A Tinnemans. Semipermeable composite membrane and process for manufacturing same. US Patent 5, 207, 908(1993).

[39] J Jegal, K H Lee. Nanofiltration membranes based on Poly(vinyl alcohol) and ionic polymers. J. Applied Polymer Science, 1999(72): 1755-1762.

[40] M L Stone. Method of dye removal for the textile industry. US Patent 6, 093, 325(2000).

[41] C Guizard, A Boye, A Larbot, et al. A new concept in nanofiltration based on a composite organic-inorganic membrane. Recent Prog. Genie Procedes, 1992, 6(22): 27-32.

[42] G Golemme, E Drioli. Polyphosphazne membrane separations-review. J. Inorganic and Organometallic Polymers, 1996, 6(4): 341-365.

[43] R A Lundgard. Method for preparing poly(phenylene sulfide) membranes. US Patent 5, 507, 984(1996).

[44] T Shimoda, H Hachiya. Process for preparing a polyether ether ketone membrane. US Patent 5, 997, 741 (1999).

[45] J Y Teo, R Beitle. Novel solvent stable microporous membrane made of whey protein isolate gel. J. Membrane Science, 2001(192): 71-82.

[46] S P Nunes, K V Peinemann, K Ohlrogge, et al. Pires Membranes of poly(ether imide) and nanodispersed silica. J. Membrane Science, 1999(157): 219-226.

[47] C Hying, G Hörpel, K Ebert, et al. Hybrid membran, Verfahren zu deren Herstellung und die Verwendung der Membren. DE-Application 101 395 59(2001).

[48] R M Machado, D Hasson, R Semiat. Effect of solvent properties on permeate flow through nanofiltration membranes. Part Ⅰ: investigation of parameters affecting solvent flux. J. Membr. Sci. 1999(163): 93-102.

[49] R M Machado, D Hasson, R Semiat. Effect of solvent properties on permeate flow through nanofiltration membranes. Part Ⅱ: Transport model. J. Membr. Sci., 2000(166): 63-69.

[50] J A Whu, B C Baltzis, K K Sirkar. Nanofiltration of larger organic microsolutes in methanol solutions. J. Membr. Sci. 2000(170): 159-172.

[51] B Van Der Bruhhen, J Greens, C Vandecasteelr. Fluxes and rejections for nanofiltration with solvent stable polymercic membranes in water, ethanol and n-hexane. Chem. Eng. Sci. 2002(57): 2511-2518.

[52] D Bhanushali, S Kloos, D Bhattacharyya. Solute transport in solvent resistant nanofiltration membranes for non-aqueous systems: Experimental results and the role of solute-solvent coupling. J. Membrane Science, 2002 (208): 343-359.

[53] L S White. Transport properties of a polyimide solvent resistant nanofiltration membrane. J. Membr. Sci. 2002 (203): 191-202.

[54] T Tsuru, T Sudou, S Kawahara, et al. Permeation of pure liquids through inorganic membranes. J. Colloid Int. Sci., 2000(228): 292-296.

[55] A Nijmeijer. Hydrogen selective silica membranes for use in steam reforming processes. Thesis U Twente, 1999.

[56] P Puhlfürßs, I Voigt, R Weber, et al. Microporous titania membranes with a cut off <500 Da. J. Membr. Sci, 2000(174): 123-133.

[57] A Leenaars, A J Burggraaf. Preparation, structure and separation characteristics of ceramics membranes. J. Membr. Sci, 1985(24): 245-260.

[58] T Tsuru, T Sudou, S Kawahara, et al. Nanofiltration in non-aqueous solutions by porous silica-zirconia

membranes. J. Membr. Sci. , 2001(185): 253-261.

[59] A Cacciola. Process for the production of a ultrafiltration membrane. EP-A 0 040 282(1980).

[60] A F M Leenaars, K Keizer, A J Burggraaf. Process for the production of a crack-free semi-permeable. Inorganic Membrane, US 4711719(1984).

[61] E Webster, M Andersen. Supported microporpus ceramic membrane. US 5 269 926(1993).

[62] A J Burggraaf, K Keizer, R J Uhlhorn, et al. Manufacturing a ceramic membrane. EP 0586 745(1992).

[63] S Gupta. Refining of triglyceride oils, Lever Brothers Company. US patent 4533501(1985).

[64] C Cray. Safety and environment. I NF ORM, vol. 5, 1994(8): 892-895.

[65] L P Raman, M Cheryan, N Rajagopalan. Deacidification of soybean oil by membrane technology. J. Am. Oil Chem. Soc. , 1996(73): 219-224.

[66] J G De Vries. Homogeneous catalysis for fine chemicals//Encyclopedia of Catalysis. I T Horvath. Wiley Interscience, New York, 2000.

[67] B Cornils, W A Herrmann. Aqueous Phase Organometallic catalysis-Concepts and Applications. Wiley-VCH, Weinheim, 1998.

[68] I T Horváth Homogeneous catalysis in tuo-phase system. Acc. Chem. Res. , 1998(31): 641.

[69] D Nair, J T Scarpello, L S White, et al. Semi-continuous NF-coupled heck reactions as a new approach to improve productivity of homogeneous catalysts. Tetrahedron Letters, 2001(42).

[70] J G A Bitter, J P Haan, H C Rijkens. Solvent recovey using membranes in the luboil dewaxing process. Membraantechnologie 4, December 1989: 11-12, Stam tijdschriften BV, Rijswijk, the Netherlands.

[71] L S White, I F Wang, B S Minhas. Polyimide membranes for separation of solvents from lube oils. US patent 5, 264, 166(1993).

[72] L W Gosser, W H Knoth, G W Parshall. Reverse osmosis in homogeneous catalysis. J. Mol. Catalysis, 1997 (2): 253-263.

[73] S S Luthra, X Jang, L M Freitos Dos Santos, et al. Phase-transfer catalyst separation and re-use by solvent resistant nanofiltration membranes. Chem. Commun. 2001: 1468-1469.

[74] M Parmentier, J Fanni, M Linder. Revisiting crossflow filtration in oils and fats. I NF ORM, 2001(12): 411-418.

[75] M A M Beerlage. Polyimide ultrafiltration membranes for non-aqueous systems. Thesis University of Twente, 1994.

[76] K Ebert, F P Cuperus. Solvent resistant NF membranes in edible oil processing. Membrane Technology, 1999 (107): 5-8.

[77] T Welton. Catalysis in ionic liquids. Chem. Rev. , 1999(99): 2071-2083.

[78] R K L M Van Der Sande, W J Vanden Broek. The influence of oil-solvent ratio on the flux through porous membranes submitted for publication.

[79] R M Gould, L S White, C R Wildemuth. Membrane separation in solvent lube dewaxing. Environmental Progress, 20 No. 1, 2001: 12-16.

[80] U Kragl, C Dreisbach, C Wandrey. Applied homogeneous catalysis with organometallic compounds. B Cornils, W A Hermann. VCH, Weinheim, 1996: 832 and references herein.

[81] F P Cuperus. Membrane reactors in agro-industry, Lecture at Summerschool 2000. University of Calabria 2000.

[82] N Ochoa. Ultrafiltration of vegetable oils: Degumming by polymeric of membranes. Sep. Pur. Tech. 22-23-

(2001)417-422.

[83] L Giorno, E Droli. Biocatalytic membrane reactors: Applications and perspectives TibTech, 2000(18): 339-347.

[84] S S Kulkarni, E E Funk, N N Li. Hydrocarbon separations with polymeric membranes. AIChE Symp. Series, 1986, 250(84): 78-84.

[85] G H Koops, S Yamada, S I Nakao. Separation of linear hydrocarbons and carboxylic acids from ethanol and hexane solutions by RO. J. Membr. Sci, 2001(189): 241-254.

[86] K D Smet, S Aerts, I F J Vankelecom, et al. Nanofiltration coupled to combine the advantage of homogeneous and heterogeneous catalysis. Chem. Comm., 2001: 597-598.

缩略语和符号说明

缩略语/符号	意义	缩略语/符号	意义
CA	醋酸纤维素	PBI	聚苯并咪唑
CAT	催化剂	PCI	Patterson Candy International
CTS	壳聚糖	PDMS	聚二甲基硅氧烷
CSTR	连续搅拌反应系统	PEEK	聚醚醚酮
DMF	二甲基甲酰胺	PEI	聚乙烯亚胺
DMAc	二甲基乙酰胺	PI	聚酰亚胺
IUPAC	国际纯粹与应用化学联合会	PP	聚丙烯
MEK	甲基乙基酮	PPO	聚苯醚
MF	微滤	PPS	聚苯硫醚
MPKW	Membrane Product Kiryat Weizman	PPZ	聚磷腈
M_r	相对分子量	Psf	聚砜
NF	纳滤	PVA	聚乙烯醇
NMP	N-甲基吡咯烷酮	RO	反渗透
PA	聚酰胺	SA	海藻酸钠
PAI	聚酰胺-酰亚胺	UF	超滤
PAN	聚丙烯腈	WPI	乳清蛋白分离

第22章　结论及展望

Nanofiltration offers the membrane scientist a variety of membrane possibilities and a plethora of fascinating options.

Robert Peterson(本书序的作者)

以上引文一直是本书的主题。我们希望读者同意纳滤(NF)是一种独特的膜"单元操作",尽管如今对其精确性定义存在争议。我们在第1章开始时的定义暗示,纳滤是"一个介于超滤(UF)和反渗透(RO)之间的过程",这一说法可能足够精确。自20世纪80年代初的诞生和命名以来,由于其对离子和分子量相对较低的有机物种的独特分离能力,纳滤的应用范围不断扩大。

虽然一些早期的醋酸纤维素膜具有溶质分离能力,但直到薄层复合材料的发展,具备实用性的纳滤膜才被商业化。随后,膜在耐受pH、溶剂和氧化剂方面的显著改善使纳滤的应用范围明显扩展。针对特定的应用而定制的聚合物(和陶瓷)材料使纳滤在一些曾面临耐溶剂、耐pH、耐污染和提高选择性挑战的领域得到了应用。

食品工业

在食品工业中可以找到当前纳滤膜得到成功应用的好案例。在2001年,食品工业中应用的膜的总面积估计约为30万m^2,其中纳滤用于过程工艺和环境相关工艺。在生产过程中使用纳滤的最重要部门是乳制品和糖工业,主要用于乳清和超滤乳清渗透液的浓缩和脱盐,以及葡萄糖乳清糖浆的提纯。此外,纳滤还用于回收清洗液,以及过滤和浓缩离子交换柱再生液。纳滤的成功实施还推动了对其他具有潜在吸引力的纳滤工艺的大量研发,主要是在食用油工业、乳制品工业、制糖工业和其他食品工业。

化学过程工业

随着纳滤膜的种类和耐用性的增加,纳滤膜在化学过程工业中的应用范围正在迅速扩大,这些膜的潜在作用和带来的成本节约得到了认可。例如,在无机化学工业中,纳滤被用于从天然沉积物提取的盐水中去除硫酸盐,而纳滤+反渗透集成系统被用于海水淡化,在生产饮用水的同时获得镁产品、用于氯碱工业的产品等。在有机化学工业中,纳滤被用于回收银和其他薄膜加工化学品,并为清除低分子量醇以及清除和再利用乙二醇提供回用水。此外,回收均相催化剂的中试研究被证明取得了一定的成功，如从反应物溴庚烷（相对分子量 179）和产物碘庚烷（相对分子量 226）中回收四辛基溴化胺（TOABr，相对分子量 546），以及从反应物碘苯（相对分子量 204）、苯乙烯（相对分子量 104）和产物反式二苯乙烯（相对分子量 180）中回收双（三苯基膦）醋酸钯（Ⅱ）。这些应用需要在有机溶剂中操作（第一个案例中是甲苯，第二个案例中是四氢呋喃、乙酸乙酯和丙酮）。实际上，对用于有机溶剂中的膜的特性迄今为止还缺乏合理的定义和测量，这阻碍了它们的应用，是一个需要进一步研究的领域。

生物技术工业

纳滤膜广泛用于抗生素的生产步骤中，例如发酵液澄清后的浓缩、树脂步骤前的发酵液预浓缩和结晶步骤前树脂柱洗脱液的浓缩。膜的使用可以在不给产品带来热影响的情况下进行浓缩，也可以对产品进行有效的脱盐。比如，6-氨基青霉素（相对分子量 216）的浓缩，它是合成青霉素的中间体。由于以甲醇作为溶剂，使用该工艺的 15～20 个系统的通量通常较低，但回收期较短。在这些行业中，纳滤应用的其他例子包括对含有价产品（如 L-苯丙胺酸和 L-天冬氨酸）的流体的脱盐，并通过选择膜和操作条件来分离这些化学品。

石化工业

纳滤膜在石油化工行业中也有一些应用，包括加快溶剂润滑油脱蜡的制冷和溶剂回收，通过用甲醇溶解有机酸和使用膜过滤将溶剂与酸分离，实现原油脱有机酸，以及从海水中去除硫酸盐（否则与钙和钡形成沉淀）以用于海上石油生产中二次采油。

采矿业

采矿业中使用富含金属的酸性溶液的情况很常见，而纳滤技术为采矿业提供了独特的分离机会。纳滤膜对酸的截留率较低，但会选择性地截留二价、三价金属而不是单价金属。纳滤膜对酸的高透过特性使跨膜的酸浓度差很低，进而渗透压低。因此纳滤在处理这些废液时可以保持高通量。纳滤膜在这类体系中的截留行为将强烈依赖于膜电荷以及酸和金属物质的分子量和电荷。因此，在优化性能时，需要对这些特性进行仔细的分析/模拟。

纺织工业

纳滤膜在纺织工业中的应用也可能越来越广泛，因为纳滤膜可以实现对染料的高效截留，产出适合排放或经过进一步加工（如光催化处理）后能回用的脱色渗透液。由于对单价盐的截留率较低，新型的薄层复合膜能够在相对较低的压力下使用，且浓差极化（以及由此产生的渗透压）影响较小。但处理浓缩液仍然是一个挑战，因为活性染料一旦水解，就不能再利用了。

制浆和造纸工业

纳滤膜目前在制浆和造纸工业中的应用并不广泛，但随着零排放压力的增加，它很可能成为一种有用的工艺。人们设计了将其与高温好氧生物处理、絮凝或超滤等预处理步骤进行结合的操作。结垢可能是一个麻烦，需要使用高剪切组件。

水和废水工业

纳滤膜在“软化水”和去除原水中的天然有机物方面非常有效。因此，世界各地都在这些领域使用纳滤膜。此外，已有“量身定制”的纳滤膜被用来大规模地去除水中痕量有机污染物，如除草剂。在废水处理领域，纳滤膜目前被用于处理超滤膜发酵罐的出水，其渗透液被循环到生物反应器（生物膜工艺）中，以加强对难降解物种的去除。纳滤去除有机和无机污染物的能力使其成为水循环应用中一个有吸引力的过程。

为了优化和扩展纳滤的应用，本书强调了一系列“启用特性（enabling features）”，总结如下。

膜和组件的表征

使用在孔径或切割分子量、孔隙率、表面粗糙度和疏水性方面得到良好表征的膜非常重要。膜的电荷特性（Zeta 电位、表面电荷、离子交换容量）也必须理解。除膜特性外，膜组件设计对膜过滤工艺整体性能的影响也不应低估。在优化系统设计和性能时，应考虑使用适当的进料侧隔板、高剪切力和气体喷射来提高系统性能，这与考虑使用计算流体动力学（CFD）来优化系统设计和性能同样重要。

传递建模

该研究领域在预测纳滤系统中的离子截留率和通量方面有重要的进展。最近的一个例子是在现有模型中使用孔径分布而不是平均孔径。然而，在使用此类模型之前，需要根据特征化数据［如原子力显微镜（AFM）］来验证和调整分布的形状和/或上部孔径大小。尽管在多组分电解质溶液中离子对膜的吸附程度不容易确定，但也应考虑离子吸附对膜电荷的影响（以及对截留的影响）。另外，还需要结合对离子在蛋白质转运通道中的传递等方面的见解进一步了解受限空间内的溶剂和溶质的性质。因此，虽然预测工具可用，但这些模型基本上是经验模型，其成功至少部分归因于模型包含的多种拟合参数。

进料特性和控制

鉴于分子量和电荷都有可能对受关注物种的纳滤膜截留程度产生重大影响，充分理解特定溶液条件（pH、温度和压力）、总组分浓度和离子强度对物种组成的影响是预测截留程度的关键。平衡模型（借助于 MINEQL、MINTEQ 和 PHREEQE 等计算机代码）可能有助于确定溶液成分，但目前预测高离子强度下的溶液成分存在困难（尽管应用离子强度校正方法，如 Pitzer 方程，可能会产生有用的结果）。

膜污染和预处理

膜污染是膜过程的主要局限，是有效过滤不可避免的副作用。膜污染通常分为胶态污染、生物污染、有机污染和无机污染，是许多溶液成分相互作用的结果，因此识别和预测起来很复杂。进料特性和操作条件在污染中起着重要作用，在确定合适的清洗剂和方案以及制备更耐污染的膜材料方面还有许多工作要做。另外，还应考虑在纳滤上游可能使用预处理的情况。预处理可以减少悬浮固体和降低胶体的影响，降低进料的微生物污染潜力，减少形成污垢的可能性(主要通过调节 pH)和在进料中去除氧化性化合物，否则它们会损坏膜。预处理可通过非膜方法或在某些情况下通过使用微滤或超滤膜来实现。在工艺流程方面，纳滤还可用作其他过程的预处理，特别是反渗透膜过滤、电渗析、离子交换和蒸发。

纳滤的未来

虽然可以放心地认为纳滤有一个美好的未来，但仍禁不住想要做一番预测。可能引起进一步关注的领域包括膜的开发、组件的开发和操作、建模以及更广泛的应用(这将由其他领域的进展决定)。表 22-1 总结的发展方向非常主观，但它是基于前面章节所提供的趋势和提示。希望在这本书的下一个版本中，我们可以报告这些领域的进展。

表 22-1　对纳滤在未来的研究、发展和应用的展望

主要领域	未来的方向
膜	· 控制孔径：基于纳米技术的发展(自组装，模板等) · 材料发展，包括陶瓷纳滤膜，以及对温度、pH、溶剂和氧化剂更耐受的聚合物 · 带有可控或者智能表面化学、电荷的膜 · 中空纤维式纳滤的进一步发展和采用
组件和操作	· 中空纤维式纳滤组件(内置式和浸没式) · 对采用毛细管式或者管式组件的死端操作进行优化 · 有污染感应器的灵活组件
模拟	· 针对纳滤水处理中离子和无机物分离的预测模型改进 · 非水溶液纳滤模型的发展
	· 中空纤维式纳滤进行水处理 · 双纳滤脱盐的优化 · 纳滤与高级氧化结合进行水回用 · 针对细分应用(可能包括浸没式膜)的纳滤 MBR 的优化 · 作为“纳米工程”膜，纳滤更广泛地用于溶质分离 · 非水溶液纳滤在许多不同行业中成为一个主要单元操作 · 有可再生能源供应的可持续体系

* MBR：膜生物反应器。

致谢

主要由于本书的参与者，使这次编辑工作从很多方面来说都是一次特殊的经历。Joe Eckenrode（来自技术出版公司）在 2000 年与我们联系，为写一本关于巴黎世界水大会（Paris World Water Congress）的书来寻找愿意承担这项艰巨任务的作家时，就已播下了想法的种子。几周后，Joe 对手稿很满意，但我们坚持认为，一本关于纳滤的书——迄今为止市场上还没有——如果没有该领域的专家的参与，就不能以令人满意的方式完成。

我们与潜在的出版商和撰稿人进行协商。2002 年图卢兹 ICOM 期间，在 Les Caves De La Maréchale 餐厅举行了一次撰稿人晚宴，为这次美好的经历锦上添花。我们的出版商 Geoff Smaldon 赞助了这次所谓的小型撰稿人聚会，结果发现“Contributor”在澳大利亚是指作者，而在英国则是指编辑！感谢 Geoff 的慷慨解囊，我们 25 人以真正的法式时尚享用了美酒佳肴，还有 Marcel Mulder 出席的额外特权。在此，还有一些事情也要感谢 Geoff，所有那些有趣的电子邮件交流，迁就那位苛刻主编的大部分要求，以及最后资助了一次秘密的修改而使这本书终于得以提交。

我们对撰稿人（大约 50 人！）充满感激，他们非常耐心地对待我们的请求、评审、意见、格式要求和截止日期（在某种程度上！）。很高兴在过去的两年里一直与你们保持联系，我们也特别感谢在最后一刻举手的人，他们替代了那些后来无法写稿的人。希望我们所有人继续保持联系，并在未来的再版中共同努力。

感谢 Richard Bowen 和 Chris Wright（英国斯旺西复杂流体工程中心）提供了那张著名的纳滤孔的原子力显微镜图片，我们以此为基础进行了本书的封面设计；还要感谢 Alastair Williams（Mark-making Ltd.）提供的艺术构想和令人惊叹的色彩搭配。

感谢科学审查委员会成员在协助编辑完成这项任务方面所花费的时间和贡献。

Torove Leiknes	挪威科技大学（Norges teknisk-naturvitenskapelige universite）
Pierre Côté	加拿大泽能环境公司（Zenon Environmental）
Vigid Vigneswaran	澳大利亚悉尼大学（University of Technology Syeney）

Gun Trägårdh	瑞典隆德大学(Lund University)
Marianne Nyström	芬兰拉普兰塔理工大学(Lappenranta University of Technology)
Vicki Chen	澳大利亚新南威尔士大学(University of New South Wales)
Andrew Livingston	英国帝国理工学院(Imperial College)
Kazuo Yamamoto	日本东京大学(University of Tokyo)
Bart van der Bruggen	比利时鲁汶大学(University of Leuven)
Gary Amy	美国科罗拉多大学(University of Colorado at Boulder)
Menachem Elimelech	美国耶鲁大学(Yale University)
Takashi Asano	美国加利福尼亚大学戴维斯分校(University of California at Davis)

我们希望这本书对读者有所用处，并(提前)感谢那些将会提供有价值的反馈和评论，以及提供协助使本书的编写在将来变得更好、更完整的人。不可避免地，一些专家没有参与进来，我们向那些被错过的人道歉，并邀请他们联系我们，为未来的再版做出贡献。

让我们期待纳滤为更好地利用地球资源和减少污染做出宝贵贡献。

“I love deadlines. I especially like the whooshing sound they make as they go flying by”(anonymous).

图书在版编目(CIP)数据

纳滤：原理和应用/（澳）A. I. 谢弗，（澳）A. G. 费恩，（澳）T. D. 韦特编；蒋兰英，刘久清，张贵清译. —长沙：中南大学出版社，2024. 9

书名原文：Nanofiltration：Principles and Applications

ISBN 978-7-5487-5160-1

Ⅰ. ①纳… Ⅱ. ①A… ②A… ③T… ④蒋… ⑤刘… ⑥张… Ⅲ. ①生物膜(污水处理)—技术 Ⅳ. ①X703. 1

中国版本图书馆 CIP 数据核字(2022)第 203666 号

纳滤：原理和应用

NALU：YUANLI HE YINGYONG

（澳）A. I. 谢弗　（澳）A. G. 费恩　（澳）T. D. 韦特　编

蒋兰英　刘久清　张贵清　译

□出 版 人　林绵优
□责任编辑　史海燕
□责任印制　李月腾
□出版发行　中南大学出版社
　　社址：长沙市麓山南路　　邮编：410083
　　发行科电话：0731-88876770　　传真：0731-88710482
□印　　装　长沙鸿和印务有限公司

□开　　本　710 mm×1000 mm 1/16　□印张 36. 75　□字数 738 千字
□版　　次　2024 年 9 月第 1 版　□印次 2024 年 9 月第 1 次印刷
□书　　号　ISBN 978-7-5487-5160-1
□定　　价　275. 00 元